Der bunte Himmel: Untersuchungen zu den Tondächern westgriechischer Typologie

Matthias Lang

BAR International Series 2098
2010

Published in 2016 by
BAR Publishing, Oxford

BAR International Series 2098

Der bunte Himmel: Untersuchungen zu den Tondächern westgriechischer Typologie

ISBN 978 1 4073 0574 5

BAR Publishing is the trading name of British Archaeological Reports (Oxford) Ltd. British Archaeological Reports was first incorporated in 1974 to publish the BAR Series, International and British. In 1992 Hadrian Books Ltd became part of the BAR group. This volume was originally published by Archaeopress in conjunction with British Archaeological Reports (Oxford) Ltd / Hadrian Books Ltd, the Series principal publisher, in 2010. This present volume is published by BAR Publishing, 2016.

Printed in England

BAR
PUBLISHING

BAR titles are available from:

BAR Publishing
122 Banbury Rd, Oxford, OX2 7BP, UK
EMAIL info@barpublishing.com
PHONE +44 (0)1865 310431
FAX +44 (0)1865 316916
www.barpublishing.com

Meinen Eltern

Vorwort

Die vorliegende Arbeit stellt die korrigierte Fassung meiner Inaugural-Dissertation dar, welche im Sommersemester 2007 der Philpsophischen Fakultät der Rheinischen Friedrich-Wilhelms-Universität zu Bonn mit dem Titel *Der bunte Himmel - Untersuchungen zu den Tondächern westgriechischer Typologie* vorlag.

Meinem Doktorvater Harald Mielsch gilt mein besonderer Dank. Er bot mir stets die Möglichkeit, mit ihm Probleme der Arbeit zu diskutieren. Des Weiteren sei auch Hans Mommsen mein herzlicher Dank ausgesprochen. Bei ihm habe ich viel über die Methoden und die Vorgehensweisen der Archäometrie gelernt. Ohne seine Hilfe und seine Geduld wäre die Durchführung der Materialanalysen und deren Auswertung nicht möglich gewesen. Beiden werde ich auch ihre Unterstützung, die über das fachliche hinausgeht nicht vergessen.

Martin Bentz danke ich für die Übernahme des Zweitgutachtens, Sabine Schrenk für den Vorsitz der Prüfungskommission.

Des Weiteren möchte ich folgenden Personen für ihre Kritik und Diskussionsbereitschaft sowie für die Beschaffung von Literatur und Probenmaterial danken: Andreas Bethke, Helga Bumke, Ralf Krumeich, Wilfried Geominy, Volker Kästner, Johannes Bergemann, Jutta Schubert, Claudia Voos, Christiane Vorster, Farid Yaghoubi und Wiltrud Kalow.

Ganz herzlich danke ich auch meinen Kommilitonen, Kollegen und Freunden Andrea Salcuni, Jan Breder, Holger Kierhaus, Ricarda Schmidt, Marc Kähler, Felicitas Pohl, Annette Rieger, Michael Remmy, Thorsten Zimmer, Philipp Baldus, Jan Müller, Soi Agelidis, Anke Bohne, Johannes Jungwirth, Daniel Gansauer, Daniel Lamberty, Anne Seegbers, Ulrich Gans, Silva Bruder, Judith Moos, Ina Bartnizek, Riccardo Valentini, Thomas Geruschke, Theresa Negrini sowie Ronan Nedelec.

Den Mitarbeitern für die Aufnahme meiner Dissertation in die *International Series of the British Archeological Reports* gedankt.

Der größte Dank gilt jedoch meinen Eltern, die mir stets zur Seite standen und mich in jeglicher Hinsicht immer eine große Stütze waren.

Inhaltsverzeichnis

1 Einleitung

Gegenstand der vorliegenden Arbeit sind die Simen und Geisonverkleidungen der Tempel in den griechischen Kolonien Unteritaliens und Siziliens sowie jene der westgriechischen Schatzhäuser in Olympia und Delphi. Die Dachterrakotten bilden häufig den am besten erhaltenen Teil der sizilischen und unteritalischen Sakralbauten und besitzen daher eine immense Bedeutung für das Verständnis der Entwicklung und des Wesens kolonialer Architektur im griechischen Westen. Sie sind das einzige Bauteil der Tempel, welches bis heute seine Farbigkeit konserviert hat und uns einen Eindruck von der prächtigen Buntheit des griechischen Heiligtums vermittelt.

Unter dem Oberbegriff Dachterrakotten müssen zunächst alle tönernen Teile des Daches zusammengefasst werden, welche sich ihrerseits wiederum in verschiedene Materialgruppen untergliedern lassen. Auf der einen Seite steht die eigentliche Deckung des Daches durch undekorierte Flach- und Deckziegel, auf der anderen Seite die dekorierten Teile, welche Antefixe, Akrotere, First-Kalyptere sowie die Simen und die Geisonverkleidungen umfassen. Der Begriff *Dach* wird im Folgenden als Synonym für die aus Sima und Geisonverkleidung bestehende Dachrandverkleidung verwendet.

1.1 Forschungsgeschichte

Die Geschichte der wissenschaftlichen Bearbeitung der architektonischen Terrakotten beginnt 1881 mit der Publikation des Geloer Schatzhauses in Olympia durch Dörpfeld[1]; im selben Jahr veröffentlicht er einen Aufsatz, welcher sich erstmals grundlegend mit der Verwendung von Dachterrakotten an westgriechischen Sakralbauten auseinandersetzt[2]. Die Anzahl der Stücke, auf welchen die Annahmen von Dörpfeld beruhen, ist in diesen Jahren jedoch noch gering. Erst durch die umfangreichen Ausgrabungen Orsis[3] ab den achtziger Jahren des 19. Jhs. tritt ein großer Teil der heute bekannten Dachterrakotten zu Tage. 1912 veröffentlicht Koch die kampanischen Dächer[4]. Eine erste katalogartige Zusammenfassung aller westgriechischen Dachterrakotten erfolgt 1923 durch Van Buren[5]; dieses Unternehmen wird 1938 von Darsow aufgegriffen und fortgeführt[6]. 1933 unternimmt Gàbrici einen ersten Versuch die Dächer in die Chronologie der westgriechischen Architektur einzubinden[7]. Neben einer ausführlichen Publikation des Schatzhauses von Gela in Zusammenarbeit mit Schleif[8], unternimmt Süsserott 1944[9] eine Einordnung und eine Herkunftsbestimmung der sizilischen Dachrandverkleidungen. 1967 werden die westgriechischen Dachterrakotten aus Delphi durch Le Roy publiziert[10].

Vom Anfang der sechziger Jahre bis an den Anfang der achtziger Jahren des 20. Jhs. finden die Dächer kaum Beachtung und werden lediglich in Grabungspublikationen als Einzelmonumente vorgestellt[11]. Erst 1986 erscheint mit der Monographie von Wikander wiederum eine Arbeit, welche sich grundlegend und zusammenfassend mit dem Material auseinandersetzt und zu neuen Ansätzen und Theorien zur Entwicklung und Ausprägung der westgriechischen Dachterrakotten kommt[12]. Sie schließt allerdings die Dächer in den unteritalischen Poleis aus ihrer Arbeit aus, weshalb die Gemeinsamkeiten in der Gestaltung Dachrandverkleidungen sowie der rege Austausch der beiden Kunstlandschaften unbeachtet bleiben[13]. Gerade durch die zusammenfassende Betrachtung der Dachränder in beiden westgriechischen Landschaften konnten im Zusammenhang der hier vorliegenden Arbeit einige grundlegende Probleme der Entwicklung und der Chronologie der Gattung geklärt werden. Zudem fanden in der Monographie Wikanders die wichtigen Neufunde aus den naxischen Heiligtümern noch keine Beachtung, welche eine zentrale Rolle in der Entwicklung dieser Gattung spielen. Seit den achtziger Jahren des 20. Jhs. hat Mertens immer wieder neue Komplexe unteritalischer architektonischer Terrakotten publiziert und in den Kontext der west-

[1] Dörpfeld 1881.
[2] Dörpfeld u.a. 1881. Vgl. Åkerström 1966, XV.
[3] Orsi hat sich nahezu mit allen griechischen Städten in Sizilien und in Kampanien auseinandergesetzt und von den achtziger Jahren des 19. Jhs. bis in die dreißiger Jahre des 20. Jhs. eine unüberschaubare Zahl von Grabungen durchgeführt und zu diesen eine ebenso schwer überschaubare Anzahl an Aufsätzen publiziert. Vgl. Orsi 1889, 762-950; Orsi 1891, 61-72; Orsi 1897, 201-273, Orsi 1902, 126-130; Orsi 1903, 382-391; Orsi 1909, 319-330; Orsi 1910, 728-850; Orsi 1911A; Orsi 1911B, 77-124; Orsi 1913, 55-144; Orsi 1916, 685-944; 1918, 353-754; Orsi 1921, 483-485; Orsi 1922, 147-186; Orsi 1924, 409-490; Orsi 1930, 7-39; Orsi 1933. Schon Langlotz hat den Verdienst Orsis um die westgriechische Archäologie hervorgehoben. Vgl. Langlotz 1963, 15.
[4] Koch 1912.
[5] Van Buren 1923. Neben dieser Arbeit legte sie ebenfalls die figürlich dekorierten Terrakottaverkleidungen in Etrurien und dem Latium sowie die griechischen Dachterrakotten archaischer Zeit vor. Vgl. Van Buren 1921; Van Buren 1926.
[6] Darsow 1938. Darsow verzichtet in seiner Arbeit auf Abbildungen, weswegen heute viele Stücke nicht mehr identifizierbar sind.
[7] Gàbrici 1933.
[8] Süsserott-Schleif 1944.
[9] Süsserott 1944.
[10] Le Roy 1967.
[11] Auf diesen Umstand hat bereits Wikander hingewiesen. Vgl. Wikander 1986, 7.
[12] Wikander 1986, Wikanders Arbeit ist recht knapp gefasst und geht an kaum einer Stelle ins Detail. Sie versteht ihre kurze Monographie selbst auch nur als einen Zwischenschritt „...until somebody else hopefully tackles the greater work".
[13] Wikander weist selbst auf diese etwas unlogische Vorgehensweise hin. Vgl. Wikander 1986, 7.

griechischen Architektur eingebunden. Hervorzuheben ist die grundlegende Publikation der pästanischen Basilika[14]. Mit dieser verbunden entwickelt Mertens völlig neue Ansätze zur Entwicklung, zur Chronologie und zur Intention westgriechischen Architektur, welche er in seiner kürzlich erschienen Arbeit über die Städte und Bauten der Westgriechen präzisiert und erweitert[15]. Nicht zuletzt durch die Arbeiten von Mertens wird die Bedeutung der architektonischen Terrakotten für die westgriechische Architektur als solche erkannt, und die Dächer erwecken zunehmend das Interesse der Forschung. 1988 findet in Athen erstmals ein Kongress statt, welcher sich ausschließlich mit dieser Gattung auseinandersetzt[16]. Von 1996 bis 2002 werden in Rom drei weitere Kongresse veranstaltet, welche sich ganz den italischen Dachterrakotten widmeten[17]. In den Berichten zu diesen Tagungen werden jedoch meist nur Einzelmonumente vorgestellt. Weitergehende Betrachtungen und neue Ansätze zum Gesamtkomplex der architektonischen Terrakotten sucht man meist vergebens.

In den letzten Jahren wurden einige wichtige Stücke erstmals ausführlich und sorgfältig publiziert. Hervorzuheben sind in diesem Zusammenhang die Arbeiten von Ciurcina[18], Lentini[19]und Pflug[20], welche den für die Entwicklung des sizilischen Daches äußerst bedeutsamen Komplex der naxischen Terrakotten in mehreren Aufsätzen vorlegten. Ebenfalls Eingang fanden die sizilischen und unteritalischen Dächer in die Monographie von Winter, welche alle griechischen Dachterrakotten vom Anfang bis zum Ende der Archaik zusammenfasst[21]. Nicht unerwähnt bleiben sollen die umfassenden Arbeiten von Danner und Kästner. Kästner fasst die Traufziegeldächer mit den dazugehörigen Antefixen zusammen[22]; Danner beschäftigt sich umfassend mit den Firstantefixen, den Reiterkalypteren[23] sowie den Akroteren[24].

1.2 Materialauswahl

Eingang in die vorliegende Untersuchung finden ausschließlich die tönernen Simen und Geisonverkleidungen[25] aus den griechischen Kolonien in Sizilien und Unteritalien von ihrem Beginn am Ende des 7. Jhs. v. Chr. bis zu ihrem Ende am Anfang des 5. Jhs. v. Chr. Die geographische Abgrenzung bezieht ihre Rechtfertigung aus der Tatsache, dass die Dächer Westgriechenlands eine in sich geschlossene Gruppe bilden, deren Entwicklung weitgehend autark verläuft und nur in wenigen Fällen auf Anregungen aus anderen Landschaften zurückzuführen ist.

Die in diesem Zusammenhang für die Entwicklung der Dachterrakotten in Sizilien und Unteritalien relevanten Stücke nicht westgriechischer Typologie werden ebenfalls ausführlich vorgestellt und besprochen. Durchbrochen wird die geographische Abgrenzung durch einige Dächer in Olympia und Delphi, welche sich jedoch typologisch nahtlos in die westliche Architekturtradition einbinden lassen und wohl teilweise auch in Westgriechenland produziert worden sind.

Die Beschränkung auf Simen und Geisonverkleidungen kann durch die bereits vorhandenen umfangreichen Publikationen zu den Antefixen und Akroteren durch Kästner und Danner begründet werden. Dies gilt in gleicher Weise für die tönernen und steinernen Simen mit Löwenkopfwasserspeiern, welche durch Mertens-Horn[26] bereits eine ausführliche Bearbeitung erfahren haben; die aus Terrakotta bestehenden Simen dieses Typus finden zwar Eingang in den Katalog, werden jedoch nicht erneut besprochen. Abhängig von den Simen mit Löwenkopfwasserspeiern sind die mit einem geprägten, aber geschlossenen Anthemion dekorierten Dächer; auch sie werden lediglich im Katalog erfasst und nicht weitergehend behandelt. Ebenfalls aus der vorliegenden Arbeit ausgeschlossen bleiben die undekorierten Teile des Daches. Diese sind nur zu äußerst geringen Teilen publiziert und entziehen sich durch ihre einfache Gestaltung und dem daraus resultierenden Fehlen von datierenden Kriterien der Bearbeitung mit herkömmlichen archäologischen Methoden. Die technischen Gesichtspunkte[27] der undekorierten sowie der dekorierten griechischen Dachziegel werden zurzeit durch P. Saphirstein einer genauen Untersuchung unterzogen, weshalb diese ebenfalls ausgespart werden sollen. Ein weiterer entscheidender Grund für die Ein-

[14]Mertens 1993.
[15] Mertens 2006.
[16]Winter 1990.
[17]Rystedt u.a. 1993; Lulof-Moormann 1997; Edlund u.a. 2006.
[18]Ciurcina 1974, 86-93; Ciurcina 1980, 66-81; Ciurcina 1994, 177-187; Ciurcina 1997, 29-38.
[19]Lentini 1996, 125-135; Lentini 2001.
[20]Pflug 2006, 452-472.
[21]Winter 1993. Zu den westgriechischen Dächern siehe S. 273-303.
[22]Kästner 1982. Die Arbeit von Kästner liegt nur als maschinengeschriebenes Manuskript in wenigen Exemplaren ohne Abbildungen vor, weshalb die Arbeit meist unerwähnt bleibt.
[23]Danner 1996.
[24]Danner 1989.
[25]Siehe Seite 9, Abschnitt 3.1.
[26]Mertens-Horn 1988.
[27]Der Herstellungsprozess ist besonders ausführlich in der Arbeit von Wikander über die etruskischen Terrakotten aus Acquarossa dargelegt. Vgl. Wikander 1981, 56-74. Des Weiteren vgl. Winter 1993, 304-307; Coulton 1997, 35; Schädler-Schneider 2004, 23-26; Åkerström 1966, 199-202.

grenzung des Materials ist die nahezu unüberschaubare Materialmenge an zum Dach gehöriger Elemente aller Art.

1.3 Überlieferungssituation und Verbreitung

Insgesamt konnten nahezu dreihundert Dächer westgriechischer Typologie identifiziert und in einem Katalog zusammengefasst werden. Die Fülle des Materials macht es jedoch unmöglich, Anspruch auf Vollständigkeit zu erheben. Viele der Stücke sind bis heute nicht vorgelegt und das unpublizierte Material ist meist nicht zugänglich. Ein Großteil der bis in die vierziger Jahre des 20. Jhs. n. Chr. publizierten Dachrandverkleidungen liegt oft nur in schlechten Abbildungen oder fragwürdigen Rekonstruktionszeichnungen im Rahmen von Grabungspublikationen vor. Maßangaben und Inventarnummern sucht man oft vergeblich.

Nachweisen lassen sich Dachterrakotten westgriechischer Typologie in sämtlichen westgriechischen Kolonien sowie in den Heiligtümern von Olympia und Delphi. Die meisten dieser Dächer stammen aus der Zeit nach der Ausprägung des sog. kanonischen Daches um 570 v. Chr.[28]; frühere Dächer haben sich lediglich in geringer Zahl überliefert.

Der Großteil der dekorierten Dachterrakotten stammt aus Verfüllungen und Zerstörungsschichten. Zurückzuführen ist dies auf die Tatsache, dass diese Elemente des Daches durch die Anpassung an die spezifischen Maße des Baus kaum wiederzuverwenden waren; die einfachen Flach- und Deckziegel konnten hingegen problemlos erneut verbaut werden, da sie in der Regel einem normierten Maß entsprachen[29].

Nahezu alle Dachrandverkleidungen werden am Fundort aufbewahrt, nur wenige Fragmente befinden sich in Museen außerhalb von Sizilien und Süditalien. Der Erhaltungszustand der Dächer ist bis auf wenige Ausnahmen schlecht. Aufgrund der sehr einheitlichen Gestaltung der westgriechischen Dächer genügt jedoch meist ein kleines Fragment, um eine typologische und chronologische Einordnung vorzunehmen sowie das Aussehen des gesamten Daches zu rekonstruieren.

1.4 Zielsetzung

Ziel dieser Untersuchung ist es alle bekannten westgriechischen Dächer nach typologischen Gesichtspunkten zu fest definierten Typen zu ordnen und in einem möglichst umfassenden Katalog zusammenzufassen. In einem zweiten Schritt werden anhand stilistischer und typologischer Beobachtungen Kriterien erarbeitet, welche es ermöglichen, die Dächer in die Chronologie der westgriechischen Architektur einzubinden. Ein besonderes Augenmerk soll auf den einzelnen Landschaftsstilen sowie auf den Beziehungen der Werkstätten in den einzelnen Landschaften untereinander und mit jenen im griechischen Mutterland und des ionischen Ostens liegen. Diese Untersuchungen sollen es ermöglichen, die westgriechischen Dachterrakotten in die Gesamtheit der griechischen Dachrandverkleidungen und damit der griechischen Architektur als solche einzuordnen. Zudem können diese Untersuchungen dazu beitragen, die häufig ungeklärte Frage nach dem Ursprung einzelner Dachtypen zu klären.

Ein gesondertes Kapitel wird den Dächern westgriechischer Typologie in Olympia und Delphi gewidmet, die seit ihrer Auffindung im Blickpunkt der archäologischen Forschung stehen und deren Datierung und Herkunft immer wieder Gegenstand kontroverser Diskussionen waren. Um neue Erkenntnisse zur Herkunft der sizilischen und unteritalischen Dachrandverkleidungen in Olympia zu gewinnen, war es möglich, in den Berliner Museen Materialproben der dort vorhandenen olympischen Dächer zu entnehmen, welche in Bonn einer Neutronenaktivierungsanalyse unterzogen wurden.

[28] Siehe Seite 31, Abschnitt 6.

[29] Zur Verwendung von normierten Dachziegeln vgl. SCHWANDNER 1990, 293-294.

2 Methodik und Probleme

2.1 Datierung

Ein schwer zu lösendes und häufig kontrovers diskutiertes Problem der archäologischen Bearbeitung von ornamental dekorierten Dachterrakotten ist ihre Datierung.

Ein Großteil der Simen und Geisonverkleidungen stammt aus Grabungen des späten 19. und des frühen 20. Jahrhunderts, und eine aussagekräftige stratigraphische Aufnahme der Befunde wurde von den Ausgräbern jener Jahre noch nicht durchgeführt. Aufgrund der häufig langen Nutzungsdauer eines Daches[30] lässt sich in den meisten Fällen durch eine Datierung anhand des Fundkontextes lediglich das Ende der Nutzung bestimmen; ein Hinweis auf die Entstehung ist auf diese Weise nicht zu gewinnen[31].

Eine weitere Schwierigkeit bei allen Datierungsversuchen ist der recht einfache ornamentale Dekor der Dachrandverkleidungen, der aus immer wiederkehrenden, kaum veränderlichen Formen besteht. So unterliegen Motive wie Mäander und Rosette keiner stilistischen Entwicklung. Lediglich florale Motive wie Blattstäbe, Palmetten und Lotosblüten zeigen einem nachvollziehbaren stilistischen Fortschritt; jedoch sind Rückgriffe auf Motive aus älteren Stilstufen keine Seltenheit. Dieses Phänomen führt teilweise dazu, dass Fragmente, die nur wenige erhaltene Ornamentzonen aufweisen, kaum zu datieren sind[32].

Während das Fundaufkommen der Dächer nach der Ausprägung des sog. kanonischen Daches[33] um 570 v. Chr. recht hoch ist, besitzen wir aus der Zeit vor dieser Konsolidierung der westgriechischen Architektur nur wenige Stücke, was ihre Einordnung und Datierung zusätzlich erschwert. Auch in den wenigen Fällen, in denen die Dachterrakotten mit einem bekannten Bau in Verbindung gebracht werden können, kann ihre Entstehungszeit nur schwer bestimmt werden. Die Datierung der Bauten ist oft ebenso unklar, wie die des zugehörigen Daches. Zudem ist häufig nicht zu klären, ob die Dachterrakotten auch zur ursprünglichen Ausstattung des Baus gehörten oder ob sie in späterer Zeit ein älteres Dach ersetzten. Eine weitere, kaum zu entscheidende Frage in diesem Zusammenhang ist, in welchem Stadium beim Bau eines Tempels die Entscheidung über das Aussehen des Daches fiel. Entweder das Dach wurde bereits in der Gesamtkonzeption des Tempels von Anfang an mit einbezogen und die Gestaltung stand bereits bei Baubeginn fest, oder es wurde erst bei nahender Vollendung des Baus über Typ und Aussehen des Daches entschieden. Da wir von keinem Tempel wissen, in welchem Stadium des Baufortschritts das Dach seine endgültiges Gestalt fand, müssen bei der Datierung von Dachterrakotten anhand des architektonischen Kontextes stets beide Möglichkeiten in Betracht gezogen werden, wodurch sich stets eine gewissen Unschärfe bei der chronologischen Einordnung eines Daches ergibt, selbst wenn es mit einem fest datierten Bau in Verbindung gebracht werden kann.

Nicht selten wurde versucht, den Dekor der Simen und Geisonverkleidungen mit den Ornamenten in Verbindung zu bringen, die bei der Dekoration von feinkeramischen Gefäßen Verwendung finden. Diese Vorgehensweise ist jedoch äußerst problematisch und mit mannigfaltigen Schwierigkeiten verbunden[34].

Zunächst sei auf die fast monumentalen Ausmaße der Dachterrakotten gegenüber der Feinkeramik hingewiesen. Zudem ist der Dekor der Dächer oft recht summarisch und klar voneinander abgetrennt, was auf die Höhe der Anbringung zurückzuführen ist; zu großer Detailreichtum wäre für den Betrachter ohnehin kaum sichtbar gewesen. Des Weiteren ist häufig unklar, ob ein Dekorelement, welches sich in beiden Gattungen in gleicher motivischer und stilistischer Weise beobachten lässt, auch zur gleichen Zeit Verwendung fand, oder ob es sich um eine zufällige Redundanz handelt. Dieses trifft besonders auf die einfachen, unspezifischen Elemente wie Mäander und Rosetten zu, welche kaum einer stilistischen Entwicklung unterliegen. Des Weiteren ist zu beachten, dass die zum Vergleich herangezogene dekorierte Keramik häufig aus einer anderen, meist der attischen Kunstlandschaft stammt, welche ihrerseits über eine eigene, von der westgriechischen Architektur unabhängige Entwicklung verfügt, deren Verbindung zur westgriechischen Kunst oftmals unklar ist. Einzig Motive, welche sowohl in der Feinkeramik als auch im Rahmen der Dachterrakotten ein kurze Laufzeit haben und deren charakteristische Gestaltung einer stilistischen Entwicklung unterworfen ist, erlauben die Annahme der gleichzeitigen Entstehung der zum Vergleich herangezogenen Stücke. So muss die Datierung und Einordnung der Dachterrakotten, wenn sie weder durch das mit ihnen verbundene Gebäude noch durch stratigraphische Kontext oder Vergleiche mit der Vasenmalerei möglich ist, anhand typologischer, motivischer, stilistischer sowie technologischer

[30] Hingewiesen sei hier auf das Dach des Schatzhauses von Gela, welches vom Ende des 6. Jhs. v. Chr. bis in die Spätantike hinein das Gebäude deckte. Vgl. HEIDEN 1995, 101.

[31] Vgl. WINTER 1993, 4; HEIDEN 1995, 6-7.

[32] Siehe Seite 77, Abschnitt 10.

[33] Siehe Seite 31, Abschnitt 6.

[34] Hierauf haben bereits Le Roy und Wikander hingewiesen. Vgl. LE ROY 1967, 57-61; WIKANDER 1986, 12; 15. Scichilone lehnt Vergleiche mit der Keramik aus methodischen Gründen grundsätzlich ab, ohne jedoch auf diese Probleme näher einzugehen oder sie zu benennen. Vgl. SCICHILONE 1962, 174.

Gesichtspunkte innerhalb der Gattung der Dachterrakotten erfolgen[35].

Die chronologische Einordnung der Terrakotten ist demnach oftmals problematisch und kann oft nur annäherungsweise erfolgen. Eine Datierung, die über ein Genauigkeit eines Jahrhundertviertels hinausgeht, ist meist nicht möglich.

2.2 Herkunft

Neben der Datierung ist auch der Produktionsort eines Daches in einigen Fällen nur schwer zu bestimmen; im besonderen Maße trifft dies auf die Dächer westgriechischer Typologie in Olympia und Delphi zu. Die bis heute anhaltenden kontroversen Diskussionen zu dieser Problematik[36] zeigen, dass die Bestimmung der Herkunft durch herkömmliche archäologische Methoden nicht immer möglich ist. Um dennoch den Produktionsort der westgriechischen Dächer in den panhellenischen Heiligtümern zu bestimmen, konnten Proben der Dächer aus Olympia im Berliner Pergamonmuseum entnommen und einer Neutronenaktivierungsanalyse (NAA) unterzogen werden.

2.2.1 Neutronenaktivierungsanalysen

Im Folgenden soll ein kurzer Überblick über die Methode und die Vorgehensweisen der NAA gegeben werden[37]. Um das Muster der Elementkonzentration der einzelnen Proben zu bestimmen, wurde die in Bonn[38] speziell für Keramikanalysen optimierte NAA ausgewählt. Diese zeichnet sich durch eine äußerst hohe Meßpräzision mit einem Durchsatz von 72 Proben im Monat aus. Ein weiterer Grund für die Auswahl der NAA ist die einfache, direkt vor Ort durchführbare Entnahme der 80 mg erforderlichen Probenmaterials. Hierzu kommt in der Regel ein aus einem Saphirstab bestehender Spitzbohrer zum Einsatz, welcher einen Durchmesser von 10 mm besitzt und in jede handelsübliche Bohrmaschine eingespannt werden kann. Die Verwendung eines hochreinen Saphirstabes verhindert die Verunreinigung der Probe durch Abrieb. Ein Metallbohrer ist meist unklarer Zusammensetzung und besitzt nicht die Härte des Saphirs, wodurch sich die Gefahr der Kontamination der Probe drastisch erhöht.

Die Entnahme des erforderlichen Probenmaterials erfolgt in der Regel auf der Rückseite des für die Analyse vorgesehenen Stückes. Als Schaden bleibt eine ca. 1 mm tiefe Mulde mit dem Durchmesser des verwendeten Bohrkopfes zurück.

Nach der Verarbeitung des aus der Keramik gewonnenen feinen, homogenen Pulvers zu Tabletten werden jeweils 36 Proben zusammen mit sechs Standards mit bekannter Zusammensetzung in einem Kernreaktor einem vorbestimmten Fluss thermischer Neutronen ausgesetzt[39]. Nach einer Abklingzeit von fünf Tagen, in denen der Transport in das Laboratorium erfolgt, werden die nun aktivierten Proben mittels eines automatischen Probenwechslers mehrfach vermessen. Die Messung selbst erfolgt mit zwei Hochpräzisions-Germanium-Detektoren in einem Zeitraum von vier Wochen nach der Bestrahlung.

Durch den Vergleich der zeitgleich bestrahlten und vermessenen Standards bekannter Zusammensetzung erhält man die präzise Konzentration von 30 Elementen[40] - einen einzigartigen chemischen Fingerabdruck der Probe. Es kann angenommen werden, dass Stücke mit gleicher Elementkonzentration aus der gleichen Tonmasse hergestellt wurden. Sie können deshalb zu Gruppen gleicher Herkunft zusammengefasst werden. Dies ist möglich, da sich die Elementkonzentration nahezu aller gemessenen Elemente durch Brand und Bodenlagerung nicht verändert[41]. Somit stammen alle Proben mit derselben Zusammensetzung vom selben Ort oder sogar aus derselben Werkstatt und sind auf diese Weise von Keramik anderer Provenienz unterscheidbar.

Zudem sprach die über 7500 Datensätze umfassende Bonner Datenbank von Analysen antiker Tonprodukte für die Durchführung der naturwissenschaftlichen Untersuchungen in diesem Labor. Diese Datenbank ermöglicht es, mittels einer Software die neu gewonnenen Datensätze direkt mit *allen* bereits in Bonn[42] vermessenen Proben zu vergleichen.

Die Ergebnisse der Analysen werden im Kapitel zu den westgriechischen Dächern in Olympia vorgestellt und eingehend besprochen. Ohne die Unterstützung

[35] Vgl. WINTER 1993, 4-5.

[36] Zur Diskussion zur Herkunft des Daches des Geloer Schatzhauses siehe: 68, Abschnitt 9.4.1.

[37] Im diesem Rahmen ist es nicht möglich, die genaue Vorgehensweise sowie die physikalischen Hintergründe der Methode detailliert zu beschreiben. Verwiesen sei hier auf die grundlegende Arbeit von Perlman und Asaro sowie auf einige Artikel von Mommsen, welche sich umfassend mit der NAA und der Datenauswertung auseinandersetzen. Siehe: PERLMAN-ASARO 1969, 21-51; MOMMSEN 1986, 127-159; MOMMSEN 2006, 179-192 (mit ausführlicher Bibliographie).

[38] Am Helmholtz-Institut für Strahlen- und Kernphysik der Universität Bonn, Nußallee 14-16, 53115 Bonn. Für weitere Informationen siehe: http://www.iskp.uni-bonn.de/gruppen/mommsen/top.html.

[39] In der Regel wird der Forschungsreaktor FRG-1 der GKSS in Geesthacht mit einer thermischen Leistung von fünf Megawatt und einem thermischen Fluss von 5*1013 Neutronen/s für die Bestrahlung verwendet. Die Bestrahlung dauert 90 Minuten.

[40] As, Ba, Ca, Ce, Co, Cr, Cs, Eu, Fe, Ga, Hf, K, La, Lu, Na, Nd, Ni, Rb, Sb, Sc, Sm, Ta,Tb, Th, Ti, U, W, Yb, Zn, Zr.

[41] Zur Veränderung der Elementkonzentration durch Bodenlagerung siehe: SCHWEDT U.A. 2004, 85-101; SCHWEDT U.A. 2006 237-251.

[42] Der Vergleich mit Daten aus anderen Laboren oder mit solchen, welche mit anderen Methoden gewonnen wurden, ist nur nach einem aufwendigen Interlaborvergleich der Spurenelementanalyse für jedes der gemessenen Elemente möglich.

von Hans Mommsen wäre die Durchführung dieser Analysen nicht durchführbar gewesen. Aufgrund des inhomogenen Materials sowie den großen Schwierigkeit bei der Beschaffung von Probenmaterial sind die Ergebnisse bei weiten nicht so ergiebig, wie bei Aufnahme der Arbeit gehofft. Lediglich bei der Herkunftsbestimmung des Daches des Geloer-Schatzhauses konnten neue Ergebnisse gewonnen werden.

3 Funktion und Verwendung

Vor der Besprechung der einzelnen Dachtypen soll ein kurzer Überblick über die Dachterrakotten als solche, ihre Funktion und ihre Verwendung gegeben werden.

Unter dem Begriff Dachterrakotten sind zunächst alle tönernen Teile des Daches zu verstehen. Hierzu zählen neben den meist undekorierten Deckziegeln, die Simen, die Geisonverkleidungen, die Antefixe, die Akrotere, sowie die Firstziegel. Die primäre Aufgabe der Dachterrakotten besteht darin, dass Innere des Gebäudes vor Witterungseinflüssen zu schützen; sekundär besitzen sie einen dekorativen Charakter und steigern durch ihre aufwendige Gestaltung und Farbigkeit die Pracht des Tempels[43].

Dekorierte Dachziegel sind ausschließlich an Sakralbauten zu finden, weder in der profanen öffentlichen Architektur noch im privaten und funeralen Bereich werden sie verwendet. Die Bemalung der in dieser Arbeit behandelten Dächer erfolgt in der Regel nur mit drei Farben: Rot, weiß und schwarz[44]. Im Folgenden werden die verschiedenen Elemente des Daches kurz charakterisiert, was den Einstig in das Material erleichtern soll. Zudem dient dieser kurze Überblick zur Festlegung der in der Literatur recht uneinheitlichen Terminologie.

3.1 Die Elemente des Daches

Flach- und Deckziegel

Die Deckung eines griechischen Daches unterscheidet sich nicht wesentlich von einer Modernen. Sie besteht aus zwei verschiedenen Typen von Ziegeln; die flachen oder leicht gebogenen, auf dem Dachstuhl aufliegenden Strotere, sowie den halbrunden oder dreieckigen Kalypteren, welche die Nähte der aneinanderstoßenden Strotere überdecken. In einigen Fällen sind Kalypter und Stroter aus einem Stück gefertigt, sie werden als Kombinationsziegel angesprochen[45].

Firstziegel - Kalypter hegemon

Die Firstziegel sind halbrunde Ziegel, die den First von Giebel zu Giebel bedecken. Sie besitzen stets ein oder zwei halbrunde Aussparungen an den beiden Langseiten des röhrenförmigen Ziegels. In diesen Aussparungen stecken die oberen Enden der Kalyptere und verbinden so beide Dachseiten. Jeder Firstziegel besitzt an einem Ende eine Muffe, in welche der nächste Ziegel gesteckt wird.

Antefixe und Akrotere

Die Akrotere sind rein dekorative Dachaufsätze, welche auf dem First, den Ecken des Daches und an den Langseiten angebracht sein können. Während die Akrotere eine rein dekorative Funktion besitzen, haben die der äußersten Reihe der Kalyptere vorgeblendeten Antefixe bei einem Traufziegeldach zudem die Aufgabe das Dach vor dem Eindringen von Wasser zu schützen.

Simen

Unter dem Oberbegriff Sima werden die aufgebogenen Ränder der Dächer, sowohl der Giebel-, als auch der Traufseite zusammengefasst. Dächer westgriechischer Typologie zeigen zudem häufig eine Horizontalsima, welche sich über dem Horizontalgeison der Schmalseiten des Baus erhebt. Die Simen an der Traufseite schützen das Dach vor dem Eindringen von Wasser durch die vordere Öffnung der Kalyptere. Sie sind fast immer mit Wasserspeiern oder sonstigen Vorrichtungen zum Ableiten des Regenwassers versehen. Die Simen der Giebelseite kanalisieren das Wasser zu den Traufseiten und Schützen die Nähte des Daches vor Wind und Regen. Die Horizontagiebelsimen scheinen einen rein dekorativen und gliedernden Charakter zu besitzen.

Geisonverkleidungen

Die Geisonverkleidungen bestehen entweder aus einer auf dem Geison aufliegenden Deckplatte, an welche eine Stirnplatte angearbeitet ist, welche die Stirn des Geisons bedeckt, oder aus einem U-förmigen Kasten, welcher das Geison von allen Seiten umschließt. Geisonverkleidungen können sowohl am Schräg- als auch am Horizontalgeison angebracht sein. Die häufig in den Stirnplatten zu findenden Löcher zeigen, dass die Verkleidungen mit Dübeln oder Nägeln am Geison befestigt waren.

Während die Geisonverkleidung in der Steinarchitektur einen rein dekorativen Charakter besitzen, ist anzunehmen, dass sie im Rahmen der Holz- und Lehmziegelarchitektur das wohl hölzerne Geison vor Witterungseinflüssen schützten[46]. Bei einer solchen funktionalen Interpretation der tönernen Verkleidung des Geisons würde man, wie Mertens bereits bemerkte, diese auch im griechischen Mutterland erwarten. Hier wird jedoch mit der frühzeitigen Versteinerung des Geisons

---

[43] Vgl. Åkerström 1966, 196-197; Mertens 1993, 117.

[44] Zur Verwendung von Farbe in der Architektur siehe: Hoepfner 2000, 37-46; Winter 2000, 47-52.

[45] Zu den eigentlichen Dachdeckungen und deren landschaftliche und technische Unterschiede Vgl. Winter 1990b, 13-32; Åkerström 1966 Abb. 64.

[46] Vgl. Mertens 1993, 127.

eine andere Lösung für den Schutz des anscheinend besonders witterungsanfälligen Geisons gefunden[47]. In Nordwestgriechenland ragen die Dächer sehr weit über das Gebäude hinaus und leiten auf diese Weise das Wasser möglichst weit von den hölzernen Teilen des Tempels ab[48].

Demnach ist die Geisonverkleidung als eine von drei unterschiedlichen Lösungsansätzen zum Schutz des hölzernen Gebälks anzusehen. Nach der vollständigen Versteinerung der westgriechischen Tempel geht dieser funktionale Charakter jedoch verloren und die Aufgabe der Geisonverkleidung ist nur noch dekorativ und gliedernd[49].

3.2 Zur Verwendung

Eine bisher vollkommen unbeachtete Tatsache ist, dass alle bisher bekannten dekorierten Dachterrakotten aus dem Umfeld der sakralen Architektur stammen; weder an profanen öffentlichen noch an privaten oder funeralen[50] Gebäuden finden dekorierte Dachterrakotten Verwendung. Dieses Phänomen ist kaum auf eine Überlieferungslücke zurückzuführen; während sich in den Heiligtümern eine unüberschaubare Zahl von dekorierten Dachterrakotten aller Art erhalten hat, ist aus einem anderen Kontext kein Beispiel nachweisbar. Die Verwendung dieser Architekturelemente verbat sich anscheinend im profanen Bereich und war sakralen Architekturkontexten vorbehalten. Sie stellen so einen festen Bestandteil des Zeichensystems der westgriechischen Sakralarchitektur archaischer Zeit dar.

Diese Beschränkung der Verwendung von Dachterrakotten scheint sich nicht nur auf die westlichen Kolonien zu beschränken, sondern ist auch in den mutterländisch griechischen sowie den ionischen Poleis zu beobachten[51]. Eine Erklärung für dieses Phänomen ist wohl nur durch eine vollständige Analyse der einzelnen Elemente des griechischen Tempels und deren Verwendung im außersakralen Kontext zu gewinnen. Eine solche Untersuchung kann im Rahmen dieser Arbeit jedoch nicht geleistet werden.

Es ist jedoch unzweifelhaft, dass ein mit bunten Dachterrakotten geschmückter Bau dem Betrachter sofort verdeutlicht haben muss, dass es sich um Architektur in einem sakralen Kontext handelte.

[47] Vgl. Rhodes 1987, 478; Mertens 1993, 120-121.

[48] Vgl. Mertens 1993, 121.

[49] Langlotz weist der tönernen Verkleidung auch am Steintempel noch eine schützende Funktion zu; da der in Westgriechenland anstehende Kalkstein weicher sei als der im griechischen Mutterland und daher eines tönernen Schutzes bedarf. Gegen diese These spricht die große Anzahl der steinernen Simen im 5. Jh. v. Chr. Demnach scheint die Verwitterung des Poros kein Problem darzustellen. Vgl. Langlotz 1963, 19.

[50] Von Viola werden einige tarentinische Anthemiensimen mit Grabbauten in Form eines Naiskos verbunden. Für diesen Zusammenhang kann jedoch kein Hinweis gefunden werden. Auch in der umfangreichen Arbeit Andreassis über diese spezielle Variante der Anthemiensima findet sich kein Hinweis auf die Zugehörigkeit dieser Simen zu einem funeralen Kontext. Vgl. Viola 1996, 166; Andreassi 1972, 167-190. Die in einem naxischen Schiffs-Arsenal gefundenen Antefixe gehören wie Lentini bereits bemerkte zu einem früheren Bau. Vgl. Lentini-Blackmann 2003, 421-422.

[51] Ob es hier, anders als im Westen, Ausnahmen gibt, müsste durch eine eingehende Untersuchung aller Fundkontexte von dekorierten Dachterrakotten geklärt werden. Eine solche Analyse kann im Rahmen dieser Arbeit jedoch nicht erfolgen. In der etruskischen Architektur scheinen auch die Dächer nicht sakraler Bauten dekoriert gewesen zu sein. Die Verwendung dekorierter Dachterrakotten außerhalb sakraler Kontexte ist jedoch bisher auch für die etruskische Architektur nicht eingehend untersucht worden. Vgl. Wikander 1981, 45.

4 Die frühe Periode

Am Anfang der hier vorliegenden Untersuchung stehen die Dächer, die den Beginn der westgriechischen Dachterrakottaproduktion bilden. Bisher ist es vollkommen ungeklärt, in welcher der westgriechischen Kolonien man damit begann, Sakralbauten mit dem aufwendigen Terrakottaschmuck zu verzieren. Ebenfalls unklar ist, ob die Dächer zunächst lediglich aus der einfachen, undekorierten Dachdeckung bestanden oder ob sie von Anfang an einen geschmückten Dachrand besaßen[52].

Immer wieder wurde in diesem Zusammenhang auf die Vorbildfunktion der mutterländischen Dächer für die westgriechischen Koroplasten hingewiesen. Die Eigenarten der sizilischen und unteritalischen Dächer lassen aber auch die Vermutung zu, dass sie nicht auf Anregungen aus dem Osten angewiesen waren, sondern dass ihrer Ausprägung die Ideen und die Gestaltungskraft einheimischer Handwerker und Künstler zu Grunde liegen.

Erschwert wird die Bearbeitung der ersten Generationen von ornamental dekorierten Dachterrakotten durch ihre geringe Zahl. Neben den Blattstabsimen, den Rosettensimen und den Hörnerdächern sollen einige singuläre Einzelstücke im Zusammenhang der frühen Dächer besprochen werden.

4.1 Blattstabsimen

Die sog. Blattstabsimen wurden immer wieder an den Anfang der Produktion westgriechischer architektonischer Terrakotten gesetzt[53]. Die Simen dieses Typs bestehen lediglich aus einer einfachen Hohlkehle, deren Ende in eine schmale Leiste umbricht. Die Sima ist direkt an die Strotere der äußersten Lage angearbeitet; die Dekoration besteht stets aus einem Blattstab. Diese Simen lassen sich sowohl in den sizilischen als auch in den unteritalischen Poleis in geringer Zahl beobachten.

In Sizilien können mit **GRAM 1**[54], **SYRA 1** und **HIME 3** lediglich drei Dächer diesem Typus zugesprochen werden. Eine weiteres Stück aus Megara Hyblaea (**MEGA 1**) lässt sich mit großer Wahrscheinlichkeit ebenfalls diesem Typus zuordnen, durch das Fehlen des unteren Teils der Sima ist ihr genaues Aussehen jedoch nicht mehr zu klären. In den unteritalischen Poleis lassen sich mit **TARE 1** und **LOKR 2** gar nur zwei Blattstabsimen beobachten.

Bei den Simen aus Megara Hyblaea und Grammichele besteht der Blattstab auf der Kehle aus langen, schmalen Blättern mit parallelen Kanten. Bei **SYRA 1** und der lokrischen Sima sind sie etwas breiter und laufen unten leicht zusammen. Die tarentinische Sima wiederholt die parallele Gestaltung des Blattstabes, die einzelnen Elemente sind hier jedoch plastisch umrandet. Des weiteren hebt sich das tarentinische Stück durch den abgesetzten Sockel von den übrigen Simen dieses Typs ab. **HIME 5** zeigt einen Blattstab aus lyraförmigen Blättern, welcher bereits den kanonischen Dächern der dritten Generation[55] verpflichtet ist. Zu datieren ist das Stück daher in das letzte Drittel des 6. Jhs. v. Chr.

Die beiden Simen **SYRA 1** und **LOKR 2** geben sich durch Systeme zur Wasserableitung als Traufsimen zu erkennen. Die lokrische Sima besitzt einfache halbkreisförmige Einschnitte zur Ableitung des Regenwassers.Åkerström hält diese Einschnitte zum Wasserabfluss für einen Provinzialismus. Er nimmt an, dass sich bei den frühen westgriechischen Dächern bei Regen das Wasser seinen Weg wie ein Wasserfall über die Simakante suchen musste. [56] Diese Methode der Wasserableitung kann jedoch mit Sicherheit ausgeschlossen werden. Die Sima würde das Wasser zurückhalten und es stände bei feuchter und kühler Witterung lange auf dem Dach und könnte sich leicht seinen Weg zum hölzernen Dachstuhl bahnen und diesen schädigen. Daher muss angenommen werden, dass es sich bei den Wasserabflüssen keineswegs um einen Provinzialismus, sondern bei einer gewissen Höhe der Sima um eine absolute Notwendigkeit zum Schutz des Gebäudes handelt.

Auf welche Weise das Wasser von der syrakusanischen Sima abfloss, ist nicht mehr zu klären. Zu welcher Seite die übrigen Blattstabsimen gehören ist unklar, die Fragmente der einzelnen Dächer zeigen zwar einerseits keine Details, die auf ein System zur Wasserableitung hindeuten würden, andererseits sind sie alle so kurz, dass nicht auszuschließen ist, dass sie solche besaßen.

4.1.1 Die Vorbilder für die Blattstabsimen

Bisher wurde stets die These vertreten, dass die Blattstabsimen auf mutterländische Vorbilder zurückzuführen sind[57]. Dies bedarf jedoch einer Überprüfung und einer Neubeurteilung. Bei einem Vergleich der westgriechischen Blattstabsimen mit den Exemplaren aus mutterländisch-griechischer Produktion wird deutlich,

[52] Vgl. Mertens 1993, 117.

[53] Diese Dächer werden von Wikander unter *The early period*, und von Winter unter *Greek mainland-influenced simas* zusammengefasst. Vgl. Wikander 1986, 12; Winter 1993, 275.

[54] Die Katalognummern bestehen aus einer abgekürzten Form des Fundorts sowie einer laufenden Nummer.

[55] Siehe Seite 39, Abschnitt 6.6.

[56] Vgl. Åkerström 1966, 260.

[57] Vgl. Wikander 1986, 12; Åkerström 1966, 260-265; Scichilone 191-193; Martin 1965, 91; Dunbabin 1948, 269.

dass sich neben den Gemeinsamkeiten in Form und Dekor auch große Unterschiede beobachten lassen, welche an den bisherigen Annahmen zur Herkunft des Typus der westgriechischen Blattstabsima zweifeln lassen. Als Vorbilder für die frühen Dächer in den westlichen Kolonien wurden bisher die korinthischen und die nordwestgriechischen Dächer vorgeschlagen.

Während die westgriechischen Blattstabsimen eine lange, weit ausladende Kehle zeigen, deren Vorder- und Rückseite parallel verlaufen und an ihrem oberen Ende zu einer vertikalen Leiste umbrechen, ist die Kehle der korinthischen Simen[58] recht schwach; die Rückseite der Kehle verläuft nahezu senkrecht und bricht an ihrem oberen Abschluss rechtwinklig um. Neben diesen morphologischen Unterschieden sind die dekorstilistischen Abweichungen noch auffälliger. Die westgriechischen Blattstabsimen besitzen, bis auf das oben besprochenen Stück aus Tarent, keinen abgesetzten Sockel, der bei den Simen korinthischen Typs jedoch ein Hauptelement der Ornamentik darstellt[59].

Gerade vor dem Hintergrund der von Åkerström immer wieder betonten Abhängigkeit der syrakusanischen Dachterrakotteproduktion von der korinthischen[60], erscheinen diese Unterschiede befremdlich und machen es wenig wahrscheinlich, dass die frühen Simen im Westen direkt von korinthischen Vorbildern abhängig sind.

Neben der Herkunft aus dem Umkreis der korinthischen Architektur wurde auf die Gemeinsamkeiten der frühen Dachterrakotten Nordwestgriechenlands mit denen in den westlichen Kolonien hingewiesen. Zuerst wurde dieser Zusammenhang von Rhomaios erkannt[61], welcher eine Verbindung von den Terrakotten aus Monrepos mit den Simen mit *weit ausladender Hohlkehlensima* in Unteritalien und Sizilien herstellte[62]. Eine Betrachtung eines Daches von der Akropolis von Monrepos[63] und vom Tempel C in Thermon[64] lässt diesen Zusammenhang deutlich werden. Beide Simen sind an einen, auf dem Traufziegel aufliegenden Flachziegel angebracht, so dass die Vorderkante des Traufziegels den Sockel der Sima bildete. Die Sima selbst besteht aus einer weit ausladenden Kehle mit parallel verlaufender Vorder- und Rückseite, welche abschließend zu einer vertikalen Leiste umbrechen. Der Dekor der Sima aus Thermon[65] zeigt auf der Kehle einen niedrigen Blattstab und auf der Leiste zwei gegenläufige Bänder aus diagonalen Streifen. Das Motiv der Leiste wird auf der Stirnseite des Traufziegels wiederholt[66].

Die westgriechischen Blattstabsimen zeigen somit große morphologische und dekorstilistische Gemeinsamkeiten mit den frühen Dächern aus Nordwestgriechenland. Sie bestehen ebenfalls aus einer weit ausladenden Kehle mit parallel verlaufender Vorder- und Rückseite. Mit gegenläufigen Bändern aus diagonalen Streifen auf Sockel und abschließender Leiste finden bei der Sima **TARE 4** zudem die gleichen Dekorelemente Verwendung. Neben diesen Gemeinsamkeiten müssen jedoch auch Unterschiede aufgezeigt werden: Die tarentinische Sima ist direkt an den Traufziegel angearbeitet, während die beiden Simen aus Nordwestgriechenland als gesondertes Bauteil auf dem eigentlichen Dach aufliegen. Dies muss als experimentelle Vorstufe verstanden werden, denn der zusätzliche Flachziegel erhöht das Gesamtgewicht des Daches und bringt weder einen funktionellen noch einen dekorativen Vorteil gegenüber der direkt auf den Traufziegel aufgesetzten Sima, deren Herstellung aber mit Sicherheit ein größeres handwerkliches Geschick erforderte. Sämtliche Simen dieses Typs im Westen zeigen aufgrund der direkten Anarbeitung der Sima an den Traufziegel bereits eine etwas fortgeschrittenere Stufe.

Aufgrund der großen Gemeinsamkeiten in Form und Dekor erscheint eine direkte Verbindung der westgriechischen Simen mit denen des nordwestlichen Griechenlands wesentlich wahrscheinlicher, als die mit dem Umfeld der korinthischen Architektur. Die beiden zum Vergleich herangezogenen Simen aus Thermon und Monrepos sind durch ihre Gestaltung als gesondertes Bauteil als experimentelle Vorstufe zu den direkt an den Traufziegel angearbeiteten Simen zu verstehen. Ein weiterer Hinweis auf die spätere Entstehung der tarentinischen Sima sind deren plastisch umrandete Blattstabblätter, welche schon auf dass das Dach des kerkyräischen Artemisions aus den Jahren um 580 v. Chr. vorausweisen[67]. Ein weiterer Hinweis auf die Verbindungen der unteritalischen und der nordwestgriechischen Architektur ist in der großen räumlichen Nähe der Landschaften zu sehen.

[58] Heiden 1987 Profilzeichnungen 1-2; Winter 1993 Abb. 5.

[59] Vgl. Heiden 1990, 39-42; Åkerström 1966, 262.

[60] Åkerström 1966, 260; 262-263.

[61] Schleif u.a. 1940, 162.

[62] Einen Hinweis auf welche westgriechischen Stücke er seine Beobachtungen bezieht, liefert Rhomaios jedoch nicht.

[63] Schleif u.a. 1940, 143-162 Abb. 135; 137; Heiden 1985, 56.

[64] Koch 1915, 56; Heiden 1985, 53; Schleif u.a. 1940, 153-154 Abb. 136. Rhomaios weist daraufhin, dass die Beschreibung Kochs unzulänglich sei. Vgl. Schleif u.a. 1940, 155, Anm. 1.

[65] Auf der Sima aus Monrepos hat sich kein Dekor erhalten. Vgl. Schleif u.a. 1940, 154.

[66] Ob dieser Simatypus in Nordwestgriechenland verbreitet war, kann nicht geklärt werden, da die von Winter angekündigte Publikation der nordwestgriechischen Dachterrakotten durch Papapostolou bis heute nicht erschienen ist. Vgl. Winter 1993, 112 Anm. 7.

[67] Vgl. Schleif u.a. 1940, Farbtafel zwischen S. 104.

4.1.2 Die Entwicklung der westgriechischen Blattstabsimen

Während sich die tarentinische Sima **TARE 4** noch stark an die nordwestgriechischen Vorbilder anlehnt, fehlen bei dem lokrischen und den sizilischen Dächern sowohl der profilierte Sockel als auch der Dekor des Sockels und der Leiste mit gegenläufigen diagonalen Streifen; auch die plastische Umrandung des Blattstabes ist ein Element, welches keinen Eingang in die Architektur der kampanischen und sizilischen Kolonien findet. Diese Simen bestehen alle aus einer langen Kehle, deren Abschluss zu einer vertikalen Leiste umbricht; ein profilierter Sockel fehlt.

Sizilien

Winter leitet aus Unterschieden in der Gestaltung der Blattstäbe auf den Kehlen der frühen sizilischen Blattstabsimen unterschiedliche Vorbilder ab[68]. Die syrakusanische Sima **SYRA 1** mit ihren kurzen Blattstabblättern und der weit ausschwingenden Kehle wird von ihr mit der Traufsima des frühen Apollo-Tempels in Thermon[69] in Verbindung gebracht, während die Sima **GRAM 1** eher an die Unterseite der Traufziegel der frühen nordwestgriechischen Dächer erinnern soll. Es scheint jedoch fraglich, ob aus diesen, doch eher geringen Abweichungen tatsächlich unterschiedliche Vorbilder abgeleitet werden können. Zudem können diese Beobachtungen kaum nachvollzogen werden, da der größte Teil der nordwestgriechischen Dachterrakotten noch unpubliziert ist und Winter ihre These durch kein Beispiel belegt.

Auch von einem weiteren Ausschwingen der Sima aus Syrakus als bei der aus Grammichele kann nicht die Rede sein. Die Blätter des Blattstabes bei **SYRA 1** sind allerdings etwas breiter als die bei dem Stück aus Grammichele und erinnern an die der oben bereits besprochenen Sima **LOKR 2**, während das Stück aus Grammichele eher die langen und schmalen Blattstabblätter der Sima aus Tarent[70] wiederholt. Ob hieraus wirklich ein unterschiedliches Vorbild oder eine unterschiedliche Datierung abgeleitet werden kann, ist zweifelhaft.

Während die Sima aus Lokri mit einer Geisonverkleidung verbunden ist, kann für die beiden sizilischen Blattstabsimen eine solche nicht nachgewiesen werden. Wikander[71], Winter[72] und Darsow[73] vertreten die These, dass sie keine besaßen, Süsserott[74] hingegen nimmt an, dass sie mit einer Geisonverkleidung verbunden waren. Anhand von nur zwei erhaltenen Fragmenten kann diese Entscheidung kaum getroffen werden. Durch die große Ähnlichkeit mit dem lokrischen Dach, erscheint eine Ausstattung der frühen sizilischen Dächer mit einer Geisonverkleidung zumindest nicht unwahrscheinlich.

Festzustellen ist, dass die frühen unteritalischen Blattstabsimen noch viel eher an die nordwestgriechischen Dachterrakotten erinnern als die etwas spätere Sima aus Lokri sowie die sizilischen Blattstabsimen. Weder der plastische umrandete Blattstab, noch der klar abgesetzte Sockel finden in Sizilien Verwendung.

Daher erscheint die Annahme berechtigt, dass die Anregung für die Dekoration der Dächer mit Blattstabsimen nicht aus dem griechischen Mutterland selbst, sondern auf Umwegen über die nördlichen Kolonien auf dem italischen Festland nach Sizilien gelangte.

4.1.3 Die Datierung der Blattstabsimen

Winter nimmt für die Blattstabsimen, abhängig von den frühen nordwestgriechischen Stücken eine Datierung in den Zeitraum von 620-600 v. Chr. an[75]. Eine Datierung in das letzte Viertel des 7. Jhs. v. Chr. wird von Süsserott[76] und Scichilone[77] vorgeschlagen. Eine genaue zeitliche Einordnung der Blattstabsimen ist durch die nur wenigen erhaltenen Stücke schwierig; eine ungefähre Eingrenzung der Entstehungszeit lässt sich jedoch durch die Abhängigkeit der westgriechischen Blattstabsimen von den frühen Dächern Nordwestgriechenlands erschließen. Das Dach des Tempels C in Thermon wird von Heiden anhand der Wasserspeier und der Antefixe in die Mitte der zweiten Hälfte des 7. Jh. v. Chr. datiert[78]. Die großen Gemeinsamkeiten der Sima **TARE 4** mit diesem Dach deuten auf eine nicht viel spätere Entstehung des tarentinischen Daches noch im 7. Jh. v. Chr. hin. Die bisher vorgeschlagenen Datierung für die tarentinische Sima beruht auf einem

---

68 WINTER 1993, 275.
69 WINTER 1993, 113 Abb. 12 a, b.
70 Vgl. **TARE 4**.
71 WIKANDER 1986, 27.
72 WINTER 1993, 277.
73 DARSOW 1938, 45; 63.
74 SÜSSEROTT 1944, 115.
75 WINTER 1993, 275.
76 Die frühen sizilischen Blattstabsimen werden von Süsserott unter *Altsizilische Traufborddächer* zusammengefasst. SÜSSEROTT 1944, 122 *Syrakus A1*.
77 SCICHILONE 1962, 193.
78 Heiden kommt zu dieser Datierung durch Vergleiche der Löwenkopfwasserspeier mit den Löwenköpfen protokorinthischer Kopfgefäßen. Vgl. HEIDEN 1987, 55; Winter folgt dieser Datierung Heidens. Vgl. WINTER 1993, 112. Anm. 7.
79 LIPPOLIS 1996, 175.

Vergleich mit dem kerkyräischen Artemistempel[79], welcher aber bereits ein deutlich fortschrittlicheres Dach aus der Zeit um 580 v. Chr. besitzt[80]. Die Sima **LOKR 2** dürfte demnach in die Zeit um 600 v. Chr. gehören[81]. Aufgrund der Abhängigkeit der sizilischen von den unteritalischen Blattstabsimen erscheint die Einordnung dieser Stücke durch Winter in die Jahre von 620-600 v. Chr. zu früh[82]; sie dürften eher an den Beginn des 6. Jhs. v. Chr. zu setzen sein.

[80] HEIDEN 1987, 52.
[81] Diese Datierung wurde auch bereits vom Ausgräber vorgeschlagen. Vgl. DEFRANCISIS 1979, 94.
[82] WINTER 1993, 275.

4.2 Ein nordwestgriechisches Dach aus Cavallino

Der für die Blattstabsimen aufgezeigte enge Kontakt zwischen Nordwestgriechenland und den unteritalischen Kolonien wird weiterhin durch das Dach **CAVA 1** aus Cavallino belegt[83]. Es besteht aus einer schwachen Kehle sowie aus einem hohen Sockel, welcher mit einem plastischen Spiralband dekoriert ist, in dessen Zwickel dreiteilige Palmetten eingeschrieben sind. Sowohl das Spiralband, als auch die Anordnung und Gestaltung der Palmetten wiederholen in genauer Weise den Dekor der Geisonverkleidung des Artemistempels auf Korfu[84] und der westgriechischen Hörnerdächer[85] in Olympia. Wie bereits mehrfach erwähnt, ist der plastisch umrandete Blattstab ebenfalls ein typisches Element der nordwestgriechischen Dächer; bei den bekannten Dächern dieses Typus gehört die mit Spiralbändern dekorierte Zone jedoch stets zur Geisonverkleidung und ist durch einen Rosettenfries vom Blattstab auf der Kehle getrennt[86]. Bei den Simen ohne angearbeitete Geisonverkleidung fällt die Zone mit dem Spiralband weg[87].

Im Profil wiederholt die Sima nicht die Form der frühen westgriechischen Blattstabsimen mit paralleler Vorder- und Rückseite der Kehle, sondern die der korinthischen Simen dieser Art mit der am oberen Abschluss rechtwinklig umbrechender Rückseite der Kehle[88]. Dies könnte ein Hinweis darauf sein, dass die westgriechischen Werkstätten nicht nur mit der Architektur Nordwestgriechenlands, sondern auch mit der korinthischen vertraut waren. Durch die Singularität des Stückes ist dies jedoch nur als Hypothese zu verstehen.

Dass zwischen Nordwestgriechenland und den unteritalischen Kolonien ein recht reger Kontakt bestand, wird durch dieses Stück eindeutig belegt. Besonders die Gestaltung des Spiralbandes setzt eine recht genaue Kenntnis der Tondächer nordwestgriechischer Produktion voraus. Die Eigenständigkeit der unteritalischen Werkstätten zeigt sich darin, dass durch das Fehlen der Zone mit Rosettenfries das Vorbild aus dem Mutterland nach eigenen Vorstellungen umgestaltet wird. Datiert werden muss **CAVA 1** abhängig vom in den Jahren um 580 v. Chr. entstandenen Dach des kerkyräischen Artemisions in das zweite Viertel des 6. Jhs. v. Chr.

[83] Auf die Verbindung dieses Daches mit der kerkyräischen Architektur haben bereits Mertens und Viola sowie D´Andria hingewiesen. Vgl. MERTENS-VIOLA 1990, 239-240; D'ANDRIA 1977, 552-553.
[84] Vgl. SCHLEIF U.A. 1940, Farbtafel zwischen S. 104.
[85] Siehe Seite 65, Abschnitt 9.2.
[86] Vgl. SCHLEIF U.A. 1940 Farbtafel zwischen S. 104 und 105; LE ROY 1967 Taf. 20, 1.
[87] Vgl. SCHLEIF U.A. 1940, 125 Abb. 94
[88] Vgl. HEIDEN 1987, Profilzeichnung 1-2.

4.3 Dächer dorischer Typologie - Dächer mit Hörnerantefixen

Ebenfalls in den Rahmen der Dächer der frühen Periode einzuordnen sind die, welche sog. *Hörnerantefixe* mit Elementen der dorischen Steinarchitektur verbinden. Die Ornamente werden fast ausnahmslos mit einem Rollstempel aufgebracht. Dieser Typus kann in Sizilien nicht beobachtet werden und beschränkt sich auf Unteritalien, Olympia und Delphi. Durch die geringe Anzahl und die geringen Gemeinsamkeiten der Dächer mit anderen Typen ist eine zeitliche Einordnung problematisch. Angesprochen werden diese Dächer als *Dorische Dächer* oder als *Dächer mit Hörnerantefixen*[89].

Der Ursprung der Dächer mit dorischen Elementen und Hörnerantefixen liegt nach Mertens in der Gegend von Krotone, wo dieser Typus in mehreren Exemplaren belegt ist[90]. Begründet werden muss die Umsetzung des steinernen dorischen Gebälks in Ton wohl durch das Fehlen eines geeigneten Bausteins in dieser Gegend, ohne den die Herstellung der komplexen Elemente des dorischen Gebälks nicht möglich ist. Die Dächer stellen jedoch keine direkte Kopie der steinernen Vorbilder dar, sondern setzen deren Details zu einem neuen Ganzen zusammen, ohne auf die strenge architektonische Ordnung des dorischen Tempels Rücksicht zu nehmen. Es entsteht ein Zerrbild der dorischen Ordnung. Mertens führt dies nicht auf ein provinzielles Unverständnis der dorischen Tempelordnung zurück, sondern auf die Tatsache, dass diese selbst noch in der Entwicklung war, als die tönernen Varianten entstanden. Sie stellen seiner Meinung nach einen selbständigen Weg der westgriechischen Kolonien zur „Nobilitierung" der eigenen Architektur dar.

Am Beispiel der beiden auffälligsten und auch ungewöhnlichsten Dächer eines kleinen Heiligtums in S. Anna (**KROT 1**) südlich von Krotone und das des Tempels des Apollo Alaios in Ciró (**CIRO 1**) soll diese Theorie überprüft werden.

4.3.1 Unteritalien

Ein kleines Dach aus S. Anna

Für das Dach aus S. Anna nimmt Mertens eine Entstehung noch im ersten Viertel des 6. Jhs. v. Chr. an. Begründet wird diese zeitliche Einordnung durch die Nähe der plastischen Ornamentik zu den frühen, mit dem Rollstempel hergestellten figürlichen Friesen[91] in den unteritalischen Kolonien[92]. Diese Argumentation ist nicht schlüssig, gehört doch der plastische, reliefartige Dekor in der gesamten Laufzeit der unteritalischen Dachterrakotten zum typischen Repertoire der Koroplasten und kann so kaum als Anhaltspunkt für eine Datierung dienen. Neben der Verwendung eines reliefierten Dekors zeigen das Dach aus S. Anna und die figürlichen Friese aus dem Rahmen der metapontinischen Architektur keinerlei Gemeinsamkeiten.

Viel eher lässt sich **KROT 1** mit den frühen kanonischen sizilischen Dächern in Verbindung bringen. Die Trennung in Sima und Geisonverkleidung, die Gliederung durch gestreifte Rundstäbe, die Dekoration der Kehle mit einem Blattstab und die Röhrenwasserspeier sind eindeutig Elemente der sizilischen Dächer. Lediglich die Gestaltung der Stirnplatte als Metopen-Triglyphenfries, die Regula, die Guttae und die Hörnerantefixe sind Ergänzungen der krotonischen Koroplasten. Die Verkleidung des Tempels in S. Anna ist demnach nicht als eigenständiger Typ, sondern viel eher als lokale Variante der kanonischen Sima zu verstehen, deren traditionelle Gestaltung durch Elemente der dorischen Architektur ergänzt wird.

Über diese Abhängigkeit von den frühen kanonischen Dächern ist auch die Datierung der ungewöhnlichen Verkleidung zu erschließen. Die einfachen tropfenförmigen Blätter auf der Kehle der Sima lassen sich am ehesten mit den frühen, im ersten Viertel des 6. Jh. v. Chr. entstandenen lokrischen Simen[93] in Verbindung bringen. Durch diese Abhängigkeit und die Verwendung der erst nach 580 v. Chr. auftretenden Röhrenwasserspeier, erscheint eine Entstehung von **KROT 1** in der Zeit um 570 v. Chr. am wahrscheinlichsten.

Die hohe Qualität lässt erkennen, dass die Handwerker mit der Herstellung solcher Dächer schon vor der Produktion von **KROT 1** vertraut waren. Die Entwicklung der tönernen Umsetzung der Elemente des dorischen Gebälks fällt damit wohl tatsächlich in die Zeit vor der endgültigen Festlegung der dorischen Ordnung, wie bereits von Mertens postuliert[94]. Dies und die äußerst qualitätvolle Ausführung des Stückes zeigen, dass es sich nicht um einen stumpfe provinzielle Variante handelt, sondern um eine eigenständige Interpretation der zeitgenössischen dorischen Architektur.

Das Dach des Tempels des Apollo Aleios

In einem zweiten Schritt werden die Merkmale des kanonischen Daches fast vollständig verdrängt, nur der Blattstab bleibt, wenn auch in vereinfachter Form, erhalten. Die Betonung des Daches liegt nun eindeutig

[89] WINTER 1993, 283; 287-288. Der bisher verwendete Begriff „Hörnerdächer" soll hier keine Verwendung finden. Der Begriff wird ebenfalls für einen Typ des Traufziegels verwendet und ist daher nicht eindeutig. Vgl. SCHWANDNER 1990, 297.
[90] MERTENS 2006, 94-95.
[91] MERTENS 2006, 92-93 Abb. 116; 118-120.
[92] MERTENS 2006, 95.
[93] Vgl. **LOKR 4B, 7** und **8**.
[94] MERTENS 2006, 95.

auf den dorischen Elementen und den Hörnerantefixen.

Ein solches Dach trug der Tempel des Apollo Aleios in Cirò. Dieser kann durch die Plandisposition des Baus nach Mertens nicht vor dem zweiten Viertel des 6. Jhs. v. Chr. entstanden sein[95]. Sein Dach **CIRO 1** ist daher einige Jahre später als das des kleinen Tempels in S. Anna anzusetzen. Die Antefixe greifen nicht mehr so weit aus wie beim früheren Dach aus S. Anna. Sie erinnern eher an ein Zelt mit eingezogenen Kanten. Diese fortgeschrittene Form unterstützt die Datierung Mertens´ in die Jahrhundertmitte.

Die Geisonverkleidung besteht bei diesem Bau aus zwei Fascien, an welchen Regulae mit je fünf Guttae hängend angebracht sind. Gegenüber den oberen Regulae sind die unteren diagonal versetzt. Die Sima wird durch eine unprofilierte Leiste gebildet, der darauf befindliche Blattstab ist mit dem Rollstempel geprägt. Darüber folgen wieder die typischen Hörnerantefixe, die sich über eine Regula mit fünf Guttae erheben. Das dorische Dach des Tempels zeigt, dass dieses nicht als Ersatz für ein steinernes dorisches Gebälk zu verstehen ist, da der Bau neben seinem dorischen Dach zudem ein kanonisches dorisches Gebälk aus Stein aufweist[96]. Die Wiederholung der dorischen Ordnung in Ton kann so nur als ein Zitat älterer Architektur verstanden werden, welches es ermöglichte den Tempel in die lokale Sakral- und Architekturtradition einzubinden. Dies bestätigt die oben angeführte These, dass es sich bei den dorischen Dächern nicht um ein provinzielles Unverständnis der dorischen Ordnung handelte, sondern um eine bewusste Entscheidung für die Ausprägung einer eigenen und unabhängigen lokalen Architekturtradition. Die Architekten halten am dorischen Dach fest, obwohl die dorische Ordnung bereits Eingang in die westgriechische Architektur gefunden hat.

Wie bewusst sich die unteritalischen Kolonisten ihrer eigenen und unabhängigen Architekturtradition waren, zeigen eindrucksvoll die Dächer ihrer Schatzhäuser in Olympia und Delphi, für die sie genau auf diesen Typus zurückgriffen. Die dorischen Dächer in den beiden panhellenischen Heiligtümern sollen jedoch nicht an dieser Stelle, sondern im Rahmen der westgriechischen Dächer besprochen werden[97].

4.3.2 Sonstige Verbreitung

Außer den bereits besprochenen Dächern können nur wenige weitere dieses Typs in Westgriechenland beobachtet werden. Neben einigen winzigen Fragmenten in Metapont, einem recht gut erhaltenen Dach in Paestum und einem Dach aus Kaulonia finden sich keine weiteren Hörnerdächer.

Die metapontinischen Dächer geben sich durch ihre Regulae mit Guttae als dorische Dächer zu erkennen[98]. Durch die wenigen Fragmente kann über diese Dächer und ihre Einordnung keine weitere Aussage getroffen werden.

Die Fragmente von **KAUL 5** stellen nahezu eine Wiederholung des Daches aus Cirò dar[99]. Die Antefixe mit den verschliffenen Hörnern lassen es zu, dieses Dach ebenfalls in die Mitte des 6. Jhs. v. Chr. zu datieren. Die Gemeinsamkeiten in Form und Ausführung des gestempelten Blattstabes lassen es sogar möglich erscheinen, dass beide Dächer durch dieselbe Werkstatt innerhalb eines kurzen Zeitraumes geschaffen wurden.

Das hervorragend erhaltene kleine Dach **PAES 9** wird ebenfalls stets in den Zusammenhang der dorischen Dächer mit Hörnerantefixen eingegliedert. Es stammt aus dem Athenaheiligtum in Paestum und soll einst das Schatzhaus der Sybarer geschmückt haben[100]. Einen überzeugenden Beleg für die Zuweisung kann jedoch nicht gefunden werden. Die Giebelsima von **PAES 9** besteht aus einer unprofilierten Leiste, die von einem Rundstab abgeschlossen wird; die Traufsima aus den typischen Elementen des sizilischen Daches: Sockel (wenn hier auch sehr flach), Rundstab, Kehle mit Blattstab, Leiste mit einem Schachbrettmuster und einem abschließenden Rundstab. Zudem sind in die Sima die typisch sizilischen Röhrenwasserspeier eingeschnitten. Auch die zugehörige Geisonverkleidung wiederholt sizilische Vorbilder. Über den Simen sind die weit ausgreifenden Hörnerantefixe angebracht. Es fehlen die Elemente der dorischen Architektur. Ungewöhnlich ist zudem die Dekoration der Giebelsima mit einem gestempelten einfachen Anthemion, welches im Westen selbst keine Entsprechung findet. Der Anthemienfries findet sich jedoch mit **OLYM 5** und **OLYM 7** auf Dächern westgriechischer Typologie in Olympia. Ein sehr frühes Dach aus Thermon[101] ist mit einem ähnlichen Ornament dekoriert, was vermuten lässt, dass der Ursprung des Anthemions in Nordwestgriechenland zu suchen ist[102].

95 Mertens 2006, 96.
96 Orsi 1933 53-56 Abb. 21-27.
97 Siehe Seite 65, Abschnitt 9.2.
98 Vgl. Mertens-Viola 1990, 244 Taf. 35 e; f.
99 Vgl. Barello 1995, Taf. 12.
100 Winter 1993, 283 Anm. 50.
101 Mertens-Viola 1990, Taf. 36 Abb. e.
102 Mertens-Viola 1990, 245.
103 Moreno 1963, 210-229; Guarducci 1967, 113; Mertens-Viola 1990, 244.

Einen Anhaltspunkt zur zeitlichen Einordnung des Daches liefern die Versatzmarken auf der Rückseite der Verkleidung, die nach paläographischen Kriterien in die Jahre um 580/570 v. Chr. datiert werden[103]. Für eine solche Datierung an den Beginn der Hörnerantefixe spricht auch deren weit ausgreifende Form sowie die Verwendung der sizilischen Elemente, die am ehesten an das frühe Dach aus S. Anna erinnern. Dieser Zusammenhang und die enge Verwandschaft der Elemente der Traufsima mit den frühen kanonischen Dächern macht eine Datierung des Daches in die Zeit um 575 v. Chr. wahrscheinlich. In den Rahmen der pästanischen Architektur kann es mangels vergleichen nur schwer eingeordnet werden und ist hier als isoliertes Phänomen zu betrachten.

4.3.3 Zusammenfassung

Die ungewöhnlichen Dächer mit Hörnerantefixen und Elementen aus der dorischen Steinarchitektur sind in ihrer Zahl zwar gering, für das Verständnis der unteritalischen Architektur sind sie jedoch von immenser Bedeutung. Sie sind ein Zeugnis für die Eigenständigkeit der dorischen Architektur in Unteritalien und nicht eines Provinzialismus, welcher den Eigenheiten der westgriechischen Architektur - gar der ganzen Kunst - häufig zu Grunde gelegt wird. Sie stehen am Beginn der griechischen Steinarchitektur und zeigen eigene Wege der dorischen Ordnung auf, welche zu dieser Zeit noch nicht voll entwickelt gewesen sein kann. Die frühen Dächer dieser Typologie sind eindeutig in der Entwicklung eines eigenen unteritalischen Architekturverständnisses durch Vorbilder aus Sizilien und dem griechischen Mutterland entstanden. Sie bilden sich in den Jahren um 580 v. Chr. erstmals aus und finden bis in die Mitte das Jahrhunderts Verwendung. Die Aufgabe des dorischen Daches kann nur durch den Siegeszug der dorischen Ordnung in steinerner Ausformung erklärt werden. Der seltsamen Redundanz der dorischen Elemente am Tempel des Apollo Alaios in Ciró konnte kein langer Erfolg beschieden sein. Andere Dächer waren besser geeignet, um das nun kanonische dorische Architektursystem zu ergänzen.

Wie wichtig die dorischen Elemente und die Hörnerantefixe für das Verständnis der eigenen Architektur- und Sakraltradition waren, zeigt die Verwendung dieses Dachtypus in Olympia und Delphi[104].

[104]Siehe Seite 65, Abschnitt 9.2.

4.4 Rosettendächer

Um eine weitere recht frühe Gruppe aus der ersten Hälfte des 6. Jhs. v. Chr. handelt es sich bei den sog. *Rosettendächern*. Sie besteht lediglich aus drei Exemplaren, die es durch ihre ungewöhnlichen Charakteristika jedoch rechtfertigen, als gesonderte Gruppe behandelt zu werden.

Neben dem olympischen Dach **OLYM 2**, einer recht genauen Wiederholung dieses Daches in Siris (**SIRI 1**) und einem Fragment in Tarent (**TARE 14**) können keine weiteren Verkleidungen diesem Typus zugerechnet werden. Von Mertens-Horn wird ein weiteres Dach aus Metapont diesem Typus zugewiesen, welches bisher jedoch nicht vorgelegt wurde[105].

Die Sima der Rosettendächer besteht aus einer durch eine Leiste abgeschlossenen hohen, aber schwachen Kehle ohne profilierten Sockel. Die Kehle ist mit einem einfachen gemalten Blattstab dekoriert, dessen Blätter sich leicht nach unten hin verjüngen. Auf der Leiste finden sich die charakteristischen plastischen Rosetten, welche die Höhe der Leiste voll ausfüllen. Bei **SIRI 1** findet sich unterhalb des Blattstabes ein Wolfszahn, bei **OLYM 2** ist der Bereich schwarz gefüllt. Von **TARE 14** hat sich nur ein Fragment der abschließenden Leiste mit einer der charakteristischen Rosetten erhalten. Zur Wasserableitung dienen dicke, sich leicht verjüngende Röhrenwasserspeier ohne Tropfplatte, welche sich jedoch nur noch für das olympische Dach nachweisen lassen.

Die zugehörigen Geisonverkleidungen bestehen aus einer sehr niedrigen Stirnplatte, welche am unteren Rand durch einen und am oberen Rand durch zwei sehr dicke Rundstäbe eingefasst ist. Der untere Teil der Verkleidung aus Siris ist jedoch verloren. Der Dekor der Stirnplatte besteht aus einem einfachen Flechtband. Die paarweise angeordneten oberen Rundstäbe tragen gegenläufige diagonale Streifen. Der oberste Rundstab ragt leicht über die Deckplatte hinaus. Dieses Detail lässt sich bei **OLYM 7** ebenfalls am unteren Rundstab beobachten. Zweck dieser überstehenden Elemente ist wohl die Kaschierung des Übergangs von Geison zu Geisonverkleidung und von dieser zur Sima[106].

4.4.1 Ursprung

Durch die großen Gemeinsamkeiten der Dächer aus Olympia und Siris erscheint es naheliegend, den Ursprung dieses Typus in Unteritalien zu suchen. Die westgriechische Typologie des Daches ist aufgrund der Verwendung von gekehlter Sima mit Röhrenwasserspeiern sowie einer Geisonverkleidung unzweifelhaft.

Die Form der Sima aus einer hohen schwachen Kehle, welche durch eine Leiste abgeschlossen wird, lässt sich mit **LOKR 6** auch in Lokri beobachten. Wie bei **SIRI 1** ruht auch bei der lokrischen Sima der Blattstab auf einem schmalen schwarz-weißen Wolfszahn. Aufgrund der Wasserspeier ist die Sima aus Siris ein wenig fortschrittlicher als die lokrische. Schwieriger zu klären ist die Herkunft des Rosettendekors auf der abschließenden Leiste. Die von Winter angeführten Vergleiche aus den achäischen Kolonien Unteritaliens stammen alle aus der zweiten Hälfte des 6. Jhs. v. Chr. und sind daher kaum geeignet den Ursprung dieses Dekorelements zu klären[107]. An der frühen Datierung der Rosettendächer kann jedoch durch die große Nähe zu der vorkanonischen Sima aus Lokri kein Zweifel bestehen. Das einzige weitere frühe Dach, an welchem plastische Rosetten verwendet werden, ist das des kerkyräischen Artemistempels[108]. Der plastische Dekor als solcher ist jedoch bereits im ersten Viertel des 6. Jhs. v. Chr. in Unteritalien verbreitet und lässt sich an allen Dächern dorischer Typologie nachweisen[109]. Mit den frühen dorischen Dächern haben die Rosettensimen auch die dicken Rundstäbe der Geisonverkleidung gemein[110]. Eine genaue Wiederholung der Geisonverkleidungen der Rosettendächer aus Olympia und Siris findet sich mit **MOTT 1** auf der Acropoli sulla Motta in der Nähe von Sybaris. Die Geisonverkleidung **MOTT 1** besitzt dieselben pfeilförmig angeordneten Streifen auf den beiden Rundstäben oberhalb der Stirnplatte. Wie bei **OLYM 6** und **SIRI 1** ragt der oberste Rundstab leicht über die Deckplatte hinaus. Die zugehörige Sima ist hingegen mit dem plastisch umrandeten Blattstab den dorischen Dächern und dem Dach des kerkyräischen Artemisions verpflichtet. Die zur Geisonverkleidung **MOTT 1** zugehörige Sima ist ebenfalls mit den nordwestgriechischen Dächern in Verbindung zu bringen; der plastisch umrandete Blattstab sowie die beiden gegenläufigen Rundstäbe auf der Stirnseite der umbrechenden Kehle sind typische Elemente der frühen nordwestgriechischen Dächer, welche bereits im Zusammenhang mit den Blattstabsimen besprochen wurden[111].

Die gewissenhaften Kaschierungen der Fugen zwischen den einzelnen Elementen könnten zwei unterschiedliche Gründe haben. Entweder sollten sie dazu dienen, das Dach vollständig abzudichten, was darauf hinweisen würde, dass dieser Typus schon bei Bauten Verwendung fand, welche noch nicht ganz aus Stein bestan-

[105] Mertens-Viola 1990, 241 Anm. 28.
[106] Vgl. Mertens-Horn 1990, 242.
[107] Winter 1993, 297.
[108] Vgl. Schleif u.a. 1940, Farbtafel zwischen S. 104.
[109] Siehe Seite 16, Abschnitt 4.3.
[110] Vgl. **KROT 1**.
[111] Siehe Seite 12, Abschnitt 4.1.1.

den, wo eine solche Abdichtung des Daches sinnvoll erscheint. Als zweite Erklärung sind optische Gesichtspunkte anzuführen. Durch die Überdeckung der Fugen und Auflageflächen sollte der Eindruck erweckt werden, dass es sich um Kompositverkleidungen handelt, deren Produktion deutlich aufwendiger und schwieriger gewesen sein muss, als die Herstellung von Sima und Geisonverkleidung als separate Werkstücke. Zudem wirkte das Dach ohne Fugen mit Sicherheit auf den Betrachter einheitlicher.

Die Rosettendächer sind demnach als eine Verbindung der Form vorkanonischer Dächer aus dem Architekturumkreis Naxos/Lokri[112] und den plastischen Dekorelementen der dorischen sowie der nordwestgriechischen[113] Dächer zu sehen. Der Ursprung dieses Typus dürfte im Umkreis von Siris, Sybaris und Metapont zu suchen sein. Wo genau der Typus entwickelt wurde, ist unklar. Hingewiesen sei jedoch auf die äußerst geringe Entfernung der Poleis untereinander.

4.4.2 Datierung

Wie die frühen dorischen Dächer[114] und die vorkanonischen Dächer[115] ist die Entstehung der Rosettensima in das erste Viertel des 6. Jhs. v. Chr. anzusetzen. Durch die großen Gemeinsamkeiten des Dächer aus Siris und Olympia ist von einer Entstehung von **OLYM 6** und **SIRI 1** innerhalb eines kurzen Zeitraumes auszugehen. Einen weiteren Hinweis auf die Zeitstellung der Rosettendächer liefert ein liegender Terrakottalöwe, welcher aufgrund seiner Tonzusammensetzung demselben Bau wie **OLYM 6** zugewiesen wird. Datiert wird der Löwe aus stilistischen Gründen in die Jahre um 580 v. Chr.[116].

4.4.3 Zusammenfassung

Obwohl nur durch drei Exemplare belegt, stellen die Rosettendächer eine wichtige Gruppe dar, welche zeigt, dass die frühen Typen nicht als Einzelphänomene in eng gefassten Kulturräumen entstehen, sondern das Formen und Dekor innerhalb kurzer Zeiträume tradiert werden und nach lokalen Vorstellungen umgestaltet und neu kombiniert werden können. Auf die Zuweisung des olympischen Daches an eine bestimmte Polis wird im Kapitel zu den westgriechischen Dächern noch näher eingegangen werden[117].

[112] Siehe Seite 32, Abschnitt 6.1.1.
[113] Siehe Seite 16, Abschnitt 4.3.
[114] Siehe Seite 16, Abschnitt 4.3.1.
[115] Siehe Seite 32, Abschnitt 6.1.1.
[116] Heiden 1995, 82; Moustaka 1993, 118-122; 159.
[117] Siehe Seite 74, Abschnitt 9.5.

4.5 Die Dächer mit erhöhtem Traufziegelrand

Aufgrund ihrer einfachen Form und ihres einfachen Dekor nur schwer einzuordnen sind die Dächer mit einem erhöhten Traufziegelrand. Sie bestehen lediglich aus einem Traufziegel, dem eine unprofilierte vertikale Leiste vorgeblendet ist, die von einem Rundstab abgeschlossen sein kann.

Gefunden wurden Dächer dieses Typs in Himera[118] und Naxos [119]. Während bei den himerischen Simen lediglich die vorgeblendete vertikale Leiste dekoriert ist, zeigen zwei der naxischen Simen auch eine Dekoration der vorkragenden Unterseite mit einem Mäander. Die vorgeblendete Leiste der Sima **NAXO 13** wird von einem Rundstab bekrönt, die himerischen Stücke sind gänzlich unprofiliert[120].

Die Leiste ist bei **HIME 12**, **NAXO 13** und **NAXO 14** mit einem stehenden Blattstab aus Blättern mit parallelen Kanten dekoriert, **NAXO 15** zeigt einen Wolfszahn, **HIME 14** ein einfaches Flechtband dessen Augen mit konzentrischen Kreisen gefüllt sind. Durch den stark fragmentierten Zustand der Simen kann nicht entschieden werden, ob sie zur Trauf- oder der Giebelseite zugehörig sind. Lediglich die recht gut erhaltene Sima **NAXO 13** zeigt halbkreisförmige Wasserspeier, die wie eine Rutsche an die Sima angestückt sind.

Das Vorkommen dieses Dachtyps ist nicht auf Sizilien beschränkt. Eine weitere Sima dieses Typs stammt aus Delphi und wird von Le Roy in die zweite Hälfte des 7. Jhs. v. Chr. datiert[121]. Martin schlägt für ähnliche Dächer von der Athener Akropolis eine Entstehung vom 6. bis zum Anfang des 5. Jhs. v. Chr. vor[122]. Auch in Kleinasien finden die Dächer mit einem erhöhten Traufziegelrand Verwendung. Ein Dach aus Neandria[123], welches von Koch noch ins 7. Jh. v. Chr.[124]. und von Åkerström in die zweite Hälfte des 6. Jh. v. Chr. datiert wird[125], zeigt große Gemeinsamkeiten mit der Sima **NAXO 13**, es besitzt das gleiche Profil mit abschließendem Rundstab und die gleichen halbkreisförmigen Wasserspeier. Ciurcina nimmt deshalb eine Entstehung der naxischen Dächer mit erhöhtem Traufziegelrand im selben Zeitraum an[126].

Für die himerischen Simen gehen die Ausgräber von einer Entstehung erst im 5. Jh. v. Chr. aus. Begründet wird dies von ihnen durch die Auffindung der Fragmente in einem Wohnviertel dieser Zeit[127]. Dies schließt jedoch eine frühere Entstehung keineswegs aus[128]. Von einer früheren Datierung ist sogar mit großer Wahrscheinlichkeit auszugehen, da im 5. Jh. v. Chr. kaum noch tönerne Dachrandverkleidungen hergestellt werden und außerhalb sakraler Bereiche auch nicht zu erwarten sind.

Einen weiteren Anhaltspunkt für eine Datierung der Dächer mit einem erhöhten Traufziegelrand liefert ein Vergleich mit der noch im 7. Jh. v. Chr. entstandenen Sima **LOKR 1**[129]. Diese wiederholt sowohl Profil als auch Dekor von **HIME 14**. Demnach gehören die Dächer **NAXO 13, 14** und **NAXO 15** mit hoher Wahrscheinlichkeit in die erste Hälfte des 6. Jhs. v. Chr. Die Sima **NAXO 13** ist durch ihren fortschrittlicheren Dekor mit Wasserspeiern und Rundstab etwas später anzusetzen, der zeitliche Abstand kann aber kaum benannt werden. Durch die sehr einfache Gestaltung aller Dächer mit erhöhtem Traufziegelrand sind die Datierungen nur als ungefähre Annäherung zu verstehen, da es kaum Anhaltspunkte für eine Eingrenzung der Entstehungszeit gibt. Die nicht erhaltenen Bauten welche die Dächer trugen, werden wohl recht klein gewesen sein, sind die Simen doch nur 0,1 m hoch[130].

Die ersten Verbindungen mit den kleinasiatischen Kolonien

Die engen Verbindungen zu dem oben bereits erwähnten Dach aus dem in der Troas gelegenen Neandria[131] und der sizilischen Sima **NAXO 13** zeigen, dass bereits in der ersten Hälfte des 6. Jhs. v. Chr. Kontakte zwischen Ionien und Westgriechenland bestanden. In welcher Landschaft die Sima entwickelt wurde, ist schwer zu entscheiden, da aber die an beiden Simen verwendeten rutschenartigen Wasserspeier in Sizilien lediglich an der hier besprochenen naxischen Sima beobachtet werden können, gehören sie im Rahmen der kleinasiatischen Architektur zum Standardrepertoire

[118] Vgl. **HIME 12, 13, 14**
[119] Vgl. **NAXO 13, 14, 15**
[120] Die Simen **NAXO 14** und **NAXO 15** sind zu stark fragmentiert, um eine Entscheidung über das Aussehen des oberen Abschlusses der Sima treffen zu können.
[121] LE ROY 1967, 31-32 Taf. 5; 98; 118. Eine rechte Begründung für seinen Datierungsvorschlag bietet Le Roy allerdings nicht.
[122] MARTIN 1965, 90.
[123] ÅKERSTRÖM 1966, 11 Taf. 3, 1.
[124] KOCH 1915, 11.
[125] ÅKERSTRÖM 1967, 10-13.
[126] CIURCINA 1994, 70.
[127] ALLEGRO U.A. 1976, 333 Anm. 200.
[128] Zu dieser Problematik vgl. Seite 5 Abschnitt 2.
[129] Vgl. Seite 24, Abschnitt 4.6.2.
[130] ALLEGRO U.A. 1976, 333 Anm. 200.
[131] ÅKERSTRÖM 1966, 11 Taf. 3, 1.

der Koroplasten[132]. Daher muss davon ausgegangen werden, dass die sizilischen Dächer mit erhöhtem Traufziegelrand nach östlichen Vorbildern gestaltet sind. Durch die Übereinstimmungen, welche sich besonders in der Gestaltung der Wasserspeier zeigen, kann kaum von einer unabhängig voneinander erfolgten Entwicklung ausgegangen werden.

Die Dächer mit erhöhtem Traufziegelrand stellen jedoch nicht die einzige Verbindung der naxischen Architektur mit der ionischen dar. Die kürzlich von Pflug erstmals ausführlich publizierten architektonischen Terrakottaplatten mit Figurenfriesen haben ihren Ursprung ebenfalls im Umfeld der ionischen Architektur[133]. Entstanden sind diese Friese vom letzten Viertel des 7. Jhs. v. Chr. bis zum ersten Drittel des 6. Jhs. v. Chr.[134].

Diese Verbindungen zwischen Ionien und Westgriechenland konzentrieren sich in Naxos, wo sich in den Dächern mit erhöhtem Traufziegelrand, den figürlichen dekorierten Terrakottaplatten sowie in der polygonalen Mauertechnik[135] die engsten Parallelen beobachten lassen. Von Naxos aus verbreiten sich diese Neuerungen kaum.

[132]Vgl. Åkerström 1966, Abb. 72, 6-7; Taf. 46; 48; 49; 61; Winter 1993, 241. Hier unter *Lateral Sima Type I, variant 1* zusammengefasst.
[133]Pflug 2006, 457-460.
[134]Pflug 2006, 452-454.
[135]Vgl. Barletta 1983, 12-29; Mertens 1993, 164.

4.6 Sonstige frühe Dächer

Neben der schon oft besprochenen und kontrovers diskutierten Verkleidung **HIME 1** des Tempels A in Himera, stellt die Sima **LOKR 1** eine frühe Möglichkeit der Dachrandgestaltung dar. Im Folgenden soll erörtert werden, ob es sich lediglich um Varianten der Blattstabsima oder um eine parallele Entwicklungen handelt. Ebenfalls in diesem Kapitel besprochen werden soll die an lakonische Vorbilder angelehnte Verkleidung **LOKR 5**. Einen Anhaltspunkt zur Einordnung der beiden frühen Dächer liefert die Datierung der zugehörigen Bauten anhand ihrer Plandisposition in das letzte Drittel des 7. Jhs. v. Chr.[136].

4.6.1 Das Dach des Tempels A in Himera

Die Verkleidung **HIME 1** besteht aus einem Traufziegel mit angearbeiteter vertikaler Leiste, welche das Geison bedeckt. In die Leiste ist diagonal der Ansatz für die kurzen Röhrenwasserspeier eingeschnitten. Auf der Oberseite befinden sich lediglich zwei diagonal angeordnete Rundstäbe, eine aufragende Sima ist also nicht vorhanden. Der Dekor ist bis auf einige, wenige Spuren[137] verloren. Das Dach wurde in Sturzlage gefunden und gehört zum Tempel A in Himera[138]. Die Vorschläge für die Datierung des Daches reichen vom Ende des 3. Viertels des 7. Jhs. v. Chr.[139] bis in die Jahre um 590 v. Chr.[140].

Die einfache und ungewöhnliche Form lassen schnell eine frühe Entstehung des Daches vermuten. Mit einer solch frühen Datierung sind jedoch einige Probleme verbunden. Eine Zuweisung in die Zeit um 625 v. Chr. würde eine Lücke von Jahrzehnten bis zur ersten Verwendung der frühen Blattstabsimen entstehen lassen. Ein derartig träger Beginn der westgriechischen Architektur erscheint nicht sonderlich wahrscheinlich, und durch das recht große Fundaufkommen von Dachterrakotten in Sizilien und Unteritalien kann eine Überlieferungslücke ebenfalls ausgeschlossen werden[141].

Einen Hinweis auf die zeitliche Einordnung der Verkleidung liefern aber die einzigen Elemente, welche auch an anderen Dächern beobachtet werden können - die Röhrenwasserspeier. Diese lassen an der vorgeschlagenen Frühdatierung des Stückes zweifeln, denn es ist nur schwer zu erklären, warum bei **HIME 1** fortschrittliche Röhrenwasserspeier Verwendung finden, während die, bei einer angenommen Datierung der Sima aus Himera ins erste Drittel des 7. Jh. v. Chr., Jahrzehnte später entstandenen Simen aus Naxos[142] und Lokri [143] nur einfache Einschnitte in die Sima zur Wasserableitung besitzen.

Es ist kaum anzunehmen, dass die einfache Verkleidung **HIME 1** die Entwicklung der erstmals in der Zeit um 580 v. Chr.[144] am kerkyräischen Artemistempel[145] Verwendung findenden Wasserspeier vorwegnimmt. Aus diesem Grund ist die Entstehung der kerkyräischen Sima als *Terminus post quem* für die Ausbildung der Dachrandverkleidung des himerischen Tempels A anzusehen.

Ebenfalls für eine späte Datierung des Stückes sprechen die beiden Kompositverkleidungen **HIME 3** und **HIME 4**. Sie wiederholen die Form von **HIME 1**; die beiden diagonal übereinander angeordneten Rundstäbe werden jedoch zu einer aufragenden Sima gestreckt. Durch die Einzigartigkeit des Rundstabes auf der Spitze der Sima ist eine Verbindung der beiden Stücke mit dem Dach von Tempel A sicher. Während sich auf **HIME 4** kein Dekor erhalten hat, zeigt **HIME 3** einen Blattstab mit eingeschriebenen Palmetten, die an die Sima **HIME 5** des an gleicher Stelle errichteten Tempels B erinnern, welche in die Mitte des 6. Jhs. v. Chr. zu datieren ist[146]. Durch die großen morphologischen Gemeinsamkeiten kann der zeitliche Abstand nicht allzu groß sein.

Für das Dach des Tempels A kann demnach, abhängig von der Entstehung der Artemistempels auf Korfu, dem Abriss des Baus und der Verwendung der Form von **HIME 1** noch in der Mitte des Jahrhunderts, eine Datierung in der Zeit um 580/570 v. Chr. angenommen werden.

Wikander schreibt, dass in den frühen Kolonien die ersten Gebäude recht einfach waren und noch kein tönernes Dach besaßen. Diese werden erst in der Zeit um 700 v. Chr. in Korinth erfunden und bleiben bis

[136] Gullini datiert sowohl den himerischen, als auch den lokrischen Tempel an den Anfang des letzten Drittels des 7. Jhs. v. Chr. GULLINI 1981, 102-103.
[137] WIKANDER 1990, 278.
[138] ADRIANI U.A. 1970, 83; 86.
[139] ADRIANI U.A. 1970, 86. Auf einer Tafel im Antiquarium in Himera wird das Dach in die Zeit zwischen 610-590 datiert. Vgl. WINTER 1993, 275 Anm 3.
[140] WINTER 1993, 275.
[141] Auf diese Problematik hat bereits Wikander hingewiesen. Vgl. WIKANDER 1986, 10-11; WIKANDER 1990, 279.
[142] Vgl. **NAXO 10, NAXO 11**.
[143] Vgl. **LOKR 3, LOKR 4, LOKR 7, LOKR 12**.
[144] Vgl. zur Datierung der Artemistempels WINTER 1993, 299-300. die Datierung von Heiden in die Jahre um 590 scheint zu früh. Vgl. HEIDEN 1987, 51.
[145] Vgl. SCHLEIF U.A. 1940, Farbtafel zwischen S. 104.
[146] Im Kontext der urbanistischen Reorganisation Himeras im zweiten Viertel des sechsten Jhs. v. Chr. wird Tempel A abgerissen und auf seinen Fundamenten der Tempel B als Nachfolgerbau errichtet. Vgl. CERCHIAI U.A. 2004, 192.
[147] WIKANDER 1990B, 285.

zur Mitte des 7. Jhs. v. Chr. auf diese Polis und ihre direkte Umgebung beschränkt[147]. Für das erst im Jahr 648 v. Chr. von Siedlern aus Zankle, Syrakus und Chalkis auf Euböa gegründete Himera[148], trifft dies ihrer Meinung nach nicht zu. Da die Siedlung bereits in der Zeit der Verbreitung des Tondaches über die gesamte griechischen Welt[149] gegründet wird, sollen die sakralen Gebäude bereits von Anfang an tönerne Dächer besessen haben[150].

Eine plausible Erklärung für die Entstehung des Gebäudes im letzten Drittel des 7. Jhs. v. Chr. und die des Daches in der Zeit um 570 v. Chr. könnte in einer notwendigen Neueindeckung des Gebäudes zu suchen sein. Sollte Tempel A tatsächlich bereits um 630 v. Chr., wie von Wikander angenommen, mit einem Tondach errichtet worden sein, war dieses Dach mit Sicherheit recht einfach und 50 Jahre später entweder beschädigt oder entsprach nicht mehr den ästhetischen Ansprüchen an ein repräsentatives Heiligtum. Der Verzicht auf eine aufragende Sima könnte auf die einfache Bauweise Tempels zurückzuführen sein, welche nicht auf ein solch schweres Gewicht des Daches ausgelegt war. Ebenso ist in Betracht zu ziehen, dass die Himerer das altertümliche Aussehen des Tempels bewahren wollten.

Während der himerische Tempel bereits bei seiner Erbauung ein tönernes Dach besaß, waren die ersten Tempel in den früher gegründeten Kolonien noch mit anderen Materialien wie Schilf, Reet, Schindeln oder Steinplatten vor Witterungseinflüssen geschützt[151] . Das Tondach war in dieser Frühzeit der westgriechischen Architektur, wie oben bereist angemerkt, entweder noch nicht erfunden, oder noch auf die Polis Korinth und deren Umgebung beschränkt. Ein Gebäude, welches ein solches Dach trug, kann nachher nur schwerlich mit einem tönernen eingedeckt werden, es wäre schlicht zu schwer für einen solchen Bau. Diese Bauten eigneten sich also nicht, um nachträglich mit einem dekorativen Dachschmuck verziert zu werden. Wahrscheinlich wurden die meisten im Rahmen der Konsolidierung der Kolonien und der Entwicklung des Steintempels in der ersten Hälfte des 6. Jh. v. Chr. abgerissen und ersetzt.

Die Verkleidung **HIME 1** ist also nicht als ein Vorläufer der sizilischen Dachterrakotten anzusehen, sondern eher als eine Sonderentwicklung, die sich an die Gegebenheiten des altertümlichen Tempels A anpassen musste, ohne auf einige Merkmale zeitgenössischer Dachterrakotteproduktion verzichten zu wollen. Mit den Kompositverkleidungen **HIME 4** und **HIME 5** wird die Form sogar weiterentwickelt und findet noch in der Mitte des 6. Jh. v. Chr. Verwendung, bleibt jedoch auf Himera beschränkt und kann in keiner anderen Kolonie beobachtet werden.

4.6.2 Das Dach des protoarchischen Heiligtums in Marasà

Wie die besprochene Verkleidung aus Himera sind die Dachterrakotten **LOKR 1** des protoarchaischen Tempels im Heiligtum von Marasà aufgrund ihrer Singularität ebenfalls nur schwer in die Entwicklung der frühen westgriechischen Dachrandverkleidungen einzuordnen. Der Bau selbst[152] wird wie Tempel A in Himera von Gullini wegen seiner Plandisposition an den Anfang des letzten Drittels des 7 Jhs. v. Chr. datiert[153].

Die Verkleidung besteht aus einer Sima und einer Geisonverkleidung, die beide aus einer einfachen vertikalen Platte ohne jegliche Profilierung bestehen. Das Dach selbst ist im lakonischen System eingedeckt und auch der zum Dach zugehörige Scheibenakroter[154] ist nach lakonischen Vorbildern gestaltet[155]. Wikander schreibt, der Akroter sei *perfectly in accord with mainland Laconian practice.* Bei einem Vergleich mit den Akroteren aus dem Heiligtum der Artemis Orthia in Sparta[156] wird deutlich, dass sich das lokrische Stück zwar typologisch und motivisch der lakonischen Scheibenakrotere bedient, aber keineswegs eine genaue Wiederholung dieser darstellt[157]. Während die lakonischen Stücke alle einen schwarzen Hintergrund zeigen, sind die Ornamente des Akroters aus Lokri direkt auf den Ton gemalt. Zudem ist der plastische gezackte Rand der lakonischen Akrotere[158] durch einen gemalten Wolfszahn ersetzt. Das lokrische Stück stellt demnach eine vereinfachte Form eines lakonischen Scheibenakroters dar.

[148] CERCHIAI U.A. 2004, 188.
[149] WIKANDER 1990B, 285.
[150] WIKANDER 1990, 280.
[151] SCHWANDNER 1990, 291-292.
[152] Die Geschichte des Baus wird von De Francisis in drei Phasen unterteilt. In der ersten - protoarchaischen - Phase ist das Dach mit der einfachen Verkleidung **LOKR 1** geschmückt, in der zweiten Phase wird dem Bau ein Adyton hinzugefügt, welche Auswirkungen dies auf die Dachrandgestaltung hatte, ist jedoch ungeklärt. De Francisis geht von einer Erneuerung der Giebelsima aus, kann dies aber nicht belegen. Der Bau einer Peristase in der dritten Phase machte eine komplette Neugestaltung des Daches notwendig. Zu dieser Phase gehört die Blattstabsima **LOKR 2** sowie die Kompositverkleidungen **LOKR 3, 4 und 4B**. Vgl. DE FRANCISIS 1979, 66-76; WIKANDER 1990, 281-282.
[153] GULLINI 1981, 102-103.
[154] DE FRANCISIS 1979 Abb. 48-53.
[155] Vgl. WIKANDER 1990, 281.
[156] DAWKINS 1920 Taf. 22-24.
[157] Zu den Scheibenakroteren Vgl. WINTER 1993 103-105.; KÄSTNER 1990, 251-264.
[158] Vgl. DAWKINS 1920 Taf. 22-24.

Die polychromen Scheibenakrotere mit plastischem gezacktem Rand tauchen in Lakonien erstmals in der Zeit um 625/620 v. Chr. auf und werden bis ca. 580 v. Chr. verwendet[159].

Für die Sima und die Geisonverkleidung können keinerlei direkte Vergleiche angeführt werden. Das einfache Flechtband ist auf frühen korinthischen Simen zwar keine Seltenheit, wird aber stets zusammen mit einem Blattstab verwendet[160]. Auch die Dekoration der Geisonverkleidung mit einem Mäander ist ungewöhnlich[161] und kann mit **NAXO 23** nur an einem weiteren Stück aus Naxos beobachtet werden. Die Reste des Baus sowie die einfache Form des Daches lassen an einer frühen Datierung keinen Zweifel. Der Ausgräber De Francisis datiert das Gebäude und sein Dach sehr früh in die Mitte des 7. Jh. v. Chr., Gullini[162] und Wikander[163] gehen von einer Entstehung im letzten Viertel des 7. Jhs. v. Chr. aus. Die frühe Datierung De Francisis´ ist kaum aufrecht zu erhalten. Der zeitliche Abstand bis zum Auftauchen der Blattstabsimen würde - seiner Datierung folgend - über fünfzig Jahre betragen. Zudem widerspricht die Datierung der frühesten polychromen lakonischen Scheibenakrotere in die Zeit um 625/620 v. Chr.[164] der chronologischen Einordnung des Daches durch De Francisis. Die Entwicklung der polychromen Scheibenakrotere in Lakonien und der frühesten unteritalischen Blattstabsimen in der Zeit um 600 v. Chr. grenzen die Entstehungszeit von **LOKR 1** ein. Demnach ist das Dach zwischen dem Beginn des letzten Viertels und dem Ende des 7. Jh. v. Chr. entstanden. Wie oben nachgewiesen sind Teile des Dachs von lakonischen, andere von korinthischen Vorbildern abhängig.

Mit großer Wahrscheinlichkeit handelt es sich bei **LOKR 1** um die früheste bekannte Dachrandverkleidung in den westlichen Kolonien. Aber sowohl Form als auch Dekor werden in der nächsten Generation von den durch mutterländische Vorbilder beeinflussten Blattstabsimen ersetzt. Lediglich die Verkleidung des Geisons wird, im Gegensatz zu den mutterländischen Dächern, beibehalten. Inwieweit die nordwestgriechischen Vorbilder aus dem Kreis des kerkyräischen Artemistempels noch als Vorbilder für unteritalischen Geisonverkleidung gelten können, soll im nächsten Abschnitt eingehend besprochen werden.

Mit **LOKR 5** kann auch ein weiteres lokrisches Stück nur schwer in die Entwicklung der unteritalischen Dachterrakotteproduktion eingeordnet werden. Es besteht aus einer senkrechten Sima, die an ihrem unteren Ende leicht über den Traufziegel hinausragt. Das obere Ende der Sima bricht wie ein Schnabel um. Dieser Überfall zeigt jedoch keinen geraden Abschluss, sondern besteht aus einem plastischen Wellenband. Ebenso befremdlich mutet der Dekor an. Er besteht aus drei vertikal übereinander angeordneten Bändern aus Halbkreisen. Für Form und Dekor lassen sich weder in der westgriechischen Architektur noch in der korinthischen und nordwestgriechischen Vergleiche aufzeigen.

Wie aber für den Scheibenakroter von **LOKR 1** nachgewiesen, existieren Verbindungen der lokrischen mit der lakonischen Architektur. Auch für **LOKR 5** scheint eine Verbindung mit dem Umkreis der lakonischen Architektur wahrscheinlich. Nur auf den polychromen Scheibenakroteren lakonischer Produktion finden sich die übereinander angeordneten Bänder aus Halbkreisen[165] und die plastisch gestalteten Ränder wieder[166]. Wie der bereits besprochene Akroter wiederholt das Stück nicht in genauer Weise die lakonischen Vorbilder, sondern die lokrischen Handwerker bedienen sich der Motive der lakonischen Baukeramik. Sie vereinfachen die Ornamente, indem sie diese direkt auf dem Ton und nicht auf einem aufwendigen schwarzen Überzug anbringen und sowohl den Dekor als auch die Gestaltung des Randes vereinfachen und ihrem handwerklichen Können anpassen. Die besondere Leistung der lokrischen Koroplasten besteht darin, dass sie die Ornamentik der Akrotere mit der Sima auf ein neues Medium projizieren. Eine derartig dekorierte Sima findet in der lakonischen Architektur keine Entsprechung[167] und muss als lokrische Eigenentwicklung angesehen werden.

Eine zeitliche Einordnung des Stückes ist wiederum durch die Entwicklung der polychromen Scheibenakrotere in Lakonien und die der frühen Blattstabsimen in Unteritalien in das letzte Viertel des 7. Jhs. v. Chr. möglich. Durch die bereits vorhandene Kehle ist **LOKR 5** wahrscheinlich etwas später einzuordnen als die noch gänzlich unprofilierte Verkleidung **LOKR 1**. Durch die Singularität der beiden Verkleidungen ist eine Benennung des zeitlichen Abstands jedoch kaum möglich.

Sowohl **LOKR 1**, als auch **LOKR 5** stellen eine frühe, noch experimentelle Stufe in der Entwicklung der westgriechischen Dachterrakotten dar. Die lokrischen Koroplasten bedienten sich im Ornamentrepertoire der mutterländischen Baukeramik ohne Rücksicht auf die

[159] WINTER 1993, 102.
[160] BUSCHOR 1929 Abb. 7-8.; 10; 12; 14; 16
[161] WIKANDER 1990, 281.
[162] GULLINI 1981, 102-103.
[163] WIKANDER 1990, 281.
[164] WINTER 1993, 102
[165] DAWKINS 1920 Taf. 22-24.
[166] DAWKINS 1920 Taf. 22.
[167] WINTER 1993, 104.
[168] WIKANDER 1990, 281.

dort geltenden Konventionen zu nehmen[168] und passen Form und Dekor ihren Zwecken und ihren handwerklichen Möglichkeiten an.

5 Die Kompositverkleidungen

Zwischen den Blattstabsimen und der voll ausgeprägten Sima kanonischen Typs stehen einige experimentelle Stücke, welche Traufziegel, Sima und Geisonverkleidung in einem Werkstück vereinen. Sie lassen sich unter dem Typ der *Kompositverkleidung* zusammenfassen. Nachweisen lassen sich solche Dächer lediglich im unteritalischen Lokri und im sizilischen Naxos. Sie spielen jedoch eine entscheidende Rolle bei der Entwicklung der kanonischen sizilischen Dächer. Obwohl sowohl die lokrischen, als auch die naxischen Dächern bereits in den siebziger Jahren des 20. Jhs. v. Chr. publiziert wurden[169], ist ihre Bedeutung in der Forschung bisher nicht erkannt worden.

5.1 Die lokrischen Kompositverkleidungen

Einen der wichtigsten Komplexe der unteritalisch-sizilischen Dachterrakottaproduktion bilden die Simen und Geisonverkleidungen des archaischen Tempels im Südostbereich der Stadtmauer von Lokri im heutigen Marasà, deren frühe Vertreter **LOKR 2** und **LOKR 5** bereits im vorhergehenden Kapitel[170] zu den frühen Dächern eingehend besprochen wurden[171].

Die Blattstabsima **LOKR 2**, die Kompositverkleidungen **LOKR 3** und **LOKR 4/4B** gehören zur dritten Phase des Tempels, in welcher der Bau ein Peristyl und in diesem Zusammenhang auch ein neues Dach erhält[172]. Sie bestehen aus einer einfachen Blattstabsima, an die der Traufziegel und die unprofilierte Geisonverkleidung direkt angearbeitet sind. Die Stirnplatte der Verkleidungen ist mit einem doppelten Flechtband dekoriert; die an den kanonischen sizilischen Geisonverkleidungen üblichen Palmetten an den Berührungspunkten der beiden Bänder fehlen. **LOKR 4** und **LOKR 4B** können durch die in die Kehle eingeschnittenen Löcher zur Wasserableitung der Traufseiten zugesprochen werden. Bei **LOKR 3** ist eine Zuweisung durch den schlechten Erhaltungszustand nicht mehr möglich. De Francisis hält es für die älteste der am Bau der dritten Phase verwendeten Verkleidungen, lässt diese These aber unbegründet[173].

Diese Annahme von De Francisis würde bedeuten, dass zunächst eine Kompositverkleidung den Dachrand bedeckte, welche dann durch die Blattstabsima **LOKR 2** ersetzt wurde, die ihrerseits wiederum der Kompositverkleidung **LOKR 4** weichen musste. Ein solches Vorgehen ist nur schwer erklärbar und aus der Gestaltung von **LOKR 3** kaum abzuleiten. Eventuell erklärt dieses Stück jedoch das Fehlen einer Giebelsima, welches bisher durch die nicht zu beweisende Verwendung eines Walmdaches erklärt wurde[174]. Weder Form noch Maße oder Dekor widersprechen einer Zugehörigkeit von **LOKR 3** zur Giebelseite des Baus.

Auffallend sind sowohl die morphologischen als auch die dekorstilistischen Gemeinsamkeiten von **LOKR 4** mit der Blattstabsima **LOKR 2**. Das Profil, die Form der Blattstabblätter und die Anordnung der Wasserausflüsse sind identisch. Unterschiedlich ist jedoch die Gestaltung der Geisonverkleidung. **LOKR 4** ist mit einem doppelten, **LOKR 2** lediglich mit einem einfachen Flechtband dekoriert. Durch die Verwendung des fortschrittlicheren doppelten Flechtbands ist von einer späteren Entstehung der Kompositverkleidung auszugehen.

Die nächste Stufe in der Entwicklung stellt die Verkleidung **LOKR 4B** dar[175]. Deren Blattstabblätter verlaufen nicht mehr parallel, sondern unten spitz zusammen. Sie dürfte jedoch nicht viel später entstanden sein. Sowohl die Form als auch der Dekor der Geisonverkleidung wiederholen die Gestaltung von **LOKR 4**. Wahrscheinlich handelt es sich bei **LOKR 4B** um ein Reparaturstück für ein defektes Modul von **LOKR 4**.

Die Datierung der lokrischen Kompositverkleidungen ist durch die der Blattstabsima **LOKR 2** möglich. Wie im vorhergehenden Abschnitt nachgewiesen[176], ist das Dach zwischen dem Beginn des letzten Viertels und dem Ende des 7. Jhs. v. Chr. entstanden. Aufgrund der Tatsache, dass sich die Kompositverkleidungen weder in morphologischer, noch in dekorstilistischer Hinsicht von der Blattstabsima **LOKR 1** unterscheiden, kann von einer nicht wesentlich späteren Entstehung der Kompositverkleidungen ausgegangen werden. Durch die recht geringfügigen Unterschiede ist der genaue zeitliche Abstand der Dächer nur schwer zu benennen; evtl. gehören sie noch an das Ende des 7. oder schon an den Beginn des 6 Jhs. v. Chr.

---

169 Die Erstveröffentlichung der lokrischen Dächer erfolgte durch den Ausgräber De Francisis im Rahmen der Publikation des Heiligtums in der Contrada Marasà. Vgl. De Francisis 1979, 93-98. Die drei naxischen Kompositverkleidungen wurden erstmals von Ciurcina vorgestellt. Vgl. Ciurcina 1979, 85-93.

170 Siehe Seite 23, Abschnitt 4.6.

171 Siehe zum Tempel und zu den Dächern: De Francisis 1979; Cerchiai u.a. 2004, 90-92; Wikander 1990, 280-281.; Gullini 1981, 97-103; Dinkelman 2001, 17-89.

172 De Francisis 1979, 93-95; Wikander 1990, 281.

173 De Francisis 1979, 96.

174 Wikander 1990, 282.

175 Auch De Francisis setzt diese Verkleidung ans Ende der Entwicklung. Vgl. De Francisis 1979, 96.

176 Siehe Seite 13, Abschnitt 4.1.3.

5.1.1 Die Abhängigkeit vom Artemistempel auf Korfu

Aufgrund der nicht genau zu erschließenden Datierung der frühen lokrischen Dächer ist es nur schwer zu entscheiden, ob die lokrischen Kompositverkleidungen vor oder nach der des kerkyräischen Artemistempels entstanden sind[177]. Vor dem Hintergrund der Abhängigkeit der lokrischen Kompositverkleidungen von der um die Jahrhundertwende - und damit zwanzig Jahre vor dem Artemision - entstandenen Blattstabsima **LOKR 2** erscheint die Kompositverkleidung als lokrische Eigenentwicklung. Es ist kaum wahrscheinlich, dass die lokrischen Handwerker die kerkyräische Verkleidung als Vorbild vor Augen hatten; zu unterschiedlich sind die beiden Dächer. Die einzige Gemeinsamkeit besteht in der Verbindung von Sima und Geisonverkleidung in einem Werkstück. Ob die Koroplasten des Artemistempels ihrerseits die lokrischen Terrakotten kannten, ist ebenso unklar.

Wie schon häufig bemerkt[178], sind die Verkleidungen des Artemisions und der Schatzhauses von Kerkyra in Delphi[179] die einzigen bekannten Kompositverkleidungen im Umfeld der nordwestgriechischen Architektur. Die Verkleidungen stellen durch die Verbindung von Sima, Traufziegel und Geisonverkleidung ein äußerst komplexes System dar, dessen Herstellung in einem Stück hohe Anforderungen an das technische Können der Töpfer stellte. Dass dieses System keine Vorläufer besaß und am Anfang der Entwicklung der kerkyräischen Simen und Geisonverkleidungen steht ist deshalb nur schwer vorstellbar.

Es ist vielmehr von experimentellen Vorstufen auszugehen, in denen die klare Gliederung, Ornamentik und Technik zunächst entwickelt und erlernt werden mussten. Aus diesem Grund ist ein Vergleich der lokrischen Kompositverkleidungen mit der des Artemistempels wahrscheinlich wenig sinnvoll[180].

5.2 Die naxischen Kompositverkleidungen

Neben den lokrischen Dächern sind im sizilischen Naxos die drei Kompositverkleidungen **NAXO 1, NAXO 2** und **NAXO 2B** gefunden worden. Die Sima der drei Dächer besteht aus einem Rundstab, einer recht schwachen Kehle, einer schmalen Leiste und einem weiteren, abschließenden Rundstab. Die Geisonverkleidung ist eine einfache hängende Schürze ohne jegliche Profilierung. Die Dekoration der Sima besteht aus einem Blattstab auf der Kehle, einem Fischgrätband, bzw. Zick-Zack auf der Leiste sowie Rechtecken, welche durch Streifengruppen separiert sind auf dem abschließenden Rundstab. Die Geisonverkleidung ist mit einem einfachen Flechtband versehen. Während bei **NAXO 1** der Dekor mit einem einfachen Blattstab aus parallelen Elementen auf eine frühe Entstehung hinweist, deutet der Blattstab aus lyraförmigen Blättern mit den vielteiligen eingeschriebenen Palmetten, wie er bei **NAXO 2/2B** Verwendung findet, auf eine deutlich spätere Entstehung hin. Aus diesem Grund soll zunächst **NAXO 1** in die Entwicklung der naxischen Terrakotten eingeordnet werden und **NAXO 2/2B** an einer späteren Stelle untersucht werden[181].

5.2.1 Vorläufer

Aufgrund der räumlichen Nähe ist es naheliegend, die Vorbilder für die naxischen Kompositverkleidungen im unteritalischen Lokri zu suchen. Tatsächlich zeigt **NAXO 1** große Gemeinsamkeiten mit den lokrischen Kompositverkleidungen. Sowohl das naxische Stück, als auch die lokrischen Verkleidungen sind mit einem einfachen gemalten Blattstab auf der Kehle der Sima und einem einfachen Flechtband auf der Geisonverkleidung dekoriert. Die gliedernden Rundstäbe sowie die auf der Kehle aufsitzende Leiste können bei den Stücken aus Lokri allerdings nicht beobachtet werden.

Ebenfalls naheliegend ist ein Vergleich mit dem Dach des kerkyräischen Artemistempels(Siehe Beilage 4). Während der Dekor der kerkyräischen Verkleidung aus plastischen Elementen besteht, sind die Ornamente auf der naxischen Kompositverkleidung lediglich gemalt. Gemeinsam ist ihnen jedoch die Gliederung der einzelnen Elemente durch Rundstäbe. Auch das bei der naxischen Verkleidung auf der Leiste angebrachte Fischgrätband findet bei den Stücken aus Kerkyra Verwendung[182]. Dieses Ornament lässt sich aber bereits auf der unteritalischen Blattstabsima **TARE 4**[183] beobachten und stellt daher nicht zwangsläufig eine Verbindung zur nordwestgriechischen Architektur dar.

---

[177] Zu dieser Frage siehe auch: Wikander 1990, 280-282.

[178] Zuletzt ist Wikander ausführlich auf die Verbindungen des kerkyräischen Artemisions zu den westgriechischen Kompositverkleidungen eingegangen. Wegen der wahrscheinlich etwas früheren Entstehung der sizilischen und unteritalischen Verkleidungen, nimmt sie an, dass der Kontakt zwischen Kerkyra und den westlichen Kolonien nicht nur in einer Richtung verlief. Vgl. Wikander 1990, 277. Mertens widerspricht dieser These Wikanders, und betont die Einseitigkeit des Kontakts. Seiner Meinung nach bestimmt der Tempel in Kerkyra von Anfang an die Plandisposition der westgriechischen Peripteraltempel. Vgl. Mertens 2006, 133-134.

[179] Heiden 1987, 52; Le Roy 1967, 65-67 Taf. 19-20; 100.

[180] Hingewiesen sei hier nochmals darauf, dass eine umfassende Publikation der nordwestgriechischen Dachterrakotten bis heute nicht vorliegt. Vgl. Winter 1993 112, Anm. 7.

[181] Siehe Seite 29, Abschnitt 5.2.3.

[182] Schleif u.a. 1940 Abb. 75, 86, 94, 102.

[183] Siehe Seite 11, Abschnitt 4.1.

Von Winter wurde auf die großen Gemeinsamkeiten der naxischen Sima mit den korinthischen Blattstabsimen des Typs II hingewiesen[184]. Die korinthischen Blattstabsimen sind jedoch deutlich einfacher gestaltet, sie zeigen weder die gliedernden Rundstäbe noch eine abschließende Leiste[185]. Als größter Unterschied muss jedoch angeführt werden, dass die korinthischen Stücke reine Simen sind, während das naxische Dach gleichzeitig als Geisonverkleidung dient. Zudem kann keine der bekannten korinthischen Blattstabsimen in die Zeit vor 580 v. Chr. datiert werden kann[186]. Sie müssen daher nach den westgriechischen Kompositverkleidungen entstanden sein und können nicht als Vorbilder für diese gedient haben.

Aus diese Beobachtungen heraus erscheint es wahrscheinlich, dass die Anregung für die Gestaltung der naxischen Sima weder aus dem Umkreis der korinthischen Dächer, noch aus dem der nordwestgriechischen kam. Viel eher nahmen die naxischen Koroplasten ihre Anregungen und Vorbilder aus dem Umfeld der lokrischen Architektur. Im folgenden Kapitel über die Entwicklung der kanonischen sizilischen Dächer wird die äußerst enge Verbindung der lokrischen und der naxischen Architektur noch eingehender verdeutlicht[187].

5.2.2 Datierung

Über die Abhängigkeit von den lokrischen Kompositverkleidungen, welche in die Zeit um 600 v. Chr. datiert werden konnten, kann das Dach **NAXO 1** an den Beginn des 6. Jh. v. Chr. datiert werden. Eine genauere Eingrenzung der Entstehungszeit ist durch die Einzelstellung der naxischen Kompositverkleidung jedoch kaum zu gewinnen.

5.2.3 Die späten Kompositverkleidungen

Während **NAXO 1** sowohl in morphologischer, als auch in dekorstilistischer Hinsicht an den Beginn des 6. Jhs. v. Chr. gehört, bedienen sich **NAXO 2** und die Variante **NAXO 2B** der Blattstabdekoration aus lyraförmigen Blättern und vielteiligen Palmetten in den Zwischenräumen, wie sie sich ansonsten ausschließlich auf den kanonischen Dächern der dritten Generation finden[188]. Die späte naxische Kompositverkleidung wird daher kaum vor der letzten Generation der kanonischen Dächer entstanden sein, von diesen abhängig ist das Dach in das letzte Drittel des 6. Jhs. v. Chr. zu datieren.

Die Maße[189] der Verkleidungen **NAXO 1** und **NAXO2/2B** verdeutlichen aber, dass sie wohl demselben Gebäude zuzusprechen sind. Demnach ist das Gebäude einige Jahrzehnte nach seiner Errichtung mit einem neuen Dach versehen worden, welches sich zwar der altertümlichen Gestaltung des Vorgängers anpasst, auf die Verwendung neuer Ornamente jedoch nicht ganz verzichtet. Neben dem bereits besprochenen Dekor des Blattstabes weicht auch der Dekor der Leiste von der Verkleidung **NAXO 1** ab. Der hier Verwendung findende Zick-Zack ist recht ungewöhlich und als isoliertes Phänomen zu betrachten; keine andere sizilische Sima zeigt einen derartigen Dekor. Lediglich auf dem Baldachin der Sima der metapontinischen *Tavole palatine* (**META 7**) findet sich ein ähnlicher Dekor. Dieses Dach ist ebenfalls in das letzte Drittel des 6. Jhs. v. Chr. einzuordnen[190].

Über das Phänomen der gleichzeitigen Verwendung einer altertümlichen Form und eines neuartigen Dekors können nur Vermutungen angestellt werden. Der Grund für die Neueindeckung dürfte wohl in der Beschädigung des alten Daches liegen. Eine Umgestaltung und Modernisierung des Tempels kann ausgeschlossen werden, denn diese hätte mit Sicherheit auch die Verwendung eines neuen, zeitgemäßen Daches zur Folge gehabt. Ebenso auszuschließen ist es, dass es sich bei **NAXO 2** lediglich um einige Reparaturstücke handelt. Die unterschiedliche Höhe der Geisonverkleidung schließt eine gleichzeitige Verwendung der beiden Verkleidungen aus. Demnach wurde das Dach vollständig ersetzt, und man griff bewusst auf die altertümliche Form zurück, wählte aber bei der Dekoration der Kehle einen zeitgenössischen Dekor. Der Grund in der Mischung von alten und neuen Elementen dürfte im beabsichtigten Erscheinungsbild des Gebäudes zu suchen sein. Durch die Verwendung einer neuartigen Dachrandverkleidung hätte man den altertümlichen Charakter des Gebäudes zerstört. Dieser erschien den Auftraggebern anscheinend so wichtig, dass man auf moderne Elemente größtenteils verzichtete. Schwieriger ist es, eine Begründung für die Verwendung des zeitgenössischen Dekors der Kehle zu finden. Es ist vorstellbar, dass durch die Verwendung des Blattstab-Palmettenfrieses auf der Kehle dem Betrachter deutlich gemacht werden sollte, dass es sich um ein neues Dach handelt und dass man die Technik zur Herstellung eines modernen Daches durchaus beherrschte[191]. Aufgrund der Singularität dieses Phänomens ist diese Hypothese jedoch nur als vorsichtiger Denkanstoß zu verstehen.

[184] WINTER 1993, 33-34; 275 Abb. 5, 1.
[185] WINTER 1993, Abb. 5, 1-5.
[186] WINTER 1993, 33.
[187] Siehe Seite 32, Abschnitt 6.2.
[188] Siehe Seite 39, Abschnitt 6.6.
[189] CIURCINA 1980, 68.
[190] Siehe Seite 56, Abschnitt 7.4.
[191] Siehe Seite 77, Abschnitt 10.

Die Kompositverkleidung **NAXO 2B** stellt eine Variante von **NAXO 2** dar[192]. Beide Verkleidungen zeigen dieselben Maße und weichen auch im Dekor kaum voneinander ab. Bei **NAXO 2B** sind die Blätter des Blattstabes etwas schmaler und die volutenartig aufgerollten Enden der Blätter sind bei der Variante durch einfache Punkte ersetzt. Zudem sind bei **NAXO 2B** die Palmetten in den Zwischenräumen des Blattstabes um zwei Dreiecke neben dem zentralen Blatt ergänzt. Es wird sich um ein Reparaturstück handeln, welches später ein defektes Modul von **NAXO 2** ersetzte. Der Unterschied dürfte für den Betrachter kaum auszumachen gewesen sein. Eine zeitliche Eingrenzung des Stückes ist durch die Anpassung an die zu ergänzende Sima nicht möglich.

5.3 Bedeutung

Die beiden Komplexe von Kompositverkleidungen in Lokri und Naxos stellen einen bedeutenden Zwischenschritt in der Entwicklung der frühen Blattstabsimen hin zu den kanonischen sizilischen Dächern dar. Die Elemente des später für die westgriechische Architektur so wichtigen kanonischen Daches werden im Rahmen der Kompositverkleidungen entwickelt und ihre Anordnung bereits festgelegt. So erscheint es nicht als Zufall, dass mit Lokri und Naxos die einzigen beiden Poleis, in denen Kompositverkleidungen produziert wurden, auch federführend bei der Entwicklung des kanonischen Dachs sein sollten.

[192] Ciurcina 1974, 91.

6 Die Kanonischen sizilischen Dächer

Die kanonischen sizilischen Dächer bilden den mit Abstand größten Komplex sizilischer Simen und Geisonverkleidungen[193]. Sie werden im 6. Jh. v. Chr. in allen sizilischen und in einigen unteritalischen Kolonien in großer Zahl verwendet. Zudem lassen sich die Dächer des Schatzhauses von Gela in Olympia (**OLYM 1**) und eines unbekannten Schatzhauses in Delphi (**DELP 1**) diesem Typus zuordnen.

Der Begriff *kanonische sizilische* Sima geht auf Åkerström zurück[194] und ist insofern gerechtfertigt, dass sich fast drei Viertel der dekorierten Dächer in den sizilischen Heiligtümern im 6. Jh. v. Chr. diesem Typus zurechnen lassen[195].

Charakterisierend für die kanonischen Dächer ist die Gliederung der Sima in einen Sockel, eine Kehle und eine abschließende Leiste. Eine zusätzliche Gliederung und Betonung der einzelnen Komponenten erfolgt durch einfache oder doppelte Rundstäbe zwischen Sockel und Kehle sowie über der abschließenden Leiste. Einige Simen zeigen einen weiteren Rundstab unterhalb des Sockels[196]. Die Wasserableitung erfolgt stets über die in die Sockel der Traufseite eingelassenen Röhrenwasserspeier. Diese bestehen aus einer langen, sich verjüngenden Röhre, welche am oberen Ende eine tellerförmige Traufplatte durchstößt. Die Vorderseite dieser Traufplatte ist in der Regel mit einem Blattstab dekoriert. Alle Elemente erscheinen so als separates Bauteil, das durch nichts mit den darüber- oder darunterliegenden Komponenten verbunden ist. Dieser stark tektonische Aufbau wird durch die gliedernden Rundstäbe und den kontrastierenden Dekor der unterschiedlichen Elemente noch betont[197].

Verbunden sind die kanonischen Simen in der Regel mit einer Geisonverkleidung, welche entweder aus einer Deckplatte und einer über das Geison hängenden Schürze besteht oder aus einem Kasten, der das Geison von allen Seiten umschließt. Auch hier erfolgt wiederum eine Gliederung durch Rundstäbe. Meist fassen sie die Stirnplatte von oben und unten ein. Ein zusätzlicher Rundstab wird häufig bei den Stücken mit einer Bodenplatte verwendet, er markiert hier deren Ende zum Gebäude hin. Bei einigen Dächern finden statt einfacher Rundstäbe Paare von Rundstäben Verwendung.

Ebenso charakteristisch wie das Profil der kanonischen Dächer ist deren gemalte Dekoration. Der Sockel der Giebelsima ist entweder mit einem Mäander, Rosetten oder einem Schachbrettmuster dekoriert. Auf dem Sockel der Traufseite finden sich meist Rauten, Kreuze oder Rosetten. Auf der Kehle wird in allen Fällen eine Variation des stehenden Blattstabes verwendet. Die abschließende Leiste ist meist mit einem Schachbrettmuster oder einer Mäandervariation verziert. Die Dekoration der Rundstäbe besteht stets aus Rechtecken oder diagonalen Streifen, die durch Gruppen von verschieden farbigen, deutlich schmaleren Streifen getrennt sein können.

Noch einheitlicher als die Dekoration der Simen sind die der Geisonverkleidungen. Die Rundstäbe sind gestaltet wie die der Sima. Auf der Stirnplatte findet sich nahezu immer ein doppeltes Flechtband, lediglich bei einigen frühen Stücken wird ein einfaches Flechtband verwendet. Das doppelte Flechtband ist meist dreiläufig, aber auch fünfläufige Bänder sind keine Seltenheit. In den Zwickeln der Berührungspunkte des oberen und des unteren Bandes ist eine Palmette eingeschrieben, und die Augen des Bandes sind mit Rosetten oder konzentrischen Kreisen gefüllt. Auf den Bodenplatten der Geisonverkleidungen finden sich Wolfszähne, Mäander und Rosetten.

Abweichungen von den angeführten Charakteristika gibt es, bis auf einige wenige Ausnahmen, keine. Ein Grund für dieses starre Festhalten an der „kanonischen" Form soll in einem späteren Abschnitt aufgezeigt werden[198].

6.1 Die Entwicklung und die Vorbilder

Eine schwierig zu klärende Frage ist die nach dem Ursprungsort der kanonischen Dächer und welche Dachtypen als Vorbilder für sie dienten. Bisher konnte dies nicht hinreichend bestimmt werden. Die Vorschläge reichen von einer Anregung durch die Dächer der nordwestgriechischen Architektur[199], über eine Eigenentwicklung der sizilischen Werkstätten[200] bis hin zu der Abhängigkeit von ägyptischen Vorbildern[201]. Auf die

[193] WIKANDER 1986, 12-21; WINTER 1993, 275-278.
[194] ÅKERSTRÖM 1966, 261.
[195] Süsserott bezeichnet die Dächer dieses Typs als *Traufsimendächer* (Vgl. SÜSSEROTT 1944, 110-111), Darsow als *sizilische Sima* (Vgl. DARSOW 1938, 34), und Wikander und Winter sprechen vom *Geloan roof* (Vgl. WIKANDER 1986, 10; WINTER 1993, 275).
[196] Vgl. **AKRA 9, SELI 3**.
[197] WIKANDER 1986, 13.
[198] Siehe Seite 77, Abschnitt 10.
[199] ÅKERSTRÖM 1966, 262; DARSOW 1938, 81-83; LE ROY 1967, 75.
[200] SÜSSEROTT 1944, 112-114; LE ROY 1967, 75. Le Roy vermutet den Ursprung des kanonischen Daches in Gela oder Syrakus.
[201] GÀBRICI 1956, 384.
[202] Siehe Seite 28, Abschnitt 5.2.1.

Möglichkeit der Vorbildfunktion der kerkyräischen Dächer auf die sizilische Architektur wurde bereits im vorhergehenden Kapitel eingegangen[202], zu unterschiedlich sind die beiden Systeme, um eine direkte Abhängigkeit zu postulieren. Die Herkunft des sizilischen Daches aus der ägyptischen Kunst muss als sehr unwahrscheinlich betrachtet werden, zumal Gàbrici seine Hypothese nicht durch Beispiele belegen kann[203]. Die Vermutung, dass es sich bei den kanonischen Dächern um eine sizilische Eigenentwicklung handelt, scheint die naheliegenste Möglichkeit zu sein, fanden doch in keiner anderen Kunstlandschaft Dächer ähnlicher Art Verwendung.

Die Frage ist wohl deshalb so schwer zu klären, weil die sizilische Sima plötzlich und ohne experimentelle Vorstufen in fast allen sizilischen Poleis auftaucht. Erst einige von Ciurcina publizierten Dächer aus Naxos[204] zeigen Vorstufen zum voll ausgeprägten sizilischen Dach und können helfen, das Problem des Ursprungs des kanonischen sizilischen Daches zu klären.

6.1.1 Vorläufer

Die Stücke **NAXO 10, 23, 24**, **LOKR 6** und **LOKR 7** zeigen zwar auf den ersten Blick bereits das Schema des voll ausgebildeten kanonischen Daches, bei genauerer Betrachtung aber wird deutlich, dass sie in einigen Einzelheiten von diesen abweichen.

Die Sima **NAXO 10** zeigt in nahezu sämtlichen Details das Schema einer voll ausgeprägten sizilischen Sima; lediglich die charakteristischen Röhrenwasserspeier sucht man vergeblich. Die Wasserableitung erfolgt hier durch einfache rechteckige Einschnitte in den Sockel der Traufsima. Da sich diese Variante der Wasserableitung bei keinem anderen sizilischen Dach, aber sehr wohl bei den frühen lokrischen Kompositverkleidungen[205] beobachten lässt, ist davon auszugehen, dass es sich bei der Sima **NAXO 10** um eine experimentelle Vorstufe zum kanonischen Dach handelt. Ebenso zitiert die Sima **LOKR 6** zwar bereits Form und Dekor der kanonischen Sima, es fehlen aber die gliedernden Rundstäbe, welche bei diesem Stück zwischen Sockel und Kehle durch recht breite horizontale Streifen ersetzt sind. Wie **NAXO 10** besitzt **LOKR 6** keine Wasserspeier, sondern einfache Einschnitte in die Sima, die aber hier wie bei den lokrischen Kompositverkleidungen[206] halbkreisförmig sind.

Auch die Geisonverkleidungen **NAXO 19, 22** und **NAXO 23** weichen durch den Dekor der Stirnplatte mit einem dreifachen Flechtband bzw. mit einem multiplen Mäander von der kanonischen Dekoration mit einem einfachen oder doppelten Flechtband ab[207]. Hier sind besonders die multiplen Mäander auf **NAXO 23** und **NAXO 19** von Interesse; sie zeigen sich in gleicher Weise auf den Geisonverkleidungen **LOKR 1**, **LOKR 14** und **RHEG 10**.

Das Abweichen vom Dekor der kanonischen sizilischen Geisonverkleidung, welche stets ein Flechtband tragen und das unausgewogene Verhältnis von gewähltem Dekor zum auszufüllenden Bildfeld weisen daraufhin, dass die drei hier besprochenen Geisonverkleidungen vor den kanonischen Dächern entstanden sein müssen und ebenfalls als experimentelle Vorstufen anzusehen sind.

Diese Beobachtungen legen die Vermutung nahe, dass die voll ausgeprägte sizilischen Sima ihre Entwicklung und endgültige Ausprägung in Naxos oder Lokri erfahren haben muss und sich von dort aus in das Repertoire der Koroplasten in den übrigen westgriechischen Poleis verbreitete. Die Vorbilder für die naxischen Dächer dürften in den frühen lokrischen Verkleidungen zu sehen sein; sowohl die einfachen Einschnitte in die Sima **NAXO 10**, als auch der Mäander auf den Geisonverkleidungen **NAXO 19** und **NAXO 23** können ansonsten in keinem anderen Zusammenhang beobachtet werden.

6.2 Die erste Generation kanonischer Dächer in Naxos und Lokri

Die kanonischen Simen **NAXO 6, 8** und **NAXO 23** besitzen so große Gemeinsamkeiten mit der vorkanonischen Verkleidung **NAXO 10**, dass eine Entstehung innerhalb weniger Jahre angenommen werden muss. Alle drei Simen zeigen auf dem weißen Traufsimasockel schwarze Rauten mit stark eingezogenen Kanten, auf dem unteren Rundstab diagonale Streifen, auf der Leiste ein schwarz-weißes Schachbrettmuster und auf dem abschließenden Rundstab Rechtecke, welche durch Streifengruppen voneinander getrennt sind[208]. Auch die Giebelsimen von **NAXO 8** und **NAXO 10** zeigen das gleiche Dekorschema, Rundstäbe und Leiste unterscheiden sich nicht von der Traufseite, die Sockel zeigen einen schwarzen Mäander aus langgezogenen Elementen auf weißem Grund. Lediglich für die Gestaltung des Blattstabes auf der Kehle können zwei verschiedene Gestaltungsmöglichkeiten nachgewiesen werden. Während er bei **NAXO 10** und **NAXO 23** noch aus einem einfachen Blattstab aus parallelen Elementen besteht, laufen die Blätter auf der Kehle der

[203] Siehe hierzu: Scichilone 1963, 197.
[204] Ciurcina 1980; Ciurcina 1994.
[205] Siehe Seite 27, Abschnitt 5.1.
[206] Siehe Seite 27, Abschnitt 5.1.
[207] Ciurcina 1994, 181.
[208] Der obere Rundstab ist bei **NAXO 23** verloren.

beiden kanonischen Simen **NAXO 6** und **NAXO 8** unten spitz zusammen. Durch stehende weiße Streifen zwischen den Blättern bleibt die parallele Abgrenzung der einzelnen Elemente jedoch gewahrt.

Aufschlussreich sind in diesem Zusammenhang wiederum Vergleiche mit Dächern aus Lokri. Die Simen **LOKR 11** und **LOKR 14** zeigen die gleiche Ausführung des Blattstabes auf der Kehle. **LOKR 11**[209] zeigt sogar noch einige weitere Gemeinsamkeiten mit den naxischen Simen. Auch hier finden sich wieder die diagonalen Streifen auf dem Rundstab über dem Sockel und das schwarz-weiße Schachbrettmuster auf der abschließenden Leiste. Die Dekoration des Sockels zeigt hingegen den gleichen Mäander aus langgezogenen Elementen wie bei den Giebelsimen von **NAXO 8** und **NAXO 10**. Eine weitere Verbindung stellen die scheibenförmigen Antefixe dar, welche sich bei **NAXO 8** erhalten haben und für **LOKR 11** in gleicher Weise zu rekonstruieren sind[210]. **LOKR 8** wiederholt in genauer Weise den Traufsimasockel Simen **NAXO 6** und **NAXO 8**. Über die Ausführung des Blattstabes auf der Kehle dieser lokrischen Sima kann keine Aussage getroffen werden, da der größte Teil der Kehle verloren ist. Es hat sich lediglich der Ansatz eines unten spitz zulaufenden Blattes erhalten.

Dies zeigt, dass sich die frühesten Vertreter der kanonischen sizilischen Dächer gleichermaßen im unteritalischen Lokri und im sizilischen Naxos beobachten lassen. Durch die äußerst geringen Abweichungen im Dekorsystem muss von einer etwa gleichzeitigen Entstehung dieser frühen kanonischen Dächer ausgegangen werden. Kennzeichnend für diese Stücke sind die Dekoration des Traufsimasockels mit Rauten, deren Kanten stark eingezogen sind, die des unteren Rundstabes mit diagonalen Streifen, der Kehle mit einem Blattstab aus parallelen oder aus unten spitz zulaufenden Blättern, welche durch stehende weiße Streifen voneinander getrennt sind, der Leiste mit einem Schachbrettmuster mit Rechtecken, die Gruppen von vertikalen Streifen voneinander trennen. Die Ansätze der Wasserspeier sind außerordentlich massiv und beschneiden den unteren Rundstab. Der Sockel der Giebelsima zeigt einen Mäander aus langgezogenen Elementen. Bei **NAXO 8** und wie oben nachgewiesen auch bei **LOKR 11** waren in die Mitte der Sockel Scheibenantefixe angestückt.

Dies Beobachtungen zeigen, dass die erste Werkstatt, welche Dächer kanonischen Typs herstellte, in Naxos oder Lokri ansässig war. Durch die überaus großen Gemeinsamkeiten der frühen kanonischen Dächer in Lokri und Naxos kann auch nicht ausgeschlossen werden, dass diese je nach Bedarf in beiden Poleis arbeitete. Durch die recht frühe Verwendung von Dachterrakotten in Lokri liegt es nahe, den Ursprung der Werkstatt hier zu suchen. Welche Innovationen nun letztendlich naxisch und welche lokrisch sind, kann jedoch anhand des bisher bekannten Materials nicht entschieden werden. Es kann aber als sicher gelten, dass am Ende des 7. und am Anfang des 6. Jhs. v. Chr. ein äußerst reger Austausch zwischen den beiden Kolonien stattgefunden hat.

6.2.1 Die Verbindung von Naxos und Lokri

Eine möglicher Antwort für die engen Verbindungen der beiden griechischen Poleis könnte in der historischen Entwicklung der beiden Kolonien am Ende des 7. Jhs. v. Chr. zu sehen sein. Aufgrund der kaum vorhandenen literarischen Zeugnisse zur Geschichte der westgriechischen Städte in archaischer Zeit ist ein solcher Ansatz jedoch nur als Hypothese zu verstehen, welche sich nur schwer beweisen lässt; es aber ermöglicht sich der Problematik zu nähern.

Am Ende des 7. Jhs. v. Chr. weiten die Lokrer ihr Gebiet in Richtung des tyrrhenischen Meeres aus, gründen Medma und Hipponium und erobern schließlich die Polis Metaurum[211]. Diese Eroberungen schufen wohl auch den finanziellen Spielraum für die rege Bautätigkeit am Anfang des 6. Jhs. v. Chr. Die Eroberungen am tyrrhenischen Meer lassen zudem Sizilien in größere räumliche Nähe rücken. Die Beziehung der Lokrer zur nächstgelegenen sizilischen Kolonie Zankle dürften in dieser Zeit nicht allzu gut gewesen sein, war die von Lokrern eroberte Stadt Metaurum doch ihre Kolonie[212]. Die nächstgelegenen sizilischen Griechen lebten, wenn man Zankle außer acht lässt, in Naxos. Über dessen Geschichte in der Zeit um 600 v. Chr. ist nichts bekannt - in diese Zeit findet jedoch auch hier eine Erweiterung der Heiligtümer statt[213].

---

[209] Von der Sima **LOKR 14** ist lediglich ein Teil der Kehle erhalten.

[210] Die Sima **LOKR 11** liegt lediglich in einer Rekonstruktionszeichnung Orsis vor. Die Zuschreibung an die Traufseite erscheint unwahrscheinlich, da sich bei keiner weiteren Traufsima ein Mäander auf dem Sockel beobachten lässt. Die kleinen kreisrunden Löcher in der Sima haben wohl kaum zum Abfluss des Wassers gedient, auf allen anderen lokrischen Simen mit Einschnitten zur Wasserableitung in der Sima sind diese deutlich größer, halbkreisförmig und setzen direkt am Ansatz des Sockels an. Vielmehr ist in Betracht zu ziehen, dass die Löcher in der Sima **LOKR 11** dazu dienten, Scheibenantefixe anzustücken, wie sie auch bei der Giebelsima von **NAXO 8** Verwendung fanden. Ein Brennen der fragilen und recht dünnen Antefixe zusammen mit der Sima war sicherlich nicht ohne weiteres möglich. Zudem war bei den Antefixen eine dichte Naht, wie sie bei den Wasserspeiern wichtig ist, nicht notwendig. Die Sima **METR 1** zeigt ähnliche kleine Löcher, die wahrscheinlich ebenfalls zur Anstückung von Antefixen dienten. Bei der Sima aus Metaurum wird dieser Eindruck noch durch den geringen Durchmesser und die große Entfernung der Löcher bestärkt. Durch diese Einschnitte konnte kaum die Wasserableitung bei einem kräftigen Regenguss erfolgen. Das Wasser würde sich auf dem Dach stauen und durch die Nähte der Ziegel den Weg in das Innere bahnen.

[211] Cerchiai u.a. 2004, 92.

[212] Cerchiai u.a. 2004, 175.

[213] Cerchiai u.a. 2004, 160-161.

Diese Erweiterungen und Umbauten der Heiligtümer im selben Zeitraum und die Machtentfaltung Lokris bis zum äußersten Süden des italischen Festlands liefern eine mögliche Erklärung für die enge Verbindung der Architektur in Lokri und in Naxos am Anfang des 6. Jhs. v. Chr. Den über die Stadtgrenzen hinausreichenden Einfluss dieses Architekturkreises bezeugen auch die frühen Dächer in Metaurum und Rhegion, welche eindeutig von diesem abhängig sind.

6.2.2 Datierung

Aufgrund der geringen Anzahl der experimentellen Vorstufen zum kanonischen Dach zwischen den Kompositverkleidungen und den frühen kanonischen Dächern, dürfte ihre Laufzeit nicht allzu lange sein. Ausgegangen von einer Entstehung der Kompositverkleidungen in Lokri in der Zeit um 600 v. Chr. und des naxischen Exemplars am Beginn des 6. Jhs. v. Chr.[214], können die ersten kanonischen Verkleidungen in die Jahre an das Ende des ersten Viertels des 6. Jh. v. Chr. datiert werden. Die wenigen experimentellen Vorstufen dürften demnach in die Zeit um 590/580 v. Chr. zu setzen sein. Eine weitere Eingrenzung der Entstehungszeit der frühen kanonischen Dächer erlaubt die Datierung des Apollo-Tempels auf der Ortygia in Syrakus und der dazugehörigen Dachterrakotten **SYRA 14**. Dieser altertümliche Bau, der als ältester monumentaler Steintempel in Westgriechenland gilt, wird von Mertens durch bautypologische Vergleiche mit dem Artemision auf Kerkyra in die Zeit um 580 v. Chr. datiert[215]. Riemann kommt durch Vergleiche der Plandisposition des syrakusanischen Tempels mit der des Heraions in Olympia und der des kerkyräischen Artemistempel zu einem ähnlichen Ergebnis[216]. Die Terrakotten **SYRA 14** gehören zur ersten Ausstattung des Baus und datieren damit, die Bauzeit des Tempels berücksichtigt, in die Zeit um 570 v. Chr. Ein Vergleich mit den frühen Dächern aus Naxos und Lokri zeigt, dass die Verkleidung des Apollonions aufgrund der Verwendung von Füllornamenten zwischen den einzelnen Elementen des Blattstabes sowie der präzisen und ausgewogenen Gestaltung einige Jahre später als die frühen Dächer in Lokri und Naxos anzusetzen ist. Auch die elegant gestalteten Rauten auf dem Traufsimasockel des syrakusanischen Baus weisen über die eng stehenden Rautenbänder auf den naxischen und lokrischen Simen hinaus.

Diese Beobachtungen bestätigen den Beginn der kanonischen Dächer noch im ersten Viertel des 6. Jhs. v. Chr. Wegen der großen, sich schnell verbreitenden Gemeinsamkeiten in den einzelnen Poleis ist von einer Entstehung aller frühen kanonischen Dächer innerhalb eines kurzen Zeitraumes auszugehen. So finden sich schon kurze Zeit nach der Entwicklung des Dachtypus in Lokri/Naxos eine erste Generation dieser Dächer in vielen der griechischen Kolonien Siziliens. In Unteritalien wird dieser Typus zunächst kaum adaptiert.

[214] Siehe Seite 29, Abschnitt 5.2.2.
[215] Vgl. MERTENS 2006, 110.
[216] Vgl. RIEMANN 1964, 48.

6.3 Die erste Generation der kanonischen Dächer

Kennzeichnend für die kanonischen Dächer der ersten Generation[217] sind, neben dem einfachen Flechtband auf der Stirnplatte der Geisonverkleidung, die recht einfach gestalteten Blattstäbe auf der Kehle der Sima. Sie bestehen aus Blättern mit parallelen oder unten spitz zusammenlaufenden Kanten. Füllelemente zwischen den Blattstabblättern finden auf diesen frühen Stücken noch keine Verwendung und können erst bei der folgenden Generation der kanonischen Simen beobachtet werden.

6.3.1 Selinunt

Die engsten Verbindungen zu den naxisch-lokrischen Dächern zeigt mit **SELI 1** ein Dach aus dem westsizilischen Selinunt. Wie bei den frühen naxischen Simen **NAXO 1, 6** und **8** ist der Sockel von **SELI 1** mit schwarzen Rauten auf weißem Grund, der Rundstab über dem Sockel mit diagonalen Streifen und die Leiste mit einem Schachbrettmuster dekoriert. Wie bei den frühen naxischen Simen sind die Ansätze der Wasserspeier recht groß und schneiden den Rundstab zwischen Sockel und Kehle.

Bei der selinuntinischen Sima zeigen sich jedoch auch Elemente, die nicht aus dem Repertoire der naxisch-lokrischen Werkstätten stammen. Unterhalb des Blattstabes auf der Kehle verläuft bei **SELI 1** ein schwarz-weißes Fischgrätband, und der Sockel der Giebelsima trägt ein Band aus Rosetten. Unterschiedlich ist auch die Gestaltung des Blattstabes auf der Kehle: Während auf der Traufsima der einfache Blattstab aus Blättern mit parallelen Kanten und einfacher Umrandung verwendet wird, zeigt sich auf der Giebelsima der motivisch etwas fortgeschrittenere Blattstab aus unten spitz zulaufenden Blättern mit breiter doppelter Umrandung. In Naxos findet der einfache parallele Blattstab lediglich auf den Vorläufern der kanonischen Sima Verwendung, auf den Kehlen der voll ausgeprägten kanonischen Dächer ist er bereits durch den Blattstab aus unten spitz zusammenlaufenden Blättern ersetzt. Dass es sich bei **SELI 1** aber nicht um eine solche Vorstufe handeln kann, ist durch die Verwendung von Wasserspeiern unzweifelhaft[218]. Neben dem Blattstab ist auch der Dekor der Stirnplatte der Geisonverkleidung mit einem einfachen Flechtband gegenüber den kanonischen naxischen Dächern mit einem doppelten Flechtband recht altertümlich gestaltet.

Die Sima **SELI 9** stellt nahezu eine genaue Wiederholung von **SELI 1** dar. Sie zeigt den gleichen Blattstab aus langen, spitz zusammenlaufenden Blättern mit einer breiten Umrandung über einem schmalen Fischgrätband. Einen Sockel sucht man bei dieser Sima allerdings vergeblich. Ob dieses Fehlen eines Sockels auf eine frühere Entstehung zurückzuführen ist, kann kaum entschieden werden. Es ist jedoch zu beachten, dass **SELI 9** nur wenig höher als 0,2 m ist, kaum Platz um alle Elemente des kanonischen Daches unterzubringen. Das Fehlen des Sockels ist demnach wohl eher durch das kleine Format des Daches zu erklären. Der These Wikanders, dass diese Sima vor den voll ausgeprägten kanonischen Dächern anzusetzen ist[219], muss widersprochen werden. Die eleganten langen Blätter weisen eindeutig über die frühen Simen dieses Typs in Naxos/Lokri und die Traufsima von **SELI 1** hinaus. Die ungewöhnliche Gestaltung ist vielmehr als Anpassung an architektonische Gegebenheiten des zugehörigen Baus zu verstehen, der mit großer Wahrscheinlichkeit zu klein war, um ein größeres Dach zu tragen. Aufgrund der engen Parallelen zu **SELI 1** ist **SELI 9** aber eindeutig den frühen Simen in Selinunt zuzuordnen, was eine Datierung an das Ende des ersten Viertels des 6. Jhs. v. Chr. zulässt.

Aus diesen Beobachtungen lässt sich schließen, dass die frühen Simen aus Selinunt mit Sicherheit nach naxischen Vorbildern gestaltet wurden. Da es sich bereits um eine voll ausgeprägte Sima handelt, die sich aber dennoch in einigen Elementen wie dem Blattstab und dem einfachen Flechtband an den experimentellen Vorstufen aus Naxos orientiert, lässt sich der zeitliche Rahmen des Transfers des neuen Dachtypus von Naxos nach Selinunt recht gut eingrenzen. Wie die frühen kanonischen Dächer in Naxos/Lokri[220] sind die beiden frühen selinuntinischen Stücke ebenfalls in die Jahre um 580 v. Chr. zu datieren.

Dass in den naxischen Stücken die Vorbilder für die beiden frühen selinuntinischen Simen zu sehen sind, ist unzweifelhaft. In Selinunt zeigen sich, im Gegensatz zu Naxos, keinerlei Vorstufen zur kanonischen Sima. Ein weiterer Hinweis hierauf ist die deutlich schlechtere handwerkliche Qualität der Verkleidungen aus Selinunt. Der Dekor von **SELI 1** und **SELI 9** wirkt unbeholfen und verdeutlicht die Unerfahrenheit der Handwerker mit dem neuen Medium. Besonders gut lässt sich dies an den Rosetten in den Augen des Flechtbands der Geisonverkleidung[221] und denen auf dem Sockel der Giebelsima[222] von **SELI 1** erkennen. Solche Schwächen in der Ausführung der gemalten Dekoration zeigt von den naxischen Stücken keines, die hier ansässigen

[217] Vgl. WINTER 1993, 275-276. Hier als *Phase 1* zusammengefasst.

[218] Zwar haben sich von **SELI 1** keine Wasserspeier erhalten, die Bruchflächen am Simasockel zeigen aber, dass die Sima mit Sicherheit Wasserspeier besaß. Vgl. SCICHILONE 1963, Abb. 9.

[219] Vgl. WIKANDER 1986, 13. Diese These beruht lediglich auf dem Fehlen eines Sockels.

[220] Siehe Seite 32, Abschnitt 6.2.

[221] SCICHILONE 1963 Abb. 1.

[222] SCICHILONE 1963 Abb. 11-12.

Werkstätten waren schließlich mit der Herstellung von Dachrandverkleidungen schon seit einigen Jahrzehnten vertraut.

6.3.2 Weitere frühe kanonische Dächer

Eine weitere Parallele zu den naxischen Terrakotten stammt aus Leontinoi. **LEON 5** wiederholt ebenfalls das Schema der frühen naxischen Dächer, lediglich das Schachbrettmuster auf der Leiste ist durch einen Wolfszahn ersetzt. Die große Ähnlichkeit mit den naxischen Simen, die hervorragende technische Ausführung und die räumliche Nähe zu Naxos lassen vermuten, dass die Sima von Handwerkern aus der Nachbarpolis geschaffen wurde. Ohne eine nähere Untersuchung des schlecht publizierten Stückes muss dieser Vorschlag jedoch hypothetisch bleiben.

Aber auch ein Vergleich von **LEON 5** mit der Sima **SELI 1**[223] ist von Interesse, zeigt er doch, dass in verschiedenen Poleis das kanonische Dach aus Naxos ohne große Abwandlungen übernommen wird und es sich schon bald nach der Ausprägung in den nahen, wie in den entfernten Poleis Verwendung findet.

Ein weiteres Zeugnis für das relativ gleichzeitige Auftreten der kanonischen Sima an verschiedenen Orten der Insel ist die Giebelsima **MONT 1** vom Monte S. Mauro bei Caltagirone. Sie zeigt wiederum einen frühen parallelen Blattstab und wie **SELI 1** ein Fischgrätband am unteren Rand der Kehle, ein Detail das sich neben diesen beiden Stücken auch auf der Sima **GELA 5** findet. Auch diese dürfte durch Fischgrätband und parallelen Blattstab zur ersten Generation der kanonischen Dächer gehören. Für die frühe Entstehung von **GELA 5** spricht zudem wiederum die unsorgfältige Ausführung der Bemalung durch die noch unerfahrenen Handwerker. Zumal die späteren Stücke aus Gela gerade durch ihren besonders schönen und sorgfältig gezeichneten Dekor bestechen.

6.4 Zusammenfassung

Diese Beobachtungen verdeutlichen, dass die Entwicklung der kanonischen Sima im Umkreis von Lokri und Naxos stattfand. Die Verbreitung erfolgt nicht langsam von Stadt zu Stadt, sondern in kurzer Zeit über die ganze Insel[224].

Wegen der nur geringen Unterschiede zu den experimentellen Vorstufen und den frühen kanonischen Dächern in Naxos und Lokri kann der Beginn der Produktion von kanonischen Dächern im größeren Stil noch im ersten Viertel des 6. Jhs. v. Chr. für fast alle Poleis Siziliens angenommen werden[225].

Im folgenden soll erörtert werden, wie die weitere Entwicklung verläuft und ob die engen Verbindungen zwischen den einzelnen Werkstätten bestehen bleiben oder ob sich Lanschaftsstile herausbilden, deren Form und Dekor auf eine bestimmte Region oder Polis beschränkt bleiben. Des weiteren muss untersucht werden, ob Neuentwicklungen von den einheimischen Koroplasten selbst entwickelt werden, oder ob Anregungen aus anderen Kunstlandschaften oder aus den Nachbarpoleis zu Neuerungen und Veränderungen führen.

[223] Auf die großen Gemeinsamkeiten von **SELI 1** und **LEON 5** hat bereits Scichilone hingewiesen. Vgl. SCICHILONE 1963, 184.
[224] Auf die schnelle Verbreitung der kanonischen sizilischen Sima über die ganze Insel hat bereits Wikander hingewiesen. Vgl. WIKANDER 1986, 9.
[225] Vgl. WIKANDER 1986, 13.

6.5 Die zweite Generation der kanonischen Dächer

6.5.1 Neuentwicklungen

Nach der schnellen Verbreitung des kanonischen Typs über ganz Sizilien setzt eine Konsolidierung ein, und die Dächer entwickeln sich nur noch im Rahmen der durch die Dächer der ersten Generation vorgegebenen Ornamente und Formen[226]. Während an der Form[227] von Sima und Geisonverkleidung keinerlei Veränderungen vorgenommen werden, entwickelt sich die Ornamentik schon bald nach der Ausprägung des Dachtyps im Rahmen der kanonischen Ornamentverteilung weiter.

Wie bereits für die sehr frühen kanonischen Dächer nachgewiesen werden konnte[228], wird der Blattstab aus parallelen Blättern recht bald zugunsten des Blattstabes aus unten zulaufenden Blättern vollständig aufgegeben; lediglich auf den Rückseiten einiger Simen, die bei einem bestimmten Blickwinkel für den Betrachter sichtbar gewesen sein müssen, wird der altertümliche parallele Blattstab weiterhin verwendet[229]. Neben dem Blattstab findet nun auch vereinzelt ein Wellenband bei der Dekoration der Kehle Verwendung[230]. Die durch das spitze Zusammenlaufen der Blätter entstehenden Zwischenräume werden nun häufig durch Füllornamente belebt, deren Verwendung in der Regel jedoch auf die Giebelseite des Tempels beschränkt bleibt. Diese Ornamente in den Zwischenräumen der Blattstäbe bestehen meist aus einzelnen stehenden Blättern über einem kurzen Stiel[231] oder aus hängenden zweiblättrigen Palmetten, die den Raum zwischen den einzelnen Elementen des Blattstabes vollständig ausfüllen[232].

Bei einigen syrakusanischen Dächern verlaufen die Kanten der Blattstabblätter nicht gerade, sondern sind lyraförmig geschwungen[233]. Hiermit weisen sie bereits auf die dritte Generation[234] der kanonischen Dächer voraus, in der das lyraförmige Blatt die Blätter mit geraden Kanten vollständig verdrängt.

Der Dekor der übrigen Elemente ändert sich hingegen kaum. Der charakteristische Dekor der Traufsimasockel bleibt bei allen Dächern das Band aus Rauten[235], wie es schon auf den frühen Simen aus Naxos[236] und Lokri[237] verwendet wird. Die Rauten werden jedoch gestreckt, so dass sich zwischen den Wasserspeiern statt eines Rautenbandes nur noch bis zu vier Rauten finden[238]. Ähnlich einheitlich ist die Dekoration des Giebelsimasockels mit einem Mäander[239], einem Schachbrettmuster[240] oder einem Band aus Rosetten[241]. Auch können die unterschiedlichen Ornamente verbunden sein. So zeigt **SELI 2** auf dem Sockel ein Schachbrettmuster mit eingeschriebenen Rosetten. Der Traufsimasockel von **MEGA 4** verbindet rautenförmige Mäander und zweiteilige Palmetten. Das bei den Dächern der ersten Generation zur Dekoration der abschließenden Leiste fast ausschließlich verwendete Schachbrettmuster wird nahezu vollständig durch den Mäander ersetzt. Die Dekoration der Rundstäbe ändert sich hingegen nicht, es bleiben weiterhin diagonale Streifen, Rechtecke und durch Gruppen von vertikalen Streifen getrennte Rechtecke in Gebrauch[242].

6.5.2 Verbreitung und Ursprung

Während die Dächer der ersten Generation noch auf einige wenige Kolonien beschränkt bleiben, lassen sich die der zweiten Generation in fast allen griechischen Kolonien Siziliens beobachten. Da die sie nahezu in allen Kolonien gleichzeitig auftauchen, ist die Frage nach dem Ort der Entwicklung kaum zu beantworten. Die große Anzahl dieser Dächer in Syrakus und Gela lassen jedoch vermuten, dass der Ursprung der kanonischen Dächer der zweiten Generation im Südosten Siziliens zu suchen ist.

6.5.3 Datierung

Die Datierung der kanonischen Dächer der zweiten Generation ist durch die Zuweisung von **SYRA 14** an

[226] Vgl. Wikander 1986, 13; Winter 1993, 278. Die Dächer der zweiten Generation werden von Winter unter *Phase II* zusammengefasst.
[227] Siehe Seite 31, Abschnitt 6.
[228] Siehe Seite 32, Abschnitt 6.2. Wikander sieht den Blattstab aus unten eingezogenen Blättern als Neuentwicklung im Rahmen der kanonischen Dächer, die frühen Stücke aus Lokri und Naxos zeigen jedoch, dass der derartig gestaltete Blattstab schon recht früh Verwendung fand. Vgl. Wikander 1986, 18-19.
[229] Vgl. **SYRA 14**.
[230] Vgl. **AKRA 10; GELA 1, 3; OLYM 1** . Wikander 1986, 18.
[231] Vgl. **CASA 1, 2; SYRA 5**
[232] Vgl. **GELA 2; LEON 1; SYRA 8, 9, 10.**
[233] Vgl. **SYRA 8, 9, 10, 11, 14.**
[234] Siehe Seite 39, Abschnitt 6.6.
[235] Vgl. **GELA 1, 3, 4, 5; MEGA 5; SELI 5; SYRA 5, 14, 15, 16.**
[236] Vgl. **NAXO 6, 8, 10.**
[237] Vgl. **LOKRI 14.**
[238] Vgl. **GELA 4, SYRA 5, 15.**
[239] Vgl. **CASA 2, GELA 2, NAXO 7, SYRA 4.**
[240] Vgl. **SYRA 8, 9.**
[241] Vgl. **GELA 1, 3, 6; MONT 4.**
[242] Wikander 1986, 15.

den Apollo-Tempel auf der Ortygia in Syrakus möglich[243]. Das Dach ist durch die Verwendung von Füllornamenten zwischen den Elementen des Blattstabes auf der Kehle der Giebelsima, den fortschrittlichen Rauten auf dem Traufsimasockel und der gekonnten handwerklichen Ausführung der zweiten Generation der kanonischen Dächer zuzuweisen. Die Datierung der Dächer der ersten Generation in das erste Viertel des 6. Jhs. v. Chr. lässt die Annahme zu, dass die ersten Dächer der neuen Generation um 570 v. Chr. entstanden sind und in **SYRA 14** einer der ersten Vertreter zu sehen ist[244].

Wesentlich schwieriger zu bestimmen als der Beginn der Produktion der kanonischen Dächer der zweiten Generation ist, bedingt durch die geringen Unterschiede der Stücke untereinander, ihre Laufzeit[245]. Im letzten Drittel des 6. Jhs. v. Chr. taucht mit den Dächern des „ionisierenden" Stils die dritte und letzte Generation[246] der kanonischen Dächer auf, wobei die Simen und Geisonverkleidungen der zweiten Generation vollständig verdrängt werden. Ihre Laufzeit lässt sich so ungefähr auf die Zeit von 570-530 v. Chr. eingrenzen.

6.5.4 Zusammenfassung

Die zweite Generation der kanonischen sizilischen Dächer bewahrt die in der ersten Generation entwickelten Formen und Ornamente. Sie werden jedoch behutsam weiterentwickelt und verfeinert, ohne aber den vorgegebenen Kanon der Abfolge der Elemente und ihrer Dekoration grundlegend zu verändern. Als Neuerungen sind die Füllornamente zwischen den Blattstabelementen, die Verwendung des Mäanders auf der abschließenden Leiste und die Streckung der Rauten auf dem Traufsimasockel zu nennen. Die Formen werden eleganter, und die handwerkliche Ausführung wird perfektioniert, wobei sich keine signifikanten Qualitätsunterschiede mehr zwischen den unterschiedlichen Poleis zeigen. Die Dächer werden um 570 v. Chr. erstmals verwendet, bis sie in den Jahren um 540/530 v. Chr. durch die kanonischen Dächer der dritten Generation oder durch gänzlich andere Dachtypen abgelöst werden.

[243] Zur Datierung des syrakusanischen Apollonions Vgl. Seite 34, Abschnitt 6.2.2.
[244] Eine ähnliche Datierung wurde bereits von Winter vorgeschlagen. Vgl. WINTER 1993, 275.
[245] Auf diese Tatsache hat bereits Wikander hingewiesen. Vgl. WIKANDER 1986, 18.
[246] Siehe Seite 39, Abschnitt 6.6.

6.6 Die dritte Generation der kanonischen Dächer

Im letzten Drittel des 6. Jhs. v. Chr. werden die kanonischen Dächer ein letztes Mal entscheidend verändert und bilden die dritte Generation dieses Typus aus, der nun bis zur Aufgabe des kanonischen Daches am Anfang des 5. Jhs. v. Chr. Bestand haben soll[247]. Gekennzeichnet sind die Dächer durch die freieren Gestaltungsmöglichkeiten. Bestanden die Neuerungen der Dächer der zweiten Generation lediglich in Veränderungen des gemalten Dekors, kann sich nun auch die Form von Sima und Geisonverkleidung weiterentwickeln. Die neuen Dekorelemente und Formen werden immer wieder mit der Tradition der ionischen Architektur in Verbindung gebracht[248]. Von Winter werden diese Dächer aus diesem Grund unter dem *Ionicizing style* zusammengefasst[249].

6.6.1 Neuentwicklungen

Sima

Die auffälligste Neuerung an den Dächern der dritten Generation sind die plastisch gestalteten Astragale, die an die Stelle der vormals bemalten Rundstäbe treten können[250]. Auch die gemalte Dekoration erfährt einige Änderungen. Die Blätter des Blattstabes auf der Kehle sind nun stets lyraförmig, so dass zwischen den einzelnen Elementen ein größerer Zwischenraum entsteht[251]. Die bisher als Füllornamente verwendeten zweiteiligen hängenden Palmetten und die einzelnen stehenden Blätter werden durch vielteilige stehende Palmetten ersetzt, die aus den zu Voluten aufgerollten unteren Enden der Blattstabblätter entspringen[252].

Bedingt durch die geringe Anzahl der Dächer der dritten Generation sind einige Neuerungen nur an einzelnen Dächern zu beobachten. Bei der Giebelsima des himerischen Tempels B (**HIME 5**) ist die abschließende Leiste durch ein Überschlagskarnies ersetzt, das mit einem plastisch gestalteten ionischen Kyma dekoriert ist. Aufgrund der Verbindung des neuen plastischen Dekors und gänzlich neuer Formen kann trotz der Singularität von **HIME 5** an der Zugehörigkeit zu den kanonischen Dächern der dritten Generation kein Zweifel bestehen.

Geisonverkleidung

Nachdem die Form und der Dekor der Geisonverkleidung im Rahmen der zweiten Generation der kanonischen Dächer keine Veränderungen erfahren, werden die Rundstäbe auch hier durch plastische Astragale ersetzt, und wie bei der Giebelsima, so findet auch bei der Geisonverkleidung des Tempels B (**HIME 5**) in Himera ein Überschlagskarnies Verwendung. Hier erhebt es sich über dem oberen Rundstab und schließt die Geisonverkleidung nach oben hin ab.

Häufig ist die Zuweisung einer Geisonverkleidung mit diesen neuen Elementen an ein kanonisches Dach problematisch, finden doch Verkleidungen gleichen Typs auch zusammen mit Anthemiensimen Verwendung[253].

6.6.2 Ursprung und Verbreitung

Die Dächer der dritten Generation lassen sich auf der ganzen Insel nachweisen, bleiben jedoch überall ein vereinzelt auftretendes Phänomen, und ihre Anzahl ist gering. Auf den Ursprung der neuen plastischen Dekorelemente soll an dieser Stelle nicht näher eingegangen werden; sie werden im Rahmen der sizilischen Anthemiensimen eingehend besprochen[254].

Die kanonischen Dächer der dritten Generation verbinden die traditionellen kanonischen Dächer mit den neuen Formen aus dem Osten. Exemplarisch zeigt dies **NAXO 18**. Während die Traufseiten mit einem neuartigen plastischen Anthemion verziert sind, wird an den Giebelseiten eine kanonische sizilische Sima verwendet, die mit ionisierenden plastischen Elementen ergänzt wird. Nicht nur die plastischen Elemente, sondern auch Teile des gemalten Dekors können auf außersizilische Vorbilder zurückgeführt werden. Die nun die Zwischenräume des Blattstabes auf der Kehle ausfüllenden vielteiligen Palmetten über den zu Voluten aufgerollten Enden der einzelnen Blätter des Blattstabes stammen aus dem Repertoire der korinthischen Architektur. Die vielteilige Palmette über Voluten findet sich in Sizilien ansonsten nur auf den korinthischen *dark-on-light* Simen, welche die Giebelsima der selinuntinischen Anthemiendächer bilden; ihr korinthischer Ursprung ist unzweifelhaft. In der westgriechischen Architektur besitzen solche Palmetten hingegen keine Tradition. Auf diese Abhängigkeit der floralen Dekorelemente von korinthischen Vorbildern wird bei der

[247] WINTER 1996, 278; WIKANDER 1986, 20.
[248] Zu den Dachterrakotten Kleinasiens Vgl. ÅKERSTRÖM 1966.
[249] WINTER 1993, 278.
[250] Vgl. **CAMA 1; MEGA 4; MONT 3**.
[251] Vgl. **LEON 3, 4; MEGA 4**.
[252] WIKANDER 1986, 20.
[253] WINTER 1993, 278. Winter führt als weiteres Charakteristikum der Dächer der dritten Generation die ausschließliche Verwendung einer vierblättrigen Rosette in den Augen des Flechtbands an, die Geisonverkleidung des himerischen Tempels B zeigt aber eindeutig eine neunteilige Rosette, und an einer Zugehörigkeit dieses Daches zur dritten Generation kann kein Zweifel bestehen.
[254] Siehe Seite 47, Abschnitt 7.2.

Besprechung der sizilischen Anthemiendächer noch näher eingegangen[255].

Durch die engen Verbindung der Traufsima von **NAXO 18** mit einem Dach aus Agrigent[256] wurde bereits aufgezeigt, dass der Ursprung der ionisierenden Elemente in der sizilischen Architektur im Umkreis der westsizilischen Poleis Selinunt und Agrigent zu suchen ist. So ist die Giebelsima von **NAXO 18** wohl die erste und einzige Kombination von kanonischer Sima und Anthemiensima im Osten der Insel. Während die mit ionischen Elementen ergänzte kanonische Sima bereitwillig übernommen wird, bleibt der plastische Anthemienfries in den ostsizilischen Poleis unbeachtet und wird wieder durch eine kanonische Sima - durch ionisierende Elemente ergänzt - ersetzt. Die engen Verbindungen der hier besprochenen naxischen Sima und der Verkleidung des himerischen Tempels B (**HIME 5**) lassen es als wahrscheinlich erscheinen, dass die himerischen Handwerker auch mit dem naxischen Anthemienfries vertraut waren. Dieser hat demnach wohl bewusst keinen Eingang in die himerische Architektur findet.

Von der Giebelsima der agrigentinischen Anthemiensima **AKRA 12** hat sich nichts erhalten. Ob sie wie selinuntinischen Dächer mit einer korinthischen oder wie die naxische Anthemiensima mit einer kanonischen Sima verbunden war, ist zwar eine äußerst interessante Frage, die aber auf der dünnen Basis des bisher bekannten Materials kaum zu klären ist.

Während die ionischen Elemente in Naxos und Himera noch relativ stark ausgeprägt sind, treten sie in den südöstlichen Poleis immer mehr zurück und beschränken sich fast ausschließlich auf gemalte Elemente; lediglich die plastischen Astragale bleiben erhalten. Die neuen Formen werden behutsam in das eigene Repertoire aufgenommen, wobei peinlich darauf geachtet wird, das der ursprüngliche Charakter des kanonischen sizilischen Daches erhalten bleibt. Besonders anschaulich verdeutlicht dies das hervorragend erhaltene Dach **SYRA 2**.

Während auf die neuen Formen gänzlich verzichtet wird, zeigen sich die für die Dächer der dritten Generation typischen lyraförmigen Blätter und die stehenden Palmetten auf der Kehle der Sima. Ungewöhnlich und so ohne Parallele ist die Dekoration des Giebelsimasockels mit einem gemalten Anthemienfries. Dieser wirkt wie in den Sockel „gequetscht", er ist für einen Dekor dieser Art einfach zu niedrig. Trotzdem wird die althergebrachte Form der Sima nicht verändert, um für das neue, aus der selinuntinischen Architektur stammende Element des Anthemions Raum zu schaffen. Man wollte jedoch nicht gänzlich auf die neuen floralen Elemente verzichten. Die unbeholfene Ausführung des Blütenfrieses zeigt, dass die Sima durch eine lokale Werkstatt hergestellt wurde, die mit einem solchen Ornament keine Erfahrung besaß.

Dieses Beispiel verdeutlicht die Ambivalenz der Dächer der dritten Generation. Auf der einen Seite ein starres Festhalten an der Tradition, auf der anderen Seite der Wunsch die neuen Elemente in die eigene Architektur einzuflechten. Ob die neuen Dekorelemente ästhetisch befriedigend in das Konzept des kanonischen Daches eingebunden werden können, spielt, wie der Anthemienfries auf dem Sockel von **SYRA 2** zeigt, keine entscheidende Rolle.

6.6.3 Datierung

Durch die Abhängigkeit der Dächer von den selinuntinischen Anthemiensimen[257] und von Einflüssen aus der ionischen Architektur kann auf eine Entstehung der frühesten kanonischen Dächer der dritten Generation im Jahrzehnt nach 540 v. Chr. geschlossen werden. Durch die nur schlecht dokumentierten Fundzusammenhänge und die wenigen erhaltenen Stücke ist der zeitliche Abstand der Dächer untereinander kaum zu bestimmen. Dies gilt ebenfalls für die Laufzeit, wahrscheinlich ist aber, dass sie bis zum Aufkommen der steinernen Dachrandverkleidungen am Anfang des 5. Jhs. v. Chr. Verwendung fanden.

6.6.4 Zusammenfassung

Festzuhalten bleibt, dass die Entwicklung und Ausprägung der kanonischen Dächer der dritten Generation ohne Vorbilder aus der ionischen und der korinthischen Architektur nicht möglich gewesen wäre. Die Dächer entstanden jedoch nicht direkt als Verbindung sizilischer, korinthischer und ionischer Elemente, sondern die neuen Elemente werden zunächst im Rahmen der selinuntinischen Anthemiendächer verwendet und finden von diesen aus den Weg in die sizilische Architektur.

Zudem zeigte sich, dass das Festhalten an der Tradition der sizilischen Architektur in den südöstlichen Poleis um Syrakus und Gela eine viel größere Rolle spielte, als in den anderen Teilen der Insel. Auf dieses Phänomen des starren Festhaltens an Traditionen wird in einem gesonderten Kapitel noch näher eingegangen und soll an dieser Stelle nicht weiterverfolgt werden[258].

[255] Siehe Seite 47, Abschnitt 7.2.

[256] Siehe Seite 53, Abschnitt 7.3.1.

[257] Zur Datierung der selinuntinischen Anthemiensimen Siehe Seite 50, Abschnitt 7.2.1.

[258] Siehe Seite 77, Abschnitt 10.

6.7 Die kanonischen Dächer in Unteritalien

Während die kanonischen Dächer in Sizilien fast zwei Drittel aller ornamental dekorierten Dächer bilden, sind sie in Unteritalien nur vereinzelt anzutreffen. Im Gegensatz zu der strengen kanonischen Gestaltung der Dächer dieses Typs in Sizilien sind die Gestaltungsmöglichkeiten in Unteritalien freier, und Form und Dekor können nach Belieben verändert und erweitert werden. In der bisherigen Forschung wurde den kanonischen Dächern in Unteritalien kaum eine Bedeutung beigemessen. Eine zusammenfassende Aufarbeitung der kanonischen Dächer in Unteritalien wurde bisher nicht vorgelegt. Winter spricht in ihrer kurzen Besprechung dieser Dächer von *Simas influenced by Sicily*[259]. Neben den bereits besprochenen kanonischen Dächern in Lokri[260] finden Dächer dieses Typs im Heiligtum der Hera Lacinia am Capo Colonna[261], in Kaulonia[262], in Metapont[263], in Rhegion[264] und Tarent[265] vereinzelt Verwendung.

6.7.1 Die kanonischen Dächer in den nördlichen Kolonien

Während in den nahe an Sizilien gelegenen Poleis Kaulonia und Rhegion die kanonischen Dächer recht häufig zu beobachten sind und sich nur in Details von den sizilischen Dächern unterscheiden, stellt das Dach **META 1** ein Einzelstück dar, welches sowohl in der Form, als auch in der Dekoration stark von den kanonischen Dächern in Sizilien abweicht. Die Dekoration des die Sima abschließenden Rundstabes mit einem Blattstab und die sehr niedrige Kehle mit den breiten Blattstabblättern ist recht ungewöhnlich und findet in der sizilischen Architektur keine Parallele. Auch die Gestaltung der Geisonverkleidungen deckt sich nicht mit der kanonischen Form. Sowohl der obere Abschluss durch ein Kyma als auch das doppelte Flechtband ohne eingeschriebene Palmetten ist in Sizilien ohne Beispiel.

Diese Elemente finden sich jedoch alle in der metapontinischen Architektur wieder. Die gedrungene Kehle mit den kurzen, breiten Blättern findet sich auf sämtlichen Baldachinsimen[266] in Metapont[267], Tarent[268] und Paestum[269]. Auch die durch Kyma recta abgeschlossene Geisonverkleidung ist ein typisches Element der Dächer mit einer Baldachinsima[270]. Die mit einem doppelten Flechtband ohne eingeschriebene Palmetten dekorierte Geisonverkleidung findet mit **META 7** seine genaue Entsprechung[271].

META 1 ist demnach als eine Verbindung aus sizilischen und lokalen Formen zu verstehen. Dabei wird auf die strenge Form- und Dekorabfolge der kanonischen Dächer keinerlei Rücksicht genommen, sondern sie wird den eigenen Vorstellungen und der lokalen Tradition angepasst. Durch die großen Ähnlichkeiten der an das Ende des 6. Jhs. v. Chr. zu datierenden Geisonverkleidung der „Tavole Palatine“ (**META 7**) kann von einer Entstehung der Verkleidung **META 1** im selben Zeitraum ausgegangen werden.

Über **TARE 2**, das einzige weitere Fragment einer kanonischen Sima, das sich im nördlichen Siedlungsgebiet der Griechen fand, kann kaum eine Aussage getroffen werden, da sich lediglich der obere Abschluss der Sima erhalten hat. Ob es sich hierbei um eine voll ausgeprägte kanonische Sima oder wie bei **META 1** um eine lokale Umformung handelt kann nicht entschieden werden.

Die Sima **PAES 1** lässt sich durch den Dekor des Traufsimasockels mit einem Band aus umschriebenen Palmetten mit dem Dekor des Schatzhauses von Gela in Olympia verbinden. Aufgrund der großen Gemeinsamkeiten mit **KAUL 4** soll das pästanische Dach im Rahmen der kauloniatischen Dächern besprochen werden[272].

6.7.2 Die kanonischen Dächer in den südlichen Kolonien

Während in den nördlichen Kolonien die kanonische Sima eine Ausnahmeerscheinung bleibt, gehört sie in den südlichen Kolonien zum Standardrepertoire der Koroplasten.

---

[259] Winter 1993, 283-284.
[260] Siehe Seite 32, Abschnitt 6.2.
[261] Vgl. **CAPO 1**.
[262] Vgl. **KAUL 1-4**.
[263] Vgl. **META 1**.
[264] Vgl. **RHEG 1-3**.
[265] Vgl. **TARE 2**.
[266] Auf die gedrungene Kehle als typisches Merkmal der unteritalischen Baldachinsimen hat bereits Barello hingewiesen. Vgl. Barello 1995, 67. Zu den Baldachinsimen siehe Seite 61, Abschnitt 8.1.
[267] Vgl. **META 7**.
[268] Vgl. **TARE 2**.
[269] Vgl. **PAES 4-6**.
[270] Vgl. **META 7, TARE 10, PAES 4-6**. zu den Baldachinsimen siehe Seite 61, 8.1.
[271] Mertens-Horn stellte richtig fest, das es sich bei einem solchen „versetzten“ Flechtband um ein typisch unteritalisches Motiv handelt, welches in Sizilien nicht nachgewiesen werden kann. Vgl. Mertens-Viola 1990, 238.
[272] Siehe Seite 42, Abschnitt 6.7.2.

Rhegion

In Rhegion ist das kanonische Dach die dominierende Form, was aufgrund der räumlichen Nähe zu Sizilien nicht verwundert. Erhalten haben sich neben der Sima **RHEG 1** jedoch nur einige Fragmente. Von besonderem Interesse ist hierbei ein Fragment der Geisonverkleidung **RHEG 7**, welche mit einem Mäander in zwei Registern dekoriert ist. Im Rahmen der Besprechung der experimentellen Vorstufen zum kanonischen Dach, wurde bereits festgestellt, dass die Verkleidung sich mit dem Umkreis der frühen Dächer aus Lokri und Naxos in Verbindung bringen lässt[273]. Die Verwendung von ornamental dekorierten Dachterrakotten ist für Rhegion somit bereits am Anfang des 6. Jhs. v. Chr. nachweisbar. Der Einfluss des Umkreises der naxischlokrischen Dachterrakotteproduktion lässt sich nur an diesem Stück erkennen. Die späteren Dachrandverkleidungen sind eindeutig von syrakusanischen Vorbildern abhängig.

Die nur fragmentarisch erhaltene Sima **RHEG 2** zeigt die einfachen, spitz zulaufenden Blattstabblätter mit geraden Kanten und zwischen den einzelnen Blattstabelementen einen undekorierten Zwischenraum, der für die kanonischen Dächer der ersten und zweiten Generation kennzeichnend sind[274]. Zu datieren ist die Sima in die erste Hälfte des 6. Jhs. v. Chr. Durch den schlechten Erhaltungszustand ist eine genauere chronologische Einordnung jedoch nicht möglich.

Die als Gabelsima gestaltetete Sima **RHEG 1** mit ihren lyraförmigen Blattstabblättern und den ungewöhnlichen, an den Blättern hängenden Halbkreisen ist wohl etwas später entstanden. Die lyraförmigen Blätter des Blattstabes wiederholen die Blattstäbe der syrakusanischen Dächer der zweiten Generation[275]. Auch die hängenden Halbkreise in den Zwickeln zwischen den einzelnen Blattstabelementen finden mit der stark fragmentierten **SYRA 12** ihre Entsprechung in Syrakus. Eine weitere Verbindung mit der syrakusanischen Architektur ist das Fischgrätband auf dem die Sima abschließenden Rundstab, welches typisch für die syrakusanischen Dächer ist und in der übrigen sizilischen Architektur kaum Verwendung findet[276]. Ebenfalls auf syrakusanische Vorbilder zurückzuführen ist das Simafragment **RHEG 3**. Die lyraförmigen Blätter, die quadratischen Rauten auf dem Sockel und das gestielte einzelne Blatt als Füllornament finden ihre direkte Entsprechung im Dach **SYRA 5** des Olympieions von Syrakus. Dieses ist etwas später anzusetzen als das um 580 v. Chr. entstandene Apollonion und ist wahrscheinlich in den Jahren um 570 v. Chr. errichtet worden[277]. Abhängig von diesen syrakusanischen Dachterrakotten gehören die beiden Simen **RHEG 1** und **RHEG 3** in das zweite Viertel des 6. Jhs. v. Chr.

Im Gegensatz zu der oben besprochenen Sima aus Metapont wird in Rhegion das vorgegebene Schema des kanonischen Daches streng befolgt, und es zeigen sich keinerlei Abweichungen von den Dächern in Syrakus. Mit der Gestaltung von **RHEG 1** als Gabelsima[278] wird sogar ein technisches Detail der syrakusanischen Architektur übernommen, welches die Vermutung zulässt, dass die Produktion der Dachterrakotten in Rhegion einer Werkstatt aus Syrakus oblag.

Kaulonia

Der zweite größere Komplex kanonischer Dächer in Unteritalien stammt aus Kaulonia. Besonders **KAUL 4** wurde immer wieder kontrovers diskutiert, da es große Ähnlichkeiten mit dem Schatzhaus der Geloer in Olympia aufweist[279]. Es zeigt den charakteristischen Dekor des Traufsimasockels mit hängenden, umschriebenen Palmetten. Das Dach **PAES 1** zeigt einen ähnlichen Dekor des Sockels, hier sind die Palmetten jedoch nicht hängend sondern stehend verwendet. Mertens-Horn leitet aus diesen Verbindungen ab, dass mit der Herstellung des Daches des Schatzhauses von Gela eine Werkstatt aus dem unteritalischen Raum betraut war[280]. Es ist jedoch höchst unwahrscheinlich, dass eines der nicht sonderlich qualitätvollen unteritalischen kanonischen Dächer als Anregung für den prominenten Bau in Olympia gedient hat. Viel eher nahmen sich die Koroplasten der kleinen unteritalischen Kolonie den exponierten Bau der Geloer zum Vorbild[281]. Datiert werden kann das kleine Dach aus Kaulonia, abhängig von der Entstehung des Geloer Schatzhauses, an das Ende des 6. Jhs. v. Chr.[282].

Die Sima **KAUL 1** entspricht zwar einer kanonischen Sima, weicht aber doch in Details von dieser ab. Die gedrungene Kehle erinnert, wie Barello bereits bemerkte, an die der unteritalischen Baldachinsimen[283]. Auch die in den Mäander des Sockels mit Sternen gefüllten Rechtecke finden ansonsten ausschließlich im Rahmen

[273] Siehe Seite 32, Abschnitt 6.1.1.
[274] Siehe zu den kanonischen Dächern der ersten Generation: Seite 31, Abschnitt 6, zu denen der zweiten: Seite 37, Abschnitt 6.5.
[275] Vgl. **SYRA 8, 9, 10, 11, 14**.
[276] Vgl. **SYRA 8, 12, 14, 21**.
[277] Siehe Seite 34, Abschnitt 6.2.2. Vgl. auch MERTENS 2006, 111.
[278] Vgl. **SYRA 8, 18**.
[279] MERTENS-VIOLA 1990, 238; WIKANDER 1986, 19 Anm. 47; SÜSSEROTT 1944, 107.
[280] MERTENS-VIOLA 1990, 238-239.
[281] Siehe hierzu auch: Seite 68, Abschnitt 9.4.1.
[282] Zur Datierung des Schatzhauses der Geloer siehe Seite 70, Abschnitt 9.4.1.
[283] BARELLO 1995, 67.
[284] Vgl. **META 7; PAES 4, 5, 6, 9; TARE 3, 4, 8**; Siehe auch: BARELLO 1995, 67.

der unteritalischen Dachterrakotten Verwendung[284]. Ein weiteres Element, welches sich nicht auf sizilische Vorbilder zurückführen lässt, ist die Füllung der Zwischenräume des Wellenbandes mit einer hängenden, dreiblättrigen Palmette; die entsprechenden Palmetten auf den sizilischen Simen sind ausnahmslos zweiteilig. **KAUL 1** kann demnach wie **META 1** als Verbindung von sizilischen und unteritalischen Elementen angesehen werden. Während sich die metapontinische Verkleidung recht weit von den kanonischen Dächern löst und deren Komponenten durch lokale erweitert oder vollständig ersetzt, weicht die Sima aus Kaulonia lediglich in den oben angeführten Dekorelementen von den sizilischen Vorbildern ab. Sowohl die Gestaltung des Sterns auf dem Sockel als auch die gedrungene Kehle setzen die nach der Mitte des 6. Jhs. v. Chr. entstandenen Baldachinsimen voraus[285]. Eine Datierung von **KAUL 1** in das dritte Drittel des 6. Jhs. v. Chr. erscheint somit als wahrscheinlich[286].

Eine ungewöhnliche Verbindung aus kanonischem Dach und unteritalischen Motiven stellt **KAUL 3** dar. Der untere Teil der Sima entspricht einer kanonischen Sima, lediglich die gedrungene Kehle erinnert an die unteritalischen Baldachinsimen. Der Abschluss der Sima durch Leiste und Rundstab ist jedoch durch ein Kyma reversa und einen Rundstab ersetzt, darüber folgt eine schmale Leiste und das Motiv aus Kyma und Rundstab wird gespiegelt wiederholt. Eine Parallele findet sich wiederum in den nördlichen Kolonien. Die Giebelsima der pästanischen Verkleidung **PAES 2** zeigt ebenfalls im Grundmotiv eine kanonische Sima, das um mehrere Elemente der kanonischen Dächer erweitert ist. Wiederum setzt die Sima die Baldachinsimen voraus, weshalb auch diese Sima in das dritte Drittel des 6. Jh. v. Chr. zu datieren ist.

Aus dem Heiligtum der Hera Lacinia am Capo Colonna stammt das Traufsimafragment **CAPO 1**. Die Sima entspricht in ihrer Form und ihrem Dekor den kanonischen Simen, lediglich die geschweiften Bänder neben dem Ansatz des Wasserspeiers, deren genauer Verlauf aufgrund des stark fragmentierten Zustandes des Sockels sich nicht mehr nachvollziehen lässt, lassen sich nicht mit den bekannten Motiven der kanonischen Dächer in Sizilien in Einklang bringen. Neben dem Fragment der Sima existiert zudem ein Teil der zugehörigen Geisonverkleidung. Mertens schreibt, sie sei von einem Kyma abgeschlossen, weitere Angaben oder eine Abbildung liefert er nicht[287]. Obwohl ihr genaues Aussehen nicht bekannt ist, macht es das die Geisonverkleidung abschließende Kyma möglich, das Dach wiederum mit den unteritalischen Dächern der zweiten Hälfte des 6. Jhs. v. Chr. in Verbindung zu bringen. **CAPO 1** ist deshalb ebenfalls in das letzte Drittel des 6. Jhs. v. Chr. zu datieren.

6.7.3 Zusammenfassung

Die oben angeführten Beispiele haben gezeigt, dass die kanonischen Dächer in Unteritalien nur eine untergeordnete Rolle spielen. Sie sind meist nicht sonderlich hoch und können so recht kleinen Gebäuden zugesprochen werden; die größeren Bauten tragen ein Dach mit einer Anthemien- oder Baldachinsima[288]. Das für die sizilische Architektur nachgewiesene unbedingte Festhalten an der kanonischen Form hat in Unteritalien keine Bedeutung. Fast immer werden die aus Sizilien importierten Formen beliebig durch lokale Formen und Dekorelemente ersetzt oder ergänzt. Die strenge Eleganz der kanonischen sizilischen Dächer geht ihnen dadurch meist verloren; das Hinzufügen weiterer Elemente lässt die nun hoch aufragenden Simen häufig überladen und manieriert erscheinen.

In der ersten Hälfte des 6. Jh. v. Chr. lassen sich kanonische Dächer in Unteritalien lediglich in Lokri[289] und Rhegion nachweisen. In den weiter nördlich gelegenen Kolonien findet die kanonische Sima erst in der zweiten Jahrhunderthälfte Verbreitung, bleibt jedoch bedeutungslos und ist nur durch wenige Exemplare belegt. Das kanonische Dach bleibt jedoch in den nördlichen Kolonien als Bestandteil der Baldachinsima noch bis ins 5. Jh. v. Chr. hinein als untergeordnetes Element in Verwendung[290]. Einen Sonderfall stellen die beiden Simen **PAES 1** und **KAUL 4** dar; sie wiederholen Motive des Schatzhauses von Gela in Olympia und sind als Kopien des Daches des prominenten olympischen Baus zu verstehen.

[285] Mertens 1993, 87-88.
[286] Barello 1995, 67-78.
[287] Mertens 1983, 202.
[288] Mertens 1973, 176-177.
[289] Siehe Seite 32, Abschnitt 6.1.1.
[290] Siehe Seite 61, Abschnitt 8.1.

7 Die Dächer mit einer Anthemiensima

Nach den kanonischen Dächern bilden die Dächer mit einer Anthemiensima den zweitgrößten Komplex sizilischer und unteritalischer Dachterrakotten. Während sich die kanonischen Dächer fast ausschließlich auf Sizilien beschränken und in Unteritalien nur selten vorgefunden werden, stellen die Anthemiensimen einen Typus dar, der in beiden Landschaften gleichermaßen beobachtet werden kann. Eine Verwendung dieses Typs außerhalb der westlichen Kolonien lässt sich nicht nachweisen. Der Begriff *Anthemiensima* geht auf Darsow zurück, der ihn als Gegensatz zu *Traufsimendach* verwendet[291]. Wikander und Winter verwenden für die Dächer dieses Typs den Begriff *Selinus type roof*[292]. Während die kanonischen Dächer immer wieder Gegenstand der archäologischen Forschung waren, haben die Anthemiensimen in den archäologischen Publikationen kaum einen Niederschlag gefunden. Weder ihr Ursprung, noch ihre Entwicklung wurde bisher hinreichend betrachtet und geklärt[293].

Gekennzeichnet sind die Dächer mit einer Anthemiensima durch eine Geisonverkleidung, über der ein plastischer, vielfach durchbrochener Lotos-Palmetten-Fries angebracht ist, dessen hoch aufragende Blüten durch Rankenbänder verbunden sind. Der Fries kann an die Geisonverkleidung angearbeitet oder separat gefertigt sein. Der Anthemienfries findet sich in der Regel nur an den Traufseiten der Bauten. Während die kanonischen Dächer bei allen sakralen Bauten Verwendung finden konnten, lassen sich die Anthemiensimen hauptsächlich bei Großbauten beobachten und können nur in wenigen Ausnahmefällen kleineren Gebäuden zugeordnet werden[294]. Ebenso auffällig ist, dass die Dächer dieses Typs sowohl in Sizilien als auch in Unteritalien nur in den großen Kolonien verwendet werden.

7.1 Der Beginn

Bisher wurde angenommen, dass die Dächer mit einer Anthemiensima ihren Ursprung im unteritalischen Metapont haben[295]. Begründet wird dies durch die von Mertens ins erste Drittel des 6. Jh. v. Chr. datierte Sima **META 5**[296]. Somit wäre diese etwas früher als die frühesten Anthemiensimen in der sizilischen Kolonie Selinunt[297]. Obwohl der Datierungsvorschlag von Mertens, worauf von Wikander bereits hingewiesen wurde[298], vollkommen unbegründet ist, wurde er im allgemeinen ungeprüft übernommen und dient bisher als Datierungsgrundlage für diesen Dachtypus [299].

In seiner kürzlich erschienenen Arbeit über die Städte und Bauten der Westgriechen revidiert Mertens seine bisherige Datierung jedoch und **META 5** wird von ihm nun dem um 540 v. Chr. errichteten Hera Tempel A2 zugewiesen[300]. Dieser Ansatz erscheint überzeugend, wurde von Mertens doch für das gegenüber **META 5** stilistisch und typologisch nur wenig fortgeschrittene Dach **META 6** des Apollon-Tempels B2 eine einige Jahrzehnte spätere Entstehung angenommen[301].

Aufgrund der handwerklichen Perfektionierung des Anthemienfrieses und der Verwendung eines vorkragenden Baldachins statt des Kymas kann an der späteren Entstehung von **META 6** zwar keine Zweifel bestehen; die großen Gemeinsamkeiten machen jedoch die Annahme das Jahrzehnte zwischen der Entstehung der beiden Dachrandverkleidungen liegen wenig wahrscheinlich. Als technische Gemeinsamkeit lässt sich anführen, dass bei beiden Dächern Sima und Geisonverkleidung in einem Stück gearbeitet sind. Eine weitere Parallele zeigt die Dekoration der Stirnplatte der Geisonverkleidung. Bei beiden Dächern findet ein doppeltes Flechtband Verwendung, dessen Augen mit einem schwarzen Punkt gefüllt sind. Zudem ist es kaum erklärbar, warum zwischen der ersten Verwendung einer Anthemiensima in Metapont und dem nächsten Auftreten mehrere Jahrzehnte vergehen sollen. Demnach ist von einem viel kürzerem zeitlichen Abstand zwischen der Entstehung der beiden metapontinischen Anthemiensimen auszugehen. Durch die Zugehörigkeit zum Tempel A2 und B2, welche um 540 v. Chr. bzw. um 530 v. Chr. errichtet wurde, sind die Dächer kaum vor 530 v. Chr. anzusetzen[302].

Somit ist der Beginn der Verwendung von Anthemiensimen in Metapont erst nach 530 v. Chr. nachzuweisen,

291 Darsow 1938, 69-71. Wikander weist darauf hin, dass die deutsche Terminologie wohl die treffendste sei. Vgl. Wikander 1986, 21 Anm. 55.

292 Wikander 1986, 21-26; Winter 1993, 276-277; Mertens 2006, 123.

293 Lediglich in der Abhandlung von Winter wird ein kurzer Überblick über die Anthemiensimen in Sizilien und Unteritalien gegeben. Vgl. Winter 1993, 278-279, 282-283.

294 Winter 1993, 282.

295 Winter 1993, 282.

296 Adamnesteanu u.a. 1975, 175; Winter 1993, 282.

297 Winter 1993, 278.

298 Wikander 1986, 26.

299 Winter 1993, 282; De Juliis 2001, 153; Winter 1986, 26.

300 Datiert wird der Bau von Mertens durch die Plandisposition des Tempels im Rahmen der westgriechischen Architektur. Vgl. Mertens 2006, 149.

301 Adamnesteanu u.a. 1975, 175-176.

302 Auf die genaue chronologische Einordnung der beiden Dächer wird noch in der zusammenfassenden Besprechung der metapontinischen Anthemiensimen noch näher eingegangen. Siehe Seite 55, Abschnitt 7.4.

was die Frage aufwirft, ob der Ursprung der Dächer mit einer Anthemiensima überhaupt in Metapont liegt, oder nicht eher an einem anderen Ort zu suchen ist.

Durch bereits getrennt gearbeitete Sima und Geisonverkleidung scheiden die frühen pästanischen und tarentinischen Anthemiensimen als Prototypen aus, die beiden oben besprochenen metapontinischen Simen sind durch die Gestaltung aller Elemente in einem Werkstück technologisch eindeutig älter[303].

Die Tempel Y in Selinunt zugewiesene **SELI 6**, muss durch Vergleiche der Architektur des Tempels Y mit der des Apollon-Tempels in Syrakus und der des Tempels der Aphaia auf Ägina in in der Mitte des 6. Jh. v. Chr. entstanden sein[304]. Zwischen der Erbauung des selinuntinischen Tempels Y und dem Tempel A 2 in Metapont liegen nach den überzeugenden Datierungen von Mertens ungefähr 20 Jahre.

Demnach kann Metapont als Ursprungsort der Anthemiensimen ausgeschlossen werden. Viel eher ist anzunehmen, dass die Simen von Tempel E1 und Y in Selinunt die frühesten Dächer dieses Typs darstellen[305].

7.1.1 Die Simen der Tempel E1, C und Y in Selinunt

Die Traufsimen von Tempel Y (**SELI 6**) und Tempel C (**SELI 7**) bestehen beide aus einem vorkragenden Traufziegel, über dem sich leicht zurückversetzt der plastische Anthemienfries erhebt. Die Vorderkante des Traufziegels ist bei beiden Simen mit einem einfachen Flechtband dekoriert. Auch in der Gestaltung des Anthemienfrieses lassen sich kaum Unterschiede beobachten, beide Blütenfriese bestehen aus paarweise angeordneten Lotosblüten und Palmetten. Die wechselseitig einmal hängend und einmal stehend verwendet werden; im Folgenden sollen Friese dieser Art als doppelte gekreuzte Anthemienfriese angesprochen werden. Die Palmetten sind bei beiden Dächern siebenteilig. Die Lotosblüten bestehen aus zwei langen, spitzen äußeren Blättern, zwischen diesen befinden sich kleinere runde Blätter; bei **SELI 6** drei und bei **SELI 7** fünf Stück. Der Fries von Tempel C ist etwas gedrungener als der vom Tempel Y, zudem verlaufen die Rankenbänder flacher. Eine weitere Sima die sich in diesen Zusammenhang einordnen lässt, ist die des Tempels E1 (**SELI 8**), welche den Fries von **SELI 6** wiederholt. Durch die Dekoration der vorkragenden Unterseite des Traufziegels ist zu erschließen, dass diese Sima ohne Geisonverkleidung verwendet wurde[306].

Bisher ungeklärt ist die Zeitstellung der Dächer untereinander. Auch der Umstand, dass sich alle drei Simen mit einem bekannten Tempel in Verbindung bringen lassen, kann kaum zu einer Lösung führen, ist doch die zeitliche Abfolge der drei Tempel ebenfalls äußerst umstritten[307]. Tempel E1 wird von Gullini zwanzig Jahre später als das syrakusanische Apollonion in die Jahre um 560 datiert[308]. Für Tempel Y geht Mertens aufgrund von Vergleichen mit dem syrakusanischen Apollonion sowie dem Aphaia-Tempel auf Ägina von einer Datierung im gleichen Zeitraum aus[309]. Demnach ist es weder anhand der Bauten selbst, noch anhand der zugehörigen Dächer möglich, eine Entscheidung über die zeitliche Abfolge der beiden Tempel zu treffen. Kein Zweifel kann jedoch an der späteren Zeitstellung von Tempel C bestehen; hierauf deuten die schlankeren Säulen und der allgemeinen Straffung der Gesamtordnung hin[310].

Gestützt wird die Annahme der etwas späteren Entstehung des Tempels C durch den gemalten ionischen Bogenfries auf der Giebelsima. Während bei Tempel Y je eine Lotosblüte und eine Palmette verbunden sind, der Fries also lediglich gespiegelt wird, werden bei der Giebelsima von Tempel C stets Palmette und Lotosblüte kombiniert. Durch diesen reizvollen Wechsel wird die strenge Symmetrie des Frieses von Tempel Y aufgelöst, und das Blütenband wirkt bewegt und lebendig. Durch die Auflösung der strengen Symmetrie erscheint der Blütenfries von Tempel C fortschrittlicher[311]. Die Gestaltung der plastischen Anthemienfriese ist bei den drei selinuntinischen Dächern hingegen recht einheitlich.

Trotz dieser Datierungsprobleme erscheint es jedoch unzweifelhaft, dass die selinuntinischen Anthemiensimen älter sind als die Dächer dieses Typs in Metapont. Die Entwicklung der Anthemiensimen in Selinunt in der Zeit kurz nach Mitte des 6. Jhs. v. Chr. kann aufgrund der Zeitstellung der zugehörigen Tempel demnach als gesichert gelten.

303 Winter 1993, 282-283; Mertens 2006, 250-251.
304 Mertens 2006, 123-124; Winter 1993, 278.
305 Auch Mertens nimmt an, dass dieser neue Dachtyp in Selinunt entwickelt wurde. Mertens 2006, 123.
306 Mertens 2006, 123.
307 Auf die besondere Problematik der Datierung der selinuntinischen Tempel E1, Y und C wurde bereits mehrfach hingewiesen. Für einen kurzen Überblick zum bisherigen Stand der Forschung Vgl. Wikander 1986, 21-24; Mertens 2006, 115-124.
308 Gullini 1985, 433.
309 Mertens 2006, 116-117.
310 Mertens 2006, 118-119. Mertens weist daraufhin, dass nur eine völlig neue Bearbeitung der frühen selinuntinische Peripteraltempel die Probleme der Rekonstruktion und der Datierung lösen könnte. Vgl. Mertens 2006, 125.
311 Mertens 2006, 124.

7.2 Vorbilder

Es ist auffällig, dass die Anthemiensimen von Anfang an einen äußerst komplexen, voll ausgeprägten neuen Typus bilden, zu dem sich keine experimentellen Vorstufen nachweisen lassen. Es erscheint jedoch unwahrscheinlich, dass sich dieser Typus ohne jeglich Vorläufer entwickelt haben soll. Aus diesem Grund sollen im Folgenden die einzelnen Elemente der Anthemiensimen eingehend auf Verbindungen zu früheren Dachtypen aus Sizilien und aus anderen griechischen Kunstlandschaften hin untersucht werden.

Das am einfachsten auf einen anderen, früheren Dachtypus zurückzuführende Bauteil ist die Geisonverkleidung, die von den kanonischen Dächern übernommen wird. Erweitert wird die kanonische Geisonverkleidung, die aus einer durch Rundstäbe eingefasste Stirnplatte besteht, durch ein Kyma recta, welche noch über der Stirnplatte angebracht wird, wie sie auch bei den kanonischen Dächern der dritten Generation[312] und den kanonischen Dächern in Unteritalien[313] beobachtet werden kann. Dekoriert ist das Kyma mit einem einfachen stehenden Blattstab aus parallelen Elementen, der auf dem Überschlagskarnies überfällt. Der Dekor der Stirnplatte mit einem doppelten Flechtband ändert sich nicht. Neu hingegen sind die plastischen Astragale, welche die Rundstäbe an einigen Stellen ersetzen.

Sowohl diese plastischen Astragale als auch der Blattstabüberfall sind Elemente, die nicht aus der sizilischen Architektur stammen; beide finden im Westen an den Anthemiensimen erstmals Verwendung. Während die Geisonverkleidungen sich noch mit den früheren kanonischen Dächern in Verbindung bringen lassen, ist die Gestaltung der Simen ohne jede Parallele in den westlichen Kolonien der Griechen. Der plastische Anthemienfries, der nun die Traufsima bildet, stellt eine vollständige Neuerung dar und hat mit den kanonischen sizilischen Traufsimen keinerlei Gemeinsamkeiten mehr. Auch die nun an den Giebelseiten verwendeten abgesetzten Wellensimen[314] unterscheiden sich grundlegend von den vorher verwendeten kanonischen sizilischen Simen, finden ihre Entsprechung jedoch in den korinthischen *dark-on-light*-Simen. Die starre tektonische Gliederung des kanonischen Daches in mehrere gleichwertige, strikt voneinander getrennte Elemente wird zu Gunsten eines gemalten Lotos-Palmetten-Bandes aufgegeben, der nun als dominierendes Dekorelement die Erscheinung der Sima beherrscht.

7.2.1 Verbindung zu den korinthischen *dark-on-light* -Simen

Eine besonders kontrovers diskutierte Frage ist die nach dem Ursprung des gemalten ionischen Bogenfrieses auf der Giebelsima und des plastischen Anthemions der Traufseiten. Bedingt ist diese Diskussion durch die unklare Datierung der großen Tempel in Selinunt.

Bei einer späten Datierung des Tempels C in an das Ende des 6. Jhs. v. Chr., wie sie von Darsow[315], Åkerström[316] und Andrén[317] vorgeschlagen wird, sind die Lotos-Palmettenfriese auf den selinuntinischen Giebelsimen von korinthischen Vorbildern abhängig. Åkerström datiert das Dach von Tempels C sogar später als das Dach des um 510 v. Chr. entstandenen Megarer Schatzhauses in Olympia[318]; er begründet dies durch die „weichere" Ausführung des Frieses[319]. Gàbrici[320] und Scichilone[321] schlagen vor, Tempel C und sein Dach in die Jahrhundertmitte zu datieren. Diese Datierung würde bedeuten, dass die frühen korinthischen Dächer mit abgesetzter Wellensima[322] auch später als die selinuntinischen sein können und damit von diesen abhängig sind. Die Diskussion zur Datierung von Tempel C und seines Daches wird im Rahmen der chronologischen Einordnung der sizilischen Anthemiensimen nochmals aufgegriffen[323].

Giebelsima

Der gemalte ionischen Bogenfries auf einer wellenförmigen Sima aus roten und schwarzen Elementen auf hellem Grund ist ein typisches Element der korinthischen *dark-on-light*-Simen[324]. Die Frage nach dem Ursprungsort dieses Dekorelements ist jedoch bislang ungeklärt und soll im Folgenden einer Untersuchung unterzogen werden[325].

312 Siehe Seite 39, Abschnitt 6.6.1.
313 Siehe Seite 41, Abschnitt 6.7.
314 HEIDEN 1985, 61-87.
315 DARSOW 1938, 110-111.
316 ÅKERSTRÖM 1966, 264-265.
317 ANDRÉN 1940, CV.
318 HEIDEN 1995, 23-25 Taf. 4.
319 ÅKERSTRÖM 1966, 264-265.
320 GÀBRICI 1933, 350.
321 SCICHILONE 1963, 212.
322 Zu den korinthischen Dächern mit abgesetzter Wellensima und deren Chronologie siehe: HEIDEN 1985, 61-96.
323 Zur weiteren Diskussion siehe Seite 50, Abschnitt 7.2.1. Für eine genaue Zusammenfassung der bisherigen Diskussion Vgl. WIKANDER 1986, 22-24.
324 WINTER 1993, 43-48.
325 WIKANDER 1986, 22.

Aufgrund der umstrittenen Datierung der korinthischen Simen ist eine Lösung für dieses Problem nur schwer zu finden. Heiden lässt die *dark-on-light* Simen in der korinthischen Architektur durch die Datierung des *Löwensimadaches* in Kalydon um 575 v. Chr. beginnen[326]. Roebuck geht von einer um wenige Jahre späteren Entstehung des Daches aus[327]. Wenig später als das Dach aus Kalydon dürfte das des korinthischen Apollon-Tempels sein. In Aufschüttungen und Terrassierungen für den Bau findet sich ausschließlich Keramik der spät-mittelkorinthischen und früh-spätkorinthischen Zeit des Jahrzehnts 570/560 v. Chr., woraus Ronbinson, Heiden und Roebuck eine Entstehung des Daches in diesem Zeitraum ableiten[328]. Sie lassen jedoch die Tatsache außer acht, dass der Zeitpunkt der Terrassierung des Geländes für den Bau mit Sicherheit deutlich vor der Vollendung des Daches liegen muss. Williams-Kaufmann datiert den Bau durch den Stil der Kapitelle in die Zeit um 550 v. Chr.[329]. Winter nimmt sogar nochmals einen zusätzlichen Zeitraum von zehn Jahren bis zur Eindeckung des Gebäudes um 540 v. Chr. an, ohne diese Annahme näher zu begründen[330]. Hingewiesen sei in diesem Zusammenhang nochmals auf die allgemeine Problematik der Datierung von Dächern anhand der zugehörigen Bauten[331]. Es kann auch hier kaum entschieden werden, ob die Gestaltung des Daches bereits bei Baubeginn feststand, oder erst bei Vollendung der Baus eine Entscheidung über Form und Dekor der Dachrandverkleidung getroffen wurde.

Einen Hinweis auf die frühere Entstehung der Giebelsima des Apollon-Tempels in Korinth liefert jedoch die Ausführung des gemalten ionischen Bogenfrieses. Dieser wirkt bei der Sima aus Korinth noch recht plump und gedrungen, Rankenbänder und Lotosblüten sind dick und wirken wie in die Sima „gequetscht". Ein ganz anderes Bild zeigen die Simen von Tempel Y und C. Ihre Friese bestehen aus Blüten aus langen, eleganten Blättern, deren Höhe und Größe perfekt auf den Malgrund abgestimmt sind. Die schlanken, elegant geschwungenen Rankenbänder und die Zweiteilung der Lotosblüten in einen roten und einen schwarzen Teil lassen die Blüten bewegt und lebendig erscheinen. Die sizilischen Friese gehören demnach zu einer fortgeschrittenen Stilstufe, wie sie auch die korinthischen Dächer des letzten Drittels des 6. Jhs. v. Chr. zeigen. Sie sind daher deutlich später anzusetzen als das Dach des korinthischen Apollon-Tempels[332].

Nicht nur der florale Dekor der Sima, sondern auch der Simaabschluss durch einen geraden überfallenden Blattstab kann die Herkunft aus der korinthischen Architektur nicht verbergen, er zeigt sich hier schon auf den ab 580 v. Chr. verwendeten Blattstabsimen des Typs II[333]. Einen Hinweis auf die Datierung der Anthemiensimen liefert die Verbindung zur mutterländischen Architektur jedoch nicht, da der Blattstab mit Überfall von ca. 580 v. Chr. bis zum dritten Drittel des 6. Jh. v. Chr. durchgängig verwendet wird[334].

Des weiteren deutet die Konzentration des Dekors auf ein einziges Hauptelement auf eine Herkunft der *dark-on-light*-Simen aus der Architektur des griechischen Mutterlandes hin. Die früheren sizilischen Dächer zeigen alle mehrere, gleichwertige Dekorelemente, welche durch unterschiedlichen Dekor und gliedernde Rundstäbe streng voneinander getrennt sind[335].

Die *dark-on-light*-Sima erfuhr demnach ihre Entwicklung in der korinthischen Architektur und gelangte als bereits voll ausgebildeter Dachtypus nach Sizilien.

Die Traufsima

Der plastische, durch Rankenbänder verbundene Anthemienfries kann im griechischen Mutterland nicht beobachtet werden. Sie lassen sich trotzdem wiederum mit den korinthischen *dark-on-light*-Simen verbinden. Die zu diesen gehörigen, traufseitigen Antefixe bestehen ebenfalls aus einer mit einer Lotosblüte verbundenen Palmette, die in der korinthischen Architektur einen gängigen Typus bilden und die von Winter als *Palmette-and-pendant-lotos*-Antefixe zusammengefasst werden (Siehe Beilage 7.1)[336]. Auch diese bestehen aus einer Palmette die mit einer antithetischen Lotosblüte verbunden ist. Die Lotosblüte besteht in der Regel ebenfalls aus zwei spitzen äußeren Blättern zwischen denen mehrere kleine runde Blätter angeordnet sind. Sogar die Rankenbänder finden sich wieder; sie entspringen aus dem Ansatz der Lotosblüten und rollen sich neben dem Antefix zu Voluten zusammen, ohne jedoch mit dem benachbarten Antefix verbunden zu sein. Der einzige motivische Unterschied zwischen den korinthischen Antefixen und den Anthemien der sizilischen Simen besteht demnach in deren Verbindung durch die Rankenbänder. Auch der seit Ende des 7. Jh. v. Chr.

[326] Dyggve 1948, 192-193 Abb. 201; Heiden 1987, 62-71.
[327] Roebuck 1990, 55.
[328] Robinson 1976, 217; Heiden 1987, 73; Roebuck 1990, 55;
[329] Williams-Kaufmann 1984, 71.
[330] Winter 1993, 24-28.
[331] Siehe Seite 5, Abschnitt 2.1.
[332] Winter 1993, 35-36.
[333] Winter 1993,33 Abb. 5; Heiden 1987, 39-42; Åkerström 1966, 264.
[334] Winter 1993, 32-42.
[335] Siehe Seite 31, Abschnitt 6.
[336] Winter 1993, 27; 75-78; Roebuck 1990, 56 Taf. 8.
[337] Winter 1993, 61 Abb. 8.

übliche Dekor der Stirn des Traufziegels[337] mit einem einfachen Flechtband wird in Sizilien übernommen.

Das früheste Dach, welches mit solchen Antefixen in Verbindung gebracht werden kann stammt aus Delphi und wird von Winter in die Jahre um 560 v. Chr. datiert[338]. Die *Palmette-and-pendant-lotos*-Antefixe sind demnach eindeutig vor den selinuntinischen Anthemiensimen entstanden. Einen weiteren Hinweis auf die Entstehung dieser vegetabil dekorierten Antefixe im Umkreis der korinthischen Architektur ist die Tatsache, dass der florale Dekor von Antefixen sich hier bereist im 7 Jh. v. Chr. nachweisen lässt[339], während der er in Westgriechenland keine Tradition besitzt bei der Dekoration der Anthemiensimen erstmals Verwendung findet.

Die Löwenkopfwasserspeier

Eine weitere Verbindung zur Tradition der korinthischen Dächer stellen die Löwenkopfwasserspeier dar, die bei Tempel E1 und C die Wasserableitung übernehmen[340]. In der korinthischen Architektur werden solche Wasserspeier wahrscheinlich wiederum erstmals am Dach des korinthischen Apollon-Tempels verwendet[341]. In der sizilischen Architektur tauchen die Löwenkopfwasserspeier erstmals im Zusammenhang mit den Anthemiendächern auf, welche, wie oben nachgewiesen, ein bis zwei Jahrzehnte später als der Apollon-Tempel in Korinth entstanden sind[342]. Die Löwenköpfe sind daher ebenfalls als direkte Übernahme aus der korinthischen Architektur zu verstehen und unterstreichen den korinthischen Charakter der westgriechischen Anthemiendächer.

Wegen der seltsam unbewegte Gestaltung und dem äußerst schlechten Erhaltungszustand der selinuntinischen Löwenköpfe ist ihre Datierung, mangels passender Vergleiche, ein Problem, welches bisher nicht befriedigend geklärt werden konnte[343]. Einen Anhaltspunkt für die Datierung des gesamten Daches liefern die Wasserspeier daher nicht.

Ionische Elemente

Die plastischen Astragale, welche an die Stelle der Rundstäbe treten sind eine Zutat, die sich nicht auf korinthische Vorbilder zurückführen lassen, aber auch in der vorhergehenden sizilischen Architektur keine Tradition besitzen.

Bisher wurden sie stets mit der ionischen Architektur in Verbindung gebracht[344]. Diese Vermutung scheint einleuchtend, gehört doch der plastische Dekor in der ionischen Architektur von Beginn an zum Repertoire der Koroplasten und erfreute sich überaus großer Beliebtheit[345]. Schon das kürzlich publizierte sehr frühe Dach aus Ephesos bedient sich eines plastischen Dekors[346]. Die früheste Verwendung des plastischen Astragals an Dachterrakotten lässt sich am Anfang des 6. Jhs. v. Chr. in Sardis und kurze Zeit später in Larisa nachweisen[347].

Obwohl der plastische Astragal als genuin ionisches Element identifiziert ist, können die direkten Vorbilder für die ionisierenden Dachterrakotten in den westlichen Kolonien kaum benannt werden. Weder in der zusammenfassenden Arbeit von Åkerström[348] noch an einer anderen Stelle findet sich ein Dach, welches direkt mit den hier besprochenen Stücken in Verbindung gebracht werden kann[349]. Daher kann anhand der bekannten Materialbasis nicht entschieden werden, woher genau aus Ionien der plastische Astragal in die westlichen Kolonien gelangte. Die ersten Dächer, welche mit dem neuen ionischen Element dekoriert wurden, sind die hier besprochenen Anthemiendächer sowie die von diesen abgeleiteten kanonischen Dächern der dritten Generation[350]. Der zeitliche Rahmen der Aufnahme dieser neuen Formen aus Ionien erschließt sich durch die Datierung der selinuntinischen Anthemiensimen.

Diese Verbindungen der westgriechischen mit der ionischen Architektur sind kein singuläres Phänomen und lassen sich in Naxos schon im 7. Jh. v. Chr. nachweisen[351].

---

[338] Vgl. WINTER 1993, 72.
[339] WINTER 1993, 61 Abb. 8, 1.
[340] MERTENS-HORN 1988, 80-83 Taf. 18 b; c; 19 a-c. Von Tempel Y haben sich keine Löwenkopfwasserspeier erhalten; ob dies auf den schlechten Erhaltungszustand des Gebäudes im Allgemeinen oder auf ein Fehlen dieses Elementes zurückzuführen ist, kann nicht entschieden werden. Die großen Gemeinsamkeiten aller drei selinuntinischen Anthemiendächer machen es jedoch wahrscheinlich, dass auch Tempel Y solche Wasserspeier besaß.
[341] WINTER 1993, Abb. 3
[342] WINTER 1993, 24-28.
[343] MERTENS-HORN 1988, 81.
[344] BARLETTA 1983, 41-42; 197-205; MERTENS 2006, 241-242.
[345] ÅKERSTRÖM 1966.
[346] SCHÄDLER-SCHNEIDER 2004.
[347] BARLETTA 1983, 197.
[348] ÅKERSTRÖM 1966.
[349] BARLETTA 1983, 201.
[350] Siehe Seite 39, Abschnitt 6.6.
[351] Siehe Seite 21, Abschnitt 4.5.

Datierung

Eine Datierung der Anthemiensimen kann über die Zeitstellung der selinuntinischen Tempel und die große Nähe der gemalten Anthemienfriese zu den korinthischen *dark-on-light*-Simen erschlossen werden. Der Baubeginn der drei Tempel wird im Allgemeinen in der Mitte des 6. Jhs. v. Chr. angenommen, wobei Tempel C durch seine fortschrittlichere Plandisposition einige Jahre später anzusetzen ist[352]. Die Planung des Dächer muss jedoch später erfolgt sein, erinnert doch besonders der ionische Bogenfriese auf der Giebelsima von Tempel C bereits an die korinthischen Friese des späten 6. Jhs. v. Chr.[353]. Wie diese besteht er aus schlanken und elegant geschwungenen Blättern; als Beispiel seien hier das Dach 42 aus Delphi und das des Schatzhauses der Megarer in Olympia angeführt[354]. Die genaueste Entsprechung findet der Fries jedoch in der Sima der Vorhalle des Schatzhauses von Gela, welche bereits an den Beginn des 6. Jhs. v. Chr. zu datieren ist [355].

Nach Mertens deutet der Stil der berühmten Metopen bereits in die zweite Jahrhunderthälfte[356]. Diese Datierung ist jedoch umstritten und schon Giuliani bemerkte: *„In der Tat gibt es in der antiken Kunstgeschichte kaum ein anderes Monument, das so unterschiedliche Datierungen erfahren hat, wie die Metopen des Tempels C.“*[357]. Giuliani zeigt auf, dass es unmöglich ist, sich dem ungewöhnlichen, stark von lokalen Elementen beeinflussten Stil, und damit der Datierung der Metopen, durch Vergleiche aus der mutterländischen Kunst zu nähern. Er schlägt daher nach der Bauzeit des Tempels eine Datierung in das spätere zweite Viertel des 6. Jhs. v. Chr. vor[358].

Mertens hat auf die allgemeine Straffung der Gesamtordnung hingewiesen, welche Tempel C um einige Jahre früher als Tempel Y erscheinen lässt. Der Abstand der beiden Bauten kann jedoch nicht groß sein, wiederholt doch Tempel C die in Tempel Y angelegte Breitengliederung des Gebälks. Bau Y datiert Mertens seinerseits durch Vergleiche mit dem um 570 v. Chr. entstandenen Aphaia-Tempel in Ägina in die Jahre um 560 v. Chr. Die spätere Datierung ergibt sich für ihn aus der ausgewogeneren Gestaltung des sizilischen Tempels. Aufgrund der schlankeren Säulen und der höheren Triglyphen wird Tempel C kurz nach der Mitte des 6. Jhs. v. Chr. anzusetzen sein[359]. Das zugehörige Dach ist jedoch aufgrund der großen Nähe des ionischen Bogenfrieses auf der Giebelsima zum Dach des Schatzhauses von Megara und der Vorhalle des Schatzhauses von Gela deutlich später entstanden und muss in das letzte Viertel des 6. Jhs. v. Chr. datiert werden[360].

Mertens-Horn erklärt die große Diskrepanz zwischen dem Baustil des Tempels aus der Mitte des 6. Jhs. v. Chr. und dem Stil des Daches aus der Zeit um die Jahrhundertwende durch eine Neueindeckung des Tempels. Sie weist dem Tempel das kanonische sizilische Dach **SELI 5** zu, welches bereits am Ende des 6. Jhs. v. Chr. wieder ersetzt werden musste. Dieser These muss jedoch widersprochen werden; es ist kaum vorstellbar, dass man die vor Tempel C errichteten Tempel E1 und Y mit einem modernen Anthemiendach versah und für Tempel C ein herkömmliches kanonisches Dach verwendete, welches nur wenige Jahrzehnte später dann doch einem Anthemiendach weichen musste[361].

Die einzig mögliche Erklärung für den Stil der Giebelsima ist eine recht späte Eindeckung von Tempel C, welche erst Jahrzehnte nach der Grundsteinlegung erfolgte. Während für die Traufseiten die bereits an Tempel Y und E1 verwendeten plastischen Blüten verwendet wurde, entschied man sich bei der Dekoration der Giebelsima für einen zeitgemäßen Dekor. Mertens-Horn hält es für höchst unwahrscheinlich, dass der Haupttempel der selinuntinischen Akropolis in der Blütezeit der Polis zwei Generation unfertig das Bild des Temenos beherrschte[362]. Die späte Eindeckung erscheint jedoch, der einzige Lösungsansatz zu sein, welcher vermag das Phänomen zu erklären. Zu beweisen ist diese Theorie jedoch kaum und soll nur als Lösungsvorschlag verstanden werden.

Unzweifelhaft ist aber, dass Tempel C ein ungewöhnlicher Bau ist, welcher Elemente verschiedener Stilstufen vereint und sich auf diese Weise einer genauen Datierung weitestgehend entzieht.

[352] Siehe Seite 46, Abschnitt 7.1.1.
[353] Winter 1993, 35-36.
[354] Winter 1993, Abb. 6, 2-3.
[355] Heiden 1995, 29 Taf. 9,3.
[356] Mertens 2006, 124.
[357] Giuliani 1979, 17. Hier findet sich auch eine Zusammenfassung der bisher vorgeschlagenen Datierungen der Metopen.
[358] Giuliani 1979, 17.
[359] Mertens 2006, 117.
[360] Schon Åkerström hat das Dach nach dem sicher in das ausgehende 6. Jh. v. Chr. zu datierenden Dach des Schatzhauses von Megara angesetzt. Vgl. Åkerström 1966, 264-265. Die Datierung des Schatzhauses von Megara erschließt sich durch die stilistische Einordnung der Skulpturen aus dem Giebelfeld. Vgl. Heiden 1995, 25. Zu stilistischen Einordnung des Giebels siehe: Bol 1973, 73. Zuletzt zur Datierung des Daches an das Ende des 6. Jhs. v. Chr. Mertens-Horn weist auf daraufhin, dass der Stil der Mähnen der Löwenkopfwasserspeier ebenfalls an das Jahrhundertende deutet. Vgl. Mertens-Horn 1988, 82.
[361] Das Dach **SELI 5** wird von Mertens einem Vorgängerbau des Tempels C zugewiesen, welche etwa die gleichen Ausmaße wie Tempel C selbst gehabt haben muss. Er äußerst zudem die Annahme, dass verschiedene Elemente des alten Baus in den neuen inkorporiert wurden. Vgl. Mertens 2003, 232-233; Mertens 2006, 125.
[362] Vgl. Mertens-Horn 1988, 83.

7.2.2 Zusammenfassung

Die selinuntinischen Anthemiensimen sind somit als von lokalen Vorstellungen beeinflusste Variante der korinthischen *dark-on-light*-Simen in Verbindung mit floral dekorierten Antefixen zu verstehen. Die sizilischen Anthemiensimen geben Form und Dekor der korinthischen Vorbilder in übersteigerter und manierierter Weise wieder, welche den Vorstellungen der sizilischen Auftraggeber von einem korinthischen Dach entsprach. Die nun durch Rankenbänder zu einem Fries verbundenen Antefixe erreichen eine beträchtliche Höhe und sind deutlich stärker durchbrochen als die Vorbilder aus der korinthischen Architektur. Durch die Verbindung der giebelseitigen *dark-on-light*-Sima mit einem überfallenden Blattstab wird die korinthische Gestalt des Daches betont, finden hier doch die beiden bekannten, typisch korinthischen Dachtypen - Blattstabsima mit Überfall und wellenförmige Sima mit floralem Dekor - gemeinsam Verwendung. Dieses Motiv ist zwar in der mutterländischen Architektur ebenfalls bekannt, wird aber nicht in einer derartig übersteigerten Form verwendet[363]. Die plastischen Astragale lassen sich mit dem Umfeld der ionischen Architektur in Verbindung bringen; auf welchem Wege sie in die sizilische gelangten ist bisher ungeklärt.

Sowohl Giebel- als auf Traufsima heben sich in starker Weise von den herkömmlichen sizilischen Dächern ab, lediglich die Geisonverkleidung und einige gliedernde Rundstäbe erinnern noch an die vorhergehende Generation der sizilischen Dächer.

7.2.3 Verwendung korinthischer Simen im Westen

Nachdem nur der genuin korinthische Charakter der Anthemiensimen aufgezeigt wurde und ihr Umsprung in Sizilien oder Unteritalien ausgeschlossen werden kann, stellt sich nun die Frage nach einer Begründung für das plötzliche Auftauchen einer neuen Dachform in Sizilien.

Auffällig ist, dass sowohl der plastische, als auch der gemalte Anthemienfries der drei selinuntinischen Anthemiendächer von Anfang an mit hoher handwerklicher Präzision ausgeführt werden. Probleme mit dem Zusammenspiel der einzelnen Elemente und deren handwerklicher Ausführung lassen sich bei keinem der drei Dächer nachweisen. Dies zeigt, dass die ausführende Werkstatt mit hoher Wahrscheinlichkeit bereits mit der Gestaltung solcher Dächer vertraut war. Nur in einer korinthischen Werkstatt können sie ihr Wissen und ihre Fähigkeiten erworben haben, die zur Herstellung der komplexen Anthemiendächer notwendig waren.

In diesem Zusammenhang erschließt sich nun auch das Dach **SELI 8** des Tempels E1 durch das Fehlen der Geisonverkleidung als wahrscheinlich frühestes Anthemiendach in Selinunt. Eine Verkleidung des Geisons ist in der mutterländisch griechischen Architektur unüblich und fehlte somit im Repertoire der nach Sizilien eingewanderten Handwerker. Die beiden späteren Dächer von Tempel C und Y verbinden bereits die korinthischen und die neu erlernten traditionellen sizilischen Formen und kombinieren diese zum neuen Typus des sizilischen Anthemiendaches.

Die plötzliche Verbreitung von korinthischen Dächern in der Mitte des 6. Jh. v. Chr. ist ein Phänomen, welches sich auch in anderen griechischen Landschaften beobachten lässt. Der Grund für das Wandern der Handwerker oder das Verhandeln von fertigen Bauteilen dürfte auf den Niedergang der korinthischen Feinkeramikproduktion zurückzuführen sein. Während die Vormachtstellung in der Produktion von Feinkeramik nach und nach an die attischen Werkstätten verloren wurde[364], behielt Korinth diese in der Herstellung von Tondächern bis ins 4. Jh. v. Chr. hinein. Ab dem dritten Viertel des 6. Jh. v. Chr. lassen sich die korinthischen abgesetzten Wellensimen in vielen Poleis Griechenlands in großer Zahl beobachten, lediglich in Athen entwickelt sich eine eigene, unabhängige Produktion von Dachterrakotten[365]. Es kann vermutet werden, dass sich die Feinkeramikwerkstätten, deren Produkte auf dem Markt immer wenig gefragt waren, sich mit der Herstellung von Tondächern einem neuen Betätigungsfeld zuwendeten. Diese Erklärung ist jedoch als Hypothese zu verstehen, lässt sich doch keine Feinkeramikwerkstadt eindeutig mit baukeramischen Erzeugnissen in Verbindung bringen.

Heiden hat bereits darauf hingewiesen, dass die Handwerker die bestellten Ziegel nicht in Korinth, sondern direkt vor Ort herstellten; das exakte Maßnehmen und der Transport eines ganzen Daches stellte schließlich ein gewaltiges logistisches Problem dar. Das Risiko, dass die gelieferten Bauteile sich nicht an den Bau anpassen ließen, oder das Stücke auf dem Transport beschädigt wurden, war durch die Herstellung vor Ort einfach auszuschließen[366]. Belegt ist das Wandern der korinthischen Werkstätten durch Ausdrückformen und

[363] Winter 1993, Abb. 15; 18.
[364] Vgl. Cook 1997, 62.
[365] Heiden 1987, 196 Verbreitungskarte 3.
[366] Die These Heidens, dass die Handwerker nur den Kern der Ziegel aus lokalem Material herstellten und diesen dann mit aus Korinth importierten Ton überzogen, erscheint nicht sonderlich wahrscheinlich. Lässt sich doch fast jeder Ton so fein schlämmen, dass er als Überzug für Dachziegel benutzt werden kann - die man schließlich nicht wie Feinkeramik aus nächster Nähe betrachten konnte. Bisher konnte auch an keiner Stelle der Transport von Ton als Rohmaterial archäologisch oder archäometrisch nachgewiesen werden. Letztendlich ist die Frage jedoch wohl nur durch eine naturwissenschaftlichen Analyse der Zusammensetzung von Tonkern und Überzug zu klären. Ein geeignetes Objekt stand für eine derartige Untersuchung jedoch nicht zur Verfügung.

Brennöfen für Dachterrakotten[367]. Das auch der Transport von Dachterrakotten nicht auszuschließen ist, zeigen einige der westgriechischen Schatzhäuser in Olympia[368]. Diese Dächer in Olympia sind gegen die der gewaltigen Tempel in Selinunt jedoch winzig und ihr Transport stellte ein lösbares Problem dar. Dass aber die Anthemiendächer in Selinunt von einem anderen Ort stammen, kann aufgrund des immensen Gewichtes ausgeschlossen werden.

In diesem Zusammenhang erscheint das Einwandern von korinthischen Werkstätten nach Sizilien nicht ungewöhnlich und liefert eine mögliche Erklärung für das plötzliche Auftauchen eine vollständig neuen Dachtypus ohne Vorstufen in der sizilischen Architektur. Die Anthemiendächer in Sizilien sind somit als an die Vorstellungen und die Wünsche der sizilischen Auftraggeber angepassten korinthischen *dark-on-light* Simen zu verstehen, welche durch eine erfahrene korinthische Werkstatt vor Ort produziert wurden.

Korinthische Dächer in Gela

Bestätigung findet die These der Einwanderung von korinthischen Handwerkern nach Sizilien durch die Simem **GELA 14** und **GELA 13** im Museum von Gela. Beide Stücke sind eindeutig korinthische *dark-on-light*-Simen. Der schlechte Erhaltungszustand von **GELA 13** macht eine genaue Rekonstruktion des Stückes allerdings schwierig. Die mit der Sima zusammen entdeckten Antefixe[369] zeigen aber, dass es sich um ein korinthisches Dach handeln muss, welches nicht durch sizilische Formen und Elemente beeinflusst ist. Die Antefixe lassen sich durch die direkt unterhalb der Palmette angeordneten Voluten, welche das Antefix kaum verbreitern, am ehesten mit denen korinthischen Antefixen der Zeit um 520/500 v. Chr. in Verbindung bringen[370] und sind daher in das letzte Viertel des 6. Jhs. v. Chr. zu datieren.

Auch die eindrucksvolle Giebelsima **GELA 14** ist in allen Details ein korinthisches Dach, es zeigen sich keinerlei Elemente aus der sizilischen Architektur. Die engste Parallele zu dieser Sima zeigt das Dach des Megarer-Schatzhauses in Olympia. Hier finden bei der Gestaltung des Frieses die gleichen grazilen Blätter Verwendung und beide Simen werden durch eine Rundstab nach oben hin abgeschlossen. Datiert wird das olympische Dach an das Ende des 6. Jhs. v. Chr.[371]. Die Sima in Gela wird daher im gleichen Zeitraum entstanden sein.

Einen weiteren Hinweis auf die engen Kontakte der Geloer mit korinthischen Werkstätten in der Spätarchaik liefert die spätere Vorhalle des Schatzhauses von Gela, die ebenfalls mit einer korinthischen *dark-on-light* Sima dekoriert ist, sowohl ihre Form, als auch ihr Dekor sind etwas fortschrittlicher, woraus auf eine Datierung um 500 v. Chr. geschlossen wird[372].

Durch die Datierung im gleichen Zeitraum und ihre Einzigartigkeit in der sizilischen Architektur können die beiden korinthischen Dächer **GELA 13** und **GELA 14** derselben Werkstatt zugesprochen werden. Ob die Geloer diese Werkstatt einige Jahre später auch für das Dach der Vorhalle ihres Schatzhauses in Olympia dieselbe Werkstatt beauftragten, kann zwar nicht bewiesen werden, sollte aber als Möglichkeit in Betracht gezogen werden.

7.2.4 Mögliche Erklärungen für die Verwendung korinthischer Elemente in der sizilischen Architektur

Nach einem halben Jahrhundert fast ausschließlicher Verwendung des kanonischen Daches in Sizilien erstaunt es, dass die Selinuntiner plötzlich beginnen, ihre Tempel mit durch korinthische Werkstätten hergestellte Anthemiendächer zu schmücken. Die Anhaltspunkte die zur Erklärung dieses Phänomens zur Verfügung stehen sind allerdings so gering, dass jeder Erklärungsversuch nur als Hyphothese zu verstehen ist. Die historische Überlieferung ist im 6. Jh. v. Chr. in Sizilien so lückenhaft, dass sie kaum Hilfe sein kann. Das massive selinuntinische Bauprogramm dürfte jedoch in der zweiten Jahrhunderthälfte von den Tyrannen Pythagoras und Euryleon initiiert worden sein[373].

Trotz dieser Problematik soll im Folgenden der Versuch unternommen werden, sich ihr zu nähern und Lösungsvorschläge aufzuzeigen.

Im Rahmen des Niedergangs der korinthischen Keramikwerkstätten[374] ist es vorstellbar, dass die Handwerker aus eigenem Antrieb ihre Heimat verließen, um ihr Glück in Sizilien zu suchen. Das aufstrebende und wohlhabende Selinunt mit seinem gewaltigen Bauprogramm erschien mit Sicherheit als lohnendes Ziel. Für die lokalen Werkstätten kann es nicht unproblematisch gewesen sein, in einem kurzen Zeitraum eine solche Menge an Dachterrakotten und Dachziegeln zu produzieren, die für die umfangreichen Baumaßnahmen erforderlich waren, so dass die Hilfe der Korinther gelegen kam. Eine Erklärung für die Verwendung der

[367] Heiden 1987, 135.
[368] Siehe Seite 65, Abschnitt 9.
[369] Adamnesteanu 1956A Abb. 10 a; c.
[370] Winter 1993, 75-77 Abb. 10, 3-5.
[371] Heiden 1987, 83-85 Taf. 10; Heiden 1995, 23-25 Taf. 7, 1.
[372] Heiden 1995, 27-31.
[373] Cerchiai u.a. 2002, 258.
[374] Siehe Seite 51, Abschnitt 7.2.3.

korinthischen Dächer ist dies jedoch nicht. Die herkömmlichen sizilischen Dächer sind in ihrer Gestaltung einfacher als die aufwendigen Anthemiendächer; für die erfahrenen Handwerker aus Korinth wäre es wohl ein Leichtes gewesen kanonische sizilische Dächer zu produzieren.

Die Verwendung des neuen komplexen Dachtypus muss so als ganz bewusste Entscheidung der selinuntinischen Auftraggeber betrachtet werden. Über die Beweggründe für diese Entscheidung können jedoch nur wage Vermutungen angestellt werden.

Die Entscheidung der Auftraggeber der großen selinuntinischen Tempel für einen neuartigen, nun korinthischen Dachschmuck betonte zweifelsohne die Pracht und die Prestigeträchtigkeit der neuen Tempel. Dies erklärt jedoch nicht die Abkehr von der sizilischen Architekturtradition. Schließlich ist ein herkömmliches kanonisches Dach ebenfalls äußerst prächtig.

Eine mögliche Erklärung für dieses Phänomen ist die Ablösung der seit der Gründung der Polis herrschenden aristokratischen Oberschicht durch den Tyrannen Pythagoras und die damit verbundenen tiefgreifenden Veränderungen im politischen und gesellschaftlichen Gefüge der Stadt. In diesem Zusammenhang verwundert es nicht, dass auch in der sakralen Architektur neue Wege gesucht werden, welche nicht mehr der alten aristokratisch geprägten Tradition verpflichtet sind. Da die großen Tempel auch immer als politisches Monument zu verstehen sind, können sich die neuen Herrscher nicht mehr der alten Bildsprache der alten Oberschicht bedienen und wenden sich deshalb mit den korinthisierenden Dächer modernen Formen zu, welche aus der mutterländisch griechischen Architektur entnommen werden.

Nicht nur die Dächer der selinuntinischen Tempel der Mitte des 6. Jhs. v. Chr. sind äußerst modern; auch ihre hohen, schlanken Säulen und ihre weite, lichte Stellung erscheinen gegenüber der vorhergehenden Generation der sizilischen Tempel, wie sie vom syrakusanischen Tempel des Apollo vertreten wird, fortschrittlich und zukunftsweisend[375].

Sie demonstrieren den Reichtum der Stadt und die Fortschrittlichkeit der selinuntinischen Architektur und Kunst unter den neuen Herrschern gegenüber den Nachbarpoleis, aber auch gegenüber den alten aristokratischen Kräften, und zeugen vom Selbstverständnis der neuen Herrscher der Stadt.

7.3 Die Verbreitung der Anthemiensimen

7.3.1 Sizilien

Im Gegensatz zu den auf der gesamten Insel anzutreffenden kanonischen Dächern, bleiben die Anthemiendächer nahezu ein rein selinuntinisches Phänomen. Lediglich im nordostsizilischen Naxos[376] und im ebenfalls westsizilischen Agrigent[377] lassen sich vier weitere Anthemiendächer nachweisen, welche jedoch in Stil und Qualität stark von ihren selinuntinischen Vorbildern abweichen und in ihrem Umfeld als isoliertes Phänomen zu betrachten sind. Barletta erwähnt ein Fragment einer solchen Sima in Leontinoi, die jedoch nicht vorgelegt ist und daher nicht besprochen werden kann[378].

AKRA 11 stellt eine Wiederholung selinuntinischer Anthemienfriese dar, erreicht aber nicht deren Qualität. Eine genaue Untersuchung des Stückes ist schwierig, hat sich doch nur eine der Blüten erhalten. Die etwas unbeholfene Zeichnung der einzelnen Elemente lässt das agrigentinische Dach jedoch als lokale Kopie erscheinen und eine Herstellung durch die in Selinunt ansässigen Werkstätten ausschließen. Die einzelnen Elemente der Blüte sind recht unregelmäßig und variieren in ihrer Größe; solche Schwächen in der Ausführung zeigen die selinuntinischen Dächer nicht. Abhängig von den Vorbildern aus der Nachbarpolis ist **AKRA 11** in das letzte Drittel des 6. Jh. v. Chr. zu datieren. Diese Sima stellt die einzige direkte Wiederholung der Anthemiensimen aus Selinunt dar.

AKRA 12 und **NAXO 18** bedienen sich zwar der Elemente der selinuntinischen Stücke, variieren diese jedoch nach eigenen Vorstellungen und handwerklichem Vermögen. Beide Anthemien wiederholen nicht den plastischen Fries der Traufseiten der selinuntinischen Gebäude, sondern stellen den gemalten ionischen Bogenfries der Giebelseiten in plastischer Form dar. Auffallend sind die großen typologischen und stilistischen Gemeinsamkeiten des naxischen und des agrigentinischen Daches. Die Blüten und Voluten beider Anthemien bestehen aus recht dicken, plumpen Elementen, die wie aus Teig wirken. Dies ließ schon De Miro eine Herstellung durch dieselbe Werkstatt vermuten. Er geht sogar von einer Produktion des agrigentinischen Daches in Naxos aus, liefert hierfür aber keine rechte Begründung[379]. Eine Betrachtung vor Ort ließ jedenfalls keinerlei makroskopische Unterschiede zwischen **AKRA 12** und den übrigen Dächern im Museum von Agrigent erkennen. Letztendlich kann wohl nur eine

375 Gruben 2001, 302-303.
376 **NAXO 18**.
377 **AKRA 11-13** Von **AKRA 13** hat sich allerdings lediglich der Traufziegel mit einer Falz für die Einlassung des Anthemions erhalten. Eine Aussage über die Gestaltung des Frieses selbst, kann aus diesem Grund nicht getroffen werden.
378 Barletta 1983, 39.
379 De Miro 1965, 67; Ciurcina 1980, 71.

archäometrische Untersuchung diese Frage endgültig klären. An der Herstellung durch dieselben Handwerker kann jedoch kein Zweifel bestehen. Neben dem Anthemienfries können dies auch die Geisonverkleidungen nicht verbergen. Die doppelten Flechtbänder auf den Stirnplatten bestehen aus einem vierläufigen schwarz-weißen Band, die Augen sind bei beiden Verkleidungen mit einer vierteiligen Rosette auf schwarzem Grund gefüllt. Darüber folgt ein Rundstab mit diagonalen Streifen. Der darüber angebrachte plastische Blattstab aus alternierenden breiten und schmalen Blättern ist ungewöhnlich und kann in der westgriechischen Architektur ansonsten nicht beobachtet werden, gehört jedoch zum Repertoire der ionischen Architektur[380] und findet dort ab der Mitte des 6. Jh. v. Chr. Verwendung[381]. Die Verwendung von typisch ionischen Elementen in der agrigentinischen Architektur lässt sich nicht nur für das hier besprochene Dach nachweisen, sondern kann auch an einigen weiteren Dächern beobachtet werden. Die bei **AKRA 2, 3** und **AKRA 19** verwendeteten Eierstäbe sind ebenfalls eindeutig auf Vorbilder aus der Tradition der ionischen Architektur zurückzuführen[382].

Während **AKRA 11** eine recht genaue Wiederholung der selinuntinischen Anthemiensimen darstellt, sind **AKRA 12** und **NAXO 18** als eine Kombination aus diesen, ionisierenden und traditionell sizilischen Elementen zu sehen. Alle drei Simen erreichen bei weitem nicht die Qualität, die Eleganz und die organische Plastizität der Dächer aus Selinunt und stammen wohl aus einer lokalen Werkstatt, die sich der neuen Formen aus dem Osten bedient und nach eigenen Vorstellungen und eigenem handwerklichen Vermögen neu kombiniert. Die korinthische Giebelsima wird von dieser Werkstatt jedoch nicht übernommen sondern - zumindest in Naxos - durch eine kanonische sizilische Sima der dritten Generation[383] ersetzt[384]. Von der Giebelsima des agrigentinischen Daches hat sich nichts erhalten. Die Herstellung der Simen **AKRA 12** und **NAXO 18** durch dieselbe Werkstatt ist ungewöhnlich, liegt doch Naxos im äußersten Osten und Agrigent ist die westlichste griechische Kolonie in Sizilien. Dies zeigt, wie eng oft die Kontakte der griechischen Kolonien untereinander waren und dass neue Formen durch wandernde Werkstätten innerhalb eines kurzen Zeitraumes von einem Ende der Insel zum anderen gelangen konnten. Wegen der Abhängigkeit der beiden Dächer von den selinuntinischen Anthemiensimen und die häufige Verwendung von ionisierenden Elementen in der agrigentinischen Architektur stammt die Werkstatt, welche die beiden hier besprochenen Dächer herstellte, wohl aus Agrigent.

Datiert werden können die drei Anthemiensimen durch ihre Abhängigkeit von den selinuntinischen Simen in das letzte Drittel des 6. Jh. v. Chr. Durch die noch enge Anlehnung von **AKRA 11** an die Vorbilder aus Selinunt ist sie wohl einige Jahre vor den beiden anderen Dächer entstanden.

Außer den hier besprochenen Stücken hat die Anthemiensima in Sizilien keinen weiteren Niederschlag gefunden. In den übrigen sizilischen Poleis gelingt es die Architekten nicht, sich von der lokalen Architekturtradition zu lösen und sie verwenden weiterhin die kanonischen Dächer. Schon in Naxos verschleifen sich die neuen Elemente und vermischen sich mit lokalen Formen. Die neue korinthische *dark-on-light*-Sima wird bei **NAXO 18** zu Gunsten der traditionellen kanonischen Sima wieder aufgegeben.

380 Siehe Seite 49, Abschnitt 7.2.1.
381 Barletta 1983, 265-273.
382 Barletta 1983, 268-269.
383 Siehe Seite 39, Abschnitt 6.6.
384 Ciurcina 1980, 71; 79 Taf. 9, 4.

7.4 Die Anthemiensimen in den unteritalischen Kolonien

Während die Anthemiensimen in Sizilien ein vereinzeltes Phänomen bleiben, wird der neue Dachtypus in den unteritalischen Poleis bereitwillig in die eigene Architektur aufgenommen und mit bereits vorhandenen Dachtypen kombiniert, nach Belieben variiert und zu neuen Typen weiterentwickelt. Sie sind für die Entwicklung der unteritalischen Dächer im ausgehenden 6. und im beginnenden 5. Jh. v. Chr. von entscheidender Bedeutung.

Die einzigen Poleis, in denen der Anthemienfries zum Standardrepertoire der Koroplasten gehört und recht häufig verwendet wird, sind die drei großen nördlichen Kolonien Metapont, Paestum und Tarent. Die Bearbeitung der zahlreichen tarentinischen Anthemiensimen ist jedoch schwierig, beschränkt sich die Publikation der wichtigsten Stücke auf einige, teilweise recht unklare Zeichnungen und Beschreibungen Andreassis ohne jegliche Angaben über Erhaltung, Fundort und Maße[385]. Im geringeren Maße gilt dies ebenfalls für die meist von Mertens vorgelegten Dächer aus Metapont und Paestum.

Wie am Beginn des Kapitels bereits dargelegt[386], ist die These des Ursprungs der Anthemiensimen in Metapont nicht haltbar und ihre Verwendung in der unteritalischen Architektur kann nicht vor dem letzten Drittel des 6. Jh. v. Chr. nachgewiesen werden.

Aufgrund der recht einfachen, noch etwas unbeholfenen Gestaltung von **META 5** kann kein Zweifel daran bestehen, dass es sich hierbei um die älteste Anthemiensima in der unteritalischen Architektur handelt. Sowohl die tarentinischen als auch die pästanischen Dächer dieses Typs gehören aufgrund technologischer und typologischer Details eindeutig einer fortgeschrittenen Entwicklungsstufe an. Geisonverkleidung und Sima sind bereits in einem Werkstück gearbeitet und die Gestaltung der Blüten des Anthemions ist ausgewogener und eleganter. Deshalb sollen zunächst die metapontinischen Anthemiensimen einer Untersuchung unterzogen und ihr Ursprung und ihre Entwicklung geklärt werden.

Metapont

Die metapontinische Sima **META 5** kann ihre Abhängigkeit von selinuntinischen Vorbildern nicht verbergen. Besonders die Gestaltung der Geisonverkleidung lässt die direkte Abhängigkeit deutlich werden. Wie bei den selinuntinischen Dächern mit einer Anthemiensima wird auch bei **META 5** die Geisonverkleidung um ein Kyma mit einem Überschlagskarnies erweitert. Der direkt an die Geisonverkleidung angearbeitete Anthemienfries erreicht jedoch bei weitem nicht die Qualität der selinuntinischen Stücke. Die Binnengliederung der einzelnen Blüten ist flach und tritt kaum hervor, auch ist der Abfolge der Blüten anders gelöst als in Selinunt. Zwischen zwei stehenden Lotosblüten, welche die ganze Höhe der Sima ausfüllen, finden sich je zwei spiegelbildlich angeordnete Palmetten, wie sie schon in gemalter Form auf der Giebelsima vom selinuntinischen Tempel Y verwendet werden. Während die Öffnungen zur Wasserableitung sich bei den sizilischen Anthemiensimen organisch aus der Gestalt der Blüten ergeben, sind sie bei **META 5** ohne Rücksicht auf die natürliche Gestalt der floralen Elemente halbkreisförmig in den Fuß der Lotosblüten gestanzt[387]. Ein weiteres ungewöhnliches Element ist die mit einem Mäander dekorierte Leiste, welche noch über dem Anthemienfries angebracht ist. Bei den selinuntinischen Dächern wird das Anthemion selbst nicht durch eine Leiste bekrönt, die *gemalte* Giebelsima verfügt mit dem überfallenden Blattstab jedoch über einen Abschluss in Form einer Leiste. Eher kann die unprofilierte mit einem Mäander dekorierte, bei **META 5** verwendete Leiste jedoch mit den kanonischen sizilischen Dächern in Verbindung gebracht werden, wo ein solcher Abschluss - meist durch einen Rundstab ergänzt - stets zu beobachten ist.

Die abschließende Leiste und die gespiegelte Palmette, welche in dieser Form eindeutig mit dem *gemalten* ionischen Bogenfries auf der Giebelsima vom selinuntinischen Tempel Y in Verbindung gebracht werden kann, deuten daraufhin, dass den Handwerkern der metapontinischen Anthemiensima die Grundzüge der Neuerungen in der sizilischen Architektur zwar bekannt waren, diese jedoch kaum aus eigener Anschauung gekannt haben können. Ein Phänomen, welches sich schon bei der naxischen und der agrigentinischen Anthemiensima zeigte[388].

In **META 5** ist eine experimentelle Vorstufe zu sehen, in der die komplexe Gestaltung der selinuntinischen Anthemiendächer zunächst erlernt und den eigenen Vorstellungen und dem eigenen Können angepasst werden musste. Es gelingt jedoch nur provinzielle Varianten des Anthemiendaches zu produzieren, welche weit hinter der Eleganz und der Qualität der Dächer in Selinunt zurückbleiben. Sie sind aber ohne jeden Zweifel von diesen abhängig und können nicht viel später als ihre sizilischen Vorbilder entstanden sein.

Die erste der metapontinischen Anthemiensimen **ME-**

[385] Vgl. ANDREASSI 1970.

[386] Siehe Seite 50, Abschnitt 7.2.1.

[387] Die frühen lokrischen Kompositverkleidungen (Vgl. Seite 27, Abschnitt 5.1) zeigen zwar ebenfalls halbkreisförmige Wasserspeier, die Jahrzehnte frühere Entstehung und das Fehlen weiterer Gemeinsamkeiten machen eine Verbindung jedoch äußerst unwahrscheinlich.

[388] Siehe Seite 53, Abschnitt 7.3.1.

TA 5 kann daher in die dreißiger Jahre des 6. Jh. v. Chr. datiert werden. Das dem Apollon-Tempel B2 zugewiesene Dach **META 6** ist nicht viel später anzusetzen. Geisonverkleidung und Anthemienfries sind auch hier in einem Werkstück gearbeitet. Das weit vorkragende Kyma von **META 5** wird kleiner und nun als plastisches lesbisches Kyma gestaltet. Die Aufgabe der Wasserableitung verliert es jedoch. Dies übernimmt nun ein weit vorkragender Traufziegel, der erstmals einen sog. Baldachin bildet, der bei späteren unteritalischen Dächern in Form der Baldachinsima in Metapont, Tarent und Paestum Verbreitung findet. Das Flechtband auf der Geisonverkleidung wird um die typisch sizilischen Palmetten ergänzt, die Füllung der Augen mit konzentrischen Kreisen wird jedoch beibehalten. Das Anthemion besteht bei **META 6** nun aus paarweise über Kreuz angeordneten Lotosblüten und Palmetten, wie sie auch bei selinuntinischen Anthemiensimen beobachtet werden können. Die Qualität des Frieses ist deutlich höher als bei **META 5**, die Blüten erreichen aber bei weitem nicht die organische Plastizität der Anthemien in Selinunt, sondern wirken wie bei **META 5** leblos und unbewegt.

Der Giebelseite wird **META 6** von Mertens eine Sima mit einem reichen Palmetten-Rankenornament zugesprochen. Eine nähere Beschreibung oder eine Abbildung sind nicht vorhanden[389]. In der Arbeit über die Basilika in Paestum bildet Mertens ein Eckstück von **META 6** ab. Hier zeigt sich jedoch eindeutig, dass die Traufsima mit einer geschlossenen Sima verbunden ist, welche weder mit Ranken noch mit Palmetten verziert ist. Wie Mertens zu seiner Zuweisung kommt, ist unklar.

Die Trauf- und Giebelsima abschließende Leiste von **META 6** treffen aufeinander und biegen sich wie ein Schiffsbug nach oben hin auf. Unter dieser aufgebogenen Spitze kaschiert eine große hängende Palmette den Übergang von lesbischem Kyma und Anthemion. Die Giebelsima besteht aus einem lesbischen Kyma und mehreren Leisten und Rundstäben. Da der untere Teil verloren ist und die Giebelseite des Eckstücks nur in einer schlechten Abbildung vorliegt, kann ihr genaues Aussehen nicht mehr rekonstruiert werden. Die ebenfalls von Mertens vorgelegte Sima **META 10** ähnelt der hier besprochenen Giebelsima jedoch so sehr, dass man versucht ist, in ihr einen Teil von **META 6** zu sehen. Mertens erkennt an **META 10** Ansätze von Löwenkopfwasserspeiern, für die sich jedoch auf der vorgelegten Abbildung kein Hinweis entdecken lässt. Zudem kann keine einzige weitere Sima dieser Art gefunden werden, welche mit einem Löwenkopfwasserspeier verbunden ist. Als technische Gemeinsamkeit von **META 6** und **META 10** lässt sich anführen, dass bei beiden Simen das Kyma (bei **META 10** nur das untere) kreisförmig durchstoßen ist, um das Springen beim Brand zu verhindern. Obwohl Mertens weder Fundort noch Maße von **META 9** angibt, kann die Sima mit hoher Wahrscheinlichkeit mit **META 6** verbunden werden.

Aufgrund der großen Gemeinsamkeiten von **META 5** und **META 6** können wohl beide Dächer derselben Werkstatt zugeschrieben werden, die beide Dächer innerhalb eines kurzen Zeitraumes herstellte. Da **META 6** bereits eine perfektionierte Ausführung der Anthemiensima zeigt und auch für das komplexe Aufeinandertreffen von Giebel- und Traufsima von den Handwerkern eine eigene innovative Lösung gefunden wird, ist in **META 6** die spätere der beiden Verkleidungen zu sehen. Sie gehört ebenfalls an den Anfang des letzten Drittels des 6. Jh. v. Chr., worauf auch die Datierung der Tempel hindeutet, welche die beiden Dächer einst schmückten.

Mit **META 7** ist lediglich eine weitere Anthemiensima bekannt, von der sich allerdings nur zwei paarweise angeordnete Anthemien erhalten haben. Da Mertens sie nur in einer Abbildung ohne jegliche Beschreibung und Information vorlegt, ist eine sinnvolle Bearbeitung ausgeschlossen. Abhängig von den übrigen unteritalischen Anthemiensimen erscheint eine Datierung in das letzte Drittel des 6. Jhs. v. Chr. jedoch gerechtfertigt.

Der Anthemiensima war in Metapont kein großer Erfolg beschieden und schon kurze Zeit nach ihrer Einführung wird sie durch die Baldachinsima ersetzt, deren erste Ausprägung sich jedoch auf Elemente der Anthemiensima **META 6** zurückführen lässt. Der Grund für die schnelle Aufgabe der Anthemiensimen dürfte in deren komplexer Gestaltung zu suchen sein. Der metapontinischen Werkstatt, welche **META 5** und **META 6** schuf, gelang es nicht, ein solches Dach in befriedigender Qualität herzustellen. Die beiden starr und leblos wirkenden Anthemienfriese der beiden Dächer luden kaum dazu ein, einen weiteren Tempel mit einer solchen Sima zu schmücken.

Paestum

Wie in Metapont bleibt die Anthemiensima auch in Paestum eine Randnotiz der Architekturgeschichte, und sie kann nur durch die beiden Dächer **PAES 2** und **PAES 3** belegt werden. Ein großer Teil der pästanischen Dächer ist jedoch bisher unpubliziert und harrt im Magazin einer Bearbeitung. Eine Sichtung des Materials war nicht möglich[390].

Da von **PAES 3** neben großen Teilen der Giebelsima nur Fragmente des Anthemienfrieses erhalten sind, ist dessen Rekonstruktion und Bearbeitung schwierig.

389 Adamnesteanu u.a. 1975, 349.
390 Mertens 1993, 179.

Fragmente von stehenden und hängenden Lotosblüten machen deutlich, dass es sich um einen doppelten gekreuzten Anthemienfries gehandelt haben muss. Auffällig sind die überlangen Blätter der Lotosblüten, welche die Höhe der Palmetten deutlich übertreffen. Anders als in Metapont enden die Blüten jedoch frei und werden nicht durch eine Leiste bekrönt. Wie bei den frühen metapontinischen Simen ist die Ausführung unbeholfen und zeigt mangelnde Erfahrung mit dem neuen Medium des plastischen Anthemienfrieses und mangelndes handwerkliches Geschick bei dessen Herstellung. Die Blüten wirken flach und leblos, ihre Gestaltung ist nicht sonderlich regelmäßig. Die zugehörige Giebelsima ist ein ungewöhnliches Stück, vereint es doch gleich zwei kanonische Simen miteinander. Das System aus Sockel, Kehle und abschließender Leiste wird zweimal übereinander gesetzt. Auch ihre Ausführung ist nicht sonderlich sorgfältig; die Ornamente sind unregelmäßig und die Höhe der einzelnen Elemente variiert deutlich. Das Dach erreicht durch die Abfolge gleich zweier kanonischer Simen eine ungewöhnliche Höhe und dürfte optisch schwer auf dem Gebäude gelastet haben. Da die Giebelsima in keiner Weise den selinuntinischen *dark-on-light*-Simen entspricht, sind wahrscheinlich in den frühen metapontinischen Anthemiensimen die Vorbilder für **PAES 3** zu sehen, denn diese bedienen sich ebenfalls aus dem Repertoire der kanonischen Dächer. Auf die Abhängigkeit von den metapontinischen Simen deutet auch die zugehörige Geisonverkleidung hin. Sie ist von einem lesbischen Kyma bekrönt, welches in dieser Weise nur noch an der Giebelsima von **META 6** beobachtet werden kann.

Mertens datiert das Dach aufgrund der Feingliedrigkeit der Palmetten der Traufsima und der schmalen Ranken ans Ende des 6. Jh. v. Chr.[391]. Diesem Datierungsvorschlag muss jedoch widersprochen werden. Das Dach wäre damit jünger als das der Basilika, welches von Mertens in die Zeit um 520-510 v. Chr. datiert wird[392]. Da in Metapont die Baldachinsimen auf die Anthemiensimen folgen, ist es kaum vorstellbar, dass es sich in Paestum umgekehrt verhält. Die handwerkliche Qualität und die unbeholfene Gestaltung der Giebelsima und nicht zuletzt die Abhängigkeit des lesbischen Kymas von metapontinischen Vorbildern der Zeit um 530 v. Chr. machen es wahrscheinlicher, dass **PAES 3** vor der Basilika und nach der metapontinischen Sima **META 6** im Jahrzehnt nach 530 v. Chr. entstanden ist.

Obwohl äußerst schlecht erhalten, ist die zweite pästanische Anthemiensima **PAES 2** ein wichtiges Stück. Das Aufeinandertreffen von Giebel- und Traufsima wird durch einen Akroter in Form einer Statue in langem Chiton, geschnürten Stiefeln und Schrägmäntelchen kaschiert[393]. Diese Kaschierung ist notwendig, da die einzelnen Elemente von Giebel- und Traufsima nicht auf gleicher Höhe verlaufen. Da sich von der Figur lediglich der untere Teil erhalten hat, ist ihre zeitliche Einordnung ebenso schwierig wie die des Daches. Die Entwicklung und die Chronologie der pästanischen Terrakottaskulptur wurde bisher noch keiner eingehenden Bearbeitung unterzogen, und im Rahmen dieser Arbeit kann dieser sicherlich notwendige Schritt nicht erfolgen.

Von Danner wird sie in seiner Arbeit über die westgriechischen Akrotere aufgrund der Flügelschuhe als Nike angesprochen[394]. In der Regel gehören die Flügelschuhe jedoch nicht zu den Attributen der Nike, sondern charakterisieren Hermes[395] oder Perseus[396]. Der lange Chiton würde jedoch tatsächlich besser zu einer weiblichen Figur passen, denn sowohl Hermes als auch Perseus tragen fast immer ein kurzes Gewand. Dass es sich evtl. doch um eine Nike handeln könnte, zeigt eine marmorne Akroterfigur aus Delphi, welche zum Apollo-Tempel der Alkmeoniden gehört (Siehe Beilage 8.2)[397]. Die im Knielaufschema Dargestellte trägt ebenfalls einen langen Chiton, Schrägmäntelchen und die für eine Nike ungewöhnlichen Flügelschuhe. Neben der Nike des Alkmeonidentempels lassen sich nur wenige weitere Niken mit Flügelschuhen in der griechischen Kunst beobachten[398].

Eine Datierung der Figur erfolgte bisher immer anhand des umfangreichen olympischen Materials[399]. Ein Vergleich mit den weiblichen Gewandstatuen aus Terrakotta in Olympia zeigt jedoch, dass das pästanische Stück später entstanden sein muss. Die Faltenwürfe der Gewänder der olympischen Statuen sind meist flach und erreichen nicht die Plastizität des Gewandes der Nike aus Paestum. Das altertümliche Knielaufschema ist bei der pästanischen Nike bereits aufgegeben, und das Gewand liegt eng am Körper an und lässt dessen Formen durchscheinen, während der Chiton der olympischen Nike-Statuen aus Terrakotta kaum etwas von der darunterliegenden Gestalt Preis gibt. Die pästanische Figur weist mit ihrem durch den Wind an den Körper gepressten Gewand motivisch bereits auf die kurz vor 490 v. Chr. entstandene Kallimachos-Nike[400]

[391] MERTENS 1993, 184.
[392] MERTENS 1993, XVIII.
[393] MERTENS 1993 Taf. 90, 6.
[394] DANNER 1997, 80.
[395] LIMC V (1990) 383-384 s. v. Hermes (G. Siebert)
[396] LIMC VII (1994) 336-337 Nr. 66-69; s. v. Hermes (T. Ganschow)
[397] DE LA COSTE - MESSELIÈRE 1931, 55-57 Abb. 17 Taf. 10; MESSELIÈRE - MARCADÉ 1953, 369-371 Abb. 5 gamma, 6.
[398] LIMC VI (1992) 866 Nr. 45 Taf. 561; Nr. 47 Taf. 562; Nr. 75 Taf. 564 s. v. Nike (A. Goulaki-Voutira)
[399] Zur großformatigen Terrakottaplastik in Olympia siehe: MOUSTAKA 1993.
[400] Brinkmann 2002, 274 Abb. 356.

voraus, steht jedoch noch hinter ihren schwunghaften Bewegtheit zurück.

Neben den typologischen und motivischen lassen sich auch stilistische Gemeinsamkeiten der pästanischen Nike mit dem Skulpturenschmuck des Alkmeonidentempels in Delphi aufzeigen. Die Falten des Schrägmäntelchens finden sich in ähnlicher Form bei einer Kore aus dem östlichen Giebelfeld (Siehe Beilage 8.1)[401]. Der Mantel fällt dick und schwer in parallelen Falten herab und machen die Stofflichkeit des schweren Mantels, im Gegensatz zum dünnen Chiton, fassbar. Das typische archaische Zickzack-Muster des Gewandsaumes finden sich nicht mehr, sondern ist nun unregelmäßig und weit in den Raum ausgreifend. Auch die Gestaltung des Chitons ist ähnlich. Er ist so dünn, dass sich die genaue Form der Gestalt unter dem Gewand abzeichnet und die Bewegtheit der Figur erkennen lässt. Eine ähnliches Verhältnis von Körper und Gewand sowie eine vergleichbare Gewandführung zeigt die Kore 684 aus Athen (Siehe Beilage 9)[402]. Sowohl der Skulpturenschmuck des Alkmeoniden-Tempels als auch die attische Kore sind am Ende des 6. Jhs. v. Chr. entstanden[403]. Von diesen Skulpturen beeinflusst gehört die pästanische Nike wahrscheinlich bereits in das 5. Jhs. v. Chr. Diese Datierung ist nur als ungefähre Annäherung zu verstehen, kann doch die Zeit bis zur Übernahme der neuen Stilformen aus der mutterländischen Plastik in die pästanische Kunst kaum genau geklärt werden. Zudem sei auf die unterschiedlichen Materialien hingewiesen; sowohl die Kore aus Athen als auch der Ostgiebel des delphischen Tempels sind aus Marmor, während die pästanische Sima aus Ton gestaltet ist.

Die Verbindung von typologischen, motivischen und stilistischen Gemeinsamkeiten lassen die Vermutung zu, dass den pästanischen Handwerkern der delphische Tempel bekannt war und sie seinen Bauschmuck als Vorbild für den unbekannten pästanischen Tempel verwendeten, von dem sich lediglich das hier besprochene Fragment des Daches erhalten hat.

Ebenso interessant wie die Akroterfigur ist der Anthemienfries der Traufsima, auch wenn sich lediglich die Ansätze der Blüten erhalten haben. Ganz ähnliche Simen aus Tarent geben jedoch Aufschluss über das genaue Aussehen des Anthemions[404]. Der Fries ist aus alternierenden Lotosblüten und Palmetten gestaltet, die sich über zwei niedrigen Rankenbändern erheben. Das Rankenband ist ungewöhnlich flach, und das darüberliegende Anthemion erreicht keine große Höhe. Anders als bei den früheren sizilischen und unteritalischen Anthemiensimen erheben sich die Blüten nicht direkt über dem Traufziegel, sondern über einer kanonischen sizilischen Sima, die aus Sockel, Rundstab, Kehle und Leiste besteht. Ein weiterer Unterschied zu den früheren Exemplaren dieses Typs besteht in der rundumlaufenden Gestaltung des Anthemions, es wird keine gesondert gearbeitete Giebelsima verwendet, sondern die Blüten des Anthemions erheben sich über allen vier Seiten des Daches. Wie bei den kanonischen Simen üblich, wird jedoch für den Dekor der Sockel der Trauf- und der Giebelseite ein unterschiedlicher Dekor verwendet. Auf der Traufseite Rosetten und auf der Giebelseite ein Mäander. Die weißen Rosetten auf schwarzem Grund sind ein Element, welches sich ansonsten nur auf den kanonischen Dächern der ersten und zweiten Generation in Sizilien findet[405]. Unklar ist die Gestaltung der Wasserableitung. Da sich das Anthemion über der kanonischen Sima erhebt, müssen in diese Wasserspeier eingesetzt gewesen sein. Ob hier die für eine kanonische Sima obligatorischen Röhrenwasserspeier verwendet wurden, kann durch den fragmentierten Zustand des Daches nicht entschieden werden.

Die Gestaltung der kanonischen Sima unter dem Anthemion erinnert in einigen Details an die der Giebelsima von **PAES 3**. Auch hier ist der Sockel etwas höher als die Kehle, und in den Mäander sind mit weißen Sternen gefüllte rote Rechtecke eingeschrieben. Ob hieraus eine Entstehung in derselben Werkstatt abgeleitet werden kann, ist fragwürdig, jedoch nicht auszuschließen. An der späteren Zeitstellung von **PAES 2** kann jedoch kein Zweifel bestehen, die Qualität des Anthemions weist deutlich über die unbeholfene Ausführung von **PAES 3** hinaus. Die Datierung der angearbeiteten Nike in die ersten Jahre des 5. Jh. v. Chr. verdeutlicht den zeitlichen Abstand.

Auf die Datierungsprobleme, welche durch die oft einfachen Formen und Dekorelemente sowie das bewusste Zurückgreifen auf altertümliche Elemente entstehen wurde bereits hingewiesen. Auch auf den Grund für die Wiederverwendung der altertümlichen kanonischen Simen in der Spätarchaik soll an dieser Stelle nicht weiter eingegangen werden. Diese Problematik soll in einem gesonderten Kapitel einer eingehenden Untersuchung unterzogen werden, da es sich nicht um ein auf Paestum, oder gar die pästanischen Anthemiensimen beschränktes Phänomen handelt[406].

Wie schon die beiden frühen metapontinischen, werden in Paestum die in Selinunt entwickelten Anthemiensimen in die lokale Architektur aufgenommen. Durch die großen Gemeinsamkeiten mit der metapontinischen Sima **META 6** ist **PAES 3** wohl eher von Vorbildern

[401] De La Coste-Messelière 1931 Taf. 9.
[402] Maderna-Lauter 2002, 246 Taf. 320.
[403] Maderna-Lauter 2002, 246 (Zur Datierung der Kore). 252-253 (Zur Zeitstellung des Alkmeoniden-Tempels).
[404] Vgl. **TARE 6, 7, 8**.
[405] Vgl. **GELA 1, 3, 6; SELI 1.**
[406] Siehe Seite 77, Abschnitt 10.

aus der Nachbarpolis, als direkt von selinuntinischen abhängig. **PAES 2** ist zwar deutlich später als **PAES 3**, zeigt aber durch einige Details die Nähe zum früheren Dach. Wie in Metapont bleibt die Anthemiensima die Ausnahme, und die einfacher zu gestaltende Baldachinsima findet häufiger Verwendung. Wie in der Nachbarpolis dürfte in der Schwierigkeit der Gestaltung eines Anthemiendaches Daches der Grund für die Bevorzugung der Baldachinsimen liegen. **PAES 2** zeigt, dass auch am Ende der Archaik die unteritalischen Werkstätten nicht in der Lage waren, eine befriedigende Ecklösung für die Anthemiensima zu gestalten.

Tarent

Während die Anthemiensima in Metapont und Paestum nur vereinzelt Verwendung findet, lässt sie sich in Tarent recht häufig beobachten. Die lediglich in einer graphischen Rekonstruktion vorgelegte Sima **TARE 4** ist jedoch die einzige, welche in den Rahmen der herkömmlichen Anthemiensimen eingeordnet werden kann. Sie lässt sich mit der pästanischen Sima **PAES 3** in Verbindung bringen. Beide Anthemienfriese zeigen hoch aufragende Blüten mit stark überlängten Blättern. Während bei der pästanischen Sima nur die Lotosblüten besonders lange Blätter zeigen und daher deutlich höher als die Palmetten sind, ist das Verhältnis bei der Sima aus Tarent ausgewogen, und Palmetten und Lotosblüten erreichen die gleiche Höhe. Bei **PAES 3** erheben sich die Anthemien einfach über der Stirn des Traufziegels, bei der tarentinischen Sima sind sie hingegen über einem Sockel aus Kyma recta und Überschlagskarnies angearbeitet. Darunter befindet sich eine eine hängende, das Geison bedeckende Leiste, welche mit einem Hakenkreuzmäander dekoriert ist, in welchen rote, mit weißen Sternen gefüllte Rechtecke eingeschrieben sind; ein Dekor der sich bei den pästanischen Dachterrakotten häufig findet. Durch die fortgeschrittene Gestaltung der Blüten sowie des Sockels ist die tarentinische Sima etwas später als das Exemplar aus Paestum anzusetzen und kann ins letzte Viertel des 6. Jh. v. Chr. datiert werden. Durch die großen Gemeinsamkeiten zu **PAES 3** sowie durch das Fehlen von Vorläufern in Tarent ist die Sima **TARE 4** mit hoher Wahrscheinlichkeit nach pästanischen Vorbildern gestaltet worden.

Ein ungewöhnliches Stück stellt die Sima **TARE 3** dar. In die hängenden Blüten eines recht fein gearbeiteten doppelten gekreuzten Anthemions sind Löwenkopfwasserspeier eingesetzt, obwohl sich der Fries direkt über dem Traufziegel erhebt. Ebenfalls ungewöhnlich ist die rautenförmige Anordnung des Mäanders auf der Stirnseite des Traufziegels, der sich in dieser Weise an keiner anderen Stelle beobachten lässt. Die flachen Rankenbänder erinnern jedoch stark an die pästanischen Dächer. Dasselbe gilt für den Wasserspeier, welcher sich am ehesten mit den Pseudo-Wasserspeiern der pästanischen Basilika in Verbindung bringen lässt[407]. Er zeigt die gleiche eng anliegende, kappenartige Mähne und die gleichen kleinen Ohren. Durch die sehr stark verriebene Oberfläche lässt sich über die Ausführung der Details kaum eine Aussage treffen.

Wegen der großen Gemeinsamkeiten mit dem Dach der Basilika und den pästanischen Anthemiensimen ist die Sima **TARE 3** wohl im letzten Drittel des 6. Jh. v. Chr. entstanden. Eine weitere Eingrenzung der Entstehungszeit ist kaum zu gewinnen. Die recht qualitätvolle Ausführung des Anthemions lässt jedoch vermuten, dass die Sima eher gegen Ende dieses Zeitraums entstanden ist. Diese Verbindung von figürlichen Wasserspeiern und der Anthemiensima ist ein rein tarentinisches Phänomen, welches ausschließlich in dieser Polis nachgewiesen werden kann[408].

Neben **TARE 3** fanden sich mit **TARE 5, 6, 7** und **8** noch einige kleinformatige Dächer, die Anthemiensima und figürliche Wasserspeier vereinen. Wie bei der oben bereits behandelten pästanischen Sima **PAES 2** erhebt sich das Anthemion über einer kanonischen Sima aus Sockel, Kehle und Rundstäben[409]. Zur Wasserableitung dienen Systeme aus alternierenden Röhrenwasserspeiern und Löwenkopfwasserspeiern oder Wasserspeiern in Form eines Gorgonenhauptes. Wie die bereits behandelten tarentinischen Anthemiensimen, können auch diese wiederum auf Vorbilder aus Paestum zurückgeführt werden. Hierauf deutet die Verbindung von kanonischer Sima und Anthemienfries sowie deren Gestaltung hin. Sowohl der Sockel, der die Höhe der Kehle übertrifft, als auch der einfache alternierende Anthemienfries aus breiten Blüten über einem niedrigen, breiten Rankenband können in gleicher Weise an **PAES 2** beobachtet werden. Auf diese Abhängigkeit deutet auch der Dekor hin. Sowohl die weißen Rosetten auf schwarzem Grund als auch die Hakenkreuzmäander mit den sternengefüllten Rechtecken sind eindeutige Elemente der pästanischen Architektur, welche hier in vereinfachter Weise von einer lokalen Werkstatt adaptiert werden. Interessanterweise sind die kleinen Simen eventuell mit Grabbauten in Verbindung zu bringen, was die einzige nachgewiesene Verwendung von ornamental dekorierten Dachterrakotten außerhalb eines Heiligtums wäre[410]. Einen wirklichen Hinweis auf die Einordung in einen funeralen Kontext gibt es allerdings nicht, zumal dieses Phänomen in der umfangreichen Ar-

[407] Vgl. Mertens 1993, Taf. 36.
[408] Andreassi 1972, 179-180.
[409] Zu **PAES 2** Vgl. Seite: 57, Abschnitt 7.4.
[410] Viola 1996, 166.
[411] Andreassi 1972, 167-190.

beit Andreassis über die Simen dieses Typs unerwähnt bleibt[411].

Eine Datierung der Simen erschließt sich durch die großen Gemeinsamkeiten mit der pästanischen Sima **PAES 2**. Die kleinen tarentinischen Simen sind kaum viel später als diese entstanden und könne so ins erste Viertel des 5. Jh. v. Chr. datiert werden.

Monte Sannace

Ebenfalls auf das Anthemion von **PAES 2** ist ein schlecht erhaltenes Dach **SANA 1** vom Monte Sannace zurückzuführen. Es zeigt die gleiche niedrige, sich recht weit auffächernde Palmette und erhebt sich wie das pästanische Dach über einem Kyma. Auch die flachen und niedrigen Rankenbänder wiederholen das Vorbild aus Paestum[412]. Das Stück wiederholt zwar die Form und den Dekor der tarentinischen und pästanischen Simen, steht in der Qualität jedoch weit hinter diesen zurück und ist daher als lokale Variante von Vorbildern aus den großen griechischen Kolonien zu sehen. Zu datieren ist das Dach abhängig von den Vorbildern aus Tarent und Paestum in das erste Viertel des 5. Jh. v. Chr. Die Anregung für das Dach kam mit Sicherheit aus dem recht nahe gelegenen Tarent.

7.4.1 Zusammenfassung

Wie in Sizilien bleiben die Anthemienfriese auch in den großen unteritalischen Poleis eine Ausnahme. Die frühesten unteritalischen Anthemiendächer entstehen, abhängig von selinuntinischen Vorbildern, in den dreißiger Jahren des 6. Jh. v. Chr. in Metapont und verbreiten sich von dort nach Paestum und Tarent. Die Anthemiendächer werden in geringer Zahl in allen drei Poleis bis ins 5. Jh. v. Chr. hinein verwendet. Der Grund für die geringen Anzahl dieser Dächer dürfte in der schwierigen Gestaltung zu suchen sein. In keiner der unteritalischen Poleis gelingt es, eine befriedigende Ecklösung für das Aufeinandertreffen von offenem Anthemion und geschlossener Giebelsima zu finden. Die späte pästanische Sima **PAES 2** verdeutlicht, dass auch die Verwendung von Anthemienfriesen an allen vier Seiten eines Baus nicht zu einer ästhetisch befriedigenden Lösung des führte, gelingt es doch nicht, die Elemente der Simen auf gleicher Höhe aufeinandertreffen zu lassen. Auch erreichen die unteritalischen Anthemien nie die plastische Lebendigkeit der selinuntinischen Blütenfriese. In Tarent werden am Anfang des 5. Jh. v. Chr. noch einige kleinformatige Anthemiensimen geschaffen, die aus späten pästanischen Vorbildern abgeleitet sind und durch das Hinzufügen von figürlichen Wasserspeiern zu einem eigenen tarentinischen Typ weiterentwickelt werden. Abgelöst werden die Anthemiensimen in Unteritalien durch die aus ihnen abgeleiteten Baldachinsimen sowie durch die aus der mutterländischen Architektur übernommenen Löwenkopfwasserspeiersimen[413].

[412] Auf diesen Zusammenhang hat bereits Rossi hingewiesen. Vgl. Rossi 1980, 382.

[413] Diese Dächer werden nicht erneut besprochen, da sie bereits durch Mertens-Horn eine umfangreiche Bearbeitung erfahren haben. Vgl. Mertens-Horn 1988.

8 Baldachinsimen

Nur durch neun Exemplare belegt sind die sog. *Baldachinsimen*[414]. Mit dem Dach **PAES 5** der Basilika in Paestum lässt sich eines der am besten erhaltenen und bekanntesten Tondächer in den westlichen Kolonien der Griechen diesem Typus zuordnen.

Die Baldachinsimen bestehen aus einer kanonischen sizilischen Sima aus Sockel, Rundstab, Kehle und abschließender Leiste. Darüber folgt der weit über die Sima hinausreichende Traufziegel, der einen Baldachin bildet. Die Vorderkante des Traufziegels bricht zu einer vertikalen Leiste um. Die Sima befindet sich demnach nicht mehr über sondern unter dem Traufziegel. Sie ist nicht mehr auf dem Geison selbst gelagert, sondern auf einer Konsole, die in der Mitte der Stirnplatte der Geisonverkleidung angebracht ist. In die Sima sind Löwenköpfe eingeschnitten, die jedoch nicht als Wasserspeier dienten, da das Regenwasser direkt über den darüberliegenden Traufziegel abfloss. Sie sind daher als reine Schmuckform - als Pseudo-Wasserspeier - zu verstehen[415].

Der Typ der Baldachinsima ist auf die drei großen unteritalischen Kolonien Metapont, Paestum und Tarent beschränkt und wird dort zur Dekoration monumentaler, prestigeträchtiger Bauten verwendet. Eine kleinformatige Baldachinsima ist nicht bekannt.

8.1 Ursprung

Erstmals lässt sich ein solcher, durch den weit vorspringenden Traufziegel gebildeter Baldachin bei der Sima **META 6** in Metapont beobachten. Dessen Entwicklung aus dem weit vorkrangenden Kyma der frühen metapontinischen Anthemiensimen wurde bereits im Rahmen der Besprechung der Dächer mit einer Anthemiensima besprochen[416].

In einem nächsten Schritt wird das plastische Anthemion der Traufsima aufgegeben, und Sima und Geisonverkleidung werden nicht mehr in einem Werkstück gearbeitet. Zudem wird an der Unterseite des Traufziegels eine kanonische sizilische Sima angearbeitet. Diese ruht nicht mehr auf der Geisonverkleidung, sondern auf einer Konsole, welche ungefähr auf halber Höhe der Stirnplatte ansetzt. Der Terrakottaaufbau ersetzt so das eigentliche Geison[417]. Die in die Sima eingesetzten Löwenköpfe sind keine Wasserspeier. Das Wasser fließt einfach über den weit vorkragenden Traufziegel ab[418].

Ob das Hinzufügung einer kanonischen Sima[419] und die Trennung der Sima und der Geisonverkleidung als metapontinische oder pästanische Entwicklung zu sehen sind, ist unklar. Winter, Mertens und Mertens-Horn sehen im Dach **PAES 5** der pästanischen Basilika die früheste der Baldachinsimen[420]. Diese These ist jedoch fraglich, lässt sich doch mit dem Dach des extraurbanen Heratempels, den sog. *Tavole palatine*, in Metapont ein ganz ähnliches Dach beobachten. Wie Mertens bereits erkannte, gehört der Bau in den gleichen Zeitraum wie die pästanische Basilika[421].

Die Traufsima des Dachs **META 8** zeigt nahezu dieselbe Gestaltung wie das Dach der Basilika. Auch sie besteht aus Sockel, Rundstab, flacher Kehle und abschließender Leiste über die der Baldachin vorkragt. Die Giebelsima zeigt statt des vorkragenden Baldachins einen recht dicken Ovolo, der oben abgeflacht ist. Über dem Ovolo sind noch die Ansätze für ein weiteres Element zu erkennen, wobei es sich wahrscheinlich um ein plastisches Anthemion handelt[422]. Die Basilika schmückt hingegen an allen vier Seiten die umlaufende Baldachinsima. Ein weiterer Unterschied besteht in der gemalten Dekoration der Simen und der Geisonverkleidung. Die metapontinische Geisonverkleidung zeigt im Gegensatz zur pästanischen keine zentralen Palmetten im Flechtband und keine Füllung der Augen. Auch die Sima ist in Metapont einfacher gestaltet. Die Blüten des gemalten Anthemions auf dem Sockel besitzen nicht die elegante Lebendigkeit der pästanischen. Auch fehlen bei **META 8** die prächtigen scheibenförmigen Antefixe an der Giebelsima. Nicht nur die deutlich fortgeschrittenere Ornamentik spricht für eine Entstehung der Basilika nach den *Tavole palatine*. Auch das vollständige Umlaufen der Baldachinsima an der Basilika ist weiter fortgeschritten als die Verwendung unterschiedlicher Simatypen für Giebel- und Traufseite bei **META 7**. Diese Gleichförmigkeit der Simen deutet auf die Dächer des 5. Jh. v. Chr. voraus, wo diese Trennung nahezu vollständig aufgehoben wird und sich die Simen der Trauf- und der Giebelseite nur noch durch die Wasserspeier unterscheiden lassen.

Ebenfalls gegen eine Entstehung dieses Typs in Paestum spricht die an den Traufziegel angearbeitet kanonische Sima, welche hier, im Gegensatz zu Metapont[423],

[414] Winter 1993, 282-283; Gàbrici 1956, 303-319. Auf Gàbrici geht auch der Begriff der Sima *a baldachino* zurück.
[415] Vgl. Mertens 1976, 160-170.
[416] Siehe Seite 56, Abschnitt 7.4.
[417] Mertens 1976, 187.
[418] Mertens-Horn 1988, 131-132.
[419] Auf den sizilischen Ursprung dieses Elements hat bereits Mertens hingewiesen. Vgl. Mertens 1976, 177.
[420] Winter 1993, 283; Mertens 1993, 37; Mertens-Horn 1988, 131-132.
[421] Mertens 2006, 217.
[422] Lo Porto 1981, 30-31.
[423] Vgl. **META 1**.

keine Tradition besitzt. Auch der Baldachin selbst ist, wie bereits nachgewiesen, auf metapontinische Vorbilder zurückzuführen.

Diese Beobachtungen verdeutlichen, dass der Ursprung der Baldachinsimen nicht in Paestum, sondern in Metapont zu suchen ist. Das Dach der *Tavole palatine* ist durch den weniger fortschrittlichen Dekor, durch die Verwendung von unterschiedlichen Simen an Giebel- und Traufseite sowie durch das plastische Anthemion über der Giebelsima mit Sicherheit vor dem Dach der pästanischen Basilika anzusetzen. Die Baldachinsima ist als eine Verbindung der metapontinischen Anthemiensimen und der späten kanonischen Simen zu sehen.

8.2 Datierung

Datiert werden können die Baldachinsimen durch ihre Abhängigkeit von den späten kanonischen Dächern und den metapontinischen Anthemiensimen aus der Zeit um 530 v. Chr. In ihrer monumentalen Größe nehmen sie den Platz der Anthemiendächer ein, für deren Gestaltung in Unteritalien nie eine ästhetisch befriedigende Lösung gefunden wurde. Sowohl die *Tavole palatine* als auch die Basilika können durch ihre Plandisposition in die Jahre um 530-520 v. Chr. datiert werden[424]. Ihre Eindeckung dürften beide Dächer in den beiden letzten Jahrzehnten des 6. Jhs. v. Chr. erhalten haben. Der zeitliche Abstand zwischen der ersten Verwendung des neuen Typus in Metapont und in Paestum kann kaum benannt werden.

8.3 Verbreitung

8.3.1 Metapont

Neben dem Dach der *Tavole palatine* findet sich in Metapont mit **META 9** lediglich eine weitere Baldachinsima. Das sizilische System unterhalb des Traufziegels ist hier bereits zu Gunsten einer einfachen, unprofilierten Leiste aufgegeben. Der Dekor der Leiste mit einem plastischen Anthemion deutet bereits ins 5. Jh. v. Chr. und zitiert bereits die für diese Zeit typischen Rankensimen. Die Dekoration der vorkragenden Unterseite des Baldachins mit einem Hakenkreuzmäander in zwei Register, in welchen mit weißen Sternen gefüllte rote Rechtecke eingeschrieben sind sowie die vorgeblendete Leiste, die diesen Dekor wiederholt sind typische Elemente der archaischen Baldachinsima. **META 9** stellt den Endpunkt der Entwicklung der Baldachinsimen und den Übergang zu den Rankensimen dar und ist bereits in das 5. Jh. v. Chr. zu datieren.

8.3.2 Paestum

In Paestum können mit **PAES 5** und **PAES 6** zwei kleine Fragmente den Baldachinsimen zugesprochen werden. Beide Stücke gehören zur kanonischen Sima, die unterhalb des Baldachins angearbeitet ist. Erhalten haben sich von beiden Simen der Ansatz für den vorkragenden Baldachin, die Leiste sowie der Ansatz der flachen Kehle. Beide zeigen auf der Leiste den Hakenkreuzmäander mit eingeschriebenen roten Rechtecken, die ihrerseits wieder mit weißen Sternen gefüllt sind. Auf der Kehle finden sich zwei ineinandergeschobene Blattstäbe aus tropfenförmigen weiß umrandeten Blättern. Den gleichen Dekor zeigt die Traufsima der Basilika. Durch die großen Gemeinsamkeiten dürften die beiden Simen in den gleichen Zeitraum wie das Dach der Basilika einzuordnen sein. Das sowohl **PAES 5** als auch **PAES 6** zur Traufseite gehören ist unzweifelhaft, die Kehle der Sima an der Giebelseite wäre höher, wie es das Dach der Basilika (**PAES 4**) verdeutlicht. Anders als in Paestum scheint die Baldachinsima in Paestum keine weitere Entwicklung erfahren zu haben.

8.3.3 Tarent

In Tarent zeigen sich mit **TARE 10** und **TARE 11** zwei Dächer dieses Typs. Von **TARE 10** hat sich zwar lediglich die Geisonverkleidung erhalten, durch die Konsole auf halber Höhe der Stirnplatte kann an ihrer Zugehörigkeit zu einem Dach mit einer Baldachinsima kein Zweifel bestehen. Die Traufsimafragmente **TARE 11** und **TARE 12** wiederholen die Gestaltung des Daches der Basilika. Durch die Nähe zu den pästanischen Vorbildern sind die tarentinischen Dächer mit einer Baldachinsima ebenfalls an das Ende des 6. Jh. v. Chr. zu datieren.

Die Sima **TARE 13** zeigt wiederum eine am Traufziegel hängende kanonische Sima, in die statt der Löwenköpfe die für die sizilischen Simen charakteristischen Röhrenwasserspeier eingesetzt sind[425]. Zudem ist der vorkragende Traufziegel nicht als Baldachin, sondern als nur leicht vorkragendes Kyma recta gestaltet. Der Dekor zeigt keine Abweichungen vom üblichen Schema. **TARE 13** stellt eine Variante zu den herkömmlichen Baldachinsimen dar. Ob sie später anzusetzen ist, kann kaum entschieden werden.

[424] MERTENS 2006, 217.

[425] Auch eine Verbindung von sizilischen Röhrenwasserspeier und Löwenkopfwasserspeier ist in Tarent und Metapont möglich. Statt eines röhrenförmigen Ausgusses ist in die Tropfplatte ein Löwenkopf eingesetzt. Vgl. MERTENS-HORN 1988, Kat.-Nr. 56; 57; 57 B Taf. 68 a; c; 69 a-b.

8.4 Zusammenfassung

Die monumentalen Baldachinsimen sind als eine Entwicklung aus den unteritalischen Anthemiensimen und den späten kanonischen Simen zu sehen. Ihre Ausprägung haben sie im letzten Viertel des 6. Jh. v. Chr. in Metapont erfahren und verbreiteten sich von dort aus in kurzer Zeit nach Paestum und Tarent. Sie finden am Ende des 6. Jh. v. Chr. an den gewaltigen spätarchaischen Bauten der drei großen nördlichen Kolonien Unteritaliens Verwendung. Sie stellen den letzten neuen Typus dar, welcher noch ganz in der archaischen Tradition des 6. Jh. v. Chr. steht. Schon wenige Jahre nach ihrer Einführung werden die Baldachinsimen am Beginn des 5. Jhs. v. Chr. durch Löwenkopfwasserspeiersimen abgelöst, welche aus der mutterländischen Architektur übernommen werden. Das nur wenige Jahrzehnte alte Dach der Tavole Palatine in Metapont wird schon am Beginn des 5. Jh. v. Chr. durch ein neues, modernes Dach mit einer Löwenkopfwasserspeiersima ersetzt.

9 Westgriechische Dächer in Olympia und Delphi

Einen Sonderfall stellen die Dächer westlicher Typologie dar, welche nicht in Italien oder Sizilien, sondern in den beiden großen panhellenischen Heiligtümern Delphi und Olympia entdeckt wurden. Durch ihre Maße gehören sie alle sicher zu kleineren Bauten und werden im Allgemeinen den Schatzhäusern zugewiesen, welche die Kolonisten aus dem Westen in den Heiligtümern zur Aufbewahrung ihrer kostbarsten Weihgeschenke und zur Repräsentation der eigenen Polis errichteten. Aufgrund der Prominenz von Olympia und Delphi haben diese Dächer seit ihrer Auffindung im Fokus der Forschung gestanden und sind vielfach behandelt worden. Besonders die Zuweisung der Dächer an eine bestimmte Polis war häufig Gegenstand kontroverser Diskussionen. Einige der Fragen zu den Produktionsorten der westgriechischen Dächer konnten durch Neutronenaktivierungsanalysen[426] in der Forschungsgruppe für Archäometrie am Helmholtz-Institut für Strahlen- und Kernphysik der Universität Bonn an olympischem Material geklärt werden, welches die Berliner Museen zur Verfügung stellten.

Beprobt werden konnten **OLYM 1**, **OLYM 3-4** sowie **OLYM 2** und **OLYM 6**. Zum Vergleich wurden Proben der Dächer der Vorhalle des Schatzhauses von Gela, des Hera-Tempels sowie der Phidias-Werkstatt entnommen. Das lokale chemische Muster peleponnesischer Keramik ist zudem in der Bonner Datenbank vielfach belegt.

9.1 Das Rosettendach

Eine genaue Einordung des Rosettendaches **OLYM 2** erfolgte bereits im Kapitel zu den Dächern mit einer Rosettensima. Es konnte nachgewiesen werden, dass das Dach in den Jahren um 580 v. Chr. entstanden sein muss[427]. Bisher ungeklärt ist jedoch die Zuweisung des Daches an eines der Schatzhäuser. Mertens-Horn schlägt vor, das Dach dem Schatzhaus der Kolonie Siris zuzuweisen. Sie begründet dies mit der Tatsache, dass das Schatzhaus bereits in der Mitte des 6. Jhs. v. Chr. eine Ruine war. Im selben Zeitraum zerstören die unteritalischen Archäer die ionische Polis Siris, folglich wurde ihr Schatzhaus in Olympia nicht mehr gepflegt oder es wurde gar abgerissen[428]. Diese Zuweisung ist jedoch problematisch, haben wir doch keine Quellen die ein Schatzhaus der Siritiden in Olympia bezeugen. Heiden weist das Dach der achäischen Kolonie Metapont zu. Gegen diese These spricht die oben angeführte Zerstörung des Gebäudes in der Mitte des 6. Jh. v. Chr. Es gibt keinen Grund zu der Annahme, dass die Metapontiner ihr Schatzhaus in Olympia in der Mitte des 6. Jhs. v. Chr. aufgaben. Zu erklären wäre die frühe Zerstörung des Daches durch eine Neueindeckung, welche jedoch nicht belegt werden kann. Somit muss es unklar bleiben, welche der Kolonien das Schatzhaus in Olympia weihte. Durch die Charakteristika des Daches ist es jedoch unzweifelhaft, dass eine süditalische Kolonie den Bau im ersten Viertel des 6. Jh. v. Chr. stiftete.

9.2 Dorische Dächer - sog. „Hörnerdächer"

Die drei olympischen Dächer **OLYM 3-5** sowie die beiden delphischen Dächer **DELP 2** und **DELP 3** schließen sich durch ihre stilistischen und technischen Merkmale so dicht zusammen, dass von einer Entstehung der Dächer in einem kurzen Zeitraum durch dieselbe Werkstatt ausgegangen werden muss[429]. Die Zuordnung der einzelnen Elemente ist deshalb problematisch, und einige Bauteile können nicht mit Gewissheit einem der Dächer zugewiesen werden[430]. Besonders die Geisonverkleidung **DELP 2** und **OLYM 4** und **5** lassen die Gemeinsamkeiten mit der krotonischen Architektur[431], aber auch der Dächer untereinander, deutlich werden. Sie bestehen wie **KROT 1** aus einer Stirnplatte, die mit den Elementen des dorischen Gebälks dekoriert ist. Während bei **OLYM 4** wie bei **KROT 1** noch gekehlte Triglyphen verwendet werden, sind diese bei **OLYM 3** und **DELP 2** durch eine achtteilige Rosette auf einer unprofilierten Triglyphe ersetzt. Die mit einem Rollstempel hergestellten Flechtbänder und Mäander hingegen können bei allen vier Dächern beobachtet werden. In Olympia bedeckten die Platten mit den architektonischen Elementen wohl nur die Horizontalgeisa. Anders kann nach Heiden die übermäßige Anzahl der Geisonverkleidungsplatten mit einem Spiralband auf der Stirnplatte nicht erklärt werden. Die Zugehörigkeit zu den Hörnerdächern erschließt sich durch die Beschaffenheit des Materials sowie durch die Verwendung des Rollstempels zur Prägung des Ornamentbandes[432].

Die Simen der Dächer entsprechen der des Daches **CIRO 1**. Sie bestehen aus einer einfachen Leiste mit einem gestempelten Ornamentband. Über dieser erheben sich die charakteristischen Hörnerantefixe. Die bei **KROT 1** anzutreffende Kehle mit gemaltem Blattstab

[426] Zur Methode siehe: Seite 6, Abschnitt 2.2.1.
[427] Siehe Seite 19, Abschnitt 4.4.
[428] Heiden 1995, 82; Mertens-Viola 1990, 242.
[429] Heiden 1995, 94.
[430] Heiden 1995, 87.
[431] Zu den Hörnerdächern im Westen siehe Seite 16, Abschnitt 4.3.
[432] Heiden 1995, 94.

hat in den beiden panhellenischen Heiligtümern keine Entsprechung.

Lediglich bei **OLYM 3** und **DELP 3** findet eine „richtige“ Sima Verwendung. Sie besteht aus zwei unprofilierten Leisten, die durch einen Rundstab getrennt sind. Die obere Leiste ist mit einem Flechtband, die untere mit einem Blattstab dekoriert. Beide Ornamente sind gestempelt. Bei den übrigen hier besprochenen Dächern, besteht die „Sima“ aus dem mit einem gestempelten Ornament dekorierten Traufziegel bzw. der Stirnseite der randständigen Deckziegel. Die Antefixe besitzen noch die weit ausgreifenden Hörner, die sich bei **CIRO 1** in der Jahrhundertmitte bereits verschliffen haben.

9.2.1 Datierung

Die Fundzusammenhänge in Olympia zeigen, dass die Dächer spätestens nach 550 v. Chr. entstanden sein müssen[433]. Sie sind fortgeschrittener als das noch recht willkürlich gebildete Dach **KROT 1**, aber durch die noch weit ausgreifenden Antefixe früher als das Dach aus Ciró. Sie sind daher in das zweite Drittel des 6. Jh. v. Chr. anzusetzen[434]. Die hohe Qualität der gestempelten Ornamente sowie die ungewöhnliche Form der Dächer machen es unzweifelhaft, dass die Dächer von einer unteritalischen Werkstatt hergestellt wurden[435]. Besonders die mit einem Spiralband dekorierten Geisonverkleidungsplatten aus Olympia zeigen, dass die Handwerker den Umgang mit dem Rollstempel hervorragend beherrschten, eine lokale Werkstatt hätte den Umgang mit diesem Werkzeug zunächst erlernen müssen, da diese Dekorationstechnik in Olympia keine Tradition besaß. Abgeleitet ist das Spiralband wohl von der Verkleidung des kerkyräischen Artemistempels-, dessen Geisonverkleidung ein vergleichbares Ornamentband schmückt[436]. Es findet sich jedoch auch in vereinfachter Form in Unteritalien[437]. Ob das Band in Olympia direkt auf den Artemistempel, oder ob ein auf ein hiervon abgeleitetes unteritalisches Dach zurückzuführen ist, kann nicht entschieden werden.

9.2.2 Stifterpolis

Aufgrund der Nähe der drei Hörnerdächer zur Architektur der achäischen Kolonien in Unteritalien sind die Auftraggeber der Schatzhäuser mit mit Sicherheit hier zu suchen. Welcher Bau - und damit welches Dach - von welcher Stadt gestiftet wurde, kann jedoch kaum geklärt werden. Alle bisher gemachten Vorschläge zur Zuweisung der Dächer an die Schatzhäuser von bestimmten Poleis aus dem achäischen Siedlungsgebiet in Unteritalien sind als reine Spekulation zu betrachten und sollen daher an dieser Stelle keine weitere Beachtung finden. Hingewiesen sein in diesem Zusammenhang nur auf die eingehenden Besprechung dieser Problematik durch Mertens-Horn und Viola[438].

So häufig auf die Zuweisung der Dächer an die verschiedenen Kolonien in Unteritalien eingegangen wurde, ist es bisher ungeklärt, was die Kolonisten dazu bewog, ihre Schatzhäuser mit einem Dach zu schmücken, welches der eigenen lokalen Architekturtradition folgt, statt sich der hochspezialisierten Werkstätten aus dem griechischen Mutterland zu bedienen, welche wahrscheinlich in Olympia und Delphi stets zur Verfügung standen. Auf diesen Aspekt soll jedoch in einem gesonderten Kapitell näher eingegangen werden und an dieser Stelle nicht verfolgt werden, da dieses Phänomen nicht auf die Dächer mir den dorischen Elementen beschränkt ist, sondern sich auf alle westgriechischen Dächer in Olympia und Delphi bezieht[439].

Neutronenaktivierungsanalysen (NAA) zur Herkunftsbestimmung

Von **OLYM 3** sowie **OLYM 4** konnten Proben der Geisonverkleidungen einer NAA unterzogen werden. Das Ergebnis zeigte, dass beide Dächer aus lokalem Material hergestellt wurden.

9.3 Das „Gorgonendach“

Das altertümliche Dach **OLYM 7** mit einer Sima aus einem mäanderdekorierten Sockel und einem überfallenden Blattstab ohne gliedernde Rundstäbe sowie einer Geisonverkleidung mit einem einfachen gekreuzten Anthemion ist meist unter seinem Spitznamen *Gorgonendach* bekannt. Trotz seiner ungewöhnlichen Gestaltung kann das Dach durch seine Elemente in den Rahmen der westgriechischen Architektur eingeordnet werden. Die in Sockel und Kehle geteilte Sima mit eingeschnittenen Röhrenwasserspeiern ist ein typisches Element der kanonischen sizilischen Simen, während der überfallende Blattstab aus der mutterländischen Architektur stammt. Einzig die Geisonverkleidungsplatten mit verschiedenen Anthemienfriesen[440] sind gänzlich ohne Parallele. Lediglich das kleine Dach **PAES 9** aus Paestum zeigt einen vergleichbaren Dekor auf

433 Heiden 1995, 95.
434 Vgl. auch: Le Roy 1967, 75; Heiden 1995, 95.
435 Heiden 1990, 43; Heiden 1995, 94.
436 Schleif u.a. 1940, Farbtafel zwischen S. 104 u. S. 105.
437 Vgl. **CAVA 1**.
438 Mertens-Viola 1990, 245-246.
439 Siehe Seite 77, Abschnitt 10.
440 Es liegen vier verschiedene Varianten von Geisonverkleidungen vor.

der Giebelsima. Der überfallende Blattstab hingegen kann mit der nordwestgriechischen[441] und der korinthischen[442] Architektur verbunden werden. Die sich über der Sima erhebenden Kopfantefixe sind ein typisch nordwestgriechisches Element[443]. Die Nähe zu den frühen kanonischen Dächern sowie zu dem kleinen Dach in Paestum machen eine Entstehung des Daches in der Zeit um 580 v. Chr. wahrscheinlich. Eine dem Dach zugewiesene Akrotersphinx wird aus stilistischen Gründen in denselben Zeitraum datiert[444].

Heiden führt die schlechte Qualität des Brands auf die Unerfahrenheit der Werkstatt mit dem in Olympia zur Verfügung stehendem Ton zurück. Der Ton ist brüchig und leicht verreibbar[445]. Dass dies nur auf die Unkenntnis des Brennverhaltens des lokalen Ton zurückgeführt werden kann, erscheint wenig einleuchtend. Einer erfahrenen westgriechischen Werkstatt wäre ein solcher Fehler sicherlich nur bei den ersten Brennversuchen unterlaufen; es wäre für sie ein wohl Leichtes gewesen, Magerung und Temperatur entsprechend anzupassen. Und dass die Auftraggeber eine erfahrene Werkstatt mit der Ausschmückung der repräsentativen Bauten betrauten, kann als sicher gelten. Hierauf deutet die hohe Qualität der Ornamentik hin. Eine mögliche, jedoch nur schwer beweisbare Erklärung für die schlechte Qualität der Terrakotten wäre, dass die Olympier den fremden Werkstätten den Zugang zu ihren Tonlagerstätten verwehrten und diese sich mit minderwertigem Rohmaterial begnügen mussten, welches keine bessere Qualität des zu brennenden Produktes zuließ. Ebenso kann die Verweigerung von geeignetem Brennmaterial für die Befeuerung der Öfen die Qualität der Ziegel beeinflusst haben.

9.3.1 Stifterpolis

Wie bei den meisten der westgriechischen Dächer ist die Zuschreibung an eine bestimmte Polis ein kontrovers diskutiertes Problem. Auch für das hier besprochene Daches wurden viele Vorschläge gemacht. Mertens-Horn weist das Dach dem Schatzhaus von Sikyon zu. Sie begründet dies durch die Herkunft des legendären Koroplasten Butades aus dieser Polis in der Argolis. Dieser soll als erster Tondächer mit menschlichen Köpfen geschaffen haben[446]. Die Kopfantefixe sind deshalb nach der Meinung von Mertens-Horn als typisch sikyonisches Element zu betrachten. Das Dach ist jedoch eindeutig westgriechischer Typologie und in Sikyon finden sich keinerlei Parallelen zu **OLYM 7**. Ebenfalls verworfen werden kann jedoch die Annahme Heidens, dass es sich um das Schatzhaus von Syrakus handelt[447]. Weder der florale Dekor, noch der Blattstabüberfall oder die Kopfantefixe finden in Sizilien eine Parallele. Die Verbindung des Anthemienfrieses zu **PAES 9** lässt es um einiges wahrscheinlicher erscheinen, dass die Auftraggeber und die produzierende Werkstatt in Unteritalien beheimatet waren. Da sich aber in keiner der unteritalischen Städte eine genaue Entsprechung zu **OLYM 7** finden lässt, muss die Frage nach der genauen Lokalisierung der Stifterpolis unbeantwortet bleiben.

9.4 Kanonische Dächer

9.4.1 Schatzhaus von Gela

Das Dach des Schatzhauses von Gela in Olympia dürfte, obwohl nicht in Westgriechenland gefunden, das bekannteste der westgriechischen Dächer darstellen. Seit seiner Auffindung in den 70er und 80er Jahren des 19. Jhs. n. Chr. sorgten die Frage nach seiner Datierung und seiner Herkunft immer wieder für lebhafte Diskussionen. Daher erscheint es sinnvoll und notwendig, gerade auf dieses Dach näher einzugehen und es erneut einer genauen Untersuchung zu unterziehen.

Die Identifizierung des Baus

Entdeckt wurden ein Großteil der Fragmente von Dach und Architektur gemeinsam in der westlichen Festungsmauer, weshalb an der Zusammengehörigkeit von steinernen Baugliedern und tönernem Dach kein Zweifel besteht[448]. Durch den hervorragenden Erhaltungszustand des Daches **OLYM 1** lassen sich die genauen Ausmaße rekonstruieren und sich mit Fundament XII[449] verbinden[450]. Dieses lässt sich dem von Pausanias im 2. nachchristlichen Jh. v. Chr. noch gesehenen und beschriebenen[451] Schatzhaus der Geloer zuweisen[452].

[441] Schleif u.a. 1940, Farbtafel zwischen S. 104 u. S. 105.
[442] Winter 1993 Abb. 5.
[443] Mertens-Viola 1990, 246-247 Abb. 2.
[444] Heiden 1995, 86.
[445] Heiden 1995, 87.
[446] Winter 1978, 28.
[447] Heiden 1990, 86.
[448] Süsserott-Schleif 1944, 81.
[449] Zur Nummerierung der Fundamente Siehe Mertens-Viola 1990, Abb. 1.
[450] Dörpfeld 1881, 31-32; Süsserott-Schleif 1944, 81; Heiden 1995, 100-101.
[451] Das *„Das letzte von den Schatzhäusern steht bereits gleich neben dem Stadion, und die Inschrift besagt, dass das Schatzhaus und die Bildwerke darin eine Weihung der Geloer seien."* Siehe Paus. 6, 19, 15.
[452] Heiden 1995, 101.

Schon kurz nach Auffindung des Schatzhauses und seiner architektonischen Terrakotten in den Jahren 1879-1881 wurde es von Dörpfeld publiziert[453]. Er erkannte bereits die Zusammengehörigkeit von Terrakotten, steinernen Baugliedern und Fundament. Auch blieb ihm die Ähnlichkeit der Sima und der Geisonverkleidung mit den bereits bekannten sizilischen Dachrandverkleidungen aus Syrakus und Gela sowie das Fehlen einer ähnlichen Verkleidung in der archaischen Architektur Olympias nicht verborgen[454]. Von ihm stammt auch die erste Beschreibung des verwendeten Tons[455]. Die erste genaue, noch heute maßgebliche Bearbeitung des Schatzhauses und seiner Terrakotten erfolgte 1944 durch Süsserott und Schleif[456]. Sie führten erstmals eine detaillierte Baufaufnahme durch und lieferten sorgfältige Pläne und Rekonstruktionen des Gebäudes; von ihnen stammt auch die erste Rekonstruktion der Dachterrakotten der Giebelseite im Museum von Olympia[457]. Zuletzt hat Heiden eine ausführliche Bearbeitung aller olympischen Tondächer vorgelegt[458]. Er liefert eine äußerst genaue und sorgfältige Aufnahme der erhaltenen Baukeramik.

Erhaltenen Bauteile

Erhalten haben sich 451 Fragmente aller Teile des Daches, von denen fast alle zu den dekorativen Elementen gehören[459]. Die Strotere und Kalyptere wurde wahrscheinlich in späterer Zeit an anderer Stelle wiederverwendet, oder nicht als zum Dach des Schatzhauses zugehörig erkannt.

Zur Herkunft des Daches

Durch die Einzigartigkeit des Daches im Kontext der olympischen Architektur, die Zuweisung an ein Schatzhaus der sizilischen Kolonie Gela und die eindeutige Zugehörigkeit zum Typus des kanonischen sizilischen Daches kann an der Verbindung der Dachterrakotten des Geloer Schatzhauses mit der westgriechischen Architektur keinerlei Zweifel bestehen.

Schon den frühen Bearbeitern des Daches stellte sich die Frage nach seinem Produktionsort. In Betracht gezogen wurde eine Herstellung des Daches durch sizilische Handwerker in Olympia, der Import des Daches aus Sizilien oder gar aus Unteritalien[460]. Heiden schlug vor, dass die Handwerker einige Säcke ihres in Gela verwendeten Magerungsmaterials mit nach Olympia brachten, um es dort bei der Produktion des Daches vor Ort zu verwenden. Ein Transport des fertigen Daches aus Sizilien hält er aufgrund der hohen Bruchgefahr für unwahrscheinlich[461]. Geominy nahm zuletzt einen Transport des Daches als fertiges Bauteil an[462].

Die Annahme von Mertens-Horn[463] und Van Buren[464], dass eine Werkstatt aus Unteritalien mit der Herstellung beauftragt gewesen wäre, ist nahezu auszuschließen; mit welchem Grund sollten die Geloer eine weit entfernte Werkstatt mit dem Dach beauftragen, standen doch im unmittelbaren Umfeld der sizilischen Polis hervorragende Werkstätten zur Verfügung[465]. Die Verwendung der für den Traufsimasockel des Geloer Schatzhauses so charakteristischen Palmetten in der kauloniatischen Sakralarchitektur[466] ist viel eher durch die Prominenz der olympischen Schatzhausterrasse zu erklären. Durch die äußerst exponierte Stellung des prächtigen Gebäudes direkt am Stadion, war der Bau geradezu prädestiniert, um als Vorbild für weitere Bauten zu dienen. So haben wahrscheinlich die hier verwendeten Dekorationselemente durch die Besucher des Heiligtums ihren Weg von Olympia aus ihren Weg in das Repertoire der unteritalischen Werkstätten gefunden - und nicht umgekehrt. Auch widerspricht die Qualität des olympischen Daches der Herstellung in einer unteritalischen Werkstatt. Das immer wieder zum Vergleich herangezogene Dach **KAUL 4** zeigt zwar eine recht genaue Kopie des Dekorsystems der Traufsima des Schatzhauses, die Ausführung bleibt in ihrer Qualität doch deutlich hinter der des olympischen Baus zurück, die Farben sind blasser und die Zeichnung ungenauer.

Neutronenaktivierungsanalysen (NAA) zur Herkunftsbestimmung

Um eine befriedigende Antwort auf die Frage nach der Herkunft der Dachterrakotten zu gelangen, wurden im Berliner Pergamonmuseum vom Dach des Schatzhauses und von einigen weiteren olympischen Tondächern

[453] Dörpfeld 1881, 31-36; Dörpfeld 1882, 53-56.
[454] Dörpfeld 1881, 33.
[455] Dörpfeld u.a. 1881, 18.
[456] Süsserott-Schleif 1944, 83-109.
[457] Heiden 1995, 96.
[458] Heiden 1995, 96-102; 193-195; 161-162
[459] Heiden 1995, 96.
[460] Van Buren 1926, 54; Mertens-Viola 1990, 238-239
[461] Heiden 1995, 97, Anm. 222
[462] Geominy 1998, 45
[463] Mertens-Viola 1990, 238-239
[464] Van Buren 1926, 54;
[465] Dies wurde auch schon von Heiden angemerkt. Heiden 1995, 102 Anm. 241.
[466] Zu den kauloniatischen Dächern Vgl. Seite 42, Abschnitt 6.7.2.

Proben entnommen, um diese einer Neutronenaktivierungsanalyse (NAA) zu unterziehen. Des weiteren wurde eine Geisonverkleidung aus dem Akademischen Kunstmuseum der Universität Bonn (**UNBE 3**) beprobt, auf dessen große stilistische und technische Gemeinsamkeiten mit der des Geloer Schatzhauses schon Geominy hingewiesen hat. Er schlägt sogar eine Herstellung in derselben Werkstatt vor[467].

Das Ergebnis der NAA[468]. (vgl. Abb. 1) lieferte ein interessantes Ergebnis und konnte die Frage nach der Herkunft der Dachterrakotten schließlich - zumindest teilweise - beantworten.

	Olympia 2 samples M +/- σ(%)		Taormina 2 samples M +/- σ(%)	
As	4.25	37.	3.14	6.7
Ba	441.	5.9	461.	7.8
Ca%	5.94	26.	6.05	8.1
Ce	73.7	3.5	73.9	1.6
Co	34.8	3.8	37.6	0.5
Cr	223.	1.9	266.	7.6
Cs	5.68	16.	6.57	1.5
Eu	1.28	3.6	1.36	3.0
Fe%	5.18	3.0	5.60	1.7
Ga	22.0	3.7	21.6	6.9
Hf	3.52	3.5	3.60	1.8
K %	2.43	5.7	2.56	0.8
La	31.4	1.3	32.7	0.9
Lu	0.46	4.2	0.46	3.5
Na%	0.64	8.9	0.71	5.7
Nd	29.2	4.5	27.5	6.0
Ni	284.	14.	298.	13.
Rb	121.	13.	135.	2.0
Sb	0.64	30.	0.54	4.7
Sc	21.4	2.7	22.4	0.2
Sm	5.60	1.5	5.63	2.2
Ta	0.74	4.2	0.73	4.2
Tb	0.75	6.5	0.83	6.4
Th	11.0	2.5	11.2	1.0
Ti%	0.51	11.	0.49	12.
U	2.09	4.1	1.96	6.7
W	2.07	4.5	2.10	6.2
Yb	2.88	4.1	3.01	1.9
Zn	165.	30.	153.	2.8
Zr	81.7	37.	88.8	55.

Abb. 1 - Gegeben sind die Konzentrationsmittelwerte M in ppm, wenn nicht anders angegeben und Streuungen σ in Prozent von M, nach Korrektur von Verdünnungen

Das Muster der Spurenelemente der Geisonverkleidung in Bonn und der des Schatzhauses stimmen nahezu überein (vgl. Abb. 2), weshalb eine Herstellung der beiden Stücke am selben Ort als sicher gelten kann. Eine Zuweisung an dieselbe Werkstatt kann zwar nicht bewiesen werden, ist aber durch den Vergleich der Spurenelementmuster und die großen stilistischen und technischen Gemeinsamkeiten jedoch äußerst wahrscheinlich.

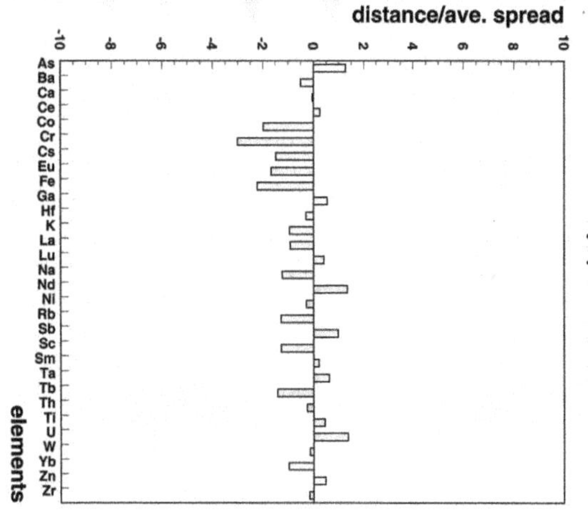

Abb. 2 - Abweichung der Analysewerte vom Dach des Geloer Schatzhauses und des Bonner Fragments in σ.

Ebenso interessant ist der Vergleich des elementaren Musters der beiden Stücke mit dem der übrigen beprobten Dächer aus Olympia. Sie weichen so stark von diesen ab, dass eine Herstellung der beiden Dächer **OLYM 1** und **UNBE 3** in Olympia aus lokalem Rohmaterial definitiv auszuschließen ist. Der rein makroskopische Vergleich der beiden Stücke mit genuin olympischem Material ließ dieses Ergebnis vermuten. Schon Dörpfeld erkannt die Ähnlichkeit des Tons vom Dach des Geloer Schatzhauses mit dem von Dächern aus Gela selbst[469].

Der genaue Fundort des Bonner Fragments ist jedoch nicht bekannt. Es ist demnach nicht möglich, anhand der bisher durchgeführten Analysen den genauen Herstellungsort zu bestimmen. Der rötliche Ton mit den groben Einschlüssen, aus welchem **UNBE 3** und **OLYM 1** bestehen zeigt, die gleichen Charakteristika wie der aus dem südöstlichen Sizilien um Gela und Syrakus.

Stilistische und motivische Analyse zur Herkunftsbestimmung

Auf diese Verbindungen des Daches mit der Architektur des südöstlichen Sizilien weisen zudem stilistische und motivische Details hin, welche bisher unbeachtet blieben; zu sehr konzentrierten sich die bisherigen Bearbeiter auf die Palmetten des Traufsimasockels. Nahezu

[467] Geominy 1998, 45.
[468] Die Ergebnisse wurden bereits 2006 vorgestellt. Siehe: Lang - Mommsen 2006 , 166-168.
[469] Vgl. Dörpfeld 1881, 34; Dörpfeld u.a. 1881, 14.

alle Details des Daches des Geloer Schatzhauses lassen sich ausschließlich im Umkreis der ostsizilischen Architektur um Gela und Syrakus beobachten.

Die lyraförmigen Blätter auf den Kehlen der Giebel- und der Horizontalsima sind ein typisches Element der syrakusanischen[470] und geloischen[471] kanonischen Dächer der zweiten Generation[472]. Das einzelne gestielte Blatt auf der Kehle der Traufsima kann nur auf drei syrakusanischen Simen beobachtet werden[473]. Der giebelseitig zwischen Sockel und Kehle befindliche Rundtstab mit einem Fischgrätband findet seine Entsprechung in Gela[474] und wiederum in der syrakusanischen Architektur[475]. Auch die Geisonverkleidung kann ihre Nähe zu den ostsizilischen Dächern nicht verbergen. Während die Stirnplatte den üblichen Dekor der kanonischen sizilischen Dächer zeigt, ist der untere Abschluss der Stirnplatte durch einen doppelten Rundstab, von denen der eine mit schmalen Rechtecken und der andere mit diagonalen Streifen verziert ist, ein ausschließlich in Syrakus zu beobachtende Variante[476]. Lediglich die Rauten und die Palmetten auf den Sockeln von **OLYM 1** lassen sich in dieser Weise auf den ostsizilischen Dächern nicht finden. Trotzdem lassen sich Verbindungen aufzeigen. Das einzige kanonische Dach in Sizilien, welches einen floralen Dekor auf dem Simasockel zeigt, ist das bereits im Rahmen der kanonischen Dächer der dritten Generation besprochene Dach **SYRA 2**[477]. Der Rautendekor findet mit **MEGA 2** im ebenfalls ostsizilischen Megara Hyblaea seine Entsprechung.

Die hier angeführten motivischen und stilistischen Details lassen sich weder an einer anderen Stelle in Sizilien noch in Unteritalien beobachten. Aufgrund der unzweifelhaften Zuweisung des Daches an das Schatzhaus von Gela durch Pausanias, die naturwissenschaftliche Analyse sowie die großen motivischen und stilistischen Gemeinsamkeiten mit den ostsizilischen kanonischen Dächern kann an der Herstellung des Daches im Umkreis der ostsizilischen Architektur um Gela und Syrakus kein Zweifel bestehen. Dass sich **OLYM 1** eher mit syrakusanischen Vorbildern als mit geloischen verbinden lässt, dürfte auf das geringe Fundaufkommen von Dächern der zweiten Generation in Gela zurückzuführen sein; in Syrakus sind Verkleidungen dieses Typs hingegen recht häufig anzutreffen.

Zur Datierung des Daches

Die Datierung des Daches ist ein besonders kontrovers diskutiertes Problem, und die Vorschläge reichen vom Anfang bis zum Ende des 6. Jhs. v. Chr.[478]. Im Folgenden wird ein kurzer Überblick über die bisher vorgeschlagenen Datierungen gegeben und ihr Für und Wider abgewogen.

Die Fundumstände geben kaum einen Hinweis auf die Entstehungszeit des Daches. Für Heiden steht nur fest, dass das Dach 525 v. Chr. schon vorhanden gewesen sein muss[479]. Diese Annahme Heidens fußt auf einem Fragment der Giebelsima aus einem Brunnen des Stadion-Nordwalls[480]. Die Verfüllung des Brunnens datiert allerdings nicht in das dritte, sondern in das letzte Drittel des 6. Jhs. v. Chr.[481] Das Dach muss daher nicht vor 525 v. Chr., sondern vor der Jahrhundertwende entstanden sein. Auch in den historischen Quellen lässt sich kein Hinweis auf die Datierung des Schatzhauses entdecken. Lediglich Van Buren führt die Errichtung des Schatzhauses auf einen Sieg der Geloer gegen Karthager im Jahr 582 v. Chr. zurück[482]. Dieser Vorschlag kann jedoch ausgeschlossen werden, da in diesem Zeitraum das kanonische sizilische Dach noch nicht ausgebildet war und daher kaum in Olympia Verwendung gefunden haben kann.

Die meisten der bisher gemachten Vorschläge beruhen auf einer stilistischen und motivischen Analyse von Form und Dekor des Daches. Die Form von Sima und Geisonverkleidung liefern allerdings keinen Anhaltspunkt auf die Entstehungszeit; beide Elemente wiederholen die kanonischen sizilischen Dächer ohne Abweichungen. Auch der Dekor der Geisonverkleidung sowie des oberen Teils der Sima erlaubt kaum eine genaue Eingrenzung der Entstehungszeit von **OLYM 1**, die über die Laufzeit der kanonischen Dächer der zweiten Generation von ca. 570-530 v. Chr. hinausgeht[483].

So verbleiben als einziges Element die Palmetten auf den Traufsimasockeln und die Rauten auf den Sockeln der Giebelsima als Anhaltspunkte für eine genaue Eingrenzung der Entstehungszeit des Schatzhauses von Gela. Da die traufseitigen Rautenbänder an keiner Stelle eine genaue Entsprechung finden, sind auch sie kaum eine Hilfe für dieses Vorhaben. Daher verwundert es

[470] Siehe **SYRA 8, 9, 10, 13, 14, 15, 18**.
[471] Siehe **GELA 11**.
[472] Zu den kanonischen Dächern der zweiten Generation Siehe Seite 37, Abschnitt 6.5.
[473] Siehe **SYRA 8, 16**.
[474] **GELA 2**.
[475] Siehe **SYRA 12, 13, 28**.
[476] Siehe **SYRA 9, 16, 20, 21**.
[477] Siehe Seite 40, Abschnitt 6.6.2.
[478] HEIDEN 1995, 101-102; WIKANDER 1986, 11-12.
[479] HEIDEN 1995, 101.
[480] GAUER 1975, 7-8.
[481] GAUER 1975, 7-8; 243.
[482] VAN BUREN 1926, xviii; 54.
[483] Zur Datierung der kanonischen sizilischen Dächer der zweiten Generation Siehe Seite 37, Abschnitt 6.5.3.

nicht, dass gerade die traufseitigen Palmetten immer wieder herangezogen wurden, um zu einer chronologischen Einordnung von **OLYM 1** zu gelangen. Die Datierungen von Süsserott und Schleif, Kästner und Darsow beruhen daher allesamt auf Vergleichen der Palmetten auf dem Sockel der Traufsima mit ebensolchen Palmetten in anderen Gattungen. Lediglich Mertens-Horn datiert das Dach anhand anderer Dächer aus dem Umfeld der unteritalischen Architektur.

Süsserott und Schleif weisen auf die großen Gemeinsamkeiten der Sockelpalmetten mit denen auf den sog. Vrouliaschalen hin[484]. Hieraus ergibt sich für sie eine Datierung in die Zeit um 560 v. Chr. Dieser Datierung muss jedoch widersprochen werden, der florale Dekor des Daches weist eindeutig über die Jahrhundertmitte hinaus. Darsow vergleicht die Palmetten mit denen auf schwarzfigurigen Vasen der Leagrosgruppe und mit denen auf rotfigurigen Gefäßen von Smikros, Euthymides, Euphronios und dem Kleophradesmaler sowie mit einer Bronzekanne und einem Trinkhorn aus Trebenischte[485]. Für ihn ergibt sich aus diesen Vergleichen eine Herstellung des Daches am Ende des 6. Jh. v. Chr.[486]. Die Vergleiche mit der attischen Keramik scheinen einleuchtend und sollen im Folgenden nochmals aufgegriffen und vertieft werden. Kästner vergleicht die Palmetten mit archaischen Schildbändern in Olympia[487]. Er erschließt hieraus eine Datierung in die Zeit um 540/530 v. Chr.[488]. Die Palmetten auf den Schildbändern sind durch ihre kurzen und gedrungenen Blättern sowie ihren engen Stand den Palmetten auf dem Traufsimasockel von **OLYM 1** zwar sehr ähnlich, ihre chronologische Einordnung ist jedoch ebenfalls recht unklar. Kunze zieht zur Datierung der Schildbänder Vergleiche aus der attischen Keramik heran[489], was wieder auf den Datierungsvorschlag von Darsow zurückführt.

Mertens-Horn liefert die einzige Datierung des Daches anhand anderer westgriechischer Dachterrakotten; sie verbindet die Palmetten mit dem Dekor des Traufsimasockels des kleinen pästanischen Daches **PAES 11**[490]. Auf diesem würden sich die paarweise angeordneten umschriebenen Palmetten in fast gleicher Form wiederholen. Es zeigt sich jedoch, dass durch den stark fragmentierten Zustand nicht mehr geklärt werden kann, ob die Palmetten tatsächlich paarweise angeordnet waren. Zudem ist die Palmette bei **PAES 11** stehend, bei dem Dach in Olympia hängend dargestellt. Die zeitliche Nähe äußert sich nach der Meinung von Mertens-Horn in der Lage der Palmettenblätter und dem Verlauf des die Palmette umschließenden Bandes, welches sich bei beiden Dächern um die Palmetten zu dehnen scheint. Auch hier zeigte sich, dass dies nicht den Tatsachen entspricht: Die Blätter der Palmette sind bei dem Stück aus Paestum recht unregelmäßig und wirken wie in das umschließende Rund gequetscht, während die Palmetten des olympischen Daches aus außerordentlich regelmäßigen Blättern gestaltet sind, die sich elegant in den sie umschließenden Kreis einfügen. Die Sima aus Paestum verwendet demnach zwar dasselbe Motiv, aber in abgewandelter, vereinfachter Form. Mertens-Horn stellt der Sima die Geisonverkleidung **PAES 12** zur Seite. Warum aber gerade diese Geisonverkleidung zu der Sima **PAES 11** gehören soll, ist vollkommen unklar und wird von ihr nicht belegt. Da keine weitere Publikation der beiden Stücke vorliegt und auch eine Untersuchung vor Ort nicht möglich war, kann diese Zuweisung kaum überprüft werden. Durch den Vergleich der hier besprochenen Geisonverkleidung mit denen der Basilika (**PAES 4**) kommt sie zu einer Datierung der pästanischen Sima **PAES 11** in die Zeit um 530/520 v. Chr. Da aber die Qualität der Bemalung des Geloer Schatzhauses höher ist, als die des kleinen Daches aus Paestum, muss es ihrer Meinung nach älter sein und in den Jahren 540/530 v. Chr. entstanden sein. Wegen der nicht nachweisbaren Zusammengehörigkeit der beiden zum Vergleich herangezogenen Stücke aus Paestum und der recht ungewöhnlichen Annahme, dass die qualitätvollere Sima zugleich auch die ältere sein muss, erscheint der Vorschlag von Mertens-Horn höchst fragwürdig. Heiden fasst die bisherigen Vorschläge zusammen und kommt zu dem Schluss, dass man sich mit einer Datierung in die Mitte des 6. Jhs. v. Chr. begnügen müsse und nur neue Befunde die Problematik klären können[491].

Wie in der stilistisch-motivischen Analyse bereits nachgewiesen[492], sind die Palmetten ein Motiv, welches nicht mit den kanonischen Dächern der zweiten Generation in Verbindung gebracht werden kann. Der florale Dekor ist ein Element, welches erst im letzten Drittel des 6. Jhs. v. Chr. durch Einflüsse aus dem Umfeld der korinthischen Architektur Eingang in die sizilische findet; zunächst auf den Anthemiensimen[493] und durch diese angeregt auch auf den kanonischen Dächern der dritten Generation[494]. Hier finden sie sich jedoch fast ausschließlich als Füllornament zwischen den einzelnen Elementen des Blattstabes auf der Kehle.

[484] Jacopi 1929 Abb. 11.
[485] Filow 1927, Taf. 6, 1; 10.
[486] Darsow 1938, 105-106.
[487] Kunze 1950, 209-210 Taf. 76, 67.
[488] Kästner 1976, 520-521.
[489] Kunze 1950, 231-242.
[490] Mertens-Viola 1990, 238-240.
[491] Heiden 1995, 102.
[492] Siehe Seite 69, Abschnitt 9.4.1.
[493] Siehe Seite 47, Abschnitt 7.2.1.
[494] Siehe Seite 39, Abschnitt 6.6.

Der Dekor des Sockels mit einem floralen Ornament ist jedoch ein ungewöhnliches Motiv und lässt sich mit **SYRA 2** nur an einem weiteren Dach beobachten. Dieses zeigt gleichzeitig die Palmetten als Füllornament auf der Kehle und ist daher eindeutig den Dächern der dritten Generation aus dem letzten Drittel des 6. Jh. v. Chr. zuzurechnen[495]. Aus diesem Grund scheint die Annahme berechtigt, dass auch das Dach des Geloer Schatzhauses ebenfalls in diesen Zeitraum einzuordnen ist.

Diese Verbindung zu den kanonischen Dächern der dritten Generation ist jedoch nicht der einzige Hinweis auf eine derartige Datierung von **OLYM 1**. Auch der Stil der Palmetten auf dem Traufsimasockel deutet auf eine Entstehung in diesem Zeitraum hin. Wie Darsow schon bemerkte, finden die Blüten ihre Entsprechung auf attischen Gefäßen des letzten Viertels des 6. Jhs. v. Chr.[496]. Die engste Parallele zeigen die recht eng stehenden umschriebenen Palmetten aus sieben Elementen auf schwarzfigurigen Gefäßen der Leagrosgruppe, deren Schaffenszeitraum zwischen 520-500 v. Chr. anzusetzen ist[497]. Als Beispiel sei eine Amphora in München angeführt[498] Ähnliche Palmetten zeigt auch eine Pelike[499] des Acheloos-Malers[500] in New York aus dem Ausgehenden 6. Jh. v. Chr.

Neben diesen Beispielen aus der schwarzfigurigen Malerei lassen sich auch auf den Werken der rotfigurigen Pioniere aus den Jahren 520-500 v. Chr.[501] derartige Palmetten beobachten. Besonders im Oeuvre von Euphronios zeigen sie sich auf einer Vielzahl von Gefäßen[502]. Sie finden sich ebenfalls auf den Arbeiten von Euthymides[503], Smikros[504] und Hypsis[505]. Weder vor noch nach dem letzten Viertel des 6. Jh. v. Chr. können auf attischen Gefäßen Palmetten dieser Art beobachtet werden.

Die Einordnung des Daches des Schatzhauses von Gela in den Rahmen der kanonischen Dächer der dritten Generation sowie die engen Parallelen der Palmetten auf den Traufsimasockeln mit denen auf attischen Gefäßen lassen die Vermutung zu, dass Schatzhaus und Dach erst im letzten Viertel des 6. Jh. v. Chr. entstanden sind. Auch die Fundumstände widersprechen einer derartigen Datierung nicht. Ein historisches Ereignis, welches die Weihung eines Schatzhauses in Olympia durch die Geloer veranlasst haben könnte, kann jedoch nicht angeführt werden. Die Geschichte Gelas im 6. Jh. v. Chr. liegt allerdings zum größten Teil im Dunklen[506].

9.4.2 Ein kanonisches Dach in Delphi

Das zweite kanonische Dach außerhalb Westgriechenlands fand sich mit **DELP 1** in Delphi. Aufgrund des schlechten Erhaltungszustand wurde ihm lange nicht die Aufmerksamkeit zu Teil wie dem Dach des Schatzhauses von Gela.

Zur Zuweisung der Fragmente

Le Roy versucht anhand der erhaltenen Fragmente alle drei Simen, d.h. Trauf-, Giebel- und Horizontalsima, zu rekonstruieren. Diesen Vorschlägen ist jedoch zu widersprechen; dass von Le Roy als Teil der Traufsima identifizierte Frgt. S. 236[507] zeigt auf dem Sockel eine schwarze Raute mit eingezogenen Kanten auf weißem Grund; dieser Dekor ist bei den kanonischen sizilischen Dächern den Traufsimen vorbehalten und es kann keine sizilische Giebelsima angeführt werden, welche mit einem Rautendekor versehen ist[508]. S. 236 muss daher ebenfalls als Fragment einer Traufsima angesprochen werden. Durch diese Zuweisung von S. 236 besitzen wir nun mit S. 187 und S. 238 drei Fragmente die zu einer Traufsima gehören müssen. S. 187 zeigt einen Wasserspeieransatz und S. 238 ein schwarzes Rechtecks, welches ebenfalls einen Wasserspeieransatz eingefasst haben muss[509] Der Rundstab zwischen Sockel und Kehle ist jedoch bei allen drei Fragmenten unterschiedlich dekoriert. Bei S. 187 zeigen sich breite diagonale Streifen, bei S. 238 sind sie recht schmal und bestehen nur aus schwarzen und weißen Elementen; der Rundstab von S. 236 ist ebenfalls mit recht schmalen Streifen versehen, die jedoch deutlich breiter als die bei S. 238 sind; zudem zeigen sich hier auch rote Elemente, die von schmalen schwarzen Streifen eingefasst sind. Auch in der Gestaltung der Elemente des Blattstabes auf der Kehle lassen sich Unterschiede aufzeigen. S. 238

495 Zu **SYRA 2** siehe Seite 40, Abschnitt 6.6.2.
496 DARSOW 1938, 105-106.
497 BOARDMAN 1994A, 120-121.
498 München, Antikensammlung 1493, ABV 316, 7.
499 New York, Metropolitan Museum 49.11.1, Rogers Fund. ABV 384, 20.
500 BOARDMAN 1994A, 121.
501 BOARDMAN 1994B, 34.
502 Siehe GIULIANI-HEILMEYER 1991, Kat.-Nr. 1-7; 11-15; 30-31.
503 Vgl. Bauchamphora in München (Antikensammlung 2307, ARV 26, 1.), Bauchamphora in München (Antikensammlung 2309, ARV 27, 4), Kalpis in Rom (Vatikan G 71, ARV 28, 14), Psykter in Turin (Museo di Antichità 4123, ARV 28,11).
504 Vgl. Stamnos in Brüssel, Musées Royaux A 717, ARV 27, 4.
505 Vgl. Hydria in München, Antikensammlung 2423, ARV 24, 12; Kalpis in Rom, Sammlung Tornolia 73, ARV 30, 2.
506 DUNBABIN 1948, 66.
507 Vgl. LE ROY 1967 Taf. 21, 7.
508 Siehe Seite 31, 6 und 37, 6.5.
509 Vgl. **NAXO 6, 8, 9; SYRA 5, 15**.

und S. 236 zeigen Blätter mit einer einfachen weißen Umrandung, bei S. 187 sind diese weiß-schwarz-weiß umrandet. Die einfach umrandeten Blätter lassen sich jedoch nicht mit dem Blattstab kombinieren, welche Le Roy der Horizontalsima zuweist. Denn bei diesen ist das stehende Dreieck zwischen den Blattstabelementen in ein rotes und ein schwarzes Feld aufgeteilt; bei den beiden Traufsimafragmenten sind diese einfarbig.

Eine Erklärung für das Phänomen der drei unterschiedlichen Traufsimen ist nur schwer zu finden. Das sie zum selben Bau gehören ist durch die Maße der Stücke und die Einzigartigkeit des Tons[510] im Umfeld der delphischen Architektur unzweifelhaft. Es ist kaum zu vermuten, dass die drei verschiedenen Varianten gleichzeitig Verwendung fanden, zu unterschiedlich ist doch die Gestaltung der Dekoration. Demnach muss der Bau mehrfach ein neues Dach erhalten haben, welches sich zwar an der vorhergehenden Eindeckung orientierte, diese aber nicht genau wiederholt und in Details variiert. Diese These ist jedoch nur als Vorschlag zu verstehen, belegen lässt sie sich durch die schmale Materialbasis nur schwerlich. Letztendlich kann nur die Publikation weiterer Fragmente helfen, dieses Problem der drei unterschiedlichen Traufsimen zu lösen. In diesem Zusammenhang erscheint nun auch die Rekonstruktion der Fragmente S. 152, S. 184 und S. 186 als Horizontalsima fragwürdig. Nachdem S. 236 als Fragment einer Traufsima erkannt wurde, können die von Le Roy als Horizontalsima erkannten Stücke ebenso gut zu einer Giebelsima gehört haben. Auch dies ist ohne Fragmente, welche es ermöglichen die Sima in voller Höhe zur rekonstruieren, nicht zu entscheiden.

Einordnung und Datierung

DELP 1 ist in allen Einzelheiten ein kanonisches sizilisches Dach und muss in deren Rahmen eingeordnet und datiert werden[511]. Besonders die langen Blattstabblätter mit einfacher Umrandung ohne Füllornamente lassen sich zweifelsohne den kanonischen Dächern der ersten Generation zusprechen[512]. Die beiden naxischen Simen **NAXO 8** und **NAXO 9** zeigen die gleiche Gestaltung des Blattstabes, zudem lässt sich das Detail der abwechselnd rot und schwarz gefassten stehenden Dreiecke zwischen den einzelnen Elementen des Blattstabes auf der Kehle an der delphischen und an den beiden naxischen Simen beobachten. Auch die anderen Blattstabvarianten mit den dreifach umrandeten Blättern zeigen ihre Zugehörigkeit zur ersten Generation der kanonischen Simen. Für sie lassen sich Parallelen in Gela[513], Megara Hyblaea[514], Selinunt[515] und Syrakus[516] anführen. Die Dekoration mit sehr schmalen Streifen auf den Traufsimafragmenten S. 238 und S. 236 ist ebenfalls ein typisches Element der frühen kanonischen Dächer, für welches sich Parallelen in der ostsizilischen Architektur aufzeigen lassen[517]. Mit der Sima **SYRA 11** hat **DELP 1** das Fehlen eines abschließenden Rundstabes gemeinsam.

Auch die Geisonverkleidung ist durch das einfache Flechtband auf der Stirnplatte der Geisonverkleidung in den Rahmen der sehr frühen kanonischen Dächer einzuordnen[518]. Recht ungewöhnlich ist jedoch die Binnenzeichnung in den Blättern der Rosette; für diese lässt sich mit **LEON 4** zwar eine Parallele im ostsizilischen Leontinoi finden. Dieses Fragment wird von Adamnesteanu jedoch mit einer Sima verbunden[519], welche durch die Verwendung von mehrteiligen stehenden Palmetten in den Zwischenräumen der einzelnen Elemente des Blattstabes auf der Kehle der dritten Generation der kanonischen Dächer zuzurechnen ist und daher deutlich später als das delphische Dach anzusetzen ist. Zudem ist die Stirnplatte der zugehörigen Geisonverkleidung mit einem doppelten Flechtband dekoriert, welches über das einfache Band auf **DELP 1** hinausweist.

Aus welcher Polis genau die produzierende Werkstatt stammt, kann wegen der großen Einheitlichkeit[520] der kanonischen Dächer der ersten Generation kaum erschlossen werden. Wie einige der olympischen Dächer westgriechischer Typologie scheint auch **DELP 1** nicht aus lokalem Material produziert zu sein[521]. Die Datierung des Daches erschließt sich durch die äußerst engen Verbindungen mit den frühen kanonischen Dächern in Sizilien. Es ist in das erste Viertel des 6. Jh. v. Chr. zu datieren.

Stifterpolis

Wie schon bei den olympischen Dächern stellt sich für das delphische Dach ebenfalls die Frage nach dem Gebäude, zu welchem es gehörte. Die Größe des Daches

[510] Le Roy 1967, 73-74.
[511] Hierauf hat bereits Le Roy hingewiesen. Vgl. Le Roy 1967, 73 Anm. 1.
[512] Für die Charakteristika der kanonischen Dächer der ersten Generation und ihre Unterschiede zu denen der zweiten Generation Siehe Seite 31, Abschnitt 6 und Seite 37, Abschnitt 6.5.
[513] Vgl. **GELA 6-9**.
[514] Vgl. **MEGA 6**.
[515] Vgl. **SELI 2-4**.
[516] Vgl. **SYRA 5, 11**.
[517] Vgl. **LEON 5; NAXO 8; SELI 1, 8; SYRA 11**.
[518] Vgl. **GELA 4; NAXO 17-18; SELI 1, 3; SYRA 27-28.**.
[519] Adamnesteanu 1956D, 408-409.
[520] Siehe Seite 35, 6.3.
[521] Le Roy 1967, 73-74.

sowie die eindeutig sizilische Machart deuten daraufhin, dass **DELP 1** zu einem Schatzhaus einer sizilischen Polis gehörte. Welche Kolonie dieses Gebäude stiftete ist jedoch kaum zu bestimmen. Pausanias erwähnt zwar ein Schatzhaus der Syrakusaner[522], dieses wird aber erst anlässlich des Sieges gegen die Athener 413 v. Chr. errichtet, das Dach ist jedoch deutlich älter und kann daher kaum zu diesem Gebäude gehören. Dass es zu einem der übrigen Schatzhäuser gehört ist auszuschließen, da diese alle von mutterländischen Poleis gestiftet wurden; es gib keinen Grund zu der Annahme, dass diese ein Dach aus Sizilien importierten. So muss es ungeklärt bleiben, welche Polis das Gebäude und sein Dach stifteten. Weder die archäologischen noch die historischen oder literarischen Quellen liefern einen entscheidenden Hinweis auf die stiftende Polis[523].

9.5 Ein spätes westgriechisches Dach

In Olympia muss mit **OLYM 6** ein weiteres ungewöhnliches Dach den Dächern westgriechischer Typologie zugerechnet werden, ohne jedoch tatsächlich einen fest definierten Typus zu wiederholen. Vielmehr werden einzelne Zitate aus verschiedenen Entwicklungsstufen der westgriechischen Architektur zu einem neuen eklektischen Ganzen zusammengefasst.

Die engste Parallelen zu diesem Dach zeigen die zwei Kompositverkleidungen **NAXO 1** und **NAXO 2/2B** aus Naxos[524]. Auch bei diesen setzt die ebenfalls mit einem einfachen Flechtband dekorierte, direkt an die Sima angearbeitete Geisonverkleidung recht hoch an, so dass sie das Geison kaum noch bedecken kann. Bei der Sima aus Olympia setzt sie gar so hoch an, dass sie eigentlich den Sockel bildet und ihre Funktion als Geisonverkleidung verloren hat. Darüber folgt nun eine weitere Leiste mit eingelassenen Röhrenwasserspeiern. Über diesem befindet sich nun die recht schwache Kehle, die von einer schmalen Leiste bekrönt wird. Während der Dekor der zentralen Leiste mit schwarzen Kreuzen dem Vorbild des Daches des Schatzhauses von Gela folgt, ist der Dekor der Kehle mit einem gemalten lesbischen Kyma ungewöhnlich und findet in der westgriechischen Tonarchitektur keine Entsprechung. Auch die in rotfiguriger Technik gemalten Palmetten auf den scheibenförmigen Antefixen lassen sich im Rahmen der sizilischen und unteritalischen Architektur nicht nachweisen. Ebenfalls ungewöhnlich ist das Hinzufügen der Elemente der Geisonverkleidung zur Sima. Das Dach ist hierdurch lediglich noch eine „Fassade“; die ursprüngliche Funktion der einzelnen Elemente ist aufgegeben. Diese Aufgabe der Funktionszusammenhänge sowie das Hinzufügen der Antefixe und des lesbischen Kymas deuten darauf hin, dass den Handwerkern zwar die Grundzüge der westgriechischen Tondächer bekannt waren, sie aber keinerlei Erfahrung mit der Herstellung solcher Dächer besaßen. Sie verbinden die ihnen bekannten westgriechischen Formen mit Elementen aus ihrem herkömmlichen Repertoire zu einem neuen Ganzen, welches nur auf den ersten Blick einem kanonischen sizilischem Dach entspricht. Für dieses Phänomen können zwei mögliche Erklärungen angeführt werden. Entweder stand für die Herstellung des Daches keine westgriechische Werkstatt zur Verfügung oder die Dachterrakotten wurden erst nach der Aufgabe der kanonischen Dächer im Westen produziert, als es keine Handwerker mehr gab, welche in der Lage diese herzustellen. Eine Antwort auf diese Frage lässt sich durch die Datierung von **OLYM 6** erschließen.

9.5.1 Datierung

Während die ganze Form der Sima sowie die Kreuze auf der Leiste mit den Wasserspeiern noch eindeutig ins 6. Jh. v. Chr. weisen, können aber weder das gemalte lesbische Kyma auf der Kehle noch die Antefixe mit Vorbildern aus dem 6. Jh. v. Chr. verbunden werden. Die engste Parallele zu dem gemalten lesbischen Kyma kann nach Mertens-Horn auf einem klazomenischen Tonsarkophag in London gefunden werden, welcher bereits in die ersten Jahre des 5. Jh. v. Chr. datiert[525]. Dieser Zusammenhang ist jedoch fragwürdig, handelt es sich doch um eine gänzlich andere Gattung im Rahmen der ionischen Kunst.

Viel eher lässt sich das Dach mit der Sima IX von der Athener Akropolis[526] vergleichen (Siehe Beilage 12.1). Diese wird ebenfalls durch ein gemaltes lesbisches Kyma abgeschlossen. Auf dem Sockel der Sima finden sich umschriebene Palmetten, deren schlanke, sich leicht nach außen neigende Blätter in den Palmetten auf den Antefixen von **OLYM 6** ihre Entsprechung finden. Buschor datiert dieses Dach in die Jahre um 480 v. Chr.[527], Winter geht von einer Entstehung der Sima am Anfang des 5. Jhs. v. Chr. aus[528]. Aufgrund der Bemalung der Antefixe erscheint auch eine Vergleich mit der rotfigurigen attischen Keramik sinnvoll. Auf dieser finden sich solche Palmetten erstmals am Anfang des 5. Jhs. v. Chr., beispielsweise im Oeuvre des

[522] Paus. 10, 11,3-13,6.
[523] Auch Le Roy versucht keine Zuweisung des Daches an eine bestimmte Polis. Siehe Le Roy 1967, 76.
[524] Mertens-Viola 1990, 240. Zur Besprechung der naxischen Dächer **NAXO 1** und **NAXO 2/2B** siehe Seite 28, Abschnitt 5.2.
[525] Mertens-Viola 1990, 240; Cook 1981, 31-32; Abb. 20 Taf. 39, 3.
[526] Buschor 1929, 18-19 Abb. 19; Winter 1993, 228-229; 290-291 Abb. 24 a-b.
[527] Buschor 1929, 19.
[528] Winter 1993, 219-220.
[529] Wien, Kunsthistorisches Museum 3725, ARV 204, 109.
[530] St. Petersburg, Eremitage 614. ARV 288, 11

Berliner Malers[529]. Eine Pelike des Argos-Malers in St. Petersburg aus derselben Zeit zeigt ebenfalls derartige Palmetten[530]. Ebenfalls in diesen Zeitraum gehört ein Volutenkrater des Malers von Bologna 279 in Basel[531]. Hier findet sich in der Halszone ein doppeltes Anthemion, dessen Palmetten die Charakteristika der Blüten auf den hier besprochenen Antefixen wiederholen.

So problematisch die Beziehungen zwischen der Vasenmalerei und den Dachterrakotten auch sind[532], so geben sie doch einen ungefähren Aufschluss über die Entstehungszeit der vielteiligen umschriebenen Palmetten und zeigen, dass sie im ersten Viertel des 5. Jh. v. Chr. ein gängiges Motiv waren. Aufgrund der großen Gemeinsamkeiten mit der attischen Sima und die engen Parallelen zur Ornamentik der rotfigurigen attischen Vasenmalerei ist eine Datierung des Daches in die Jahre um 480 v. Chr. wahrscheinlich.

9.5.2 Stifterpolis

Die Zuweisung an ein westgriechisches Schatzhaus kann als sicher gelten. Für jedes andere Gebäude hätte man sich wohl einer lokalen Werkstatt bedient, die in der Lage gewesen wäre ein modernes zeitgenössisches Dach von hoher Qualität herzustellen[533]. Dass das Dach zu einem Schatzhaus einer sizilischen und nicht einer unteritalischen Polis gehört, ist durch die starke Betonung der Elemente des kanonischen sizilischen Daches unzweifelhaft.

Pausanias erwähnt lediglich drei sizilische Schatzhäuser, das der Geloer, das der Syrakusaner und das der Selinuntiner[534]. Durch die sichere Zuweisung des Daches **OLYM 1** an das Schatzhaus von Gela, bleiben für das hier besprochene Dach nur Selinunt und Syrakus übrig. Bisher wurde das Dach dem Schatzhaus der Stadt Selinunt zugewiesen[535]. Für diese These gibt es jedoch weder archäologische noch historische Hinweise. Das zweite sizilische Schatzhaus, welches nicht sicher mit einem bestimmten Dach in Verbindung gebracht werden kann, ist das von Syrakus. Wie bereits nachgewiesen, kann die von Heiden und Mertens-Horn vorgeschlagene Zuweisung des Gorgonendaches **OLYM 7** an das Schatzhaus der Syrakusaner ausgeschlossen werden[536]. Dass das Dach **OLYM 6** zum Schatzhaus von Syrakus gehörte, ist demnach nicht auszuschließen.

Die Datierung von **OLYM 6** in die Jahre um 480 v. Chr. macht eine Zuweisung an Syrakus tatsächlich wahrscheinlicher als an Selinunt. Hierauf deuten sowohl die historischen Quellen als auch dekorstilistische Details hin.

Das bedeutendste Ereignis im Sizilien des Beginnenden 5. Jhs. v. Chr. ist der Krieg der verbündeten sizilischen Poleis gegen die Karthager[537]. Die einzige neutrale Poleis auf sizilischem Boden bleibt in diesem Konflikt das traditionell mit den Karthagern verbundene Selinunt. Unter Gelon und Theron, dem Tyrannen von Akragas, gelingt den Griechen 480 v. Chr. bei Himera der entscheidende Sieg gegen die Karthager[538]. Man ist versucht, die Errichtung des Schatzhauses mit dem Sieg in dieser Schlacht in Verbindung zu bringen, wissen wir doch, dass die siegreichen Städte mit Weihgeschenken in Olympia und Delphi nicht geizten. Bekannt sind uns eine Zeus-Statue in Olympia sowie ein goldener Dreifuß und eine Nike-Statue in Delphi, welche Gelon selbst weihte[539]. Selinunt bleibt in diesem Konflikt mit den Karthagern als einzige der Griechenstädte neutral, und auch sonst lässt sich in dem in Frage kommenden Zeitraum kein historisches Ereignis in der Geschichte Selinunts finden, welches die Errichtung eines Schatzhauses in Olympia veranlasst haben könnte.

Auch dekorstilistische Details von **OLYM 6** sprechen eher für eine Zuweisung an das Schatzhaus der Syrakusaner. Die schmalen Kreuze auf dem Sockel der Sima sind ein typisches Element der Architektur der südöstlichen sizilischen Poleis im Umkreis von Syrakus[540]. In Westsizilien lässt sich ein solcher Dekor nicht beobachten. Diese Hinweise machen eine Zuweisung des Daches **OLYM 6** an das Schatzhaus der Syrakusaner wesentlich wahrscheinlicher als an das der Selinuntiner. Diese Zuschreibung erlaubt zudem eine recht genaue zeitliche Einordnung des Daches. Es muss zwischen dem Sieg der vereinten Griechen gegen die Karthager 480 v. Chr. und dem Tod Hierons, dem Nachfolger und Bruder Gelons, im Jahr 467/466 v. Chr. entstanden sein. Nach dem Tod des Tyrannen Hieron beginnt mit einer Revolte der Niedergang der syrakusanischen Tyrannis und es kann kaum noch mit kostbaren Weihgeschenken durch die Syrakusaner in Olympia oder Delphi gerechnet werden[541].

[531]Basel BS 486. ARV 612, 2.
[532]Vgl. hierzu Seite 5, Abschnitt 2.
[533]Heiden 1995, 104.
[534]Paus. 6, 19, 2-20, 5.
[535]Mertens-Horn 1990, 240; Heiden 1995, 104.
[536]Siehe Seite 66, Abschnitt 9.3.
[537]Hammond 1967, 267-269.
[538]Cerchiai u.a. 2004, 203-204.
[539]Hammond 1967, 267-269.
[540]Siehe **CASA 1; GELA 6; MEGA 3-4; SYRA 14-16.**.
[541]Hamilton 1967, 271.

Neutronenaktivierungsanalysen (NAA) zur Herkunftsbestimmung

Von **OLYM 6** konnte ebenfalls eine Probe in Berlin entnommen und in Bonn analysiert werden. Das Ergebnis zeigte, dass **OLYM 6** aus lokalem Material hergestellt wurden.

9.5.3 Zusammenfassung

Wie bei den übrigen westgriechischen Bauten in den panhellenischen Heiligtümern zeigt sich auch an diesem Dach wieder, welche immense Bedeutung das altertümlich-westgriechische Aussehen der Schatzhäuser für die Auftraggeber besaß. Obwohl der Typus des kanonischen sizilischen Daches in Sizilien selbst aus der Mode war und im 5. Jh. v. Chr. keine Verwendung mehr fand, entschieden sich die Stifter für die Dächer der archaischen Tempel ihrer Heimat. Die Entscheidung für ein solches, noch tief in der archaischen Tradition verwurzeltes Dach kann nur dazu gedient haben, das Schatzhaus als sizilisch zu charakterisieren sowie auf das Alter und die Tradition der Polis Syrakus hinzuweisen. Diese Betonung der Altehrwürdigkeit des kleinen Baus war den Syrkusanern mit Sicherheit gerade im Umfeld der anderen, um Generationen älteren Schatzhäuser der anderen westgriechischen Poleis von Bedeutung hinter deren Tradition man nicht zurückstehen wollte.

9.6 Die Gründe für Verwendung westgriechische Dächer in Olympia und Delphi

Der Transport eines Daches aus Sizilien in eine mutterländisches Heiligtum stellte durch die Sperrigkeit und Zerbrechlichkeit der Terrakotten sicherlich kein triviales Problem dar[542]. Es war sicherlich notwendig, einige Stücke in mehrfacher Ausführung mitzuführen, um bei Bedarf auf dem Transport zerbrochene Elemente zu ersetzen. Ein Ersatz durch vor Ort hergestellte Terrakotten wäre gut sichtbar gewesen und stellte bei dem betriebenen Aufwand für die Stifter mit Sicherheit keine befriedigende Lösung dar. Aber auch die Herstellung eines westgriechischen Daches in Griechenland durch eine Werkstatt aus dem Westen war mit Sicherheit bedeutend schwieriger zu bewerkstelligen als die Verwendung eines durch eine lokale Werkstatt produzierten Daches in; schließlich musste zunächst die nötige Infrastruktur für die Handwerker geschaffen werden. Demnach stellt sich die Frage, warum die sizilischen Stifter einen solchen Aufwand betrieben, um ihr Schatzhaus mit Dachterrakotten aus einheimischer Produktion, bzw. einheimischer Typologie zu schmücken.

Ein Grund für die Errichtung eines Gebäudes nach einheimischem, sizilischen Muster dürfte im Selbstverständnis der Herrscher der mächtigen und reichen griechischen Städte in Sizilien und Unteritalien zu suchen sein. Sie bedienen sich bewusst der einheimischen Formen- und Dekorssprache, um den übrigen Griechen ihren Reichtum und ihre architektonischen Fähigkeiten zu demonstrieren. Kein Ort eignete sich hierzu besser als das Heiligtum in Olympia, schließlich kamen hier Vertreter der ganzen griechischen Welt alle vier Jahre zu den Olympischen Spielen zusammen und konnten von dem hier gesehenen in ihren Heimatstädten berichten. So verwundert es nicht, dass sich auch im zweiten panhellenischen Heiligtum Delphi ebenfalls aufwendige Dächer westgriechischer Machart beobachten lassen. Ein weiteres Indiz für die Prestigeträchtigkeit der Bauten ist die Qualität der Dächer; kaum eine Verkleidung in der westlichen Heimat zeigt eine solch sorgfältige Ausführung der Ziegel und des Dekors. Neben der Wirkung auf die Besucher des Heiligtums hatte dies aber auch mit Sicherheit einen praktischen Grund, eine Nachbesserung war schließlich vor Ort nicht mehr möglich; ein präzises Arbeiten der westgriechischen Koroplasten war also eine absolute Notwendigkeit, um das Anpassen der Terrakottaverkleidung an die steinernen Bauteile zu gewährleisten.

[542] Heiden widerspricht sogar aus diesem Grund einem Transport von Sizilien nach Griechenland. Vgl. HEIDEN 1995, 97 Anm. 222.

10 Die Inszenierung einer sakralen Tradition

Bei der Betrachtung von Typologie und Chronologie der sizilischen und unteritalischen Dachterrakotten zeigte sich immer wieder, dass sich die Formen und Dekorelemente häufig nur langsam entwickeln und oftmals über Generationen Bestand haben. Besonders auffällig ist dieses Phänomen bei den kanonischen sizilischen Dächern, welche von ihren Anfängen im ersten Viertel des 6. Jhs. v. Chr. bis zum Beginn den 5. Jhs. v. Chr. keinen strukturellen Veränderungen unterworfen sind[543]. Dieses Festhalten an Formen und Dekorelementen ist nicht auf die Dächer beschränkt, sondern lässt sich auch für andere Elemente der westgriechischen Sakralarchitektur[544] nachweisen[545]. Eine eingehende Untersuchung dieses nur schwer fassbaren Phänomens steht noch aus; geben sich doch diese Archaismen nur als solche zu erkennen, wenn sie im Verbund mit modernen, zeitgenössischen Elementen Verwendung finden[546].

Eine Erklärung für dieses starre Verharren in der Tradition ist nur schwer zu finden; die archäologische Materialbasis ist schmal und die literarischen Quellen berichten nur spärlich über die westgriechischen Kolonien in archaischer Zeit. Es soll im Folgenden trotzdem der Versuch unternommen werden, eine Hypothese zur Erklärung dieses Phänomens zu entwickeln. Sie soll jedoch nur als vorsichtiger Denkanstoß verstanden werden, durch Fakten belegt werden kann sie kaum.

Eine mögliche Erklärung für die Verwendung von längst überholten Formen und Dekorelementen ist das gewünschte Erscheinungsbild der Heiligtümer. Durch ein altertümliches Dach oder andere längst unmoderne Architekturelemente wird dem Bau künstlich ein gewisses Alter und eine damit verbundene Ehrwürdigkeit verliehen. Somit wird die Bedeutung des Heiligtums und damit verbunden auch die der Stifter und der Polis als solcher erhöht. Schließlich ist das Alter eines Heiligtums für dessen Bedeutung und Legitimation von großer Wichtigkeit; nahezu alle bedeutenden Heiligtümer im griechischen Mutterland können auf eine lange Tradition zurückblicken. Aufgrund ihrer späten Gründung können die Heiligtümer in den westgriechischen Poleis diese Tradition natürlich nicht vorweisen. Aus diesem Grund wird sie durch die Verwendung altertümlicher Architekturelemente künstlich inszeniert, um dem Betrachter zu suggerieren, dass es sich um ein besonders altes und damit besonders ehrwürdiges Heiligtum handelt, dessen Bedeutung nicht hinter jenen im griechischen Mutterland zurücksteht[547]. Aufgegeben werden diese Rückgriffe auf alte Formen und Dekorelemente am Anfang des 5. Jhs. v. Chr. Der strukturellen Wandel der westgriechischen Architektur und das damit verbundene Ende der Dachterrakotten wird im folgenden Kapitel eingehend besprochen[548].

[543]Siehe Seite 40, Abschnitt 6.6.4.

[544]Außerhalb der sakralen Architektur konnte kein Beispiel für einen solchen Rückgriff nachgewiesen werden. Die profane Architektur ist jedoch größtenteils unbearbeitet.

[545]Gruben stellt fest, dass die westgriechischen Kapitelle am Ende des 6. Jhs. v. Chr. Formen zeigen, welche im griechischen Mutterland bereits seit einem halben Jahrhundert überholt waren. Vgl. GRUBEN 2001, 255-256. Mertens weist darauf hin, dass die Triglyphen des spätarchaischen Tempels bei der Casa Marafioti in Lokri an das Dach des kleinen Heiligtums bei S. Anna bei Kroton (**KROT 1**) aus der Zeit um 570 erinnern. An der spätarchaischen Datierung des lokrischen Baus kann aufgrund der Gestaltung des Geisons und der Kapitelle kein Zweifel bestehen. Vgl. MERTENS 2006, 218.

[546]Auf dieses Problem der Erkennbarkeit von veralteten Formen und Dekorelementen hat bereits Gruben hingewiesen. Vgl GRUBEN 2001, 255-256.

[547]Mertens weist daraufhin, dass gerade in der Spätarchaik das Festhalten an alten Gebräuchen das grundsätzliche Arrangement der Tempel bestimmt. Auch er spricht von einer bewusst inszenierten Tradition. Einen Vorschlag für die Erklärung des Phänomens liefert er jedoch nicht. Vgl. MERTENS 2006, 230.

[548]Siehe Seite 79, Abschnitt 11.

11 Das Ende der westgriechischen Tondächer

Am Anfang des 5. Jhs. v. Chr. werden die traditionellen westgriechischen Dächer durch die aus dem griechischen Mutterland stammenden Simen mit Löwenkopfwasserspeiern abgelöst[549]. In Sizilien sind diese aus Stein, in Unteritalien werden sie teilweise, mangels eines geeigneten anderen Materials, weiterhin aus Ton gefertigt. Dieses Phänomen der Abkehr von westgriechischen Traditionen beschränkt sich keineswegs auf die Dächer, sondern kann ebenfalls für andere Elemente der Architektur nachgewiesen werden[550].

Die Aufgabe der Architekturtradition des 6. Jhs. v. Chr. in westgriechischen Poleis ist nur schwer zu erklären, kann aber am ehesten auf die großen gesellschaftlichen und politischen Umwälzungen in den westgriechischen Kolonien dieser Zeit zurückgeführt werden, wie es bereits von Mertens vorgeschlagen wurde[551]. Am Anfang des 6. Jhs. v. Chr. verliert die bisher aristokratisch bestimmte Führungsschicht ihre Macht an Tyrannen, welche die alten Strukturen aufbrechen und die engen Grenzen der einzelnen Poleis auflösen. Die alten, der aristokratischen Tradition verhafteten Elemente der Sakralarchitektur waren für die Repräsentation der neuen Herrscher ungeeignet, sind doch die mächtigen Tempel neben ihrer sakralen Funktion zugleich auch immer politisches Monument. Dieses Phänomen der Abkehr von der traditionellen sizilischen Architektur ließ sich bereits in der zweiten Hälfte des 6. Jhs. v. Chr. in Selinunt nachweisen; auch hier wird nach der Ablösung der alten Oberschicht durch einen Tyrannen die bisherige Architekturtradition durch mutterländische Vorbilder verdrängt[552].Mertens führt weiter an, dass die Auseinandersetzungen mit Persern im Osten und den Karthagern im Westen das Zusammengehörigkeitsgefühl der Griechen stark förderte und die Westgriechen dazu veranlasste, sich innerhalb der griechischen Gemeinschaft neu zu orientieren[553].

Diese Umwälzungen und die damit verbundene Annäherung an die Architektur des griechischen Mutterlandes bedeuten das Ende der sizilischen und unteritalischen Dachterrakotten. Der genaue Zeitpunkt dieser Veränderung ist in den einzelnen Poleis jedoch meist nicht zu fassen.

Die starke Betonung des Dachrandes soll aber über die archaische Zeit hinaus ein Kennzeichen der westgriechischen Architektur bleiben. Livius berichtet, dass der Quästor Q. Fulvius Flaccus im Jahr 179 v. Chr. das Dach des frühklassischen Hera-Tempels auf dem Capo Colonna bei Kroton nach Rom bringen lässt, um es für den von ihm gestifteten Tempel der Fortuna Equestris zu verwenden. Flaccus muss das geraubte Dach jedoch auf Drängen des Senats wieder nach Kroton bringen. Aufgrund des äußerst komplexen Gefüges des westgriechischen Daches misslingt die Reparatur den römischen Handwerkern jedoch[554].

549 Vgl. MERTENS 2006, 251-252.
550 Zu einer genauen Analyse der Architektur im beginnenden 5. Jh. v. Chr. vgl. MERTENS 2006, 257-278. Vgl. auch GRUBEN 2001, 256-257.
551 Vgl. MERTENS 2006, 257.
552 Siehe Seite 52, Abschnitt 7.2.4.
553 Vgl. MERTENS 2006, 257.
554 Livius XLIII 3; Vgl. MERTENS 2006, 278.

12 Schlussbetrachtung

Die vorliegende Arbeit thematisiert die Simen und Geisonverkleidungen in den griechischen Kolonien Siziliens und Unteritaliens sowie die einiger westgriechischer Schatzhäuser in Olympia und Delphi von ihrer Entwicklung im letzten Viertel des 7. Jhs. v. Chr. bis zu ihrem Ende am Anfang des 5. Jhs. v. Chr. Es konnten nahezu 300 Dächer aus 33 Poleis bzw. Heiligtümern identifiziert und im Katalog nach Fundorten geordnet zusammengefasst werden. Zunächst wurden die Dächer in neun fest definierte, klar voneinander zu trennende Typen gegliedert, welche sich in die Chronologie der westgriechischen Architektur einbinden ließen.

12.1 Typologie und Chronologie

Den frühesten, in mehreren Exemplaren belegten Typus stellt die Blattstabsimen dar[555], welche durch die frühen, noch experimentellen Simen Nordwestgriechenlands angeregt sind. Sie scheinen zunächst am Ende des 7. Jhs. v. Chr. in den griechischen Siedlungsraum um Tarent und Metapont einzufließen und sich von dort aus Richtung Süden zu verbreiten. In Sizilien verlieren sie den profilierten Sockel sowie die plastische Umrandung der Blattstäbe. Sie bilden jedoch nicht die einzige frühe Lösung für die Dachrandverkleidungen; in Naxos, Himera und Megara Hyblaea lassen sich Dächer mit einem erhöhten, zu einer Sima aufgebogenen Traufziegelrand beobachten, an welchen rutschenartige Wasserspeier angearbeitet sind[556]. Während sie sich in Westgriechenland auf die oben angeführten Poleis beschränken, stellen sie in der ersten Hälfte des 6. Jhs. v. Chr. in Ostionien ein vielfach verwendeten Dachtypus dar. In den ostionischen Exemplaren sind die Vorbilder für die wenigen sizilischen Dächer dieser Art zu sehen. Im Umkreis von Lokri und Naxos erhalten die Blattstabsimen im ersten Viertel des 6. Jhs. v. Chr. eine das Geison bedeckende Schürze und bilden so den für die Entwicklung des westgriechischen Daches bedeutsamen Typ der Kompositverkleidung aus[557]. In einem weiteren Schritt werden durch das Hinzufügen weiterer Elemente die komplexen kanonischen Dächer entwickelt[558], welche den größten und bedeutendsten Komplex westgriechischer dekorierter Terrakottadächer darstellen, der in nahezu jedem sizilischen Heiligtum archaischer Zeit vielfach belegt werden kann. Die Entwicklung in Naxos/Lokri ist durch die nur hier anzutreffenden experimentellen Vorstufen zu diesen unzweifelhaft. Der im Rahmen der Kompositverkleidungen entwickelte Verbund von Sima und Geisonverkleidung wird mit der Entwicklung des kanonischen Daches aufgelöst und die beiden Elemente werden nun in getrennten Werkstücken gefertigt. Datiert werden muss der Beginn des kanonischen Daches in die Zeit um 580 v. Chr.

Aus der Verbindung der frühen kanonischen Dächer mit Elementen aus der nordwestgriechischen Architektur werden in der Gegend um Metapont im gleichen Zeitraum die nur durch einige wenige Exemplare belegten Rosettendächer entwickelt[559].

Die kanonischen Dächer verbreiten sich kurze Zeit nach ihrer Entwicklung in Lokri/Naxos über ganz Sizilien und den südlichen Teil Unteritaliens. Die schnelle Verbreitung wird durch die geringen landschaftlichen Unterschiede und die exakte Wiederholung von naxisch-lokrischen Details deutlich. In Unteritalien kommt den frühen kanonischen Dächern nur eine untergeordnete Rolle zu, lediglich in den Kolonien Lokri und Rhegion im südlichen Siedlungsgebiet der Griechen auf dem italischen Festland stellen sie ebenfalls einen häufig verwendeten Typus dar[560].

In den achäischen Kolonien Unteritaliens wird mit den Dächern dorischer Typologie eine Dachrandverkleidung entwickelt, welche sich der Elemente des dorischen Gebälks bedient und diese mit dem kanonischen sizilischen Dach verbindet[561]. Diese Versatzstücke werden nach Belieben variiert und zu einem neuen Ganzen kombiniert. Diese für unsere Augen ungewohnten Dächer sind nicht auf ein provinzielles Unverständnis kanonischer dorischer Architekturformen zurückzuführen, sondern stellen eine eigenständige unteritalische Interpretation und Variation dieser dar. Verwendet werden diese Dachrandverkleidungen vom Ende des ersten Viertels des 6. Jhs. v. Chr. bis zur Jahrhundertmitte.

Nach der schnellen Verbreitung des kanonischen Typs über ganz Sizilien setzt im zweiten Viertel des 6. Jhs. v. Chr. eine Konsolidierung ein, und die Dächer entwickeln sich nur noch behutsam im Rahmen der durch die Dächer der ersten Generation vorgegebenen Ornamenten und Formen weiter, ohne aber den vorgegebenen Kanon der Abfolge der Elemente und ihrer Dekoration grundlegend zu verändern. Sie werden als zweite Generation des kanonischen Daches angesprochen[562]. Als Neuerungen sind die Füllornamente zwischen den Blattstabelementen, die Verwendung des Mäanders auf der abschließenden Leiste und die Streckung der Rauten

[555]Siehe Seite 11, Abschnitt 4.1.
[556]Siehe Seite 21, Abschnitt 4.5.
[557]Siehe Seite 29, Abschnitt 5.2.2.
[558]Siehe Seite 31, Abschnitt 6.
[559]Siehe Seite 19, Abschnitt 4.4.
[560]Siehe Seite 41, Abschnitt 6.7.
[561]Siehe Seite 16, Abschnitt 4.3.
[562]Siehe Seite 37, Abschnitt 6.5.

auf dem Traufsimasockel zu nennen. Die Formen werden eleganter und die handwerkliche Ausführung wird perfektioniert, wobei sich keine signifikanten Qualitätsunterschiede mehr zwischen den Werkstätten in den einzelnen Poleis zeigen, wie es noch für die Dächer der vorhergehenden Generation beobachtet werden konnte.

Durch Einflüsse aus der ionischen und der korinthischen Architektur werden die kanonischen Dächer im letzten Drittel des 6. Jhs. v. Chr. ein letztes Mal entscheidend verändert und bilden die dritte Generation dieses Typus aus[563], der bis zur Aufgabe des Terrakottaschmucks am Dach Verwendung finden soll. Gekennzeichnet sind die Dächer durch die nun freieren Gestaltungsmöglichkeiten; bestanden die Neuerungen der Dächer der zweiten Generation lediglich in Veränderungen des gemalten Dekors, kann sich nun auch die Form von Sima und Geisonverkleidung weiterentwickeln. Als auffälligstes Merkmal können die plastischen Astragale angesprochen werden, welche die bemalten Rundstäbe ersetzen. Die Dächer sind jedoch nicht als direkte Verbindung sizilischer, korinthischer und ionischer Elemente zu verstehen, sondern sie leiten sich aus den Anthemiendächern ab, welche erstmals traditionell sizilische mit Architekturelementen aus dem Umkreis ionischen und korinthischen Architektur in einem Dachtypus vereinen.

Die Dächer mit einer Anthemiensima bilden den eindrucksvollsten Komplex westgriechischer Dachterrakotten[564]. Hergestellt wurden diese Dächer erstmals nach der Mitte des 6. Jhs. v. Chr. von korinthischen Werkstätten in Selinunt. Sowohl die mit einem ionischen Bogenfries dekorierte Giebelsima als auch die traufseitigen Anthemienfriese sind direkt auf korinthische Vorbilder aus der Mitte des 6. Jhs. v. Chr. zurückzuführen. Die Giebelsima wiederholt die korinthischen *dark-on-light* Simen, die traufseitigen Anthemienfriese bestehen aus den ebenfalls aus der korinthischen Architektur stammenden *palmette-and-pendant-lotos* Antefixen. Diese sind durch, in der mutterländischen Architektur unüblichen, Rankenbänder verbunden. Lediglich die Verkleidung des Geisons bleibt als genuin westgriechisches Element erhalten. Während die kanonischen Dächer nahezu in jedem sizilischen Heiligtum anzutreffen sind, beschränkt sich die Verwendung der Anthemiensimen auf Selinunt, Agrigent und Naxos. Der Ursprung dieses Typs ist ohne Zweifel in Selinunt zu suchen, hier sind die Verbindungen zu den korinthischen Vorbildern am besten zu fassen; in Agrigent und Naxos verschleifen sich die neuen Formen bereits und werden zu Gunsten traditioneller sizilischer Elemente wieder aufgegeben.

Mit zwei genuin korinthischen *dark-on-light* Simen[565] lässt sich ebenfalls in südostsizilischen Gela im letzten Drittel des 6. Jhs. v. Chr. das Wirken korinthischer Werkstätten nachweisen. Anders als in Selinunt werden die Dächer hier jedoch nicht nach lokalen Vorstellungen umgestaltet und durch traditionell sizilische Elemente ergänzt, sondern unterscheiden sich durch nichts von ihren mutterländischen Vorbildern. Diese rein korinthischen Dächer aus dem letzten Viertel des 6. Jhs. v. Chr. bleiben auf Gela beschränkt und finden keine weitere Verbreitung.

Die Anthemiensimen lassen sich jedoch neben Selinunt, Agrigent und Naxos auch in Unteritalien beobachten[566]; sie erreichen hier jedoch bei weitem nicht die lebendige Plastizität und die handwerkliche Qualität der sizilischen Dächer, sondern stellen eine recht unbeholfene provinzielle Variante dar, welche für die Probleme der Gestaltung der komplexen Anthemiendächer keine Lösung findet. Die bisherige Annahme, dass der Typus aus der metapontinischen Architektur stammt, kann daher ausgeschlossen werden.

Verdrängt werden die unteritalischen Dächer mit einem Anthemienfries im letzten Drittel des 6. Jhs. v. Chr. durch die Baldachinsimen[567], welche sich direkt aus den metapontinischen Anthemiensimen ableiten lassen und diese mit Elementen der kanonischen sizilischen Sima verbinden. Sie stellen ein rein unteritalisches Phänomen dar, dass auf die drei großen Poleis Metapont, Paestum und Tarent beschränkt bleiben soll. Neben den Baldachinsimen können in Unteritalien vereinzelt noch weitere Dächer beobachtet werden, die Elemente aus verschiedenen Dachtypen zu einem einem neuen Ganzen kombinieren.

Die Einführung der steinernen Simen mit Löwenkopfwasserspeiern am Anfang des 5. Jhs. v. Chr. bedeutet das Ende der prächtigen Dachterrakotten Westgriechenlands[568]. In Unteritalien werden in einigen Fällen die Löwenkopfwasserspeiersimen mangels eines adäquaten Steins in Ton umgesetzt und die Terrakottaverkleidungen erreichen hier einen letzten Höhepunkt.

Es zeigte sich, dass der Anfang der westgriechischen Dachrandverkleidungen durch eine große Variationsbreite der verwendeten Typen geprägt ist. In Sizilien werden diese ab dem Ende des ersten Viertels des 6. Jhs. v. Chr. nahezu vollständig durch das in Naxos und Lokri entwickelte kanonische sizilische Dach verdrängt. Dieses Phänomen lässt sich in den unteritalischen Poleis nicht beobachten, hier werden viele der frühen Typen bis zur Jahrhundertmitte weiterhin verwendet und weiterentwickelt. Bis zur Entwicklung der Anthemiensimen in den Jahren um 540 v. Chr.

[563] Siehe Seite 39, Abschnitt 6.6.
[564] Siehe Seite 45, Abschnitt 7.
[565] Siehe Seite 51, Abschnitt 7.2.3.
[566] Siehe Seite 55, Abschnitt 7.4.
[567] Siehe Seite 61, Abschnitt 8.1.
[568] Siehe Seite 79, Abschnitt 11.

wird das kanonische Dach in Sizilien die allein vorherrschende Dachform bleiben und auch bis zum Ende der sizilischen Dachterrakottaproduktion, durch neue Formen aus der ionischen, bzw. korinthischen Architektur bereichert, Bestand haben. Die Anthemiendächer bzw. korinthischen Dächer bleiben nur eine Randnotiz der sizilischen Architektur und stellen ausschließlich in Selinunt bzw. Gela einen gängigen Typus dar.

In Unteritalien bleibt die große Variationsbreite der Gestaltungsmöglichkeiten von ornamental dekorierten Dächern bis zur Einführung der Simen mit Löwenkopfwasserspeiern erhalten; das starre Festhalten an traditionellen Architekturformen, wie es die sizilischen Dachrandverkleidungen zeigen, besaß in den Kolonien auf dem italischen Festland nie eine Bedeutung. Sowohl die kanonischen sizilischen Dächer als auch die mit einer Anthemiensima werden zwar in das eigene Repertoire aufgenommen, ihre Elemente werden jedoch häufig aus ihrem ursprünglichen Platz gelöst und gänzlich neu kombiniert. Die auf diese Weise gestalteten Dächer wirken oftmals überladen und manieriert; die streng gegliederte Eleganz der sizilischen Dächer geht meist verloren.

Einen Sonderfall stellen die Dächer westgriechischer Typologie in Olympia und Delphi dar[569]. Sie sind zwar immer eindeutig als westgriechische Dächer zu identifizieren, weichen jedoch häufig in Details von diesen ab und übertreffen ihre Vorbilder an Pracht und handwerklicher Perfektion. Auffällig ist ihre traditionelle Formgebung und Dekoration; noch am Beginn des 5. Jhs. v. Chr. wird in Olympia ein Dach nach kanonischen Grundmuster verwendet, während dieser Typus in Westgriechenland selbst bereist keine Verwendung mehr findet.

Durch archäometrische Analysen konnte nachgewiesen werden, dass einige der Dächer nicht am Verwendungsort, sondern in Westgriechenland hergestellt wurden und dann von dort in die griechischen Heiligtümer gelangten.

12.2 Interpretation der Ergebnisse

Es konnte gezeigt werden, dass die westgriechische Dachterrakottaproduktion zwar weitestgehend eigenständig ist, nach der Entwicklung der kanonischen sizilischen Sima mit der dazugehörigen Geisonverkleidung jedoch in ihren eigenen Traditionen verharrt und nicht mehr in der Lage ist, aus eigener Kraft strukturelle Veränderungen an Form und Dekor der Simen und Geisonverkleidungen durchzuführen. Das kanonische sizilische Dach ist über Generationen Bestandteil der sakralen Architektur und kennzeichnet diese für den Betrachter als solche. Es ist fest in das Zeichensystem des westgriechischen Tempels eingebunden.

Die Werkstätten der einzelnen Poleis sind eng verbunden und neue Formen und Dekorelemente verbreiten sich meist in kurzer Zeit. Erklärt werden kann diese schnelle Verbreitung durch das Wandern der Werkstätten, welche gerade dort arbeiteten, wo ihre Produkte benötigt wurden.

Erst durch das Einwandern korinthischer Werkstätten in der zweiten Hälfte des 6. Jhs. v. Chr. fließen neue Formen und Dekorelemente in die westgriechische Architektur ein. Dass die neuen Einflüsse auf das Einwandern von Handwerkern zurückzuführen sind; ist äußerst wahrscheinlich, nur auf diese Weise ist das Fehlen von experimentellen Vorstufen zu den Dächern mit Anthemiensimen und der beiden korinthischen *dark-on-light*-Simen aus Gela zu erklären. Zudem ist die Ausführung aller korinthisierenden Dächer von hoher handwerklicher Präzision, welche die Möglichkeiten der sizilischen Handwerker weit übertrifft.

Die plötzliche Verbreitung von korinthischen Dächern in der Mitte des 6. Jh. v. Chr. ist ein Phänomen, welches sich auch in anderen griechischen Landschaften beobachten lässt[570]. Der Grund für das Wandern der Handwerker oder das Verhandeln von fertigen Bauteilen dürfte auf den Niedergang der korinthischen Feinkeramikproduktion zurückzuführen sein. Während die Vormachtstellung in der Produktion von Feinkeramik nach und nach an die attischen Werkstätten verloren wurde, behielt Korinth diese in der Herstellung von Tondächern bis ins 4. Jh. v. Chr. hinein. Ab dem dritten Viertel des 6. Jh. v. Chr. lassen sich die korinthischen abgesetzten Wellensimen in vielen Poleis Griechenlands in großer Zahl beobachten, lediglich in Athen entwickelt sich eine eigene, unabhängige Produktion von Dachterrakotten. Es erscheint wahrscheinlich, dass sich die Feinkeramikwerkstätten, deren Produkte auf dem Markt immer wenig gefragt waren, sich der Produktion von dekorierter Baukeramik zuwendeten. Diese Erklärung ist jedoch als Hypothese zu verstehen, lässt sich doch keine Feinkeramikwerkstadt eindeutig mit baukeramischen Erzeugnissen in Verbindung bringen.

Die Entscheidung der Auftraggeber der großen selinuntinischen Tempel für einen neuartigen, nun korinthischen Dachschmuck betonte zweifelsohne die Pracht und die Prestigeträchtigkeit der neuen Tempel[571]. Dies erklärt jedoch nicht die Abkehr von der sizilischen Architekturtradition. Diese ist wahrscheinlich auf die Ablösung der seit der Gründung der Polis herrschenden aristokratischen Oberschicht durch den Tyrannen Pythagoras und die damit verbundenen tiefgreifenden Veränderungen im politischen und gesellschaftlichen

[569] Siehe Seite 65, Abschnitt 9.
[570] Siehe Seite 51, Abschnitt 7.2.3.
[571] Siehe Seite 52, Abschnitt 7.2.4.

Gefüge der Stadt zurückzuführen. In diesem Zusammenhang verwundert es nicht, dass auch in der sakralen Architektur neue Wege gesucht werden, welche nicht mehr der alten aristokratisch geprägten Tradition verpflichtet sind. Da die großen Tempel auch immer als politisches Monument zu verstehen sind, konnten sich die neuen Herrscher nicht mehr der alten Bildsprache der alten Oberschicht bedienen und wendeten sich mit den korinthisierenden Dächer modernen Formen zu, welche aus der mutterländisch griechischen Architektur entnommen werden. Sie demonstrieren den Reichtum der Stadt und die Fortschrittlichkeit der selinuntinischen Architektur und Kunst unter den neuen Herrschern gegenüber den Nachbarpoleis, aber auch gegenüber den alten aristokratischen Kräften.

Während im Westen und Norden Siziliens das neue Formengut schnell Eingang in das Repertoire der lokalen Koroplasten findet und mit den traditionellen Formen kombiniert wird, lässt sich in den südöstlichen Poleis um Gela und Syrakus ein starres Festhalten am traditionellen kanonischen Dach beobachten. Die neuen Formen finden nur vereinzelt und zurückhaltend verwendet. Erklärt werden kann dieses Festhalten an der sizilischen Architekturtradition und die Verwendung von längst überholten Formen durch das gewünschte Erscheinungsbild der Heiligtümer. Durch die Verwendung der altertümlichen kanonischen Dächer erscheinen auch neue Bauten alt und somit ehrwürdig. Es wird eine Tradition inszeniert, welche das Alter und damit die Bedeutung des Tempels, der Auftraggeber, gar der Polis erhöht[572].

Ebenso auf ein bewusst inszeniertes Erscheinungsbild ist die Ausstattung der westgriechischen Schatzhäuser in Olympia und Delphi zurückzuführen[573]. Die Frage, warum die sizilischen Stifter einen solchen Aufwand betrieben, um ihr Schatzhaus mit Dachterrakotten aus einheimischer Produktion, bzw. einheimischer Typologie zu schmücken, ist bisher noch keiner Untersuchung unterzogen worden.

Die Begründung für die Errichtung eines Gebäudes nach einheimischen, westgriechischen Muster dürfte im Selbstverständnis der mächtigen und reichen griechischen Städte in Sizilien und Unteritalien zu suchen sein. Sie bedienen sich bewusst der einheimischen Formen- und Dekorssprache, um den übrigen Griechen ihren Reichtum und ihre architektonischen Fähigkeiten zu demonstrieren. Kein Ort eignete sich hierzu besser als die Heiligtum in Olympia und Delphi, schließlich kamen hier Vertreter der ganzen griechischen Welt zusammen und konnten von dem hier gesehenen in ihrer Heimat berichten. Ein weiteres Indiz für die Prestigeträchtigkeit der Bauten ist die Qualität der Dächer; kaum eine Verkleidung in der westlichen Heimat zeigt eine solch sorgfältige Ausführung der Ziegel und des Dekors.

Welche Bedeutung das westgriechische Erscheinungsbild der Schatzhäuser für die Auftraggeber hatte, zeigt besonders eindrucksvoll das Dach des Schatzhauses von Syrakus[574]. Während in Sizilien selbst das kanonische Dach am Anfang des 5. Jhs. v. Chr. keine Verwendung mehr findet, entscheiden sich die Syrakusaner in Olympia bewusst für ein altertümliches, noch der archaischen sizilischen Tradition verpflichtetes Dach. Diese Entscheidung kann nur dazu gedient haben, das Gebäude als sizilisch zu charakterisieren sowie auf das Alter und die Tradition der Polis Syrakus hinzuweisen.

So kann das Festhalten an Traditionen und die Inszenierung dieser durch Rückgriffe auf altertümliche Formen und Dekorelementen nicht mehr als Provinzialismus verstanden werden, sondern ist vielmehr als eigener westgriechischer Weg zu betrachten, welcher für das Selbstverständnis der westgriechischen Architektur bis zum Beginn des 5. Jhs. v. Chr. prägend sein soll.

Am Anfang des 5. Jhs. v. Chr. beginnen sich die sizilischen und die unteritalischen Architekten von der genuin westgriechischen Architekturtradition zu lösen und passen ihre Bauten und deren Elemente mehr und mehr den mutterländisch griechischen Vorbildern an[575]. Erklärt werden kann diese Abkehr von der westgriechischen Architekturtradition durch die tiefgreifenden politischen und gesellschaftlichen Umwälzungen denen die Kolonien in dieser Zeit unterworfen sind. Die bisher aristokratisch bestimmte Führungsschicht verliert ihre Macht an Tyrannen, welche die alten Strukturen aufbrechen und die engen Grenzen der einzelnen Poleis auflösen. Dieses Phänomen der Abkehr von der traditionellen sizilischen Architektur ließ sich bereits in der zweiten Hälfte des 6. Jhs. v. Chr. in Selinunt nachweisen; auch hier wird nach der Ablösung der alten Oberschicht durch einen Tyrannen die bisherige Architekturtradition durch mutterländische Vorbilder verdrängt[576].

Diese Umwälzungen und die damit verbundene Annäherung an die Architektur des griechischen Mutterlandes bedeuten das Ende der Verwendung von ornamental dekorierten Tondächern in den Heiligtümern in den griechischen Kolonien Unteritaliens und Siziliens. Die starke Betonung des Dachrandes soll doch weiterhin ein Kennzeichen der westgriechischen Architektur bleiben. Das Dach des frühklassischen Hera-Tempels auf dem Capo Colonna bei Kroton muss von so großer Pracht gewesen sein, dass es der römische Quästor Q. Fulvius

[572] Siehe Seite 77, Abschnitt 10.
[573] Siehe Seite 65, Abschnitt 9.
[574] Siehe Seite 74, Abschnitt 9.5.
[575] Siehe Seite 79, Abschnitt 11.
[576] Siehe Seite 52, Abschnitt 7.2.4.

Flaccus 179 v. Chr. nach Rom bringen lässt, um es für den von ihm gestifteten Tempel der Fortuna Equestris zu verwenden. Er wird durch den Senat jedoch gezwungen, das Dach zurückzubringen und den Tempel der Hera wieder einzudecken, was aufgrund des komplexen Gefüges des Daches den römischen Handwerkern nicht gelang.

13 Katalog

13.1 Hinweise zur Benutzung des Katalogs

Die einzelnen Dächer sind nach ihren Fundorten geordnet. Abbildungen liegen lediglich von den Stücken vor, die im Text besprochen werden. Neben den gebräuchlichen Abkürzungen werden folgende verwendet:

GS	Giebelsima
GV	Geisonverkleidung
GVG	Geisonverkleidung der Giebelseite
GVH	Geisonverkleidung unter der Horizontalsima
GVT	Geisonverkleidung der Traufseite
HS	Horizontalsima
NAA	Neutronenaktivierungsanalyse
TS	Traufsima
WS	Wasserspeier

13.2 Die Dächer aus Agrigent

AKRA 1

Typ: Kanonisches sizilisches Dach. 2. Generation. **Bau:** Naiskos innerhalb des Hephaistostempels. **FO:** Nahe dem Hephaistostempel. **AO:** Agrigento, Museo Nazionale. **Inv.-Nr.:** 2059 (Frgt. der GV), Rest unbekannt. **Erhaltene Bauteile:** Teile von GS mit GV, TS mit GV, HS mit GV. **Erhaltungszustand:** Gut, viele Stücke erhalten. Ganze Module können rekonstruiert werden. **GS:** `Profil`: Bodenplatte, Rundstab, Sockel, Rundstab, Leiste, doppelter Rundstab. `Dekor`: Auf dem Rundstab rote und schwarze Rechtecke durch schwarze und weiße Streifen getrennt. Sockel mit metopenartig angeordneten Mäandern, alternierend in rot und schwarz auf weißem Grund. Rundstab mit diagonalen Streifen in rot, schwarz und weiß. Auf der Kehle ein Blattstab mit langen, unten spitz zulaufenden Blättern. Die Blätter sind alternierend rot und schwarz gefüllt sowie mit einer breiten weißen Umrandung versehen. In den Zwischenräumen wird das Motiv des Blattstabes mit kleineren hängenden Blättern wiederholt. Über den Berührungspunkten der stehenden Blätter jeweils eine kleine dreiteilige weiße Palmette. Leiste mit einem rot-schwarzen Hakenmäander auf weißem Grund. Die abschließenden Rundstäbe mit durch Streifen getrennte Rechtecke; sowohl die Rechtecke als auch die Streifen sind alternierend schwarz und weiß gefasst. **GVG:** `Profil`: Deckplatte, Rundstab, Stirnplatte, Rundstab, Bodenplatte. `Dekor`: Auf dem Rundstab rote und schwarze Rechtecke durch schwarze und weiße Streifen getrennt. Stirnplatte mit doppeltem dreiläufigen Flechtband mit fünfteiliger Palmette aus schwarzen und weißen Blättern. In den Augen schwarz gefüllte Kreise, von einem weißen Kreis umfangen. Die GV läuft in den Ecken zusammen, der Dekor wird verkleinert. **TS:** `Profil`: Bodenplatte, Rundstab, Sockel mit Wasserspeiern, Rundstab, Leiste, doppelter Rundstab. `Dekor`: Auf dem Rundstab rote und schwarze Rechtecke durch schwarze und weiße Streifen getrennt. Zwischen den Wasserspeiern je zwei zehnteilige Rosetten. Der Hintergrund ist alternierend rot und schwarz. Darüber wie GS. **GVT:** `Profil`: Wie GS, jedoch mit einer Bodenplatte. `Dekor`: Wie GVG, zusätzlich auf der Bodenplatte ein metopenartiger Mäander in schwarz und rot auf weißem Grund, zur Gebäudeseite hin durch einen schwarzen Streifen begrenzt. **HS/GVH:** Wie Giebelsima. Die Sima läuft in den Ecken zusammen, der Dekor wird verkleinert. **Farben:** Rot, schwarz, weiß. **Maße:** H(Simen): 0,39 m. H(GV): 0,25 m. **Dat.:** 570-530 v. Chr. **Lit.:** De Miro 1965, 40-55 Abb. 1 Taf. 20-23; Marconi 1931A, 125-126 Taf. auf S. 121; Wikander 1986, 31 Abb. 7.

AKRA 2 Taf. 1,1

Typ: Kanonisches sizilisches Dach. 3. Generation. **Bau:** Unbekannt. **FO:** In einer Verfüllung südöstlich des Zeustempels. **AO:** Agrigento, Museo Nazionale. **Inv.-Nr.:** 9599. **Erhaltene Bauteile:** Frgt. einer Sima. **Erhaltungszustand:** Schlecht, nur ein Frgt. erhalten. **Sima:** `Profil`: Ansatz der Kehle, darüber plastisches ionisches Kyma und Rundstab. `Dekor`: Auf der Kehle ein Blattstab, in den Zwickeln Palmetten. Auf dem Rundstab ein schwarzer Hakenkreuzmäander. Die Mäanderkreuze alternieren mit weiß gefüllten und rot umrandeten Rechtecken. Auf dem Rundstab hat sich kein Dekor erhalten. **Farben:** Weiß, schwarz, rot. **Maße:** H: 0,102 m. **Dat.:** Letztes Drittel 6. Jh. v. Chr. **Lit.:** De Miro 1965, 72 Taf. 27, 3 c.

AKRA 3 Taf. 1,2

Typ: Kanonisches sizilisches Dach. 3. Generation. **Bau:** Unbekannt. **FO:** In einer Verfüllung südöstlich des Zeustempels. **AO:** Agrigento, Museo Nazionale. **Inv.-Nr.:** 9600. **Erhaltene Bauteile:** Frgt. einer Sima. **Erhaltungszustand:** Schlecht nur ein Frgt. erhalten **Sima:** `Profil und Dekor`: Wie **AKRA 2**. Nur in kleinerer Dimension. Zudem scheint der Mäander auf der oberen Leiste nur aus schwarzen Elementen zu bestehen. **Farben:** Weiß, schwarz. **Maße:** H: 0,085 m. **Dat.:** Letztes Drittel 6. Jh. v. Chr. **Lit.:** De Miro 1965, 71 Taf. 27, 3 d.

AKRA 4

Typ: Kanonisches sizilisches Dach. 2. Generation. **Bau:** Unbekannt. **FO:** Unbekannt. **AO:** Agrigento, Museo Nazionale. **Inv.-Nr.:** S. 2069. **Erhaltene Bauteile:** Frgt. der GS. **Erhaltungszustand:** Schlecht, nur ein Frgt. erhalten. **GS:** `Profil`: Sockel, Rundstab, Ansatz der Kehle. `Dekor`: Sockel mit achtteiliger Rosette aus weißen Blättern auf schwarzem Grund. Rundstab mit diagonalen Streifen in schwarz und weiß. Auf der Kehle Blattstab mit unten spitz zulaufenden Blättern. Zwischen den Blättern stehende Dreiecke. **Farben:** Weiß, schwarz. **Maße:** L: 0,16 m. S: 0,055 m. **Dat.:** 570-530 v. Chr. **Lit.:** De Miro 1965, 55 Taf. 24, 1 d.

AKRA 5

Typ: Kanonisches sizilisches Dach. 2. Generation. **Bau:** Unbekannt. **FO:** Archaisches Heiligtum vor der Stadt bei der Kirche S. Anna di Agrigento. **AO:** Agrigento, Museo Nazionale. **Inv.-Nr.:** 9584. **Erhaltene Bauteile:** Frgt. der TS. **Erhaltungszustand:** Schlecht, nur ein Frgt. erhalten.

TS: `Profil`: Sockel mit Ansatz des WS, darüber Rundstab. `Dekor`: Rosetten aus weißen Blättern auf schwarzem Grund. **Farben:** Weiß, schwarz. **Maße:** H: 0,152 m. **Dat.:** 570-530 v. Chr. **Lit.:** De Miro 1965, 56 Taf. 24, 1 g.

AKRA 6

Typ: Kanonisches sizilisches Dach. 2. Generation. **Bau:** Unbekannt. **FO:** Unbekannt. **AO:** Agrigento, Museo Nazionale. **Inv.-Nr.:** 2023. **Erhaltene Bauteile:** Oberer Abschluss einer Sima. **Erhaltungszustand:** Schlecht, nur ein Frgt. erhalten. **Sima:** `Profil`: Kehle, darüber Leiste. `Dekor`: Auf der Kehle dreifaches Wellenband in weiß-schwarz-weiß. Über dem Band ist die Kehle rot, unterhalb schwarz gefasst. Auf der weißen Leiste ein schwarzer Mäander. **Farben:** Weiß, schwarz, rot. **Maße:** H: 0,17 m. L: 0,09 m. **Dat.:** 570-530 v. Chr. **Lit.:** De Miro 1965, 56 Abb. 2 b Taf. 24, 1 b.

AKRA 7

Typ: Kanonisches sizilisches Dach. 2. Generation. **Bau:** Unbekannt. **FO:** Unbekannt. **AO:** Agrigento, Museo Nazionale. **Inv.-Nr.:** 9504. **Erhaltene Bauteile:** Frgt. einer Sima. **Erhaltungszustand:** Schlecht, nur ein Frgt. erhalten. **Sima:** `Profil`: Kehle, darüber Leiste und doppelter Rundstab, der obere ist nur noch im Ansatz erhalten. `Dekor`: Auf der Kehle Blattstab aus tropfenförmigen Blättern. In den Zwischenräumen ein weiterer Blattstab aus hängenden Blättern. Die Füllung der Blätter beider Stäbe ist alternierend rot und schwarz, die Umrandung ist weiß-schwarz-weiß. Auf der Leiste ein rot-schwarzer Wolfszahn. Auf den Rundstäben Rechtecke. **Farben:** Weiß, schwarz, rot. **Maße:** H: 0,115 m. L: 0,15 m. **Dat.:** 570-530 v. Chr. **Lit.:** De Miro 1965, 57 Abb. 2 b-c Taf. 24, 1.

AKRA 8

Typ: Kanonisches sizilisches Dach. 2. Generation. **Bau:** Unbekannt. **FO:** Unbekannt. **AO:** Agrigento, Museo Nazionale. **Inv.-Nr.:** 9601 bis. **Erhaltene Bauteile:** Frgt. einer Sima. **Erhaltungszustand:** Schlecht, nur ein Frgt. erhalten. **Sima:** `Profil`: Kehle, darüber Leiste und Rundstab. `Dekor`: Auf der Kehle Rest eines Blattstabs. Auf der Leiste ein schwarz-weißes Schachbrettmuster. Auf den Rundstäben Rechtecke. **Farben:** Weiß, schwarz. **Maße:** H: ca. 0,1 m. L: ca. 0,1 m. **Dat.:** 570-530 v. Chr. **Lit.:** De Miro 1965, 57 Abb. 2 b Taf. 27, 3 a.

AKRA 9

Typ: Kanonisches sizilisches Dach. 2. Generation. **Bau:** Unbekannt **FO:** In der Ausgrabung einer hellenistischen Edicola östllich des Olympieions. **AO:** Verloren. **Inv.-Nr.:** Unbekannt. **Erhaltene Bauteile:** Teile einer TS mit GV. **Erhaltungszustand:** Schlecht, nur Frgte. erhalten. **TS:** `Profil`: Bodenplatte, Rundstab, Sockel mit Wasserspeiern, Rundstab, Kehle, Leiste, Doppelter Rundstab. `Dekor`: Rundstab mit Rechtecken in schwarz, weiß und rot durch schwarz-weiße Streifen getrennt. Auf dem Sockel je drei Rauten (rot-schwarz-rot) auf weißem Grund zwischen den WS. Rundstab mit diagonalen Streifen in schwarz und weiß. Kehle mit dreifachem Wellenband in weiß-schwarz-weiß. Die Zwischenräume sind oberhalb und unterhalb des Bandes alternierend rot und schwarz gefüllt. Leiste mit rot-schwarzem Hakenmäander auf weißem Grund. Rundstäbe alternierend mit roten und weißen Rechtecken durch schwarz-weiße Streifen getrennt. **GVT:** `Profil`: Deckplatte, Rundstab, Stirnplatte, doppelter Rundstab. `Dekor`: Rundstäbe alternierend mit roten und weißen Rechtecken durch schwarz-weiße Streifen getrennt. Stirnplatte mit einem zweiläufigen doppelten Flechtband mit dreiteiliger zentraler Palmette aus weißen Blättern. Die Augen sind schwarz gefüllt und von einem weißen Kreis umfangen. **Farben:** Rot, schwarz, weiß. **Maße:** H(Sima): 0,37 m. H(GV): 0,3 m. **Dat.:** 570-530 v. Chr. **Lit.:** Marconi 1929, 155-156 Abb. 87 a, b; De Miro 1965, 58-60; Gàbrici 1925, 440-441 Abb. 10-11; Wikander 1986, 31-32 Abb. 7.

AKRA 10

Typ: Kanonisches sizilisches Dach. 2. Generation. **Bau:** Unbekannt. **FO:** Unbekannt . **AO:** Agrigento, Museo Nazionale. **Inv.-Nr.:** Unbekannt. **Erhaltene Bauteile:** Sockel einer Sima ? **Erhaltungszustand:** Schlecht, nur ein Frgt. erhalten. **Sima:** `Profil`: Sockel, Rundstab. `Dekor`: Auf dem Sockel ein Mäander in rot und schwarz auf weißem Grund. Auf den Rundstäben Rechtecke in rot, schwarz und weiß. **Farben:** Rot, schwarz, weiß. **Maße:** Unbekannt. **Dat.:** 570-530 v. Chr. **Lit.:** De Miro 1965, Taf. 24, 1-2.

AKRA 11 Taf. 1,4

Typ: Anthemiendach. **Bau:** *Tempietto di villa aurea.* **FO:** In der Nähe des Heraklestempels. **AO:** Agrigento, Museo Nazionale. **Inv.-Nr.:** AG 6083, 6083 bis, 6084. **Erhaltene Bauteile:** Frgt. der TS. **Erhaltungszustand:** Schlecht, stark fragmentiert. **TS:** Stirnseite des Traufziegels, mit Resten eines einfachen Flechtbandes in rot und schwarz auf weißem Grund. Darüber der leicht zurückgesetzte doppelte, wahrscheinlich gekreuzte Anthemienfries. Die Palmetten sind fünfteilig, die Lotosblüten bestehen aus fünf Elementen. Verbunden sind die Blüten durch zwei weiße Rankenbänder. Zwischen Voluten und Lotosblüte ein schmaler Wolfszahn in rot und weiß. Über den Voluten fünfteilige Palmetten aus alternierenden roten und schwarzen Blättern. Auf der vorspringenden Unterseite des Traufziegels Rechtecke in schwarz und rot, zur Gebäudeseite hin durch einen breiten roten Streifen begrenzt[577]. **Farben:** Purpurrot, schwarz, weiß. **Maße:** H. 0,3 m. **Dat.:** Letztes Drittel 6. Jh. v. Chr. **Lit.:** Gàbrici 1933, 190-192; Marconi 1929, 154 Abb. 86; De Miro 1965, 62-64 Taf. 25, 1; Barletta 1983, 265-267 Abb. 46; Wikander 1986, 32; Darsow 1938, 32.

[577] Wikander weist der Unterseite ein einfaches Flechtband zu, aus der Beschreibung De Miros geht aber eindeutig die Dekoration mit Rechtecken hervor. Das einfache Flechtband hingegen gehört zur Stirnseite des Traufziegels.

AKRA 12 Taf. 1,5-6

Typ: Anthemiendach. **Bau:** Unbekannt. **FO:** An einer hellenistischen Mauer im Südosten des Zeustempels. **AO:** Agrigento, Museo Nazionale. **Inv.-Nr.:** 9595, 9586, 9587, 9588. **Erhaltene Bauteile:** Teile der TS und der GV. **Erhaltungszustand:** Nur in Fragmenten erhalten. **TS:** `Profil`: Stirnseite des Traufziegels, die mit einem schwarzen Hakenkreuzmäander auf weißem Grund dekoriert ist. Die Mäanderkreuze alternieren mit rot gefüllten, schwarz umrandeten Rechtecken. Darauf ein einfacher reliefierter ionischer Bogenfries aus liegenden Voluten, die sich nach innen einrollen, darüber ein fünfteiliger Lotos. Unter der Blüte ein stehender Tropfen. Unter den inneren Berührungspunkten eine hängende dreiteilige Palmette. Über den Berührungspunkten zweier Voluten eine siebenteilige Palmette, welche aus einem kleinen Halbkreis entspringt. Die Palmetten werden von den mittleren Blättern der Lotosblüten überfangen. Unterhalb der Berührungspunkte zweier Voluten ein hängender Tropfen. Von der farbigen Fassung der einzelnen Elemente haben sich nur Spuren erhalten. **GVT:** `Profil`: Deckplatte, Band aus eingezogenen Rechtecken, die sich der Breite des darunter befindlichen Blattstabblätter anpassen, Blattstab mit reliefierten Blättern, alternierend schmal und breit. Darunter ein Rundstab und der Ansatz der Stirnplatte. Der Rest ist verloren. `Dekor`: Die schmalen Rechtecke sind alternierend rot und schwarz gefasst, auf den breiten unteren Rechtecken ein schwarzer, horitzontaler Streifen, darüber weiß. Die schmalen Blattstabblätter sind alternierend rot und schwarz gefüllt. Die breiten Blätter besitzen eine weiße Füllung und sind schwarz umrandet. Auf dem Rundstab diagonale Streifen in rot, schwarz und weiß. Auf der Stirnplatte ein doppeltes dreiläufiges Flechtband mit einer weiß-schwarzen Umrandung zu beiden Seiten. Zentrale dreiteilige Palmette aus schwarz gefüllten und weiß umrandeten Blättern. In den Augen vierteilige Rosetten aus weißen Blättern auf schwarzem Grund von einem schmalen weißen Kreis umfangen. **Farben:** Rot, schwarz, weiß. **Maße:** H(Sima): 0,24 m. H(GV) 0,338 m. **Dat.:** Letztes Drittel 6. Jh. v. Chr. **Lit.:** De Miro 1965, 64-71 Taf. 25-27, 1; Wikander 1986, 32 Abb. 7; Barletta 1983, 265-267 Abb. 47.

AKRA 13

Typ: Anthemiendach? **Bau:** Unbekannt. **FO:** In der Gegend von S. Nicola, südlich des Zeustempels. **AO:** Agrigento, Museo Nazionale. **Inv.-Nr.:** 44218[578]. **Erhaltene Bauteile:** Traufziegel. **Erhaltungszustand:** Schlecht, nur ein Frgt. erhalten. **TZ:** `Profil`: Rechteckiger Traufziegel, der hintere Teil sowie der dazugehörige Anthemienfries sind verloren. Auf der Oberseite eine 0,08 m breite Einkerbung zur Anbringung des Frieses. `Dekor`: Auf der Unterseite ein schwarzer Hakenkreuzmäander auf weißem Grund. Über und unter dem Mäander ein rotes Zinnenband. In den nach innen gerichteten Zinnen schwarz gefüllte Rechtecke. Eingefasst wird der Dekor von schwarzen Streifen, von denen der eine an der Vorderkante entlangläuft und der andere das Ende des vorkragenden Teils des Traufziegels markiert. Die Stirnseite ist mit einem schwarzen Zinnenband auf weißem Grund dekoriert, dessen Zinnen unten mit schwarzen und oben mit roten Rechtecken gefüllt sind. Begrenzt werden diese Rechtecke von einem schwarzen horizontalen Streifen, der mit paarweise angeordneten vertikalen Streifen mit den Kanten des Ziegels verbunden ist. **Farben:** Rot, schwarz, weiß. **Maße:** L: 0,19 m. S: 0,14 m. H: 0,093 m. **Dat.:** Letztes Drittel 6. Jh. v. Chr. **Lit.:** De Miro 1965, 70-71 Taf 27, 2 b.

AKRA 14

Typ: Unbekannt **Bau:** Unbekannt. **FO:** In der Gegend von S. Nicola, südlich des Zeustempels. **AO:** Agrigento, Museo Nazionale. **Inv.-Nr.:** 9508. **Erhaltene Bauteile:** Nicht erkennbar. **Erhaltungszustand:** Schlecht, nur ein Frgt. erhalten. `Profil`: Stirnleiste, welche unten von einem Astragal abgeschlossen wird, der obere Abschluss ist verloren. Dahinter Ansatz einer horizontalen Platte. `Dekor`: Auf der Stirnleiste ein schwarzer Mäander oder eine Zinnenband auf weißem Grund. Auf der Unterseite der horizontalen Platte ein schwarzer Mäander auf weißem Grund. In den sind Mäander rote Rechtecke eingeschrieben, die ihrerseits mit einer zehnteilige Rosetten aus weißen Blättern gefüllt sind. **Farben:** Schwarz, weiß. **Maße:** L: 0,15 m. **Dat.:** Letztes Drittel 6. Jh. v. Chr. **Lit.:** De Miro 1965, 71 Taf 27, 2 a.

AKRA 15

Typ: Unbekannt. **Bau:** Unbekannt. **FO:** In der Nähe des Zeustempels. **AO:** Agrigento, Museo Nationale. **Inv.-Nr.:** 8600, 8601. **Erhaltene Bauteile:** Teile der Stirnplatte einer GV. **Erhaltungszustand:** Schlecht, nur zwei Fragmente erhalten. **GV:** `Profil`:[579] Zwei Fragmente der Stirnplatte, eines mit einem Rundstab. Bei dem anderen soll es sich um ein Eckstück handeln. `Dekor`: Auf einem der beiden Frgte. der Rest eines Flechtbandes[580]. **Farben:** Unbekannt. **Maße:** Unbekannt. **Dat.:** 6. Jh. v. Chr. **Lit.:** Gàbrici 1925, 437; De Miro 1963, 189; Marconi 1933, 131.

AKRA 16

Typ: Unbekannt, wahrscheinlich zu einer Anthemiensima zugehörig. **Bau:** Unbekannt. **FO:** Unbekannt. **AO:** Agrigento, Museo Nazionale. **Inv.-Nr.:** 68874. **Erhaltene Bauteile:** Frgt. einer GV. **Erhaltungszustand:** Schlecht, nur ein Frgt. erhalten. **GV:** `Profil`: Ansatz der Deckplatte, Überschlagskarnies, Kyma reversa, Rundstab, Ansatz der Stirnplatte. `Dekor`: Auf der Kyma ein Blattstab aus breiten, U-förmigen Blättern mit weißer Umrandung. In der Mitte jedes Blattes ein stehender weißer Strich, der nicht ganz bis zur oberen Begrenzung des Blattes reicht. Der Hintergrund ist schwarz. Die Blätter sind alternierend rot

[578] Diese Nummer besaß das Stück im Museum von Syrakus, von wo aus es nach Agrigent gelangte. Die neue Inv-Nr. ist nicht bekannt. Vgl. De Miro 1965, 70.

[579] Die beiden Stücke werden in der Literatur lediglich beschrieben, eine Abbildung ist nicht vorhanden.

[580] Eine Zuordnung der Dekorelemente zu den beiden Fragmenten ist durch die ungenaue Beschreibung nicht möglich.

und schwarz gefüllt. **Farben:** Rot, weiß, schwarz. **Maße:** H: 0,125 m. L: 0,25 m. **Dat.:** Letztes Drittel 6. Jh. v. Chr. **Lit.:** DE MIRO 1965, 60-61; WIKANDER 1986, 32.

AKRA 17

Typ: Unbekannt. **Bau:** Unbekannt. **FO:** In der Gegend von S. Nicola, südlich des Zeustempels. **AO:** Agrigento, Museo Nazionale. **Inv.-Nr.:** 9506. **Erhaltene Bauteile:** Frgt. einer GV. **Erhaltungszustand:** Schlecht, nur ein Frgt. erhalten. **GV:** Profil: Astragal, darüber Ansatz der Stirnplatte. Wahrscheinlich unterer Abschluss einer GV. Dekor: Auf der Stirnplatte Rest einer schwarzen Bemalung. **Farben:** Weiß, schwarz. **Maße:** L: 0,15 m. H: 0,05 m. **Dat.:** Letztes Drittel 6. Jh. v. Chr. **Lit.:** DE MIRO 1965, 71-72 Abb. 2, a Taf. 27, 3 b.

AKRA 18

Typ: Unbekannt. **Bau:** Unbekannt. **FO:** Unbekannt. **AO:** Agrigento, Museo Nazionale. **Inv.-Nr.:** S. 2068. **Erhaltene Bauteile:** Frgt. einer GV. **Erhaltungszustand:** Schlecht, nur Frgt. erhalten. **GV:** Profil: Rundstab, Stirnplatte, Rest verloren. Dekor: Auf dem Rundstab kein Dekor erhalten. Stirnplatte mit einem doppelten dreiläufigen Flechtband. Zentrale dreiteilige Palmette aus weißen Blättern. Die Augen sind schwarz gefüllt. **Farben:** Weiß, schwarz, rot. **Maße:** H: rek. 0,21 m. S: 0,02 m. **Dat.:** 570-530 v. Chr. **Lit.:** DE MIRO 1965, 55. Taf. 24, 1 c.

AKRA 19 Taf. 1,3

Typ: Unbekannt. **Bau:** Unbekannt. **FO:** In einer Grube nördlich des Heraklestempels. **AO:** Agrigento, Museo Nazionale. **Inv.-Nr.:** AG 9587. **Erhaltene Bauteile:** Frgt. der GV. **Erhaltungszustand:** Schlecht, nur ein Frgt. erhalten. **GV:** Profil: Ionisches Kyma, darunter Astragal und Ansatz der Stirnplatte. Dekor: Kein Dekor erhalten **Farben:** Keine Bemalung erhalten. **Maße:** L: 0,275 m. H: 0,131 m. **Dat.:** Letztes Drittel 6. Jh. v. Chr. **Lit.:** DE MIRO 1965, 71 Taf 28, 1; BARLETTA 1983, Abb. 48.

13.3 Die Dächer aus Camarina

CAMA 1

Typ: Kanonisches sizilisches Dach. 3. Generation. **Bau:** Unbekannt. **FO:** In der Umgebung des Athenatempels. **AO:** Unbekannt. **Inv.-Nr.:** Unbekannt. **Erhaltene Bauteile:** Abschließende Leiste (oder Simasockel) mit Rundstab. **Erhaltungszustand:** Schlecht, nur einige Frgte. erhalten. **Sima:** Profil: Leiste, Rundstab. Dekor: Auf der Leiste ein schwarzer Hakenkreuzmäander auf weißem Grund. Der Rundstab ist als plastischer Astragal gestaltet. **Farben:** Schwarz, weiß. **Maße:** H: ca. 0,11 m. **Dat.:** Letztes Drittel 6. Jh. v. Chr. **Lit.:** PELAGATTI 1962, 256 Abb. 14 oben und unten rechts.

CAMA 2

Typ: Kanonisches sizilisches Dach. **Bau:** Unbekannt. **FO:** In der Umgebung des Athenatempels. **AO:** Unbekannt. **Inv.-Nr.:** Unbekannt. **Erhaltene Bauteile:** Sockel mit Rundstab. **Erhaltungszustand:** Schlecht, nur einige Frgte. erhalten. **Sima:** Profil: Ansatz des Sockels, Rundstab, Ansatz der Kehle. Dekor: Kein Dekor erhalten. **Farben:** Unbekannt. **Maße:** H: ca. 0,1 m. **Dat.:** 6. Jh. v. Chr. **Lit.:** PELAGATTI 1962, 256 Abb. 14 unten links.

CAMA 3

Typ: Kanonisches sizilisches Dach. 3. Generation. **Bau:** Unbekannt. **FO:** In der Umgebung des Athenatempels. **AO:** Unbekannt. **Inv.-Nr.:** Unbekannt. **Erhaltene Bauteile:** Sockel, Rundstab, Ansatz der Kehle einer TS. **Erhaltungszustand:** Schlecht, nur ein Frgt. erhalten. **TS:** Profil: Ansatz des Sockels mit dem oberen Ende eines Wasserspeieransatzes, Rundstab, Ansatz der Kehle. Dekor: Auf dem Sockel und auf dem Rundstab kein erhaltener Dekor. Der Dekor der Kehle lässt sich nicht identifizieren. **Farben:** Schwarz, weiß. **Maße:** H: ca. 0,2 m. **Dat.:** 570-530 v. Chr. **Lit.:** PELAGATTI 1962, 256, Abb. 15 oben links (Das Stück steht auf dem Kopf).

CAMA 4

Typ: Unbekannt. **Bau:** Unbekannt. **FO:** In der Umgebung des Athenatempels. **AO:** Unbekannt. **Inv.-Nr.:** Unbekannt. **Erhaltene Bauteile:** Frgt. einer GV. **Erhaltungszustand:** Schlecht, nur ein Frgt. erhalten. **GV:** Profil: Stirnplatte. Dekor: Doppeltes dreiläufiges Flechtband mit weiß-schwarzer Umrandung. In den Augen vierteilige Rosetten aus weißen Blättern von einem weißen Kreis umfangen. Zentrale Palmette aus schwarzen Blättern mit weiß-schwarzer Umrandung, die Anzahl der Blätter kann nicht mehr festgestellt werden. Der Grund der Platte ist weiß. **Farben:** Schwarz, weiß. **Maße:** H: ca. 0,2 m. **Dat.:** 570-530 v. Chr. **Lit.:** PELAGATTI 1962, 256 Abb. 15 unten.

CAMA 5

Typ: Unbekannt. **Bau:** Unbekannt. **FO:** In der Umgebung des Athenatempels. **AO:** Unbekannt. **Inv.-Nr.:** Unbekannt. **Erhaltene Bauteile:** Frgt. einer GV. **Erhaltungszustand:** Schlecht, nur ein Frgt. erhalten. **GV:** Profil: Rundstab, Leiste, hinten ein rechtwinkliger Ansatz eines horizontalen Bauteils. Evtl. Bodenplatte mit hinten abschließendem Rundstab. Dekor: Auf dem Rundstab ein plastischer Astragal. Auf der Leiste zwei schwarze horizontale Streifen auf weißem Grund. **Farben:** Schwarz, weiß. **Maße:** L: ca. 0,1 m. H: ca. 0,08 m. **Dat.:** Letztes Drittel 6. Jh. v. Chr. **Lit.:** PACE 1927, 80 Abb. 20; WIKANDER 1986, 37; DARSOW 1938, 16.

CAMA 6

Typ: Unbekannt. **Bau:** Unbekannt. **FO:** Wahrscheinlich aus der Umgebung von Camarina. **AO:** Catania, Museo Biscari. **Inv.-Nr.:** 2296. **Erhaltene Bauteile:** Frgt. einer GV. **Erhaltungszustand:** Schlecht, nur Frgt. **GV:** `Profil`: Ansatz der Stirnplatte, doppelter Rundstab. `Dekor`: Auf der Stirnplatte ein doppeltes dreiläufiges Flechtband mit zentraler dreiteiliger Palmette. In den Augen vierteilige Rosetten. Auf den Rundstäben hat sich kein Dekor erhalten. **Farben:** Schwarz, weiß, rot. **Maße:** L: 0,7 m. H: 0,37 m. S: 0,04 m. **Dat.:** 6. Jh. v. Chr. **Lit.:** LIBERTINI 1930, 209-210 Taf. 100, 875; WIKANDER 1986, 37.

13.4 Die Dächer vom Capo Colonna

CAPO 1 Taf. 2,1

Typ: Kanonisches sizilisches Dach. **Bau:** Unbekannt. **FO:** Capo Colonna, Heiligtum der Hera Lacinia. **AO:** Unbekannt. **Inv.-Nr.:** Unbekannt. **Erhaltene Bauteile:** Frgte. einer TS sowie einer GV. **Erhaltungszustand:** Schlecht, nur ein Frgt. erhalten. **TS:** `Profil`: Ansatz des Sockels mit der Einlassung für einen Wasserspeier, Rundstab, Kehle, Leiste, Rundstab. `Dekor`: Auf dem weiß grundierten Sockel zwei dünne Bänder, deren genauer Verlauf nicht mehr nachvollzogen werden kann. Beide Rundstäbe mit diagonalen Streifen in weiß, schwarz und rot. Die Kehle ist mit einem Blattstab aus unten spitz zulaufenden Blättern dekoriert. Die Blätter besitzen eine sehr breite schwarz-weiß-schwarze Umrandung und sind alternierend rot und schwarz gefüllt. In den Zwischenräumen je ein stehendes weißes Dreieck mit schwarzer Umrandung. Auf der Leiste ein schwarzer Mäander auf weißem Grund. **GV:** `Profil`: Von einer Kyma abgeschlossen. Eine weitere Beschreibung oder eine Abbildung ist nicht vorhanden. `Dekor`: Unbekannt. **Farben:** Rot, schwarz, weiß. **Maße:** H: 0,33 m. L: 0,35 m. **Dat.:** Letztes Drittel 6. Jh. v. Chr. **Lit.:** ORSI 1911, 105-106 Abb. 84; MERTENS 1983, 201-202 Taf. 22 b.

CAPO 2

Typ: Löwenkopfwasserspeiersima. **Bau:** Unbekannt. **FO:** Capo Colonna, Heiligtum der Hera Lacinia. **AO:** Unbekannt. **Inv.-Nr.:** Unbekannt. **Erhaltene Bauteile:** Frgt. einer TS und einer GV. **Erhaltungszustand:** Schlecht, nur Frgte. erhalten. **TS:** `Profil`: Sockel mit Löwenkopfwasserspeiern, Rundstab, Leiste, weitere Leiste. `Dekor`: Auf dem Sockel ein komplexer schwarzer Hakenkreuzmäander auf weißem Grund in zwei Registern. In den Mäander sind rote Rechtecke eingeschrieben. Der Rundstab ist mit einem plastischen Astragal dekoriert, die darüberliegende Leiste mit einem ionischen Kyma. Auf der abschließenden Leiste ein schwarzer Hakenkreuzmäander auf weißem Grund, wiederum mit eingeschriebenen roten Rechtecken. **GV:** `Profil`: Deckplatte, Leiste, kleine Kehle, Leiste, Stab, Stirnplatte, doppelter Rundstab, schmale Leiste. `Dekor`: Auf der oberen Leiste kein erhaltener Dekor. Auf der Kehle wahrscheinlich ein Blattstab aus alternierenden roten und schwarzen Blättern mit weißer Umrandung auf schwarzem Grund. In der Mitte des einzigen erhaltenen Blattes ein kleines, schwarz gefülltes Rechteck mit breiter weißer Umrandung. Auf der darunterliegenden Leiste ein plastisches ionisches Kyma. Der Rundstab ist als plastischer Astragal gestaltet. Die Stirnplatte ist mit einem komplexen schwarzen Mäander auf weißem Grund dekoriert, in welchen rote Rechtecke eingeschrieben sind. Beide Rundstäbe sind mit gegenläufigen diagonalen Streifen in rot, schwarz und weiß dekoriert. Vom Dekor der schmalen, abschließenden Leiste hat sich nichts erhalten. **Farben**: Rot, schwarz, weiß. **Maße**: Unbekannt. **Dat.:** 5. Jh. v. Chr. **Lit.:** ORSI 1911, 109 Abb. 90; VAN BUREN 1923, 117; CRISTOFANI 1967, 315; MERTENS 1983, 204-207 Taf. 24 c.

CAPO 3

Typ: Unbekannt. **Bau:** Unbekannt. **FO:** Capo Colonna, Heiligtum der Hera Lacinia. **AO:** Reggio Calabria, Museo Archeologico Nazionale. Magazin. **Inv.-Nr.:** 95950. **Erhaltene Bauteile:** Frgt. einer Sima. **Erhaltungszustand:** Schlecht, nur ein Frgt. erhalten. **Sima:** `Profil`: Ansatz der Bodenplatte, schwache Kehle, Rundstab, Leiste. `Dekor`: Auf der Kehle ein gemalter paralleler Anthemienfries aus siebenteiligen Palmetten aus weißen Blättern. Die Palmetten sind durch ein S-förmiges Rankenband mit den benachbarten Lotosblüten verbunden. Diese bestehen aus zwei langen weißen Blätter, welche die Palmetten überfangen. Überlagert werden diese Blätter von zwei sehr schmalen roten Blättern, aus welchen ein weiteres rotes Blatt entspringt. Dieses ist unten spitz und endet in einem recht flachen Halbkreis. Der Hintergrund ist schwarz. Auf dem Rundstab die Reste von diagonalen Streifen in schwarz und weiß. Auf der Leiste ein schwarzer Mäander auf weißem Grund, welcher von horizontalen Streifen eingefasst wird. **Farben**: Rot, schwarz, weiß. **Maße:** H: 0,165 m. L: 0,175 m. **Dat.:** 1. Viertel 5. Jh. v. Chr. **Lit.:** LATTANZI 1996, 280 Abb. 4.74 (auf S. 293).

13.5 Die Dächer vom Monte Casale

CASA 1

Typ: Kanonisches sizilisches Dach. 2. Generation. **Bau:** Unbekannt. **FO:** Monte Casale. **AO:** Siracusa, Museo Regionale Paolo Orsi. **Inv.-Nr.:** 49224, 49225, 49226, 49227, 49229, 49230, 49231. **Erhaltene Bauteile:** TS, GS und dazugehörige GV. **Erhaltungszustand:** Gut, ganze Module erhalten. **TS:** *Variante 1*[581]: `Profil`: Bodenplatte, Sockel mit Wasserspeiern, Kehle, Leiste, Rundstab. `Dekor`: Auf dem Sockel je drei schwarze Kreuze mit eingezogenen Kanten auf weißem Grund. Um den Ansatz des Wasserspeiers ein weißer Kreis mit parallelen schwarzen Streifen. Der Kreis befindet sich in einem schwarzen Rechteck. Auf dem Rundstab diagonale Streifen in rot, schwarz und weiß. Kehle mit einem Blattstab aus unten eingezogenen Blättern. Die Blätter besitzen eine weiß-schwarze Umrandung und sind

[581] Von Ciurcina werden beide Varianten unter einer Katalognummer zusammengefasst, durch die unterschiedliche Gestaltung von Blattstab und Sockel sind die beiden Simen jedoch zu trennen.

alternierend rot und schwarz gefüllt. In den Zwischenräumen stehende spitze Blätter mit einem kurzen Stiel. Diese Blätter sind ebenfalls wechselnd rot und schwarz gefüllt. Der Grund der Kehle ist weiß. Auf der Leiste ein schwarzer Mäander auf weißem Grund. Der abschließende Rundstab ist wiederum mit diagonalen Streifen dekoriert. *Variante 2*: Wie Variante 1. Lediglich die Blätter des Blattstabes haben keine geraden Kanten, sondern sind leicht nach innen eingezogen. Zudem befinden sich zwischen den WS nur zwei statt vier Kreuze. **GVT:** `Profil`: Deckplatte, Rundstab, Stirnplatte, doppelter Rundstab. `Dekor`: Auf dem oberen Rundstab diagonale Streifen. Stirnplatte mit doppeltem dreiläufigen Flechtband mit schmaler weiß-schwarzer Umrandung. Die zentrale Palmette ist zweiteilig und besteht aus schwarz gefüllten, weiß umrandeten Blättern. In den Augen vierteilige weiße Rosetten auf schwarzem Grund, umfangen von einem weißen Kreis. Auf dem oberen der abschließenden Rundstäbe diagonale Streifen, auf dem unteren Rechtecke. **GS:** `Profil`: Wie TS. `Dekor`: Wie TS. Die Blätter des Blattstabes sind jedoch lyraförmig und in den Zwischenräumen befinden sich hängende zweiteilige Palmetten mit weißer Umrandung. **Farben:** Rot, schwarz, weiß. **Maße:** H(Simen): 0,29 m. L(Sima-Modul): 0,6 m. S: 0,03-0,04 m. L(WS): 0,2 m. Abstand der WS: 0,18 m. H(GV): 0,29 m. L(GV-Modul): 0,6 m. S(GV): 0,035 m. **Dat.:** 570-530 v. Chr. **Lit.:** CIURCINA 1980, 80 Taf. 10, 4; 11, 1-2; PACE 1938, 297.

CASA 2

Typ: Kanonisches sizilisches Dach. 2. Generation. **Bau:** Unbekannt. **FO:** Monte Casale. Grabung Orsi. **AO:** Siracusa, Museo Regionale Paolo Orsi. **Inv.-Nr.:** 49228, 49232, 49233. **Erhaltene Bauteile:** TS und dazugehörige GV. **Erhaltungszustand:** Gut, ganzes Modul erhalten. **TS:** `Profil`: Bodenplatte, Sockel mit Wasserspeiern, Kehle, Leiste, Rundstab. `Dekor`: Auf dem Sockel ein schwarzer Hakenkreuzmäander auf weißem Grund. Auf dem Rundstab Rechtecke in rot, schwarz und weiß. Kehle mit einem Blattstab aus lyraförmigen Blättern, deren Enden zu Voluten aufgerollt sind. Die Blätter besitzen eine weiße Umrandung und sind alternierend rot und schwarz gefüllt. In den Zwischenräumen stehende siebenteilige Palmetten aus weißen Blättern. Der Grund der Kehle ist schwarz. Leiste wie Sockel. Der abschließende Rundstab war wahrscheinlich als plastischer Astragal gestaltet. **GVT:** `Profil`: Deckplatte, Rundstab, Stirnplatte, doppelter Rundstab. `Dekor`: Die Rundstäbe sind beide als plastischer Astragal gestaltet. Stirnplatte mit einem doppelten dreiläufigen Flechtband mit schmaler weiß-schwarzer Umrandung. Die zentrale Palmette ist dreiteilig und besteht aus schwarz gefüllten, weiß umrandeten Blättern. In den Augen vierteilige weiße Rosetten auf schwarzem Grund, umfangen von einem weißen Kreis. **Farben:** Rot, schwarz, weiß. **Maße:** H(Simen): 0,308 m. L(Sima-Modul): 0,48 m. H(GV): 0,26 m. S(GV): 0,033 m. **Dat.:** 570-530 v. Chr. **Lit.:** CIURCINA 1980, 80 Taf. 11, 2.

13.6 Die Dächer aus Cavallino

CAVA 1 Taf. 2,2

Typ: Nordwestgriechische Sima. **Bau:** Unbekannt. **FO:** Fondo Casino. **AO:** Unbekannt. **Inv.-Nr.:** Unbekannt. **Erhaltene Bauteile:** Sockel, Kehle und abschließende Leiste einer Sima. **Erhaltungszustand:** Schlecht, das Stück ist stark fragmentiert. **Sima:** `Profil`: Bodenplatte, Sockel, Kehle, abschließende Leiste. `Dekor`: Auf dem Sockel ein schwarz gefasstes, plastisches Spiralband auf hellem Grund. In den Zwickeln kleine dreiteilige Palmetten aus roten Blättern, welche ebenfalls plastisch gestaltet sind. Auf der Kehle der Ansatz eines plastisch umrandeten Blattstabes aus alternierenden roten und schwarzen Blättern. Getrennt werden Sockel und Kehle durch einen schwarzen Streifen. Der obere Teil der Sima ist verloren. **Farben:** Rot, weiß, schwarz. **Maße:** H: 0,194 m. L: 0,21 m. S: 0,033 m. **Dat.:** 2. Viertel 6. Jh. v. Chr. **Lit.:** D'ANDRIA 1977, 545-546 Taf. 17[582]; MERTENS-VIOLA 1990, 240.

13.7 Die Dächer aus Ciro

CIRO 1 Taf. 2,3

Typ: Dorisches Dach. **Bau:** Tempel des Apollo Aleios. **FO:** Temenos des Tempels. **AO:** Unbekannt. **Inv.-Nr.:** Unbekannt. **Erhaltene Bauteile:** Teile der GS, der TS und der GV. **Erhaltungszustand:** Gut, mehrere Teile in voller Höhe erhalten. **GS/TS:** `Profil`: Unprofilierte, dem Traufziegel vorgeblendete Leiste, welche die Höhe des Traufziegels nicht übersteigt. `Dekor`: Auf der Leiste ein Blattstab mit erhabener weißer Umrandung. Die einzelnen Blätter sind alternierend rot und schwarz gefüllt. **Antefixe:** Über der GS und der TS „Hörnerantefixe". Unter den „Hörnern" eine Regula mit fünf Guttae. Die „Hörner" sind schwarz gefasst, der Rest der Antefixe ist rot. **GV:** Zwei Fascien, von denen die obere leicht vorspringt. Die obere Leiste ist rot, die untere schwarz. An der unteren Fascie hängen Regulae mit je fünf Guttae vor einem hellen Hintergrund. Darunter wird das System wiederholt. Gegenüber den oberen Regulae sind die unteren diagonal versetzt. **GV-Variante:** Orsi zeigte eine Variante bei der statt zwei drei Fascien Verwendung finden[583]. **Farben**: Rot, schwarz, weiß. **Maße:** Unbekannt. **Dat.:** Mitte 6. Jh. v. Chr. **Lit.:** MERTENS 1983, 213-223 Abb. 5b Taf. 27; ORSI 1933, 63-68 Abb. 36-43 Taf. 7-8; LATTANZI 1996, 259-260 Abb. auf S. 260; MERTENS-VIOLA 1990 243 Taf. 35 b; MERTENS 1993, 127 Taf. 87, 4-5; MERTENS 2006, 97-98 Abb. 131-132; GULLINI 1983 Abb. 262.

13.8 Die Dächer aus Delphi

DELP 1 Taf. 3,1

Typ: Kanonisches sizilisches Dach. **Bau:** Unbekanntes sizilisches Schatzhaus[584]. **FO:** Temenos. **AO:** Delphi, Museum.

[582] Auf Tafel 19 bildet D´Andria noch eine weitere Sima ab, im Text findet sie aber keine Erwähnung.
[583] ORSI 1933, 67 Abb. 43.
[584] Le Roy stellt fest, dass der Ton evtl. sizilischer Herkunft ist. Vgl. LE ROY 1967, 70.

Inv.-Nr.: 6448 (TS). 7121 (GS). 5445, 6689, 5446 (HGS). 1927, 1927 bis, 1928 (GV)[585]. **Erhaltene Bauteile:** Frgte. von GS, TS, HGS und GV. **Erhaltungszustand:** Schlecht, stark fragmentiert. **Simen:** Es haben sich einige Fragmente der Kehle mit einer abschließenden Leiste erhalten, welche jedoch nicht mit Gewissheit der Trauf- oder Giebelsima zugesprochen werden können. `Dekor`: Die Kehle ist mit einem Blattstab aus langen, unten spitz zulaufenden Blättern dekoriert. Die Blätter sind alternierend rot und schwarz gefüllt. Die roten Blätter zeigen eine weiß-schwarze, die schwarzen eine weiß-rote Umrandung. In den Zwischenräumen stehende schwarze Dreiecke. Die oberen Zwickel sind schwarz gefüllt. Auf der Leiste ein Schachbrettmuster aus schwarzen und weißen Elementen. Ein abschließender Rundstab ist nicht vorhanden. **TS:** *Variante 1 - S. 187.* `Profil`: Sockel mit Ansatz eines WS, Rundstab, Ansatz der Kehle. `Dekor`: Auf dem Sockel kein Dekor erhalten. Darüber Rundstab mit breiten diagonalen Streifen. *Variante 2 - S. 238.* `Profil`: Sockel, Rundstab, Ansatz der Kehle. `Dekor`: Auf dem Sockel Ansatz eines schwarzen und eines weißen Rechtecks. Darüber Rundstab mit sehr schmalen diagonalen Streifen in schwarz und weiß. Die Kehle ist mit einem Blattstab aus langen, unten spitz zulaufenden Blättern mit weißer Umrandung dekoriert. In den Zwischenräumen stehende schwarze Dreiecke. *Variante 3 - S. 236.* `Profil`: Sockel, Rundstab, Ansatz der Kehle. `Dekor`: Auf dem Sockel eine breite schwarze Raute mit eingezogenen Kanten auf weißem Grund, über der Raute ein schmaler schwarzer Streifen. Links der Ansatz eines schwarzen Rechtecks. Darüber Rundstab mit schmalen diagonalen Streifen; erhalten hat sich ein roter Streifen mit einer schmalen schwarzen Umrandung, neben diesem roten Streifen befinden sich zwei weiße. Die Kehle ist mit einem Blattstab aus langen, unten spitz zulaufenden Blättern mit weißer Umrandung dekoriert. In den Zwischenräumen stehende schwarze Dreiecke. **HGS/GS ?:** `Profil`: Kehle, Leiste. `Dekor`: Die Kehle ist mit einem Blattstab aus langen, unten spitz zulaufenden Blättern dekoriert. Die Blätter sind alternierend rot und schwarz gefüllt und weiß umrandet. In den Zwischenräumen zweigeteilte stehende Dreiecke, die zu den roten Blättern gewandten Seiten sind schwarz, die zu den schwarzen sind rot gefüllt. Die oberen Zwickel sind schwarz gefüllt. Auf der abschließenden Leiste ein Schachbrettmuster aus schwarzen und weißen Elementen. **GVG:** `Profil`: Deckplatte doppelter Rundstab, Stirnplatte, doppelter Rundstab. `Dekor`: Auf allen vier Rundstäben Rechtecke in schwarz und weiß. Auf der Stirnplatte ein einfaches Flechtband. In den Augen sechsteilige weiße Rosetten mit schwarzer Umrandung. Innerhalb der Blätter ein schwarzer Punkt, der durch einen kurzen Streifen mit dem ebenfalls schwarzen Zentrum verbunden ist. Der Hintergrund der Kehle ist weiß. Auf der Unterseite ein Wolfszahn in schwarz und weiß. **Farben:** Rot, weiß, schwarz. **Maße:** H(Kehle): ca. 0,15 m. H(GV): ca. 0,28 m. **Dat.:** 1. Viertel 6. Jh. v. Chr. **Lit.:** LE ROY 1967, 70-73 Taf. 21-23; 101; 119-120; WIKANDER 1986, 50 Abb. 13.

DELP 2Taf. 3,2-3

Typ: Dorisches Dach. **Bau:** Kolonial-achäisches Schatzhaus. **FO:** Temenos. **AO:** Delphi, Museum. **Inv.-Nr.:** 560, 6780. **Erhaltene Bauteile:** Frgte. der GV. **Erhaltungszustand:** Schlecht, nur Frgte. erhalten. **GV:** `Profil`: Deckplatte, Rundstab, Leiste, schmale leicht zurückversetzte Leiste, Triglyphen-Metopenfries, Via mit Regulae und Guttae, Leiste. `Dekor`: Auf dem Rundstab Rechtecke in schwarz und weiß durch vertikale Streifen voneinander getrennt. Auf der darunterliegenden Leiste ein einfaches dreiläufiges Flechtband in weiß und schwarz. In den Augen schwarze Füllungen. Der Hintergrund ist weiß. Die schwarzen Metopen sind in ihrer oberen Hälfte mit einer achtteiligen Rosette aus weißen Blättern auf rotem kreisförmigen Grund dekoriert. Zwischen den Metopen eine lange Triglyphe, die mit einem schwarz-weißen Wolfszahn verziert ist. Die Regula ist schwarz gefasst, die Guttae sind rot auf weißem Grund. Metopen und Guttae schließen auf gleicher Höhe ab. Auf der unten abschließenden Leiste ein schwarzer Mäander auf weißem Grund. Die Umrandung des Mäanders ist leicht erhaben, was wahrscheinlich auf die Verwendung eines Rollstempels zurückzuführen ist. **Farben:** Rot, schwarz, weiß. **Maße:** H: ca. 0.26 m. **Dat.:** 2. Drittel 6. Jh. v. Chr. **Lit.:** LE ROY 1967, 80-84 Taf. 25; 101.

DELP 3Taf. 3,4

Typ: Hörnerdach. **Bau:** Kolonial-achäisches Schatzhaus. **FO:** Temenos. **AO:** Delphi, Museum. **Inv.-Nr.:** 5865, 5447. **Erhaltene Bauteile:** Je ein Frgte. der GS und der TS. **Erhaltungszustand:** Schlecht, nur Frgte. erhalten. **GS:** `Profil`: Sockel, Rundstab, Leiste.`Dekor`: Sockel mit einem einem Blattstab, der mit einem Rollstempel hergestellt wurde. Auf dem Rundstab kein erhaltener Dekor. Leiste mit einem Mäander, wiederum mit einem Rollstempel geprägt. **TS:** `Profil`: Wie GS. `Dekor`: Sockel mit einem Schachbrettmuster, Dekor auf dem Rundstab nicht mehr zu identifizieren. Leiste mit einem geprägten Blattstab. **Farben:** Rot, schwarz, weiß. **Maße:** H: ca. 0,12 m. **Dat.:** 2. Drittel 6. Jh. v. Chr. **Lit.:** LE ROY 1967, 84-85 Taf. 28 unten; 101.

13.9 Die Dächer aus Gela

GELA 1 Taf. 4,1-2

Typ: Kanonisches sizilisches Dach. 2.Generation. **Bau:** Unbekannt. **FO:** Innerhalb des Temenos des Athenaions. **AO:** Siracusa, Museo Regionale Paolo Orsi. **Inv.-Nr.:** Unbekannt. **Erhaltene Bauteile:** Große Teile von GS, TS und HGS sowie den dazugehörigen GV. **Erhaltungszustand:** Gut, große Teile von allen Friesen erhalten. **GS:** `Profil`: Sockel, Rundstab, Kehle, Leiste, doppelter Rundstab. `Dekor`: Auf dem schwarzen Sockel 12-18teilige Rosetten aus weißen Blättern. Das Auge der Rosette ist alternierend rot und schwarz. Darüber Rundstab mit schwarzen und weißen Rechtecken. Auf der Kehle ein Wellenband, unterhalb des Bandes schwarzer Grund, überhalb roter. Das Band selbst besteht aus einer dreifachen weiß-schwarz-weißen Linie. Auf der Leiste ein schwarzer Hakenmäander auf weißem Grund. Der untere der beiden abschließenden Rundstäbe ist mit Rechtecken in schwarz und weiß dekoriert, der obere mit diagonalen Streifen, ebenfalls in schwarz und weiß. **GVG:**

[585] Nicht alle von Le Roy angeführten Stücke scheinen eine Inv.-Nr. zu besitzen.

`Profil`: Deckplatte, Rundstab, Stirnplatte, Rundstab, Bodenplatte, Rundstab. `Dekor`: Rundstab mit schwarzen und weißen Rechtecken. Stirnplatte mit doppeltem dreiläufigen Flechtband. Dreiteilige zentrale Palmette aus roten und schwarzen Blättern mit weißer Umrandung. In den Augen achtteilige Rosetten aus weißen Blättern auf schwarzem Grund. Der Hintergrund der Kehle ist weiß. Rundstab mit diagonalen Streifen in weiß, schwarz und rot. Auf der Bodenplatte ein weißes Zinnenband auf schwarzem Grund mit doppelter schwarz-weißer Umrandung. Hinterer Rundstab mit Rechtecken in schwarz und weiß. **TS:** `Profil`: Sockel mit Wasserspeiern, Rundstab, Kehle, Leiste, doppelter Rundstab. `Dekor`: Je drei schwarze Rauten auf weißem Grund zwischen den Wasserspeiern. Rundstab mit diagonalen Streifen in weiß, schwarz und rot. Kehle mit einem Blattstab aus lyraförmigen Blättern auf weißem Grund, in den unteren Zwickeln stehende schwarz gefüllte Dreiecke. Die Blätter des Blattstabes sind alternierend rot und schwarz. Alle Blätter sind doppelt umrandet, die roten Blätter weiß und schwarz, die schwarzen weiß und rot. Auf der Leiste ein schwarzer Hakenmäander auf weißem Grund. Der abschließende Rundstab ist mit Rechtecken in schwarz, weiß und rot dekoriert. **GVT:** Wie GVG. **HS:** `Profil`: Sockel, Rundstab, Kehle, Leiste, Rundstab. In den Ecken passt sich die Sima dem Verlauf der Giebelsima an, die einzelnen Teile verkleinern sich und laufen in den Ecken spitz zusammen. `Dekor`: Auf dem Sockel Schachbrettmuster aus roten, schwarzen und weißen Feldern. Rundstab mit Rechtecken in schwarz und weiß. Kehle mit Blattstab mit alternierend rot, schwarz und weiß gefüllten Blätter. Auf der Leiste ein schwarzer Hakenmäander auf weißem Grund. Abschließender Rundstab mit diagonalen Streifen in schwarz und weiß. **GVH:** Wie GVG und GVT. Die GVH wird von der GVG geschnitten, der obere Rundstab läuft in der GVG aus. Der obere Teil des doppelten Flechtbands läuft ebenfalls in der GVG aus, während sich der untere Teil bis in die Giebelecken verkleinert. **Farben:** Rot, weiß, schwarz. **Maße:** H(Simen): 0,4 m. H(GV): 0,405 m. H(HGS): 0,34 m. **Dat.:** 570-530 v. Chr. **Lit.:** Brea 1949, 22-38 Abb. 14-26 Taf. 2-3; Orsi 1918, 663 Abb. 237 (nur HGS); Van Buren 1923, 103 Abb. 31; Süsserott 1944, 116; Wikander 1986, Abb. 1; 7.

GELA 2 Taf. 4,3-4

Typ: Kanonisches sizilisches Dach mit einer Gabelsima. 2.Generation. **Bau:** Unbekannt. **FO:** Innerhalb des Temenos des Athenaions. **AO:** Siracusa, Museo Regionale Paolo Orsi. **Inv.-Nr.:** Unbekannt. **Erhaltene Bauteile:** Große Teile von GS und TS sowie den dazugehörigen GV. **Erhaltungszustand:** Gut, große Teile von allen Friesen erhalten. **GS:** `Profil`: Sockel, Rundstab, Kehle, breite Leiste. An der Rückseite ist eine zweite Kehle angebracht. `Dekor`: Sockel mit schwarzem Mäander auf weißem Grund. Auf dem Rundstab Fischgrätmuster in rot, schwarz und weiß durch einen Streifen in der Mitte geteilt. Kehle mit Blattstab aus unten spitz zulaufenden, tropfenförmigen Blättern auf schwarzem Grund. Die Blätter sind alternierend rot und schwarz gefüllt und besitzen eine weiße Umrandung. In den unteren Zwickeln je zwei hängende Blätter, ebenfalls alternierend rot und schwarz gefüllt und weiß umrandet. Diese beiden Blätter entspringen aus einem Halbkreis. Der Zwickel ist überhalb des Halbkreises weiß gefüllt. Auf der breiten abschließenden Leiste hat sich kein Dekor erhalten. Auf einigen Stücken Versatzmarken aus Streifen, Punkten und durch einen Kreis umschlossene Kreuze. **GVG:** `Profil`: Deckplatte, Rundstab, Stirnplatte, Rundstab, Bodenplatte, die jedoch nicht mit dem Rest der GV verbunden ist. `Dekor`: Rundstab mit diagonalen Streifen in schwarz und weiß. Stirnplatte mit einem doppelten dreiläufigen Flechtband. Zentrale dreiteilige Palmette aus roten und schwarzen Blättern mit weißer Umrandung. In den Augen achtteilige Rosetten aus weißen Blättern. Der Hintergrund der Stirnplatte ist weiß. Rundstab mit diagonalen Streifen in weiß, schwarz und rot. Auf der Bodenplatte ein einfaches dreiläufiges Flechtband auf weißem Grund. In den Augen achtteilige Rosetten aus weißen Blättern auf schwarzem Grund. Eingefasst wird das Flechtband durch ein Band aus Rechtecken in rot, schwarz und weiß an der Vorderseite und durch ein Band aus diagonalen Streifen in derselben Farbigkeit an der Rückseite. **TS:** `Profil`: Sockel mit Wasserspeiern, Rundstab, Kehle, Leiste, Rundstab. `Dekor`: Je eine achtteilige, von einem weißen Kreis eingefasste Rosette aus weißen Blättern auf schwarzem Grund zwischen den Wasserspeiern. Rundstab mit diagonalen Streifen in weiß, schwarz, rot. Kehle mit Blattstab aus lyraförmigen Blättern mit alternierender roter und schwarzer Füllung und weiß-schwarzer Umrandung. In den unteren Zwickeln stehende Dreiecke, ebenfalls alternierend schwarz und rot gefüllt. Auf der Leiste ein Schachbrettmuster aus weißen, roten und schwarzen Feldern. Der abschließende Rundstab ist mit Rechtecken in schwarz- weiß und rot dekoriert[586]. **GVT:** Wie GVG. Nur ohne Bodenplatte. **Farben:** Rot, weiß, schwarz. **Maße:** L(Modul der GS): 0,71 m. H(Simen): 0,47 m. H(GV): 0,47 m. L(vorkragender Teil der Bodenplatte an der GS): 0,32 m. **Dat.:** 570-530 v. Chr. **Lit.:** Brea 1949, 39-47 Abb. 27-35; Wikander 1986, 33-34 Abb. 8.

GELA 3 Taf. 4,5-6; 5,1

Typ: Kanonisches sizilisches Dach. 1.Generation.. **Bau:** Unbekannt. **FO:** Innerhalb des Temenos des Athenaions. **AO:** Siracusa, Museo Regionale Paolo Orsi. **Inv.-Nr.:** Unbekannt. **Erhaltene Bauteile:** Große Teile von GS und TS sowie den dazugehörigen GV. **Erhaltungszustand:** Große Teile der TS erhalten. Die Stücke der GS sind alle stark fragmentiert, der obere Abschluss ganz verloren. **GS:** `Profil`: Sockel, Rundstab, Ansatz der Kehle, Rest verloren. `Dekor`: Sockel mit vielteiligen Rosetten vor einem schwarzen Kreis. Die Blätter der Rosetten sind weiß und um einen weiß umrandeten schwarzen Punkt gruppiert. Ein Modul zeigt die Rosetten ohne den zentralen weißen Ring. Die Zwickel über den Berührungspunkten der Rosetten sind weiß, die unteren schwarz gefüllt. Rundstab mit diagonalen Streifen in weiß, rot und schwarz. Auf der Kehle ein dreiläufiges Wellenband in weiß-schwarz-weiß. Die Kehle ist überhalb des Bandes rot, unterhalb schwarz gefüllt. **GV:** Zu diesem Dach scheinen vier verschiedene Geisonverkleidungen zu gehören, an welcher Seite sie angebracht waren, kann nicht entschieden werden. Der Großteil der Frgte. gehören zur ers-

[586]Von Brea wird noch eine Variante mit diagonalen Streifen auf dem abschließenden Rundstab erwähnt, eine Abbildung liegt aber nicht vor. Vgl. Brea 1949, 39.

ten Variante. *Variante 1*: `Profil`: Deckplatte, Rundstab, Stirnplatte, vorspringender doppelter Rundstab, kurze Bodenplatte, Rundstab. `Dekor`: Rundstab mit Rechtecken in weiß, rot und schwarz durch Gruppen vertikaler Streifen in weiß und schwarz voneinander getrennt, auf den unten abschließenden Rundstäben wird derselbe Dekor verwendet. Stirnplatte mit einem einfachen dreiläufigen Flechtband. In den Augen fünfzehnteilige Rosetten aus weißen Blättern, alternierend auf weißem oder schwarzem Hintergrund. Die Zwickel über und unter dem Flechtband sind alternierend rot und schwarz gefüllt. Auf der Bodenplatte ein weißes Zinnenband. Die inneren Zinnen sind rot, die äußeren schwarz gefüllt. Der abschließende Rundstab ist mit diagonalen Streifen in rot, weiß und schwarz dekoriert. *Variante 2*: `Profil`: siehe Variante 1. `Dekor`:. Wie Variante 1, bis auf die Stirnplatte, die hier mit einem doppelten dreiläufigen Flechtband dekoriert. Mit dreiteiliger Palmette aus roten und schwarzen Blättern und schwarz gefülltem Auge. Ob sich der Dekor der Bodenplatte von dem des ersten Typs unterscheidet, kann anhand der Literatur nicht geklärt werden. *Variante 3*: `Profil`: Deckplatte, Rundstab, Stirnplatte, Rundstab, Bodenplatte, Rundstab. Teile dieses Typs lassen sich der Giebelseite zuordnen, da sich ein Eckstück der ansteigenden GV der Giebelseite erhalten hat. Der Dekor wird durch den unteren Geisonabschluss beschnitten, eine Verkleinerung des Dekors findet demnach nicht statt. `Dekor`: Rundstab mit diagonalen Streifen in weiß, rot und schwarz. Stirnplatte wie bei Variante 2. Der Rundstab ist mit Rechtecken in weiß, rot und schwarz dekoriert, getrennt sind die einzelnen Rechtecke durch schwarz-weiße Streifen. Ob sich der Dekor der Bodenplatte von dem der ersten Variante unterscheidet, kann nicht geklärt werden. *Variante 4*: `Profil`: Siehe Typ 3. `Dekor`: Wie Variante 3, bis auf die Stirnplatte, die analog zu Variante 1 mit einem einfachen Flechtband dekoriert ist. **TS:** `Profil`: Sockel mit Wasserspeiern, Rundstab, Kehle, Leiste, doppelter Rundstab. `Dekor`: Je zwei schwarze Rauten auf weißem Grund zwischen den Wasserspeiern. Rundstab mit diagonalen Streifen in weiß, rot und schwarz. Auf der Kehle ein dreifaches weiß-schwarz-weißes Wellenband. Die Kehle ist überhalb des Bandes rot, unterhalb schwarz gefüllt. Auf der Leiste ein schwarzer Mäander auf weißem Grund. Das abschließende Paar Rundstäbe ist mit Rechtecken in rot, schwarz und weiß dekoriert, getrennt durch vertikale Streifen in weiß und schwarz. **Farben:** Rot, schwarz, weiß. **Maße:** H(Simen): 0,38 m. H(GV): 0,315 m. L(vorkragender Teil der Bodenplatte an der GS): 0,11 m. **Dat.:** 1. Viertel 6. Jh. v. Chr. **Lit.:** BREA 1949, 47-56 Abb. 36-43; WIKANDER 1986, 34.

GELA 4 Taf. 5,2

Typ: Kanonisches sizilisches Dach. 1. Generation. **Bau:** Unbekannt. **FO:** Innerhalb des Temenos des Athenaions. **AO:** Siracusa, Museo Regionale Paolo Orsi. **Inv.-Nr.:** Unbekannt. **Erhaltene Bauteile:** Teile aller Simen sowie den dazugehörigen GV. **Erhaltungszustand:** Schlecht, nur Frgte. erhalten. **GS:** `Profil`: Sockel, Rundstab, Kehle, breite Leiste. `Dekor`: Sockel mit Schachbrettmuster aus roten, weißen und schwarzen Feldern. Rundstab mit diagonalen Streifen in rot, weiß und schwarz. Auf der Kehle ein Blattstab aus lyraförmigen Blättern mit weiß-schwarz-weißer Umrandung. Die Blätter und die Zwischenräume sind alternierend schwarz und rot gefüllt. Abschließende Leiste wie Sockel. **TS:** `Profil`: Sockel mit Wasserspeiern, Rundstab, Kehle, breite Leiste. `Dekor`: Auf dem Sockel Rechtecke, alternierend schwarz und weiß gefüllt. In den schwarzen Feldern sind die Wasserspeier angebracht, in den weißen je zwei durch vertikale Streifen eingefasste schwarze Rauten. Rest wie GS. **HGS:** Wie Giebelsima. Nur auf der abschließenden Leiste ein schwarzer Hakenmäander auf weißem Grund. Der Dekor wird in den Ecken verkleinert. **GVT:** `Profil`: Deckplatte, Rundstab, Stirnplatte, Rundstab. `Dekor`: Rundstab mit diagonalen Streifen in rot, weiß und schwarz. Auf der Stirnplatte ein einfaches dreiläufiges Flechtband. In den Augen achtteilige Rosetten mit schwarz gefüllten, weiß umrandeten Blättern. In der Mitte ein weißer Ring mit schwarzer Füllung. Umgeben ist die ganze Rosette von einem weiteren weißen Ring. Der Hintergrund der Platte ist weiß. Unterer Rundstab wieder mit diagonalen Streifen in rot, weiß und schwarz. **GVH:** `Profil`: Rundstab, Rest der Stirnplatte. Am Rand spitz zulaufend. `Dekor`: Einfaches in den Ecken verkleinertes Flechtband. In den Augen achtteilige Rosetten aus weißen Blättern auf schwarzem Grund. **Farben:** Rot, weiß, schwarz. **Maße:** H(Simen): 0,28 m. H(GV): 0,315 m. L(Modul der TS): 0,42 m. **Dat.:** 1. Viertel 6. Jh. v. Chr. **Lit.:** BREA 1949, 56-59 Abb. 44-49 Taf. 4; WIKANDER 1986, 34-35 Abb. 2; 9.

GELA 5 Taf. 5,5

Typ: Kanonisches sizilisches Dach. 1. Generation. **Bau:** Unbekannt. **FO:** Innerhalb des Temenos des Athenaions. **AO:** Siracusa, Museo Regionale Paolo Orsi. **Inv.-Nr.:** Unbekannt. **Erhaltene Bauteile:** Teile der GS. **Erhaltungszustand:** Schlecht, nur wenige Teile erhalten. **GS:** `Profil`: Sockel, Rundstab, Kehle, Leiste, Rundstab. `Dekor`: Sockel mit Schachbrettmuster aus roten, weißen und schwarzen Feldern. Rundstab mit diagonalen Streifen in schwarz und weiß. Auf der Kehle ein einfacher Blattstab aus roten, schwarzen und weißen Blättern mit schmaler schwarzer Umrandung. Unterhalb des Blattstabes ein schwarzes Fischgrätband auf weißem Grund. Auf der Leiste ein schwarzer Hakenmäander auf weißem Grund. Auf dem abschließenden Rundstab Rechtecke in schwarz und weiß, am Rand der weißen Felder je ein vertikaler schwarzer Streifen[587]. **Farben:** Rot, weiß, schwarz. **Maße:** H(Simen): 0,335 m. L(Modul der TS): 0,455 m. **Dat.:** 1. Viertel 6. Jh. v. Chr. **Lit.:** BREA 1949, 60-61 Abb. 50; WIKANDER 1986, 35-36; SHOE 1950, 68.

[587]Von Brea wird der Sima eine GV zugesprochen. Scichilone weist aber auf die große stilistische Diskrepanz zwischen dem einfachen dorischen Blattstab auf der Kehle der Sima und dem doppelten Flechtband auf der Stirnplatte sowie auf die unterschiedliche Höhe der beiden Elemente hin (Die Sima ist 0,335 m, die GV 0,225 m hoch). Er schließt deshalb eine Zusammengehörigkeit der beiden Stücke aus. Er weißt der Sima stattdessen die GV zu, welche von Brea **GELA 4** zugesprochen wird. Da diese Frage vorerst nicht sicher zu klären ist, werden hier **GELA 5** und **GELA 17** getrennt behandelt. Vgl. SCICHILONE 1963, 190; WIKANDER 1986, 35 Anm. 122.

GELA 6

Typ: Kanonisches sizilisches Dach. 2. Generation. **Bau:** Unbekannt. **FO:** Innerhalb des Temenos des Athenaions. **AO:** Siracusa, Museo Regionale Paolo Orsi. **Inv.-Nr.:** Unbekannt. **Erhaltene Bauteile:** Teile der GS sowie der TS. **Erhaltungszustand:** Schlecht, nur wenige Frgte. erhalten. **GS:** `Profil`: Sockel, Rundstab, Kehle, Leiste, Rundstab. `Dekor`: Auf dem schwarzen Sockel achtteilige Rosetten aus weißen Blättern. Im Auge der Rosette ein roter Punkt. Rundstab mit diagonalen Streifen in weiß, schwarz und rot. Auf der Kehle ein Blattstab aus tropfenförmigen, unten stark eingezogenen Blättern. Die Blätter besitzen eine dreifache Umrandung in weiß-schwarz-weiß und sind alternierend schwarz und rot gefüllt. Die Zwischenräume besitzen eine schwarze Füllung. Auf der Leiste ein schwarzer Mäander auf weißem Grund. Abschließender Rundstab wieder mit diagonalen Streifen in weiß, schwarz und rot. Die Streifen sind jedoch schmaler und liegen dichter beieinander als auf dem unteren Rundstab. **TS:** `Profil`: Sockel mit Wasserspeiern, Rundstab, Kehle, Leiste, doppelter Rundstab. `Dekor`: Auf dem Sockel schmale schwarze Kreuze mit leicht verdicktem Zentrum auf weißem Grund. **Farben:** Rot, weiß, schwarz. **Maße:** H: 0,265 m. L(TS-Modul): 0,435 m. **Dat.:** 570-530 v. Chr. **Lit.:** BREA 1949, 62-63 Abb. 51-53; WIKANDER 1986, 35; SHOE 1950, 68 Taf. 6, 6.

GELA 7

Typ: Kanonisches sizilisches Dach. **Bau:** Unbekannt. **FO:** Innerhalb des Temenos des Athenaions. **AO:** Siracusa, Museo Regionale Paolo Orsi. **Inv.-Nr.:** Unbekannt. **Erhaltene Bauteile:** Frgt. einer GS. **Erhaltungszustand:** Schlecht, nur ein Frgt. erhalten, **GS:** `Profil`: Ansatz von Sockel, Rundstab, Ansatz der Kehle. `Dekor`: Auf dem Sockel evtl. der Rest eines Flechtbandes. Rest verloren. **Farben:** Unbekannt. **Maße:** H: 0,085 m. L: 0,135 m. **Dat.:** 6. Jh. v. Chr. **Lit.:** BREA 1949, 63 Abb. 54; WIKANDER 1986, 35.

GELA 8

Typ: Kanonisches sizilisches Dach. 2. Generation. **Bau:** Unbekannt. **FO:** Bitalemi. **AO:** Unbekannt. **Inv.-Nr.:** Unbekannt. **Erhaltene Bauteile:** Frgt. der Sima. **Erhaltungszustand:** Schlecht, nur ein Frgt. erhalten. **Sima:** `Profil`: Kehle, Leiste, Ansatz des abschließenden Rundstabs. `Dekor`: Auf der Kehle ein Blattstab aus unten leicht eingezogenen Blättern mit sehr breiter weiß-schwarz-weißer Umrandung. Die Blätter sind alternierend rot und schwarz gefüllt. Der Hintergrund der Kehle ist ebenfalls schwarz. Auf der Leiste ein schwarzer Mäander auf weißem Grund. Der Dekor des Rundstabs ist verloren. **Farben:** Weiß, schwarz. **Maße:** H: 0,165 m. **Dat.:** 570-530 v. Chr. **Lit.:** ORLANDINI 1956, 399 Abb. 2 (Mitte).

GELA 9

Typ: Kanonisches sizilisches Dach. 1. Generation. **Bau:** Unbekannt. **FO:** In einer Grube auf dem Hügel Madonna dell´ Alemanna **AO:** Unbekannt. **Inv.-Nr.:** Unbekannt. **Erhaltene Bauteile:** Teile der GS, der TS und einer GV. **Erhaltungszustand:** Schlecht, nur Frgte. erhalten. **GS:** `Profil`: Kehle, Leiste, Ansatz eines Rundstabs. `Dekor`: Auf der Kehle ein Blattstab aus tropfenförmigen, unten eingezogenen Blättern mit breiter Umrandung in weiß-schwarz-weiß. Die Füllung der Blätter ist alternierend schwarz und rot. Der Hintergrund ist wahrscheinlich schwarz. Auf der Leiste ein schwarzer Mäander auf weißem Grund. Auf dem Ansatz des Rundstabes kein erhaltener Dekor. Auf der Rückseite ein einfacher Blattstab. **TS:** `Profil`: Sockel mit Wasserspeiern, Rundstab, Ansatz der Kehle. `Dekor`: Auf dem Sockel längliche schwarze Rauten auf weißem Grund. Rundstab mit diagonalen Streifen in schwarz und weiß und rot (?). Vom Dekor der Kehle haben sich die Reste eines Blattstabes erhalten[588]. **GV:** `Profil`: Deckplatte, Rundstab, Stirnplatte, Rundstab. `Dekor`: Auf dem Rundstab alternierend schwarze und weiße Rechtecke. Auf der Stirnplatte ein dreiläufiges Flechtband mit weiß-schwarzer Umrandung. In den Augen sechzehnteilige Rosetten aus weiß gefüllten Blättern mit schwarzer Umrandung auf weißem Grund[589]. Abschließender Rundstab mit diagonalen Streifen in rot, schwarz und weiß[590]. **Farben:** Schwarz, weiß, rot. **Maße:** Unbekannt. **Dat.:** 1. Viertel 6. Jh. v. Chr. **Lit.:** ADAMNESTEANU 1956C, 356 Abb. 4-5; WIKANDER 1986, 36.

GELA 10

Typ: Kanonisches sizilisches Dach. **Bau:** Unbekannt. **FO:** In einer Grube auf dem Hügel Madonna dell´ Alemanna **AO:** Unbekannt. **Inv.-Nr.:** Unbekannt. **Erhaltene Bauteile:** Teile der GS, der TS und einer GV. **Erhaltungszustand:** Schlecht, nur Frgte. erhalten. **GS:** `Profil`: Ansatz der Kehle, Leiste, doppelter Rundstab. Der untere Teil ist verloren. `Dekor`: Auf der Kehle ein Blattstab (das genaue Aussehen lässt sich anhand der Abbildung nicht klären). Leiste mit schwarzem Mäander auf weißem Grund. Die beiden abschließenden Rundstäbe sind mit alternierenden Streifen in schwarz, rot und weiß dekoriert, die einzelnen Rechtecke sind durch Gruppen von vertikalen schwarz-weißen Streifen getrennt. **TS:** `Profil`: Frgt. des Sockels mit dem Ansatz eines Wasserspeiers. `Dekor`: Sechsteilige Rosetten. **GV:** `Profil`: Stirnplatte. `Dekor`: Doppeltes Flechtband mit zentraler Palmette. **Farben:** Schwarz, weiß, rot. **Maße:** H(GS): ca. 0,18 m. H(GV): ca. 0,2 m. H(TS):

---

[588] Wikander ergänzt noch den oberen Teil der Sima. Aus der Beschreibung und der Abbildung Adamnesteanus geht dies jedoch nicht hervor.

[589] Ob es sich um ein einfaches oder um ein doppeltes Flechtband handelt, kann weder anhand der Beschreibung, noch anhand der Abbildung entschieden werden. Adamnesteanu weist den großen Rosetten den Platz der üblichen zentralen Palmette zu. Wenn dies zutreffen würde, müssten die Rosetten in dem Dreieck sitzen, im welchem die beiden Bänder zusammenlaufen. Die Abbildung 5 zeigt aber eindeutig, dass die Rosetten im oberen Bogen des Flechtbandes und damit an der herkömmlichen Stelle angebracht sind. Siehe hierzu auch: WIKANDER 1986, 36 Anm. 126.

[590] Wikander ergänzt auf der Bodenplatte einen Mäander oder einen Wolfszahn, aber auch dies geht weder aus der Beschreibung, noch aus den Abbildungen Adamnesteanus hervor.

0,05 m [591]. **Dat.:** 6. Jh. v. Chr. **Lit.:** ADAMNESTEANU 1956C, 390-391 Abb. 6; WIKANDER 1986, 36.

GELA 11 Taf. 5,3

Typ: Kanonisches sizilisches Dach. 2. Generation. **Bau:** Unbekannt. **FO:** In einer Grube auf dem Hügel Madonna dell' Alemanna **AO:** Unbekannt. **Inv.-Nr.:** Unbekannt. **Erhaltene Bauteile:** Teile einer Sima und einer GV. **Erhaltungszustand:** Schlecht, nur Frgte. erhalten. **Sima:** `Profil`: Ansatz der Kehle, Rest verloren. `Dekor`: Auf der Kehle ein Blattstab aus lyraförmigen Blättern mit volutenartig eingerollten Enden. Die Blätter sind weiß umrandet und sind mit einer stehenden, dreiteiligen Palmette gefüllt. Der Hintergrund ist schwarz. **GV:** `Profil`: Oberer Teil verloren, Stirnplatte, doppelter Rundstab (der untere nur noch im Ansatz vorhanden). `Dekor`: Auf der Stirnplatte ein doppeltes Flechtband aus drei Bändern, in den Augen fünfteilige, weiße Rosetten auf schwarzem Grund umgeben von einem weißen Kreis. Zentrale dreiteilige Palmette aus weiß umrandeten schwarzen Blättern. Der Hintergrund der Stirnplatte ist schwarz. Rundstäbe mit alternierenden schwarzen und weißen Rechtecken durch Gruppen horizontaler Streifen (ebenfalls schwarz und weiß) getrennt. **Farben:** Schwarz, weiß, rot. **Maße:** D(Öffnung für die WS): 0,035 m. H rek.: ca. 0,18 m. H: ca. 0,20 m. L(Modul der GV): 0,28 m. **Dat.:** 570-530 v. Chr. **Lit.:** ADAMNESTEANU 1956C, 391-392 Abb. 7-8; WIKANDER 1986, 36.

GELA 12

Typ: Kanonisches sizilisches Dach. **Bau:** Unbekannt. **FO:** Heiliger Bezirk bei der Mühle von Pietro. **AO:** Unbekannt. **Inv.-Nr.:** Gela, Museum. **Erhaltene Bauteile:** Teile der TS und einer GV. **Erhaltungszustand:** Schlecht, nur Frgte. erhalten. **TS:** `Profil`: Sockel mit Wasserspeiern, Rundstab, Kehle, Leiste, Rundstab. `Dekor`: Auf dem Sockel schwarze Rauten[592]. Der Dekor des unteren Rundstabes ist verloren, auf der Kehle ein Blattstab aus unten leicht eingezogenen Blättern mit einer dreifachen Umrandung in weiß, schwarz, weiß. Die Füllung der Blätter ist alternierend schwarz und rot. Der Hintergrund ist schwarz. Der Dekor des unteren Teils der Kehle ist verloren. Die Leiste ist mit einem Schachbrettmuster aus schwarzen und weißen Feldern dekoriert. Auf dem abschließenden Rundstab diagonale Streifen in rot, weiß und schwarz. **GV:** `Profil`: Oberer Teil verloren, Stirnplatte, doppelter Rundstab. `Dekor`: Auf der Stirnplatte ein doppeltes dreiläufiges Flechtband. In den Augen achtteilige weiße Rosetten auf schwarzem Grund umgeben von einem weißen Kreis. Zentrale fünfteilige Palmette mit weiß umrandeten schwarzen und roten Blättern. Der Hintergrund der Stirnplatte ist weiß. Rundstäbe mit Rechtecken in schwarz und weiß. Auf der Unterseite ein Wolfszahn. **Farben:** Weiß, rot, schwarz. **Maße:** H rek.: 0,2-0,25 m. S(TS): 0,04-0,09 m. H(GV-rek. ohne Rundstäbe 0,31 m. L(GV): 0,38 m. **Dat.:** 6. Jh. v. Chr. **Lit.:** ADAMNESTEANU 1956A, 219-220. Abb. 3; WIKANDER 1986, 35.

GELA 13 Taf. 5,4

Typ: Korinthische *dark-on-light* Sima. **Bau:** Unbekannt. **FO:** Heiliger Bezirk bei der Mühle von Pietro. **AO:** Unbekannt. **Inv.-Nr.:** Unbekannt. **Erhaltene Bauteile:** Frgt. der Sima. **Erhaltungszustand:** Schlecht, nur ein Frgt. erhalten. **GS:** `Profil`: Leiste, Rundstab. `Dekor`: Auf der Leiste der linke Teil einer Palmette aus schwarzen Blättern auf weißem Grund. Die Blätter der Palmette sind schmal und biegen sich leicht nach außen. **Farben:** Weiß, schwarz. **Maße:** Unbekannt. **Dat.:** Um 510 v. Chr. **Lit.:** ADAMNESTEANU 1956A, Abb. 10 b[593].

GELA 14 Taf. 5,6

Typ: Korinthische *dark-on-light* Sima. **Bau:** Unbekannt. **FO:** Heiliger Bezirk bei der Mühle von Pietro. **AO:** Gela, Museum. **Inv.-Nr.:** Nicht vergeben. **Erhaltene Bauteile:** Frgt. der Sima. **Erhaltungszustand:** Gut, langes Stück der Sima erhalten. **GS:** `Profil`: Leiste, Kyma recta, Rundstab. `Dekor`: Auf der Leiste und dem Kyma ein ionischer Bogenfries. Die Palmetten sind siebenteilig und die Blätter sind alternierend rot und schwarz gefüllt. Die Lotosblüten bestehen aus drei Blättern; das zentrale Blatt ist rot, die beiden äußeren sind schwarz. Der Hintergrund ist weiß. **Farben:** Weiß, rot, schwarz. **Maße:** H: 0,37 m; L: 062 m; **Dat.:** Um 500 v. Chr. **Lit.:** PANVINI 1998, 49, I.57

GELA 15

Typ: Unbekannt. **Bau:** Unbekannt. **FO:** In einer Zisterne in der Nähe des neuen Rathauses. **AO:** Unbekannt. **Inv.-Nr.:** Unbekannt. **Erhaltene Bauteile:** Frgt. einer GV. **Erhaltungszustand:** Schlecht, nur ein Frgt. erhalten. **GV:** `Profil`: Frgt. der Stirnplatte. `Dekor`: Doppeltes dreiläufiges Flechtband mit weiß-schwarzer Umrandung. In den Augen des Flechtbandes neunteilige Rosetten aus weißen Blättern auf schwarzem Grund. In der Mitte ein weißer Kreis mit roter Füllung. **Farben:** Weiß, schwarz, rot. **Maße:** H: 0,15 m. L: 0,1 m. **Dat.:** 1. Hälfte 6. Jh. v. Chr. **Lit.:** ADAMNESTEANU 1956B 272 Abb. 11 b.

GELA 16

Typ: Unbekannt[594]. **Bau:** Unbekannt. **FO:** Contrada Piano Camera in Gela. **AO:** Unbekannt. **Inv.-Nr.:** Unbekannt. **Erhaltene Bauteile:** Frgt. einer GV. **Erhaltungszustand:** Schlecht, nur ein Frgt. erhalten. **GV:** `Profil`: Rundstab, Stirnplatte. `Dekor`: Einfaches dreiläufiges Flechtband.

---

[591] Da sich die Maße der TS eindeutig auf das Frgt. beziehen, ist davon auszugehen, dass es sich bei den Maßangaben zur GS und zu GV ebenfalls um die Höhe der Frgte. handelt.

[592] Dies geht nur aus der Beschreibung hervor, Angaben zur Hintergrundfarbe des Sockels werden nicht gemacht. Vgl. ADAMNESTEANU 1956, 220.

[593] Im Text wird die findet dieses Stück keine Erwähnung.

[594] Wie Panvini schon bemerkte, gehört die GV zu einer indigenen Produktion. Hierauf deutet die schlechte Qualität der Bemalung hin.

In den weißen Augen unregelmäßig gezeichnete schwarze Speichenräder. Der Hintergrund der Stirnplatte ist schwarz. Auf dem Rundstab hat sich kein Dekor erhalten. **Farben:** Weiß, schwarz. **Maße:** Unbekannt. **Dat.:** 6. Jh. v. Chr. **Lit.:** PANVINI 1993, 785 Taf. 31, 3.

GELA 17

Typ: Unbekannt[595]. **Bau:** Unbekannt. **FO:** Innerhalb des Temenos des Athenaions. **AO:** Siracusa, Museo Regionale Paolo Orsi. **Inv.-Nr.:** Unbekannt. **Erhaltene Bauteile:** Frgte. einer GV. **Erhaltungszustand:** Schlecht, nur wenige Frgte. erhalten. **GV:** `Profil`: Deckplatte, Rundstab, Stirnplatte, Rundstab. `Dekor`: Beide Rundstäbe sind mit Rechtecken in schwarz und weiß dekoriert. Auf der Stirnplatte ein doppeltes dreiläufiges Flechtband auf weißem Grund. Dreiteilige zentrale Palmette aus schwarz gefüllten und weiß-schwarz umrandeten Blättern. In den Augen weiß umrandeter, schwarz gefüllter Kreis. **Farben:** Weiß, schwarz. **Maße:** H: 0,225 m. **Dat.:** 1. Hälfte 6. Jh. v. Chr. **Lit.:** BREA 1949, 60-61 Abb. 50; WIKANDER 1986, 35-36; SHOE 1950, 68.

GELA 18

Typ: Unbekannt. **Bau:** Unbekannt. **FO:** Innerhalb des Temenos des Athenaions. **AO:** Siracusa, Museo Regionale Paolo Orsi. **Inv.-Nr.:** Unbekannt. **Erhaltene Bauteile:** 3 Frgte. einer GV. **Erhaltungszustand:** Schlecht, lediglich 3 Frgte. erhalten. **GV:** `Profil`: Stirnplatte, Ansatz eines Rundstabs. `Dekor`: Auf der Stirnplatte ein doppeltes fünfläufiges Flechtband. Zentrale dreiteilige Palmette aus weiß umrandeten, alternierend rot und schwarz gefüllten Blättern. In den Augen des Flechtbandes achtteilige Rosetten aus weißen Blättern aus weißen Blättern auf schwarzem Grund. In der Mitte der Rosetten konzentrische Kreise. Auf dem Rundstab diagonale Streifen. **Farben:** Schwarz, weiß, rot. **Maße:** H(Frgt. 1): 0,135 m. L(Frgt. 1): 0,11 m. H(Frgt. 2): 0,13 m, L(Frgt. 2): 0,128 m. **Dat.:** 570-530 v. Chr. **Lit.:** BREA 1949, 64-65 Abb. 55. WIKANDER 1986, 35.

GELA 19

Typ: Unbekannt. **Bau:** Unbekannt. **FO:** Innerhalb des Temenos des Athenaions. **AO:** Siracusa, Museo Regionale Paolo Orsi. **Inv.-Nr.:** Unbekannt. **Erhaltene Bauteile:** Frgt. einer Sima. **Erhaltungszustand:** Schlecht, nur 1 Frgt. erhalten. **Sima:** `Profil`: Bodenplatte, doppelter Rundstab, Leiste, Rundstab. `Dekor`: Unterer der beiden unteren Rundstäbe verloren, der darüber mit diagonalen Streifen in weiß und schwarz (?). Leiste mit schwarzem Hakenkreuzmäander auf weißem Grund. Die einzelnen Hakenkreuze alternieren mit schwarz gefüllten Quadraten. Auf dem abschließenden Rundstab durch Streifen getrennte Rechtecke. **Farben:** Schwarz, weiß, rot. **Maße:** L: 0,125 m. H: 0,11 m. **Dat.:** Letztes Drittel 6. Jh. v. Chr. **Lit.:** BREA 1949, 65 Abb. 56.

13.10 Die Dächer aus Grammichele

GRAM 1 Taf. 6,1

Typ: Blattstabsima. **Bau:** Unbekannt. **FO:** Unbekannt. **AO:** Siracusa, Museo Regionale Paolo Orsi. **Inv.-Nr.:** Unbekannt. **Erhaltene Bauteile:** Frgt. einer Sima. **Erhaltungszustand:** Schlecht, ein kurzes Stück in ganzer Höhe erhalten. **Sima:** `Profil`: Bodenplatte, darüber eine langgezogene Kehle deren Ende eine schmale Leiste bildet. `Dekor`: Unten horizontale Streifen in schwarz und rot von schmalen weißen Streifen eingefasst. Darüber ein Blattstab aus alternierend rot und schwarz gefüllten, weiß umrandeten Blättern. Der Hintergrund ist schwarz. Auf der Leiste ein Treppenband aus roten und schwarzen Elementen mit weißer Umrandung. **Maße:** Unbekannt. **Farben:** Schwarz, rot, weiß. **Dat.:** Um 600 v. Chr. **Lit.:** ORSI 1897, 261-262 Abb. 44; VAN BUREN 1923, 96 Abb. 20; SÜSSEROTT 1944, 115; SCICHILONE 1963, 192-193 Abb. 25-26; WIKANDER 1986, 36; WINTER 1993, 275 Abb. 8.

13.11 Die Dächer aus Himera

HIME 1 Taf. 6,2

Typ: Sonderform. **Bau:** Tempel A. **Erhaltene Bauteile:** Ganze Module der Verkleidung. **Inv.-Nr.:** Ar, 1-6. 63.7829, 64.208, 64.209, 64.384, 65.125. **FO:** Tempel A. **AO:** Himera, Antiquarium. **Erhaltungszustand:** Gut, ganze TS-Module erhalten. **TS:** `Profil`: Traufziegel mit angearbeiteter vertikaler Leiste, welche das Geison bedeckt. In die Leiste sind diagonal die Röhrenwasserspeier eingeschnitten. Auf der Oberseite zwei diagonal angeordnete Rundstäbe. Die herabhängende Leiste wird ebenfalls von einem Rundstab abgeschlossen. `Dekor`: Spuren von schwarzer und roter Bemalung. **Farben:** Schwarz, rot. **Maße:** H: 0,155 m. L(Modul): 0,565-0,56 m. S: 0,035 m. **Dat.:** Um 570 v. Chr. **Lit.:** ADRIANI U.A. 1970, 84-87 Taf. 13; WIKANDER 1986, 36-37 Abb. 7; WINTER 1993 275; WIKANDER 1990, 278-279 Abb. 1.

HIME 2

Typ: Blattstabsima. **Bau:** Unbekannt. **Erhaltene Bauteile:** Frgte. der GS. **Inv.-Nr.:** H. 74.384. **FO:** Vor einer kleinen Portikus an der Südseite des Temenos. **AO:** Himera, Museum. **Erhaltungszustand:** Schlecht, nur drei Frgte. erhalten. **GS:** `Profil`: Weit vorkragende Bodenplatte, Leiste, Kehle, Leiste. `Dekor`: Auf der Bodenplatte ein zweireihiger schwarzer Hakenkreuzmäander auf weißem Grund. Die einzelnen Kreuze des Mäanders wechseln sich mit roten Quadraten ab, welche mit einem Schachbrettmuster gefüllt sind. Eingefasst ist der Dekor der Bodenplatte mit schwarzen und roten Streifen. Auf der unteren Leiste wird das Motiv der Bodenplatte wiederholt, nur hier ist der Mäander einreihig und die Quadrate besitzen keine Füllung. Die Kehle ist mit weißen herzförmigen Blättern auf rotem Grund dekoriert, die aus einem kurzen Stiel wachsen. Die Blätter besitzen eine breite weiße Umrandung, deren

[595] Fälschlicherweise **GELA 5** zugewiesen.

obere Enden nach außen, die unteren nach innen eingerollt sind. Im Zentrum dieser Blätter eine kleine schwarze Raute. In den oberen Zwischenräumen weitere, oben rund, unten spitz zulaufende weiße Blätter mit einem kurzen Stiel an der Oberseite. Der Hintergrund der Kehle ist schwarz. Auf der abschließenden Leiste ein Hakenmäander aus roten und schwarzen Elementen auf weißem Grund. **Farben:** Schwarz, weiß, rot. **Maße:** H: 0,18 m. L: 0,675 m. Überhang der Bodenplatte: 0,215 m. **Dat.:** 6. Jh. v. Chr. **Lit.:** EPIFANIO 1980, 167-168 Taf. 50, 1; 52, 11.

HIME 3 Taf. 6,3

Typ: Kompositverkleidung. **Bau:** Unbekannt. **FO:** Ebene von Himera. **AO:** Unbekannt. **Inv.-Nr.:** H. 76192. **Erhaltene Bauteile:** Frgt. einer Kompositverkleidung. **Erhaltungszustand:** Gut, ganzes Modul erhalten. **KV:** `Profil`: Überschlagskarnies, darüber ein weiter Bogen. Darunter eine Kehle, flacher Rundstab, Stirnplatte. An der Rückseite die Auflageplatte. `Dekor`: Kein Dekor erhalten. **Farben:** Keine Bemalung erhalten. **Maße:** H: 0,186 m. L: 0,285 m. **Dat.:** Mitte 6. Jh. v. Chr. **Lit.:** EPIFANIO 1980, 170-171 Taf. 51, 2; 52, 2.

HIME 4 Taf. 6,4

Typ: Kompositverkleidung. **Bau:** Unbekannt. **Erhaltene Bauteile:** Frgt. einer Kompositverkleidung. **Inv.-Nr.:** H. 74.566. **FO:** Ebene von Himera, Graben in Schnitt H. **AO:** Unbekannt. **Erhaltungszustand:** Schlecht, nur ein Frgt. erhalten. **KV:** `Profil`: Überschlagskarnies, darüber ein Bogen, welcher parabelförmig auf die Auflageplatte trifft. Darunter eine Kehle, Stirnplatte und ein Rundstab. Auf halber Höhe an der Rückseite die Auflageplatte. `Dekor`: Auf dem Überschlagskarnies und der Kehle hat sich kein Dekor erhalten. Auf der Stirnplatte ein Dekor aus einem plastischen doppelten dreiläufigen Flechtband. In den Augen konzentrische Kreise. Keine zentrale Palmette. Der Dekor der Stirnplatte beginnt auf der Höhe der Auflageplatte. **Farben:** Schwarz, weiß. **Maße:** H: 0,186 m. L: 0,285 m. Von der Oberkante bis zum Ansatz der Auflageplatte: 0,08 m. **Dat.:** 6. Jh. v. Chr. **Lit.:** EPIFANIO 1980, 170-171 . Taf. 51, 3; 52, 1. ALLEGRO U.A. 1976 Taf. 110, 2.

HIME 5 Taf. 7,1; 7,3

Typ: Kanonisches sizilisches Dach. 3. Generation.[596]. **Bau:** Tempel B. **Erhaltene Bauteile:** Frgte. aller Simen sowie von den dazugehörigen Geisonverkleidungen. **Inv.-Nr.:** Vgl. ADRIANI U.A. 1970, 148-153. **FO:** Außerhalb des Tempels. **AO:** Himera, Museum. **Erhaltungszustand:** Gut, ganze Module erhalten. **GS:** `Profil`: Bodenplatte, Sockel, Rundstab, Kehle, Überschlagskarnies, Rundstab. `Dekor`: Auf dem Sockel ein schwarzer Hakenkreuzmäander auf weißem Grund[597]. Plastischer Astragal. Auf der Kehle ein Blattstab aus unten stark eingezogenen Blättern, deren Enden nach außen gerichtete Voluten bilden. Die Füllung der Blätter ist alternierend rot und schwarz, die Umrandung der Blätter ist weiß-schwarz. Der Grund der Kehle ist über den Blättern weiß, unterhalb schwarz. In den unteren Zwischenräumen siebenteilige Palmetten aus weißen Blättern. Auf der Oberseite des Überschlagskarnies ein hängendes dorisches Kyma. Abschließend wieder ein plastischer Astragal. **GVG:** `Profil`: Deckplatte, Überschlagskarnies, Kehle, Rundstab, Stirnplatte, Rundstab, bogenförmig nach unten weisende Bodenplatte. Auf der Rückseite zwei längliche Aussparungen. `Dekor`: Die Oberseite des Überschlagskarnies´ scheint keinen Dekor zu besitzen. Auf der Kehle ein stehender plastischer Blattstab. Darunter ein plastischer Astragal. Auf der Stirnplatte ein doppeltes dreiläufiges Flechtband. In den Augen ein schwarzer Kreis mit weißer Umrandung und achtteiliger Rosette aus weißen Blättern. Die zentrale Palmette besteht aus drei weißen Blättern, die beiden äußeren Blätter sind verbunden. Darunter wiederum ein plastischer Astragal. Auf der Bodenplatte ein Blattstab aus unten stark eingezogenen Blättern, deren Enden nach außen gerichtete Voluten bilden. Die Füllung der Blätter ist alternierend rot und schwarz, die Umrandung der Blätter ist weiß-schwarz. In den unteren Zwischenräumen achtteilige Palmetten aus weißen Blättern, deren zwei mittlere Blätter nahezu die gleiche Höhe wie der Blattstab erreichen. **TS:** `Profil`: Bodenplatte, Sockel mit Wasserspeiern, Rundstab, Kehle, Leiste, Rundstab. `Dekor`: Auf dem Sockel ein einfaches dreiläufiges Flechtband. In den Augen ein schwarzer Kreis mit weißer Umrandung und vierteiliger Rosette aus weißen Blättern. Der Grund ist weiß. Darüber ein plastischer Astragal. Auf der Kehle ein Blattstab aus unten stark eingezogenen Blättern, deren Enden nach außen gerichtete Voluten bilden. Die Füllung der Blätter ist alternierend rot und schwarz, die Umrandung der Blätter ist weiß-schwarz, der Grund der Kehle ist über den Blättern weiß, unterhalb schwarz. In den unteren Zwischenräumen ein herzförmiges stehendes weißes Blatt über einer kleinen Raute. Innerhalb des herzförmigen Blattes eine Raute aus zwei dünnen parallelen schwarzen Streifen, welche durch diagonale Striche verbunden sind. Auf der Leiste ein schwarzer Mäander auf weißem Grund. Am unteren Rand der Leiste ein horizontaler Streifen. Auf der Unterseite des abschließenden Rundstabs ein Fischgrätband in weiß, schwarz und rot, in der Mitte durch einen dünnen schwarzen Streifen geteilt. Die Oberseite des Rundstabes ist mit einem plastischen Astragal dekoriert, dessen Perlen jedoch nicht konvex, sondern konkav sind. **GVT:** `Profil`: Wie GVG. `Dekor`: Auf dem Überschlagskarnies diagonale Streifen in weiß, rot und schwarz. Auf der Kehle ein stehender Blattstab. Die Blätter sind alternierend rot und schwarz gefüllt und besitzen eine sehr breite schwarz-weiß-schwarze Umrandung. Der Zwickel über den Blättern ist weiß. Auf dem Rundstab diagonale Streifen in weiß und rot. Rest wie GVG. **HGS:** `Profil`: Sockel, Leiste, Kehle, Leiste, Rundstab. Das Frgt. gehört zur linken Ecke und die einzelnen Teile steigen zur Mitte hin an. Die Inklination des oberen Teils aus Kehle, Leiste und Rundstab ist größer als die des Sockels. Zur Dekoration des Typanons gehören wohl

[596]Von Bonacasa werden GS und TS als nicht zusammengehörig erkannt. Durch die identische Höhe der Simen und der Geisonverkleidungen und durch das gänzliche Fehlen einer weiteren GS und einer weiteren TS kann an der Zusammengehörigkeit der beiden Verkleidungen kein Zweifel bestehen. Vgl. WIKANDER 1986, 37.

[597]Variante: rot-weißer Hakenkreuzmäander auf schwarzem Grund. Die Kreuze alternieren mit schwarzen Rechtecken, die mit einer achtteiligen Rosette aus weißen Blättern mit zentralem Punkt gefüllt sind.

die Frgte. einer großen Gorgo. `Dekor`: Reste eines weißen Überzugs, ansonsten keinerlei Bemalung erhalten. Auf den beiden Rundstäben ein plastischer Astragal. **Farben:** Rot, schwarz, weiß. **Maße:** H(Sima): 0,295 m. L(Sima-Modul): 0,6 m. H(GV): 0,35 m. L(GV-Modul): 0,6 m. H(HS): max. 0,163 m. L(HS): max. 0,28 m. **Dat.:** Letztes Drittel 6. Jh. v. Chr. **Lit.:** ADRIANI U.A. 1970 134-143 Abb. 8-9 Taf. 36-39; WIKANDER 1986, 37 Abb. 9;MARCONI 1931B 127-129 Abb. 116-121; EPIFANIO 1980, 167 Taf. 49, 5; BARLETTA 1983, 21-22 Abb. 4-5.

HIME 6

Typ: Kanonisches sizilisches Dach. 3. Generation. **Bau:** Unbekannt. **FO:** Ebene von Himera, Graben in Schnitt H. **AO:** Himera(?). **Inv.-Nr.:** H. 74.568. **Erhaltene Bauteile:** Frgt. einer Sima. **Erhaltungszustand:** Schlecht, nur ein Frgt. erhalten. **Sima:** `Profil`: Bodenplatte, Sockel, dünner Rundstab, Unterer Abschluss eines Kyma reversa. Rest verloren. `Dekor`: Sockel mit einfachem weißem Flechtband mit schwarzer Umrandung. Rundstab mit Gruppen von je drei horizontalen Streifen in schwarz. In den Augen des Flechtband achtteilige Rosetten aus weißen Blättern mit schwarzer Umrandung auf weißem Grund. Auf der Kehle Reste eines Blattstabs in schwarzer Farbe. **Farben:** Schwarz, weiß. **Maße:** H: 0,135 m. L: 0,122 m. **Dat.:** Letztes Drittel 6. Jh. v. Chr. **Lit.:** EPIFANIO 1980, 170-71 Taf. 51, 6; 52, 4.

HIME 7

Typ: Kanonisches sizilisches Dach. 3. Generation. **Bau:** Unbekannt. **FO:** Ebene von Himera, Graben in Schnitt H. **AO:** Unbekannt. **Inv.-Nr.:** H. 74.575. **Erhaltene Bauteile:** Frgt. einer Sima. **Erhaltungszustand:** Schlecht, nur ein Frgt. erhalten. **Sima:** `Profil`: Ansatz des Sockels, Rundstab, Kehle, Ansatz einer Leiste. Rest verloren. `Dekor`: Auf dem Sockel hat sich kein Dekor erhalten. Rundstab mit diagonalen Streifen in rot, schwarz und weiß. Auf dem unteren Ansatz der Kehle ein schmales weißes Wellenband mit schwarz-weißer Umrandung, darüber ein Blattstab aus hängenden herzförmigen Blättern mit breiter weißer Umrandung und alternierender roter und schwarzer Füllung. Im Inneren der Blätter eine 13-teilige[598] Palmette aus weißen Blättern über zwei liegenden Voluten, deren Augen schwarz gefüllt sind. Der Hintergrund der Kehle ist schwarz. **Farben:** Schwarz, weiß, rot. **Maße:** H: 0,166 m. L: 0,21 m. **Dat.:** Letztes Drittel 6. Jh. v. Chr. **Lit.:** EPIFANIO 1980, 171 Taf. 51, 1; 52, 5.

HIME 8

Typ: Kanonisches sizilisches Dach. 3. Generation. **Bau:** Unbekannt. **FO:** Insel 3. **AO:** Unbekannt. **Inv.-Nr.:** H71.440,1. **Erhaltene Bauteile:** Frgt. einer Sima. **Erhaltungszustand:** Schlecht, nur ein Frgt. erhalten. **Sima:** `Profil`: Ansatz der Kehle, Überschlagskarnies, Leiste, oberer Abschluss verloren. `Dekor`: Auf der Kehle ein Blattstab aus unten stark eingezogenen Blättern, mit alternierend roter und schwarzer Füllung und weiß-schwarzer Umrandung auf schwarzem Grund. In den Zwischenräumen Palmetten aus weißen Blättern. Auf dem Überschlagskarnies Reste von schwarzen Streifen. Am unteren Rand der Leiste ein schmales Band aus weiß gefüllten, schwarzen Rechtecken, in deren Mitte je ein schwarzer Punkt. Darüber ein schwarzer Mäander auf weißem Grund. In den Mäander eingeschoben quadratische weiße Felder, die mit einem achtteiligen Stern in schwarzer Farbe gefüllt sind. **Farben:** Schwarz, weiß, rot. **Maße:** H: 0,105 m. **Dat.:** Letztes Drittel 6. Jh. v. Chr. **Lit.:** ALLEGRO U.A. 1976, 334 Taf. 50, 7(rechts).

HIME 9

Typ: Kanonisches sizilisches Dach. **Bau:** Unbekannt. **FO:** Insel 3, Raum VI 40. **AO:** Unbekannt. **Inv.-Nr.:** H72.783. **Erhaltene Bauteile:** Eckfragment einer Sima. **Erhaltungszustand:** Schlecht, nur ein Frgt. erhalten. **Sima:** `Profil`: Ansatz der Kehle, Leiste, Rest verloren. `Dekor`: Auf der Kehle ein Blattstab aus unten stark eingezogenen Blättern, mit schwarzer Füllung und weiß-schwarzer Umrandung auf schwarzem Grund. Auf der Leiste ein schwarzer Mäander auf weißem Grund. **Farben:** Schwarz, weiß, rot. **Maße:** H: 0,045 m. L: 0,115 m. **Dat.:** 6. Jh. v. Chr. **Lit.:** ALLEGRO U.A. 1976, 334 Taf. 50, 8.

HIME 10

Typ: Kanonisches sizilisches Dach. **Bau:** Unbekannt. **FO:** Insel 2, Raum 45. **AO:** Unbekannt. **Inv.-Nr.:** H68.667,5. **Erhaltene Bauteile:** Frgt. einer Sima. **Erhaltungszustand:** Schlecht, nur Frgte. erhalten. **Sima:** `Profil`: Ansatz der Kehle, Leiste, abschließender Rundstab. `Dekor`: Auf der Kehle ein Blattstab aus Blättern mit breiter weißer Umrandung. Der Grund der Kehle ist schwarz[599]. **Farben:** Schwarz, weiß. **Maße:** L: 0,063 m. **Dat.:** 6. Jh. v. Chr. **Lit.:** ALLEGRO U.A. 1970, 189.

HIME 11

Typ: Kanonisches sizilisches Dach. **Bau:** Unbekannt. **FO:** Ebene von Tamburino. **AO:** Unbekannt. **Erhaltene Bauteile:** Frgt. einer Sima. **Inv.-Nr.:** H. 74.577. **Erhaltungszustand:** Schlecht, nur ein Frgt. erhalten. **Sima:** `Profil`: Ansatz der Kehle. Leiste von zwei Astragalen eingefasst. Rest verloren. `Dekor`: Kehle mit einem Blattstab aus roten und schwarzen Blättern mit weiß-schwarzer Umrandung. Auf der Leiste ein doppelter Hakenkreuzmäander auf weißem Grund, die einzelnen Mäanderkreuze alternieren mit Quadraten aus einer schwarzen Linie ab, in diesen ein weiteres schwarz gefülltes Quadrat. **Farben:** Schwarz, weiß. **Maße:** H: 0,082 m. L: 0,07 m. **Dat.:** Letztes Drittel 6. Jh. v. Chr. **Lit.:** EPIFANIO 1980, 170-171. Taf. 51, 5; 52, 3.

---

[598] Epifanio beschreibt die Palmetten als 11-teilig. Auf der von ihr vorgelegten Abbildung sind jedoch eindeutig 13 Blätter zu erkennen. Vgl. EPIFANIO 1980, 170 Taf. 51,1.

[599] Die Beschreibung geht nur aus dem Text hervor, eine Abbildung ist nicht vorhanden, die Dekoration von Leiste und Rundstab werden nicht beschrieben. Vgl. ALLEGRO U.A. 1970 189.

HIME 12 Taf. 7,2

Typ: Erhöhter Traufziegelrand. **Bau:** Unbekannt. **FO:** Insel 3, Straße 2, Sektor VI. **AO:** Unbekannt. **Inv.-Nr.:** H73.101. **Erhaltene Bauteile:** Frgt. einer Sima. **Erhaltungszustand:** Schlecht, nur Frgte. erhalten. **Sima:** `Profil`: Traufziegel mit leicht vorgeneigter vorgeblendeter Leiste. `Dekor`: Auf der Leiste ein Blattstab aus roten und schwarzen Blätter mit breiter Umrandung. Der Grund der Kehle ist schwarz. **Farben:** Schwarz, weiß, rot. **Maße:** L: 0,32 m. H: 0,094 m. T: 0,155 m. **Dat.:** 1. Hälfte 6. Jh. v. Chr. **Lit.:** ADRIANI U.A. 1970, 333-334 Abb. 8 Taf. 50, 5.

HIME 13

Typ: Erhöhter Traufziegelrand. **Bau:** Unbekannt. **FO:** Insel 3, Straße 2, Raum 6. **AO:** Unbekannt. **Inv.-Nr.:** H73.101. **Erhaltene Bauteile:** Frgt. einer Sima. **Erhaltungszustand:** Schlecht, nur Frgte. erhalten. **Sima:** `Profil`: Wie **HIME 18** `Dekor`: Kein Dekor erhalten. **Farben:** Keine Bemalung erhalten. **Maße:** L: 0,185 m. H: 0,11 m. T: 0,2 m. **Dat.:** 1. Hälfte 6. Jh. v. Chr. **Lit.:** ALLEGRO U.A. 1970, 333-334.

HIME 14 Taf. 7,4

Typ: Erhöhter Traufziegelrand. **Bau:** Unbekannt. **FO:** Insel 3, Straße 2, Sektor XII. **AO:** Unbekannt. **Inv.-Nr.:** H73.208. **Erhaltene Bauteile:** Frgt. einer Sima. **Erhaltungszustand:** Schlecht, nur Frgte. erhalten. **Sima:** `Profil`: Traufziegel mit vorgeblendeter Leiste. `Dekor`: Auf der Platte ein einfaches weißes Flechtband mit schwarzer Umrandung auf schwarzem Grund. In den Augen des Bandes ein breiter weißer Ring mit schwarzer Füllung. **Farben:** Schwarz, weiß, rot. **Maße:** L: 0,185 m. H: 0,129 m. T: 0,2 m. **Dat.:** 1. Hälfte 6. Jh. v. Chr. **Lit.:** ADRIANI U.A. 1970 333-334 Abb. 9. Taf. 50, 7 (links).

HIME 15

Typ: Unbekannt. **Bau:** Unbekannt. **FO:** Ebene von Tamburino. **AO:** Unbekannt. **Erhaltene Bauteile:** Frgt. einer GV. **Inv.-Nr.:** H. 74.573. **Erhaltungszustand:** Schlecht, nur ein Frgt. erhalten. **GV:** `Profil`: Deckplatte, Rundstab, Überschlagskarnies, Kyma reversa, Ansatz der Stirnplatte, Rest verloren. `Dekor`: Auf der Kyma ein Blattstab aus weiß gefüllten Blättern mit rot-weißer Umrandung. **Farben:** Rot, weiß. **Maße:** H: 0,091 m. L: 0,155 m. **Dat.:** Ende 6. Jh. v. Chr. **Lit.:** EPIFANIO 1980, 169-169 Taf. 50, 6; 52, 7; ALLEGRO U.A. 1970 Taf. 110, 2.

HIME 16

Typ: Unbekannt. **Bau:** Unbekannt. **FO:** Ebene von Tamburino. **AO:** Unbekannt. **Erhaltene Bauteile:** Frgt. einer GV. **Inv.-Nr.:** H. 74.569. **Erhaltungszustand:** Schlecht, nur ein Frgt. erhalten. **GV:** `Profil`: Deckplatte, kleiner Rundstab, Überschlagskarnies, Kyma reversa, kleiner Rundstab, Ansatz der Stirnplatte. `Dekor`: Kein Dekor erhalten. **Maße:** H: 0,103 m. L: 0,21 m. **Dat.:** Ende 6. Jh. v. Chr. **Lit.:** EPIFANIO 1980, 169-170 Taf. 50, 3; 52, 6.

HIME 17

Typ: Unbekannt. **Bau:** Unbekannt. **FO:** Ebene von Tamburino. **AO:** Unbekannt. **Erhaltene Bauteile:** Frgt. einer GV. **Inv.-Nr.:** H. 74.576. **Erhaltungszustand:** Schlecht, nur ein Frgt. erhalten. **GV:** `Profil`: Ansatz der Deckplatte, weit vorkragendes Überschlagskarnies, an dessen Oberseite ein Astragal, Kehle, Rundstab, Ansatz der Stirnplatte. `Dekor`: Kein Dekor erhalten. **Maße:** H: 0,135 m. L: 0,12 m. **Dat.:** Letztes Drittel 6. Jh. v. Chr. **Lit.:** EPIFANIO 1980, 170 Taf. 50, 4; 52, 9.

HIME 18

Typ: Unbekannt. **Bau:** Unbekannt. **FO:** Ebene von Tamburino. **AO:** Unbekannt. **Erhaltene Bauteile:** Frgt. einer GV. **Inv.-Nr.:** H. 74.570. **Erhaltungszustand:** Schlecht, nur ein Frgt. erhalten. **GV:** `Profil`: Ansatz der Deckplatte, Überschlagskarnies, Kehle mit einem plastischen Blattstab, dessen Blätter in der Mitte eingekerbt sind. `Dekor`: Reste von schwarzer Farbe auf den Blättern des Blattstabs. **Maße:** H: 0,037 m. L: 0,06 m. **Dat.:** Ende 6. Jh. v. Chr. **Lit.:** EPIFANIO 1980, 170 Taf. 50, 5; 52, 8.

HIME 19

Typ: Unbekannt. **Bau:** Unbekannt. **FO:** Ebene von Tamburino. **AO:** Unbekannt. **Inv.-Nr.:** H. 74.567. **Erhaltene Bauteile:** Frgt. einer GV. **Erhaltungszustand:** Schlecht, nur ein Frgt. erhalten. **GV:** `Profil`: Vorspringende, unten abgerundete Leiste. Stirnplatte, deren unterer Teil verloren ist. `Dekor`: Auf der Leiste ein Blattstab, mit einer erhabenen Umrandung. Auf dem abgerundeten Abschluss der Leiste Reste schwarzer Farbe. Auf der Stirnplatte ein doppeltes Flechtband aus einem weißen Band mit schwarzer Umrandung. In den Augen konzentrische Kreise in schwarz und weiß, in der Mitte eine achtteilige Rosette aus weißen Blättern auf schwarzem Grund. Zentrale dreiteilige Palmette. **Farben:** Schwarz, weiß. **Maße:** H: 0,171 m. L: 0,153 m. **Dat.:** Ende 6. Jh. v. Chr. **Lit.:** EPIFANIO 1980, 171 Taf. 51, 4; 52, 10.

HIME 20

Typ: Unbekannt. **Bau:** Unbekannt. **FO:** Insel 2, Raum 27. **AO:** Unbekannt. **Inv.-Nr.:** H67.538,1. **Erhaltene Bauteile:** Frgt. einer Sima. **Erhaltungszustand:** Schlecht, nur Frgte. erhalten. **Sima:** `Profil`: Ansatz der Kehle, abschließende Leiste. `Dekor`: Auf der Kehle ein Blattstab aus unten eingezogenen schwarz gefüllten Blättern mit breiter weißer Umrandung. In jedem Blatt eine Blüte[600]. Auf der Leiste ein Hakenmäander in rot und schwarz auf weißem Grund. **Farben:** Rot, schwarz, weiß. **Maße:** L: 0,127 m.

[600]Die Blüte ist auf der Abbildung nicht zu erkennen und geht nur aus der Beschreibung hervor. Vgl. ALLEGRO U.A. 1970, 189.

Dat.: 6. Jh. v. Chr. **Lit.:** ALLEGRO U.A. 1976, 189 Taf. 30, 4.

13.12 Die Dächer aus Hipponium

HIPP 1

Typ: Löwenkopfwasserspeiersima. **Bau:** Tempel auf dem Coltura del Castello (Antike Akropolis). **Erhaltene Bauteile:** Frgt. der Traufsima. **Inv.-Nr.:** 3393. **FO:** Spianata denominata Coltura del Castello. **AO:** Reggio Calabria, Museo Archeologico Nazionale. **Erhaltungszustand:** Stark fragmentiert. Oberer Teil des Stückes verloren. Nur 2. Frgte. erhalten. **TS:** `Profil:` Bodenplatte, vorkragende Leiste, Rundstab, leicht konkave Leiste, schmale Leiste, schmales Kyma recta, Stab, plastisches lesbisches Kyma, Stab, Plastische Ranken. Von der Bodenplatte bis zum Eierstab ein eingeschnittener Löwenkopfwasserspeier. `Dekor:` Auf der konkaven Leiste ein komplexer kleinteiliger plastischer Mäander. **Farben:** Unbekannt. **Maße:** H: ca. 0,34 m. **Dat.:** 5. Jh. v. Chr. **Lit.:** ORSI 1922, 483 Abb. 13; VAN BUREN 1923, 92-93 Abb. 14.

HIPP 2

Typ: Löwenkopfwasserspeiersima. **Bau:** Unbekannt. **Erhaltene Bauteile:** Sockel einer Traufsima. **Inv.-Nr.:** Unbekannt. **FO:** Belvedere. **AO:** Reggio Calabria, Museo Archeologico Nazionale. **Erhaltungszustand:** Stark fragmentiert. **TS:**[601] `Profil:` Sockel der Traufsima mit Löwenkopfwasserspeiern. `Dekor:` Zwischen den Wasserspeiern ein Lotos-Palmettenfries. **Farben:** Unbekannt. **Maße:** Unbekannt. **Dat.:** 5. Jh. v. Chr. **Lit.:** ORSI 1922, 480; VAN BUREN 1923, 93.

13.13 Die Dächer aus Hybla Gereatis

HYBL 1

Typ: Rankensima. **Bau:** Unbekannt. **FO:** Contrada Cumma. **AO:** Siracusa, Museo Paolo Orsi. **Inv.-Nr.:** 27406. **Erhaltene Bauteile:** Teile der GS, der TS und einer GV. **Erhaltungszustand:** Gut. Sima in voller Höhe erhalten. **GS:** `Profil:` Bodenplatte, Kyma reversa, Leiste, weitere schmale Leiste, abschließender Rundstab. `Dekor:` Auf der sehr hohen Kyma ein plastischer ionischer Bogenfries in aus elfteiligen Palmetten, welche aus liegenden, sich nach innen einrollenden Voluten entspringen. Diese sind so angeordnet, dass sich der Ansatz der Palmetten über den Berührungspunkten zweier Voluten befindet. Unter diesem Berührungspunkt ein hängender Tropfen. Zwischen den Palmetten und über den Voluten je eine dreiteilige Lotosblüte, deren äußere Blätter die der nächsten Blüte berühren und somit die Palmetten überfangen. Die Lotosblüten entspringen aus den Berührungspunkten zweier liegender Halbkreise, aus deren anderem Ende wiederum eine Blüte entspringt. Unterhalb der Blüte und zwischen den Halbkreisen eine hängende, dreiteilige Palmette. Der Hintergrund ist schwarz, die äußeren Blätter des Lotos sind rot. Auf der Leiste ein schwarzer Hakenmäander auf weißem Grund, darüber ein plastischer Astragal. Auf dem abschließenden Rundstab diagonale Streifen. **GV:** `Profil:` Deckplatte, Rundstab, Stirnplatte, Rundstab. `Dekor:` Beide Rundstäbe sind als sehr dicker plastischer Astragal gestaltet. Auf der Stirnplatte ein doppeltes dreiläufiges Flechtband. Die zentrale Palmette ist dreiteilig und besteht aus schwarzen Blättern mit weißer Umrandung. In den Augen des Flechtbands konzentrische Kreise in schwarz und weiß. **TS:** `Profil:` Kyma reversa, Leiste, dicker Rundstab. `Dekor:` Kyma reversa wie GS. Am unteren Rand der ist ein kreisrundes Loch zur Wasserableitung eingeschnitten. Auf der Leiste ein schwarzer Hakenkreuzmäander auf weißem Grund. Die Kreuze alternieren mit schwarz umrandeten Rechtecken, die mit einem Schachbrettmuster aus schwarzen und weißen Feldern gefüllt sind. Auf dem Rundstab wiederum diagonale Streifen. **Farben:** Rot, weiß, schwarz. **Maße:** H(GS): 0,27 m. L(GS): 0,515 m. S(GS): 0,035 m. H(TS): 0,28 m. L(TS): 0,5 m. S(TS): 0,03 m. L(GVG): 0,26 m. H(GVG): 0,16 m. S(GVG): 0,02 m. **Dat.:** 5. Jh. v. Chr. **Lit.:** CIURCINA 1980, 79 Taf. 10, 2; VAN BUREN 1923, 101; DUNBABIN 1948, 132.

13.14 Die Dächer aus Kaulonia

KAUL 1 Taf. 7,5

Typ: Kanonisches sizilisches Dach. **Bau:** Unbekannt. **FO:** Hügel Passoliera in der Chorá von Kaulonia. **AO:** Reggio Calabria, Museo Nazionale. **Inv.-Nr.:** 3485, 3486, die übrigen Frgte. besitzen keine Inv.-Nr. **Erhaltene Bauteile:** 7 Frgte. der GS. **Erhaltungszustand:** Schlecht, stark fragmentiert. **GS:** `Profil:` Traufziegel, dessen Stirnseite den Sockel bildet, Rundstab, Kehle, Leiste, Rundstab. `Dekor:` Auf dem Sockel ein schwarzer Hakenkreuzmäander auf weißem Grund. Die Mäanderkreuze alternieren mit Rechtecken welche mit Rauten gefüllt sind, an deren Seiten kleine Blätter angebracht sind. Auf dem darüberliegenden Rundstab hat sich kein Dekor erhalten. Auf der Kehle ein schwarz-weiß-schwarzes Wellenband, die Wellen sind alternierend schwarz und rot gefüllt. In den Zwischenräumen hängende dreiteilige Palmetten aus weißen Blättern auf schwarzem Grund. Die Zwickel sind weiß gefüllt. Die Leiste ist mit einem schwarzen Mäander auf weißem Grund dekoriert, auf dem abschließenden Rundstab diagonale Streifen in schwarz und weiß. **Farben:** Rot, weiß, schwarz. **Maße:** Barello gibt nur die jeweilige Maße der Frgte. an. Vgl. BARELLO 1995, 68-69. **Dat.:** Drittes Drittel 6. Jh. v. Chr. **Lit.:** BARELLO 1995, 69-73 Taf. 35. ORSI 1924, 425 Taf. 1.

[601] Das Stück liegt lediglich in den Beschreibungen Orsis und Van Burens vor, eine Abbildung ist nicht vorhanden.

KAUL 2

Typ: Kanonisches sizilisches Dach. **Bau:** Unbekannt. **FO:** Hügel Passoliera in der Chorá von Kaulonia. **AO:** Reggio Calabria, Museo Nazionale. **Inv.-Nr.:** 3485, 3486, die übrigen Frgte. besitzen keine Inv.-Nr. **Erhaltene Bauteile:** Frgt. der Kehle einer Sima. **Erhaltungszustand:** Schlecht, sehr stark fragmentiert. **S:** `Profil`: Kehle. `Dekor`: Blattstab aus unten eingezogenen Blättern mit schwarz-weißer (?) Umrandung und alternierender roter und schwarzer Füllung. In den Zwischenräumen Palmetten aus weißen Blättern. Der Hintergrund ist schwarz. **Farben:** Rot, weiß, schwarz. **Maße:** H: max. 0,07 m. L: max. 0,121 m. S: 0,026 m. **Dat.:** Drittes Drittel 6. Jh. v. Chr. **Lit.:** BARELLO 1995, 52-53; 58 Taf. 38, 34.

KAUL 3 Taf. 7,6

Typ: Kanonisches sizilisches Dach. **Bau:** Unbekannt. **FO:** Hügel Passoliera in der Chorá von Kaulonia. **AO:** Reggio Calabria, Museo Nazionale. **Inv.-Nr.:** 3488, 3489, 3492, 39208 + [349(?)], 3493. **Erhaltene Bauteile:** 2 Frgte. der GS, 1 Frgt. der TS und 2 Frgte. einer GV. **Erhaltungszustand:** Schlecht, stark fragmentiert. **GS:** `Profil`: Bodenplatte, Sockel, Rundstab, Kehle, Kyma reversa, Rundstab, Leiste, Rundstab, Kyma recta, schmale Leiste. `Dekor`: Auf dem Sockel ein einfaches dreiläufiges Flechtband auf weißem Grund. In den Augen vierteilige weiße Rosetten auf schwarzem Grund. Rundstäbe alle mit Rechtecken in schwarz und weiß. Auf der Kehle ein Blattstab aus kurzen, unten stark eingezogenen Blättern mit alternierender roter und schwarzer Füllung und breiter weiß-schwarz-weißer Umrandung. Die unteren Zwickel sind schwarz, die oberen weiß gefüllt. Auf der Kyma reversa ein hängender Blattstab aus weiß gefüllten Blättern mit breiter rot-weißer Umrandung auf schwarzem Grund. Leiste ohne erhaltenen Dekor. Auf der Kyma recta ist der Blattstab der Kyma reversa gespiegelt dargestellt. Vom Dekor der abschließenden Leiste haben sich lediglich Spuren schwarzer Bemalung erhalten. **TS:** `Profil`: Bodenplatte, nach hinten geneigter Sockel mit einem Wasserspeieransatz, Rundstab, Ansatz der Kehle. `Dekor`: Auf dem Sockel eine hängende siebenteilige Palmette aus weißen Blättern auf schwarzem Grund. Über der Palmette eine kleine rote Raute und ein horizontaler weißer Streifen mit nach oben gebogenen Enden. Die ganze Palmette besitzt eine weiße Umrandung. Auf dem Rundstab diagonale Streifen. Vom Dekor der Kehle hat sich nichts erhalten. **GV:** `Profil`: Deckplatte, schmale Leiste, Kyma recta, Rundstab, Frgt. der Stirnplatte. `Dekor`: Auf der schmalen Leiste kein erhaltener Dekor. Die Kyma recta ist mit einem Blattstab aus weißen Blättern mit breiter rot-weiß-schwarzer Umrandung auf weißem Grund dekoriert. Auf der Stirnplatte ein doppeltes dreiläufiges Flechtband mit schwarzer Umrandung. Die zentrale Palmette ist dreiteilig, das innere Blatt ist rot, die äußeren sind schwarz gefüllt. Die Blätter sind weiß-schwarz umrandet. Der Dekor der Augen ist verloren. **Farben:** Rot, weiß, schwarz. **Maße:** Barello gibt nur die jeweilige Maße der Frgte. an. Vgl. BARELLO 1995, 68-69. **Dat.:** Drittes Drittel 6. Jh. v. Chr. **Lit.:** BARELLO 1995, 69-73 Taf. 36-37; ORSI 1924, 426; 442 Taf. 2.

KAUL 4 Taf. 8,1-2

Typ: Kanonisches sizilisches Dach. **Bau:** Unbekannt. **FO:** Landgut Delfino, nördlich des Hügels Faro. **AO:** Reggio Calabria, Museo Nazionale. **Inv.-Nr.:** 9321-9323; 9501. **Erhaltene Bauteile:** Frgte. der TS. **Erhaltungszustand:** Schlecht, stark fragmentiert, aber in voller Höhe erhalten. **TS:** `Profil`: Nach oben angewinkelte Bodenplatte, Sockel mit Wasserspeiern, Rundstab, Kehle, Leiste, Rundstab. `Dekor`: Zwischen den Wasserspeiern je zwei hängende Palmetten aus fünf (?) weißen Blättern auf schwarzem Grund. Die Palmette wird von einem weißen Band umschlossen, welches sich oberhalb der Palmette zu zwei nach Innen gewandten Voluten zusammenrollt. Im Inneren der Voluten je ein weißer Kreis. Zwei Volutensysteme sind durch drei horizontale weiße Streifen verbunden. Unterhalb der Streifen weiße Halbkreise, darunter eine hängende dreiteilige Palmette. Auf beiden Rundstäben diagonale Streifen in weiß, schwarz und rot. Die Kehle ist mit einem Blattstab aus unten spitz zulaufenden Blättern mit weiß-schwarz-weißer Umrandung und alternierender roter und schwarzer Füllung dekoriert. In den Zwischenräumen je ein stehendes herzförmiges Blatt mit schwarzer Füllung und einem kurzen, ebenfalls schwarzen Stiel. Die Zwickel überhalb des Blattstabes sind rot gefüllt. Auf der Leiste ein schwarzer Mäander auf weißem Grund. **Farben:** Rot, weiß, schwarz. **Maße:** H: rek. 0,394 m. Zu den Maßen der einzelnen Frgte. Vgl. BARELLO 1995, 61-62. **Dat.:** Ende 6. Jh. v. Chr. **Lit.:** BARELLO 1995, 59-62 Taf. 31-32.; DEFRANCISIS 1957 Abb. 9; MERTENS-VIOLA 1990, 238-239 Taf. 33 b; WIKANDER 1986, 19 Anm. 47; VAN BUREN 1923, 87 Abb. 6; ORSI 1916 Abb. 48; LATTANZI 1987, 141; DEFRANCISIS 1955, 142.

KAUL 5 Taf. 8,3

Typ: Dorisches Dach. **Bau:** Unbekannt. **FO:** Hügel Faro. **AO:** Reggio Calabria, Museo Nazionale. Crotone, Museo Statale. **Inv.-Nr.:** C491 ff (Reggio Calabria). 1.8987 (Crotone). **Erhaltene Bauteile:** Frgt. einer TS. **Erhaltungszustand:** Schlecht, nur Frgte. erhalten. **TS:** `Profil`: Sockel, Taenia mit Regulae und Guttae (fünf Guttae je Regula), Über den Regulae ein Hörnerantefix. Das Antefix ist etwas breiter als die Regula. In der Mitte des Antefixes je ein rundes Dübelloch. Hinter dem Antefix eine rechteckige Aussparung zur Aufnahme eines Akroters, zu dessen Befestigung mit Sicherheit auch das Dübelloch gehörte. An der Rückseite der Sima setzt der Traufziegel an. Die Unterkante des Sockels reicht leicht über diesen hinaus. `Dekor`: Auf dem Sockel ein Blattstab aus schwarzen und weißen Blättern mit einer doppelten plastisch gestalteten Umrandung. Die Zwickel oberhalb des Blattstabes sind weiß. Die Taenia ist schwarz, die Regulae und Guttae sind rot gefasst. Der Rand der Antefixes ist durch einen breiten schwarzen Rand betont, ansonsten sind diese weiß gefasst. **Farben:** Schwarz, weiß, rot. **Maße:** H(C491): 0,195 m. L(C491): 0,287 m. T(C491): 0,21 m. H(C492): 0,195 m. L(C492): 0,465 m. T(C492): 0,29 m. H(C493): 0,154 m. L(C493): 0,29 m. T(C493): 0,223 m. H(1.8987): 0,201 m. L(1.8987): 0,312 m. T(1.8987): 0,255 m. **Dat.:** Mitte 6. Jh. v. Chr. **Lit.:** BARELLO 1995, 20-36. Taf. 8-12. VAN BUREN 1923 150-151 Abb. 69; ORSI 1891, 66-67 Abb. 46; DUHN 1897, 359 Abb. 17.

KAUL 6

Typ: Rankensima. **Bau:** Archaischer Vorgängerbau des Tempels des 5. Jh. v. Chr. **FO:** Archaisches Heiligtum am Punto Stilto. **AO:** Reggio Calabria, Museo Nazionale. **Inv.-Nr.:** 946(3). 9464-9467. 9477-9478. **Erhaltene Bauteile:** Teile der TS. **Erhaltungszustand:** Schlecht, stark fragmentiert. **TS:** `Profil`: Nach oben angewinkelte Bodenplatte, Sockel, Kyma reversa, Leiste. An einem der Frgte. knickt die Unterkante der Kyma nach unten ab. Daneben der Rest einer Aussparung zum Ansatz eines Wasserspeiers. `Dekor`: Auf dem Sockel ein plastischer Hakenkreuzmäander. Die Mäanderkreuze alternieren mit erhabenen Rechtecken. Die Mäanderbänder sind schwarz, die Zwischenräume weiß und die Rechtecke rot gefasst. Auf dem Kyma ein plastischer ionischer Bogenfries aus neunteiligen Palmetten, die aus weißen Rauten entspringen. Darunter eine liegende Volute mit sich nach innen einrollenden inneren Enden; die äußeren Enden laufen in einem kurzen horizontalen Streifen aus. Die Palmetten sind so angeordnet, dass sich ihr Ansatz über den Berührungspunkten zweier Voluten befindet. Unter diesem Berührungspunkt ein hängender Tropfen. Zwischen den Palmetten und über den Voluten je eine dreiteilige Lotosblüte, deren äußere Blätter die der nächsten Blüte berühren und somit die Palmetten überfangen. Die Lotosblüten entspringen aus dem kurzen horizontalen Streifen, welcher die Enden zweier nebeneinander liegender Voluten abschließt. Das zentrale Blatt der Blüte bildet eine Raute. Unterhalb der Blüte eine weitere Raute. Sämtliche Dekorationselemente sind plastisch gestaltet und weiß gefasst, nur die Raute, welche das zentrale Blatt der Lotosblüte bildet, ist rot. Der Hintergrund ist schwarz. Auf der abschließenden Leiste ein hängender Blattstab aus alternierenden roten und schwarzen Blättern mit einer weißen Umrandung. Im Zentrum jedes Blattes ein vertikaler weißer Streifen. Über dem Blattstab eine schmale Leiste, auf welcher sich kein Dekor erhalten hat. **Farben:** Rot, weiß, schwarz. **Maße:** Barello gibt nur die jeweilige Maße der Frgte. an. Vgl. BARELLO 1995, 34-36. **Dat.:** 5. Jh. v. Chr. **Lit.:** BARELLO 1995, 29-36 Taf. 15-17.

KAUL 7

Typ: Rankensima. **Bau:** Unbekannt. **FO:** Hügel Passoliera in der Chorá von Kaulonia. **AO:** Crotone, Museo Statale. **Inv.-Nr.:** Unbekannt. **Erhaltene Bauteile:** Teile der TS. **Erhaltungszustand:** Unbekannt, das Stück liegt nur in einer Rekonstruktionszeichnung vor. **TS:** `Profil`: Bodenplatte, nach hinten geneigter Sockel, Rundstab. Zwischen den liegenden Voluten ist der Sockel zur Wasserableitung durchbrochen. `Dekor`: Im unteren Viertel des Sockels ein schwarzer Hakenkreuzmäander auf weißem Grund. Die Mäanderkreuze alternieren mit schwarzen Rechtecken, die mit einem rot-weißen Schachbrettmuster gefüllt sind. Auf der Kyma ein plastischer ionischer Bogenfries aus dreizehnteiligen Palmetten. Darunter eine liegende Volute mit sich nach innen einrollenden inneren Enden. Die Palmetten sind so angeordnet, dass sich ihr Ansatz über den Berührungspunkten zweier Voluten befindet. Unter diesem Berührungspunkt eine hängende siebenteilige Palmette an einem Stiel. Zwischen den Palmetten und über den Voluten je eine fünfteilige Lotosblüte, deren äußere Blätter die der nächsten Blüte berühren und somit die Palmetten überfangen. Die Lotosblüten entspringen aus roten Kelchen. Alle Dekorationselemente sind plastisch gestaltet und weiß gefasst, nur der Kelch und das zentrale Blatt der Lotosblüten sind rot. Der Hintergrund ist schwarz. Der abschließende Rundstab ist mit diagonalen Streifen in rot, schwarz und weiß dekoriert. Auf dem vorkragenden Teil der Bodenplatte wird das Motiv des unteren Teils des Sockels wiederholt. **Farben:** Rot, weiß, schwarz. **Maße:** L: 0,78 m. H: 0,539-0,543 m. **Dat.:** Ende 6. Jh. v. Chr. **Lit.:** BARELLO 1995, 74-76 Taf. 38 B; ORSI 1924, 438-440 Abb. 18-19 Taf. 7, 2.

KAUL 8

Typ: Löwenkopfwasserspeiersima. **Bau:** Unbekannt. **FO:** Archaisches Heiligtum am Punto Stilto. **AO:** Reggio Calabria, Museo Nazionale. **Inv.-Nr.:** 3531, 9469-9471; 9480-9481. **Erhaltene Bauteile:** Teile der TS. **Erhaltungszustand:** Schlecht, nur wenige Frgte. erhalten. **TS:** `Profil`: Bodenplatte, Sockel, schmaler Rundstab, Leiste, Kyma reversa, Rundstab. In den Sockel sind Löwenkopfwasserspeier eingeschnitten. `Dekor`: Auf dem Sockels ein plastischer Hakenkreuzmäander Die Mäanderkreuze alternieren mit erhabenen Rechtecken. Auf der Leiste ein ionischer Bogenfries aus neunteiligen Palmetten. Darunter eine liegende Volute mit sich nach innen einrollenden inneren Enden. Die Palmetten sind so angeordnet, dass sich ihr Ansatz über den Berührungspunkten zweier Voluten befindet. Aus dem anderen Ende der Voluten entspringen fünfteilige Lotosblüte, deren äußere Blätter die der nächsten Blüte berühren und somit die Palmetten überfangen. Alle Dekorationselemente sind plastisch gestaltet, eine farbige Fassung ist nicht erkennbar. **Farben:** Rot, weiß, schwarz. **Maße:** L: rek. 0,54 m. H: max. 0,187 m. **Dat.:** Ende 6. Jh. v. Chr./Anfang 5. Jh. v. Chr. **Lit.:** BARELLO 1995, 102-106 Taf. 57 b-c; ORSI 1916, 820 Abb. 81; VAN BUREN 1923, 9, 117.

KAUL 9

Typ: Löwenkopfwasserspeiersima. **Bau:** Unbekannt. **FO:** Hügel Passoliera in der Chorá von Kaulonia. **AO:** Crotone, Museo Statale (Inv.Nr. 18637-18634). Reggio Calabria, Museo Nazionale. **Inv.-Nr.:** s.o. **Erhaltene Bauteile:** Teile der GS, der TS und einer GV. **Erhaltungszustand:** Sehr gut, große Teile von allen Bauteilen erhalten. **GS:** `Profil`: Bodenplatte, hoher Sockel von einer schwachen Kehle abgeschlossen, Leiste, Ovolo, Leiste. `Dekor`: Am unteren Rand des Sockel ein schmaler weißer Streifen, darüber ein gemalter ionischer Bogenfries. Die Palmetten sind 13-teilig und werden von den äußeren Blättern der dreiteiligen Lotosblüten überfangen. Die Palmetten entspringen aus einer kleinen rot gefüllten und weiß umrandeten Raute, die Lotosblüten aus einem roten Kelch. Unter dem Anthemion liegende Voluten. Die Blätter der Blüten sind weiß gefasst, lediglich das zentrale Blatt der Lotosblüten zeigt eine rote Füllung und eine weiße Umrandung. Der Hintergrund ist schwarz. Auf der Leiste ein gemalter weißer Astragal auf schwarzem Grund. Der Ovolo ist mit einem hängenden Blattstab mit alternierender schwarzer und roter Füllung und weißer Umrandung dekoriert. In den einzelnen Blättern je ein vertikaler weißer Streifen. Auf der abschließenden Leiste ein schwarzer Mäander auf weißem Grund. **TS:** Wie GS. Hier alternieren die Lotosblüten jedoch mit Löwenkopfwasserspeiern. **GV:** Deckplatte, Leiste, plastisches ionisches

Kyma, plastischer Astragal, Leiste, Rundstab, Stirnplatte, doppelter Rundstab. `Dekor:` Auf der oberen Leiste ein einfacher gekreuzter Anthemienfries aus siebenteiligen Lotosblüten und sechsteiligen Palmetten. Die Blüten sind durch ein Rankenband verbunden. Unterhalb der Blüten je ein schmaler roter Streifen, die übrigen Dekorelemente sind weiß gefasst. Der Hintergrund ist schwarz. Auf der Leiste ein schwarzer Hakenkreuzmäander auf weißem Grund. Die Mäanderkreuze alternieren mit schwarzen Rechtecken, welche mit einem achtteiligen weißen Stern auf rotem Grund gefüllt sind. Rundstab mit Rechtecken in rot und weiß durch vertikale Streifen in rot und weiß voneinander getrennt. Auf der Stirnplatte ein fünfläufiges doppeltes Flechtband. Die Augen sind schwarz gefüllt, die zentralen Palmetten bestehen aus vier weißen Blättern. Der Hintergrund ist weiß. Rundstab wie oben. Der abschließende Rundstab ist mit diagonalen Streifen in schwarz und weiß dekoriert. **Farben:** Rot, weiß, schwarz. **Maße:** L(GV): 0,53 m. H(GV): 0,28 m. H(Simen): 0,303 m. **Dat.:** 1. Hälfte 5. Jh. v. Chr. **Lit.:** BARELLO 1995, 76-85 Taf. 39-41; ORSI 1924, 426-438 Abb. 15-17 Taf. 3-7.

KAUL 10

Typ: Löwenkopfwasserspeiersima. **Bau:** Unbekannt. **FO:** Archaisches Heiligtum am Punto Stilto. Areal des Tempels. **AO:** Reggio Calabria, Museo Nazionale. **Inv.-Nr.:** 9449. **Erhaltene Bauteile:** Teile der GS sowie der TS. **Erhaltungszustand:** GS gut, viele Teile in voller Höhe erhalte, TS hingegen sehr stark fragmentiert. **GS:** `Profil:` Bodenplatte, hoher Sockel von einer schwachen Kehle abgeschlossen, Kyma reversa, Leiste. `Dekor:` Am unteren Rand des Sockel ein schmaler erhabener Streifen, darüber ein plastischer ionischer Bogenfries. Die Palmetten sind 11-teilig und werden von den äußeren Blättern der fünfteiligen Lotosblüten überfangen. Die Palmetten entspringen aus einer kleinen Raute, die Lotosblüten aus einem Kelch. Unter dem Anthemion liegende Voluten. Von der farbigen Fassung haben sich lediglich Reste des schwarzen Hintergrundes erhalten. Das Kyma reversa ist mit einem hängenden Blattstab mit alternierenden schwarzer und roter Füllung und weißer Umrandung dekoriert. In den einzelnen Blättern je ein vertikaler weißer Streifen. Auf der abschließenden Leiste ein schwarzer Mäander auf weißem Grund. **TS:** Wie GS. Hier alternieren die Lotosblüten jedoch mit Löwenkopfwasserspeiern. **Farben:** Rot, weiß, schwarz. **Maße:** L(S): 0,289 m. H(S): 0,548 m. **Dat.:** 2. Hälfte 6. Jh. v. Chr. **Lit.:** BARELLO 1995, 94-96 Taf. 50; ORSI 1916, 855-861 Abb. 101-102.

KAUL 11

Typ: Unbekannt[602]. **Bau:** Unbekannt. **FO:** Archaisches Heiligtum am Punto Stilto. **AO:** Reggio Calabria, Museo Nazionale. **Inv.-Nr.:** Unbekannt. **Erhaltene Bauteile:** Frgt. einer Sima. **Erhaltungszustand:** Schlecht, sehr stark fragmentiert. **Sima:** `Profil:` Sockel mit einem Wasserspeieransatz, Rundstab, Leiste. `Dekor:` Auf dem Sockel ein schwarz-weißes Schachbrettmuster. Rundstab mit diagonalen Streifen. Die Leiste ist mit achtteiligen plastischen Rosetten in weiß dekoriert. Die Blätter sind um einen roten Punkt gruppiert. Der Hintergrund ist schwarz. **Farben:** Rot, weiß, schwarz. **Maße:** Unbekannt. **Dat.:** 1. Hälfte 6. Jh. v. Chr. **Lit.:** BARELLO 1995 Taf. 30 a.

KAUL 12

Typ: Unbekannt. **Bau:** Unbekannt. **FO:** Hügel Passoliera in der Chorá von Kaulonia. **AO:** Reggio Calabria, Museo Nazionale. **Inv.-Nr.:** 82019. **Erhaltene Bauteile:** Frgt. einer GV. **Erhaltungszustand:** Schlecht, stark fragmentiert. **GV:** `Profil:` Deckplatte, Rundstab, Stirnplatte, Rundstab. `Dekor:` Der Dekor ist nicht mehr zu identifizieren[603]. **Farben:** Unbekannt. **Maße:** H: 0,155 m. L: max. 0,178 m. S: max. 0,034 m. **Dat.:** Letztes Drittel 6. Jh. v. Chr. **Lit.:** BARELLO 1995, 73-74 Taf. 38 A; ORSI 1924, 441 Abb. 20.

KAUL 13

Typ: Unbekannt. **Bau:** Unbekannt. **FO:** Hügel Passoliera in der Chorá von Kaulonia. **AO:** Reggio Calabria, Museo Nazionale. **Inv.-Nr.:** 11507. **Erhaltene Bauteile:** Oberer Abschluss einer GV. **Erhaltungszustand:** Schlecht, sehr stark fragmentiert. **GV:** `Profil:` Deckplatte, doppelter Rundstab, Ansatz der Stirnplatte. `Dekor:` Rundstäbe mit Rechtecken in schwarz und weiß. Auf der Stirnplatte der obere Rand eines doppelten Flechtbandes mit schwarz-weiß-schwarzer Umrandung. Der Hintergrund der Stirnplatte ist weiß. **Farben:** Rot, weiß, schwarz. **Maße:** H: max. 0,093 m. L: max. 0,218 m. S: 0,032 m. **Dat.:** 6. Jh. v. Chr. **Lit.:** BARELLO 1995, 53-54; 58 Taf. 38, 35.

KAUL 14

Typ: Unbekannt. **Bau:** Unbekannt. **FO:** Hügel Passoliera in der Chorá von Kaulonia. **AO:** Reggio Calabria, Museo Nazionale. **Inv.-Nr.:** 11505. **Erhaltene Bauteile:** Unterer Abschluss einer GV. **Erhaltungszustand:** Schlecht, sehr stark fragmentiert. **GV:** `Profil:` Ansatz der Stirnplatte, doppelter Rundstab (unterer verloren). `Dekor:` Auf der Stirnplatte ein fünfläufiges Flechtband mit schwarzer Umrandung. In den Augen vierteilige Rosetten aus weißen Blättern auf schwarzem Grund. Zentrale Palmette wahrscheinlich dreiteilig, erhalten hat sich lediglich ein rot gefülltes und weiß umrandetes Blatt. Auf dem Rundstab Rechtecke in rot und weiß. **Farben:** Rot, weiß, schwarz. **Maße:** H max: 0,142 m. **Dat.:** 6. Jh. v. Chr. **Lit.:** BARELLO 1995, 53-54; 58 Taf. 38, 36.

[602] Die Sima wird von Barello zwar abgebildet, eine Erwähnung im Text findet das Stück jedoch nicht.

[603] Die Rekonstruktion von Carta und Orsi ist nach Barello eine *„ricostruzione di fantasia"*. Vgl. ORSI 1924 Abb. 20; BARELLO 1995, 74.

KAUL 15

Typ: Sima. **Bau:** Unbekannt. **FO:** Archaisches Heiligtum am Punto Stilto. **AO:** Reggio Calabria, Museo Nazionale. **Inv.-Nr.:** 11504. **Erhaltene Bauteile:** Frgt. einer Sima. **Erhaltungszustand:** Schlecht, sehr stark fragmentiert. **Sima:** `Profil`: Doppelter Rundstab, ionisches Kyma, Rundstab. `Dekor`: Rundstäbe schwarz. Kyma in rot, schwarz und weiß. **Farben:** Rot, weiß, schwarz. **Maße:** H max: 0,125 m. L max: 0,16 m. **Dat.:** Letztes Viertel 6. Jh. v. Chr. **Lit.:** BARELLO 1995, 54-55; 58 Taf. 39, 37.

13.15 Die Dächer aus Kroton

KROT 1 Taf. 8,4-5

Typ: Dorisches Dach. **Bau:** Unbekannt. **FO:** Contrada S. Anna, südlich von Crotone. **AO:** Crotone, Museum. **Inv.-Nr.:** Unbekannt. **Erhaltene Bauteile:** TS mit dazugehöriger GV. **Erhaltungszustand:** Gut, mehrere Teile in voller Höhe erhalten. **TS:** `Profil`: Kehle, kleines Überschlagskarnies, Leiste, Hörnerantefix. `Dekor`: Auf der Kehle ein Blattstab aus tropfenförmigen Blättern mit alternierender schwarzer und roter Füllung auf weißem Grund. In den Zwischenräumen stehende schwarze Dreiecke mit leicht eingezogenen Seiten. Dieses Motiv wird auf dem Überschlagskarnies in verkleinerter Form wiederholt. Die darüberliegende schmale Leiste ist mit diagonalen Streifen in schwarz und rot dekoriert. Die Antefixe ruhen auf schwarzen Mutuli mit weißen Guttae, welche nicht die volle Länge des Antefixes erreichen. Das Hörnerantefix selbst ist weiß gefüllt und besitzt eine schwarz-weiß-schwarze Umrandung, die weiße Umrandung ist mit schwarzen Punkten versehen. **GV:** `Profil`: Doppelter Rundstab, Triglyphen-Metopenfries, Leiste, Rundstab, Via mit Regulae und Guttae, Leiste. `Dekor`: Auf den beiden oberen Rundstäben gegenläufige, pfeilartig angeordnete diagonale Streifen in schwarz. Die Metopen sind leer, die Triglyphen bestehen aus schwarzen Feldern. In dieses sind drei Blätter mit weißer Füllung eingeschnitten. Auf der Leiste ein schwarzer Mäander auf weißem Grund. Der recht dicke Rundstab ist mit zwei Bändern aus Rechtecken in schwarz und weiß dekoriert. Darunter Regulae mit Guttae und einer sehr langen Via. Die Via ist mit einem einfachen Flechtband dekoriert. Die beiden Rundstäbe zwischen Triglyphen-Metopenfries und Via sind mit gegenläufigen, diagonalen Streifen in rot, schwarz und weiß versehen, welche durch Gruppen schmaler Streifen in weiß und schwarz voneinander getrennt sind. Die Regulae sind rot gefasst, die Via undekoriert. Auf der abschließenden Leiste ein schwarzer Hakenmäander mit erhabener Umrandung auf weißem Grund. **Farben**: Rot, schwarz, weiß. **Maße:** Unbekannt. **Dat.:** Um 570 v. Chr. **Lit.:** MERTENS 1993, 124-125 Abb. 74 a Taf. 87, 4-5; MERTENS-VIOLA 1990, 243 Taf. 35 c-d; MERTENS 1983, 213-214 Abb. 5 a Taf. 28.

13.16 Die Dächer aus Leontinoi

LEON 1 Taf. 9,1

Typ: Kanonisches sizilisches Dach. 2.Generation. **Bau:** Unbekannt. **FO:** Heiligtum in Leontinoi. **AO:** Unbekannt. **Inv.-Nr.:** Unbekannt. **Erhaltene Bauteile:** Frgt. von GS und TS (?)[604]. **Erhaltungszustand:** Schlecht, nur Frgte erhalten. **Sima:** `Profil`: Ansatz der Kehle, Leiste, Rundstab. Rest verloren. `Dekor`: Auf der Kehle ein Blattstab aus unten stark eingezogenen Blättern mit doppelter weiß-schwarzer Kontur. Die Blätter sind alle rot gefüllt. In den unteren Zwischenräumen je eine hängende, zweiteilige Palmette aus braunen, weiß umrandeten Blättern. Der Hintergrund der Kehle ist weiß. Auf der Leiste ein Schachbrettmuster. auf dem abschließenden Rundstab Rechtecke in schwarz[605]. Das von Adamnesteanu abgebildete Frgt. gehört zur rechten Ecke einer Giebelsima, die Blätter des Blattstabes werden verkleinert. **Farben:** Schwarz, weiß, rot. **Maße:** H: max. 0,2 m. L: max. 0,22 m. Die Maße scheinen sich auf das abgebildete Stück der GS zu beziehen. **Dat.:** 570-530 v. Chr. **Lit.:** ADAMNESTEANU 1956D, 408-409 Abb. 4; WIKANDER 1986, 38.

LEON 2

Typ: Kanonisches sizilisches Dach. **Bau:** Unbekannt. **FO:** Heiligtum in Leontinoi. **AO:** Unbekannt. **Inv.-Nr.:** Unbekannt. **Erhaltene Bauteile:** Unklar. **Erhaltungszustand:** Schlecht, nur Frgte. erhalten. **Sima:** Von diesem Dach gibt es keine Abbildungen und die Beschreibungen Adamnesteanus sind so unklar, dass sich kein klares Bild dieses Daches ergibt[606]. **Farben:** Unbekannt. **Maße:** H: 0,31 m. **Dat.:** 6. Jh. v. Chr. **Lit.:** ADAMNESTEANU 1956D, 409; WIKANDER 1986, 38.

LEON 3 Taf. 9,2

Typ: Kanonisches sizilisches Dach. 3. Generation[607]. **FO:** Heiligtum. In der Nähe der Tempel. **AO:** Siracusa, Museo Regionale Paolo Orsi. **Inv.-Nr.:** Unbekannt. **Bau:** Unbekannt. **Erhaltene Bauteile:** Frgt. der GS. **Erhaltungszustand:** Schlecht, stark fragmentiert. **GS:** `Profil`: Sockel, Ansatz der Kehle. `Dekor`: Auf dem Sockel ein schwarzer Hakenkreuzmäander auf weißem Grund. Die Mäanderkreuze alternieren mit schwarzen Rechtecken, in die weiße achtteilige Rosetten eingeschrieben sind. Rundstab mit Rechtecken in schwarz, rot und weiß. Die Kehle ist mit lyraförmigen Blättern dekoriert. Die Umrandung ist weiß-schwarz und

[604] Adamnesteanu weist dieser Verkleidung zwei Frgt. zu, eines soll zur TS, das andere zur GS gehören. Durch die sich verkleinernde Dekoration der Kehle des zweiten Frgts. kann ein Zuweisung dieses Stückes an die rechte Giebelecke als sicher gelten. Warum das andere Frgt. zu einer TS gehören soll, wird von Adamnesteanu jedoch nicht näher erläutert. Vgl. ADAMNESTEANU 1956D, 408.

[605] Die Dekoration der Leiste und des abschließenden Rundstabs gehen nur aus der Beschreibung Adamnesteanus hervor. Eine Abbildung der beiden Teile ist nicht vorhanden. Siehe ADAMNESTEANU 1956, 408.

[606] Siehe zu dieser Problematik auch: WIKANDER 1986, 38 Anm. 135.

[607] Von Wikander wird das Stück zusammen mit **LEON 5** behandelt, der Dekor der Sima zeigt jedoch, dass es sich um ein anderes Dach handelt.

rollt sich nach außen hin zu Voluten zusammen. Die Füllung der Blätter ist alternierend rot und schwarz. Über den eingerollten Enden der Blätter fünfteilige Palmetten aus schwarzen Blättern mit weiß-schwarzer Umrandung auf weißem Grund. **Farben:** Rot, weiß, schwarz. **Maße:** L: 0,41 m. H: 0,26 m. **Dat.:** Letztes Drittel 6. Jh. v. Chr. **Lit.:** ORSI 1930, 26-27. Abb. 17; WIKANDER 1986, 38[608].

LEON 4 Taf. 9,3-4

Typ: Kanonisches sizilisches Dach. 3. Generation. **Bau:** Unbekannt. **FO:** Gegend von S. Mauro in Lentini. **AO:** Unbekannt. **Erhaltene Bauteile:** Frgt. einer Sima. und einer GV. [609] **Inv.-Nr.:** Unbekannt. **Erhaltungszustand:** Schlecht, nur Frgte erhalten. **Sima:** `Profil`: Ansatz der Kehle, Leiste, Rundstab. Reste von Löwenkopfwasserspeiern mit gemalten Mähnen[610]. `Dekor`: Auf der Kehle ein Blattstab aus unten stark eingezogenen Blättern mit doppelter weiß-schwarzer Umrandung. Die Blätter sind alternierend rot und schwarz gefüllt. In den unteren Zwischenräumen je eine stehende, siebenteilige Palmette aus weißen Blättern. Der Hintergrund der Kehle ist schwarz. Auf der Leiste ein schwarzer Hakenkreuzmäander auf weißem Grund. Die Kreuze alternieren mit dunklen Rechtecken, in welche achtteilige weiße Rosetten eingeschrieben sind. Der abschließende Rundstab ist als plastischer Astragal gestaltet. **GV:** `Profil`: Ansatz der Stirnplatte, doppelter Rundstab, Bodenplatte. `Dekor`: Auf der Stirnplatte ein doppeltes, dreiläufiges Flechtband mit weiß-schwarzer Umrandung. In den Augen sechsteilige Rosetten aus schwarzen Blättern mit weiß-schwarzer Umrandung auf weißem Grund. Der Hintergrund der Platte ist weiß. Auf den Rundstäben Rechtecke in schwarz und weiß. Die Bodenplatte ist mit einem schwarzen Mäander auf weißem Grund dekoriert. **Farben:** Rot, weiß, schwarz. **Maße:** Unbekannt. **Dat.:** Letztes Drittel 6. Jh. v. Chr. **Lit.:** ADAMNESTEANU 1956D, 410 Abb. 1; 5-6. WIKANDER 1986, 38.

LEON 5 Taf. 9,5-6

Typ: Kanonisches sizilisches Dach. 1. Generation. **Bau:** Unbekannt. **FO:** S. Maria Vecchia. **AO:** Siracusa, Museo Regionale Paolo Orsi. **Inv.-Nr.:** 16300. **Erhaltene Bauteile:** Frgt. der TS. **Erhaltungszustand:** Schlecht, stark fragmentiert. **TS:** `Profil`: Sockel mit Wasserspeiern, Rundstab, Kehle, Leiste, Rundstab. `Dekor`: Auf dem Sockel schwarze Rauten auf weißem Grund zwischen den Wasserspeiern, deren Ansatz von einem schwarzen Rechteck umfasst wird. Rundstab mit diagonalen Streifen in weiß, rot und schwarz, die roten Streifen sind zusätzlich mit einer schmalen schwarzen Umrandung versehen. Darüber ein Blattstab aus schmalen Blättern mit einer einfachen schwarzen Kontur, über den Blättern ein schmales weißes Wellenband. Die Blätter sind alternierend rot, weiß und schwarz gefüllt, der Grund der Kehle ist schwarz. Auf der Leiste ein Wolfszahn, unten aus weißen, oben aus schwarzen Feldern. Auf dem Rundstab kein erhaltener Dekor. **Farben:** Rot, weiß, schwarz. **Maße:** L: 0,29 m. **Dat.:** 1. Viertel 6. Jh. v. Chr. **Lit.:** SCICHILONE 1962, 184-190 Abb. 21-22. WIKANDER 1986, 38.

LEON 6

Typ: Anthemiensima. **Bau:** Unbekannt. **FO:** Unbekannt. **AO:** Unbekannt. **Erhaltene Bauteile:** Frgt. einer Anthemiensima. **Inv.-Nr.:** 16515. **Erhaltungszustand:** Unbekannt. **Sima:** Von diesem Stück liegt weder eine Abbildung noch eine Beschreibung vor. **Farben:** Unbekannt. **Maße:** H: max. 0,15 m, L: max. 0,115 m. **Dat.:** Letztes Drittel 6. Jh. v. Chr. **Lit.:** VAN BUREN 1923, 131; DARSOW 1938, 17; WIKANDER 1986, 38.

LEON 7

Typ: Unbekannt. **Bau:** Unbekannt. **FO:** Heiligtum in Leontinoi. **AO:** Siracusa, Museo Paolo Orsi. **Inv.-Nr.:** Unbekannt. **Erhaltene Bauteile:** 2 Frgt. von GS und TS. **Erhaltungszustand:** Schlecht, nur Frgte erhalten. **GS:** `Profil`: Sockel, Kehle. `Dekor`: Auf der Kehle ein Blattstab. In den Zwischenräumen Palmetten. **TS:** `Profil`: Sockel mit den Ansätzen für Löwenkopfwasserspeier[611]. `Dekor`: Wie GS. **Farben:** Unbekannt. **Maße:** L(TS): 0,24 m. S(beider Stücke): ca. 0,04 m. **Dat.:** 6. Jh. v. Chr. **Lit.:** ADAMNESTEANU 1956D, 409-410; WIKANDER 1986, 38.

13.17 Die Dächer aus Lokri

LOKR 1 Taf. 10,1-2

Typ: Blattstabsima. **Bau:** Erste Phase des archaischen Tempels. **FO:** Contrada Marasa. **AO:** Unbekannt. **Inv.-Nr.:** Unbekannt. **Erhaltene Bauteile:** Frgte. der GS und der GV. **Erhaltungszustand:** Gut, ganze Module erhalten. **GS:** `Profil`: Bodenplatte, Leiste. `Dekor`: Auf der Leiste ein einfaches dreiläufiges Flechtband in schwarz und weiß. In den Augen konzentrische Kreise. **GV:** `Profil`: Deckplatte, Stirnplatte. `Dekor`: Schwarz-weißer Mäander. **Farben:** Schwarz, weiß. **Maße:** `Sima`: H(GV): 0,2 m. L(Modul): 0,596 m. S: 0,025 - 0,03 m. L(Deckplatte): 0,2 m. `GVT`: H: 0,235 m. L: 0,28 m. **Dat.:** Letztes Viertel 7. Jh. v. Chr. **Lit.:** DE FRANCISIS 1979, 67-71 Taf. A Abb. 44-46.

---

608 Hier fälschlicherweise unter **LEON 5** zitiert.

609 Adamnesteanu unterscheidet zwischen einer Sima „laterale" und einer „grondaie," da die Sima der Traufseite und die mit Wasserspeiern versehene Sima identisch sind, wird nicht klar, worin der Unterschied zwischen Sima „laterale" und Sima „grondaia" bestehen soll, auch die Abbildungen zeigen nur Frgte. ohne einen erhaltenen Sockel. Die GS kann mit keinem der Begriffe gemeint sein, da Adamnesteanu ausdrücklich erwähnt, dass keines der Frgte. die Charakteristika einer GS aufweist. Vgl. ADAMNESTEANU 1956D, 410.

610 Die Wasserspeier gehen nur aus der Beschreibung Adamnesteanus hervor, eine Abbildung ist nicht vorhanden. Sollte die Beschreibung Adamnesteanus zutreffen, wäre diese Sima das einzige Beispiel für eine kanonische sizilische Sima mit Löwenkopfwasserspeiern.

611 Die Sima liegt nur in einer Beschreibung Adamnesteanus vor, eine Abbildung ist nicht vorhanden.

LOKR 2 Taf. 10,3

Typ: Blattstabsima. **Bau:** Archaischer Tempel. **FO:** Contrada Marasa. **AO:** Unbekannt. **Inv.-Nr.:** 10783 (eines der Fragmente), Rest unbekannt. **Erhaltene Bauteile:** Modul der TS sowie Teile der GVT. **Erhaltungszustand:** Gut, ganze Module erhalten. **TS:** `Profil`: Bodenplatte, Kehle, Abschluss der Kehle als Leiste gestaltet. Pro Modul zwei halbrunde Aussparungen am unteren Rand der Kehle zur Wasserableitung. `Dekor`: Auf der Kehle ein Blattstab aus unten leicht eingezogenen Blättern mit alternierender rot, weiß und schwarzer Füllung und einer schwarzen Umrandung. Auf der Leiste schmale diagonale Streifen. **GVT:** `Profil`: Leicht nach hinten ansteigende Deckplatte, Stirnplatte. `Dekor`: Einfaches fünfläufiges Flechtband, in den Augen konzentrische Kreise. **Farben**: Rot, schwarz, weiß. **Maße:** H(TS): 0,19 m. L(TS-Modul): 0,53 m. S: ca. 0,03 m. L(Bodenplatte): 0,26 m. H(GVT): 0,235 m. L(GVT): 0,28 m. **Dat.**: Anfang 6. Jh. v. Chr. **Lit.**: DE FRANCISIS 1979, 94 Abb. 63-64 Taf. B; MERTENS 1993, 118.

LOKR 3 Taf. 10,4

Typ: Kompositverkleidung. **Bau:** Archaischer Tempel. **FO:** Contrada Marasa. **AO:** Unbekannt. **Inv.-Nr.:** Unbekannt. **Erhaltene Bauteile:** Frgt. eines Kompositverkleidung. **Erhaltungszustand:** Schlecht, nur ein Frgt. erhalten. **KV:** `Profil`: Erhalten sind der Ansatz von Sima, GV und TZ. `Dekor`: Ansatz eines weiß gefüllten Blattstabblattes mit schwarzer Umrandung auf der Kehle der Sima. Auf der GV der obere Abschluss eines wahrscheinlich einfachen Flechtbandes. **Farben**: Rot, schwarz. **Maße:** H: 0,19 m. L: 0,2 m. S: ca. 0,035 m. **Dat.**: Ende 7./Anfang 6. Jh. v. Chr. **Lit.**: DE FRANCISIS 1979, 93-94 Abb. 61-62; MERTENS 1993, 118.

LOKR 4 Taf. 11,1

Typ: Kompositverkleidung. **Bau:** Archaischer Tempel. **FO:** Contrada Marasa. **AO:** Unbekannt. **Inv.-Nr.:** 10787, 10900. **Erhaltene Bauteile:** Module der KV. **Erhaltungszustand:** Gut, ganze Module erhalten. **KV:** `Profil`: Die Sima besteht aus einer Kehle, deren oberer Abschluss als vertikale Leiste gestaltet ist. Die GV besteht aus einer einfachen, unprofilierten Platte. `Dekor`: Auf der Kehle ein Blattstab mit unten leicht eingezogene Blättern mit alternierender roter, weißer und schwarzer Füllung sowie einer schwarzen Umrandung. Auf der Leiste schmale diagonale Streifen. Die Stirnplatte ist mit einem fünfläufigen Flechtband dekoriert, dessen Augen mit konzentrischen Kreisen gefüllt sind. **Farben**: Rot, schwarz, braun. **Maße:** H: 0,38 m. L: 0,57 m. S: ca. 0,025-0,04 m. **Dat.**: Ende 7. Jh. v. Chr./Anfang 6. Jh. v. Chr. **Lit.**: DE FRANCISIS 1979, 95 Abb. 66-67 MERTENS 1993, 118.

LOKR 4B - Variante zu LOKR 4 Taf. 11,2

Typ: Kompositverkleidung. **Bau:** Archaischer Tempel. **FO:** Contrada Marasa. **AO:** Unbekannt. **Inv.-Nr.:** Unbekannt. **Erhaltene Bauteile:** Module der KV. **Erhaltungszustand:** Gut, ganze Module erhalten. **KV:** `Profil`: Wie **LOKR** 4. `Dekor`: Wie **LOKR** 4, lediglich die Blätter des Blattstabes laufen unten spitz zusammen, während sie bei **LOKR** 4 nur leicht eingezogen sind. **Farben**: Rot, schwarz, braun. **Maße:** Genaue Maße unbekannt, wahrscheinlich wie **LOKR** 4. **Dat.**: Ende 7. Jh. v. Chr./Anfang 6. Jh. v. Chr. **Lit.**: DE FRANCISIS 1979, 95-96 Abb. 70-72.

LOKR 5 Taf. 11,4-5

Typ: Kompositverkleidung. **Bau:** Archaischer Tempel. Zweite Phase. **FO:** Contrada Marasa. **AO:** Reggio Calabria, Museo Archeologico Nazionale. **Inv.-Nr.:** Unbekannt. **Erhaltene Bauteile:** Frgt. der KV. **Erhaltungszustand:** Schlecht, nur ein Frgt. erhalten. **KV:** `Profil`: Die Sima besteht aus einer vertikalen Platte, die am oberen Ende in einer kleinen Kehle mündet. Die Kehle besitzt keinen geraden Abschluss sondern endet in einem plastischen Wellenband. An der Unterseite reicht die Platte ein wenig über die Auflageplatte hinaus. `Dekor`: Am unteren Ende der Sima drei Reihen von Halbkreisen auf weißem Grund, oben und unten von einem breiten horizontalen Streifen eingefasst. Die einzelnen Teile des abschließenden Wellenbandes sind alternierend schwarz und weiß gefasst. **Farben**: Rot, schwarz, weiß. **Maße:** H: 0,18 m. L: max. 0,33 m. S: ca. 0,03. L(TZ): max. 0,22 m. **Dat.**: Ende 7. Jh. v. Chr. **Lit.**: DE FRANCISIS 1979, 98-99 Abb. 74-76.

LOKR 6 Taf. 11,6

Typ: Frühe sizilische Sima. **Bau:** Archaischer Tempel. Zweite Phase. **FO:** Contrada Marasa. **AO:** Napoli, Museo Archeologico Nazionale. **Inv.-Nr.:** Unbekannt. **Erhaltene Bauteile:** Frgt. der TS. **Erhaltungszustand:** Gut, nahezu ein ganzes erhaltenes Modul. **TS:** `Profil`: Sockel mit halbkreisförmigen Wasserausflüsse, Kehle, Leiste. `Dekor`: Unter den Wasserausflüsse ein breiter schwarzer Streifen, dazwischen ein schwarz-weißer Wolfszahn. Darüber zwei horizontale Streifen in weiß und schwarz. Auf der Kehle ein Blattstab aus schmalen, unten eingezogenen Blättern. Die Blätter sind alternierend schwarz und rot gefüllt und zeigen eine schmale schwarze Umrandung, der Hintergrund ist weiß. Auf der abschließenden Leiste ein Schachbrettmuster aus weißen und schwarzen Elementen. **Farben**: Rot, schwarz, weiß. **Maße:** H: 0,276 m. L: max. 0,505 m. S: ca. 0,03. **Dat.**: Anfang 6. Jh. v. Chr. **Lit.**: DE FRANCISIS 1979, 99 Abb. 77-78; VAN BUREN 1923, 87.

LOKR 7 Taf. 11,7

Typ: Frühes sizilisches Dach. **Bau:** Archaischer Tempel. Zweite Phase. **FO:** Contrada Marasa. **AO:** Napoli, Museo Archeologico Nazionale. **Inv.-Nr.:** Unbekannt. **Erhaltene Bauteile:** Frgt. der TS. **Erhaltungszustand:** Schlecht, ein Frgt. erhalten. **TS:** `Profil`: Sockel mit halbkreisförmigen Wasserausflüsse, Kehle, Leiste, Rundstab. `Dekor`: Zwischen den Wasserausflüsse ein schwarz-weißer Wolfszahn, darüber ein schwarzer horizontaler Streifen. Auf der Kehle ein Blattstab aus schmalen, unten eingezogenen Blättern, zudem sind die Seiten der Blätter leicht nach innen gewölbt. Die Blätter sind alternierend schwarz und rot gefüllt und zeigen eine schmale schwarz-weiß-schwarze Umrandung. In den Zwischenräumen je ein einzelnes stehendes Blatt mit schwarzer Füllung. Der Hintergrund der Kehle ist weiß. Auf der Leiste ein Schachbrettmuster aus weißen und schwarzen Elementen. Die Dekoration des abschließenden Rundstabes besteht aus schwarzen und weißen Rechtecken. **Farben**: Rot, schwarz, weiß. **Maße:** H: 0,3 m. L: max. 0,45 m. S: ca. 0,025-0,035. **Dat.**: Anfang 6. Jh. v. Chr. **Lit.**: De Francisis 1979, 99 Abb. 79.

LOKR 8 Taf. 11,3

Typ: Kanonisches sizilisches Dach. 1. Generation. **Bau:** Unbekannt. **FO:** Contrada Marasa. **AO:** Napoli, Museo Archeologico Nazionale. Reggio Calabria, Museo Archeologico Nazionale. **Inv.-Nr.:** Unbekannt. **Erhaltungszustand:** Schlecht nur Frgte. erhalten. **Erhaltene Bauteile:** 3 Frgte. einer TS. **TS:** `Profil`: Sockel mit einem WS, Rundstab, Ansatz der Kehle. `Dekor`: Zwischen den Wasserspeiern schmale schwarze Rauten auf weißem Grund, oben und unten von horizontalen Streifen in schwarz und weiß eingefasst. Der Ansatz der WS ist schwarz umrandet. Der Rundstab ist mit schmalen diagonalen Streifen in schwarz und weiß dekoriert. Auf der Kehle haben sich die die Reste eines Blattstabes aus unten spitz zusammenlaufenden Blättern mit weißer Umrandung erhalten. **Farben**: Schwarz, weiß. **Maße:** Unbekannt. **Dat.**: 1. Viertel 6. Jh. v. Chr. **Lit.**: De Francisis 1979, 100 Abb. 82.

LOKR 9 Taf. 12,1

Typ: Kanonisches sizilisches Dach. 1. Generation. **Bau:** Unbekannt. **FO:** Heiligtum des Olympischen Zeus. **AO:** Locri, Antiquarium. **Inv.-Nr.:** 95943. **Erhaltene Bauteile:** Frgt. der TS. **Erhaltungszustand:** Schlecht, nur Frgte. erhalten. **TS:** `Profil`: Ansatz des Sockels mit einem WS, Rundstab, Ansatz der Kehle. `Dekor`: Auf dem Sockel Spuren schwarzer Farbe. Rundstab mit Rechtecken. Die Kehle ist mit einem Blattstab aus unten spitz zulaufenden Blättern mit schwarz-weiß-schwarzer Umrandung und wahrscheinlich alternierender roter und schwarzer Füllung dekoriert. In den Zwischenräumen je zwei hängende Blätter, welche das Motiv des Blattstabs wiederholen. **Farben**: Schwarz, weiß, rot. **Maße:** H: ca. 0,3 m. **Dat.**: 1. Viertel 6. Jh. v. Chr. **Lit.**: Lattanzi 1996, 72-73 Abb. 1. 23.

LOKR 10

Typ: Kanonisches sizilisches Dach. **Bau:** Unbekannt. **FO:** Heiligtum des Olympischen Zeus. **AO:** Locri, Antiquarium. **Inv.-Nr.:** 95942. **Erhaltene Bauteile:** Frgt. einer Sima. **Erhaltungszustand:** Schlecht, nur ein Frgt. erhalten. **Sima:** `Profil`: Oberer Abschluss der Sima aus Leiste und Rundstab. `Dekor`: Auf der Leiste ein schwarzer Mäander auf weißem Grund. Der abschließende Rundstab ist mit diagonalen Streifen dekoriert. **Farben**: Schwarz, weiß. **Maße:** H: 0,102 m. L: 0,182 m. S: 0,035-0,047 m. **Dat.:** 6. Jh. v. Chr. **Lit.**: Lattanzi 1996, 73-74 Abb. 1. 26.

LOKR 11 Taf. 11,8

Typ: Kanonisches sizilisches Dach. Gabelsima. **Bau:** Unbekannt. **FO:** Unbekannt. **AO:** Unbekannt. **Erhaltene Bauteile:** Teile der TS. **Inv.-Nr.:** Unbekannt. **Erhaltungszustand:** Unbekannt. s.o. **TS:** `Profil`: Bodenplatte, leicht nach hinten geneigter Sockel mit kreisrunden Einschnitten, Rundstab, Kehle, Leiste, Rundstab. `Dekor`: Auf dem Sockel ein schwarzer Hakenmäander auf weißem Grund. Auf dem Rundstab diagonale Streifen in schwarz, rot und weiß. Kehle mit einem Blattstab aus unten spitz zusammenlaufenden Blättern mit weiß-schwarzer Umrandung. Die Füllung der Blätter ist alternierend schwarz und rot. Zwischen den Blättern stehende weiße Dreiecke mit schwarzer Umrandung. Der Hintergrund der Kehle ist rot. Leiste mit einem Schachbrettmuster aus schwarzen und weißen Elementen. Der abschließende Rundstab wiederholt den Dekor des Unteren. **Farben:** Schwarz, weiß, rot. **Maße:** H: 0,25 oder 0,3 m[612]. **Dat.**: 1. Viertel 6. Jh. v. Chr. **Lit.**: De Francisis 1979, 100 Abb. 82; Orsi 1924, 466 Abb. 31; Van Buren 1923, 85.

LOKR 12

Typ: Rankensima. **Bau:** Dorischer Tempel in der Casa Marafioti. **FO:** Casa Marafioti. **AO:** Unbekannt. **Inv.-Nr.:** Unbekannt. **Erhaltene Bauteile:** Module der GS und der GV. **Erhaltungszustand:** Gut, nach den Abbildungen Orsis scheinen ganze Module erhalten zu sein. **GS:** `Profil`: Bodenplatte, Leiste, leicht konkave horizontale Platte, kleines Kyma recta, Leiste. `Dekor`: Die untere Leiste ist rot gefasst. Auf der horizontalen Platte ein plastischer ionischer Bogenfries. Die stehenden Palmetten besitzen neun Blätter, die ebenfalls stehenden Lotosblüten bestehen aus einem dreiblättrigen Kelch aus dem zu jeder Seite zwei und in der Mitte ein einzelnes Blatt entspringen. Verbunden sind die einzelnen Blüten durch Rankenbänder, die unter den Palmetten in einer doppelten Volute enden. Unter den Lotosblüten eine kleine hängende Blüte, unterhalb der Palmetten ein Tropfen. Auf dem Grund Spuren schwarzer Farbe. Die Kyma ist mit einem hängenden Blattstab aus spitz zulaufenden Blättern dekoriert. Die Blätter sind schwarz gefüllt und weisen eine breite weiß-schwarze Umrandung auf. In den Zwischenräumen weitere hängende, weiß gefüllte Blätter auf rotem Grund. Auf der oberen, abschließenden Leiste ein schwarzer Mäander auf weißem Grund. Die Mäanderkreuze alternieren mit Rechtecken, die mit einem Schachbrettmuster aus roten, schwarzen und weißen Feldern gefüllt sind. **GVS:** `Profil`: Deckplatte, Rundstab, Kyma recta, Stirnplatte, Rundstab. `Dekor`: Rundstab und Kyma weiß gefasst. Auf der Stirnplatte ein komplexer, zweireihiger Mäander. Der Mäander ist weiß und erhaben, die Zwischenräume sind schwarz gefüllt. Die Mäanderkreuze alternieren mit Rechtecken, die mit einem Kreuz gefüllt sind. Die Rechtecke und die Kreuze sind wiederum erhaben und rot gefasst. Eingefasst ist der Mäander oben von einem schwarzen und einem weißen horizontalen Streifen unten von einem weißen, wobei die weißen Streifen ebenfalls erhaben sind. Darunter ein breiter roter Streifen. Auf dem abschließenden Rundstab ein Band aus liegenden U-förmigen Ornamenten, deren geschlossene Seite nach

[612] Die Maßangaben von De Francisis zeigen, dass es sich wahrscheinlich mindestens um zwei verschiedene Simen handelt.

links weist, an der anderen Seite setzen nach innen gewandte Bögen an, die Kontur des Ornamentes ist schwarz. Im Inneren der weiß gefüllten Ornamente eine rot gefüllte Raute. **Farben**: Rot, schwarz, weiß. **Maße:** H(GV): 0,365 m. L(GS-Modul): 0,32 m. **Dat.:** 5. Jh. v. Chr. **Lit.:** ORSI 1911A 27-30 Abb. 31-32; VAN BUREN 1923, 26 Abb. 28; 41.

LOKR 13

Typ: Traufsima mit Löwenkopfwasserspeier. **Bau:** Unbekannt. **FO:** Grotta Caruso. **AO:** Unbekannt. **Inv.-Nr.:** Unbekannt. **Erhaltene Bauteile:** Frgt. der TS. **Erhaltungszustand:** Schlecht, nur ein Löwenkopfwasserspeier mit dem Ansatz der Sima ist erhalten. **TS:** `Profil`: Sockel mit einem Löwenkopfwasserspeier, Kyma recta, eingeschnittener horizontaler Streifen, Leiste (?). `Dekor`: Auf dem Sockel Reste von schwarzen Palmetten und weißen Lotosblüten. Die Mähne des Löwen ist gelb, der Rachen braun und das Schnurrhaar schwarz. **Farben**: Rot, schwarz, braun, gelb, weiß. **Maße:** H: 0,35 m. L: 0,427 m. S: 0,61 m. **Dat.:** 5. Jh. v. Chr. **Lit.:** COSTABILE 1991, 15-16. Abb. 19.

LOKR 14 Taf. 12,2

Typ: Unbekannt. **Bau:** Unbekannt. **FO:** Contrada Marasa. **AO:** Locri, Sammlung Scaglione. **Inv.-Nr.:** Unbekannt. **Erhaltene Bauteile:** Frgt. einer Sima. **Erhaltungszustand:** Schlecht, nur ein Frgt. erhalten. **Sima:** `Profil`: Rundstab, Kehle, Rest verloren. `Dekor`: Auf dem Rundstab diagonale Streifen in schwarz und weiß. Die Kehle ist an ihrem unteren Rand mit schmalen horizontalen Streifen in schwarz, weiß und rot dekoriert, darüber mit einem Blattstab aus unten spitz zulaufenden Blättern, von denen sich jedoch nur der untere Teil erhalten hat. Die Blätter sind alternierend rot und schwarz gefüllt und zeigen eine breite weiße und eine schmale schwarze Umrandung. Die rot gefüllten Blätter weisen zudem eine weitere schwarze Umrandung an der Innenseite sowie einen vertikalen schwarzen Streifen in der Mitte des Blattes auf. Zwischen den Blättern stehende spitze Dreiecke mit weißer Füllung und schwarzer Umrandung. Der Zwischenraum ist an der Seite hin zu den schwarzen Blättern rot und an der Seite zu den roten Blättern hin schwarz gefüllt. **Farben**: Rot, schwarz, weiß. **Maße:** H: max. 0,13 m. L: max. 0,16 m. S: ca. 0,03. **Dat.:** 1. Viertel 6. Jh. v. Chr. **Lit.:** DE FRANCISIS 1979, 99-100 Abb. 80; VAN BUREN 1923, 87; LISSI 1961, 76 Taf. 24; PETERSEN 1890, 175 Abb. 3.

LOKR 15 Taf. 12,3

Typ: Unbekannt. **Bau:** Unbekannt. **FO:** Contrada Marasa. **AO:** Napoli, Museo Archeologico Nazionale. Reggio Calabria, Museo Civico. Potenza, Museo Archeologico Provinciale. **Inv.-Nr.:** Unbekannt. **Erhaltene Bauteile:** Frgte. einer GV. **Erhaltungszustand:** Schlecht, nur Frgte. erhalten. **GV:** `Profil`: Stirnplatte von doppelten Rundstäben eingefasst. `Dekor`: Auf den Rundstäben diagonale Streifen in schwarz und weiß. Die Streifen sind so angeordnet, dass sie wie Pfeile in dieselbe Richtung weisen. Auf der Stirnplatte ein komplexer schwarzer Mäander in zwei Registern auf weißem Grund. **Farben**: Schwarz, weiß. **Maße:** H: ca. 0,3 m. **Dat.:** 1. Viertel 6. Jh. v. Chr. **Lit.:** DE FRANCISIS 1979, 100 Abb. 83.

LOKR 16

Typ: Unbekannt. **Bau:** Unbekannt. **FO:** Casa Marafioti. **AO:** Locri, Antiquarium. **Erhaltene Bauteile:** Unbekannt. **Inv.-Nr.:** 95945. **Erhaltungszustand:** Schlecht, nur Frgte. erhalten. `Profil`: Ansatz einer Leiste, zurückversetzte Leiste, Leiste, Ansatz einer weiteren Leiste oder evtl. einer Kehle. `Dekor`: Auf der unteren Leiste Reste einer Raute? Die zurückversetzte Leiste ist mit einem schwarzen Hakenmäander dekoriert. Darüber ein durch drei vertikale Streifen eingefasstes Metopenfeld mit einem Andreaskreuz aus mehreren Linien. Der restliche Dekor ist verloren. **Farben**: Schwarz, weiß, rot. **Maße:** H: 0,013 m. L: 0,095 m. S: 0,029 m. **Dat.:** 6. Jh. v. Chr. **Lit.:** LATTANZI 1996, 67 Abb. 1. 19.

LOKR 17 Taf. 12,4

Typ: Unbekannt. **Bau:** Unbekannt. **FO:** Heiligtum des Olympischen Zeus. **AO:** Locri, Antiquarium. **Inv.-Nr.:** 95944. **Erhaltene Bauteile:** Frgt. einer GV. **Erhaltungszustand:** Schlecht, nur ein Frgt. erhalten. **GV:** `Profil`: Ansatz der Stirnplatte, Bodenplatte. `Dekor`: Auf der Stirnplatte wahrscheinlich die untersten Bögen eines doppelten Flechtbandes. Auf der Bodenplatte eine einfaches Flechtband aus einem sehr breiten schwarzen Band. **Farben**: Schwarz, weiß, rot. **Maße:** H: 0,57 m. L: 0,28 m. T: 0,079 m. S: 0,038 m. **Dat.:** 6. Jh. v. Chr. **Lit.:** LATTANZI 1996, 72 Abb. 1. 24.

LOKR 18

Typ: Unbekannt. **Bau:** Unbekannt. **FO:** Heiligtum des Olympischen Zeus. **AO:** Locri, Antiquarium. **Inv.-Nr.:** 95932. **Erhaltene Bauteile:** Frgt. einer GV. **Erhaltungszustand:** Schlecht, nur ein Frgt. erhalten. **GV:** `Profil`: Frgt. der Stirnplatte `Dekor`: Erhalten haben sich der mittlere Teil eines doppelten Flechtbandes aus einem weißen Band mit schwarzer Umrandung. Zentrale vierteilige Palmette aus weißen und roten Blättern mit schmaler schwarzer Umrandung. In den Augen konzentrische Kreise. **Farben**: Schwarz, weiß, rot. **Maße:** H: 0,155 m. L: 0,14 m. S: 0,035 m. **Dat.:** 6. Jh. v. Chr. **Lit.:** LATTANZI 1996, 72-73 Abb. 1, 25.

13.18 Die Dächer aus San Mauro

MAUR 1

Typ: Unbekannt. **Bau:** Unbekannt. **FO:** San Mauro di Corigliano Calabro. **AO:** Cosenza, Museo Civico. **Inv.-Nr.:** 2734. **Erhaltene Bauteile:** Frgt. der Stirnplatte einer GV. **Erhaltungszustand:** Schlecht, nur ein Frgt. erhalten. **GV** `Profil`: Doppeltes dreiläufiges Flechtband. In den Augen konzentrische Kreise um einen rot gefüllten Kreis. Sehr große zentrale Palmette aus sechs Blättern mit schwarzer oder roter Füllung und weiß-schwarzer Umrandung. Die Palmetten entspringen aus Kreisen, die Größe und Dekor der Flechtbandaugen wiederholen. **Farben**: Rot, schwarz, weiß. **Maße:** H: 0,232 m. L: 0,17 m. S: 0,042 m. **Dat.**: 1. Hälfte 6. Jh. v. Chr. **Lit.**: LATTANZI 1996, 224 Abb. 3.104; DEFRANCISIS 1961, 66-67 Taf 11, 1.

MAUR 2

Typ: Unbekannt. **Bau:** Unbekannt. **FO:** San Mauro di Corigliano Calabro. **AO:** Cosenza, Museo Civico. **Inv.-Nr.**: 2737. **Erhaltene Bauteile:** Frgt. eines Simasockels (?) **Erhaltungszustand:** Schlecht, nur ein Frgt. erhalten. **Sima:** `Profil`: Einfaches zweiläufiges Flechtband. In den Augen konzentrische Kreise um einen rot gefüllten Kreis. **Farben**: Rot, schwarz, weiß. **Maße:** H: 0,131 m. L: 0,165 m. S: 0,036 m. **Dat.**: 1. Hälfte 6. Jh. v. Chr. **Lit.**: LATTANZI 1996, 224 Abb. 3.105; DEFRANCISIS 1961, 68-69 Taf 11, 2.

13.19 Die Dächer aus Medma

MEDM 1

Typ: Rankensima. **Bau:** Unbekannt. **FO:** Rosarno, Calderazzo. **AO:** Reggio Calabria, Museo Archeologico Nazionale. **Inv.-Nr.**: 3664. **Erhaltene Bauteile:** Frgte. einer Sima. **Erhaltungszustand:** Schlecht, unterer Teil der Sima verloren. **Sima:** `Profil`: Hohe Leiste, Kyma recta, Leiste. `Dekor`: Auf der hohen Leiste ein plastischer ionischer Bogenfries. Die stehenden Palmetten besitzen neun Blätter, die ebenfalls stehenden Lotosblüten bestehen aus einem zweiblättrigen Kelch aus dem drei Blätter entspringen. Aus den Lotosblüten entstehen zwei Rankenbänder, die bogenförmige nach außen laufen und sich unter den Palmetten zu Voluten zusammenrollen. Unter den Lotosblüten hängende Palmetten. Die zentralen Blätter des Lotos scheinen rot, der Hintergrund schwarz gefasst zu sein. Die Kyma recta ist als plastisches ionisches Kyma gestaltet, dessen Elemente sind alternierend rot und schwarz Auf der abschließenden Leiste ein Hakenmäander aus schwarzen und roten Elementen auf weißem Grund. **Farben**: Rot, schwarz, weiß. **Maße:** H: 0,344 m. L: 0,29 m. S: 0,0425 m. **Dat.**: Ende 6. Jh. v. Chr./Anfang 5. Jh. v. Chr. **Lit.**: ORSI 1913, 65-66 Abb. 71; LATTANZI 1996, 106 Abb. 2, 10.

MEDM 2 Taf. 12,5

Typ: Unbekannt. **Bau:** Unbekannt. **FO:** Rosarno, Calderazzo. **AO:** Unbekannt. **Inv.-Nr.**: Unbekannt. **Erhaltene Bauteile:** Oberer Abschluss einer Sima. **Erhaltungszustand:** Schlecht, unterer Teil der Sima verloren. **Sima:** `Profil`: Ansatz einer Leiste, Rundstab, leicht konvexe Leiste, vorspringende Leiste. `Dekor`: Auf dem Ansatz der Leiste kein erhaltener Dekor, auf dem darüberliegenden Rundstab breite weiße und schmale schwarze Streifen. Die konvexe Leiste ist mit einem schwarzen Mäander auf weißem Grund dekoriert, die abschließende Leiste mit einem hängenden Blattstab. Die Blätter sind alternierend schwarz und rot gefüllt, die roten Blätter zeigen zudem eine schmale schwarze Umrandung. Zwischen den Blättern je ein schwarzer vertikaler Streifen, welcher die ganze Höhe der Leiste einnimmt. Die Hintergrund ist weiß. **Farben**: Rot, schwarz, weiß. **Maße:** H: ca. 0,18 m. (Nach Maßstab). **Dat.**: 6./5. Jh. v. Chr. **Lit.**: ORSI 1913 Abb. 70[613].

13.20 Die Dächer aus Megara Hyblaea

MEGA 1 Taf. 12,6-7

Typ: Blattstabsima? Gabelsima. **Bau:** Unbekannt. **FO:** Areal Tempel B. **AO:** Siracusa, Museo Regionale Paolo Orsi. **Erhaltene Bauteile:** Frgt. einer Sima. **Inv.-Nr.**: 42587 **Erhaltungszustand:** Stark fragmentiert, nur ein Stück erhalten. Der untere und der hintere Teil des Fragments sind verloren. **Sima:** `Profil`: Einfache Kehle deren oberes Ende in einer einfachen Leiste ausläuft. Der untere Teil der Sima ist verloren. Am oberen Ende der Sima setzt an der Rückseite eine weitere Kehle an. `Dekor`: Auf der Leiste schwarze Rauten auf weißem Grund, auf der Kehle ein Blattstab aus langen, schmalen Blättern mit einer breiten schwarzen Umrandung und alternierender weiß-rot-weiß-schwarzer Füllung. Über den Blättern ein schmales weißes Wellenband, das sich der Rundung der Blätter anpasst. Der Hintergrund der Kehle ist schwarz. **Farben:** Rot, schwarz, braun. **Maße:** H: ca. 0,16 m. L: ca. 0,16 m. **Dat.**: 1. Viertel 6. Jh. v. Chr. **Lit.**: SCICHILONE 1963, 188, Abb, 23-24; DARSOW 1938, 18; WIKANDER 1986 39.

MEGA 2 Taf. 12,8

Typ: Kanonisches sizilisches Dach. 3. Generation. **Bau:** Unbekannt. **FO:** Sektor C. **AO:** Siracusa, Museo Regionale Paolo Orsi. **Erhaltene Bauteile:** Frgt. einer GS. **Inv.-Nr.**: Unbekannt. **Erhaltungszustand:** Gut, ganze Module der Sima erhalten, nur der obere Abschluss ist verloren. **GS:** `Profil`: Sockel, Rundstab (verloren), Kehle, oberer Abschluss verloren. `Dekor`: Auf dem Sockel weiße Rauten mit schwarzen Mäandern gefüllt. Über und unter den Berührungspunkten zweier Rauten je eine zweiteilige Palmette mit weiß-schwarzer Kontur. Die Füllung ist alternierend schwarz und rot. Eingefasst ist der Sockel von horizontalen Streifen in schwarz-weiß-schwarz. Auf dem Ansatz des Rundstabs kein Dekor erhalten. Auf der Kehle ein weiß-schwarzes Wellenband, darunter drei schmale horizontale Streifen in schwarz-weiß-schwarz. Die einzelnen Teile des Wellenbandes sind alternierend schwarz und rot gefüllt. In den Zwischenräumen je eine zweiteilige hängende Palmette, über den Palmetten zwei kleine Voluten, deren Enden hinter dem Wellenband zur nächsten Volute verlaufen. Die Blätter der Palmette weisen eine weiß-schwarze Umrandung und eine alternierende rot-schwarze Füllung auf. Der Zwickel unterhalb der Palmette ist weiß[614]. **Farben:** Rot, schwarz, weiß. **Maße:** H: max. 0,4 m. **Dat.**: Letztes Drittel 6. Jh. v. Chr. **Lit.**: VILLARD-VALLET 1953, 30-31; VILLARD-VALLET 1960, 267, Abb. 10; WIKANDER 1986, 39; GRAS U.A. 2004, 375 Abb. 370 a.

[613] Das Stück wird von Orsi zwar abgebildet, aber nicht besprochen.

[614] Auch dieser Sima wird eine Geisonverkleidung zugewiesen. Wie bei **MEGA 5** wird diese weder im Text erwähnt noch wird eine Photographie vorgelegt. Vgl. GRAS U.A. 2004, 375 Abb. 370 a.

MEGA 3 Taf. 13,1-2

Typ: Kanonisches sizilisches Dach. 3. Generation. **Bau:** Unbekannt. **FO:** Sektor C. **AO:** Siracusa, Museo Regionale Paolo Orsi. **Erhaltene Bauteile:** Frgt. einer GS. **Inv.-Nr.:** Unbekannt. **Erhaltungszustand:** Gut, Sima in voller Höhe erhalten. **GS:** `Profil`: Sockel, Rundstab, Kehle, Leiste, Rundstab. `Dekor`: Auf dem Sockel längliche schwarze Kreuze mit eingezogenen Enden auf weißem Grund. Der Rundstab ist als plastischer Astragal gestaltet. Auf der Kehle ein Blattstab aus lyraförmigen Blättern mit schwarz-weiß-schwarzer Umrandung und alternierender roter und schwarzer Füllung. In den Zwischenräumen über den aufgerollten Enden der Blattstabblätter je eine siebenteilige Palmette aus weißen, schwarz umrandeten Blättern. Auf der Leiste ein Mäander und Rechtecke (nur in einer Zeichnung publiziert, zur Farbigkeit können keine Aussagen gemacht werden.) Abschließender Rundstab wieder als plastischer Astragal. **Farben:** Rot, schwarz, weiß. **Maße:** H: max. 0,32 m. **Dat.:** Letztes Drittel 6. Jh. v. Chr. **Lit.:** GRAS U.A. 2004, 376-377 Abb. 370 c; WIKANDER 1986, 39.

MEGA 4 Taf. 12,9

Typ: Kanonisches sizilisches Dach. **Bau:** Unbekannt. **FO:** Areal Tempel A. **AO:** Siracusa, Museo Regionale Paolo Orsi. **Erhaltene Bauteile:** Frgt. einer TS. **Inv.-Nr.:** Unbekannt. **Erhaltungszustand:** Schlecht, nur Frgte. erhalten. **TS:** `Profil`: Frgt. einer angewinkelten Bodenplatte und eines Sockels mit Wasserspeiern. `Dekor`: Auf dem Sockel neben dem Ansatz des Wasserspeiers ein stehendes weißes Blatt, mit einer breiten schwarz-weißen Umrandung, darüber der Ansatz eines weiteren, hängenden Blattes. Der untere Zwickel zwischen Blatt und Wasserspeieransatz ist weiß. Die schwarzen Bereiche scheinen zu länglichen Rauten mit sich verjüngenden Enden zu gehören, welche die Blattstäbe voneinander trennen. Der Ansatz des Wasserspeiers ist schwarz umrandet. **Farben:** Schwarz, weiß. **Maße:** Unbekannt. **Dat.:** 6. Jh. v. Chr. **Lit.:** VAN BUREN 1923, 86 Abb. 4; ORSI 1922B, 162 Abb. 7 (links); WIKANDER 1986, 39; DARSOW 1938, 18.

MEGA 5 Taf. 12,10

Typ: Kanonisches sizilisches Dach. **Bau:** Unbekannt. **FO:** Areal Tempel A. **AO:** Siracusa, Museo Regionale Paolo Orsi. **Erhaltene Bauteile:** Frgt. einer TS. **Inv.-Nr.:** Unbekannt. **Erhaltungszustand:** Schlecht, nur ein Frgt. erhalten. **TS:** `Profil`: Frgt. einer angewinkelten Bodenplatte, eines Sockels mit Wasserspeiern. `Dekor`: Auf dem Sockel ein stehendes Blatt mit weißer Füllung und schwarz-weißer Umrandung, daneben Ansatz eines Wasserspeiers. **Farben:** Schwarz, weiß. **Maße:** H: 0,15 m. D(WS): 0,1 m. **Dat.:** 6. Jh. v. Chr. **Lit.:** VAN BUREN 1923, 86 Abb. 3; ORSI 1922B, 162, Abb. 7 (rechts); WIKANDER 1986, 39; DARSOW 1938, 18.

MEGA 6 Taf. 13,3

Typ: Unbekannt. **Bau:** Unbekannt. **FO:** Sektor C. **AO:** Siracusa, Museo Regionale Paolo Orsi. **Erhaltene Bauteile:** Frgt. einer Sima. **Inv.-Nr.:** Unbekannt. **Erhaltungszustand:** Schlecht, nur der obere Teil der Sima ist erhalten. **Sima:** `Profil`: Ansatz des Sockel, Kehle. `Dekor`: Auf dem Ansatz des Sockels hat sich kein Dekor erhalten. Am unteren Rand der Kehle schmale horizontale Streifen in schwarz und weiß. Darüber ein Blattstab aus lanzettförmigen, unten eingezogenen Blättern. Die Füllung der Blätter ist alternierend rot und schwarz. Die braunen Blätter zeigen eine sehr breite weiß-rot-weiße Umrandung, die roten eine weiß-braun-weiße. Der Grund der Kehle ist schwarz. Auf dem auslaufenden Rand der Kehle ein Wolfszahn aus schwarzen und weißen Elementen[615]. **Farben:** Rot, weiß, braun. **Maße:** H: max. 0,22 m. **Dat.:** 1. Hälfte 6. Jh. v. Chr. **Lit.:** GRAS U.A. 2004, 375-376. Abb. 370 b.

MEGA 7

Typ: Unbekannt. **Bau:** Tempel A. **FO:** Unbekannt. **AO:** Siracusa, Museo Regionale Paolo Orsi. **Erhaltene Bauteile:** Frgt. einer GV. **Inv.-Nr.:** Unbekannt. **Erhaltungszustand:** Schlecht, nur Frgte. erhalten. **GV:** `Profil`: Stirnplatte, doppelter Rundstab. `Dekor`: Auf der Stirnplatte Teil eines Flechtbands. Auge mit vierblättriger weißer Rosette auf dunklem Grund, umfangen von einem weißen Kreis. Rest der zentralen Palmette. Erhalten sind ein rot und ein schwarz gefülltes Blatt, beide mit weiß-schwarzer Umrandung. **Farben:** Rot, schwarz, weiß. **Maße:** Unbekannt. **Dat.:** 6. Jh. v. Chr. **Lit.:** VAN BUREN 1923, 103 Abb. 33.

MEGA 8

Typ: Unbekannt. **Bau:** Unbekannt. **FO:** Unbekannt **AO:** Siracusa, Museo Regionale Paolo Orsi. **Erhaltene Bauteile:** Frgt. einer GV. **Inv.-Nr.:** Unbekannt. **Erhaltungszustand:** Schlecht, nur Frgte. erhalten. **GV:** `Profil`: Stirnplatte. `Dekor`: Auf der Stirnplatte ein Teil eines dreiläufigen Flechtbandes. Auge mit vierblättriger weißer Rosette auf dunklem Grund. Zentrale dreiteilige Palmette aus schwarzen Blättern. **Farben:** Rot, schwarz, weiß. **Maße:** H(der rekonstruierten Stirnplatte): 0,33 m. **Dat.:** 6. Jh. v. Chr. **Lit.:** VAN BUREN 1923, 105; ORSI 1889, 762[616].

[615] Von Gras u.a. wird der Sima in einer Zeichnung eine Geisonverkleidung zugewiesen. Diese wird im Text jedoch an keiner Stelle erwähnt. Auch eine Photographie ist nicht vorhanden. Auch die Rekonstruktion der Sima ist falsch. Sie besteht nach der Zeichnung nur aus einer Kehle, die Sima besitzt aber eindeutig den Ansatz eines Sockels. Vgl. GRAS U.A. 2004, 375, Abb. 370 b.

[616] Die von van Buren zitierte Abbildung Orsis bezieht sich nicht auf dieses Stück, sondern auf einen von Orsi angeführten Vergleich. Eine Abbildung der Geisonverkleidung liegt demnach nicht vor.

MEGA 9

Typ: Unbekannt. **Bau:** Unbekannt. **FO:** Areal Tempel B. **AO:** Siracusa, Museo Regionale Paolo Orsi. **Erhaltene Bauteile:** Frgt. einer GV. **Inv.-Nr.:** Unbekannt. **Erhaltungszustand:** Schlecht, nur Frgte. erhalten. **GV:** `Profil`: Frgt. der Stirnplatte. `Dekor`: Auf der Stirnplatte Teil eines Flechtbands aus roten, weißen und schwarzen Bändern. Auge mit vierblättriger weißer Rosette auf dunklem Grund, umfangen von einem weißen Kreis. Zentrale dreiteilige Palmette aus weißen Blättern mit schwarzer Umrandung. **Farben:** Rot, schwarz, weiß. **Maße:** Unbekannt. **Dat.:** 6. Jh. v. Chr. **Lit.:** VAN BUREN 1923, 107 Abb. 34; ORSI 1922B, 162, Abb. 6; WIKANDER 1986, 39; DARSOW 1938, 18.

MEGA 10 Taf. 13,4-5

Typ: Unbekannt. **Bau:** Unbekannt. **FO:** Unbekannt. **AO:** Siracusa, Museo Regionale Paolo Orsi. **Erhaltene Bauteile:** Frgt. einer GV. **Inv.-Nr.:** 93759-93760. **Erhaltungszustand:** Schlecht, nur Frgte. erhalten. **GV:** `Profil`: Ansatz der Stirnplatte, doppelter Rundstab, Bodenplatte. `Dekor`: Auf der Stirnplatte die unteren Bögen eines Flechtbandes auf weißem Grund. Rundstäbe mit diagonalen Streifen in rot, schwarz und weiß. Auf der Bodenplatte ein Schuppenmuster aus schwarzen und roten Schuppen mit weißer Umrandung. **Farben:** Rot, schwarz, weiß. **Maße:** L(93759): 0,315 m. H(93759): 0,21 m. S(93759): 0,044 m. L(93760): 0,14 m. H(93760): 0,255 m. S(93760): 0,044 m. **Dat.:** 1. Viertel 6. Jh. v. Chr. **Lit.:** CIURCINA 1997, 32 Abb. 8-9.

13.21 Die Dächer aus Metapont

META 1 Taf. 13,6

Typ: Kanonisches sizilisches Dach. **Bau:** Unbekannt. **FO:** Temenos. **AO:** Metaponto, Antiquarium. **Erhaltene Bauteile:** Frgt. der TS und der GVT. **Inv.-Nr.:** Unbekannt. **Erhaltungszustand:** Schlecht, nur ein Frgte. erhalten. **TS:** `Profil`: Nach hinten ansteigende Bodenplatte, Sockel mit Röhrenwasserspeiern, Kehle, Leiste, Rundstab. `Dekor`: Auf dem Sockel kein erhaltener Dekor. Die Kehle ist mit einem Blattstab aus breiten, tropfenförmigen Blättern mit alternierender roter und schwarzer Füllung sowie weiß-schwarzer(?) Umrandung dekoriert. Der Grund der Kehle ist weiß. Leiste mit einem schwarzen (?) Hakenmäander. Auf dem Rundstab ein Blattstab aus schwarzen (?) Blättern mit weißer Umrandung auf schwarzem (?) Grund. **GVT:** `Profil`: Deckplatte, schmale Leiste, Kyma recta, schmaler Rundstab, Stirnplatte, Rundstab. `Dekor`: Auf der Stirnplatte ein doppeltes Flechtband, der restliche Dekor ist nicht mehr identifizierbar. **Farben:** Weiß, schwarz, rot. **Maße:** Unbekannt. **Dat.:** Letztes Drittel 6. Jh. v. Chr. **Lit.:** MERTENS 1973 Taf. 69 h; ADAMNESTEANU U.A. 1975, 350-351 Abb. 44.

META 2 Taf. 13,7-8

Typ: Löwenkopfwasserspeiersima. **Bau:** Hera-Tempel, „Tavole palatine". **FO:** Aus dem Bereich des Heraions. **AO:** Metapont, Antiquarium. **Erhaltene Bauteile:** Frgte. der GS, der TS und der GV. **Inv.-Nr.:** Unbekannt. **Erhaltungszustand:** Gut, Module in voller Höhe und Breite rekonstruierbar. **GS:** `Profil`: Bodenplatte, Kehle, Kyma reversa, Leiste. `Dekor`: Auf der Kehle ein ionischer Bogenfries aus elfteiligen Palmetten und neunteiligen Lotosblüten, welche durch ein Rankenband miteinander verbunden sind. Die Kyma reversa ist mit einem hängenden Blattstab aus eckigen Blättern dekoriert. Die Blätter sind alternierend rot und schwarz gefüllt und besitzen eine weiß-schwarze Umrandung. In der Mitte der Blätter ein kurzer vertikaler Streifen mit weißer Umrandung; der Streifen ist in den schwarzen Blättern rot, in den roten schwarz. Auf der abschließenden Leiste ein schwarzer Hakenkreuzmäander auf weißem Grund. Die Mäanderkreuze alternieren mit roten Rechtecken. **TS:** Wie GS mit Löwenkopfwasserspeiern. **GV:** `Profil`: Deckplatte, ionisches Kyma, Rundstab, Stirnplatte, lesbisches Kyma, Bodenplatte zu beiden Seiten von Rundstäben eingefasst. `Dekor`: Die Eier des Kymas sind weiß gefasst und schwarz umrandet, die Stege sind rot. Der Rundstab ist als plastischer Astragal ausgeführt und rot gefasst. Auf der Stirnplatte ein komplexer Hakenkreuzmäander in zwei Registern. Die Stege sind erhaben und weiß gefasst. In diagonaler Anordnung alternieren die Mäanderkreuze mit ebenfalls erhabenen, rot gefassten Rechtecken, die mit einem rot-weißen Schachbrettmuster oder mit achtteiligen weißen Sternen gefüllt sein können. Der Hintergrund ist schwarz. Der obere Teil des lesbischen Kymas ist rot, der untere weiß gefasst. Die beiden die Bodenplatte einfassenden Rundstäbe sind mit diagonalen Streifen in schwarz, weiß und rot dekoriert. Die Bodenplatte selbst mit einem doppelten dreiläufigen Flechtband. Die zentrale Palmette ist dreiteilig, die äußeren Blätter sind rot, das Innere schwarz gefüllt. Die Blätter sind weiß umrandet. In den Augen konzentrische Kreise. Der Hintergrund ist weiß. **Farben:** Weiß, schwarz, rot. **Maße:** H(GS): 0,35 m. **Dat.:** 5. Jh. v. Chr. **Lit.:** DE JULIIS 2001, 88-96 Abb. 12 Taf. 2-3; LO PORTO 1981, 31-34 Abb. 13-17; MERTENS 1973 Taf. 49 e; g; DE PETRA 1894, 5-6 Taf. 2.

META 3

Typ: Löwenkopfwasserspeiersima. **Bau:** Tempel des Apollo Lykaios. Tempel B2. **FO:** Unbekannt. **AO:** Metapont, Antiquarium. **Erhaltene Bauteile:** Frgte. der TS und der GVT. **Inv.-Nr.:** 153748 (Sima) 200550 (GV). **Erhaltungszustand:** Gut, Module in voller Höhe und Breite rekonstruierbar. **TS:** *Variante 1:* `Profil`: Bodenplatte, Kehle, Kyma reversa, Leiste. In die Kehle sind Löwenkopfwasserspeier eingelassen, welche die volle Höhe der Kehle erreichen. Jedes Modul trägt zentral einen Wasserspeier. `Dekor`: Auf der Kehle ein plastischer ionischer Bogenfries aus elfteiligen Palmetten und siebenteiligen Lotosblüten, welche durch ein Rankenband miteinander verbunden sind. Die Blätter beider Blütentypen sind alternierend rot und schwarz gefüllt. Jede zweite Palmette ist durch einen Wasserspeier ersetzt. Die Kyma reversa ist mit einem Blattstab aus eckigen Blättern dekoriert. Die Blätter sind alternierend rot und schwarz gefüllt und besitzen eine weiß-schwarze Umrandung. In der Mitte der Blätter ein weißer vertikaler Streifen. Auf der abschließenden Leiste ein rot-schwarzer Hakenkreuzmäander auf weißem Grund. Die Mäanderkreuze alternieren mit roten Rechtecken. *Variante 2:* `Profil`: wie Variante 1. `Dekor`: Die Voluten unter den Palmetten sind etwas größer. **GVT:** *Variante 1:* Wie **META 2**. *Variante 2:* Wie Variante 1, der

Mäander ist jedoch nicht plastisch ausgeführt, sondern gemalt. **Farben:** Weiß, schwarz, rot. **Maße:** H(TS): 0,385 m. L(Simamodul): 0,617 m. H(GV): 0,331 m. L(GV-Modul): 0,62 m. **Dat.:** 5. Jh. v. Chr. **Lit.:** De Juliis 2001, 156 Abb. 40; Mertens 1973 Taf. 49 h; 53 oben; Mertens 1996, 54-57 Abb. 6.2 b: Adamnesteanu u.a. 1975, 351-352. Abb. 45-46.

META 4

Typ: Löwenkopfwasserspeiersima. **Bau:** Tempel A2. **FO:** Aus dem Bereich des Heraions. **AO:** Metapont, Antiquarium. **Erhaltene Bauteile:** Frgte. der GS, der TS und der GV. **Inv.-Nr.:** 264707 (TS) 153749 (GV). **Erhaltungszustand:** Gut, Module in voller Höhe und Breite rekonstruierbar. **GS:** Wie bei **META 3**, der einzige Unterschied besteht in den Rankenbändern, während sie unter den Lotosblüten von **META 3** gerade auslaufen, sind sie unter den Lotosblüten von **META 4** volutenartig eingerollt. **TS:** Wie GS. Nur hier alternieren die Palmetten des Anthemions mit Löwenkopfwasserspeiern, welche die gesamte Höhe der Kehle einnehmen. **GV:** Wie **META 1B**. **Farben:** Weiß, schwarz, rot. **Maße:** H(TS): 0,381 m. L(TS-Modul): 0,57 m. H(GV): 0,355. L(GV-Modul): 0,56 m. **Dat.:** 1. Hälfte 5. Jh. v. Chr. **Lit.:** De Juliis 2001, 156 Abb. 41 Farbabbildung auf der Rückseite des Buches; Adamnesteanu u.a. 1975 Taf. 53 unten.

META 5 Taf. 14,1-2

Typ: Anthemiensima. **Bau:** Hera-Tempel A2. **FO:** Im östlichen Teil des Temenos. **AO:** Metapont, Antiquarium. **Erhaltene Bauteile:** Frgte. der TS und der angearbeiteten GVT. **Inv.-Nr.:** Unbekannt. **Erhaltungszustand:** Von der GV ganze Module erhalten. Die Sima ist stark fragmentiert. **TS:** `Profil`: Kehle, Leiste. `Dekor`: Die Kehle ist als plastischer vielfach durchbrochener Anthemienfries gestaltet. Die Lotosblüten sind stehend und bestehen aus drei Spitzen und sechs kleinen runden Blättern. Die Palmetten sind doppelt und sind um eine kleine Raute gespiegelt. Sie bestehen aus sechs runden und einem zentralen spitzen Blatt. Verbunden sind die Blüten durch zwei Rankenbänder. Auf der abschließenden Leiste ein Mäander. **GVT:** Nach hinten ansteigende Deckplatte, auf welcher das Anthemion aufsitzt, weit vorkragendes Überschlagskarnies, Kyma recta, Stirnplatte, Rundstab, Bodenplatte, schmaler Rundstab. `Dekor`: Auf dem Überschlagskarnies ein hängender Blattstab, welcher auf der Kyma recta in stehender Form wiederholt wird. Rundstab mit diagonalen Streifen. Die Stirnplatte ist mit einem doppelten dreiläufigen Flechtband dekoriert. Die zentrale Palmette ist dreiteilig, in den Augen befinden sich konzentrische Kreise. **Farben:** Weiß, schwarz, rot. **Maße:** H: max. 0,66 m. L(Modul): 0,575 m. **Dat.:** Um 540 v. Chr. **Lit.:** De Juliis 2001, 153-154 Abb. 38; Mertens 1981 Taf. 25 a; Adamnesteanu u.a. 1975, 346-347 Abb. 40. Mertens 1993 Taf. 88, 1-2; Mertens 1973, 175-176 Taf. 49, a; Winter 1993, 282; Mertens 2006, 149.

META 6 Taf. 14,3-4

Typ: Anthemiensima. **Bau:** Unbekannt. **FO:** Im Areal der großen Tempel. **AO:** Metapont, Antiquarium. **Erhaltene Bauteile:** Frgte. der TS und angearbeiteten GVT. **Inv.-Nr.:** Unbekannt. **Erhaltungszustand:** Gut, ganze Module rekonstruierbar. **TS:** `Profil`: Plastisches Anthemion, Leiste, Ovolo. `Dekor`: Das Anthemion ist als doppelter gekreuzter Fries in gestaltet. Die Lotosblüten bestehen aus fünf Spitzen und vier Runden Blättern. Die Palmetten sind 15-teilig. Die Blüten sind durch zwei Rankenbänder verbunden. Die Zwischenräume sind durchbrochen. Der abschließende Ovolo ist mit einem gemalten lesbischen Kyma verziert. **GVT:** `Profil`: Der untere Teil ist verloren, Kyma recta, Überschlagskarnies, Leiste, plastischer Astragal, plastisches ionisches Kyma, Leiste. Die Leiste von GS und TS sind aufgebogen und treffen wie ein Schiffsbug aufeinander, darunter eine plastische fünfteilige Palmette, darüber ein Akroter. `Dekor`: Auf der breiten zentralen Leiste ein Mäander[617]. **GV:** Weit vorkragender Traufziegel, dessen Ende in eine vertikale Leiste umbricht. Plastisches ionisches Kyma, dessen unteres Ende den darunterliegenden Rundstab berührt, so dass ein kreisrunder Hohlraum hinter der Kyma entsteht. Stirnplatte, Kyma reversa, welche über die Bodenplatte hinausreicht, Bodenplatte, Rundstab. `Dekor`: Auf der dem Traufziegel vorgeblendeten Leiste ein schwarzer Mäander auf weißem Grund. Darunter das plastische Kyma, Rundstab mit vertikalen schwarzen Streifen. Die Stirnplatte ist mit einem doppelten dreiläufigen Flechtband dekoriert. Die zentrale Palmette ist dreiteilig, in den Augen befinden sich konzentrische Kreise. Kyma reversa mit einem horizontalen Schuppenmuster. **Farben:** Weiß, schwarz. **Maße:** H: max. 0,65 m. L(Modul): 0,585 m. **Dat.:** 540/530 v. Chr. **Lit.:** De Juliis 2001, 153-154 Abb. 39 Taf. 3 b; Mertens 1973, 219-220. Taf 49 b; Mertens 1981 Taf. 24, g; 25 b; Adamnesteanu u.a. 1975, 347-348 Abb. 40; Mertens 1993, 63 Taf. 88, 4-5.

META 7 Taf. 14,7

Typ: Anthemiensima. **Bau:** Unbekannt. **FO:** Unbekannt. **AO:** Metapont, Antiquarium. **Erhaltene Bauteile:** 2 Anthemien. **Inv.-Nr.:** Unbekannt. **Erhaltungszustand:** Schlecht, nur zwei Frgte. erhalten. **Anthemien:** `Profil`: Sockel, Anthemienfries. `Dekor`: Das Anthemion ist als doppelter gekreuzter Fries ausgeführt. Die Lotosblüten bestehen aus zwei Spitzen und vier Runden Blättern. Die Palmetten sind sechsteilig. Die Blüten sind durch zwei Rankenbänder verbunden. **Farben:** Unbekannt. **Maße:** Unbekannt. **Dat.:** Letztes Drittel 6. Jh. v. Chr. **Lit.:** Mertens 1993 Taf. 86, 4.

META 8 Taf. 15,1-2

Typ: Baldachinsima (TS), Anthemiensima (GS). **Bau:** Hera-Tempel, „Tavole palatine“ . **FO:** Aus dem Bereich des Heraions. **AO:** Museo Provinciale di Potenza. Reggio Calabria, Museo Archeologico Nazionale. Metapont, Antiquarium. **Erhaltene Bauteile:** Frgte. der GS, der TS

[617]Wahrscheinlich gehört das Fragment **META 10** zu dieser Sima, da Mertens jedoch weder eine Abbildung, noch Beschreibung und Maße vorlegt kann dies nicht entschieden werden.

und der GV. **Inv.-Nr.:** Unbekannt. **Erhaltungszustand:** Schlecht, nur Frgte. erhalten. **GS:** `Profil`: Sockel, Kehle, Leiste, Rundstab, Ovolo, Traufziegel, oben Ansätze für ein Anthemion. Der Fries selbst ist verloren. `Dekor`: Auf dem Rundstab kein erhaltener Dekor. Auf der Kehle ein Blattstab aus tropfenförmigen Blättern mit weißer Umrandung und schwarzer Füllung. Der Hintergrund ist weiß. Leiste mit einem schwarzen Hakenkreuzmäander auf weißem Grund, die Mäanderkreuze alternierend mit roten Rechtecken, die mit weißen achtteiligen Sternen gefüllt sind, deren Strahlen sich um einen Punkt gruppieren. Rundstab mit diagonalen Streifen in schwarz und weiß. Auf dem Ovolo kein erhaltener Dekor. **TS:** `Profil`: Sockel, Rundstab, Kehle, Leiste, weit vorkragender Traufziegel dessen Vorderseite sich zum Rand hin nach unten verbreitert, Kyma reversa, Leiste. `Dekor`: Auf dem Sockel ein einfacher Anthemienfries. Die Blätter der Palmetten und der Lotosblüten sind weiß, der Hintergrund ist schwarz. Der den Sockel abschließende Rundstab ist mit diagonalen Streifen in weiß und schwarz dekoriert. Auf der Kehle ein Blattstab aus tropfenförmigen Blättern mit weißer Umrandung und schwarzer Füllung. Die Zwischenräume sind schwarz, die oberen Zwickel weiß gefüllt. Leiste mit einem schwarzen Hakenkreuzmäander auf weißem Grund, die Mäanderkreuze alternieren mit roten Rechtecken, die mit weißen achtteiligen Sternen gefüllt sind, deren Strahlen sich um einen Punkt gruppieren. Der horizontale Teil des Baldachins ist mit einem breiten weißen Zick-Zack in rot, schwarz und weiß dekoriert. Auf der Vorderseite des Randes hat sich kein Dekor erhalten. In den Sockel sind Pseudo-Löwenkopfwasserspeier eingesetzt, welche vom Sockelansatz bis zum oberen Abschluss der Kehle reichen. **GV:** `Profil`[618]: Die GV ist ein das ganze Geison umschließender Kasten, auf halber Höhe befindet sich eine Konsole auf welcher die Sima aufsitzt. Unter der Konsole ein Kyma reversa, Stirnplatte, vorspringendes Kyma recta, dessen unterer Abschluss über die Bodenplatte hinausragt. Dahinter die Bodenplatte, durch einen Rundstab abgeschlossen. Der über die Konsole herausragende Teil der Stirnplatte ist verloren. `Dekor`: Auf dem durch die Sima verdeckten, jetzt verlorenen Teil der GV wahrscheinlich kein Dekor. Auf der Vorderseite der Konsole haben sich nur Spuren eines Dekors erhalten, der nicht mehr zu identifizieren ist. Auf den beiden Kymae ein Blattstab aus weiß gefüllten Blättern mit einer schmalen roten und einer breiten weißen Umrandung. Der Hintergrund ist weiß. Auf der Stirnplatte ein doppeltes Flechtband aus einem breiten weißen Band mit schmaler schwarzer Umrandung. Eine zentrale Palmette kann hier nicht beobachtet werden. In den Augen konzentrische Kreise. Die Zwickel an den äußeren Rändern der beiden Bänder sind weiß, der Raum zwischen beiden Bändern rot gefasst. **Farben:** Weiß, schwarz, rot. **Maße:** H(TS): rek. 0,22 m. L(TS): rek. 0,71 m. H(GV): max. 0,118 m. L(GV): max. 0,185 m. **Dat.:** 520-500 v. Chr. **Lit.:** De Juliis 2001, 88-97 Abb. 12 Taf. 2 a-b; Mertens 2001, 58-59; Lo Porto 1981 Abb. 11-13; Mertens 1973 Taf. 49 e; g; Mertens 2006, 217.

META 9

Typ: Baldachinsima. **Bau:** Unbekannt. **FO:** Unbekannt. **AO:** Neapel, Museo Nazionale. **Erhaltene Bauteile:** Frgt. der TS. **Inv.-Nr.:** Unbekannt. **Erhaltungszustand:** Schlecht, nur ein Frgt. erhalten. **TS:** `Profil`: Sockel, weit vorkragender Traufziegel mit vorgeblendeter vertikaler Leiste. `Dekor`: Auf dem Sockel die Reste eines plastischen Anthemions. Auf der Unterseite des Baldachins befindet sich ein schwarzer Hakenkreuzmäander auf weißem Grund in zwei Registern, die Mäanderkreuze alternieren mit roten Rechtecken, die mit weißen achtteiligen Sternen gefüllt sind, deren Strahlen sich um einen Punkt gruppieren. Dieses Motiv wird auf der vorgeblendeten Leiste wiederholt, jedoch nur in einem Register. In den Sockel sind Pseudo-Löwenkopfwasserspeier eingesetzt, welche vom Sockelansatz bis zum oberen Abschluss der Kehle reichen. **Farben:** Weiß, schwarz, rot. **Maße:** H: 0,1 m (Bezieht sich wahrscheinlich nur auf den Wasserspeier). **Dat.:** Anfang 5. Jh. v. Chr. **Lit.:** Mertens-Horn 1988, 200 Kat.-Nr. 55 Taf. 67 c; Gàbrici 1956, 314 Abb. 40, 1.

META 10 Taf. 14,6

Typ: Unbekannt. **Bau:** Unbekannt. **FO:** Temenos. **AO:** Metapont, Antiquarium. **Erhaltene Bauteile:** Frgt. der GS. **Inv.-Nr.:** Unbekannt. **Erhaltungszustand:** Schlecht, nur ein Frgt. erhalten. **GS:** `Profil`: Rundstab, plastisches ionisches Kyma, Sockel, Kyma recta, Überschlagskarnies, Leiste, Rundstab, Plastisches ionisches Kyma, Rundstab. In den Sockel waren wohl Löwenkopfwasserspeier eingesetzt. `Dekor`: Auf dem Rundstab schwarze vertikale Streifen auf weißem Grund. Der Sockel ist mit einem schwarz-roten Hakenkreuzmäander in zwei Registern dekoriert. Die Mäanderkreuze alternieren mit diagonal versetzten roten Rechtecken, welche mit achtteiligen weißen Sternen gefüllt sind. Auf der Kyma recta ein gemaltes ionisches Kyma. Überschlagskarnies mit einem hängenden Blattstab aus alternierend rot und schwarz gefüllten und weiß umrandeten Blättern. Die Leiste ist mit einem rot-schwarzen Hakenkreuzmäander auf weißem Grund dekoriert. Rundstab mit Rechtecken in weiß, schwarz und rot. Auf dem abschließenden Rundstab hat sich kein Dekor erhalten. **Farben:** Weiß, schwarz. **Maße:** Unbekannt. **Dat.:** Letztes Drittel 6. Jh. v. Chr. **Lit.:** Adamnesteanu u.a. 1975, 349 Abb. 42.

META 11

Typ: Unbekannt. **Bau:** Unbekannt. **FO:** Temenos. **AO:** Metapont, Antiquarium. **Erhaltene Bauteile:** Frgt. einer GV. **Inv.-Nr.:** Unbekannt. **Erhaltungszustand:** Schlecht, nur ein Frgt. erhalten. **GV:** `Profil`: Deckplatte, doppelter Rundstab, Stirnplatte, doppelter Rundstab, Leiste. `Dekor`: Rundstäbe alle mit Rechtecken in schwarz, weiß und rot durch vertikale Streifen voneinander getrennt. Auf der Stirnplatte ein doppeltes dreiläufiges Flechtband, in den Augen konzentrische Kreise. Die zentralen Palmetten sind dreiteilig und bestehen aus weißen Blättern. Auf der Leiste ein schwarz-roter Mäander auf weißem Grund. **Farben:** Weiß, schwarz, rot. **Maße:** H: max. 0,215 m. **Dat.:** Bald nach der Mitte des 6. Jh. v. Chr. Adamnesteanu u.a. 1975, 349. **Lit.:** Adamnesteanu u.a. 1975, 350-351 Abb. 43.

[618] Die GV der Trauf- und der Giebelseite scheinen sich nicht zu unterscheiden.

META 12

Typ: Unbekannt. **Bau:** Ionischer Tempel, Tempel D. **FO:** Temenos. **AO:** Metapont, Antiquarium. **Erhaltene Bauteile:** Frgte. der GS. **Inv.-Nr.:** Unbekannt. **Erhaltungszustand:** Unbekannt. **GS:** `Profil`: Sockel, ionisches Kyma, Leiste. In die Sima sind zentral Gorgonenantefixe eingesetzt. `Dekor`: Der Sockel ist mit einem Hakenkreuzmäander in zwei Registern dekoriert. Die Mäanderkreuze alternieren mit diagonal versetzten Rechtecken, welche mit achtteiligen weißen Sternen gefüllt sind. Auf der abschließenden Leiste ein Zinnenband. **Farben:** Unbekannt. **Maße:** H: 0,2 m. **Dat.:** Anfang 5. Jh. v. Chr. **Lit.:** MERTENS 1979, 109-110 Klapptafel auf S. 139-140 Taf. 20.

13.22 Die Dächer aus Metaurum

METR 1 Taf. 15,1

Typ: Frühes sizilisches Dach. **Bau:** Unbekannt. **FO:** Metaurum. **AO:** Unbekannt. **Inv.-Nr.:** Unbekannt. **Erhaltene Bauteile:** Ein Frgt. der GS. **Erhaltungszustand:** Gut, ein ganzes Modul der Sima ist erhalten. **GS:** `Profil`: Bodenplatte, Sockel, Rundstab, Kehle, abschließende Leiste. `Dekor`: Sockel mit einem einfachem Flechtband, welcher zweimal durch runde Einschnitte zur Anstückung von Antefixen durchbrochen ist. Rundstab mit diagonalen Streifen. Auf der Kehle ein Blattstab aus alternierenden roten und schwarzen Blättern mit weißer Umrandung. Der Hintergrund ist schwarz. Die abschließende Leiste ist mit einem Schachbrettmuster aus schwarzen und weißen Feldern dekoriert. **Farben:** Rot, weiß, schwarz. **Maße:** L: ca. 0,6 m. **Dat.:** Erstes Viertel 6. Jh. **Lit.:** ORSI 1902, 128 Abb. 2, 1; DE FRANCISIS 1979, 97.

Die Dächer vom Monte S. Mauro

MONT 1 Taf. 15,4

Typ: Kanonisches sizilisches Dach. 1. Generation. **Bau:** Unbekannt. **FO:** Ebene östlich der Hügel 1 und 2. **AO:** Siracusa, Museo Regionale Paolo Orsi. **Erhaltene Bauteile:** Frgt. einer GS. **Inv.-Nr.:** Unbekannt. **Erhaltungszustand:** Sehr schlecht, nur Frgte. erhalten. Sima aber in voller Höhe rekonstruierbar. **GS:** `Profil`: Bodenplatte, Sockel, Rundstab, Kehle, Leiste, Rundstab. `Dekor`: Auf dem Sockel ein Schachbrettmuster aus roten, schwarzen und weißen Feldern. Rundstab mit diagonalen Streifen in rot, schwarz und weiß. Am unteren Rand der Kehle ein nach links weisendes schwarzes Fischgrätmuster auf weißem Grund. Oben durch schmale horizontale Streifen in schwarz und weiß eingefasst. Über diesen ein Blattstab aus weißen, roten und schwarzen Blättern mit schwarzer Umrandung. Die Zwickel sind weiß. Auf der Leiste ein schwarzer Hakenmäander auf weißem Grund. Auf dem anschließenden Rundstab haben sich ein weißes und schwarzes Rechteck erhalten, welche durch eine Gruppe vertikaler Streifen, ebenfalls in schwarz und weiß voneinander getrennt sind. **Farben:** Schwarz, weiß, rot. **Maße:** H: 0,24 m. **Dat.:** 1. Viertel 6. Jh. v. Chr. **Lit.:** SÜSSEROTT 1944, 116; ORSI 1910, 782 Abb. 44. VAN BUREN 1923, 97-98 Abb. 24; DARSOW 1938, 26; WIKANDER 1986, 39 Abb. 13.

MONT 2 Taf. 16,1

Typ: Kanonisches sizilisches Dach. 3. Generation. **Bau:** Unbekannt. **FO:** Ebene östlich der Hügel 1 und 2. **AO:** Siracusa, Museo Regionale Paolo Orsi. **Erhaltene Bauteile:** Frgt. einer TS sowie der GVT. **Inv.-Nr.:** Unbekannt. **Erhaltungszustand:** Gut, ganze Module erhalten. **TS:** `Profil`: Bodenplatte, Sockel, Rundstab, Kehle, Leiste, doppelter Rundstab. `Dekor`: Auf dem Sockel je zwei schwarze Rauten mit gleichlangen eingezogenen Kanten zwischen den Wasserspeiern. Rundstab mit diagonalen Streifen in schwarz und weiß. Auf der Kehle ein Blattstab aus lyraförmigen Blättern mit breiter weiß-schwarz-weißer Umrandung. Alle Blätter besitzen eine schwarze Füllung. In den Zwischenräumen je eine kleine siebenteilige Palmette aus weißen Blättern über drei kleinen schwarz-weißen Halbkreisen. Die Füllung der Zwischenräume ist rot. An der schmalsten Stelle der Zwischenräume ein weißer horizontaler Streifen, welcher die Blätter des Blattstabes verbindet. Über diesem Streifen setzten zwei schwarze Halbkreise an, welche die Blattstabblätter umranden. Im Zwickel der Halbkreise ein kleines rotes Dreieck mit schwarz-weiß-schwarzer Umrandung. Darüber ist der Zwickel weiß. Auf der Leiste ein schwarzer Hakenkreuzmäander auf weißem Grund. Die Mäanderkreuze alternieren mit rot gefüllten Rechtecken. Der untere der abschließenden Rundstäbe ist als plastischer Astragal gestaltet, der obere ist mit Rechtecken in weiß, schwarz und rot dekoriert, welche durch Gruppen vertikaler Streifen in schwarz und weiß voneinander getrennt sind. **GVT:** `Profil`: Deckplatte, Rundstab, Stirnplatte, Rundstab. In Stirn- und Deckplatte befinden sich Dübellöcher. `Dekor`: Der Rundstab ist mit Rechtecken in weiß, schwarz und rot dekoriert, welche durch Gruppen vertikaler Streifen in schwarz und weiß voneinander getrennt sind. Auf der Stirnplatte ein doppeltes Flechtband aus drei Bändern in rot, schwarz und weiß mit schmaler weiß-schwarzer Umrandung. Zentrale dreiteilige Palmette aus roten und schwarzen Blättern mit weiß-schwarzer Umrandung. In den Augen sechsteilige Rosetten aus weißen Blättern mit zentralem roten Punkt auf schwarzem Grund umfangen von einem weißen Kreis. Der Grund der Kehle ist schwarz. Der abschließende Rundstab ist als plastischer Astragal gestaltet. **Farben:** Schwarz, weiß, rot. **Maße:** H(TS): 0,37 m. H(GV): 0,29 m. **Dat.:** Letztes Drittel 6. Jh. v. Chr. **Lit.:** SÜSSEROTT 1944, 119; 123-124. ORSI 1910 780-782 Abb. 43 Taf. 5; VAN BUREN 1923, 89 Abb. 8; DARSOW 1938, 26; WIKANDER 1986, 39 Abb. 10.

MONT 3 Taf. 15,5

Typ: Kanonisches sizilisches Dach. 3. Generation. **Bau:** Unbekannt. **FO:** Ebene östlich der Hügel 1 und 2. **AO:** Siracusa, Museo Regionale Paolo Orsi. **Erhaltene Bauteile:** Sockel einer Sima. **Inv.-Nr.:** Unbekannt. **Erhaltungszustand:** Sehr schlecht, nur ein Frgt. erhalten. **Sima:** `Profil`: Ansatz der Stirnplatte, Rundstab. `Dekor`: Auf der Stirnplatte eine dreizehnteilige Rosette aus weißen Blättern auf schwarzem Grund. Die Blätter sind um einen weißen Ring gruppiert und von einem weiteren umfangen. Der äußere Kreis weist zudem eine schmale schwarze Umrandung auf. Der Grund der Platte ist rot. Am linken Rand entspringt aus dem Kreis ein diagonaler weißer Streifen mit einer schwarzen Umrandung. Der Rundstab ist als plastischer

Astragal gestaltet. **Farben:** Schwarz, weiß, rot. **Maße:** Unbekannt. **Dat.:** Letztes Drittel 6. Jh. v. Chr. **Lit.:** ORSI 1910, 782 Abb. 45 oben; WIKANDER 1986, 39.

MONT 4 Taf. 15,6

Typ: Kanonisches sizilisches Dach. **Bau:** Unbekannt. **FO:** Ebene östlich der Hügel 1 und 2. **AO:** Siracusa, Museo Regionale Paolo Orsi. **Erhaltene Bauteile:** Unterer Abschluss einer Sima. **Inv.-Nr.:** Unbekannt. **Erhaltungszustand:** Sehr schlecht, nur ein Frgt. erhalten. **Siam:** `Profil`: Bodenplatte, leicht nach hinten geneigter Sockel, Ansatz des Rundstabes, Ansatz der Kehle. `Dekor`: Auf dem Sockel eine dreizehnteilige Rosette aus weißen Blättern auf schwarzem Grund. Die Blätter sind um einen weißen Ring mit roter Füllung gruppiert. Der Dekor des Rundstabes ist vollständig verloren. Auf dem Ansatz der Kehle Spuren schwarzer Bemalung. **Farben:** Schwarz, weiß, rot. **Maße:** Unbekannt. **Dat.:** 6. Jh. v. Chr. **Lit.:** ORSI 1910, 782 Abb. 45 unten. WIKANDER 1986, 39-40.

13.23 Die Dächer aus Morgantina

MORG 1

Typ: Kanonisches sizilisches Dach. 2. Generation. **Bau:** Unbekannt. **FO:** Unbekannt. **AO:** Unbekannt. **Erhaltene Bauteile:** Modul der TS. **Inv.-Nr.:** Unbekannt. **Erhaltungszustand:** Gut. Ganzes Modul erhalten. **TS:** `Profil`: Bodenplatte, Sockel mit Wasserspeiern, Rundstab, Kehle, Leiste, Rundstab. `Dekor`: Auf der Kehle ein Blattstab aus hellen und dunklen Blättern mit weiß-schwarzer Kontur. Der Rest des Dekors ist stark beschädigt und lässt sich anhand der schlechten Abbildung nicht rekonstruieren. **Farben:** Unbekannt. **Maße:** Unbekannt. **Dat.:** 570-530 v. Chr. **Lit.:** SJÖQVIST 1962, 65-66. Taf. 4, 2.

13.24 Die Dächer von der „Acropoli sulla Motta"

MOTT 1 Taf. 16,2-3

Typ: Blattstabsima. **Bau:** Unbekannt. **FO:** Akropolis. **AO:** Sibari, Museo Nazionale Archeologico di Sibaritide. **Inv.-Nr.:** Unbekannt. **Erhaltene Bauteile:** 4 Frgte. einer Sima und 3 Frgte. einer GV. **Erhaltungszustand:** Schlecht, nur Frgte. erhalten. **Sima:** `Profil`: Ansatz der Kehle, Leiste. `Dekor`: Auf der Kehle ein Blattstab dessen Blätter eine erhabene Umrandung zeigen. Auf der Leiste zwei Bänder gegenläufiger diagonaler Streifen in schwarz, rot und weiß, so dass ein farbiges Feld jeweils auf ein weißes trifft. **GV:** `Profil`: Ansatz der Stirnplatte, breiter doppelter Rundstab. `Dekor`: Auf den Rundstäben gegenläufige diagonale Streifen. Auf der Stirnplatte ein einfaches fünfläufiges Flechtband, dessen einzelne Bänder durch weiße Umrandungen voneinander getrennt sind. In den Augen schwarz gefüllte Kreise mit weißer Umrandung. **Farben:** Rot, schwarz, weiß. **Maße:** H(S): max. 0,09 m. L(S): max. 0,1 m. S(S): 0,045 m. H(GV): max. 0,22 m. L(GV): max. 0,248 m. S(GV): 0,034 m. **Dat.:** 580/570 v. Chr. **Lit.:** MERTENS-SCHLÄGER 1982, 162-171 Abb. 63-64 Taf. 94; MERTENS 1993, 117.

MOTT 2 Taf. 16,4

Typ: Kompositverkleidung? **Bau:** Unbekannt. **FO:** Akropolis. **AO:** Sibari, Museo Nazionale Archeologico di Sibaritide. **Inv.-Nr.:** 65364. **Erhaltene Bauteile:** 3 Frgte. einer Sima. **Erhaltungszustand:** Schlecht, nur Frgte. erhalten. **Sima:** `Profil`: Ansatz der Bodenplatte, Ansatz des Sockels, Kehle, Überschlagskarnies, doppelter Rundstab. Der Ansatz des Traufziegels ist so hoch am Sockel angebracht, so dass der Sockel auch einen Teil des Geisons bedeckte[619]. `Dekor`: Der Sockel ist mit einem Schachbrettmuster dekoriert. Auf der Kehle ein Blattstab aus schwarz-weiß umrandeten und alternierend rot und schwarz gefüllten Blättern. Dieses Motiv wird auf dem Überschlagskarnies in hängender Form wiederholt. Der Dekor auf den Rundstäben lässt sich nicht mehr identifizieren. **Farben**: Rot, schwarz, weiß. **Maße:** H(S): max. 0,145 m. L(S): max. 0,22 m. **Dat.:** Drittes Viertel 6. Jh. v. Chr. **Lit.:** MERTENS-SCHLÄGER 1982, 164-171 Abb. 65-66 Taf. 95; LATTANZI 1996, 205 Abb. 3, 47. MERTENS-VIOLA 1990 Taf. 36 b; MERTENS 1993, 117.

13.25 Die Dächer aus Naxos

NAXO 1 Taf. 17,1

Typ: Kompositverkleidung. **Bau:** Unbekannt. **FO:** Temenos des Aphrodite-Heiligtums. Gräben L2, L4, S1, S2, Mauer E, pass. 1. **AO:** Naxos, Museum. **Inv.-Nr.:** 173, 233, 236, 266, 415, T.572. **Erhaltene Bauteile:** Teile einer KV. **Erhaltungszustand:** Gut. Sima in voller Höhe erhalten. **KV:** `Profil`: Bodenplatte, Sockel, dessen unterer Abschluss ca. 0,04 m. über die Bodenplatte hinausragt, Rundstab, Kehle, Leiste, Rundstab. `Dekor`: Auf dem weißen Sockel ein einfaches fünfläufiges Flechtband. Die Augen sind alternierend mit einem weißen Kreis mit schwarzer Umrandung oder einem schwarz gefüllten Kreis dekoriert. Darüber Rundstab mit diagonalen Streifen in weiß, rot und schwarz. Auf der Kehle ein Blattstab aus Blättern mit einer weiß-schwarzen Umrandung. Die Blätter sind alternierend rot und schwarz gefüllt, der Grund der Kehle ist schwarz. Auf der Leiste ein breites Fischgrätmuster aus roten, weißen und schwarzen Elementen. Abschließender Rundstab mit Rechtecken in schwarz, rot und weiß durch Streifengruppen voneinander getrennt. **Farben:** Rot, weiß, schwarz. **Maße:** H: 0,227 m. L: 0,7 m. S: 0,02-0,04 m. **Dat.:** Anfang 6. Jh. v. Chr. **Lit.:** CIURCINA 1974, 86-90 Abb. 4-5; CIURCINA 1980, 76 Taf. 5, 1; CIURCINA 1994, 183-184. Abb. 14; 16; WIKANDER 1993, 40; WINTER 1993, 275.

[619] Vgl. MERTENS-SCHLÄGER 1982 165.

NAXO 2 Taf. 17,2

Typ: Kompositverkleidung. **Bau:** Unbekannt. **FO:** Temenos des Aphrodite-Heiligtums. Gräben L2, L4, S1, S2, Mauer E, pass. 1. **AO:** Naxos, Museum. **Inv.-Nr.:** 234, 235, T. 569 a-b-c. **Erhaltene Bauteile:** Teile der KV. **Erhaltungszustand:** Gut. Sima in voller Höhe erhalten. **KV:** `Profil`: Bodenplatte, Sockel, dessen unterer Abschluss ca. 0,01 m über die Bodenplatte hinausragt, Rundstab, Kehle, Leiste, Rundstab. `Dekor`: Auf dem weißen Sockel ein einfaches dreiläufiges Flechtband. Die Augen sind mit einem weißen Kreis mit schwarzer Füllung dekoriert. Darüber ein Rundstab mit diagonalen Streifen in rot, schwarz und weiß. Auf der Kehle ein Blattstab aus unten eingezogenen Blättern, deren Enden sich nach außen hin zusammenrollen, zwischen zwei Blättern ein eingezogenes weißes Rechteck, darüber eine fünfteilige Palmette aus weißen Blättern. Die Blätter des Blattstabs sind alternierend rot und schwarz gefüllt und besitzen eine weiße Umrandung. Im Inneren der Blätter ein hängender weißer Tropfen. Der Grund der Kehle ist schwarz. Auf der Leiste ein Muster aus vertikalen Zickzack-Bändern aus in rot, schwarz und weiß. Abschließender Rundstab mit Rechtecken in schwarz, rot und weiß durch Streifengruppen voneinander getrennt. **Farben:** Rot, weiß, schwarz. **Maße:** H: 0,205 m. L: 0,705 m. S: 0,02-0,03 m. **Dat.:** Mitte 6. Jh. v. Chr. **Lit.:** CIURCINA 1974, 90 Abb. 6-7; CIURCINA 1980, 76 Taf. 5, 2-3; WIKANDER 1986, 40. CIURCINA 1994, 183 Abb. 13; 15.

NAXO 2B - Variante zu NAXO 2 Taf. 17,3

Typ: Kompositverkleidung. **Bau:** Unbekannt. **FO:** Temenos des Aphrodite-Heiligtums. Straße E/O, Kanal. **AO:** Naxos, Museum. **Inv.-Nr.:** T.689. **Erhaltene Bauteile:** Teile einer KV. **Erhaltungszustand:** Frgt. der GS, der untere Teil ist verloren. **KV:** `Profil`: Rundstab, Kehle, Leiste, Rundstab. `Dekor`: Wie **NAXO 2**, nur die Blätter des Blattstabs sind schmaler und die Enden rollen sich nicht zusammen, sondern berühren die Enden des nächsten Blattes, darüber die Palmette, deren zentrales Blatt die Höhe des Blattstabes erreicht. Zudem sind die Blätter der Palmette nicht einfarbig weiß, sondern alternierend rot und schwarz gefüllt und zeigen eine breite weiß-schwarze Umrandung. Über den aufgebogenen Enden der Blattstabblätter weiße Punkte. **Farben:** Rot, weiß, schwarz. **Maße:** L: max. 0,235 m. H: max. 0,149 m. S: 0,035-0,065 m. **Dat.:** Mitte 6. Jh. v. Chr. **Lit.:** CIURCINA 1974, 91 Abb. 8; CIURCINA 1980, 76 Taf. 5, 4.

NAXO 3 Taf. 17,4

Typ: Kanonisches sizilisches Dach. **Bau:** Unbekannt. **FO:** Temenos des Aphrodite-Heiligtums. **AO:** Unbekannt. **Inv.-Nr.:** 36, 38, 546. **Erhaltene Bauteile:** Teile der GS. **Erhaltungszustand:** Gut, die GS kann ganz rekonstruiert werden. **GS:** `Profil`: Sockel, Rundstab, Kehle, Leiste, Rundstab. `Dekor`: Auf dem Sockel ein doppeltes schwarzes Zinnenband auf weißem Grund. Innerhalb der einzelnen Zinnen ein schwarz gefülltes Rechteck mit einer weiß-schwarzen Umrandung. Rundstab mit diagonalen Streifen in rot, schwarz und weiß. Auf der Kehle ein schwarzes Wellenband. Die Wellen sind alternierend mit roten und schwarzen Tropfen mit weißer Umrandung gefüllt. Zwischen den Blättern eine hängende achtteilige Palmette, darüber zwei Voluten und ein großer hängender Tropfen, dessen obere Hälfte rot, die untere weiß gefüllt ist. Der Grund der Kehle ist weiß. Auf der Leiste ein Hakenmäander aus schwarzen und roten Elementen auf weißem Hintergrund alternierend mit Rechtecken, in welchen sich eine neunteilige Rosette aus weißen Blättern auf rotem Grund befindet. Auf dem abschließenden Rundstab Rechtecke in schwarz und weiß, am Rand der weißen Rechtecke je ein schwarzer Streifen. **Farben:** Rot, weiß, schwarz. **Maße:** Unbekannt. **Dat.:** 6. Jh. v. Chr. **Lit.:** GENTILI 1956, 331 Abb. 9 links oben und unten. CIURCINA 1980, 75 Taf. 4, 2.

NAXO 4

Typ: Kanonisches sizilisches Dach. **Bau:** Unbekannt. **FO:** Streufund. **AO:** Unbekannt. **Inv.-Nr.:** Unbekannt. **Erhaltene Bauteile:** Sockel oder Leiste mit Rundstab. **Erhaltungszustand:** Schlecht, nur ein Frgt. erhalten. **Sima:** `Profil`: Leiste, Rundstab. `Dekor`: Auf der Leiste ein dunkles Rechteck mit einer weißen Rosette gefüllt. Das Rechteck besitzt zudem eine breite weiß-schwarze Umrandung. Auf dem Rundstab hat sich kein Dekor erhalten. **Farben:** Weiß, rot (?), schwarz (?). **Maße:** Unbekannt. **Dat.:** 6. Jh. v. Chr. **Lit.:** GENTILI 1956, 331 Abb. 9 rechts oben.

NAXO 5

Typ: Kanonisches sizilisches Dach. **Bau:** Unbekannt. **FO:** Streufund. **AO:** Unbekannt. **Inv.-Nr.:** Unbekannt. **Erhaltene Bauteile:** Frgt. der GS. **Erhaltungszustand:** Schlecht, nur ein Frgt. erhalten. **GS:** `Profil`: Sockel, Rundstab, Ansatz der Kehle. `Dekor`: Auf dem Sockel ein Schachbrettmuster, darüber ein horizontaler weißer Streifen. Auf dem Rundstab diagonale Streifen. Auf der Kehle hat sich kein Dekor erhalten. **Farben:** Weiß, rot (?), schwarz (?). **Maße:** Unbekannt. **Dat.:** 6. Jh. v. Chr. **Lit.:** GENTILI 1956, 331 Abb. 9 rechts mitte.

NAXO 6 Taf. 17,5

Typ: Kanonisches sizilisches Dach. 1. Generation. **Bau:** Unbekannt. **FO:** Stadtgebiet, Proprietà Rosal, Schnitte A-B. **AO:** Unbekannt. **Inv.-Nr.:** T781, 789. **Erhaltene Bauteile:** Frgt. einer TS. **Erhaltungszustand:** Schlecht, nur Frgte. erhalten. **TS:** `Profil`: Sockel mit Wasserspeiern, Rundstab, Kehle, Leiste, Ansatz eines Rundstabs. `Dekor`: Auf dem Sockel längliche schwarze Rauten auf weißem Grund, je fünf Rauten zwischen zwei Wasserspeiern. Oben und unten sind die Rauten durch horizontale Streifen in schwarz und weiß eingefasst. Die Ansätze der Wasserspeier sind schwarz umrandet. Der Dekor des Rundstabs ist verloren. Auf der Kehle ein Blattstab aus unten spitz zulaufenden Blättern. Die Blätter sind alternierend rot und schwarz gefüllt. Die schwarzen besitzen nur eine weiße Umrandung, die weißen zusätzlich eine schwarze. In den Zwischenräumen je ein stehendes Dreieck, welches auf der den schwarzen Blättern zugewandten Seite einen breiten roten Streifen und auf der den roten Blättern zugewandten einen schwarzen Streifen aufweist. Auf der Leiste ein Schachbrettmuster aus weißen und schwarzen Feldern. Der

Dekor auf dem Ansatz des Rundstabs ist verloren. **Farben:** Weiß, schwarz, rot. **Maße:** L: max. 0,165 m. H: max. 0,26 m. S: 0,02-0,027 m. **Dat.:** 1. Viertel 6. Jh. v. Chr. **Lit.:** CIURCINA 1980, 76 Taf. 4, 4.

NAXO 7

Typ: Kanonisches sizilisches Dach. 3. Generation. **Bau:** Unbekannt. **FO:** Stadtgebiet, Proprietà Paladino Carmelo. **AO:** Unbekannt. **Inv.-Nr.:** T.777. **Erhaltene Bauteile:** Teile der GS. **Erhaltungszustand:** Frgt. der GS. **GS:** `Profil`: Sockel, Rundstab, Kehle, Leiste, Rundstab. `Dekor`: Auf dem Sockel ein Hakenmäander aus roten und schwarzen Elementen auf hellem Grund. Rundstab mit den Resten von diagonalen Streifen. Auf der Kehle ein Blattstab aus unten eingezogenen Blättern, deren Enden sich nach außen hin zusammenrollen, zwischen zwei Blättern eine fünfteilige Palmette. Die Blätter der Palmette sind alternierend rot und schwarz gefüllt und besitzen eine breite weiß-schwarze Umrandung. Die Blätter des Blattstabs sind ebenfalls alternierend rot und schwarz gefüllt und besitzen eine weiß-schwarze Umrandung. Im Inneren der Blätter ein hängender weißer Tropfen. Der Grund der Kehle ist schwarz. Auf der Leiste und auf dem abschließenden Rundstab hat sich kein Dekor erhalten. **Farben:** Rot, weiß, schwarz. **Maße:** L: max. 0,272 m. H: max. 0,195 m. S: 0,037-0,05 m. **Dat.:** Letztes Drittel 6. Jh. v. Chr. **Lit.:** CIURCINA 1980, 76-77 Taf. 5, 5.

NAXO 8 Taf. 18,1-3

Typ: Kanonisches sizilisches Dach. 1. Generation. **Bau:** Unbekannt. **FO:** Extraurbanes Heiligtum. Schnitt 33/78. Proprietà Scalia. **AO:** Unbekannt. **Inv.-Nr.:** T.859. **Erhaltene Bauteile:** 2 Frgte. der TS, Frgte. der GS, der GVG sowie der GVT. **Erhaltungszustand:** Gut, Sima und GV in voller Höhe erhalten. **GS:** `Profil`: Bodenplatte, Sockel mit Scheibenantefixen, Rundstab, Kehle, Leiste, Rundstab. `Dekor`: Auf dem weißen Sockel ein schwarzer Mäander. Der darüberliegende Rundstab ist mit diagonalen Streifen in schwarz, weiß und rot dekoriert. Auf der Kehle ein Blattstab aus langen, schmalen, unten stark eingezogenen Blättern mit weiß-schwarzer Umrandung. Die Füllung der Blätter ist alternierend schwarz und rot. Die Blätter sind durch schmale, stehende Streifen mit weißer Füllung und schwarzer Umrandung voneinander getrennt. Die so entstehenden Dreiecke zwischen Blatt und Streifen sind neben den schwarzen Blättern rot und neben den roten Blättern schwarz gefüllt. Die Zwickel über den Blättern sind schwarz. Auf der Leiste ein Schachbrettmuster aus weißen und schwarzen Feldern. Abschließender Rundstab mit Rechtecken in schwarz, rot und weiß durch Gruppen vertikaler Streifen voneinander getrennt. **TS:** `Profil`: Bodenplatte, nach hinten geneigter Sockel mit Wasserspeiern, Rundstab, Kehle, Leiste, Rundstab. `Dekor`: Auf dem weißen Sockel je fünf schwarze Rauten mit abgerundeten Kanten zwischen den Wasserspeiern. Darüber drei schmale horizontale Streifen in schwarz, weiß und schwarz. Der Ansatz der Wasserspeier ist schwarz umrandet und der obere Abschluss schneidet den darüberliegenden Rundstab, welcher mit diagonalen Streifen in schwarz, weiß und rot dekoriert ist. Rest wie GS. **GVG:** `Profil`: Deckplatte, doppelter Rundstab, Stirnplatte, doppelter Rundstab, Bodenplatte, Rundstab. `Dekor`: Der oberste der doppelten Rundstäbe ist mit Rechtecken in rot, schwarz und weiß dekoriert, welche durch Gruppen vertikaler Streifen voneinander getrennt sind. Auf dem darunter folgenden Stab diagonale Streifen in schwarz, weiß und rot. Die Stirnplatte ist mit einem doppelten dreiläufigen Flechtband mit weiß-schwarzer Umrandung dekoriert. Die zentrale Palmette besteht aus fünf weiß-schwarz umrandeten Blättern mit alternierender roter und schwarzer Füllung. In den Augen des Flechtbandes achtteilige Rosetten aus weißen Blättern auf schwarzem Grund, umgeben von einem weißen Kreis. Der Hintergrund der Stirnplatte ist weiß. Rundstäbe wie oben. Auf der Bodenplatte horizontale Streifen in weiß und schwarz, dann ein schmaler Blattstab aus weiß-schwarz umrandeten Blättern mit alternierender roter und schwarzer Füllung. Der Hintergrund ist weiß. Ein weiterer horizontaler schwarzer Streifen. Nun ein breiter schwarzer Mäander auf weißem Grund. Der abschließende Rundstab ist mit Rechtecken in rot, schwarz und weiß dekoriert, welche durch Gruppen vertikaler Streifen voneinander getrennt sind. **GVT:** Wie GVG. **Farben:** Rot, weiß, schwarz. **Maße:** L(TS-Modul): 0,575 m. H(TS-Modul): 0,342 m. S(TS): 0,04. H(GV): 0,359 m. T(GV-Bodenplatte): 0,23 m. **Dat.:** Erstes Viertel 6. Jh. v. Chr. **Lit.:** CIURCINA 1994, 178-179 Abb. 1-2; 8-10; LENTINI 1996, 131-132 Abb. 8.

NAXO 9 Taf. 18,5

Typ: Kanonisches sizilisches Dach. 1. Generation. **Bau:** Unbekannt. **FO:** Extraurbanes Heiligtum. Schnitt 33/78. Proprietà Scalia. **AO:** Unbekannt. **Inv.-Nr.:** T.858. **Erhaltene Bauteile:** Frgt. der TS. **Erhaltungszustand:** Gut, Sima in voller Höhe erhalten. **TS:** Profil und Dekor wie **NAXO 19**. Nur statt fünf befinden sich zwischen den Wasserspeiern acht Rauten. Ansonsten unterscheiden sich die beiden Stücke nur in ihren Maßen. **Farben:** Rot, weiß, schwarz. **Maße:** L(Modul): 0,605 m. H(Modul): 0,25 m. **Dat.:** 1. Viertel 6. Jh. **Lit.:** CIURCINA 1994, 179 Abb. 3-4.

NAXO 10 Taf. 18,8

Typ: Kanonisches sizilisches Dach. **Bau:** Tempietto H. **FO:** Extraurbanes Heiligtum. Verschiedene Schnitte. Proprietà Scalia. **AO:** Naxos, Museum. **Inv.-Nr.:** T.857, 920. **Erhaltene Bauteile:** Frgte. der GS und der TS sowie der GVT und der GVG. **Erhaltungszustand:** Gut, Sima in voller Höhe erhalten. **GS:** `Profil`: Sockel, Rundstab, Kehle, Leiste, Rundstab. `Dekor`: Auf dem Sockel ein schwarzer Mäander auf weißem Grund. Der Rundstab ist mit diagonalen Streifen in schwarz, weiß und rot dekoriert. Auf der Kehle ein Blattstab aus Blättern mit weiß-schwarzer Umrandung. Die Füllung der Blätter ist alternierend schwarz und rot. Über den Berührungspunkten zweier Blätter ein kleines schwarzes Dreieck. Die Zwickel sind weiß. Auf der Leiste ein Schachbrettmuster aus weißen und schwarzen Feldern. Abschließender Rundstab mit Rechtecken in schwarz, rot und weiß durch Streifengruppen voneinander getrennt. **TS:** `Profil`: Bodenplatte, Rundstab, nach hinten geneigter Sockel mit rechteckigen Einschnitten, Rundstab, Kehle, Leiste, Rundstab. `Dekor`: Rundstab mit diagonalen Streifen, auf dem weißen Sockel je acht schwarze Rauten mit eingezogenen Kanten zwischen den rechteckigen, schwarz umrandeten

Öffnungen zur Wasserableitung. Am oberen und am unteren Rand des Sockels ein horizontaler schwarzer Streifen. Rest wie GS. **GVG: Profil**: Deckplatte, doppelter Rundstab, Stirnplatte, doppelter Rundstab. **Dekor**: Rundstab mit Rechtecken durch Streifengruppen getrennt, darunter folgender Rundstab mit diagonalen Streifen. Auf der Stirnplatte ein einfaches vierläufiges Flechtband. In den Augen achtteilige weiße Rosette auf schwarzem Grund von einem weißen Kreis umschlossen. Der Grund der Platte ist weiß. Auf den beiden abschließenden Rundstäben gegenläufig angeordnete diagonale Streifen. **GVT: Profil**: Wie GS. **Dekor**: Alle Rundstäbe mit Rechtecken durch Streifengruppen getrennt. Auf der Stirnplatte ein doppeltes dreiläufiges Flechtband mit weiß-schwarzer Umrandung. Die zentrale Palmette ist sechsteilig, in den Augen befinden sich konzentrische Kreise. **Farben:** Rot, weiß, schwarz. **Maße:** L(GS): rek. 0,71 m. H(GS): rek. 0,25 m. L(TS): 0,565 m. H(S): 0,25 m. S(S): 0,035 m. H(GVT): 0,18 m. S(GVT): 0,022 m. **Dat.**: 590/580 v. Chr. **Lit.**: CIURCINA 1994, 179-180 Abb. 5-6; LENTINI 1996, 127-128 Abb. 4-5.

NAXO 11 Taf. 18,4

Typ: Kanonisches sizilisches Dach. **Bau:** Unbekannt. **FO:** Extraurbanes Heiligtum. Proprietà Scalia. **AO:** Unbekannt. **Inv.-Nr.**: T.829, 939. **Erhaltene Bauteile:** 2 Frgte. der TS. **Erhaltungszustand:** Schlecht, stark fragmentiert. **TS: Profil**: Rundstab, Sockel mit Öffnungen, Rundstab, Ansatz der Kehle, Rest verloren. **Dekor**: Rundstab mit diagonalen Streifen in rot, schwarz und weiß. Auf dem weißen Sockel schwarze Rauten mit eingezogenen Kanten. Ansatz der schwarzen Umrandung einer Öffnung zur Wasserableitung. Der Rundstab ist wiederum mit diagonalen Streifen in schwarz, weiß und rot dekoriert. Rest verloren. **Farben:** Rot, weiß, schwarz. **Maße:** Unbekannt, kleiner als **NAXO 22**. **Dat.**: 590/580 v. Chr. **Lit.**: CIURCINA 1994, 179-180 Abb. 7.

NAXO 12 Taf. 18,10

Typ: Kanonisches sizilisches Dach. 1. Generation. **Bau:** Unbekannt. **FO:** Unbekannt **AO:** Unbekannt. **Inv.-Nr.**: Unbekannt. **Erhaltene Bauteile:** Frgte. der GS und der GVG. **Erhaltungszustand:** Gut, Sima und GV in voller Höhe erhalten. **GS: Profil**: Bodenplatte, Sockel, Rundstab, Kehle, oberer Abschluss verloren. **Dekor**: Auf dem weißen Sockel ein schwarzer Mäander. Der darüberliegende Rundstab ist mit diagonalen Streifen in schwarz, weiß und rot dekoriert. Auf der Kehle ein Blattstab aus langen, schmalen, unten stark eingezogenen Blättern mit weiß-schwarzer Umrandung. Die Füllung der Blätter ist alternierend schwarz und rot. Die Blätter sind durch schmale, stehende Streifen mit weißer Füllung und schwarzer Umrandung voneinander getrennt. Die so entstehenden Dreiecke zwischen Blatt und Streifen sind neben den schwarzen Blättern rot und neben den roten Blättern schwarz gefüllt. Die Zwickel über den Blättern sind schwarz. **GVG: Profil**: Deckplatte, doppelter Rundstab, Stirnplatte, doppelter Rundstab, Bodenplatte, Rundstab. **Dekor**: Alle Rundstäbe mit Rechtecken. Die Stirnplatte ist mit einem doppelten dreiläufigen Flechtband mit weiß-schwarzer Umrandung dekoriert. Die zentrale Palmette besteht aus sieben sehr langen Blättern. In den Augen des Flechtbandes konzentrische Kreise. Der Hintergrund der Stirnplatte ist weiß. **Farben:** Rot, weiß, schwarz. **Maße:** H(GS): rek. 0,534 m. H(TS-Modul): 0,342 m. S(TS): 0,04. H(GV): 0,359 m. T(GV-Bodenplatte): 0,23 m. **Dat.**: 1. Viertel 6. Jh. v. Chr. **Lit.**: LENTINI 1996, 133-134 Abb. 10.

NAXO 13 Taf. 19,1

Typ: Erhöhter Traufziegelrand. **Bau:** Unbekannt. **FO:** Temenos des Aphrodite-Heiligtums, Graben C2. **AO:** Unbekannt. **Inv.-Nr.**: T.293. **Erhaltene Bauteile:** Teile der TS. **Erhaltungszustand:** Gut, in voller Höhe erhalten. **TS: Profil**: Dem Traufziegel ist eine niedrige vertikale Leiste vorgeblendet, in welche halbkreisförmige rutschenartige Wasserabflüsse eingeschnitten sind. Abgeschlossen wird die Sima durch einen kleinen Rundstab, der aber nur im Ansatz erhalten ist. **Dekor**: Auf der vorkragenden Unterseite am vorderen Rand ein schwarzer Mäander auf weißem Grund. An der Innenseite des Mäanders ein roter horizontaler Streifen. Auf dem hinteren Teil des Ziegels ein Halbkreis und ein halber Punkt, hierbei handelt es sich um eine Versatzmarke, da dieser Teil des Ziegels nicht sichtbar war. Hierauf deutet auch der fehlende weiße Überzug des hinteren Teils des Ziegels hin, dieser ist auf den sichtbaren, vorkragenden Teil beschränkt. Halbkreis und Punkt markieren das Ende des Moduls. Die Leiste ist mit einem Blattstab dekoriert. Die Blätter sind alternierend rot und schwarz gefüllt und besitzen eine weiß-schwarze Umrandung. Die Zwickel sind weiß. Der Rand der Wasserausflüsse ist undekoriert. Auf dem Rundstab hat sich kein Dekor erhalten. **Farben:** Rot, weiß, schwarz. **Maße:** T: max. 0,345 m. L: max. 0,433 m. H: 0,072 m. S(Leiste): 0,025 m. S(TZ): 0,035 m. **Dat.**: 1. Hälfte 6. Jh. v. Chr. **Lit.**: CIURCINA 1980, 76-77 Taf. 6, 1; 3; CIURCINA 1994, 185 Abb. 18.

NAXO 14 Taf. 18,6

Typ: Erhöhter Traufziegelrand.. **Bau:** Unbekannt. **FO:** Extraurbanes Heiligtum. **AO:** Unbekannt. **Inv.-Nr.**: T.828, 980-981. **Erhaltene Bauteile:** Teile einer Sima. **Erhaltungszustand:** Schlecht, nur ein Frgt. erhalten. **Sima: Profil**: Dem Traufziegel ist eine niedrige vertikale Leiste vorgeblendet. **Dekor**: Auf der vorkragenden Unterseite am vorderen Rand ein schwarzer Mäander auf weißem Grund. An der Innenseite des Mäanders ein roter horizontaler Streifen. Die Leiste ist mit einem Blattstab dekoriert. Die Blätter sind alternierend rot und schwarz gefüllt und besitzen eine weiß-schwarze Umrandung. Der Hintergrund ist weiß. **Farben:** Rot, weiß, schwarz. **Maße:** L: rek. 0,56 m. **Dat.**: 1. Hälfte 6. Jh. v. Chr. **Lit.**: CIURCINA 1994, 185 Abb. 17.

NAXO 15 Taf. 18,7

Typ: Erhöhter Traufziegelrand. **Bau:** Unbekannt. **FO:** Extraurbanes Heiligtum. **AO:** Unbekannt. **Inv.-Nr.**: Unbekannt. **Erhaltene Bauteile:** Teile einer Sima. **Erhaltungszustand:** Sehr schlecht, nur ein kleines Frgt. erhalten. **Sima: Profil**: Wie **NAXO 18**. **Dekor**: Auf der Leiste ein Wolfszahn aus schwarzen und weißen Zähnen, unten durch einen horizontalen Streifen abgeschlossen. Der obere Abschluss ist verloren. **Farben:** Rot, weiß, schwarz. **Maße:** Unbekannt. **Dat.**: 1. Hälfte 6. Jh. v. Chr. **Lit.**: CIURCINA 1994, 185 Abb. 19.

NAXO 16 Taf. 19,3

Typ: Anthemiensima. **Bau:** Tempel B. **FO:** Temenos des Aphrodite-Heiligtums. **AO:** Unbekannt. **Inv.-Nr.:** 51, 53, 61, 78, 103, 104, 120, 121, 122, 133,8 138, 150, 170, 191, 217, 244, 313, 27404, 27406. **Erhaltene Bauteile:** Teile der Simen und der dazugehörigen GV. **Erhaltungszustand:** Gut, ganze Module können rekonstruiert werden. **GS:** `Profil`: Sockel, Rundstab, Kehle, Überschlagskarnies, Leiste, abschließender Rundstab. `Dekor`: Auf der unteren Hälfte des Sockels ein plastisches ionisches Kyma, auf dem oberen Teil ein schwarzer Mäander auf weißem Grund. Auf dem Rundstab hat sich kein Dekor erhalten. Kehle mit einem weißen Wellenband. In den Wellen ein großer stehender Tropfen mit roter Füllung und weißer Umrandung auf schwarzem Grund. In den Zwischenräumen ein kleiner hängender Tropfen mit weißer Füllung. In den oberen Zwickeln ein weißer Punkt, darüber ein hängendes Dreieck mit abgerundeten Ecken und weißer Füllung. Im Inneren der Dreiecke je zwei hängende rote Dreiecke mit schwarzer Umrandung; die untere Spitze der Dreiecke endet in einem kleinen Kreis. Auf der Leiste ein schwarzer Hakenkreuzmäander auf weißem Grund. Die Kreuze alternieren mit rot gefüllten und schwarz umrandeten Rechtecken. Auf dem abschließenden Rundstab hat sich kein Dekor erhalten. **GVG**: Wie GVT. **TS:** `Profil`: Weit vorkragender Traufziegel, darüber der plastische ionische Bogenfries. Über den zusammengerollten Enden von liegenden Voluten je eine siebenteilige Lotosblüte, deren äußere Blätter gleichzeitig die äußeren Blätter der folgenden Lotosblüte bilden. Zwischen den Lotosblüten und über den Berührungspunkten zweier Voluten eine siebenteilige Palmette, unter den Berührungspunkten ein hängender Tropfen. Unter den eingerollten Enden der Voluten eine hängende dreiteilige Palmette. `Dekor`: Auf der Unterseite des Traufziegels ein breiter, schwarzer Hakenkreuzmäander auf weißem Grund. An der zum Gebäude gewandten Seite ein breiter horizontaler Streifen. Auf der Stirnseite wiederum ein schwarzer Hakenkreuzmäander. Die Kreuze alternieren hier jedoch mit rot gefüllten, schwarz umrandeten Rechtecken ab. In den Augen der Voluten achtteilige Rosetten aus weißen Blättern auf schwarzem Grund. Die äußeren Blätter der kleinen hängenden Palmette sind schwarz, das Innere ist rot gefüllt, alle Blätter besitzen eine weiße Umrandung. Die hängenden Tropfen unter den Voluten sowie die untersten und das zentrale Blatt der Lotosblüten sind rot gefasst. **GVT:** `Profil`: Nach oben geneigte Deckplatte, Band aus eingezogenen Rechtecken, die sich der Breite der darunter befindlichen Blattstabblätter anpassen, Blattstab mit relieferten Blättern, alternierend schmal und breit. Rundstab, Stirnplatte, doppelter Rundstab, Bodenplatte, Rundstab. `Dekor`: Die schmalen Rechtecke alternierend rot oder schwarz, auf den breiten unten ein schwarzer, horitzontaler Streifen. Die schmalen Blattstabblätter gefüllt, alternierend rot und schwarz. Die breiten Blätter nur in schwarzer Kontur. Rundstab mit diagonalen Streifen in rot, weiß und schwarz. Auf der Stirnplatte ein doppeltes dreiläufiges Flechtband mit weiß-schwarzer Umrandung. Zentrale fünfteilige Palmette deren Blätter alternierend rot und schwarz gefüllt und weiß umrandet sind. In den Augen vierteilige Rosetten aus weißen Blättern auf schwarzem Grund, umfangen von einem schmalen weißen Kreis. Rundstab mit diagonalen Streifen in schwarz, weiß und rot; der darunter folgende ist als plastischer Astragal gestaltet. Auf der Bodenplatte ein schwarzer Hakenkreuzmäander auf weißem Grund. Die Kreuze alternieren mit Rechtecken mit roter Füllung und schwarzer Umrandung. In den Rechtecken achtteilige Rosetten aus weißen Blättern, in der Mitte ein schwarzer Punkt. Auf dem hinteren Rundstab Rechtecke, erhalten sind ein weißes und ein schwarzes oder rotes Feld. **Farben:** Weiß, schwarz, rot. **Maße:** H(Simen): 0,3 m. L(Sima-Modul): 0,554 m. H(GV): 0,36 m. T(Bodenplatte): 0,12 m. **Dat.:** Letztes Drittel 6. Jh. v. Chr. **Lit.:** PELAGATTI 1964, 161 Abb. 36; 38-39. PELAGATTI 1972, 217 Abb. 29; WIKANDER 1986 40; BARLETTA, 22 Abb. 4-6; CIURCINA 1974, 85 Abb. 1-3; CIURCINA 1980, 77-78. Taf. 6, 2; 4; 7-9.

NAXO 17

Typ: Unbekannt. **Bau:** Unbekannt. **FO:** Streufund. **AO:** Unbekannt. **Inv.-Nr.:** Unbekannt. **Erhaltene Bauteile:** Frgt. der GV. **Erhaltungszustand:** Schlecht, nur ein Frgt. erhalten. **GV:** `Profil`: Doppelter Rundstab (oberer nur im Ansatz erhalten), Stirnplatte. `Dekor`: Auf dem erhaltenen Rundstab Reste von dunkler Farbe. Stirnplatte mit oberem Abschluss eines doppelten Flechtbandes. **Farben:** Weiß, rot (?), schwarz (?). **Maße:** Unbekannt. **Dat.:** 6. Jh. v. Chr. **Lit.:** GENTILI 1956, 331 Abb. 9 rechts unten.

NAXO 18 Taf. 19,2

Typ: Unbekannt. **Bau:** Unbekannt. **FO:** Temenos des Aphrodite-Heiligtums, Schnitt III E 13 (Inv.-Nr. 87). Graben V G Ost 3 (Inv.-Nr. T.590) **AO:** Unbekannt. **Inv.-Nr.:** 87, T.590. **Erhaltene Bauteile:** Frgt. einer GV der Traufseite. **Erhaltungszustand:** Schlecht, nur ein Frgt. erhalten. **GVT:** `Profil`: Nach oben angewinkelte Deckplatte, Rundstab, Stirnplatte, Doppelter Rundstab, kurze Bodenplatte. `Dekor`: Rundstab mit Rechtecken in schwarz und weiß. Auf der Stirnplatte ein einfaches fünfläufiges Flechtband. In den Augen eine zehnteilige Rosette aus weißen Blättern mit roter Umrandung auf weißem Grund, im Zentrum ein weißer Punkt. Der Grund der Kehle ist weiß. Abschließende Rundstäbe wie oben. Auf der Bodenplatte kein Dekor erhalten. **Farben:** Weiß, schwarz, rot. **Maße:** H: 0,28. L: 0,221 m. S: 0,03. T(Bodenplatte): 0,066 m. **Dat.:** Um 580 v. Chr. **Lit.:** CIURCINA 1980, 76 Taf. 4, 3.

NAXO 19 Taf. 19,4

Typ: Unbekannt. **Bau:** Unbekannt. **FO:** Extraurbanes Heiligtum, Proprietà La Musa, Schnitt A2. **AO:** Unbekannt. **Inv.-Nr.:** T.763. **Erhaltene Bauteile:** Frgt. der GV. **Erhaltungszustand:** Schlecht, nur ein Frgt. erhalten. **GV:** `Profil`: Bodenplatte. `Dekor`: Einfaches dreiläufiges Flechtband mit weiß-schwarzer Umrandung. In den Augen achtteilige weiße Rosette auf schwarzem Grund von einem weißen Kreis umschlossen. Der Grund der Platte ist weiß. **Farben:** Weiß, schwarz. **Maße:** L: 0,085 m. H: 0,1 m. S: 0,027 m. **Dat.:** Um 580 v. Chr. **Lit.:** CIURCINA 1980, 75 Taf. 3, 1.

NAXO 20

Typ: Unbekannt. **Bau:** Unbekannt. **FO:** Extraurbanes Heiligtum, Proprietà La Musa, Schnitt A3. **AO:** Unbekannt. **Inv.-Nr.:** T.764. **Erhaltene Bauteile:** Frgt. der GV. **Erhaltungszustand:** Schlecht, nur ein Frgt. erhalten. **GV:** `Profil`: Bodenplatte. `Dekor`: Schwarzer Mäander auf weißem Grund, auf jeder Seite von einem schmalen horizontalen Streifen eingefasst. **Farben:** Weiß, schwarz. **Maße:** L: 0,075. H: 0,14 m. S: 0,03 m. **Dat.:** 6. Jh. v. Chr. **Lit.:** CIURCINA 1980, 75 Taf. 3, 2.

NAXO 21

Typ: Unbekannt. **Bau:** Unbekannt. **FO:** Temenos des Aphrodite-Heiligtums, SO-Zone. **AO:** Unbekannt. **Inv.-Nr.:** T.601. **Erhaltene Bauteile:** Frgt. einer GV. **Erhaltungszustand:** Schlecht, nur ein Frgt. erhalten. **GV:** `Profil`: Deckplatte, Rundstab, Stirnplatte, Ansatz des Rundstabs. `Dekor`: Auf dem Rundstab Reste von schwarzer Farbe, um welches Ornament es sich handelt, ist nicht mehr zu erkennen. Stirnplatte mit einem doppelten dreiläufigen Flechtband mit schwarz-weißer Umrandung. In den Augen ein schwarzer Kreis, darin eine sechsteilige Rosette aus weißen Blättern, deren Enden nicht abgerundet sind, sondern in dem die Rosette umschließenden Kreis auslaufen. In einem der abgebildeten Augen ein schwarzes Ankerkreuz auf weißem Grund. Die zentrale Palmette besteht aus weißen, schwarz umrandeten Blättern und ist fünfteilig. Der Hintergrund der Kehle ist weiß. **Farben:** Weiß, schwarz, dunkelrot. **Maße:** L: max. 0,193 m. H: max. 0,23 m. S: 0,028 m. **Dat.:** 6. Jh. v. Chr. **Lit.:** CIURCINA 1980, 75 Taf. 3, 4.

NAXO 22 Taf. 19,5

Typ: Unbekannt. **Bau:** Unbekannt. **FO:** Temenos des Aphrodite-Heiligtums, Graben VI C 3. **AO:** Unbekannt. **Inv.-Nr.:** Unbekannt. **Erhaltene Bauteile:** Frgt. einer GV. **Erhaltungszustand:** Schlecht, nur ein Frgt. erhalten. **GV:** `Profil`: Ansatz der Stirnplatte, abschließender doppelter Rundstab. `Dekor`: Auf der Stirnplatte ein doppeltes Flechtband alternierend aus einem weißem oder einem weißen und einem schwarzen Band, jeweils mit schwarzer Umrandung. Die zentrale Palmette ist dreiteilig und aus weißen, schwarz umrandeten Blättern. In den Augen alternierend ein achtteiliges Speichenrad auf weißem Grund oder ein achtstrahliger schwarzer Stern auf weißem Grund. Die Strahlen gruppieren sich um einen Punkt, in den Zwischenräumen befinden sich ebenfalls Punkte. Auf beiden Rundstäben Rechtecke durch vertikale Streifengruppen voneinander getrennt. **Farben:** Weiß, rot (?), schwarz. **Maße:** L: max. 0,15 m. H: max. 0,13 m. S: 0,028 m. **Dat.:** 1. Hälfte 6. Jh. v. Chr. **Lit.:** CIURCINA 1980, 75 Taf. 4, 1.

NAXO 23 Taf. 19,6

Typ: Unbekannt. **Bau:** Unbekannt. **FO:** Extraurbanes Heiligtum. Proprietà Scalia. **AO:** Unbekannt. **Inv.-Nr.:** T.976-979. **Erhaltene Bauteile:** Frgte. einer GV. **Erhaltungszustand:** Schlecht, stark fragmentiert. **GV:** `Profil`: Rundstab, Stirnplatte oder Bodenplatte. `Dekor`: Auf der Platte ein schmales Band aus schwarzen und weißen Rechtecken, darüber ein horizontaler schwarzer Streifen. Über diesem ein komplexes Flechtband aus roten und schwarzen Bändern auf weißem Grund. In den Augen konzentrische Kreise. Erhalten sind bis zu drei Bänder übereinander. **Farben:** Rot, weiß, schwarz. **Maße:** L: max. 0,155 m. **Dat.:** 590/580 v. Chr. **Lit.:** CIURCINA 1994, 181 Abb. 11.

NAXO 24 Taf. 19,7

Typ: Unbekannt. **Bau:** Unbekannt. **FO:** Extraurbanes Heiligtum. Proprietà Scalia. **AO:** Unbekannt. **Inv.-Nr.:** T.967.968. **Erhaltene Bauteile:** Frgte. einer GV. **Erhaltungszustand:** Schlecht, stark fragmentiert. **GV:** `Profil`: Doppelter Rundstab, Stirnplatte. `Dekor`: Auf den Rundstäben diagonale Streifen in rot, schwarz und weiß. Die Streifen auf den beiden Rundstäben verlaufen in entgegengesetzter Richtung. Auf der Stirnplatte ein multipler schwarzer Mäander auf weißem Grund. **Farben:** Rot, weiß, schwarz. **Maße:** Unbekannt. **Dat.:** 590/580 v. Chr. **Lit.:** CIURCINA 1994, 181-182 Abb. 12.

NAXO 25

Typ: Unbekannt. **Bau:** Unbekannt. **FO:** Heiligtum. Südlich von Mauer D und östlich von Mauer C. **AO:** Unbekannt. **Inv.-Nr.:** Unbekannt. **Erhaltene Bauteile:** Teile der GV. **Erhaltungszustand:** Schlecht, nur Frgte. erhalten. **GV:** `Profil`: Schmale Leiste, Rundstab, Stirnplatte, doppelter Rundstab[620]. `Dekor`: Auf der Leiste kein Dekor, Rundstab mit breiten Rechtecken in rot, schwarz und weiß. Auf der Stirnplatte ein doppeltes dreiläufiges Flechtband mit weiß-schwarzer Umrandung. Rosette und Palmette sind nicht erhalten. Der Grund der Platte ist weiß. Abschließende Rundstäbe wie oberer Rundstab. **Farben:** Rot, weiß, schwarz. **Maße:** Unbekannt. **Dat.:** 6. Jh. v. Chr. **Lit.:** PELAGATTI 1964, 161 Abb. 34 WIKANDER 1986, 40.

NAXO 26

Typ: Unbekannt. **Bau:** Unbekannt. **FO:** Area sacra. Südlich von Mauer D und östlich von Mauer C. **AO:** Unbekannt. **Inv.-Nr.:** Unbekannt. **Erhaltene Bauteile:** Teile der GV. **Erhaltungszustand:** Schlecht, nur Frgte. erhalten. **GV:** `Profil`: Stirnplatte, doppelter Rundstab (vom unteren ist nur der Ansatz erhalten). `Dekor`: Auf der Stirnplatte ein doppeltes vierläufiges Flechtband mit weiß-schwarzer Umrandung. In den Augen eine vierteilige Rosette aus weißen Blättern auf schwarzem Grund umfangen von einem weißen Kreis. Der Grund der Platte ist weiß. Der erhaltene

[620] Von Wikander wird am oberen Abschluss der GV auch ein doppelter Rundstab erkannt. Das einzige Stück, welches sicher der Oberkante zugeordnet werden kann, zeigt jedoch eine schmale Leiste, an der keine Bruchspuren eines weiteren Rundstabes zu erkennen sind.

Rundstab ist mit diagonalen Streifen dekoriert. **Farben:** Weiß, schwarz. **Maße:** Unbekannt. **Dat.:** 6. Jh. v. Chr. **Lit.:** PELAGATTI 1964, 161 Abb. 34-35; WIKANDER 1986, 40[621].

13.26 Die Dächer aus Olympia

OLYM 1 Taf. 20-21

Typ: Kanonisches sizilisches Dach. **Bau:** Schatzhaus von Gela. **FO:** In der westlichen Festungsmauer verbaut. **AO:** Olympia, Museum und Magazin. Berlin, Pergamonmuseum. **Inv.-Nr.:** 1W270, 1W278, 1W274, 1W277, 1W275, 1W273, 1W289, 1W297, 1W294.301, 1W290, 1W300, 1W293, 1W304, 1W303, 1W305, 1W308, 1W309, 1W267, 1W168. 184.344, 1W158, 1W165, 1W186, 1W167, 1W187, 1W170, 1W182, 1W183, 1W320, 1W166, 1W169.188, 1W264, 1W263, 1W266, 1W265, 1W179, 1W160, 1W177, 1W35, 1W91, 1W55, 1W358, 1W32, 1W28, 1W111, 1W30, 1W7, 1W29, 1W2b.65, 1W86, 1W8, 1W15, 1W2a, 1W150, 1W58, 1W60, 1W361, 1W340, 1W345, 1W341, 1W371, 1W317, 1W319. 9W52, 9W59, 9W53, 9W54, 9W55, 9W56, 9W57, 9W58, 1W337, 1W321, 1W333, 1547X, 1500 (Die letzten beiden in Berlin, Pergamonmuseum.) [622] **Erhaltene Bauteile:** 451 Frgte. aller Teile des Daches. **Erhaltungszustand:** Gut, große Teile von allen Friesen erhalten. **GS:** `Profil`: Bodenplatte, Sockel, Rundstab, Kehle, Leiste, Rundstab. `Dekor`: *Variante 1:* Der Sockel ist mit weißen, vierfach umrandeten Rauten dekoriert. Die Zwickel sind rot gefüllt. Darüber ein schmaler weißer Streifen. Auf dem darüberliegenden Rundstab zwei gegenläufige Bänder aus diagonalen Streifen in rot, schwarz und weiß. Auf der Kehle ein Blattstab aus unten eingezogenen Blättern mit schwarz-weiß-schwarzer Umrandung, deren Enden sich nach außen drehen und mit der Umrandung des benachbarten Blattes zu einem schmalen vertikalen Streifen zusammenlaufen. Die Füllung der Blätter ist alternierend schwarz und rot. In den Zwischenräumen je zwei hängende Blätter mit weißer Umrandung und ebenfalls alternierender roter und schwarzer Füllung. Die oberen Zwickel sind rot ausgefüllt. Auf dem abschließenden Rundstab diagonale Streifen weiß, schwarz und rot. *Variante 2:* Wie 1. Lediglich auf dem Sockel werden statt der Rauten schmale schwarze Kreuze mit rautenförmigem Zentrum auf weißem Grund verwendet. **TS:** `Profil`: Nach oben angewinkelte Bodenplatte, Sockel mit Wasserspeiern, Rundstab, Kehle, Leiste, Rundstab. `Dekor`: Zwischen den Wasserspeiern je zwei hängende Palmetten aus sieben weißen Blättern auf schwarzem Grund. Die Palmette wird von einem weißen Band umschlossen, welches sich oberhalb der Palmette zu zwei durch einen horizontalen Streifen verbundene Voluten zusammenrollt. Außerhalb der umschlossenen Palmette ist der Sockel rot gefasst. Auf beiden Rundstäben diagonale Streifen in weiß, schwarz und rot. Die Kehle ist mit einem Blattstab aus unten spitz zulaufenden Blättern mit weiß-schwarz-weißer Umrandung und alternierender roter und schwarzer Füllung dekoriert. In den Zwischenräumen stehende herzförmige Blätter mit schwarzer Füllung und einem kurzen, ebenfalls schwarzen Stiel. Die Zwickel oberhalb des Blattstabes sind rot gefüllt. Auf der Leiste ein schwarzer Mäander auf weißem Grund. **HGS:** `Profil`: Wie GS. `Dekor`: Wie GS. Der Dekor von Kehle, Leiste und Rundstab wird verkleinert, der darunterliegende von der GS beschnitten. **GVG:** `Profil`: Deckplatte, Rundstab, Stirnplatte, doppelter Rundstab, Bodenplatte, Rundstab. `Profil`: Auf dem oberen Rundstab Rechtecke in schwarz, weiß und rot. Auf der Stirnplatte ein doppeltes dreiläufiges Flechtband mit weiß-schwarzer Umrandung. Zentrale dreiteilige Palmette aus weiß umrandeten Blättern. Das zentrale Blatt ist rot, die beiden äußeren sind schwarz gefüllt. In den Augen vierteilige weiße Rosetten auf schwarzem Grund, von einem weißen Kreis umfangen. Der Hintergrund der Platte ist weiß. Der Obere der beiden abschließenden Rundstäbe ist mit diagonalen Streifen in schwarz, weiß und rot, der Untere mit Rechtecken in derselben Farbgebung dekoriert. Auf der Bodenplatte ein schwarzer Mäander auf weißem Grund. Der die Bodenplatte zur Gebäudeseite hin abschließende Rundstab ist mit diagonalen Streifen in schwarz und weiß versehen. **GVT:**[623]: `Profil`: Wie GVG nur ohne unteren Rundstab und Bodenplatte. Zudem ist die Deckplatte äquivalent zur Bodenplatte der Sima angewinkelt. `Dekor`: Wie GVG. **Farben:** Rot, weiß, schwarz. **Maße:** H(GS): 0,279-0,285 m. L(GS-Modul): ca. 0,63-0,636 m. T(GS-Modul): ca. 0,29 m. H(TS): ca. 0,285 m. T(TS-Modul): 0,29 m. L(TS-Modul): ca. 0,62 m. H(HGS): 0,282-0,289 m. L(HGS): ca. 0,62 m. H(GV): ca. 0,25 m. **Dat.:** Ende 6. Jh. v. Chr. **Lit.:** SÜSSEROTT-SCHLEIF 1944, 83-110 Abb. 22-34 Taf. 39-41; 47-53 DARSOW 1938, 105-106; WIKANDER 1986, 50-51 Abb. 6; 14. KÄSTNER 1976, 520-521;MERTENS-VIOLA 1990, 236-237 Taf. 33 a. ADLER U.A. 1892, 53-56; 92 190; 215-216 Taf. 41; HEIDEN 1995, 96-102; 193-195; 161-162 Taf. 60-66; DÖRPFELD 1881, 31-36 Taf. 34, 1; KUNZE-SCHLEIF 1944 Blatt 2; MALLWITZ 1980, 146-147 Taf. 98; 102, 3 (oben); VAN BUREN 1926, vxiii; 51; 83-84; DÖRPFELD 1882, 53-56; Taf. 39-41; DÖRPFELD 1881 U.A., 18.

OLYM 2 Taf. 1

Typ: Rosettendach. **Bau:** Schatzhaus von Metapont. **FO:** Stadion-Nordwall (66 Frgte.), SO-Gebiet(20 Frgte.), Stadion-Südwall(11 Frgte.), Stadion-Westwall(8 Frgte.), Phidiaswerkstatt(5 Frgte.), Schatzhausterrasse(4 Frgte.), Stadion(3 Frgte.), Südhalle(1 Frgt.), Echohalle(1 Frgt.), Prytaneion(1 Frgt.), Westfront Zeustempel(1 Frgt.), Unbekannt(78 Frgte.). **AO:** Olympia, Museum und Magazin. Berlin, Pergamonmuseum. **Inv.-Nr.:** 2W7, 2W8, 2W9, 2W136, 2W137, 2W133, 2W28, 2W128, 2W138, 2W150, 2W12, 2W151, 2W153, 2W3, 2W10, 2W174, 2W178, 2W185, 2W32, 2W166, 2W85, 2W86, 2W198, 2W201, 1609X (letzte Berlin, Pergamonmuseum). **Erhaltene Bauteile:** 199 Frgte. aller Teile des Daches. **Erhaltungszustand:** Gut, große Teile von allen Friesen erhalten. **GS:** `Profil`: Bodenplatte, Kehle, Leiste. `Dekor`: Am unteren Rand der Kehle ein horizontaler Streifen in schwarz, darüber ein Blattstab aus recht langen, unten leicht einge-

[621] Wikander werden **NAXO 3** und **NAXO 4** nicht getrennt. Die unterschiedliche Gestaltung der Flechtbänder zeigt aber, dass es sich bei den abgebildeten Stücke um zwei verschiedene GV handelt.

[622] Die in der Rekonstruktion der Giebelseite eingegipsten Stücke im Museum in Olympia besitzen keine Inv.-Nr.

[623] Die Geisonverkleidungen von Giebel- und Traufseite zeigen keine Unterschiede in Form oder Dekor.

zogenen Blättern. Die Füllung der Blätter ist alternierend schwarz und weiß. Die weißen Blätter zeigen eine schwarz-weiß-schwarze Umrandung, die schwarzen eine weiß-schwarze. Die Zwischenräume sind rot gefüllt, die Zwickel über den Blättern weiß. Auf der Leiste plastische Rosetten aus acht rot gefüllten Blättern um einen weißen Punkt gruppiert. Der Rest der Leiste ist weiß gefasst. **TS:** `Profil`: Wie GS, aber mit WS. **GV:**[624] `Profil`: Deckplatte, sehr breiter doppelter Rundstab, welche leicht über die Deckplatte hinausragen. Stirnplatte, Rundstab mit einem rechtwinkligen Einschnitt an der Rückseite. `Dekor`: Auf den beiden oberen Rundstäben gegenläufige diagonale Streifen aus schmalen und breiten Streifen in weiß und schwarz. Die Stirnplatte ist mit einem einfachen Flechtband dekoriert, die Augen sind schwarz gefüllt. Der Hintergrund ist weiß. Auf dem unteren Rundstab Rechtecke in weiß und schwarz, durch vertikale Streifen getrennt. **Farben:** Rot, weiß, schwarz. **Maße:** H(S): 0,315 m. L(S): ca. 0,68-0,685 m. H(GV): 0,32 m. L(GV): 0,571 m. **Dat.:** 1. Viertel 6 Jh. v. Chr. **Lit.:** SÜSSEROTT 1944, 128-136 Abb. 35-38 Taf. 43; 54; DARSOW 1938, 105-106; MERTENS-VIOLA 1990, 241-243; WINTER 1993, 297-298 Abb. 26 a-b.

OLYM 3-5

Typ: Dorisches Dach - „Hörnerdächer". **Bau:** Unbekannte kolonial-achäische Schatzhäuser. **FO:** *Dach 1-3*: Stadion-Nordwall (82 Frgte.), Stadion-Westwall (15 Frgte.), SO-Gebiet (8 Frgte.), Echochalle (5 Frgte.), Stadion-Südwall (4 Frgte.), Stadion (3 Frgte.), Gymnasium (1 Frgt.), Bau C (1 Frgt.), Megara-Schatzhaus (1 Frgt.). *Dach 1:* Stadion-Nordwall (48 Frgte.), Stadion-Westwall (5 Frgte.), SO-Gebiet (3 Frgte.), Echohalle (2 Frgte.), Stadion (1 Frgt.), Stadion-Südwall (1 Frgt.). *Dach 2:* Stadion-Nordwall (19 Frgte.), Stadion-Westwall (8 Frgte.), Echohalle (6 Frgte.), SO-Gebiet (2 Frgte.), Stadion (1 Frgt.). *Dach 3:* Stadion-Nordwall (22 Frgte.), Stadion-Westwall (4 Frgte.), SO-Gebiet (2 Frgte.), Echochalle (3 Frgte.), Stadion-Südwall (3 Frgte.), Stadion (1 Frgt.), Zanesbasen (1 Frgt.), Prytaneion (1 Frgt.). **AO:** Olympia, Museum und Magazin. Berlin, Pergamonmuseum. **Erhaltene Bauteile:** 199 Frgte. welche keinem Dach mit Sicherheit zugesprochen werden können. 30 Frgte. von Dach 1, 58 Frgte. von Dach 2, 42 Frgte. von Dach 3. **Inv.-Nr.:** *Ungeklärte Zugehörigkeit*: 4W100, 4W99, 4W128, 4W83, 4W164, 4W152, 4W154, 4W108, 4W113, 4W96, Π2968, 4W224, 4W225, 4W226, 4W337. *Dach 1:* 4W2, 4W7, 4W3, 4W4, 4W18.72, 4W171, 4W174, 4W175, 4W176, 4W177. *Dach 2:* 4W19, 4W29, 4W20, 4W200, 4W203, 4W187, 4W189, 4W127, 4W198, 4W186, 4W350, 4W184. *Dach 3:* 4W32, 4W33, 4W180, 4W181. **GV:**[625] `Profil`: Deckplatte, doppelter Rundstab, Stirnplatte, doppelter Rundstab. `Dekor`: Auf dem oberen Rundstab diagonale Streifen, welche durch schmale Streifen voneinander getrennt sind. Auf den übrigen Rundstäben Rechtecke, ebenfalls durch schmale Streifen getrennt. Die Stirnplatte ist mit einem dreiläufigen Spiralband dekoriert, in dessen Augen achtteilige Rosetten. Die Farbigkeit des Dekors variiert. Entweder finden rot und weiß, oder schwarz und weiß gemeinsam Verwendung. In den Zwickeln dreiteilige Palmetten. Alle Dekorelemente zeigen eine erhabene Umrandung, welche von der Verwendung eines Rollstempels herrührt. **Dat.:** 2. Drittel 6. Jh. v. Chr. **Lit.:** HEIDEN 1995, 87-96, 197-203 Abb. 12-18 Taf. 50-59; MALLWITZ 1968, 139 Anm. 43-44; ADLER U.A. 1892, Taf. 98, 11; 116, 5; VAN BUREN 1926, 117-118 Abb. 117; LE ROY 1967, 80-84; MERTENS-VIOLA 1990, 243 DÖRPFELD U.A.1881, 18; SÜSSEROTT 1944, 105-106.

OLYM 3 Taf. 22,2-3

Erhaltungszustand: Schlecht, nur Frgte. erhalten. **GS:** `Profil`: Sockel (Vorderkante des Traufziegels), Rundstab, Leiste. `Dekor`: Auf der Vorderkante des Traufziegels ein Blattstab. Die Blätter sind alternierend weiß, rot, weiß, schwarz gefüllt und mit einem erhabenen, schwarz gefassten Streifen umrandet. Die darüberliegenden Zwickel sind weiß. Auf dem Rundstab Rechtecke in schwarz und weiß. Die obere Leiste ist mit einem einfachen, dreiläufigen Flechtband dekoriert. Hier haben sich Spuren von schwarzer und roter Farbe erhalten. **GV:** `Profil`: Deckplatte, Rundstab, Leiste, schmale, leicht zurückversetzte Leiste, Triglyphen - Metopenfries, Via mit Regulae und Guttae, Leiste. `Dekor`: Auf dem Rundstab Rechtecke in schwarz und weiß durch vertikale Streifen voneinander getrennt. Auf der darunterliegenden Leiste ein einfaches dreiläufiges Flechtband in weiß und schwarz. In den Augen schwarze Füllungen. Der Hintergrund ist weiß. Die schwarzen Metopen sind in ihrer oberen Hälfte mit einer achtteiligen Rosette aus weißen Blätter auf rotem kreisförmigen Grund dekoriert. Zwischen den Metopen eine lange Triglyphe, die mit einem schwarz-weißen Wolfszahn verziert ist. Die Regula ist schwarz gefasst, die Guttae sind rot auf weißem Grund. Metopen und Guttae schließen auf gleicher Höhe ab. Auf der unten abschließenden Leiste ein schwarzer Mäander auf weißem Grund. Die Umrandung des Mäanders ist leicht erhaben, was auf die Verwendung eines Rollstempels zurückzuführen ist. **Farben:** Rot, weiß, schwarz. **Maße:** H(S): 0,13 m.

OLYM 4 Taf. 22,4

Erhaltungszustand: Schlecht, nur Frgte. erhalten. **GS:** `Profil`: Leicht erhöhter Traufziegelrand. `Dekor`: Roter Mäander auf tonfarbenem Grund. Die Umrandung des Mäanders ist wiederum erhaben. **GV:** `Profil`: Doppelter Rundstab, Triglyphen-Metopenfries, doppelter Rundstab, Via mit Regulae ohne Guttae, Leiste. `Dekor`: Auf den beiden oberen Rundstäben Rechtecke in schwarz und weiß durch vertikale Streifen voneinander getrennt. Die Metopenfelder sind leer, die Triglyphen bestehen aus schwarzen Feldern. In dieses sind mittig zwei ganze und randständig zwei halbe Blätter eingeschnitten, mit roter Füllung und schmaler weißer Umrandung. Darüber ein schmaler Blattstab aus roten, weißen und schwarzen Blättern mit schwarzer Umrandung und weiß gefüllten Zwickeln. Die beiden Rundstäbe zwischen Metopen-Triglyphenfries und Via sind mit gegenläufigen diagonalen Streifen in rot, schwarz und weiß

[624] Die Geisonverkleidungen von Giebel- und Traufseite zeigen keine Unterschiede in Form oder Dekor.

[625] Diese Teile von Geisonverkleidungen, die Flach- und Deckziegel sowie die Firstziegel können nicht zweifelsfrei einem der drei Dächer zugesprochen werden. Vgl. HEIDEN 1995, 87.

versehen, welche durch Gruppen schmaler Streifen in weiß und schwarz voneinander getrennt sind. Die Regulae sind rot gefasst, die Via undekoriert. Auf der abschließenden Leiste ein schwarzer Hakenmäander mit erhabener Umrandung auf weißem Grund. **Farben:** Rot. schwarz, weiß. **Maße:** H(S): 0,55 m. H(GV): 0,227 m.

OLYM 5 Taf. 22,5

Erhaltungszustand: Schlecht, nur Frgte. erhalten. **GS:** `Profil`: Leicht erhöhter Traufziegelrand. `Dekor`: Auf dem erhöhten Traufziegelrand ein Blattstab. Die Blätter sind alternierend weiß, rot, weiß, schwarz gefüllt und mit einem erhabenen, schwarz gefassten Streifen umrandet. Die darüberliegenden Zwickel sind weiß. **GV:** `Profil`: Doppelter Rundstab, Stirnplatte, doppelter Rundstab, Via mit Regulae und Guttae. `Dekor`: Auf den Rundstäben Rechtecke in schwarz und weiß durch vertikale Streifen voneinander getrennt. Stirnplatte mit einem Anthemienfries aus wechselseitig angebrachten Lotosblüten und Palmetten. Die Palmetten bestehen aus sieben Blättern mit alternierender roter und schwarzer Füllung. Die Lotosblüten bestehen aus zwei spitzen, leicht nach außen gebogenen äußeren Blättern mit roter Füllung, einem spitzen zentralen Blatt mit schwarzer Füllung sowie aus je drei runden Blättern zwischen äußeren und zentralem Blatt mit weißer Füllung und schwarzer Umrandung. Verbunden sind die einzelnen Anthemien durch zwei Rankenbänder in rot und schwarz. Der Hintergrund der Stirnplatte ist weiß. Die Via ist mit einem Schachbrettmuster aus schwarzen und weißen Feldern dekoriert. Die Regula ist schwarz, die Guttae rot. **Farben:** Rot, schwarz, weiß. **Maße:** H(Sima): 0,55 m. H(GV): 0,224 m.

OLYM 6 Taf. 23,1

Typ: Unbekannt. **Bau:** Schatzhaus von Syrakus. **FO:** SO-Gebiet(12 Frgte.), Stadion (7 Frgte.), Südhalle (3 Frgte.), Bau-C (1 Frgt.), Prytaneion (1 Frgt.), Buleuterion (1 Frgt.), Schatzhausterrasse (78 Frgte.). **AO:** Olympia, Museum und Magazin. Berlin, Pergamonmuseum. **Inv.-Nr.:** 9W1, 9W49, 9W18, 9W25, 9W26, 9W21, 9W8, 9W11, 9W13, 9W15, 9W51, 1502 (letzte Inv.-Nr. Berlin, Pergamonmuseum.) **Erhaltene Bauteile:** 52 Frgte. der TS, der Antefixe und eines Stroters. **Erhaltungszustand:** Schlecht, nur Teile der TS rekonstruierbar. **TS:** `Profil`: Bodenplatte, Leiste, Rundstab, Leiste mit Wasserspeiern, Rundstab, Kehle, Leiste, auf der Oberseite Einlassungen zur Anbringung von Antefixen. `Dekor`: Auf der unteren Leiste ein einfaches, dreiläufiges Flechtband. In den Augen konzentrische Kreise. Auf den Rundstäben diagonale Streifen. Die Leiste mit den Wasserspeiern ist mit schwarzen Kreuzen mit rautenförmigem Zentrum auf weißem Grund dekoriert. Die Kehle ist mit einem lesbischen Kyma dekoriert. Der Hintergrund der Kehle ist weiß. Die abschließende Leiste ist undekoriert. **Antefixe:** Die Antefixe besteht aus kreisförmigen Scheiben, welche mit einer dreizehnteiligen Palmette dekoriert sind. Die Palmette ist von einem weißen Band umschlossen, welches sich an ihrem Ansatz zu kleinen Voluten zusammenrollt. Der Hintergrund der Antefixe ist schwarz, die Blätter **Farben:** Rot, weiß, schwarz. **Maße:** H(S): 0,204 m. L(S): 0,618-0,629 m. **Dat.:** Um 480 v. Chr. **Lit.:** Heiden 1995, 102-105: 209 Abb. 34, 3 Taf. 69, 1; Mertens-Viola 1990, 240; Adler u.a. 1892, 194-195; 207 Abb. 9 Taf. 118, 5; Mallwitz-Schiering 1964, 111; Heiden 1990, 43.

OLYM 7 Taf. 23,2

Typ: Unbekannt. **Bau:** Nicht identifiziertes westgriechisches Schatzhaus. „Gorgonendach". **FO:** Station-Nordwall (54 Frgte.), Stadion-Westwall (10 Frgte.), Stadion-Südwall (8 Frgte.), SO-Gebiet(6 Frgte.), Stadion (3 Frgte.), Echohalle (2 Frgte.), Südhalle (1 Frgt.). **AO:** Olympia, Museum und Magazin. **Inv.-Nr.:** 3W2, 3W29, 3W30, 3W33, 3W4, 3W1, 3W23, 3W11, 3W43, 3W136, 3W74.76, 3W81, 3W82, 3W84, 3W80, 3W79, 3W3, 3W54, 3W56, 3W57, 3W89, 3W42, 3W41, 3W39, 3W120, 3W130, 3W98, 3W128, 3W129. **Erhaltene Bauteile:** 52 Frgte. der TS, der WS, der Antefixe und eines Stroters. **Erhaltungszustand:** Frgte. der Simen und der GV. **GS:** `Profil`: Bodenplatte, Kehle, überfallender Blattstab mit einem plastischen wellenförmigen Abschluss, darüber ein Rundstab. `Dekor`: Sockel mit einem schwarzen Mäander auf hellem Grund; darüber ein einfacher überfallender Blattstab aus schmalen Elementen mit weiß-schwarzer Umrandung. Abschließender Rundstab mit diagonalen Streifen. **TS:** Wie GS mit Röhrenwasserspeiern im Sockel. Über den Simen kleine Kopfantefixe. **GV:** `Profil`: Deckplatte, Stirnplatte von doppelten Rundstäben eingefasst. `Dekor`: Rundstäbe mit gegenläufigen diagonalen Streifen. Unter dem untersten Rundstab ein Wolfszahn. Stirnplatte: *Variante 1:* Anthemion aus hängenden Lotosblüten und stehenden Palmetten durch S-förmige Rankenbänder verbunden. Neben den Lotosblüten kleine Voluten. *Variante 2:* Wie 1, nur hier sind die Palmetten stehend und die Lotosblüten hängend. *Variante 3:* Doppelter gekreuzter Anthemienfries durch zwei Rankenbänder verbunden. *Variante 4:* Wohl doppeltes Flechtband mit zentraler Palmette (jedoch äußerst schlecht erhalten). **Farben:** Rot, weiß, schwarz. **Maße:** H(S): 0,227-0,246 m. L(S): 0,685 m. H(GV): 0,214-0,225 m. L(GV): 0,61 m. **Dat.:** Um 580 v. Chr. **Lit.:** Heiden 1995, 83-87; 195-197 Abb. 10-11 Taf. 47-49; Junker 1993, 39-40; Mertens-Viola 1990, 246-247; Mallwitz 1968, 145; Mallwitz 1980, 147.

13.27 Die Dächer aus Paestum

PAES 1 Taf. 23,3

Typ: Kanonisches sizilisches Dach. **Bau:** Unbekannt. **FO:** Unbekannt. **AO:** Paestum, Magazin. **Inv.-Nr.:** Unbekannt. **Erhaltene Bauteile:** Frgte. der TS. **Erhaltungszustand:** Schlecht, stark fragmentiert, aber in voller Höhe erhalten. **TS:** `Profil`: Bodenplatte, Sockel mit dem Ansatz von Wasserspeiern, Rundstab, Kehle, Leiste, niedriges Kyma recta. `Dekor`: Zwischen den Wasserspeiern stehende Palmetten aus acht weißen Blättern auf schwarzem Grund. Die Palmette wird von einem weißen Band umschlossen, welches sich zu zwei nach innen gewandten Voluten zusammenrollt. Zwei Volutensysteme sind durch einen horizontalen weißen Streifen verbunden. Unter der Palmette eine kleine weiße Raute. Rundstab mit diagonalen Streifen. Die Kehle ist mit einem Blattstab aus unten spitz zulaufenden Blättern mit weiß-schwarzer Umrandung und alternierender roter und schwarzer Füllung dekoriert. Die roten Blätter zeigen eine zusätzliche schwarze Umrandung. In den Zwischenräumen je ein hängender schwarzer Tropfen.

Auf der Leiste ein schwarzer Mäander auf weißem Grund. Der Dekor des abschließenden Kymas ist nicht mehr zu erkennen. **Farben:** Rot, weiß, schwarz. **Maße:** Unbekannt. **Dat.:** Ende 6. Jh. v. Chr. **Lit.:** MERTENS-VIOLA 1990, 239 Taf. 33 d-f.

PAES 2 Taf. 24,1

Typ: Anthemiensima. **Bau:** Unbekannt. **FO:** Aus dem Bereich des südlichen Stadtheiligtums. **AO:** Paestum, Magazin. **Erhaltene Bauteile:** Eckfrgt. einer Sima. **Inv.-Nr.:** Unbekannt. **Erhaltungszustand:** Schlecht, ein Eckfragment erhalten. **GS:** `Profil`: Sockel, welcher eine 0,04 m über die Bodenplatte hinausragende Schürze bildet. Rundstab, Kehle, Anthemienfries. `Dekor`: Auf dem Sockel ein schwarzer Hakenkreuzmäander, dessen Kreuze mit roten Rechtecken alternieren, die mit sechsteiligen(?) weißen Sternen gefüllt sind. Auf dem Rundstab diagonale Streifen in rot, weiß und schwarz. Auf der Kehle ein Blattstab aus weiß gefüllten Blättern mit einer schmalen roten und einer breiten weißen Umrandung auf schwarzem Grund. Rundstab mit Rechtecken, welche durch Gruppen vertikaler Streifen getrennt sind; erhalten hat sich ein rot gefülltes Rechteck. Darüber der Ansatz eines Anthemions, welches wahrscheinlich - analog zur Traufseite - mit einer vielteiligen Palmette aus alternierenden roten und schwarzen Blättern mit weißer Umrandung bekrönt war. Unter der Palmette ein breiter horizontaler Streifen, welcher in drei Fascien aufgeteilt ist, durch diesen Streifen laufen von beiden Seiten Rankenbänder, welche sich im hinteren Teil kreuzen. Unterhalb des horizontalen Streifens ein hängender Tropfen mit roter Füllung. **TS:** `Profil`: Sockel, welcher nicht über die vorkragende Bodenplatte hinausragt. Dieser Unterschied in der Gestaltung des Sockels führt dazu, dass die einzelnen Teile der TS etwas höher als die der GS sind. Am linken Rand des Frgts. der Ansatz eines Wasserspeiers, Rundstab, Kehle, Anthemienfries. `Dekor`: Auf dem Sockel große achtteilige Rosetten aus weißen Blättern mit einem zentralen roten Punkt. Der Grund des Sockels ist schwarz. Rest wie GS. Auf der Bodenplatte Spuren eines schwarzen Mäanders auf weißem Grund. **Akroter:** Der Übergang von Traufsima zur Giebelsima wird durch eine Akroterfigur kaschiert. Die Figur trägt einen langen Chiton, ein Himation sowie geschnürte Stiefel mit Flügeln. Gewand und Schuhe sind reich dekoriert. Erhalten ist die Figur bis zur Hüfte. **Farben:** Rot, weiß, schwarz. **Maße:** H: max. 0,35 m. T(vorkragender Teil der Bodenplatte): ca. 0,07 m. **Dat.:** Um 500 v. Chr. **Lit.:** MERTENS 1993, 181-182 Abb. 84 Taf. 90, 6; MERTENS 1981 Taf. 24 h; LIMC VI (1996) 845 Nr. 32 s. v. Nike (A. Moustaka); DANNER 1997, 80 Taf. 40 (Besonders zum angearbeiteten Akroter); ORLANDINI 1983, 397-398 Abb. 396.

PAES 3 Taf. 24,3-4

Typ: Anthemiensima. **Bau:** Unbekannt. **FO:** Aus dem Bereich des südlichen Stadtheiligtums ohne Fundzusammenhang. **AO:** Paestum, Magazin. **Erhaltene Bauteile:** Eckfrgt. der Sima. **Inv.-Nr.:** Unbekannt. **Erhaltungszustand:** Schlecht, ein Eckfragment erhalten. **GS:** `Profil`: Bodenplatte, Sockel, Rundstab, Kehle, Überschlagskarnies, Leiste, Rundstab, Kehle, Leiste. `Dekor`: Auf dem Sockel ein schwarzer Hakenkreuzmäander, dessen Kreuze mit roten Rechtecken alternieren, die mit achtteiligen weißen Sternen gefüllt sind. Auf dem Rundstab eine Dekoration aus Rechtecken in rot, schwarz und weiß, welche durch Gruppen vertikaler Streifen voneinander getrennt sind. Auf der Kehle ein Blattstab aus alternierenden hängenden und stehenden tropfenförmigen Blättern mit breiter weißer Umrandung. Die stehenden Blätter sind schwarz, die hängenden rot gefüllt. Rundstab mit Rechtecken, welche durch Gruppen vertikaler Streifen getrennt sind. Auf der Außenseite des Überschlagskarnies ein hängender Blattstab mit alternierenden rot und schwarz gefüllten Blättern mit weiß-schwarzer Umrandung auf weißem Hintergrund. Auf der darüberliegenden Leiste ein doppelter Hakenmäander alternierend mit rot gefüllten Rechtecken. Nächster Rundstab ohne erhaltenen Dekor. Kehle mit einem stehenden Blattstab aus alternierenden roten und schwarzen Blättern mit breiter weißer und schmaler schwarzer Umrandung. Die abschließende Leiste ist mit einem Hakenkreuzmäander dekoriert, von dem sich jedoch nur Spuren erhalten haben. **TS:** `Profil`: Vorkragende Bodenplatte, Sockel, Anthemienfries. `Dekor`: Auf dem Sockel die Spuren eines roten Mäanders auf weißem Grund. Darüber der doppelte gekreuzte Anthemienfries aus siebenteiligen Palmetten und dreiteiligen Lotosblüten. In den Zwischenräumen zwischen den äußeren und dem inneren Blatt des Lotosblüten je eine dreiteilige Palmette. Die Blüten sind durch zwei weiße Rankenbänder verbunden. Auf der vorkragenden Bodenplatte ein komplexer Mäander. **Farben:** Rot, weiß, schwarz. **Maße:** H(GS): ca. 0,35 m. H(TS): ca. 0,25 m. T(vorkragender Teil der Bodenplatte-TS): ca. 0,12 m. **Dat.:** 530-520 v. Chr. **Lit.:** MERTENS 1993, 183-184. Abb. 85 Taf. 90, 1-7.

PAES 4

Typ: Rankensima. **Bau:** Heiligtum von Santa Venera. **FO:** Aus dem Bereich des Heiligtums von Santa Venera. **AO:** Paestum, Magazin. **Erhaltene Bauteile:** Frgte. der TS, der GS und einer GV. **Inv.-Nr.:** *GS:* P82 TCAF 3. Basket 13.8.7. P82 TCAF 13. Basket 12.9.4. P83 TCAF 11, Basket 14.7.17. P83 TCAF 21. Basket 14.6.7. P84 Reg. 492, Basket 12.7.20. P82 TCAF 1, Basket 11.5.8. P82 TCAF 4, Basket 7.7.1. P82 TCAF 8, Basket 11.7.10. P 83 TCAF 3, Basket 11.6.1. P83 TCAF 9, Basket 8.4.13. P83 Reg. 302, Basket 13.7.3. P83 Reg. 739, Basket 7.6.12. P 83 Reg. 792, Basket 8.7.28. P83 Reg. 1099, Basket 8.4.16. P84 TCAF 6, Basket 5.7.5. P84 Reg. 433, Basket 12.7.6. P84 Reg. 1168, Basket 9.5.8. P85 TCAF 3, Basket 9.3.7. *TS:* VS 4446. P82 TCAF 2, Basket 8.8.9. P83 TCAF 18 a-b, Basket 10.8.3. P83 TCAF 22 a-b, Basket 10.8.9. P84 Reg. 778, Basket 10.7.22. P84 Reg. 1241, Basket 9.5.18. P83 Reg. 1162, Basket 10.8.22. P84 Reg. 255, Basket 13.6.15. P84 Reg. 883, Basket 10.7.12. P84 Reg. 887, Basket 10.7.26. P84 Reg. 1240, Basket 6.6.8. *WS:* P84 TCAF 10, Basket 9.7.12. P83 TCAF 5, Basket 7.5.4. P83 TCAF 7, Basket 7.6.7. P83 TCAF 16, Basket 8.4.2. P84 Reg. 1211, Basket 6.6.8. P84 Reg. 1225, Basket 11.8.5. *GV:* TCAF 7, Basket 11.7.10, P83 Reg. 190, Basket 6.3.4. P84 TCAF 8. Basket 8.6.25. P84 Reg. 961 B, Basket 6.7.3. P84 Reg. 711, Basket 8.5.30. P84 Reg. 831, Basket 10.7.13. P83 Reg. 323, Basket 8.7.29. P83 Reg. 1013, Basket 7.5.3. P83 Reg. 1228, Basket 7.5.14. P83 TCAF 19. Basket 10.8.3. P82 TCAF 5, Basket 7.7.1. P82 TCAF 6, Basket 9.8.7. P83 TCAF 1, Basket 8.7.6. P83 TCAF 8, Basket 11.6.8. P83 TCAF 13, Basket 8.7.44. P84 TCAF 5, Basket 8.5.5. P84 TCAF 7. Basket 8.6.25. P84 Reg. 278. Basket 8.6.24. P84 Reg. 622, Basket 8.5.21. P84 Reg. 715, Basket 8.5.26. **Erhaltungszustand:** Schlecht, nur Frgte. erhalten. **GS:** `Profil`: Oberer Abschluss der GS, erhalten haben sich eine breite Leiste, darunter anscheinend eine Kyma reversa. Der Rest ist verloren. `Dekor:` Erhalten haben sich der obere Teil einer Lotosblüte und einer Palmette, beides in plastischer Ausführung. Die Lotosblüte besitzt drei spitze Blätter, die äußeren sind weiß, das innere ist schwarz gefüllt. In den Zwischenräumen je zwei stehende Blätter in schwarz und weiß. Die äußeren Blätter entspringen aus einer Volute, deren Enden zu den benachbarten Palmetten laufen und dort wiederum in einer Volute enden aus denen dann die Palmetten entspringen. Die Palmetten bestehen aus sieben alternierend schwarz und weiß gefüllten Blättern. Unter der Palmette eine Volute. Der Hintergrund der Platte ist weiß. **TS:** `Profil`: Sockel mit dem Ansatz eines Wasserspeiers, leicht eingetiefter Rundstab, Leiste. `Dekor:` Auf dem Sockel ein Blattstab aus alternierenden roten und schwarzen Blättern mit weiß-schwarzer Umrandung. Der Hintergrund ist weiß. Der Rundstab ist vollständig rot gefasst. Auf der abschließenden Leiste ein Wolfszahn, die unteren Zähne sind weiß, die oberen alternierend rot und schwarz. **GV:**[626] `Profil:` Ein sehr breiter doppelter Rundstab, schmale Stirnplatte, wieder zwei breite Rundstäbe, schmale Leiste. `Dekor:` Auf den Rundstäben nur Spuren von Bemalung, evtl. Rechtecke. Die Stirnplatte ist mit einem einfachen dreiläufigen Flechtband mit schmaler Umrandung dekoriert. In den Augen des Flechtbands konzentrische Kreise. **Farben:** Rot, weiß, schwarz. **Maße:** H(GS): rek. ca. 0,16 m. H(TS): 0,15 m. H(GV): 0,153 m. S(GV): 0,35 m. **Dat.:** Ende 6. Jh. v. Chr. **Lit.:** PEDLEY-TORELLI 1993, 147-173 Abb. 43-44 Taf. 37 c-d; Taf. 40 a.

PAES 5 Taf. 25

Typ: Baldachinsima. **Bau:** „Basilika". Heratempel. **FO:** An allen Seiten des Tempels und in den Fundamenten der sogenannten Curia. **AO:** Paestum, Magazin und Museum. Acht Frgte. im Nationalmuseum Neapel. 1. Frgt. der Sima im Akademischen Kunstmuseum Bonn. **Erhaltene Bauteile:** 92 Teile der GV (an allen Seiten gleich gestaltet), davon 10 Reparaturstücke, 134 Teile der TS, davon 35 Reparaturstücke, 48 Teile der Löwenköpfe, davon 20 Reparaturen, 36 Teile der Frontsimen, davon 8 Reparaturen, 134 Frgte. der Antefixe. **Inv.-Nr.:** Unbekannt. D 466 (Frgt. in Bonn). **Erhaltungszustand:** Sehr gut. Große Teile aller Elemente erhalten. **GS:** `Profil`: Sockel, Rundstab, Kehle, Leiste, Kyma reversa, Leiste. `Dekor:` Auf dem Sockel alternierend neunteilige Palmetten und dreiteilige Lotosblüten. Beide Blütentypen entspringen aus einem Paar Voluten, welche unter den Blüten nach außen hin einrollen, die anderen Enden bilden einen Bogen bis zur halben Höhe der Blüten, die Enden rollen sich ebenfalls nach außen hin ein. Die Augen der Voluten sind rot, die Voluten selbst weiß. Die Berührungspunkte der Voluten unter den Blüten sind durch einen horizontalen roten Streifen markiert, darunter ein weißer Tropfen. Die Blätter der Palmetten sind alternierend rot und schwarz und sind weiß umrandet. Unterhalb der Blätter eine rote Raute mit weiß-schwarzer Umrandung. Die Blätter der Lotosblüten sind rot mit einer weißen Umrandung und durch Bögen in weiß und schwarz miteinander verbunden. Die Zwickel unterhalb der Bögen sind weiß. Über den Bögen je ein rot und ein schwarz gefülltes stehendes Blatt mit weißer Umrandung. An den Stellen, wo sich die Voluten zweier Blüten berühren alternierend eine schmale rote Raute mit weißer Umrandung oder der Ansatz einer Scheibe, welche mit einem Blattstab aus weiß umrandeten, alternierend rot und schwarz gefüllten Blättern dekoriert sind; der erhöhte Rand der Scheiben ist weiß. Der Grund des Sockels ist schwarz. Der den Sockel abschließende Rundstab ist mit diagonalen Streifen in weiß und schwarz dekoriert. Auf der Kehle ein Blattstab aus stehenden tropfenförmigen Blättern mit weißer Umrandung und schwarzer Füllung. In den Zwischenräumen ein weiterer Blattstab aus hängenden tropfenförmigen Blättern mit weißer Umrandung und roter Füllung. Der Grund der Kehle ist schwarz. Leiste mit einem schwarzen Hakenkreuzmäander auf weißem Grund, die Mäanderkreuze alternieren mit roten Rechtecken, die mit weißen achtteiligen Sternen gefüllt sind, deren Strahlen sich um einen Punkt gruppieren. Das Kyma ist mit einem stehenden Blattstab aus weißen Blättern mit einer schmalen roten und einer breiten weißen Umrandung dekoriert. Der Hintergrund ist schwarz. Auf der abschließenden schmalen Leiste Rechtecke in schwarz und weiß, welche durch vertikale Streifen voneinander getrennt sind. **TS:** `Profil`: Sockel, etwas niedriger als der der Giebelseite, Rundstab, Kehle, Leiste, weit vorkragender Traufziegel dessen Vorderseite sich zum Rand hin nach unten verbreitert, Kyma reversa, Leiste. `Dekor:` Die Dekoration des Sockels ist dieselbe wie an der Giebelseite. An den Stellen, wo sich die Voluten zweier Blüten berühren alternierend eine schmale rote Raute mit weißer Umrandung oder ein Löwenkopf, welcher aber, da der Traufziegel erst über der Kehle ansetzt, nicht als Wasserspeier dient. Rundstab und Kehle wie GS. Darüber eine Leiste mit einem schwarzen Hakenkreuzmäander auf weißem Grund, die Mäanderkreuze alternieren mit roten Rechtecken, die mit weißen achtteiligen Sternen gefüllt sind, deren Strahlen sich um einen Punkt gruppieren. Darüber eine weitere Leiste, welche den Abschluss des weit vorkragenden Traufziegels bildet, sie ist mir demselben Dekor versehen wie die darunterliegende Leiste. Die Unterseite des vorkragenden Traufziegels ist mit einem Blattstab aus weißen Blättern mit schmaler roter und breiter weißer Umrandung dekoriert. Der darüberliegende Teil wiederholt wiederum den Dekor der Giebelseite. **GV:** Die Verkleidung der Geisa ist an allen vier Seiten gleich. `Profil`: Die GV ist ein das ganze Geison umschließender Kasten, auf halber Höhe befindet sich eine Konsole auf welcher die Sima aufsitzt. Unter der Konsole ein Kyma reversa, Stirnplatte, vorspringendes Kyma recta, dessen unterer Abschluss über die Bodenplatte hinausragt. Dahinter die Bodenplatte, durch einen Rundstab abgeschlossen. `Dekor:` Auf dem durch die Sima verdeckten Teil der GV kein Dekor. Auf der Vorderseite der Konsole ein Band aus Rechtecken in schwarz, weiß und rot, welche durch Gruppen von vertikalen Streifen voneinander getrennt sind. Auf den beiden Kymae ein Blattstab aus weiß gefüllten Blättern mit einer schmalen roten und einer breiten weißen Umrandung. Der Hintergrund ist schwarz. Auf der Stirnplatte ein doppeltes Flechtband aus einem breiten weißen Band mit schmaler schwarzer Umrandung. Zentrale dreiteilige Palmette aus roten Blättern mit weißer Umrandung. In den Augen eine vierteilige Rosette aus weißen Blättern auf schwarzem Grund. Das Auge ist von einem weißen Kreis umgeben.

[626] Zu welcher Seite die Frgte. der Geisonverkleidungen gehören, kann nicht entschieden werden.

Der Grund der Kehle ist weiß. Die horizontale schmale Leiste, welche die Unterseite des abschließenden Kymas bildet, zeigt keine Dekoration. Die schmale Bodenplatte ist mit einem schwarzen Hakenkreuzmäander auf weißem Grund dekoriert, die Mäanderkreuze alternieren mit roten Rechtecken, welche mit vierteiligen Sternen aus weißen Strahlen gefüllt sind. Der die Bodenplatte zur Gebäudeseite abschließende Rundstab ist mit diagonalen Streifen in schwarz und weiß versehen. **Farben:** Rot, weiß, schwarz. **Maße:** H(GS): ca. 0,35 m. L(GS-Modul): 0,91 m. H(TS): ca. 0,25 m. T(vorkragender Teil der Bodenplatte-TS): ca. 0,12 m. H(TS): 0,267 m. (ohne aufliegenden Traufziegel)[627]. L(TS-Modul) 0,788 m. T(des Baldachins): 0,205 m. **Dat.:** 530-520 v. Chr. **Lit.:** MERTENS 1993, 37-49 Abb. 29-40 Taf. 34-45; KRAUS 1941, 30 Abb. 19-25; MERTENS 1987, 552-554 Taf. 83; ADAMNESTEANU U.A. 1975, 215-216 Taf. 69, d; DÖRPFELD U.A. 1881, 19.

PAES 6 Taf. 24,5

Typ: Baldachinsima. **Bau:** Unbekannt. **FO:** Akropolis. **AO:** Paestum, Magazin. **Erhaltene Bauteile:** Frgt. einer Sima **Inv.-Nr.:** Unbekannt. **Erhaltungszustand:** Schlecht, nur ein Frgt. erhalten. **Sima:** `Profil`: Ansatz der Kehle, Leiste, Bruchstelle des Baldachins. `Dekor`: Auf der Kehle ein hängender und ein stehender Blattstab, deren Blätter alternieren und alle die volle Höhe der Kehle einnehmen. Die hängenden Blätter sind rot, die stehenden schwarz gefüllt. Alle Blätter besitzen eine breite weiße Umrandung. Der Hintergrund ist schwarz. Die Leiste ist mit einem schwarzen Hakenkreuzmäander auf weißem Grund dekoriert. Die einzelnen Mäanderkreuze alternieren mit rot gefüllten Rechtecken, in welche vierteilige weiße Sterne eingeschrieben sind, in deren Zentrum ein weißer Punkt. **Farben:** Weiß, schwarz, rot. **Maße:** Unbekannt **Dat.:** Letztes Drittel 6. Jh. v. Chr. **Lit.:** FIAMMENGHI 1987, 397 Taf. 61 unten-rechts.

PAES 7 Taf. 24,7

Typ: Baldachinsima. **Bau:** Unbekannt. **FO:** Unbekannt . **AO:** Sammlung Wilhelm von Massow. **Erhaltene Bauteile:** Frgt. einer Sima. **Inv.-Nr.:** OAL 2002.58. **Erhaltungszustand:** Schlecht, nur ein kurzes Frgt. erhalten. **Sima:** `Profil`: Rundstab, Kehle, Leiste. `Dekor`: Auf dem Rundstab diagonale Streifen. Auf der Kehle ein Blattstab aus stehenden tropfenförmigen Blättern mit weißer Umrandung und schwarzer Füllung. In den Zwischenräumen ein weiterer Blattstab aus hängenden tropfenförmigen Blättern mit weißer Umrandung und roter Füllung. Der Grund der Kehle ist schwarz. Leiste mit einem schwarzen Hakenkreuzmäander auf weißem Grund, die Mäanderkreuze alternieren mit roten Rechtecken, von denen eins erhalten und mit weißen achtteiligen Sternen gefüllt ist, dessen Strahlen um einen Punkt gruppiert sind. **Farben:** Rot, weiß, schwarz. **Maße:** H: 0,16 m. H(Leiste): 0,063 m. H(Kehle): 0,053 m. L: 0,21 m. **Dat.:** Letztes Drittel 6. Jh. v. Chr. **Lit.:** GOETHERT 2003, 52 Taf. 19, 1.

PAES 8

Typ: Unbekannt. **Bau:** Unbekannt. **FO:** Akropolis. **AO:** Paestum, Magazin. **Erhaltene Bauteile:** Entweder Abschluss einer Baldachinsima oder Teil einer GV. **Inv.-Nr.:** Unbekannt. **Erhaltungszustand:** Schlecht, nur ein Frgt. erhalten. **Sima/GV?:** `Profil`: Leiste, Rundstab. `Dekor`: Auf der Leiste ein Blattstab aus weißen Blättern mit breiter rot-weißer Umrandung auf schwarzem Grund. Der Rundstab ist mit Rechtecken dekoriert, welche durch vertikale Streifen voneinander getrennt sind. **Farben:** Weiß, schwarz, rot. **Maße:** Unbekannt. **Dat.:** 6. Jh. v. Chr. **Lit.:** FIAMMENGHI 1987, 397-398 Taf. 61 unten-links.

PAES 9 Taf. 26,1-3

Typ: Unbekannt. **Bau:** Kleines Heiligtum beim beim Athenatempel. **FO:** Aus dem Bereich des südlichen Stadtheiligtums. **AO:** Paestum, Magazin. **Erhaltene Bauteile:** Große Teile der GS, der TS der GV sowie der Antefixe. **Inv.-Nr.:** Unbekannt. **Erhaltungszustand:** Schlecht, nur wenige Teile erhalten. **GS:** `Profil`: Sockel, Rundstab, darüber Hörnerantefixe. `Dekor`: Auf dem Sockel ein einfaches Anthemion aus neunteiligen Palmetten und aus Lotosblüten, die aus drei Spitzen und aus sechs runden Blättern bestehen. Verbunden sind die Blüten durch zwei Rankenbänder. Sowohl die Blüten als auch die Rankenbänder sind schwarz und zeigen vorgeritzte Umrandungen. Rundstab mit diagonalen Streifen. Das Antefix ist weiß gefüllt und dreifach schwarz umrandet. **TS:** `Profil`: Leiste, Rundstab, Sockel, Kehle, Rundstab. Am oberen Rand der Ecke, wo GS und TS zusammentreffen ein weiterer Wasserspeier. `Dekor`: Auf der unteren Leiste hat sich kein Dekor erhalten. Auf dem Rundstab Rechtecke durch Streifen getrennt. Die Kehle ist mit einem Blattstab aus alternierend schwarz(?) und weiß gefüllten Blättern mit schwarz-weiß-schwarzer Umrandung (die schwarz gefüllten Blätter sind lediglich weiß-schwarz umrandet) dekoriert. Der Hintergrund ist weiß. Leiste mit einem Schachbrettmuster. Der Dekor des Rundstabes ist nicht mehr zu identifizieren. In den unteren Rundstab und die Kehle sind Röhrenwasserspeier eingeschnitten. **GV:** `Profil`[628]: Deckplatte, doppelter Rundstab, Stirnplatte, Rundstab, Leiste. `Dekor`: Auf allen Rundstäben kein erhaltener Dekor. Stirnplatte mit einem doppelten dreiläufigen Flechtband mit weiß-schwarzer Umrandung. Die zentrale Palmette ist fünfteilig und besteht aus weißen Blättern. In den Augen konzentrische Kreise. Die Leiste ist mit achtteiligen weißen Rosetten auf schwarzem Grund dekoriert. **Farben:** Rot, weiß, schwarz. **Maße:** Unbekannt. **Dat.:** Um 575 v. Chr. **Lit.:** MERTENS 1993, 127 Taf. 87, 1-3; MERTENS 1981 Taf, 24 c; SESTIERI 1950, 181.

PAES 10

Typ: Unbekannt. **Bau:** Unbekannt. **FO:** Aus dem Bereich des südlichen Stadtheiligtums. **AO:** Paestum, Magazin. **Erhaltene Bauteile:** Frgte. der GV. **Inv.-Nr.:** Unbekannt. **Erhaltungszustand:** Schlecht, nur wenige Teile erhalten.

[627] Mertens gibt in zwei Zeichnungen zwei unterschiedliche Maße für die Höhe der TS an. In Abb. 33 0,297 m und in Abb. 34 0,267 m. Vgl. MERTENS 1993, 42-43 Abb. 33-34.

[628] Die GV der Trauf- und der Giebelseite scheinen gleich gestaltet zu sein.

GV: *Variante 1*[629]: `Profil`: Leiste, Kyma reversa, Stirnplatte, Rundstab, hängender Rundstab, Bodenplatte, Rundstab. `Dekor`: Auf der Leiste kein erhaltener Dekor, Auf dem Kyma reversa ein Blattstab aus weiß gefüllten Blättern mit einer schmalen roten und einer breiten weißen Umrandung auf schwarzem Grund. Stirnplatte mit einem doppelten dreiläufigen Flechtband. Zentrale Palmetten aus drei Blättern mit alternierender roter und schwarzer Füllung und weißer Umrandung. In den Augen vierteilige Rosetten aus weißen Blättern auf schwarzem Grund. In der Mitte der Rosette ein roter Punkt. Die Augen sind von einem weißen Kreis umfangen. Auf dem die Stirnplatte abschließenden Rundstab hat sich kein Dekor erhalten. Auf dem vorderen Rundstab der Bodenplatte die Reste einer Dekoration aus Rechtecken, welche durch Gruppen vertikaler Streifen voneinander getrennt sind. Auf der Bodenplatte ein schwarzer Hakenkreuzmäander auf weißem Grund. Die einzelnen Kreuze alternieren mit roten Rechtecken, welche mit einem weißen achtteiligen Stern gefüllt sind. Der hintere Rundstab ist mit diagonalen Streifen in schwarz und weiß dekoriert. *Variante 1* `Profil`: Leiste, Kyma reversa (Die Leiste und das Kyma sind bei Variante 1 deutlich weiter vorkragend) Stirnplatte, untere Abschluss verloren. `Dekor`: Auf der Leiste kein erhaltener Dekor, Auf dem Kyma reversa ein Blattstab wie bei Variante 1. Stirnplatte mit einem doppelten dreiläufigen Flechtband. Zentrale Palmetten haben sich nicht erhalten. In den Augen vierteilige Rosetten aus weißen Blättern auf schwarzem Grund. In der Mitte der Rosette ein roter Punkt. Die Augen sind von einem weißen Kreis umfangen. **Farben:** Rot, weiß, schwarz. **Maße:** H: ca. 0,35 m. **Dat.**: Letztes Drittel 6. Jh. v. Chr. **Lit.**: MERTENS 1993, 179-181 Abb. 83 Taf. 89.

PAES 11

Typ: Unbekannt. **Bau:** Heiligtum von Santa Venera. **FO:** Aus dem Bereich des Heiligtums von Santa Venera. **AO:** Paestum, Magazin. **Erhaltene Bauteile:** Frgte. der TS und einer GV. **Inv.-Nr.**: *TS:* VS 3402. VS 3452. *WS:* VS 3427 P82 TCAF 9, Basket 11.3.7. P84 Reg. 1411, Basket 6.7.3.*GV:* VS 1337. P82 TCAF 14, Basket 11.4.1. P83 TCAF 10, Basket 7.6.18. P83 TCAF 14, Basket 7.6.9. P84 TCAF 3, Basket 12.7.4. P84 Reg. 374γ, Basket 5.6.1. P85 Reg. 98, Basket 2.9.12. **Erhaltungszustand:** Schlecht, nur Frgte. erhalten. **TS:** `Profil`: Sockel, Rundstab, Ansatz einer Kehle oder einer vertikalen Platte. `Dekor`: Kein Dekor erhalten. **GV:** `Profil`: Ansatz der Stirnplatte, dicker Rundstab von zwei schmalen Rundstäben eingerahmt. `Dekor`: Auf der Stirnplatte Spuren eines doppelten Flechtbands. **Farben:** Weiß, schwarz, rot (?). **Maße:** H(TS): max. 0,15 m. L(TS): max. 0,17 m. H(GV): max. 0,118 m. L(GV): max. 0,185 m. **Dat.**: 6. Jh. v. Chr. **Lit.**: PEDLEY-TORELLI 1993, 182-188 Abb. 55-57 Taf. 42 c; 44-45.

PAES 12 Taf. 24,2

Typ: Unbekannt. **Bau:** Unbekannt. **FO:** Unbekannt. **AO:** Paestum, Magazin. **Erhaltene Bauteile:** Frgte. einer GV. **Inv.-Nr.**: Unbekannt. **Erhaltungszustand:** Schlecht, nur ein Frgt. erhalten. **GV:** `Profil`: Ansatz der Stirnplatte, Kyma recta, Deckplatte. `Dekor`: Stirnplatte mit einem doppelten dreiläufigen Flechtband. Ansatz der zentralen Palmette, deren genaues Aussehen nicht mehr zu rekonstruieren ist. In den Augen vierteilige Rosetten aus weißen Blättern auf schwarzem Grund. Die Augen sind von einem weißen Kreis umfangen. Auf dem Kyma ein Blattstab aus weißen Blättern mit rot-weiß-roter Umrandung. **Farben:** Rot, weiß, schwarz. **Maße:** Unbekannt. **Dat.**: Letztes Drittel 6. Jh. v. Chr. **Lit.**: MERTENS-VIOLA 1990, 239 Taf. 34, e.

13.28 Die Dächer aus Rhegium

RHEG 1 Taf. 26,4

Typ: Kanonisches sizilisches Dach. Gabelsima. 2. Generation. **Bau:** Unbekannt. **FO:** (Frgt. 1) Via Aschenez. (Frgt. 2) Nordseite der Via Garibaldi. **AO:** Reggio Calabria, Museo Archeologico Nazionale. **Erhaltene Bauteile:** 2 Frgt. einer Sima. **Inv.-Nr.**: Unbekannt. **Erhaltungszustand:** Schlecht, nur zwei Frgte. erhalten. **Sima:** `Profil`: Ansatz des Sockels, Rundstab, Kehle, Leiste, Rundstab. Am oberen Ende der Kehle Ansatz einer zweiten, hinteren Kehle. `Dekor`: Auf dem Sockel kein Dekor erhalten. Auf dem Rundstab horizontale Streifen in weiß und schwarz. Kehle mit einem Blattstab aus unten eingezogenen Blättern mit dreifacher Umrandung in weiß, schwarz, weiß. Die Füllung der Blätter ist alternierend schwarz und rot. An der unteren Hälfte der Blätter sind zu beiden Seiten vertikale Halbkreise angebracht (mit doppelter Umrandung in schwarz und weiß). Gefüllt sind alle Halbkreise rot. Der Hintergrund der Kehle ist schwarz. Leiste mit einen schwarzen Mäander auf gelbem Grund. Der abschließende Rundstab ist mit breiten Fischgrätband nach rechts dekoriert (alternierend schwarz, weiß, rot, weiß). **Farben:** Schwarz, gelb, rot. **Maße:** H(Frgt. 1): 0,32 m. L(Frgt. 1): 0,81 m. H(Frgt. 2): 0,09 m. L(Frgt. 2): 0,115 m. **Dat.**: 570-530 v. Chr. **Lit.**: PUTORTI 1918, 10; 24; PUTORTI 1929, 33, Taf. 2, 1; ORSI 1918, 649; VAN BUREN 1923, 47; 96.

RHEG 2 Taf. 26,6

Typ: Kanonisches sizilisches Dach. 2. Generation. **Bau:** Unbekannt. **FO:** Nordseite der Via Garibaldi. **AO:** Reggio Calabria, Museo Archeologico Nazionale. **Erhaltene Bauteile:** Frgt. einer Sima. **Inv.-Nr.**: Unbekannt. **Erhaltungszustand:** Schlecht, nur ein Frgt. erhalten. **Sima:** `Profil`: Frgt. der Kehle. `Dekor`: Blattstab aus unten spitz zulaufenden Blättern mit weiß-schwarz-weißer Umrandung. Das einzige erhaltene Blatt ist rot gefüllt, die Räume zwischen den Blättern schwarz. **Farben:** Schwarz, weiß, rot. **Maße:** H: 0,085 m. L: 0,145 m. **Dat.**: 570-530 v. Chr. **Lit.**: PUTORTI 1929, 33-34 Taf. 2, 2.

[629] Von diesem Dach haben sich zwei verschiedene Varianten der Geisonverkleidung erhalten, zu welchem Geison sie zugehörig sind, kann nur schwer entschieden werden. Mertens weist die erste Variante der Traufseite zu, die zweite der Frontseite, ohne jedoch hierfür eine schlüssige Begründung zu liefern. Siehe MERTENS 1993, 179.

RHEG 3 Taf. 26,7

Typ: Kanonisches sizilisches Dach. 2. Generation. **Bau:** Unbekannt. **FO:** Streufund. **AO:** Reggio Calabria, Museo Archeologico Nazionale. **Erhaltene Bauteile:** Frgt. einer TS[630]. **Inv.-Nr.:** Unbekannt. **Erhaltungszustand:** Schlecht, nur ein Frgt. erhalten. **TS:** `Profil`: Ansatz des Sockels, Rundstab, Ansatz der Kehle, Rest verloren. `Dekor`: Auf dem Sockel schwarze Kreuze mit eingezogenen Enden auf weißem Grund. Auf dem Rundstab diagonale Streifen in weiß, schwarz und rot. Kehle mit einem Blattstab aus unten eingezogenen Blättern mit dreifacher Umrandung in weiß, schwarz, weiß. Die Füllung der Blätter ist alternierend schwarz und rot. In den Zwischenräumen ist der Stiel und der Ansatz eines stehenden Blattes mit schwarzer Umrandung und roter Füllung zu erkennen. **Farben:** Schwarz, rot, weiß. **Maße:** H: 0,11 m. L: 0,22 m. **Dat.:** 570-530 v. Chr. **Lit.:** PUTORTI 1929, 34 Taf. 2, 3.

RHEG 4 Taf. 26,8

Typ: Kanonisches sizilisches Dach. 2. Generation. **Bau:** Unbekannt. **FO:** Streufund. **AO:** Reggio Calabria, Museo Archeologico Nazionale. **Erhaltene Bauteile:** Frgt. einer Sima. **Inv.-Nr.:** Unbekannt. **Erhaltungszustand:** Schlecht, nur ein Frgt. erhalten. **Sima:** `Profil`: Ansatz des Sockels, Rundstab, Ansatz der Kehle, Rest verloren. `Dekor`: Auf dem Sockel zwei bogenförmige schwarze Streifen auf weißem Grund. Wahrscheinlich zu einem Flechtband zugehörig. Auf dem Rundstab Reste roter Farbe. Kehle mit tropfenförmigen, unten spitz zulaufenden Blättern mit sehr breiter weiß-schwarzer Umrandung, das Innere der Blätter ist alternierend rot und schwarz gefüllt. In den Zwischenräumen hängende, dreiteilige Palmetten aus weißen Blättern. Der Hintergrund der Kehle ist schwarz. Der Rest ist verloren. **Farben:** Schwarz, rot, weiß. **Maße:** H: 0,14 m. L: 0,14 m. **Dat.:** 570-530 v. Chr. **Lit.:** PUTORTI 1929, 35 Taf. 2, 5.

RHEG 5

Typ: Anthemiensima. **Bau:** Unbekannt. **FO:** Streufund. **AO:** Reggio Calabria, Museo Archeologico Nazionale. **Erhaltene Bauteile:** Frgt. einer Anthemiensima. **Inv.-Nr.:** Unbekannt. **Erhaltungszustand:** Schlecht, nur ein Frgt. erhalten. **Sima:** `Profil`: Ansatz einer siebenteiligen Palmette (der Ansatz der zentralen und die drei äußeren, rechten Blätter sind erhalten) und einer Lotosblüte (Ansatz des Stiels und der Ansatz des äußeren Blattes an der linken Seite sind erhalten). `Dekor`: Die Blätter der Palmette sind weiß gefüllt und besitzen eine schwarze Umrandung. Der Stiel der Lotosblüte ist rot, der Rest des linken, äußeren Blattes ist weiß. Zudem sind auf der Lotosblüte Reste von schwarzer Farbe zu erkennen. **Farben:** Schwarz, rot, weiß. **Maße:** H: 0,115 m. L: 0,16 m. **Dat.:** Letztes Drittel 6. Jh. v. Chr. **Lit.:** PUTORTI 1929, 35 Taf. 2, 6; VAN BUREN 1923, 134.

RHEG 6

Typ: Unbekannt. **Bau:** Unbekannt. **FO:** Griso Labocetta. **AO:** Reggio Calabria, Museo Archeologico Nazionale. **Erhaltene Bauteile:** Frgt. einer GV. **Inv.-Nr.:** Unbekannt. **Erhaltungszustand:** Schlecht, nur ein Frgt. erhalten. **GV:** `Profil`: Rundstab, Leiste, Rundstab, Ansatz der Stirnplatte (?). `Dekor`: Putorti beschreibt den Anfang eines Flechtbandes und Rechtecke in schwarz und gelb, auf welchen Elementen sich welcher Dekor befindet, bleibt allerdings unklar. **Farben:** Schwarz, rot, gelb. **Maße:** H: 0,15 m. L: 0,12 m. **Dat.:** 6. Jh. v. Chr. **Lit.:** PUTORTI 1929, 35 Abb. 10.

RHEG 7 Taf. 26,5

Typ: Unbekannt. **Bau:** Unbekannt. **FO:** Nordseite der Via Garibaldi. In der Nähe der Fundorte von **RHEG 1** (Frgt. 2) und **RHEG 1B**. **AO:** Reggio Calabria, Museo Archeologico Nazionale. **Erhaltene Bauteile:** Frgt. einer GV. **Inv.-Nr.:** Unbekannt. **Erhaltungszustand:** Schlecht, nur ein Frgt. erhalten. **GV:** `Profil`: Rundstab, Stirnplatte. `Dekor`: Auf dem Rundstab Rechtecke in rot, braun und weiß. Auf der Stirnplatte ein doppelter, in zwei Registern verlaufender schwarzer Mäander auf weißem Grund. **Farben:** Schwarz, rot, weiß. **Maße:** H: 0,205 m. L: 0,115 m. **Dat.:** Um 580 v. Chr. **Lit.:** PUTORTI 1929, 35 Abb. 11.

13.29 Die Dächer vom Monte Sannace

SANA 1 Taf. 27,1

Typ: Anthemiensima. **Bau:** Unbekannt. **FO:** Unbekannt. **AO:** Unbekannt. **Erhaltene Bauteile:** Frgt. einer Sima. **Inv.-Nr.:** Unbekannt. **Erhaltungszustand:** Nur ein Frgt. erhalten. **Sima:** `Profil`: Ansatz eines Kyma reversa, Leiste, neunteilige Palmette über zwei flachen Rankenbändern. `Dekor`: Auf dem Kyma ein einfacher weißer Blattstab mit breiter rot-weißer Umrandung. Leiste mit langgestreckten Rechtecken, durch Gruppen von schmalen Streifen separiert. Die Blätter der Palmette sind alternierend rot und schwarz gefüllt und weiß umrandet. **Farben:** Rot, weiß, schwarz. **Maße:** Unbekannt. **Dat.:** Letztes Drittel 6. Jh. v. Chr. **Lit.:** ROSSI 1980, 382-383 Taf. 74, 1.

SANA 2 Taf. 27,2

Typ: Unbekannt. **Bau:** Unbekannt. **FO:** Unbekannt. **AO:** Unbekannt. **Inv.-Nr.:**Unbekannt. **Erhaltene Bauteile:** Frgt. eines TZ mit angearbeiteten Antefixen. **Erhaltungszustand:** Nur ein Frgt. erhalten. **TZ:** `Profil`: Traufziegel, an dessen Stirnseite ist ein scheibenförmiges Antefix angearbeitet. `Dekor`: Auf der Stirnseite des Traufziegels ein Hakenkreuzmäander mit eingeschriebenen rotem Rechtecken. In diesem achtstrahlige Sterne aus weißen Strahlen um einen ebenfalls weißen Punkt gruppiert. Auf dem Antefix ein Blattstab, in der Mitte eine kugelrunde Erhebung in

[630] Wird von Putorti zwar als *„Sima frontonale“* angesprochen, durch den Ansatz des Wasserspeiers kann an der Verwendung der Sima an der Traufseite allerdings kein Zweifel bestehen.

der Art eines Omphalos. **Farben**: Rot, schwarz, weiß. **Maße:** Unbekannt. **Dat.**: Letztes Drittel 6. Jh. **Lit.**: ROSSI 1980, 382-383 Taf. 75, 1-2.

13.30 Die Dächer aus Selinunt

SELI 1 Taf. 27, 3-4; 28,1-3

Typ: Kanonisches sizilisches Dach. **Bau:** Unbekannt. **FO:** Funde verschiedener Grabungskampagnen. **AO:** Palermo, Museo Nazionale. **Erhaltene Bauteile:** Teile von GS, HGS, TS sowie der GV. **Inv.-Nr.**: Unbekannt. **Erhaltungszustand:** Schlecht, stark fragmentiert. **GS:** `Profil`: Bodenplatte, Sockel, Rundstab, Kehle, Leiste, doppelter Rundstab. `Dekor`: Auf dem schwarzen Sockel achtteilige Rosetten aus weißen Blättern. In de Mitte der Rosetten ein weiß umrandeter roter Punkt. Darüber Rundstab mit Rechtecken, alternierend schwarz und weiß. Auf der Kehle ein schmales Band aus schwarzen Dreiecken nach rechts auf weißem Grund, von horizontalen Streifen in schwarz und weiß eingefasst. Darüber ein Blattstab aus sehr schmalen tropfenförmigen Blättern mit einer sehr breiten doppelten Umrandung in schwarz und weiß. Die Blätter sind alternierend rot und schwarz gefüllt, der Grund der Kehle ist weiß. Auf der Leiste ein Schachbrettmuster aus roten, weißen und schwarzen Elementen. Abschließender Rundstab wieder mit Rechtecken in schwarz und weiß. **GVG:** `Profil:` Deckplatte, Doppelter Rundstab, Stirnplatte, Rundstab, Bodenplatte, Rundstab. `Dekor:` Rundstäbe mit Rechtecken, alternierend schwarz und weiß. Stirnplatte mit einfachem Flechtband, in den Augen vierteilige Rosetten aus weißen Blättern. Alles auf weißem Grund. Rundstab mit Rechtecken, alternierend weiß und schwarz. Auf der Unterseite der Stirnplatte ein schwarz-weißer Wolfszahn, die weißen Zähne zeigen nach innen, die schwarzen nach außen. **TS:** `Profil`: Sockel mit Wasserspeiern, Rundstab, Kehle, Leiste, Rundstab. `Dekor`: Je sechs schwarze Rauten auf weißem Grund zwischen den Wasserspeiern, deren Ansatz von einem schwarzen Kreis umfasst wird. Rundstab mit diagonalen Streifen, alternierend weiß und schwarz. Auf der Kehle ein schmales schwarzes Fischgrätband nach rechts auf weißem Grund, von horizontalen Streifen in schwarz und weiß eingefasst. Darüber ein Blattstab aus sehr schmalen Blättern mit einer einfachen schwarzen Umrandung. Die Blätter sind alternierend rot, weiß und schwarz gefüllt, der Grund der Kehle ist weiß. Auf der Leiste ein Schachbrettmuster aus roten, weißen und schwarzen Feldern. Abschließender Rundstab wieder mit Rechtecken in schwarz und weiß. **GVT:** Wie GVG, nur der Hintergrund der Rosetten in den Augen des Flechtbandes ist schwarz statt weiß. **Farben:** Rot, weiß, schwarz. **Maße:** H(GS): 0,286 m. H(TS): 0,285 m. H(GV): 0,24 m. **Dat.**: 1. Viertel 6. Jh. v. Chr. **Lit.**: GÀBRICI 1956, 205 Taf. 44-45; SCICHILONE 1963, 175-184 Abb. 1-20; DÖRPFELD U.A. 1881, Taf. 2-5[631]; DARSOW 1938, 20; SÜSSEROTT 1944, 116; WIKANDER 1986, 42-43 Abb. 10; WINTER 1993, 275-276.

SELI 2 Taf. 28,4-5

Typ: Kanonisches sizilisches Dach. **Bau:** Unbekannter Naiskos auf der Akropolis. **FO:** Akropolis. **AO:** Palermo, Museo Nazionale. Ein Frgt. im Antiquarium in Selinunt. **Erhaltene Bauteile:** Sieben Frgte. von Teile von GS und TS. **Inv.-Nr.**: Frgte. in Palermo unbekannt. SL 14394 (Frgt. in Selinunt). **Erhaltungszustand:** Schlecht, stark fragmentiert. **GS:** `Profil`: Sockel, Rundstab, Kehle, Leiste, Rundstab. `Dekor`: Auf dem Sockel 16-teilige oder 20-teilige Rosetten aus weißen Blättern auf schwarzem Grund umgeben von einem weißen Kreis. Zwischen den Rosetten ein Schachbrettmuster aus schwarzen, roten und weißen Feldern. Über den Rosetten ein schwarzes Fischgrätband nach rechts auf weißem Grund, eingefasst von horizontalen Streifen in weiß und schwarz. Darüber Rundstab mit Rechtecken, alternierend schwarz und weiß. Auf der Kehle ein Blattstab aus sehr schmalen tropfenförmigen Blättern mit einer sehr breiten doppelten Umrandung in schwarz und weiß. Die Blätter sind alternierend rot und schwarz gefüllt, der Grund der Kehle ist schwarz. Auf der Leiste ein Mäander in schwarz und rot auf weißem Grund. Abschließender Rundstab wieder mit Rechtecken in schwarz und weiß. Auf der Rückseite unten horizontale Streifen in weiß und schwarz. Darüber ein einfacher Blattstab aus schwarzen und roten Blättern mit schwarz-weißer Umrandung. Auf der Rückseite ein Blattstab aus alternierenden roten und schwarzen Blättern mit weißer Umrandung über horizontalen Steifen. **TS:** `Profil`: Sockel mit Wasserspeiern, Rundstab, Kehle, Leiste, Rundstab. `Dekor`: Der Dekor des Sockels und des unteren Rundstabes sind verloren. Auf der Kehle ein schmales schwarzes Fischgrätband nach rechts auf weißem Grund, von horizontalen Streifen in schwarz und weiß eingefasst. Darüber ein Blattstab aus sehr schmalen Blättern mit einer einfachen schwarzen Umrandung. Die Blätter sind alternierend rot, weiß und schwarz gefüllt, der Grund der Kehle ist wahrscheinlich weiß. Auf der Leiste ein Mäander in schwarz und rot auf weißem Grund. Auf dem abschließenden Rundstab diagonale Streifen in schwarz, weiß und evtl. rot. **Farben:** Rot, weiß, schwarz. **Maße:** H(GS): max. 0,206 m. H(TS): max. 0,270 m. **Dat.:** 1. Viertel 6 Jh. v. Chr. **Lit.**: SCICHILONE 1963 197-204, Abb. 31-40; CONTI 1999B, 59-65, Abb. 4-6; WIKANDER 1986, 43.

SELI 3 Taf. 28,6-8

Typ: Kanonisches sizilisches Dach[632]. **Bau:** Unbekannter Naiskos auf der Akropolis. **FO:** Zufallsfunde verschiedener Grabungskampagnen. **AO:** Palermo, Museo Nazionale. **Erhaltene Bauteile:** Teile der Simen sowie der dazugehörigen GV. **Inv.-Nr.**: Unbekannt. **Erhaltungszustand:** Schlecht, stark fragmentiert. **GS:** `Profil`: Bodenplatte, Rundstab, Sockel mit Wasserspeiern, Rest verloren. `Dekor`: Rundstab mit Rechtecken (?). Auf dem schwarzen Sockel ein doppelter schwarz-roter Mäander. Auf der Rückseite ein Blattstab in rot und schwarz über horizontalen Streifen.

---

[631] Hier als Herkunftsangabe fälschlicherweise Gela. Siehe hierzu auch: WIKANDER 1986, 42 Anm. 152.

[632] Es ist unklar, ob die von Scichilone hier zusammengefassten Teile tatsächlich zusammengehörig sind. Während in der Regel Sima und Geisonverkleidung dieselbe Höhe aufweisen, ist an diesem Dach die Sima ca. doppelt so hoch wie die Geisonverkleidung. Desweiteren kann der plastische Astragal der Horizontalgiebelsima nicht mit der ansonsten altertümlichen Gestaltung des Daches in Einklang gebracht werden.

GV: (Ob die Frgte. zur Giebelseite oder zur Traufseite gehören, kann nicht entschieden werden). `Profil`: Deckplatte, Rundstab, Stirnplatte, Rundstab, Bodenplatte. `Dekor`: Rundstäbe mit Rechtecken, alternierend schwarz und weiß. Stirnplatte mit doppeltem Flechtband aus drei Bändern. In den Augen konzentrische Kreise, der zentrale Kreis ist alternierend schwarz oder rot gefüllt. Zentrale fünfteilige Palmette. Der Hintergrund ist schwarz. Rundstab mit Rechtecken, wieder alternierend weiß und schwarz. Auf der Unterseite der Bodenplatte ein Mäander in schwarz und rot auf weißem Grund. **TS:** `Profil`: Bodenplatte, Ansatz des Rundstabs, Sockel mit Wasserspeiern, Rest verloren. `Dekor`: Auf dem schwarzen Sockel ein doppelter, schwarz-roter Mäander. Rest verloren. **HGS:** `Profil`: Nach hinten ansteigende Bodenplatte, Astragal, Sockel, Rundstab, Kehle, Leiste Rundstab. `Dekor`: Sockel mit doppeltem Mäander in schwarz und rot auf weißem Grund. Auf dem Rundstab Rechtecke, alternierend in schwarz, weiß und rot. Kehle mit Blattstab aus sehr schmalen, tropfenförmigen Blättern mit einer sehr breiten doppelten Umrandung in schwarz und weiß. Die Blätter sind alternierend rot und schwarz gefüllt, der Grund der Kehle ist schwarz. Leiste mit Hakenmäander in rot und schwarz durch einen weißen Streifen getrennt. Abschließender Rundstab wieder mit Rechtecken in schwarz und weiß. **Farben:** Rot, weiß, schwarz. **Maße:** H(HGS): max. 0,156 m, H(GV): rek. 0,334 m. **Dat.:** 580-500 v. Chr.[633]. **Lit.:** GÀBRICI 1956 205 Taf. 46-47; SCICHILONE 1963, 204-214 Abb. 41-57; DARSOW 1938, 20; SHOE 1950, 67 Taf. 11, 2; WIKANDER 1986, 43-44 Abb. 10; WINTER 1993, 276.

SELI 4

Typ: Kanonisches sizilisches Dach. **Bau:** Unbekannt. **FO:** Östlicher Hügel. **AO:** (Frgt.1-linke Ecke): Palermo, Museo Archeologico Regionale „A. Salinas". (Frgt. 2-rechte Ecke): Unbekannt. **Erhaltene Bauteile:** Ein Frgt. der linken, eines der rechten Ecke der GS. **Inv.-Nr.:** S. 1916 (Frgt. in Palermo). **Erhaltungszustand:** Schlecht, stark fragmentiert. **GS:** `Profil`: Bodenplatte, Kehle, Leiste, Ansatz des abschließenden Rundstabs. `Dekor`: Der untere Teil der Kehle ist mit einem Band aus Rechtecken (alternierend schwarz und weiß) dekoriert und läuft in den Ecken spitz zusammen. Darüber ein Blattstab aus sehr schmalen, tropfenförmigen Blättern mit einer sehr breiten doppelten Umrandung in schwarz und weiß. Die Blätter sind alternierend rot und schwarz gefüllt, der Grund der Kehle ist schwarz. Auf der Leiste ein Schachbrettmuster aus roten schwarzen und weißen Feldern. **Farben:** Rot, weiß, schwarz. **Maße:** H(Frgt. 1): 0,112 m, L(Frgt. 1): 0,134 m. H(Frgt. 2): 0,13 m, L(Frgt. 1): 0,07 m. **Dat.:** 570-530 v. Chr. **Lit.:** CONTI 1999B 19-33 Abb. 1-3.

SELI 5 Taf. 29,1-5

Typ: Kanonisches sizilisches Dach. 2. Generation. **Bau:** Großer archaischer Tempel. **FO:** Selinunt, Akropolis. **AO:** Unbekannt. **Erhaltene Bauteile:** Frgte. von TS, GS und einer GV. **Inv.-Nr.:** Unbekannt. **Erhaltungszustand:** Schlecht, stark fragmentiert. **GS:** `Profil`: Bodenplatte, Sockel, doppelter Rundstab[634] Kehle, Leiste, Rundstab. `Dekor`: Sockel mit einem Schachbrettmuster, auf dem unteren der beiden Rundstäbe Spuren eines schwarzen Rechtecks, auf dem oberen hat sich kein Dekor erhalten. Darüber ein Blattstab aus schwarz gefüllten, unten leicht eingezogenen und weiß-schwarz-weiß umrandeten Blättern. Der Hintergrund der Kehle ist rot. Auf der Leiste ein Mäander. Der abschließende Rundstab ist mit alternierenden Rechtecken in schwarz und weiß dekoriert. **TS:** `Profil`: Bodenplatte, Sockel mit den Ansätzen für die Wasserspeier, Rundstab, Kehle, Leiste, Rundstab. `Dekor`: Zwischen den Wasserspeiern ist der Sockel mit je zwei schwarzen Rauten dekoriert, deren Kanten leicht eingezogen sind. Die Rauten sind durch ein schwarzes Rechteck eingefasst, dessen vertikale Seiten sich bogenförmig der runden Form der Wasserspeieransätze anpassen, diese sind durch einen schwarzen Kreis eingefasst. Der Hintergrund des Sockels ist weiß. Auf dem darüberliegenden Rundstab diagonale Streifen in rot, schwarz und weiß mit schwarzer Umrandung. Darüber wie GS. **GV:** `Profil`: Deckplatte, vorspringender Rundstab, Stirnplatte, vorspringender Rundstab, Bodenplatte, Rundstab, Bodenplatte. `Dekor`: *Variante 1:* Auf dem Rundstab zwei Reihen aus Rechtecken in rot, schwarz und weiß mit schwarzen Umrandungen. Die Stirnplatte ist mit einem doppelten Flechtband aus drei Bändern in rot, schwarz und weiß mit weiß-schwarzer Umrandung dekoriert. Die zentrale Palmette ist fünfteilig und besteht aus rot und schwarz gefüllten Blättern mit weiß-schwarzer Umrandung. In den Augen vierteilige Rosetten mit weißer Füllung und schwarzer Umrandung. Der Grund der Augen ist ebenfalls weiß. Auf dem unteren Rundstab vier Reihen aus Rechtecken in rot, schwarz und weiß mit schwarzen Umrandungen. Die Bodenplatte ist mit einem schwarzen Hakenmäander auf weißem Grund dekoriert. Der hintere Teil der Bodenplatte ist verloren. *Variante 2:* Wie Variante 1. Nur die Augen der Flechtbänder sind mit einer sechs- statt einer vierteiligen Rosette dekoriert. Zudem ist hier der hintere Rundstab der Bodenplatte erhalten, welcher diagonale Streifen in rot, schwarz und weiß mit schwarzer Umrandung trägt. *Variante 3:* Diese GV zeigt auf der Stirnplatte über dem Flechtband einen schwarz-weißen Wolfszahn. **Farben:** Rot, weiß, schwarz. **Maße:** H(TS): max. 0,49 m. L(TS-Modul): 0,94 m. H(GV): 0,69 m. L(GV-Modul): 0,925 m. T(Bodenplatte-GV): 0,23 m. **Dat.:** 570-530 v. Chr. **Lit.:** GÀBRICI 1935, 160-164 Abb. 35-36 Taf. 6; 7, 2; 8, 2-5; 9-12; GÀBRICI 1956, 255 Abb. 15; VAN BUREN 1923, 85; 108; DARSOW 1938, 20; SÜSSEROTT 1944, 117; 121-122; SHOE 1950, 69 Taf. 12, 3; WIKANDER 1986, 41 Abb. 11; SALINAS 1894, 217 Abb. 15-17.

[633] Durch die zweifelhafte Zugehörigkeit der einzelnen Elemente scheint eine genauere Datierung nicht möglich. Während der Blattstab auf der Kehle sowie das einfache Flechtband noch in das letzte Viertel des 6. Jhs. v. Chr. weisen, deutet der plastische Astragal der Horizontalgiebelsima bereits in das letzte Drittel des 6. Jhs. v. Chr.

[634] Das einzige von Gàbrici publizierte Teil einer Giebelsima (Taf. 8, 2) zeigen einen doppelten Rundstab über dem Sockel, die von ihm abgebildete Rekonstruktion (Taf. 6, 8) zeigt an dieser Stelle jedoch nur einen einzelnen Rundstab. Demnach ist die Rekonstruktion der Giebelsima um einen weiteren Rundstab zu ergänzen. Vgl. GÀBRICI 1935 Taf 6, 8; 8, 2.

SELI 6 Taf. 30

Typ: Anthemiensima. **Bau:** Tempel Y. **FO:** Selinunt, Akropolis. **AO:** Unbekannt. **Erhaltene Bauteile:** Frgte. von TS, GS und den GV. **Inv.-Nr.:** Unbekannt. **Erhaltungszustand:** Schlecht, stark fragmentiert. **GS:** `Profil`: Vorspringende Bodenplatte, Sockel, Kyma reversa, Rundstab, Kyma reversa, Überschlagskarnies. `Dekor`: Auf dem Sockel ein gemalter hängender ionischer Bogenfries aus siebenteiligen Palmetten und dreiteiligen Lotosblüten, die durch ein rotes Rankenband miteinander verbunden sind. Die Blätter der Palmette sind alternierend rot und schwarz gefüllt und zeigen eine weiß-schwarze Umrandung, sie entspringen aus einer schwarzen Raute. Die äußeren Blätter der Lotosblüte sind schwarz, das zentrale Blatt rot gefüllt, auch hier zeigen die Blätter eine weiß-schwarze Umrandung. Zwischen den Blättern und unter dem Rankenband je zwei hängende Blätter mit schwarzer und weißer Füllung und wiederum weiß-schwarzer Umrandung. Auf dem darüberliegenden Kyma reversa ist der Fries gespiegelt und wiederholt den hängenden ionischen Bogenfries des Sockels. Das Rankenband ist hier jedoch schwarz und die Rauten, aus der die Palmette entspringen rot. Der Hintergrund ist weiß. Der darüberliegende Rundstab ist mit Rechtecken in rot, schwarz und weiß dekoriert, die Rechtecke sind durch Gruppen vertikaler Streifen voneinander getrennt. Auf den abschließenden Kyma reversa ein Blattstab aus alternierenden roten und schwarzen Blättern mit weißer Umrandung. Der Hintergrund ist hier schwarz gefasst. Das vorspringende Ende des Kymas ist durch einen schwarzen horizontalen Streifen betont. Auf der Rückseite der Sima ein hängender Blattstab aus schmalen, oben eingezogenen Blättern mit alternierender roter und schwarzer Füllung. Die roten Blätter zeigen eine breite weiß-schwarz-weiße Umrandung, bei den schwarzen Blättern ist die zentrale Umrandung rot. Über dem Blattstab zwei schmale Streifen in schwarz und weiß. Der Raum zwischen den Blättern ist im oberen Teil rot und am unteren Ende schwarz gefüllt, darunter ein breiter weißer Streifen. **TS:** `Profil`: Vorkragender Traufziegel, Sockel, Anthemion. `Dekor`: Auf der Stirn des Traufziegels ein einfaches Flechtband aus einem roten und einem schwarzen Band, mit weiß-schwarzer Umrandung. In den Augen alternierend rote und schwarze Punkte. Der Hintergrund ist weiß. Darüber der plastische doppelte gekreuzte Anthemienfries. Die Palmetten bestehen aus sieben Blättern mit alternierender roter und schwarzer Füllung sowie einer weiß-schwarzen Umrandung. Die Lotosblüten bestehen aus zwei spitzen äußeren Blättern mit roter Füllung und weiß-schwarzer Umrandung sowie aus drei runden Blättern, die sich über einem Halbkreis zwischen den äußeren Blättern befinden. Füllung und Umrandung wie oben. Verbunden sind die einzelnen Anthemien durch zwei schwarze Rankenbänder mit weißer Umrandung. Bei den Anthemien mit hängender Lotosblüte ist über dieser zusätzlich ein Schachbrettmuster aus roten, schwarzen und weißen Feldern zu sehen. **GVG:** `Profil`: Deckplatte, Überschlagskarnies, Kyma reversa, Rundstab, Stirnplatte, Rundstab. `Dekor`: Auf dem Überschlagskarnies ein kurzer hängender Blattstab aus alternierenden roten und schwarzen Blättern mit weißer Umrandung. Der Hintergrund ist schwarz gefasst. Das Kyma ist ebenfalls mit einem Blattstab aus alternierenden roten und schwarzen Blättern mit weißer Umrandung dekoriert, auch hier ist der Hintergrund schwarz. Die beiden Rundstäbe sind als plastische Astragalen gestaltet. Auf der Stirnplatte ein doppeltes Flechtband aus roten und schwarzen Bändern mit weiß-schwarzer Umrandung. Die zentralen Palmetten sind vierteilig mit alternierender roter und schwarzer Füllung sowie weißer Umrandung. Der Zwickel hinter den Palmetten ist ebenfalls alternierend schwarz und rot gefüllt. In den Augen je ein schwarzer Punkt von einem weißen Kreis eingefasst. Der Hintergrund der Kehle ist schwarz. **GVT:** Wie GVG, nur die Deckplatte ist leicht nach oben abgewinkelt. **GVH:** Wie GVG, nur drei 0,03 m höher[635]. **Farben:** Rot, weiß, schwarz. **Maße:** H(TS): ca. 0,3 m. H(GVT): etwas weniger als 0,3 m. H(GS): 0,353 m. H(GVT): 0,265 m. H(GVH): 0,295 m. T(Bodenplatte-GV): 0,23 m. **Dat.:** Nach der Mitte des 6. Jhs. v. Chr. **Lit.:** GÀBRICI 1935, 200-203 Abb. 50-54 Taf. 37; 39-41; 43; 44; GÀBRICI 1956, 249-256 Abb. 13-14; VAN BUREN 1923, 5; 110 (Hier wird als Fundort fälschlicherweise Akrai angegeben); DARSOW 1938, 20-21; 71; SHOE 1950, 31; 38; 141 Taf. 1, 1; 3, 1-2; 15, 1. WIKANDER 1986, 41 Abb. 10. DÖRPFELD U.A. 1881, Taf. 2,4; WINTER 1993, 274; 277; MERTENS 2003, 123-124 Abb. 3.

SELI 7 Taf. 31,1-3

Typ: Anthemiensima. **Bau:** Tempel C. **FO:** Selinunt, Akropolis. **AO:** Palermo, Museo Nazionale. 1. Frgt. der Sima im Akademischen Kunstmuseum Bonn. **Erhaltene Bauteile:** Frgte. aller Elemente des Dachrandes. **Inv.-Nr.:** Unbekannt. D169 (Frgt. in Bonn). **Erhaltungszustand:** Gut, große Teile von allen Bauteilen erhalten. **GS:** `Profil`: Bodenplatte, leicht nach hinten geneigter Sockel, Kyma reversa, Rundstab, Kyma reversa, Überschlagskarnies. `Dekor`: Auf dem Sockel ein gemalter hängender ionischer Bogenfries aus neunteiligen Palmetten und fünfteiligen Lotosblüten, die durch ein schwarzes Rankenband miteinander verbunden sind. Die kleinen äußeren Blätter der Palmette sind rot, die langen darüberliegenden Blätter schwarz und das zentrale rautenförmige Blatt wiederum rot gefüllt. Die langen schwarzen Blätter verlaufen bogenförmig nach außen und überfangen so die benachbarte Palmette. Auf der darüberliegenden Kyma reversa wird das Anthemion des Sockels stehend wiederholt. Der Fries ist versetzt angebracht, so dass sich je eine stehende Palmette über einer hängenden Lotosblüte und je eine stehende Lotosblüte über einer hängenden Palmette befindet. Der darüberliegende Rundstab ist mit Rechtecken in rot, schwarz und weiß dekoriert. Auf dem abschließenden Kyma reversa ein Blattstab aus alternierenden roten und schwarzen Blättern mit weißer Umrandung. Der Hintergrund ist hier schwarz. Dieses Motiv wird auf dem Überschlagskarnies in verkleinerter Form wiederholt. **TS:** `Profil`: Vorkragender Traufziegel, wechselseitiges Anthemion. `Dekor`: Auf der Stirn des Traufziegels ein einfaches Flechtband aus einem roten und einem schwarzen Band, mit weiß-schwarzer Umrandung. In den Augen alternierend rote und schwarze Punkte. Der Hintergrund ist weiß. Darüber der plastische doppelte gekreuzte Anthemienfries. Die Palmetten bestehen aus sieben Blättern mit alternierender roter und schwarzer Füllung sowie einer weiß-

[635]Wikander gibt für dieses Bauteil zudem eine etwas von den anderen Geisonverkleidungen abweichende Beschreibung an. Dieses lässt sich anhand der Abbildungen Gàbricis allerdings nicht nachvollziehen. Vgl. WIKANDER 1986, 41.

schwarzen Umrandung. Die Lotosblüten aus zwei spitzen äußeren Blättern mit roter Füllung und weiß-schwarzer Umrandung sowie aus vier runden Blättern, die sich über dem Rankenband befinden. Füllung und Umrandung wie oben. Zwischen den Lotosblüten und den Palmetten je ein Band aus kurzen vertikalen Streifen in schwarz, weiß und rot sowie ein horizontaler roter Streifen und zwei rote Punkte. Verbunden sind die einzelnen Anthemien durch ein schwarzes und ein rotes Rankenband, beide mit weißer Umrandung. **HGS:** `Profil`: Bodenplatte, schmaler Sockel, Rundstab, breite Leiste, Rundstab, Kyma reversa, Überschlagskarnies. `Dekor`: Auf dem sehr schmalen Sockel ein schwarzer Mäander auf weißem Grund. Die beiden Rundstäbe sind als plastische Astragale gestaltet. Auf der breiten Leiste ein stehender ionisches Bogenfries, welche das Motiv der Giebelsima wiederholt. Auch der obere Abschluss zeigt dieselbe Dekoration der Giebelsima. **GV:**[636] `Profil`: Deckplatte, Überschlagskarnies, Kyma reversa, Rundstab, Stirnplatte, Rundstab. `Dekor`: Auf dem Kyma reversa ein Blattstab aus alternierenden roten und schwarzen Blättern mit weißer Umrandung. Der Hintergrund ist hier schwarz. Dieses Motiv wird auf dem darüberliegende Überschlagskarnies in verkleinerter Form wiederholt. Auf beiden Rundstäben Rechtecke in schwarz, weiß und rot. **Farben:** Rot, schwarz und weiß. **Maße:** H(GS): 0,54 m. L(GS): 0,62 m. H(HGS): 0,515 m. H(GVG): 0,46 m. L(GVG): 0,62 m. H(GVH): 0,56 m. H(TS): Wie GS. H(GVT): wie HGV[637]. **Dat.:** 540-500 v. Chr. **Lit.:** GÀBRICI 1935, 193-198 Abb. 42-45; 47 Taf. 14-21; DÖRPFELD U.A. 1881, 9 Taf. 2, 2-3; 3; 4, 1; VAN BUREN 1923, 89-90; 95; 100-101; 110; SHOE 1950, 31-32; 38 Taf. 1, 3-4; 3, 3-4; BARLETTA 1983, 202; WIKANDER 1986, 44 Abb. 3; 12; WINTER 1993, 277.

SELI 8 Taf. 31,4-5

Typ: Anthemiensima. **Bau:** Tempel E1. **FO:** Selinunt, Akropolis. **AO:** Unbekannt. **Erhaltene Bauteile:** Frgte. der TS. **Inv.-Nr.:** Unbekannt. **Erhaltungszustand:** Schlecht, stark fragmentiert, einzelne Anthemien jedoch ganz erhalten. **TS:** `Profil`: Bodenplatte, Sockel, Anthemion. `Dekor`: Der vorkragende Teil des Traufziegels ist mit einem weißen Zinnenband dekoriert, die Zinnen auf der dem Gebäude zugewandten Seite sind schwarz, die äußeren rot gefüllt. Auf der Stirn des Traufziegels ein einfaches Flechtband aus einem roten und einem schwarzen Band, mit weiß-schwarzer Umrandung. In den Augen schwarze Punkte. Der Hintergrund ist weiß. Darüber der plastische doppelte gekreuzte Anthemienfries. Die Palmetten bestehen aus sieben Blättern mit alternierender roter und schwarzer Füllung sowie einer weiß-schwarzen Umrandung. Die Lotosblüten bestehen aus zwei spitzen äußeren Blättern mit roter Füllung und weiß-schwarzer Umrandung sowie aus drei runden Blättern, die sich über einem Halbkreis zwischen den äußeren Blättern befinden. Füllung und Umrandung wie oben. Verbunden sind die einzelnen Anthemien durch zwei Rankenbänder. Palmette und Lotosblüte sind durch ein Schachbrettmuster aus schwarzen, roten und weißen Feldern voneinander getrennt. **Farben:** Rot, weiß, schwarz. **Maße:** Unbekannt. **Dat.:** Kurz nach der Mitte des 6 Jhs. v. Chr. **Lit.:** GULLINI 1985, 432 Abb. 489-490 Taf. 3; MERTENS 2003, 123.

SELI 9

Typ: Sonderform. **Bau:** Unbekannt. **FO:** Selinunt, Akropolis. **AO:** Unbekannt. **Erhaltene Bauteile:** Ein Modul der GS. **Inv.-Nr.:** Unbekannt. **Erhaltungszustand:** Gut, ein ganzes Modul erhalten. **GS:** `Profil`: Bodenplatte[638] Rundstab, Kehle, Leiste, Rundstab. `Dekor`: Auf dem unteren Rundstab diagonale Streifen. Der untere Teil der Kehle ist mit einem Band nach rechts laufenden Fischgrätmusters dekoriert, welches von horizontalen Streifen eingefasst ist. Darüber ein ein Blattstab aus unten eingezogenen Blättern, mit breiter weiß-schwarz-weißer Umrandung. Die Füllung der Blätter ist alternierend rot und schwarz. Zwischen den Blättern stehende spitze Dreiecke mit schwarzer Füllung und weißer Umrandung. Auf der Leiste ein schwarzer Mäander auf weißem Grund. Der abschließende Rundstab ist mit Rechtecken in schwarz und weiß dekoriert. **Farben:** Schwarz, weiß, rot. **Maße:** H: 0,22 m. L: 0,365 m. T(Bodenplatte): 0,21 m. **Dat.:** Ende erstes Viertel des 6 Jhs. v. Chr. **Lit.:** GÀBRICI 1935, 205 Taf. 36, 7; 46, 1; DARSOW 1938, 21; SÜSSEROTT 1944, 116-117; SHOE 1950, 67 Taf. 11, 1; WIKANDER 1986, 43-44 Abb. 9.

SELI 10

Typ: Unbekannt[639]. **Bau:** Unbekannt. **FO:** Selinunt, Akropolis. **AO:** Unbekannt. **Erhaltene Bauteile:** Ein Frgt. einer Sima. **Inv.-Nr.:** Unbekannt. **Erhaltungszustand:** Unbekannt. **Sima:** `Profil`: Bodenplatte, welche sich nach vorne hin verbreitert und so an der Vorderseite eine breite horizontale Leiste bildet, Sockel, Kyma reversa, Rundstab. `Dekor`: Auf dem Rundstab diagonale Streifen, Rest verloren. **Farben:** Unbekannt. **Maße:** L: 0,53 m. H: 0,23 m. **Dat.:** Nach dem letzten Drittel des 6. Jhs. v. Chr. **Lit.:** GÀBRICI 1935, 225 Abb. 69 a-b; WIKANDER 1986, 44 Abb. 11.

SELI 11

Typ: Unbekannt. **Bau:** Unbekannt. **FO:** Selinunt, Akropolis. **AO:** Unbekannt. **Erhaltene Bauteile:** Ein Frgt. einer GV. **Inv.-Nr.:** Unbekannt. **Erhaltungszustand:** Gut, ein ganzes Modul erhalten. Stark beschädigter Dekor. **GV:** `Profil`: Deckplatte, doppelter Rundstab, Stirnplatte, Rundstab. `Dekor`: Auf dem ersten Rundstab diagonale Streifen, auf dem zweiten Rechtecke in schwarz und weiß. Auf der Stirnplatte ein doppeltes Flechtband. In den Augen konzentrische Kreise. Auf dem abschließenden Rundstab wiederum

[636] Die Verkleidungen der HGS und der TS zeigen keine Unterschiede, die GV der GS ist etwas kleiner.

[637] Von Gàbrici werden für die TS und deren Geisonverkleidung keine Maße angegeben. Die Rekonstruktionszeichnung zeigt aber, dass GS und TS und GVT und GVH dieselbe Höhe aufweisen.

[638] Diese ist nach oben hin angewinkelt, was eher einer TS entsprechen würde, hierfür fehlen jedoch die Wasserspeier. Dass die Zeichnung falsch ist, scheint unwahrscheinlich, da die angewinkelte Bodenplatte auch von Gàbrici beschrieben wird. Siehe zu dieser Problematik: WIKANDER 1986, 43 Anm. 158.

[639] Zu diesem Stück ist kaum ein Aussage möglich, da es lediglich in einer Profilzeichnung vorliegt.

diagonale Streifen. Auf der Unterseite der GV ein Wolfszahn[640]. **Farben:** Schwarz, weiß, rot(?). **Maße:** H: 0,278 m. L: 0,49 m. **Dat.:** 6. Jh. v. Chr. **Lit.:** GÀBRICI 1935, 225 Abb. 68 Taf. 36, 9; DARSOW 1938, 21; WIKANDER 1986, 44.

13.31 Die Dächer aus Siris

SIRI 1 Taf. 32,1

Typ: Rosettendach. **Bau:** Unbekannt. **FO:** Areal des archaischen Tempels. Zone B. **AO:** Museo Nazionale della Siritide di Policoro. **Inv.-Nr.:** 38834 (GVG), 47265 (GVT). 49881, 47266 (Sima). **Erhaltene Bauteile:** Frgte. einer Sima, sowie der GVT und der GVG. **Erhaltungszustand:** Schlecht, wenige Frgt. erhalten. **Sima:** `Profil`: Bodenplatte, lange Kehle, Leiste. `Dekor`: Auf dem unteren Teil der Kehle ein Wolfszahn in schwarz und weiß, darüber ein schwarzer horizontaler Streifen. Nun ein Blattstab aus langen, unten leicht eingezogenen Blättern mit schwarzer Füllung und weiß-schwarzer Umrandung vor rotem Hintergrund. Auf der Leiste eine achtteilige plastische Rosette. **GVG:** `Profil`: Deckplatte, doppelter, recht dicker Rundstab, der an der Oberseite etwas über die Deckplatte hinausragt, Ansatz der Stirnplatte. `Dekor`: Auf den Rundstäben gegenläufige Bänder aus diagonalen Streifen in schwarz und weiß. Die Stirnplatte ist mit einem einläufigen einfachen Flechtband mit schwarz-weiß-schwarzer Umrandung dekoriert. Der Hintergrund ist weiß. **GVT:** `Profil`: Wie GVG, nur die Deckplatte ist leicht nach oben ansteigend. `Dekor`: Wie GVG. **Farben:** Rot, schwarz, weiß. **Maße:** Nur die Maße der einzelnen Frgte. sind bekannt [641]. **Dat.:** Um 580 v. Chr. **Lit.:** MERTENS-VIOLA 1990, 249-250 Taf. 37-38; ADAMNESTEANU 1980, 87 Taf. 5 oben; Taf. 6 oben; Taf. 7 oben.

SIRI 2

Typ: Dorisches Dach. **Bau:** Unbekannt. **FO:** Im Demeterheiligtum. **AO:** Museo Nazionale della Siritide di Policoro. **Inv.-Nr.:** Unbekannt. **Erhaltene Bauteile:** Frgte. einer Sima und der dazugehörigen GV. **Erhaltungszustand:** Gut, ganze Module erhalten. **Sima:** `Profil`: Bodenplatte, Sockel, Rundstab, Leiste, deren Abschluss stark bestoßen ist. `Dekor`: Auf dem Sockel ein Schachbrettmuster in zwei Registern. Rundstab mit diagonalen Streifen durch Gruppen aus schmaleren Streifen voneinander getrennt. Abschließende Leiste mit einem einfachen, recht unregelmäßigem Blattstab mit dreifacher Umrandung. **GV:** `Profil`: Deckplatte, doppelter Rundstab, Stirnplatte, Rundstab, Band aus Regulae ohne Guttae, Leiste. `Dekor`: Auf den beiden oberen Rundstäben Rechtecke durch Streifengruppen voneinander getrennt. Stirnplatte mit einem einfachen dreiläufigen Flechtband, in den Augen konzentrische Kreise. Der untere Rundstab ist mit zwei übereinander angeordneten Bändern aus Rechtecken, welche durch Gruppen von Streifen getrennt sind dekoriert. Die Regulae sind einfarbig schwarz gefasst, die Via ist weiß. Auf der die Verkleidung unten abschließende Leiste befindet sich ein plastischer Mäander. **Farben**: Rot, schwarz, weiß. **Maße:** Unbekannt. **Dat.:** 2. Drittel 6. Jh. v. Chr. **Lit.:** NEUTSCH 1980, 155-156 Taf. 13-14 a, b; MERTENS-VIOLA 1990, 242.

SIRI 3

Typ: Dorisches Dach. **Bau:** Unbekannt. **FO:** Im Demeterheiligtum. **AO:** Unbekannt. **Inv.-Nr.:** Unbekannt. **Erhaltene Bauteile:** Frgte. einer Sima. **Erhaltungszustand:** Schlecht. **Sima:** `Profil`: Ansatz des Sockels, Rundstab, Leiste, deren Abschluss stark bestoßen ist. `Dekor`: Auf dem Sockel ein gestempelter Mäander. Rundstab mit Rechtecken durch Gruppen aus schmaleren Streifen voneinander getrennt. Abschließende Leiste mit einem einfachen, gestempelten Blattstab mit doppelten Umrandung. Darüber Rest eines schwarzen horizontalen Streifens. **Farben**: Schwarz, weiß, rot (?). **Maße:** Unbekannt. **Dat.:** 2. Drittel 6. Jh. v. Chr. **Lit.:** ADAMNESTEANU 1980, 87 Taf. 4 a.

SIRI 4

Typ: Rankensima. **Bau:** Unbekannt. **FO:** Demeterheiligtum. **AO:** Unbekannt. **Inv.-Nr.:** Unbekannt. **Erhaltene Bauteile:** Frgte. einer Sima. **Erhaltungszustand:** Schlecht. **Sima** `Profil`: Ansatz einer Leiste, plastisches lesbisches Kyma, schmale Leiste, Ansatz einer weiteren Leiste. `Dekor`: Auf der hohen Leiste eine 13-teilige Palmette aus elegant geschwungenen schmalen Blättern. Darüber ein plastischer Perlstab. **Farben**: Unbekannt. **Maße:** Unbekannt. **Dat.:** 5. Jh. v. Chr. **Lit.:** ADAMNESTEANU 1980, 87 Taf. 4 b.

13.32 Die Dächer aus Syrakus

SYRA 1 Taf. 32,2

Typ: Blattstabsima. **Bau:** Unbekannt. **FO:** Temenos des Athenaions. Via Minervia. **AO:** Siracusa, Museo Regionale Paolo Orsi. **Inv.-Nr.:** Unbekannt. **Erhaltene Bauteile:** Frgt. einer Sima. **Erhaltungszustand:** Stark fragmentiert, lediglich ein kurzes Stück erhalten. **Sima:** `Profil`: Bodenplatte, darüber eine Leiste aus der sich übergangslos eine Kehle entwickelt, deren Ende verloren ist. Ca. auf halber Höhe der Sima befindet sich der Ansatz eines Wasserspeiers. `Dekor`: Die untere Leiste ist mit drei horizontalen Streifen dekoriert, die Kehle mit einem einfachen, recht breiten Blattstab. **Farben:** Rot, schwarz, braun. **Maße:** H: 0,16 m. **Dat.:** Um 600 v. Chr. **Lit.:** WIKANDER 1986, 47 Abb. 13; ORSI 1918, 668-669 Abb. 243; VAN BUREN 1923, 85 Abb. 1; DARSOW 1938, 23; SÜSSEROTT 1944, 115; WINTER 1993, 275; CIURCINA 1997, 37 Anm. 20.

[640] Weitere Details lassen sich durch den schlechten Erhaltungszustand des Dekors und durch die schlechte Abbildung nicht ausmachen.
[641] Vgl. MERTENS-VIOLA 1990, 249.

SYRA 2 Taf. 32,3-4

Typ: Kanonisches sizilisches Dach. 3. Generation. **Bau:** Unbekannt. **FO:** Temenos des Athenaions. Via Minervia. **AO:** Siracusa, Museo Regionale Paolo Orsi. **Inv.-Nr.:** Unbekannt. **Erhaltene Bauteile:** Frgte. der GS, TS, HGS und der GV. **Erhaltungszustand:** Schlecht, stark fragmentiert. **GS:** `Profil`: Bodenplatte, Sockel, Rundstab, Kehle, Leiste, Rundstab. `Dekor`: *Variante 1:* Der Sockel ist mit einem Fries aus alternierenden hängenden und stehenden Lotosblüten dekoriert, welche durch drei Rankenbänder miteinander verbunden sind. Die Lotosblüten bestehen aus drei rot gefüllten Blättern, zwischen dem inneren und den äußeren Blättern der Blüte je drei stehende Blätter, die äußeren sind schwarz, das innere rot gefüllt. Unterhalb der Blüten je zwei nebeneinander angebrachte rot Kreise, um welche sich die Rankenbänder winden. Verbunden sind die Kreise durch einen horizontalen schwarzen Streifen. Unter den Kreisen eine kleine Raute, darüber ein kleiner Halbkreis. Der Hintergrund des Sockels ist weiß. Auf dem Rundstab zwei gegenläufige Bänder aus diagonalen Streifen in schwarz, weiß und rot. Die Kehle ist mit einem Blattstab aus lyraförmigen Blättern mit eingerollten Enden verziert. Die Blätter besitzen eine schwarz-weiß-schwarze Umrandung und sind alternierend schwarz und rot gefüllt. In den Zwischenräumen je eine dreiteilige Palmette, mit schwarzem zentralen und roten äußeren Blättern. Der Hintergrund ist wiederum weiß. Auf der Leiste ein schwarzer Mäander auf weißem Grund. Der abschließende Rundstab ist mit diagonalen Streifen in schwarz, weiß und rot versehen. Auf der Rückseite ein Blattstab. *Variante 2:* In einer zweiten Variante sind die Lotosblüten alle stehend. Zwischen den Lotosblüten je sechs in die Rankenbänder eingeschriebene Palmetten, von denen je zwei übereinander liegen. Die äußeren Palmetten bestehen aus fünf Blättern und zeigen aufeinander. Die Palmetten in der Mitte sind etwas größer, ebenfalls fünfteilig und zeigen voneinander weg. **TS:** Wie GS. In den Sockel sind Röhrenwasserspeier eingeschnitten. **HGS:** Eine HGS wird zwar von Orsi rekonstruiert, aber im Text nicht erwähnt. In der Rekonstruktion des Giebels im Museum von Syrakus kann keine HGS beobachtet werden[642]. **GV:** `Profil`: Deckplatte, Rundstab, Stirnplatte, doppelter Rundstab. `Dekor`: Auf dem Rundstab Rechtecke in schwarz und weiß. Stirnplatte mit doppelten Flechtband aus vier Bändern mit schmaler schwarzer Umrandung. Zentrale dreiteilige Palmette aus roten und schwarzen Blättern. In den Augen vierteilige weiße Rosetten auf rotem Grund. Der Hintergrund ist weiß. Auf den beiden unteren Rundstäben gegenläufige diagonale Streifen in schwarz, weiß und rot. **Farben:** Rot, schwarz, weiß. **Maße:** H(Simen): 0,265 m. H(GV): 0,245 m. **Dat.:** Letztes Drittel 6 Jh. v. Chr. **Lit.:** ORSI 1918, 637-642 Abb. 223-225. Taf. 18. VAN BUREN 1923, 88; 100 Abb. 26; DARSOW 1938 22-23; WIKANDER 1986, 44 Abb. 4.

SYRA 3

Typ: Kanonisches sizilisches Dach. 2. Generation. **Bau:** Unbekannt. **FO:** Temenos des Apollonions. **AO:** Siracusa, Museo Regionale Paolo Orsi. **Inv.-Nr.:** Unbekannt. **Erhaltene Bauteile:** Eckfrgt. der GS. **Erhaltungszustand:** Schlecht, stark fragmentiert. **GS:** `Profil`: Ansatz der Kehle, Leiste, Rundstab. `Dekor`: Auf der Kehle ein Blattstab aus unten eingezogenen Blättern mit roter Füllung und weiß-schwarz-weißer Umrandung. Die Kehle bricht um die Ecke um, so dass ein Blatt genau auf der Ecke angebracht ist. Leiste mit einem rotem Mäander auf weißem Grund. Abschließender Rundstab mit diagonalen Streifen in schwarz und weiß. **Farben:** Rot, schwarz, weiß. **Maße:** L: 0,22 m. **Dat.:** 570-530 v. Chr. **Lit.:** CULTRERA 1951, 778 Abb. 42; WIKANDER 1986, 49.

SYRA 4

Typ: Kanonisches sizilisches Dach. **Bau:** Unbekannt. **FO:** Temenos des Apollonions. **AO:** Siracusa, Museo Regionale Paolo Orsi. **Inv.-Nr.:** Unbekannt. **Erhaltene Bauteile:** Frgt. der GS. **Erhaltungszustand:** Schlecht, stark fragmentiert. **GS:** `Profil`: Sockel, Rundstab, Ansatz der Kehle. `Dekor`: Auf dem Sockel ein kleinteiliger schwarzer Mäander auf weißem Grund. Der Dekor der Kehle und des Rundstabes ist nicht zu rekonstruieren. **Farben:** Rot, schwarz, weiß. **Maße:** Unbekannt. **Dat.:** 6. Jh. v. Chr. **Lit.:** CULTRERA 1951, 777 Abb. 38; WIKANDER 1986, 49.

SYRA 5

Typ: Kanonisches sizilisches Dach. **Bau:** Olympieion. **FO:** Temenos des Olympieions. **AO:** Siracusa, Museo Regionale Paolo Orsi. **Inv.-Nr.:** Unbekannt. **Erhaltene Bauteile:** Frgt. der GS, der TS und der GVT. **Erhaltungszustand:** Schlecht, nur in Fragmenten erhalten, jedoch vollständig rekonstruierbar. **GS:** Der GS können keine Stücke mit Sicherheit zugeschrieben werden. Die Rekonstruktionszeichnung Lissis ist demnach als hypothetisch zu betrachten[643]. **TS:** `Profil`: Leicht nach oben angewinkelte Bodenplatte, Sockel, Rundstab, Kehle, Leiste, Rundstab. `Dekor`: Auf dem Sockel je eine schwarze Raute mit eingezogenen Seiten auf weißem Grund, zu beiden Seiten von vertikalen Streifen in schwarz und weiß eingefasst. Beide Rundstäbe mit diagonalen Streifen in rot, schwarz und weiß. Auf der Kehle ein Blattstab aus lanzettförmigen, unten spitz zulaufenden Blättern. Die Blätter sind alternierend rot und schwarz gefüllt und weiß-schwarz umrandet. In den Zwischenräumen je ein stehendes spitzes Blatt mit schwarzer Füllung und einem kurzen Stiel. Der Hintergrund ist weiß. Die Leiste ist mit einem schwarzen Mäander auf weißem Grund dekoriert. **GVT:** `Profil`: Deckplatte, Rundstab, Stirnplatte, doppelter Rundstab. `Dekor`: Auf dem oberen Rundstab zwei Bänder aus diagonalen Streifen. Stirnplatte mit einem doppelten dreiläufigen Flechtband mit schmaler weiß-schwarzer Umrandung. Die zentrale Palmette ist dreiteilig und besteht aus schwarz gefüllten, weiß umrandeten Blättern. In den Augen vierteilige weiße Rosetten auf schwarzem Grund, von einem weißem Kreis umfangen. Rundstab mit diagonalen Streifen in schwarz und weiß. Der abschließende Rundstab ist mit vier Bändern aus Rechtecken in schwarz, weiß und rot dekoriert. **Farben:** Rot, schwarz, weiß. **Maße:** H(TS): 0,57 m. H(GVT): 0,6 m. **Dat.:** Um 560 v. Chr. **Lit.:** LISSI

[642] Siehe zu dieser Problematik auch: WIKANDER 1986, 44 Anm. 160.
[643] Vgl. WIKANDER 1986, 49 Anm. 173.

1958, 204-207 Abb. 10-11; 14; WIKANDER 1986, 49 Abb. 14; RIEMANN 1964, 231.

SYRA 6

Typ: Kanonisches sizilisches Dach. 2. Generation. **Bau:** Unbekannt. **FO:** Temenos des Olympieions. **AO:** Siracusa, Museo Regionale Paolo Orsi. **Inv.-Nr.:** Unbekannt. **Erhaltene Bauteile:** Frgt. einer Sima. **Erhaltungszustand:** Schlecht, stark fragmentiert. **Sima:** `Profil`: Ansatz der Kehle, Leiste, Rundstab. `Dekor`: Auf der Kehle ein Blattstab aus unten eingezogenen Blättern mit roter Füllung[644] und weiß-schwarz-weißer Umrandung. Leiste mit einem schwarzen Mäander auf weißem Grund. Abschließender Rundstab mit diagonalen Streifen in schwarz, rot und weiß[645]. **Farben:** Rot, schwarz, weiß. **Maße:** H: ca. 0,24 m. L: ca. 0,25 m. (Nach Maßstab). **Dat.:** 570-530 v. Chr. **Lit.:** ORSI 1903, 382-383 Taf. 19, 1-2; WIKANDER 1986, 49; VAN BUREN 1923, 99-100; DARSOW 1938, 24.

SYRA 7

Typ: Kanonisches sizilisches Dach. 2. Generation. **Bau:** Unbekannt. **FO:** Temenos des Olympieions. **AO:** Siracusa, Museo Regionale Paolo Orsi. **Inv.-Nr.:** Unbekannt. **Erhaltene Bauteile:** Frgt. der GS. **Erhaltungszustand:** Schlecht, stark fragmentiert. **GS:** `Profil`: Ansatz des Sockels, Rundstab, Ansatz der Kehle. `Dekor`: Auf dem Sockel lässt sich am oberen Rand ein horizontaler schwarzer Streifen erkennen, darunter eine weiße Füllung. Durch den schlechten Erhaltungszustand kann der übrige Dekor des Sockels nicht rekonstruiert werden. Auf dem Rundstab diagonale Streifen. Auf der Kehle lässt sich noch der untere Rand eines Blattstabes aus unten eingezogenen Blättern erkennen. **Farben:** Rot, schwarz, weiß. **Maße:** H: ca. 0,105 m. L: ca. 0,17 m. (Nach Maßstab). **Dat.:** 570-530 v. Chr. **Lit.:** ORSI 1903, 383 Taf. 19, 5;

SYRA 8 Taf. 33,1

Typ: Kanonisches sizilisches Dach. Gabelsima. 2. Generation. **Bau:** Unbekannt. **FO:** Temenos des Athenaions. Via Minervia. Innerhalb von Gebäude E. **AO:** Siracusa, Museo Regionale Paolo Orsi. **Inv.-Nr.:** *TS:* 34843, 34849, 34876, 34882, 34882, 34882, 36647, 36636, 36638, 36655. *HGV:* 34859, 34863, 36657, 36660, 34873, 36622 [646]. **Erhaltene Bauteile:** Frgte. aller Friese. **Erhaltungszustand:** Gut, große Teile von allen Friesen erhalten. **GS:** `Profil`: Sockel, Rundstab, Kehle, Leiste, Kehle, zweite hintere Kehle, welche bis über den Rand der äußeren Lage der Kalyptere reicht. `Dekor`: Der Sockel ist mit einem Schachbrettmuster aus roten, schwarzen und weißen Feldern dekoriert, der darüberliegende Rundstab mit zwei Bändern aus diagonalen, gegenläufig angebrachten diagonalen Streifen. Auf der Kehle ein Blattstab aus unten eingezogenen Blättern mit schwarz-weiß-schwarzer Umrandung und alternierender roter und schwarzer Füllung. In den Zwischenräumen je zwei hängende schwarze Blätter mit weiß-schwarzer Umrandung. Der Hintergrund ist weiß. Die Leiste ist mit einem weißen Zinnenband verziert; oberhalb der Zinnen befinden sich sechsteilige weiße Rosetten auf schwarzem Grund. Unter den Zinnen weiße Andreaskreuze. Die Zwischenräume sind oben und unten schwarz, links und rechts rot gefüllt. Auf dem abschließenden Rundstab diagonale Streifen weiß, schwarz und rot. Auf der Rückseite ein Blattstab aus roten und schwarzen Blättern. **TS:** `Profil`: Nach oben angewinkelte Bodenplatte, Sockel mit Wasserspeiern, Rundstab, Kehle, Leiste, Rundstab. `Dekor`: Der Sockel ist zwischen den sehr dicht sitzenden Wasserspeiern mit achtteiligen weißen Rosetten auf schwarzem Grund dekoriert, die von einem weißen Kreis umschlossen werden. Die Fläche außerhalb des Kreises ist rot gefüllt. Dieses Feld wird zu beiden Seiten von einem nach oben gerichteten Fischgrätband eingefasst. Der Ansatz der Wasserspeier ist schwarz gefasst. Auf den beiden Rundstäben diagonale Streifen in rot, schwarz und weiß. Die Kehle ist mit einem Blattstab aus unten leicht eingezogenen Blättern mit weiß-schwarz-weißer Umrandung und alternierender roter und schwarzer Füllung dekoriert. Auf der Leiste wird das Rosetten-Andreaskreuze-Motiv der GS wiederholt. **GVG:** `Profil`: Deckplatte, Rundstab, Stirnplatte, Rundstab, Bodenplatte, im hinteren Drittel der Bodenplatte eine nach innen gewandte kleine Kehle. `Profil`: Auf dem oberen Rundstab zwei Bänder aus gegenläufigen diagonalen Streifen in schwarz, weiß und rot. Auf der Stirnplatte ein doppeltes Flechtband aus vier Bändern. Zentrale dreiteilige Palmette aus schwarz gefüllten und weiß umrandeten Blättern. In den Augen vierteilige weiße Rosetten auf schwarzem Grund. Der Hintergrund der Kehle ist weiß. Der unteren Rundstab ist mit diagonalen Streifen in schwarz, weiß und rot dekoriert. Auf der Bodenplatte ein einfaches Flechtband in rot und schwarz. In den Augen sechsteilige weiße Rosetten auf schwarzem Grund. Wiederum weißer Hintergrund. Die kleine Kehle ist mit einem hängenden Blattstab aus roten und schwarzen Blättern versehen. **GVT:** `Profil`: Wie GVG nur ohne unteren Rundstab und Bodenplatte. Zudem ist die Deckplatte äquivalent zur Bodenplatte der Sima angewinkelt. `Dekor`: Wie GVG. **GVH:** Nach den Rekonstruktionszeichnungen von Ciurcina[647] und Orsi[648] scheint die GVH wie die TS gestaltet zu sein, nur die Deckplatte zeigt nicht die Anpassung an die Neigung des Daches. **Palmetten:** An den GV der Frontseite des Tempels sind hängende Palmetten angebracht, welche aus einer Volute und fünf Blättern mit alternierender roter und schwarzer Füllung bestehen. **Farben:** Rot, weiß, schwarz. **Maße:** H(GS): 0,5 m. L(S-Modul): ca. 0,6 m. H(TS): ca. 0,5 m. H(GV): 0,435. L(WS): 0,36 m. H(Palmetten): 0,137 m. L(Palmetten): 0,16 m. **Dat.:** 570-530 v. Chr. **Lit.:** SÜSSEROTT 1944, 118; WESCOAT 1989, 87-89 Kat.Nr. 11 a-d; ORSI 1918, 644-660 Abb. 226-233; 268 Taf. 19-21; DARSOW 1938, 23; SHOE 1950, 69;

---

[644] Ob die Füllung der benachbarten Blätter schwarz war, kann nicht geklärt werden, da sich lediglich ein einziges, rot gefülltes, Blatt erhalten hat.

[645] Von Wikander wird das Stück, welches unter dem hier besprochenen abgebildet ist derselben Sima zugesprochen. Von Orsi wird aber ausdrücklich erwähnt, dass dieses Stück zu einer anderen Sima gehört. Vgl. WIKANDER 1986, 49; ORSI 1903, 382.

[646] Vgl. WESCOAT 1989, 87-88. Die übrigen Inv.-Nr. sind unbekannt.

[647] WESCOAT 1989 Abb. 21 c.

[648] ORSI 1918 Taf 21.

100 Taf. 11, 10; 16, 5; WIKANDER 1986, 45-46 Abb. 5; 12; VAN BUREN 1923, 88; 98-99; 106 Abb. 7; 25.

SYRA 9 Taf. 32,2

Typ: Kanonisches sizilisches Dach. 2. Generation. **Bau:** Unbekannt. **FO:** Temenos des Athenaions. Via Minervia. **AO:** Siracusa, Museo Regionale Paolo Orsi. **Inv.-Nr.:** Unbekannt. **Erhaltene Bauteile:** Frgte. einer GS. **Erhaltungszustand:** Schlecht, stark fragmentiert. **GS:** `Profil`: Bodenplatte, Sockel, Rundstab, Kehle, Leiste. `Dekor`: Sockel mit Schachbrettmuster, Rundstab mit diagonalen Streifen. Auf der Kehle ein Blattstab aus unten eingezogenen Blättern mit schwarz-weiß-schwarzer Umrandung und alternierender roter und schwarzer Füllung. In den Zwischenräumen je zwei hängende schwarze Blätter mit weiß-schwarzer Umrandung. Der Hintergrund ist weiß. Abschließende Leiste mit einem schwarzen Mäander auf weißem Grund. **Farben:** Rot, schwarz, weiß. **Maße:** Unbekannt. **Dat.:** 570-530 v. Chr. **Lit.:** ORSI 1918, 666 Abb. 239; VAN BUREN 1923, 97 Abb. 23; DARSOW 1938, 23; SÜSSEROTT 1944, 118; 121; WIKANDER 1986, 46 Abb. 9.

SYRA 10 Taf. 32,4

Typ: Kanonisches sizilisches Dach. 2. Generation. **Bau:** Unbekannt. **FO:** Temenos des Athenaions. Via Minervia. **AO:** Siracusa, Museo Regionale Paolo Orsi. **Inv.-Nr.:** Unbekannt. **Erhaltene Bauteile:** Frgte. einer TS. **Erhaltungszustand:** Schlecht, stark fragmentiert. **TS:** `Profil`: Bodenplatte, Sockel mit Ansätzen für WS, Rundstab, Kehle, Leiste, Rundstab. `Dekor`: Sockel mit schwarzen Kreuzen auf weißem Grund. Rundstab mit diagonalen Streifen in schwarz, weiß und rot. Auf der Kehle ein Blattstab aus unten eingezogenen Blättern mit weiß-schwarz-weißer Umrandung und schwarzer Füllung. In den Zwischenräumen je ein stehendes herzförmiges Blatt mit einem kurzen Stiel und ebenfalls schwarzer Füllung. Der Hintergrund ist weiß. Leiste mit einem schwarzen Mäander auf weißem Grund. Der abschließende Rundstab ist wiederum mit diagonalen Streifen dekoriert. **Farben:** Rot, schwarz, weiß. **Maße:** Unbekannt. **Dat.:** 570-530 v. Chr. **Lit.:** ORSI 1918, 666 Abb. 234; VAN BUREN 1923, 85-86 Abb. 2; DARSOW 1938, 23; SÜSSEROTT 1944, 118; 121; WIKANDER 1986, 46.

SYRA 11 Taf. 32,3

Typ: Kanonisches sizilisches Dach. 2. Generation. **Bau:** Unbekannt. **FO:** Temenos des Athenaions. Via Minervia. **AO:** Siracusa, Museo Regionale Paolo Orsi. **Inv.-Nr.:** Unbekannt. **Erhaltene Bauteile:** Frgte. einer TS. **Erhaltungszustand:** Schlecht, stark fragmentiert. **TS:** `Profil`: Ansatz des Sockels mit einem Ansatz für einen WS, Rundstab, Kehle, Leiste, Rundstab. `Dekor`: Sockel mit schwarzen Kreuzen auf weißem Grund. Rundstab mit diagonalen Streifen. Auf der Kehle ein Blattstab aus unten eingezogenen Blättern mit alternierender roter und schwarzer Füllung. Die Umrandung der schwarzen Blätter ist weiß-rot-weiß, die der roten weiß-schwarz-weiß. Der Hintergrund ist schwarz. Leiste mit einem Schachbrettmuster. **Farben:** Rot, schwarz, weiß. **Maße:** Unbekannt. **Dat.:** 570-530 v. Chr. **Lit.:** ORSI 1918, 666-667 Abb. 241; VAN BUREN 1923, 119 Abb. 45; DARSOW 1938, 23; SÜSSEROTT 1944, 118; 121; WIKANDER 1986, 46-47.

SYRA 12 Taf. 32,5

Typ: Kanonisches sizilisches Dach. **Bau:** Unbekannt. **FO:** Temenos des Athenaions. Via Minervia. **AO:** Siracusa, Museo Regionale Paolo Orsi. **Inv.-Nr.:** Unbekannt. **Erhaltene Bauteile:** Frgte. einer TS. **Erhaltungszustand:** Schlecht, stark fragmentiert. **TS:** `Profil`: Ansatz des Sockels mit einem Ansatz für einen WS, der auch den darüberliegenden Rundstab anschneidet, Ansatz der Kehle. `Dekor`: Auf dem Sockel hat sich kein Dekor erhalten. Rundstab mit einem Fischgrätmuster nach links. Auf der Kehle ein Blattstab aus unten eingezogenen Blättern mit sich nach außen hin einrollenden Enden. Die Füllung der Blätter ist alternierend schwarz und rot. Die Umrandung ist weiß-schwarz-weiß. In den Zwischenräumen zwei vertikale Halbkreise mit schwarzer Füllung und weiß-schwarzer Umrandung. Der Rest ist rot gefüllt. **Farben:** Rot, schwarz, weiß. **Maße:** Unbekannt. **Dat.:** 6. Jh. v. Chr. **Lit.:** ORSI 1918, 667 Abb. 242; VAN BUREN 1923, 120 Abb. 46; DARSOW 1938, 23; WIKANDER 1986, 47.

SYRA 13 Taf. 32,7

Typ: Kanonisches sizilisches Dach. **Bau:** Kleiner archaischer Tempel. **Inv.-Nr.:** Unbekannt. **Erhaltene Bauteile:** Linke Ecke der HGS. **FO:** Neuer Markt in der Nähe des Apollo-Tempels. **AO:** Siracusa, Museo Regionale Paolo Orsi. **Erhaltungszustand:** Schlecht, nur ein einziges Frgt. erhalten. **HGS:** `Profil`: Bodenplatte, Sockel, Rundstab, Kehle, Leiste, Ansatz eines Rundstabes. `Dekor`: Auf dem Sockel ein komplexes weißes Flechtband in drei Registern. Rundstab mit zwei Bändern aus gegenläufigen diagonalen Streifen in rot, schwarz und weiß. Auf der Kehle ein Blattstab aus unten eingezogenen Blättern. In den Zwischenräumen je zwei hängende Blätter[649]. Die Leiste ist mit einem schwarzen Mäander auf weißem Grund dekoriert. Auf dem Ansatz des Rundstabes hat sich kein Dekor erhalten. **Farben:** Rot, schwarz, weiß. **Maße:** H: ca. 0,18 m. L: ca. 0,12 m. (Angaben nach Maßstab der Zeichnung Orsis). **Dat.:** Letztes Drittel 6. Jh. v. Chr. **Lit.:** ORSI 1918, 663 Abb. 237 rechts; DARSOW 1938, 24; WIKANDER 1986, 47; SÜSSEROTT 1944, 119; 123; GÀBRICI 1956, 303 Abb. 36.

SYRA 14 Taf. 34,1-3

Typ: Kanonisches sizilisches Dach. 2. Generation. **Bau:** Unbekannt. **FO:** Temenos des Apollonions. **AO:** Siracusa, Museo Regionale Paolo Orsi. **Inv.-Nr.:** Unbekannt. **Erhaltene Bauteile:** Teile von GS, TS und der GVT. **Erhaltungszustand:** Schlecht, lediglich Frgte. erhalten. **TS:** `Profil`: Nach oben angewinkelte Bodenplatte, Sockel mit Wasserspeiern, Rundstab, Kehle, Leiste, Rundstab.

[649] Das Stück liegt nur in einer Zeichnung Orsis und einer Rekonstruktion von Gàbrici vor. Eine Aussage über die Farbigkeit des Blattstabes kann anhand dieser Abbildungen nicht gemacht werden.

Dekor: Zwischen den WS je drei schwarze Kreuze mit zulaufenden Armen auf weißem Grund. Beide Rundstäbe mit diagonalen Streifen in rot, schwarz und weiß. Auf der Kehle ein Blattstab aus unten leicht eingezogenen Blättern mit weiß-schwarz-weißer Umrandung. Die Leiste ist mit einem schwarzen Mäander auf weißem Grund dekoriert. **GS:** Profil: Bodenplatte, Sockel, Rundstab, Kehle, Leiste, Rundstab. Dekor: Auf dem Sockel ein Schachbrettmuster aus schwarzen, roten und weißen Feldern. Beide Rundstäbe mit diagonalen Streifen in rot, schwarz und weiß. Auf der Kehle ein Blattstab aus unten eingezogenen Blättern mit weiß-schwarz-weißer Umrandung und alternierender roter und schwarzer Füllung. In den Zwischenräumen je zwei hängende schwarze Blätter mit weiß-schwarzer Umrandung. Der Zwickel unterhalb der beiden hängenden Blätter ist weiß, die oberen Zwickel sind schwarz gefüllt. Die Leiste ist mit einem schwarzen Mäander auf weißem Grund dekoriert. Auf der Rückseite ein Blattstab aus alternierenden roten und schwarzen Blättern mit weißer Umrandung, darüber ein breiter weißer Streifen. Die Leiste ist mit einem schwarzen Mäander auf weißem Grund dekoriert. **GVT:** Profil: Nach oben gewinkelte Deckplatte, Rundstab, Stirnplatte, doppelter Rundstab. Dekor: Auf allen Rundstäben Fischgrätmuster aus roten, schwarzen und weißen Feldern. Die weißen Felder sind durch einen schwarzen horizontalen Streifen zweigeteilt. Auf dem abschließenden doppelten Rundstab sind die Fischgrätmuster gegenläufig. Die Stirnplatte ist mit einem doppelten dreiläufigen Flechtband mit schmaler weiß-schwarzer Umrandung dekoriert. Die zentrale Palmette ist dreiteilig, die Blätter sind schwarz gefüllt und weiß-schwarz umrandet. In den Augen vierteilige weiße Rosetten auf schwarzem Grund von einem weißen Kreis umfangen. Der Hintergrund der Platte ist weiß. **Farben:** Rot, schwarz, weiß. **Maße:** H(Sima): 0,65 m. H(GV): 0,66 m. **Dat.:** 570-530 v. Chr. **Lit.:** CULTRERA 1951, 767-770 Abb. 29-30; GULLINI 1974, 71-73; WIKANDER 1986, 47-48 Abb. 13; RIEMANN 1964, 48-49.

SYRA 15 Taf. 34,4-5

Typ: Kanonisches sizilisches Dach. Gabelsima. 2. Generation. **Bau:** Unbekannt. **FO:** Temenos des Apollonions. **AO:** Siracusa, Museo Regionale Paolo Orsi. **Inv.-Nr.:** Unbekannt. **Erhaltene Bauteile:** Frgt. der GS sowie der TS. **Erhaltungszustand:** Lediglich Frgte. erhalten. **GS:** Profil: Sockel, Rundstab, Kehle, Leiste, Rundstab. Ansatz einer zweiten, hinteren Kehle. Dekor: Auf dem Sockel ein Schachbrettmuster aus schwarzen, roten und weißen Feldern. Beide Rundstäbe mit diagonalen Streifen in rot, schwarz und weiß. Auf der Kehle ein Blattstab aus unten eingezogenen Blättern mit weiß-schwarz-weißer Umrandung und alternierender roter und schwarzer Füllung. In den Zwischenräumen je zwei hängende schwarze Blätter mit weiß-schwarzer Umrandung. **TS:** Profil: Leicht nach oben angewinkelte Bodenplatte, Sockel, Rundstab, Kehle, Leiste, Rundstab. Dekor: Auf dem Sockel je zwei schwarze Rauten mit eingezogenen Seiten auf weißem Grund. Der Ansatz der WS ist schwarz gefasst und durch vertikale Streifen in weiß und schwarz von den Rauten getrennt. Rundstab mit diagonalen Streifen in rot, schwarz und weiß. Auf der Kehle ein Blattstab aus unten eingezogenen Blättern mit weiß-schwarz-weißer Umrandung. **Farben:** Rot, schwarz, weiß. **Maße:** H(GS): 0,44 m. **Dat.:** 570-530 v. Chr. **Lit.:** CULTRERA 1951, 770-773 Abb. 31-32; WIKANDER 1986, 48 Abb. 12.

SYRA 16 Taf. 34,6-7

Typ: Kanonisches sizilisches Dach. 2. Generation. **Bau:** Unbekannt. **FO:** Temenos des Apollonions. **AO:** Siracusa, Museo Regionale Paolo Orsi. **Inv.-Nr.:** Unbekannt. **Erhaltene Bauteile:** Frgt. der TS und einer GV. **Erhaltungszustand:** Schlecht, stark fragmentiert. **TS:** Profil: Ansatz des Sockels mit einem Wasserspeieransatz. Ansatz der Kehle. Dekor: Auf dem Sockel schwarze Rauten mit eingezogenen Seiten auf weißem Grund. Rundstab mit diagonalen Streifen in schwarz, weiß und rot. Die Kehle ist mit einem Blattstab aus unten eingezogenen Blättern mit weiß-schwarzer Umrandung und alternierender roter und schwarzer Füllung dekoriert. In den Zwischenräumen je ein stehendes spitzes Blatt mit schwarzer Füllung und einem kurzen Stiel. Der Hintergrund ist weiß. **GV:** Profil: Rundstab, Stirnplatte, doppelter Rundstab. Auf der Unterseite ein kleiner Einschnitt am hinteren Ende. Dekor: Die Rundstäbe, welche die Stirnplatte einfassen sind mit diagonalen Streifen in rot, schwarz und weiß dekoriert. Stirnplatte mit einem doppeltem vierläufigen Flechtband. Dreiteilige zentrale Palmette aus schwarz gefüllten und weiß umrandeten Blättern. In den Augen vierteilige weiße Rosetten auf schwarzem Grund von einem schmalen weißen Kreis umschlossen. Auf dem untern Rundstab Rechtecke in schwarz, weiß und rot, dieses Motiv wird auf der Unterseite wiederholt. **Farben:** Rot, schwarz, weiß. **Maße:** H(Frgt.-TS): ca. 0,25 m. L(Frgt.-TS): ca. 0,25 m. (nach Maßstab) H(GV): 0,35 m. **Dat.:** 570-530 v. Chr. **Lit.:** CULTRERA 1951, 776 Abb. 34, 5; 35-36; WIKANDER 1986, 48 Abb. 11.

SYRA 17

Typ: Kanonisches sizilisches Dach. 2. Generation. **Bau:** Unbekannt. **FO:** Temenos des Apollonions. **AO:** Siracusa, Museo Regionale Paolo Orsi. **Inv.-Nr.:** Unbekannt. **Erhaltene Bauteile:** Frgt. der GS und einer GV. **Erhaltungszustand:** Schlecht, stark fragmentiert. **GS:**[650]: Profil: Sockel, Rundstab, Kehle, Leiste. Dekor: Auf dem Sockel und auf der oberen Leiste ein schwarzer Mäander auf weißem Grund. Rundstab mit diagonalen Streifen in schwarz und weiß. Die Kehle ist mit einem Blattstab aus unten eingezogenen Blättern mit weiß-schwarzer Umrandung und alternierender roter und schwarzer Füllung dekoriert. In den Zwischenräumen je zwei hängende Blätter. **GV:** Profil: Rundstab, Stirnplatte, doppelter Rundstab. Auf der Unterseite ein kleiner Einschnitt am hinteren Ende. Dekor: Der obere Rundstab ist mit Rechtecken dekoriert, die Stirnplatte mit doppeltem Flechtband. Auf dem unteren Rundstab diagonale Streifen in schwarz, weiß und rot. Die Unterseite ist mit Rechtecken dekoriert, welche alternierend rot und schwarz gefüllt sind und eine breite weiße Umrandung zeigen. **Farben:** Rot, schwarz, weiß. **Maße:** H(GV): 0,29 m. H(GS): 0,30 m. **Dat.:** 570-530 v. Chr. **Lit.:**

[650] Die Sima liegt lediglich in einer Beschreibung Cultreras vor. Eine Abbildung ist nicht vorhanden.

CULTRERA 1951, 772-773. Abb. 34, 8. WIKANDER 1986, 48.

SYRA 18 Taf. 35,1

Typ: Kanonisches sizilisches Dach. Gabelsima. 2. Generation. **Bau:** Unbekannt. **FO:** Temenos des Apollonions. **AO:** Siracusa, Museo Regionale Paolo Orsi. **Inv.-Nr.:** Unbekannt. **Erhaltene Bauteile:** Frgt. der GS. **Erhaltungszustand:** Schlecht, lediglich Frgte. erhalten. **GS:** `Profil`: Sockel, Rundstab, Kehle, breite Leiste. Ansatz einer zweiten, hinteren Kehle. `Dekor`: Auf dem Sockel schwarzer Mäander auf weißem Grund. Rundstab mit diagonalen Streifen in rot, schwarz und weiß. Auf der Kehle ein Blattstab aus unten eingezogenen Blättern mit weiß-schwarz-weißer Umrandung und alternierender roter und schwarzer Füllung. In den Zwischenräumen je zwei hängende schwarze Blätter mit weiß-schwarzer Umrandung. Die Zwickel über dem Blattstab sind weiß. Auf der Leiste hat sich kein Dekor erhalten. **Farben:** Rot, schwarz, weiß. **Maße:** H(GS): 0,29 m. **Dat.:** 570-530 v. Chr. **Lit.:** CULTRERA 1951, 777 Abb. 37. WIKANDER 1986, 48 Abb. 12.

SYRA 19

Typ: Unbekannt. **Bau:** Unbekannt. **FO:** In der Nähe der Eisenbahnlinie. **AO:** Siracusa, Museo Regionale Paolo Orsi. **Inv.-Nr.:** Unbekannt. **Erhaltene Bauteile:** Frgt. des Sockels einer GS. **Erhaltungszustand:** Stark fragmentiert, lediglich ein kurzes Stück erhalten. **GS:** `Profil`: Bodenplatte, Sockel. `Dekor`: Zwei liegende, sich nach innen einrollende Voluten. Im Inneren der Voluten eine hängende fünfteilige Palmette. Darüber der Ansatz einer Palmette. Zwischen zwei Voluten ein hängender Tropfen und der Ansatz einer Lotosblüte. In den Augen der Voluten Reste von roter Farbe. Die vorkragende Bodenplatte ist ebenfalls rot bemalt. **Farben:** Rot. **Maße:** H(GS): 0,105 m. L(GS): 0,257 m. L(Bodenplatte): 0,2 m. **Dat.:** 5. Jh. v. Chr. **Lit.:** CIURCINA 1980, 80 Taf. 10, 3; CIURCINA 1994, 35 Abb. 21.

SYRA 20 Taf. 35,3

Typ: Unbekannt. **Bau:** Unbekannt. **FO:** Temenos des Athenaions. Via Minervia. **AO:** Siracusa, Museo Regionale Paolo Orsi. **Inv.-Nr.:** Unbekannt. **Erhaltene Bauteile:** Frgt. der GV. **Erhaltungszustand:** Gut, ganzes Modul erhalten. **GV:** `Profil`: Rundstab[651], Stirnplatte, doppelter Rundstab. `Dekor`: Auf dem oberen Rundstab schwarze Streifen, dazwischen ein schwarzes Kreuz mit zulaufenden Armen auf weißem Grund. Stirnplatte mit einem doppelten dreiläufigen Flechtband mit schmaler weiß-schwarzer Umrandung. Zentrale dreiteilige Palmette aus schwarz gefüllten und weiß umrandeten Blättern. In den Augen vierteilige weiße Rosetten auf schwarzem Grund von einem weißen Kreis umfangen. Der Hintergrund ist weiß. Der Obere der beiden unteren Rundstäbe ist mit diagonalen Streifen der untere mit Rechtecken dekoriert. **Farben:** Rot, schwarz, weiß. **Maße:** H: 0,37 m. **Dat.:** 6. Jh. v. Chr. **Lit.:** ORSI 1918, 671 Abb. 244; VAN BUREN 1923, 105 Abb. 46; DARSOW 1938, 23; WIKANDER 1986, 47.

SYRA 21 Taf. 33,6

Typ: Unbekannt. **Bau:** Unbekannt. **FO:** Temenos des Athenaions. Via Minervia. **AO:** Siracusa, Museo Regionale Paolo Orsi. **Inv.-Nr.:** Unbekannt. **Erhaltene Bauteile:** Frgt. der GVT. **Erhaltungszustand:** Schlecht, nur Frgte. erhalten. **GVT:** `Profil`: Nach oben angewinkelte Deckplatte, doppelter Rundstab, fragmentierte Stirnplatte, doppelter Rundstab. `Dekor`: Auf dem oberen der beiden Rundstäbe ein Fischgrätmuster nach links, auf dem unteren Rechtecke. Stirnplatte mit einem doppelten dreiläufigen Flechtband mit schmaler weiß-schwarzer Umrandung. In den Augen vierteilige weiße Rosetten auf schwarzem Grund von einem weißen Kreis umfangen. Zentrale vielteilige Palmette, deren Blätter sind schwarz gefüllt und entspringen aus einer Rosette, welche das Motiv der Augen wiederholt[652]. Der Hintergrund ist weiß. Auf dem unteren der beiden abschließenden Rundstäbe wiederum Rechtecke, der darüberliegende Stab ist verloren. Auf der Unterseite der Stirnplatte ein schwarz-weißer Wolfszahn. **Farben:** Rot, schwarz, weiß. **Maße:** H: 0,31 m. **Dat.:** 1. Hälfte 6. Jh. v. Chr. **Lit.:** ORSI 1918, 672 Abb. 245; VAN BUREN 1923, 107; DARSOW 1938, 23; WIKANDER 1986, 47.

SYRA 22 Taf. 35,2

Typ: Unbekannt. **Bau:** Unbekannt. **FO:** Temenos des Athenaions. Via Minervia. **AO:** Siracusa, Museo Regionale Paolo Orsi. **Inv.-Nr.:** Unbekannt. **Erhaltene Bauteile:** Frgt. der GVT. **Erhaltungszustand:** Unbekannt, das Stück liegt nur in einer Zeichnung Orsis vor. **GVT:** `Profil`: Nach oben angewinkelte Deckplatte, Stirnplatte. `Dekor`: Stirnplatte mit einem doppelten dreiläufigen Flechtband. In den Augen konzentrische Kreise. Zentrale fünfteilige Palmette aus schwarzen, roten und weißen Blättern, welche aus einem System konzentrischer Kreise entspringen, welche das Motiv der Flechtbandaugen wiederholen. Der Hintergrund der Stirnplatte ist weiß. **Farben:** Rot, schwarz, weiß. **Maße:** H: 0,405 m[653]. **Dat.:** 1. Hälfte 6. Jh. v. Chr. **Lit.:** ORSI 1918, 672-637 Abb. 246; VAN BUREN 1923, 110-110; DARSOW 1938, 23; WIKANDER 1986, 47.

SYRA 23

Typ: Unbekannt. **Bau:** Unbekannt. **FO:** Temenos des Apollonions. **AO:** Siracusa, Museo Regionale Paolo Orsi. **Inv.-Nr.:** Unbekannt. **Erhaltene Bauteile:** Frgt. der

[651] Eine Deckplatte ist anzunehmen, sie wird aber weder abgebildet noch findet sie im Text Erwähnung. Vgl. WIKANDER 1986 47 Anm. 164.

[652] Die genaue Anzahl der Blätter ist durch den fragmentierten Zustand der Platte nicht mehr zu rekonstruieren.

[653] Im Text wird als Höhe 0,3 m angegeben. Die Maßangabe 0,405 m stammt aus der Beschriftung der Zeichnung. Vgl. WIKANDER 1986, 47 Anm. 167.

[654] Die Stücke **SYRA 14-17** liegen lediglich in einer Profilzeichnung und in einer Zeichnung der Dekoration der Unterseite vor. Die Beschreibungen des übrigen Dekors sind nur dem Text zu entnehmen.

GV[654]. **Erhaltungszustand:** Unbekannt. **GV:** `Profil`: Deckplatte, Rundstab, Stirnplatte, Rundstab. `Dekor`: Rundstäbe mit diagonalen Streifen. Stirnplatte mit einem doppelten dreiläufigen Flechtband. **Farben:** Rot, schwarz, weiß. **Maße:** H: 0,44 m. **Dat.:** 6. Jh. v. Chr. **Lit.:** CULTRERA 1951, 773 Abb. 34, 3. WIKANDER 1986, 48.

SYRA 24

Typ: Unbekannt. **Bau:** Unbekannt. **FO:** Temenos des Apollonions. **AO:** Siracusa, Museo Regionale Paolo Orsi. **Inv.-Nr.:** Unbekannt. **Erhaltene Bauteile:** Frgt. der GV. **Erhaltungszustand:** Unbekannt. **GV:** `Profil`: Deckplatte, Rundstab, Stirnplatte, doppelter Rundstab, kurze horizontale Leiste, Rundstab. `Dekor`: Oberer Rundstab mit diagonalen Streifen. Stirnplatte mit doppeltem Flechtband. Auf dem oberen der beiden abschließenden Rundstäbe diagonale Streifen, auf dem unteren Rechtecke. Leiste mit Rechtecken, hinterer Rundstab mit diagonalen Streifen. **Farben:** Rot, schwarz, weiß. **Maße:** H: 0,36 m. **Dat.:** 6. Jh. v. Chr. **Lit.:** CULTRERA 1951, 773 Abb. 34, 4. WIKANDER 1986, 48.

SYRA 25

Typ: Unbekannt. **Bau:** Unbekannt. **FO:** Temenos des Apollonions. **AO:** Siracusa, Museo Regionale Paolo Orsi. **Inv.-Nr.:** Unbekannt. **Erhaltene Bauteile:** Frgt. der GV. **Erhaltungszustand:** Schlecht, stark fragmentiert. **GV:** `Profil`: Ansatz der Stirnplatte, doppelter Rundstab. `Dekor`: Stirnplatte mit doppeltem Flechtband. Auf den Rundstäben diagonale Streifen in weiß und schwarz. Auf der Unterseite ein Blattstab aus alternierenden roten und schwarzen Blättern mit weißer Umrandung. **Farben:** Rot, schwarz, weiß. **Maße:** H: 0,31 m[655]. **Dat.:** 6. Jh. v. Chr. **Lit.:** CULTRERA 1951, 773 Abb. 34, 6. WIKANDER 1986 48.

SYRA 26

Typ: Unbekannt. **Bau:** Unbekannt. **Inv.-Nr.:** Unbekannt. **Erhaltene Bauteile:** Frgt. der GV. **FO:** Temenos des Apollonions. **AO:** Siracusa, Museo Regionale Paolo Orsi. **Erhaltungszustand:** Schlecht, stark fragmentiert. **GV:** `Profil`: Ansatz der Stirnplatte, doppelter Rundstab. `Dekor`: Stirnplatte mit doppeltem Flechtband. Auf dem Rundstab diagonale Streifen. Auf der Unterseite Wolfszahn in weiß und schwarz. Die schwarzen Zähne zeigen leicht eingezogene Seiten. **Farben:** Rot, schwarz, weiß. **Maße:** H: max. ca. 0,13 m. (nach Maßstab). **Dat.:** 6. Jh. v. Chr. **Lit.:** CULTRERA 1951, 776 Abb. 34, 7. WIKANDER 1986, 48.

SYRA 27

Typ: Unbekannt. **Bau:** Unbekannt. **FO:** Temenos des Apollonions. **AO:** Siracusa, Museo Regionale Paolo Orsi. **Inv.-Nr.:** Unbekannt. **Erhaltene Bauteile:** Frgt. der GV. **Erhaltungszustand:** Schlecht, stark fragmentiert. **GV:** `Profil`: Frgt. der Stirnplatte mit dem Ansatz eines Rundstabes. `Dekor`: Auf der Stirnplatte ein einfaches Flechtband aus einem roten und einem schwarzen Band, beide mit schmaler weiß-schwarzer Füllung. In den Augen sechsteilige weiße Rosetten auf schwarzem Grund, eingefasst von konzentrischen Kreisen in schwarz und weiß. Der Hintergrund ist weiß. Auf dem Rundstab diagonale Streifen in schwarz, weiß und rot. **Farben:** Rot, schwarz, weiß. **Maße:** H: rek. ca. 0,28 m. **Dat.:** Um 580 v. Chr. **Lit.:** CULTRERA 1951, 777-778 Abb. 39 oben; WIKANDER 1986, 48.

SYRA 28 Taf. 35,4

Typ: Unbekannt. **Bau:** Unbekannt. **FO:** Temenos des Apollonions. **AO:** Siracusa, Museo Regionale Paolo Orsi. **Inv.-Nr.:** Unbekannt. **Erhaltene Bauteile:** Frgt. der GV. **Erhaltungszustand:** Schlecht, stark fragmentiert. **GV:** `Profil`: Frgt. der Stirnplatte mit dem Ansatz eines Rundstabes. `Dekor`: Auf der Stirnplatte ein einfaches Flechtband aus einem roten und einem schwarzen Band, beide mit schmaler weiß-schwarzer Füllung. In den Augen alternierend massive schwarze Füllungen und sechsteilige weiße Rosetten auf schwarzem Grund, eingefasst von konzentrischen Kreisen in schwarz und weiß. Der Hintergrund ist weiß. Auf dem Rundstab zwei gegenläufig angebrachte Bänder aus diagonalen Streifen in rot, schwarz und weiß. **Farben:** Rot, schwarz, weiß. **Maße:** H: rek. ca. 0,14 m. **Dat.:** 6. Jh. v. Chr. **Lit.:** CULTRERA 1951, 777-778 Abb. 39 unten; WIKANDER 1986, 49.

SYRA 29

Typ: Unbekannt. **Bau:** Unbekannt. **FO:** Temenos des Apollonions. **AO:** Siracusa, Museo Regionale Paolo Orsi. **Inv.-Nr.:** Unbekannt. **Erhaltene Bauteile:** Frgt. der GVH. **Erhaltungszustand:** Gut, ein ganzes Modul erhalten. **GVH:** `Profil`: Stirnplatte, deren Oberkante sich der Inklination der GS anpasst. Die Steigung verläuft von links nach rechts, unten abschließender Rundstab. `Dekor`: Die Stirnplatte ist mit einem doppelten Flechtband aus vier Bändern dekoriert. Die zentrale Palmette ist dreiteilig, die Blätter sind schwarz gefüllt und weiß-schwarz umrandet. In den Augen vierteilige weiße Rosetten auf schwarzem Grund von einem weißen Kreis umfangen. Der Hintergrund der Platte ist weiß. Der Dekor wird nicht verkleinert, sondern durch den Verlauf der GS beschnitten. Auf dem Rundstab diagonale Streifen in schwarz, rot und weiß. **Farben:** Rot, schwarz, weiß. **Maße:** H: 0,29 m. L(Modul): 0,25 m. **Dat.:** 6. Jh. v. Chr. **Lit.:** CULTRERA 1951, 778 Abb. 40 links; WIKANDER 1986, 49.

[655] Wikander 1986 merkt an, dass Cultrera nicht angibt, ob sich diese Angabe auf die Höhe des Fragments, oder auf die rekonstruierte Gesamthöhe bezieht. Der auf der Zeichnung befindlich Maßstab zeigt aber eindeutig, dass sich die Maße auf die Höhe der gesamten GV beziehen. Vgl. WIKANDER 1986, 48 Anm. 170.

SYRA 30

Typ: Unbekannt. **Bau:** Unbekannt. **FO:** Temenos des Apollonions. **AO:** Siracusa, Museo Regionale Paolo Orsi. **Inv.-Nr.:** Unbekannt. **Erhaltene Bauteile:** Frgt. der GS. **Erhaltungszustand:** Schlecht, stark fragmentiert. **GS:** Profil: Ansatz der Kehle, Leiste. Dekor: Auf der Kehle ein Blattstab aus unten eingezogenen Blättern mit alternierender schwarzer und roter Füllung und weiß-schwarz-weißer Umrandung. Die Blätter sind leicht geneigt, so dass sie sich der Inklination der Sima anpassen. **Farben:** Rot, schwarz, weiß. **Maße:** L: 0,12 m. **Dat.:** 6. Jh. v. Chr. **Lit.:** CULTRERA 1951, 778 Abb. 41; WIKANDER 1986, 49.

SYRA 31

Typ: Unbekannt. **Bau:** Unbekannt. **FO:** Temenos des Olympieions. **AO:** Siracusa, Museo Regionale Paolo Orsi. **Inv.-Nr.:** Unbekannt. **Erhaltene Bauteile:** Frgt. einer GV. **Erhaltungszustand:** Schlecht, stark fragmentiert. **GV:** Profil: Frgt. der Stirnplatte. Dekor: Doppeltes fünfläufiges Flechtband. Wahrscheinlich dreiteilige zentrale Palmette aus schwarzen Blättern mit weißer Umrandung. In den Augen vierteilige Rosetten aus weißen Blättern auf schwarzem Grund. Der Hintergrund ist schwarz. **Farben:** Schwarz, weiß. **Maße:** H: ca. 0,9 m. L: ca. 0,1 m. (Nach Maßstab). **Dat.:** 6. Jh. v. Chr. **Lit.:** ORSI 1903, 383 Taf. 19, 5; WIKANDER 1986, 49; VAN BUREN 1923, 99; DARSOW 1938, 24; DÖRPFELD U.A. 1881 Taf. 4, 7.

SYRA 32

Typ: Unbekannt. **Bau:** Unbekannt. **FO:** Temenos des Olympieions. **AO:** Siracusa, Museo Regionale Paolo Orsi. **Inv.-Nr.:** Unbekannt. **Erhaltene Bauteile:** Frgt. einer GV. **Erhaltungszustand:** Schlecht, stark fragmentiert. **GV:** Profil: Frgt. der Stirnplatte. Dekor: Wie **SYRA 30**[656]. **Farben:** Schwarz, weiß. **Maße:** H: ca. 0,2 m. L: ca. 0,2 m. (Nach Maßstab). **Dat.:** 6. Jh. v. Chr. **Lit.:** ORSI 1903, 383 Taf. 19, 4; WIKANDER 1986 49-50; VAN BUREN 1923, 104.

13.33 Die Dächer aus Tarent

TARE 1 Taf. 35,-6

Typ: Blattstabsima. **Bau:** Unbekannt. **FO:** Tarent, genauer Ort unbekannt. **AO:** Tarent, Museo Nazionale. **Inv.-Nr.:** 12896. **Erhaltene Bauteile:** Frgte. der GS. **Erhaltungszustand:** Schlecht, nur einige Frgte. erhalten **GS:** Profil: Bodenplatte, Sockel, leicht zurückversetzte Kehle, deren oberes Ende zu einer vertikalen Leiste umbricht. Dekor: Auf dem Sockel drei Bänder aus gegenläufigen horizontalen Streifen in schwarz und weiß. Kehle mit einem einfachen Blattstab mit erhabener Umrandung. Leiste wie Sockel. **Farben:** Schwarz, weiß. **Maße:** Unbekannt. **Dat.:** Ende 7. Jh. v. Chr. **Lit.:** ANDREASSI 1970, 417 Taf. 67, 1; VIOLA 1996, 175 Abb. 116; WINTER 1993, 282.

TARE 2 Taf. 35,8

Typ: Kanonisches sizilisches Dach. **Bau:** Unbekannt. **FO:** Tarent, genauer Ort unbekannt. **AO:** Tarent, Museo Nazionale. **Inv.-Nr.:** 12891. **Erhaltene Bauteile:** Oberer Abschluss einer Sima. **Erhaltungszustand:** Schlecht, nur Frgte. erhalten. **Sima:** Profil: Ansatz der Kehle, Leiste, Rundstab. Dekor: Auf der Kehle Spuren eines Blattstabes aus weiß-schwarz umrandeten Blättern auf weißem Grund. Auf der Leiste ein schwarzer Hakenmäander auf weißem Grund. Vom Dekor des abschließenden Rundstabes hat sich nichts erhalten. **Farben:** Schwarz, weiß. **Maße:** H: 0,141 m. L: 0,14 m. **Dat.:** 1. Hälfte 6 Jh. v. Chr. **Lit.:** VIOLA 1996, 175 Abb. 118; ANDREASSI 1972, 171 Anm. 7.

TARE 3 Taf. 35,7; 36,1

Typ: Anthemiensima. **Bau:** Unbekannt. **FO:** Unbekannt. **AO:** Tarent, Museo Nazionale. **Inv.-Nr.:** Unbekannt. **Erhaltene Bauteile:** Frgte. der TS. **Erhaltungszustand:** Schlecht, nur einige Frgte. erhalten. **TS:** Profil: Vorkragende Bodenplatte, Sockel, Anthemienfries. Dekor: Auf dem vorkragenden Teil der Bodenplatte ein schwarzer Hakenkreuzmäander auf weißem Grund, die Mäanderkreuze alternieren mit roten Rechtecken, die mit einem weißen achtteiligen Stern gefüllt sind. Zu beiden Seiten wird der Mäander von schwarzen horizontalen Streifen eingefasst. Der Sockel ist mit einem diagonal verschobenen Hakenmäander aus schwarzen und roten Elementen auf weißem Grund dekoriert. Darüber die Löwenkopfwasserspeier. Abschließend hohe Lotosblüten aus vier spitzen äußeren Blättern mit schwarzer Füllung und weißer Umrandung sowie aus fünf runden zentralen Blättern mit alternierender roter und schwarzer Füllung und weißer Umrandung. Verbunden sind die Blüten durch ein weißes Rankenband. **Farben:** Rot, schwarz, weiß. **Maße:** Unbekannt. **Dat.:** Anfang 5. Jh. v. Chr. **Lit.:** ANDREASSI 1970, 417 Taf. 66, 3; BARTOCCINI 1936, 195-196 Abb. 102-103 Taf. 11, 4.

TARE 4 Taf. 36,2

Typ: Anthemiensima. **Bau:** Unbekannt. **FO:** Unbekannt. **AO:** Tarent, Museo Nazionale. **Inv.-Nr.:** Unbekannt. **Erhaltene Bauteile:** Frgte. der TS. **Erhaltungszustand:** Unbekannt, das Stück liegt nur in einer Rekonstruktionszeichnung vor. **TS:** Profil: Sockel, Kyma recta, Überschlagskarnies, leicht zurückversetzter Anthemienfries. Die Bodenplatte beginnt auf der Höhe des Kyma recta, der Sockel reicht demnach über das Geison. Dekor: Auf dem Sockel ein schwarzer Hakenkreuzmäander auf weißem Grund, die Mäanderkreuze alternieren mit roten Rechtecken, welche mit einem weißen achtteiligen Stern gefüllt sind. Das Kyma recta ist mit einem Blattstab aus weiß gefüllten und rot-weiß umrandeten Blätter auf schwarzem Grund dekoriert. Auf dem Überschlagskarnies wird dieses Motiv in verkürzter und hängender Form wiederholt. Darüber der gekreuzte doppelte Anthemienfries. Die Palmetten sind neunteilig und bestehen aus alternierend schwarz und rot gefüllten Blättern mit weißer Umrandung. Die Lotosblüten

[656] Orsi erwähnt ausdrücklich das **SYRA 30** und **SYRA 31** unterschiedliche Maße haben und damit trotz der Ähnlichkeiten im Dekor nicht zur selben Verkleidung gehören.

sind fünfteilig und bestehen ebenfalls aus alternierend rot und schwarz gefüllten Blättern mit weißer Umrandung. Zwischen den äußeren und dem zentralen Blatt der Blüte sind noch zusätzlich drei Runde Blätter in gleicher Farbgebung angebracht. Verbunden sind die Blüten durch zwei weiße Rankenbänder, deren Zwischenräume teilweise gefüllt und teilweise offen gestaltet sind[657]. **Farben**: Schwarz, weiß, rot. **Maße:** *Una grande sima laterale*[658]. **Dat.**: Letztes Viertel 6. Jh. v. Chr. **Lit.**: ANDREASSI 1970, 419-420 Taf. 68, 3.

TARE 5 Taf. 36,3

Typ: Anthemiensima. **Bau:** Unbekannt. **FO:** Unbekannt. **AO:** Tarent, Museo Nazionale. **Inv.-Nr.**: 12911. **Erhaltene Bauteile:** Frgte. der TS. **Erhaltungszustand:** Schlecht, nur 1 Frgt. erhalten. **TS:** **Profil**: Vorkragende Bodenplatte, Sockel mit einem Gorgonenwasserspeier, zusätzlich zu rechten Seite Ansatz eines Röhrenwasserspeiers, Rundstab, Kehle, schmale Leiste. **Dekor**: Auf dem vorkragenden Teil der Bodenplatte ein schwarzer Hakenkreuzmäander auf weißem Grund, die Mäanderkreuze alternieren mit roten Sternen. Neben den Wasserspeiern eine achtteilige weiße Rosette, in deren Zentrum ein roter Punkt. Rundstab mit Rechtecken durch vertikale Streifen voneinander getrennt. Die Kehle ist mit einem weißen Wellenband mit schmaler, schwarzer Umrandung dekoriert. Die oberen Wellen sind schwarz, die unteren weiß gefüllt. **Farben**: Schwarz, weiß, rot. **Maße:** H: 0,128 m. L: 0,2 m. **Dat.**: 1. Viertel 5. Jh. v. Chr. **Lit.**: ANDREASSI 1972, 168 Taf. 84, 1-2; 85.

TARE 6 Taf. 36,4

Typ: Anthemiensima. **Bau:** Unbekannt. **FO:** Unbekannt. **AO:** Tarent, Museo Nazionale. **Inv.-Nr.**: 12928, 63300. **Erhaltene Bauteile:** Frgte. der TS. **Erhaltungszustand:** Schlecht, nur 2 Frgte. erhalten. **TS:** **Profil**: Vorkragende Bodenplatte, Sockel mit einem Gorgonenwasserspeier, Rundstab, Ansatz der Rankenbänder eines Anthemions. **Dekor**: Auf dem vorkragenden Teil der Bodenplatte ein schwarzer Hakenkreuzmäander auf weißem Grund, die Mäanderkreuze alternieren mit Rechtecken, die mit einem weißen, achtteiligen Stern gefüllt sind. Neben den Wasserspeiern achtteilige weiße Rosetten, in deren Zentrum ein roter Punkt. Der Hintergrund ist schwarz. Auf dem Rundstab kein erhaltener Dekor. Ansatz weißer Rankenbänder mit schwarz gefüllten Zwischenräumen. **Farben**: Schwarz, weiß, rot. **Maße:** H(12928): 0,138 m. L(12928): 0,287 m. H(63300): 0,115 m. L(63300): 0,205 m. **Dat.**: 1. Viertel 5. Jh. v. Chr. **Lit.**: ANDREASSI 1972, 168-169 Taf. 86-87.

TARE 7 Taf. 36,5

Typ: Anthemiensima. **Bau:** Unbekannt. **FO:** Unbekannt. **AO:** Tarent, Museo Nazionale. **Inv.-Nr.**: 12910, 12934. **Erhaltene Bauteile:** Frgte. der TS. **Erhaltungszustand:** Schlecht, nur 2 Frgte. erhalten. **TS:** **Profil**: Vorkragende Bodenplatte, Sockel mit einem Ansatz für einen Röhrenwasserspeier, Kyma recta, schmale Leiste, Ansatz der Rankenbänder und einer Palmette eines durchbrochenen Anthemions. **Dekor**: Auf dem vorkragenden Teil der Bodenplatte ein schwarzer Hakenkreuzmäander auf weißem Grund, die Mäanderkreuze alternieren mit Rechtecken, die mit einem weißen achtteiligen Stern gefüllt sind. Neben den Wasserspeiern achtteilige weiße Rosetten, in deren Zentrum ein roter Punkt. Der Hintergrund ist schwarz, der Ansatz der WS weiß gefasst. Das Kyma recta ist mit einem Blattstab aus weiß gefüllten und rot-weiß umrandeten Blättern auf schwarzem Grund dekoriert. Auf der schmalen Leiste Rechtecke in schwarz und weiß, durch vertikale Streifen voneinander getrennt Ansatz weißer Rankenbänder. Die erhaltene Palmette ist vielteilig und besteht aus alternierenden roten und schwarzen Blättern mit weißer Umrandung. **Farben**: Schwarz, weiß, rot. **Maße:** H(12910): 0,125 m. L(12928): 0,26 m. H(12934): 0,16 m. L(63300): 0,193 m. **Dat.**: 1. Viertel 5. Jh. v. Chr. **Lit.**: ANDREASSI 1972, 169-170 Taf. 88-89.

TARE 8 Taf. 36,6

Typ: Anthemiensima. **Bau:** Unbekannt. **FO:** Unbekannt. **AO:** Tarent, Museo Nazionale. **Inv.-Nr.**: 12935. **Erhaltene Bauteile:** 5 Frgte. der TS. **Erhaltungszustand:** Schlecht, nur Frgte. erhalten. **TS:** **Profil**: Vorkragende Bodenplatte, Sockel mit Gorgonenwasserspeiern, zusätzlich zu beiden Seiten Ansätze von Röhrenwasserspeiern, Kyma recta, Rundstab, leicht zurückversetzter Anthemienfries. **Dekor**: Auf dem vorkragenden Teil der Bodenplatte ein schwarzer Hakenkreuzmäander auf weißem Grund, die Mäanderkreuze alternieren mit roten Rechtecken, die mit einem weißen achtteiligen Stern gefüllt sind. Neben den Wasserspeiern weiß gefüllte Speichenräder mit schwarzen Speichen. Der Hintergrund ist schwarz gefüllt. Das Kyma recta ist mit einem Blattstab aus weiß gefüllten und rot-weiß umrandeten Blättern auf schwarzem Grund dekoriert. Rundstab mit Rechtecken in schwarz und weiß durch Streifen voneinander getrennt. Darüber der Anthemienfries, von welchem sich lediglich der untere Teil erhalten hat. Die Palmetten sind neunteilig und bestehen aus alternierend schwarz und rot gefüllten Blättern mit weißer Umrandung. Die Lotosblüten sind fünfteilig und bestehen ebenfalls aus alternierend rot und schwarz gefüllten Blättern mit weißer Umrandung. Verbunden sind die Blüten durch zwei weiße Rankenbänder. **Farben**: Schwarz, weiß, rot. **Maße:** H: 0,125 m. L: 0,37 m. **Dat.**: 1. Viertel 5. Jh. v. Chr. **Lit.**: ANDREASSI 1970, 418 Taf. 68, 4; MERTENS 1981 Taf. 24 c; ANDREASSI 1972, 170 Taf. 90-91; VIOLA 1996, 168; 170 Abb. 119.

TARE 9

Typ: Anthemiensima. **Bau:** Unbekannt. **FO:** Tarent. **AO:** Tarent, Museo Nazionale. **Inv.-Nr.**: 12913. **Erhaltene Bauteile:** Frgte. der TS. **Erhaltungszustand:** Schlecht,

[657] Die Rekonstruktionszeichnung Andreassis lassen keine Regelmäßigkeiten in der Abfolge von gefüllten und ungefüllten Bereichen erkennen.

[658] ANDREASSI 1970, 419.

nur Frgte. erhalten. **TS:** `Profil`: Traufziegel, darüber doppelter gekreuzter Anthemienfries aus neunteiligen Palmetten und Lotosblüten deren Aussehen sich nicht mehr rekonstruieren lässt. Die Blüten sind durch zwei Rankenbänder verbunden. In den Ansatz des Anthemions sind Löwenkopfwasserspeier eingeschnitten. `Dekor`: Die Stirn des Traufziegels ist mit einem rautenförmig angeordneten Mäander dekoriert. Die Blätter der Palmetten des Anthemions sind alternierend schwarz und rot gefüllt. Auf der vorkragenden Unterseite des Traufziegels ein schwarzer Hakenkreuzmäander mit eingeschriebenen roten Rechtecken, die mit einem weißen achtstrahligen Stern gefüllt sind. Der Mäander ist auf beiden Seiten von einem schwarzen Streifen eingefasst, der Hintergrund ist weiß. **Farben**: Schwarz, weiß, rot. **Maße:** Unbekannt. **Dat.**: Letztes Drittel 6. Jh. v. Chr. **Lit.**: VIOLA 1996, 164 Abb. auf S. 164; ANDREASSI 1970, 420 Taf. 66, 3[659].

TARE 10 Taf. 36,7

Typ: Baldachinsima. **Bau:** Unbekannt. **FO:** Unbekannt. **AO:** Tarent, Museo Nazionale. **Inv.-Nr.**: Unbekannt. **Erhaltene Bauteile:** Frgte. einer GV. **Erhaltungszustand:** Unbekannt, das Stück liegt nur in einer Rekonstruktionszeichnung vor. **GV:** `Profil`: Deckplatte, Leiste, Konsole für die Auflage der Sima, darunter ein Kyma recta, Stirnplatte, Rundstab. `Dekor`: Der von der Sima verdeckte Teil ist undekoriert. Auf der schmalen Vorderseite der Konsole ein Band aus schwarzen und weißen Rechtecken durch vertikale Streifen voneinander getrennt. Das Kyma ist mit einem Blattstab aus weiß gefüllten und rot-weiß umrandeten Blättern auf schwarzem Grund dekoriert. Stirnplatte mit einem doppelten einläufigen Flechtband mit schwarzer Umrandung. Dreiteilige zentrale Palmette aus alternierend rot und schwarz gefüllten und weiß umrandeten Blättern. In den Augen ein schwarz gefüllter Kreis. Der Hintergrund ist weiß. Rundstab mit diagonalen Streifen in schwarz und weiß. **Farben**: Schwarz, weiß, rot. **Maße:** Unbekannt **Dat.**: Letztes Drittel 6. Jh. v. Chr. **Lit.**: ANDREASSI 1970, 418 Taf. 67, 3.

TARE 11 Taf. 36,8

Typ: Baldachinsima. **Bau:** Unbekannt. **FO:** Unbekannt. **AO:** Tarent, Museo Nazionale[660]. **Inv.-Nr.**: Unbekannt. **Erhaltene Bauteile:** Frgte. der TS. **Erhaltungszustand:** Schlecht, nur wenige Frgte. erhalten. **TS:** `Profil`: Leiste, Rundstab, Kehle, Leiste, horizontaler Baldachin. `Dekor`: Auf der unteren Leiste ein einfacher gemalter Anthemienfries aus hängenden zehnteiligen Palmetten aus weißen Blättern und aus stehenden Lotosblüten auf schwarzem Grund. Die Lotosblüten bestehen aus zwei spitzen äußeren und einem spitzen zentralen Blatt, zwischen diesen je drei runde stehende Blätter. Die Blätter der Lotosblüte sind ebenfalls alle weiß. Die Blüten sind durch ein weißes Rankenband verbunden. Rundstab mit diagonalen Streifen in schwarz und weiß. Die Kehle ist mit einem stehenden Blattstab aus tropfenförmigen Blättern dekoriert, in dessen Zwischenräume ein hängender Blattstab gleicher Größe eingeschoben ist. Die Blätter des stehenden Blattstabes sind rot gefüllt, die des hängenden schwarz. Alle Blätter sind weiß umrandet. Darüber ein Hakenmäander aus roten und schwarzen Elementen auf weißem Grund. In die gesamte Höhe des vertikalen Teils der Sima ist der Ansatz für einen Pseudo-Löwenkopfwasserspeier eingeschnitten. Die Unterseite des Baldachins ist mit einem schwarzen Hakenkreuzmäander in zwei Registern dekoriert, in welchen diagonal versetzte rote Rechtecke eingeschrieben sind. Diese sind mit einem achtteiligen weißen Stern gefüllt. Der Hintergrund des Baldachins ist weiß. **Farben**: Rot, schwarz, weiß. **Maße:** H: 0,125 m. L: 0,125 m. (beziehen sich nur auf das Fragment aus dem Basler Kunsthandel). **Dat.**: Um 500 v. Chr. **Lit.**: ANDREASSI 1970, 416 Taf. 66, 1; MERTENS-HORN 1988, 200 Kat.-Nr. 53 Taf. 67 b; MÜNZEN UND MEDAILLEN AG BASEL, Kat. Auktion 40, 1969, Nr. 154, Taf. 60.

TARE 12 Taf. 37,1

Typ: Baldachinsima. **Bau:** Unbekannt. **FO:** Aus Tarent. **AO:** Archäologische Sammlung der Universität Heidelberg. **Inv.-Nr.**: Inv.St. 11. **Erhaltene Bauteile:** Frgte. der TS. **Erhaltungszustand:** Schlecht, ein Frgt. erhalten. **TS:** `Profil`: Leiste, Rundstab, Kehle, Leiste, Ansatz des Baldachins. `Dekor`: Auf der unteren Leiste ein einfacher gemalter Anthemienfries, der jedoch so stark verrieben ist, dass seine genaue Gestaltung nicht mehr rekonstruierbar ist. Die Kehle ist mit einem stehenden Blattstab aus tropfenförmigen Blättern dekoriert, in dessen Zwischenräume ein hängender Blattstab gleicher Größe eingeschoben ist. Darüber ein Hakenmäander aus roten und schwarzen Elementen auf weißem Grund. In die gesamte Höhe des vertikalen Teils der Sima ist der Ansatz für einen Pseudo-Löwenkopfwasserspeier eingeschnitten. **Farben**: Rot, schwarz, weiß. **Maße:** Unbekannt. **Dat.**: Um 500 v. Chr. **Lit.**: MERTENS-HORN 1988, 200 Kat.-Nr. 53 Taf. 67a.

TARE 13 Taf. 37,2

Typ: Baldachinsima - Variante. **Bau:** Unbekannt. **FO:** Unbekannt. **AO:** Tarent, Museo Nazionale. **Inv.-Nr.**: 12908. **Erhaltene Bauteile:** Frgte. der GS. **Erhaltungszustand:** Unbekannt, das Stück liegt nur in einer Rekonstruktionszeichnung vor. **GS:** `Profil`: Leiste, Rundstab, Kehle, Leiste, Kyma recta, Überschlagskarnies, Traufziegel. `Dekor`: Auf der unteren Leiste ein Fries aus achtteiligen Palmetten aus weißen Blättern auf schwarzem Grund. Die Palmetten sind durch weiße Rankenbänder verbunden. Statt einer Palmette finden auch scheibenförmige Antefixe

[659] Die hier von Andreassi vorgelegte Rekonstruktion ist falsch. Ein Vergleich mit den Abbildungen bei Viola zeigt, dass sowohl die Lage der Löwenköpfe als auch die Gestaltung des Anthemions nicht richtig rekonstruiert wurde. Die Abbildungen bei Viola beweisen, dass die Wasserspeier in die hängenden Lotosblüten eingesetzt waren und nicht in die jeweils links von einer stehenden Lotosblüte befindliche Schlaufe des Rankenbandes. Zudem zeigen die Fotografien, dass es sich keineswegs um ein einfaches Anthemion aus stehenden Lotosblüten, sondern um einen doppelten gekreuzten Fries aus Lotosblüten und Palmetten handelte.

[660] Ein 1960 in Basel versteigertes Frgt. einer Baldachinsima dürfte ebenfalls zu diesem Dach gehören. Weder in Dekor noch in der Form lassen sich Unterschiede ausmachen.

Verwendung, die genaue Abfolge von hängenden und stehenden Palmetten sowie den Antefixen kann anhand der erhaltenen Frgte. nicht rekonstruiert werden. Rundstab mit Rechtecken in weiß und rot durch vertikale Streifen voneinander getrennt. Die Kehle ist mit einem Blattstab aus tropfenförmigen Blättern dekoriert. Die Blätter sind alternierend rot und schwarz gefüllt und weiß-schwarz umrandet. Der Hintergrund ist weiß. Darüber ein Hakenmäander aus roten und schwarzen Elementen auf weißem Grund. Auf der Kyma recta vertikale Streifen in schwarz, weiß und rot. Das Überschlagskarnies ist mit einem kurzen hängenden Blattstab aus weißen Blättern mit rot-weißer Umrandung auf schwarzem Grund dekoriert. **Farben**: Rot, schwarz, weiß. **Maße:** Unbekannt. **Dat.**: Um 500 v. Chr. **Lit.**: ANDREASSI 1970, 417 Taf. 66, 2; VIOLA 1996, Abb. auf S. 162 oben.

TARE 14 Taf. 37,3

Typ: Rosettendach. **Bau:** Unbekannt. **FO:** Tarent, genauer Ort unbekannt. **AO:** Tarent, Museo Nazionale. **Inv.-Nr.**: 12920. **Erhaltene Bauteile:** Frgte. einer Sima. **Erhaltungszustand:** Schlecht, nur Frgte. erhalten. **Sima:** `Profil`: Kehle, Leiste. `Dekor`: Auf der Kehle Spuren eines Blattstabes aus weiß umrandeten Blättern auf schwarzem Grund. Die Leiste ist mit einem Schachbrettmuster und einer siebenteiligen plastischen Rosette dekoriert. **Farben**: Unbekannt. **Maße:** H: 0,126 m. L: 0,215 m. **Dat.**: Erstes Viertel 6. Jh. v. Chr. **Lit.**: VIOLA 1996, 175 Abb. 117; DEGRASSI 1981, 122 Anm. 494.

TARE 15

Typ: Löwenkopfwasserspeiersima. **Bau:** Unbekannt. **FO:** Tarent, genauer Ort unbekannt. **AO:** Tarent, Museo Nazionale. **Inv.-Nr.**: 12897. **Erhaltene Bauteile:** Ein Modul der TS. **Erhaltungszustand:** Gut, ganzes Modul erhalten. **TS:** `Profil`: Sockel mit einem Löwenkopfwasserspeier, Astragal, ionisches Kyma, Leiste. Der Astragal und das Kyma werden ebenfalls durch den Wasserspeier geschnitten. `Dekor`: Auf dem Sockel die Spuren eines Anthemions. **Farben**: Unbekannt. **Maße:** H: 0,245 m. L: 0,552 m. **Dat.**: 5. Jh. v. Chr. **Lit.**: VIOLA 1996, 176-177 Abb. 122; VAN BUREN 1923, 95.

TARE 16

Typ: Unbekannt. **Bau:** Unbekannt. **FO:** Tarent, Via Dante Alighieri, Ecke Via Leonida. **AO:** Tarent, Museo Nazionale. **Inv.-Nr.**: 50778. **Erhaltene Bauteile:** Sima. **Erhaltungszustand:** Unklar, das Stück liegt nur in einer nicht sonderlich aussagekräftigen Rekonstruktionszeichnung vor. **Sima:** `Profil`: Zwei Leisten, von denen die untere als hängend bezeichnet wird. In der oberen Leiste sind an deren Oberseite zwei niedrige Einkerbungen und mittig eine sehr tiefe Einkerbung zu sehen. Die niedrigen dienten wahrscheinlich zur Anstückung von Antefixen, die tiefe Aussparung wohl zur Anbringung eines Wasserspeiers. `Dekor`: Auf der hängenden Leiste ein gemalter einfacher Anthemienfries aus zwölfteiligen Palmetten und vierteiligen Lotosblüten, welche durch dünne schwarze Rankenbänder verbunden sind. Die andere Leiste ist mit einem schwarzen Hakenkreuzmäander auf weißem Grund dekoriert, die Mäanderkreuze alternieren mit roten Rechtecken, die mit einem weißen achtteiligen Stern gefüllt sind. **Farben**: Schwarz, weiß, rot. **Maße:** H: 0,151 m. L: 0,64 m. **Dat.**: 5. Jh. v. Chr. **Lit.**: VIOLA 1996, 176 Abb. 121; BARTOCCINI 1936, 195 Taf. 11, 3; WUILLEUMIER 1939, 254 Taf. 1, 5; ANDREASSI 1970, 419 Taf. 68, 1.

TARE 17

Typ: Unbekannt. **Bau:** Unbekannt. **FO:** Unbekannt. **AO:** Tarent, Museo Nazionale. **Inv.-Nr.**: 12897. **Erhaltene Bauteile:** Frgte. einer Sima. **Erhaltungszustand:** Unbekannt, das Stück liegt nur in einer Rekonstruktionszeichnung vor. **Sima:** `Profil`: Sockel, Ovolo, Stab. `Dekor`: Der Sockel ist mit einem schwarzen Hakenkreuzmäander auf weißem Grund dekoriert, die Mäanderkreuze alternieren mit roten Rechtecken, die mit einem weißen achtteiligen Stern gefüllt sind. Auf dem Ovolo ein hängender Blattstab aus alternierend rot und schwarz gefüllten und weiß umrandeten Blättern auf schwarzem Grund. Stab mit Rechtecken in schwarz und weiß. **Farben**: Schwarz, weiß und rot. **Maße:** Unbekannt. **Dat.**: Ende 6./Anfang 5. Jh. v. Chr. **Lit.**: ANDREASSI 1970, 422 Taf. 69, 3.

TARE 18

Typ: Unbekannt. **Bau:** Unbekannt. **FO:** Tarent, Via Dante Alighieri, Ecke Via Leonida. **AO:** Tarent, Museo Nazionale. **Inv.-Nr.**: 50621. **Erhaltene Bauteile:** Frgte. einer GV. **Erhaltungszustand:** Schlecht, nur neun zusammengehörige Frgte. erhalten. **GV:** `Profil`: Deckplatte, weit vorspringendes Überschlagskarnies, Kyma recta, Stirnplatte, Kyma reversa, Rundstab, Bodenplatte, Rundstab. `Dekor`: Auf dem Überschlagskarnies ein kurzer hängender Blattstab auf weißem Grund. Die Blätter sind alternierend rot und schwarz gefüllt und weiß-schwarz umrandet. Der Raum zwischen zwei Blättern ist mit einem kurzen schwarzen Halbkreis überfangen. Das Kyma recta ist mit vertikalen Streifen in weiß, schwarz und rot gefüllt. Stirnplatte mit einem doppelten einläufigen Flechtband mit schwarzer Umrandung. Dreiteilige zentrale Palmette aus alternierend rot und schwarz gefüllten und weiß umrandeten Blättern. In den Augen ein schwarz gefüllter Kreis. Der Hintergrund ist weiß. Auf dem Kyma reversa ein gemaltes lesbisches Kyma. Die Blätter sind weiß gefüllt und schwarz umrandet. In und neben den Blättern ein hängender spitzer Streifen in rot. Der Hintergrund ist weiß. Rundstab mit diagonalen Streifen in schwarz und weiß. Auf der Bodenplatte ein schwarzer Hakenkreuzmäander auf weißem Grund, die Mäanderkreuze alternieren mit roten Rechtecken, die mit einem weißen achtteiligen Stern gefüllt sind. Abschließender Rundstab wieder mit diagonalen Streifen in schwarz und weiß. **Farben**: Schwarz, weiß, rot. **Maße:** H: 0,23 m. L: 0,29 m. **Dat.**: Letztes Drittel 6. Jh. v. Chr. **Lit.**: ANDREASSI 1970, 417-418 Taf. 67, 2; BARTOCCINI 1936 Taf. 13 oben-links (keine Erwähnung im Text); VIOLA 1996 Abb. auf S. 162 unten-links.

TARE 19

Typ: Unbekannt. **Bau:** Unbekannt. **FO:** Tarent, genauer Fundort unbekannt. **AO:** Tarent, Museo Nazionale. **Inv.-Nr.:** 12905. **Erhaltene Bauteile:** Oberer Abschluss einer Sima. **Erhaltungszustand:** Schlecht, nur Frgte. erhalten. **Sima:** `Profil`: Ansatz der Kehle, Leiste, Kyma recta, schmale Leiste. `Dekor`: Auf der Kehle ein Blattstab aus weiß umrandeten Blättern. Leiste mit einem schwarzen Hakenkreuzmäander auf weißem Grund, die Mäanderkreuze alternieren mit roten Rechtecken, die mit einem weißen achtteiligen Stern gefüllt sind. Die Kyma recta ist mit einem Blattstab aus weißen, rot-weiß umrandeten Blättern auf weißem Grund dekoriert. Die abschließende Leiste scheint schwarz gefasst zu sein. **Farben**: Schwarz, weiß, rot. **Maße:** H: 0,09 m. L: 0,089 m. **Dat.:** Letztes Drittel 6. Jh. v. Chr. **Lit.:** Viola 1996, 175 Abb. 120.

13.34 Die Dächer unbekannter Herkunft

UNBE 1

Typ: Unbekannt. **Bau:** Unbekannt. **FO:** Unbekannt. **AO:** Museo Civico di Rovereto. **Erhaltene Bauteile:** Frgt. der GV. **Inv.-Nr.:** 7. N. 67. **Erhaltungszustand:** Sehr Schlecht, nur ein Frgt. erhalten. **GV:** `Profil`: Doppelter Rundstab, Ansatz der Stirnplatte[661]. `Dekor`: Auf den Rundstäben Rechtecke. Die Stirnplatte ist mit einem doppelten dreiläufigen Flechtband mit weiß-schwarzer Umrandung dekoriert. In den Augen vierteilige weiße Rosetten mit schwarzer Umrandung auf weißem Grund. Die zentrale Palmette ist verloren. **Farben:** Weiß, schwarz, rot (?). **Maße:** H: max. 0,092 m. L: max. 0,124 m. **Dat.:** 6. Jh. v. Chr . **Lit.:** Martignago 1981, 91. Abb. 55.

UNBE 2

Typ: Unbekannt. **Bau:** Unbekannt. **FO:** Unbekannt. **AO:** Paris, Louvre. **Erhaltene Bauteile:** Frgt. der GV. **Inv.-Nr.:** Unbekannt. **Erhaltungszustand:** Sehr Schlecht, nur ein Frgt. erhalten. **GV:** `Profil`: Ansatz der Stirnplatte. `Dekor`: Die Stirnplatte ist mit einem doppelten dreiläufigen Flechtband mit schwarzer Umrandung dekoriert. In den Augen konzentrische Kreise. **Farben:** Weiß, schwarz, rot. **Maße:** Unbekannt. **Dat.:** 6. Jh. v. Chr . **Lit.:** Van Buren 1923, 91. Abb. 35.

UNBE 3 Taf. 37,4

Typ: Unbekannt. **Bau:** Unbekannt. **FO:** Unbekannt. In Taormina erworben. **AO:** Bonn, Akademisches Kunstmuseum. **Erhaltene Bauteile:** Frgt. einer GV. **Inv.-Nr.:** D169. **Erhaltungszustand:** Sehr Schlecht, nur ein Frgt. erhalten. **GV:** `Profil`: Ansatz der Stirnplatte. `Dekor`: Die Stirnplatte ist mit einem doppelten dreiläufigen Flechtband mit schwarzer Umrandung dekoriert. In den Augen konzentrische Kreise. **Farben:** Weiß, schwarz, rot. **Maße:** H: 0,1 m. L: 0,27 m. **Dat.:** 6. Jh. v. Chr. **Lit.:** Geominy 1998, 45.

[661] Ob die Rundstäbe die GV oben oder unten abschlossen, kann anhand der Abbildung nicht entschieden werden.

14 Abkürzungsverzeichnis

Die Abkürzungen entsprechen den Vorgaben in:
<http://www.dainst.org/index_35e2681dbb1f14a161340017f0000011_de.html>
(23. März 2009).
Darüber hinaus werden folgende Abkürzungen und Sigel verwendet:

14.1 Literatur

ADAMNESTEANU 1956A — D. Adamnesteanu, *Nuova area sacra intorno Molino Di Pietro*, NSc 10, 1956, 264-229.

ADAMNESTEANU 1956B — D. Adamnesteanu, *Scoperte di pozzi e cisterne nell´area del nuovo Municipio,* NSc 10, 1956, 264-273.

ADAMNESTEANU 1956C — D. Adamnesteanu, *Madonna dell´Alemanne-Scoperta di una nuova area sacra,* NSc 10, 1956, 382-392.

ADAMNESTEANU 1956D — D. Adamnesteanu, *Lentini-Scavo nell´area sacra della città di Leontinoi,* NSc 10, 1956, 402-414.

ADAMNESTEANU U.A. 1975 — D. Adamnesteanu - D. Mertens - F. D´Andria, *Metaponto I,* NSc 1975 Suppl.

ADAMNESTEANU 1980 — D. Adamnesteanu, *Siris-Il Problema topografico*, in: Atti del 20. Convegno di Studi sulla Magna Grecia, Tarent, 1980, 61-93.

ADLER U.A. 1892 — F. Adler - R. Borrmann - W. Dörpfeld - F. Graebner - P. Graef, *Olympia - Die Ergebnisse der von dem Deutschen Reich veranstalteten Ausgrabung,* II, *Die Baudenkmäler* (Berlin 1892)

ADRIANI U.A. 1970 — I.A. Adriani - N. Bonacasa (Hrsg.), *Himera I. Campagne di Scavo 1963-1965* (Rom 1970)

ALLEGRO U.A. 1976 — N. Allegro - O. Belvedere (Hrsg.), *Himera II, Campagne di Scavo 1966-1973* (Rom 1976)

ANDRÉN 1940 — A. Andrén, *Architectural terracottas from etrusco-italic temples* (Lund-Leipzig 1940)

ANDREASSI 1970 — G. Andreassi in: Atti del 10. Convegno di Studi sulla Magna Grecia, Tarent (1970) 414-422.

ANDREASSI 1972 — G. Andreassi, *Sime fittili tarantine con grondaia gorgonica,* RM 79, 1972, 167-190.

ÅKERSTRÖM 1966 — Åke Åkerström, *Die architektonischen Terrakotten Kleinasiens* (Lund 1966)

AVERSA 2002 — G. Aversa, *Decorazioni architettoniche fittili di età archaica tra Grecia propria e Occidente Coloniale: Realtà a Confronto,* ASAtene, 2002, I, 230-269.

BARELLO 1995 — F. Barello, *Architettura greca a Caulonia* (Florenz 1995)

BARLETTA 1983 — B. A. Barletta, *Ionic Influence in Archaic Sicily* (Gothenburg 1983)

BARNABEI 1896 — F. Barnabei, *Reggio Calabria*, NSc 1886, 242-245.

BARTOCCINI 1936 — R. Bartoccini, *Tarent - Rinvenimenti e scavi (1933-34),* NSc 1936, 107-232.

BENGTSON 1969 — H. Bengtson, *Griechische Geschichte - Von den Anfängen bis zur römischen Kaiserzeit,* ^{4}(1969)

BLACKMAN-LENTINI 2003 — D. Blackman - M.C. Lentini, *Shipsheds of Sicilian Naxos, Researches 1998-2001*, BSA 98, 2003, 387-435.

BOARDMAN 1994A — J. Boardman, *Schwarzfigurige Vasen aus Athen* ^{4}(Mainz 1994)

BOARDMAN 1994B	J. Boardman, *Rotfigurige Vasen aus Athen - Die Archaische Zeit* [4](Mainz 1994)
BOL 1974	P.C. Bol, *Die Giebelskulpturen des Schatzhauses von Megara*, AM 89, 1973, 65-83
BREA 1949	L. Bernabò-Brea, *L'Athenaion di Gela e le sue terrecotte architettoniche*, ASAtene, 1949-1951, 7-102.
BREA 1956	L. Bernabò-Brea, *Akrai*, (Catania 1956)
BRINKMANN 2002	V. Brinkmann, *Die Ausläufer der archaischen Skulptur und die archaischen Formelemente in der Zeit der frühen Klassik*, in: P.C. Bol (Hrsg.), *Die Geschichte der antiken Bildhauerkunst, Bd. 1, Frühgriechische Plastik* (Mainz 2002) 271-280.
BUSCHOR 1929	E. Buschor, *Die Tondächer der Akropolis* (Berlin 1929)
CARRATELLI 1992	G. Pugliese-Carratelli - G. Fiorentini, *Agrigento, Museo archeologico* (Palermo 1992)
CERCHIAI U.A. 2004	L. Cerchiai - L. Jannelli - F. Longo, *Die Griechen in Süditalien* (Stuttgart 2004)
CONTI 1999A	M.C. Conti, *Frammenti di una sima selinuntina*, SicArch 97, 1999, 59-66.
CONTI 1999B	M.C. Conti, *Una sima fittile selinuntina,* in: *Studi di archeologia classica dedicati a Giorgio Gullini per i quarant'anni di insegnamento* (Alessandria 1999)
COOK 1997	R.M. Cook, *Greek Painted Pottery*, [3](London 1997)
COULTON 1977	J.J. Coulton, *Ancient Greek Architects at Work*, (Ithaca 1977)
CIURCINA 1974	C. Ciurcina, *Nuovi tipi di terrecotte architettoniche da Naxos*, SicArch 24-25, 1974, 86-93.
CIURCINA 1980	C. Ciurcina, *Nuovi rivestimenti fittili da Naxos e da altri centri della Sicilia Orientale,* in: S. Garraffo (Hrsg.), *Il tempio greco in Sicilia, Architettura e Culti*(Catania 1980) 66-81.
CIURCINA 1994	C. Ciurcina, *Terrecotte architettoniche di Naxos da un´area sacra extraurbana ad occidente del Santa Venera*, in: *Architettura e urbanistica nella sicilia greca arcaica* (Catania 1994) 177-187.
CIURCINA 1997	C. Ciurcina, *Rapporti tra le terrecotte achitettoniche della Sicilia orientale e quelle dell´Italia centrale,* in: P.S. Lulof - E.M. Moormann (Hrsg.), *Deliciae Fictiles II, Proceedings of the Second International Conference on Archaic Architectural Terracottas from Italy Held at the Netherlands Institute in Rome;* 12-13 December 1996 (Amsterdam 1997) 29-38.
COOK 1981	R.M. Cook, *Clazomenian Sarcophagi* (Mainz 1981)
COSTABILE 1991	F. Costabile (Hrsg.), *Ninfei di Locri Epizefiri* (Catanzaro 1991)
COSTABILE 1992	F. Costabile (Hrsg.), *Polis ed Olympieion a Locri Epizefiri* (Catanzaro 1991)
CRISTOFANI 1967	M. Cristofani, *Le terrecotte architettoniche provenienti dal santuario di Hera Lacina a Capocolonne - Nota di revisione,* ArchCl 19, 2, 1967, 313-319.
CULTRERA 1951	G. Cultrera, *L´Apollonion-Artemision in Siracusa,* MonAnt 41, 1951, 701-860.
D´ANDRIA 1977	F. D´Andria, *Cavallino (Lecce): Ceramica ed elementi architettonici arcaici,* MEFRA 89, 1977, 525-562.
DANNER 1989	P. Danner, *Griechische Akrotere der archaischen und klassischen Zeit* (Rom 1989)

DANNER 1996 — P. Danner, *Westgriechische Firstantefixe und Reiterkalyptere* (Mainz 1996)

DANNER 1997 — P. Danner, *Westgriechische Akrotere* (Mainz 1997)

DARSOW 1938 — W. Darsow, *Sizilische Dachterrakotten* (Berlin 1938)

DAWKINS 1920 — R.M. Dawkins (Hrsg.), *The Sanctuary of Artemis Orthia at Sparta* (London 1920)

DE JULIIS 2000 — E.M. De Juliis, *Tarent* (Bari 2000)

DE JULIIS 2001 — E.M. De Juliis, *Metaponto* (Bari 2001)

DE FRANCISIS 1957 — A. De Francisis, *Monasterace Marina (Caulonia) - Scoperte fortuite,* NSc 11, 1957, 184-190.

DE FRANCISIS 1961 — A. De Francisis, *Contributi all´archeologia si Sibari,* Rendiconti dell´Accademia di Archeologia, Lettere e Belle Arti di Napoli, 36, 1961, 63-64.

DE FRANCISIS 1979 — A. De Francisis, *Il Santuario di Marasà in Locri Epizefiri, Bd. 1. Il Tempio arcaico* (Neapel 1979)

DEGRASSI — N. Degrassi, *Lo Zeus stilita di Ugento* (Rom 1981)

DE LA COSTE-MESSELIÈRE 1931 — P. De La Coste-Messelière, *Art archaique: Sculpture des temples,* FdD IV 3 (Paris 1931)

DE MIRO 1963 — E. De Miro, *Agrigento - Scavi nell´area a sud del tempio di Giove,* MonAnt 46, 1963, 81-198.

DE MIRO 1965 — E. De Miro, *Terrecotte architettoniche agrigentine,* CronCatania 4, 1965, 39-78

DE PETRA 1894 — G. De Petra, *Il geison nel tempio di Appolo Lycio a Metaponto,* Atti della reale Accademia di Archeologia, Lettere e belle Arte, 17, Teil 1, Nr. 5, 1894, 1-12.

DE WAELE 1971 — J.A. de Waele, *Akragas Graeca* ('s-Gravenhage 1971)

DÖRPFELD 1881 — W. Dörpfeld, in: *Die Ausgrabungen zu Olympia,* 5, *Übersicht der Arbeiten und Funde vom Winter und Frühjahr 1879-1880 und 1880-1881* (Berlin 1881) 31-36.

DÖRPFELD U.A. 1881 — W. Dörpfeld - F. Graeber - R. Borrmann - K. Seibold, *Über die Verwendung von Terrakotten am Geison und Dache griechischer Bauwerke,* BerWPr, 41, 1881.

DÖRPFELD 1882 — W. Dörpfeld, in: *Olympia - Die Ergebnisse der von dem Deutschen Reich veranstalteten Ausgrabung,* II, *Baudenkmäler in Olympia* (Berlin 1882) 53-56.

DUNBABIN 1948 — T.J. Dunbabin, *The Western Greeks* (Oxford 1948).

DUHN 1897 — F. von Duhn, *Cotrone - Antichita greche di Crotone, del Lacinio e di altri siti del Brezio,* NSc 1897, 343-360.

DYGGVE 1948 — E. Dyggve, *Das Laphrion - Der Tempelbezirk von Kalydon* (Kopenhagen 1948)

EDLUND U.A. 2006 — I. Edlund-Berry - G. Greco - J. Kenfield (Hrsg.), *Deliciae Fictiles III, Architectural Terracottas in Ancient Italy: New Discoveries and Interpretations,* (Oxford 2006)

EPIFANIO 1980 — E. Epifanio, *Nuovi rivestimenti fittili di Himera,* in: G. Rizza (Hrsg.), *Il tempio greco in Sicilia, Architettura e Culti* (Catania 1980) 165-173.

FIAMMENGHI 1987 — C.A. Fiammenghi, *I Santuari, 4. Agropoli,* in: Atti del 27. Convegno di Studi sulla Magna Grecia (Tarent 1987) 396-398.

FILOW 1927 — B.D. Filow, *Die archaische Nekropole von Trebenischte am Orchida-See* (Berlin-Leipzig 1927)

GÀBRICI 1925	E. Gàbrici, *Girgenti - Scavi e scoperte archeologiche dal 1916 al 1924,* NSc 1925, 420-461.
GÀBRICI 1933	E. Gàbrici, *Per la storia dell'architettura dorica in Sicilia,* MonAnt 35, 1933-1935, 137-250.
GÀBRICI 1956	E. Gàbrici, *Studi archeologici selinuntini,* MonAnt 43, 1956, 292-391.
GAMBA-GRIMM	G. Gamba-Grimm, *Die architektonischen Terrakotten aus Metapont* (München 1970)
GAUER 1975	W. Gauer, *Die Tongefäße aus den Brunnen unterm Stadion-Nordwall und im Südost-Gebiet,* OF 8 (Berlin 1975)
GENTILI 1956	G.V. Gentili, *Naxos alla luce del primi scavi,* BdA 1956, 326-332.
GEOMINY 1998	W. Geominy, *Die Wetgriechen in Bonn,* Begleitheft zu einer Ausstellung im Akademischen Kuntsmuseum der Universität Bonn (Bonn 1998)
GIULIANI 1979	L. Giuliani, *Die archaischen Metopen von Selinunt* (Mainz 1979)
GIULIANI-HEILMEYER 1991	L. Giuliani - W.D. Heilmeyer (Hrsg.), *Euphronios der Maler,* Ausstellungskatalog Berlin (Mailand 1991)
GOETHERT 2003	K.-P. Goethert, *Leihgaben und Neuerwerbungen der Original- und Abgußsammlung in Jahren 2000-2003,* 19./20. TrWPr 2002/2003, 45-55.
GRAS U.A. 2004	M. Gras - H. Tréziny - H. Broise, *Mégara Hyblaea 5, La ville archaique* (Rom 2004)
GRUBEN 2001	G. Gruben, *Die Tempel der Griechen* [5](München 2001)
GUARDUCCI 1967	M. Guarducci, *Epigrafia greca,* I (Rom 1967)
GULLINI 1974	G. Gullini, *Sull' origine del fregio dorico,* Memorie dell'Accademia delle scienze di Torino - Classe di scienze morali, storiche e filologiche, Serie 4°, 31, 1974.
GULLINI 1980	G. Gullini, *La cultura architettonica di Locri Epizefirii* (Tarent 1980)
GULLINI 1981	G. Gullini, *Origini dell 'Architettura greca in occidente,* ASAtene 59, 1981, Bd. 1.
GULLINI 1985	G. Gullini, *L'Architettura,* in: *Sikanie - Storia e civilità della Sicilia greca* (Mailand 1985) 415-492.
HAMMOND 1967	N.G.L. Hammond, *A History of Greece to 322 B.C.,* zweite Auflage (Oxford 1967)
HAMPE-WINTER 1965	R. Hampe - A. Winter, *Bei Töpfern und Zieglern in Süditalien, Sizilien und Griechenland* (Mainz 1965).
HEIDEN 1987	J. Heiden, *Korinthische Dachziegel - Zur Entwicklung der korinthischen Dächer* (Frankfurt a.M. 1987).
HEIDEN 1990	J. Heiden, *Die archaischen Dächer von Olympia* Hesperia 59, 1990, 41-46.
HEIDEN 1995	J. Heiden, *Die Tondächer von Olympia,* OF 24 (Berlin 1995)
HELLMANN 2002	M.C. Hellmann, *L'Architecture Grecque,* I (Paris 2002)
HITTORFF-ZANTH 1870	J.I. Hittorff - L. Zanth, *Architecture antique de la Sicile ou recueil des plus intéressans monumens d'architecture des villes et des lieux les plus remarquables de la Sicile ancienne* (Paris ca. 1828)
HITTORFF 1870	J.I. Hittorff, *Architecture antique de la Sicile: Recueil des monuments de Ségeste et de Sélinonte: Suivi de recherches sur l'origine et le développement de l'architecture religieuse chez les Grecs* (Paris 1870)
HÖCKER 2004	C. Höcker, *Lexikon antiker Architektur* (Stuttgart 2004)
HÜBNER 1995	G. Hübner, *Zur Forschungsgeschichte griechischer Dachziegel aus gebranntem Ton. Leitvorstellungen und Annäherungen,* AEphem 134, 1995, 115-161.

JACOPI 1929 — G. Jacopi, *Scavi nella necropoli de Jalisso 1924-1928*, ClRh 3, (Bergamo 1929)

JUNKER 1993 — K. Junker, *Der ältere Tempel im Heraion am Sele - Verzierte Metopen im architektonischen Kontext* (Köln 1993)

KAUFMANN-WILLIAMS 1984 — C. Kaufmann-Williams, *Doric architecture and early capitals in Corinth,* AM 99, 1984, 67-75.

KÄSTNER 1982 — V. Kästner, *Archaische Baukeramik der Westgriechen. Untersuchungen zur Entwicklung und zum Formbestand der Traufziegeldächer in Kampanien, Unteritalien und Sizilien,* (Diss. Berlin: Humboldt-Universität 1982)

KÄSTNER 1976 — V. Kästner, *Studien zu den Dächern sikeliotischer und italiotischer Tempel,* WissZBerl 4, 1976, 517-525.

KÄSTNER 1990 — V. Kästner, *Scheibenförmige Akrotere in Griechenland und Italien,* Hesperia 59, 1990, 251-264.

KOLDEWEY-PUCHSTEIN 1899 — R. Koldewey - O. Puchstein, *Die griechischen Tempel in Unteritalien und Sizilien* (Berlin 1899)

KRAUS 1941 — F. Kraus, *Paestum. Die griechischen Tempel* (Berlin 1941)

KOCH 1915 — H. Koch, *Studien zu den campanischen Dachterrakotten*, RM 30, 1915, 1-115.

KUNZE-SCHLEIF 1944 — E. Kunze - H. Schleif, *Atlas zu Olympische Forschungen I* (Berlin 1944)

KUNZE 1950 — E. Kunze, *Archaische Schildbänder, ein Beitrag zur frühgiechischen Bildgeschichte und Sagenüberlieferung,* OF 2 (Berlin 1950)

LANG - MOMMSEN 2006 — M. Lang - H. Mommsen, *Neutronenaktivierungsanalysen zur Herkunftsbestimmung des Daches des Geloer Schatzhauses in Olympia,* in: O. Hahn - H. Stege (Hrsg.), *Archäometrie und Denkmalpflege 2006, Jahrestagung an der Staatlichen Akademie der Bildenden Künste Stuttgart 22. - 25. März 2006* (Stuttgart 2006) 166 - 168.

LANGLOTZ 1963 — E. Langlotz, *Die Kunst der Westgriechen. In Sizilien und Unteritalien.* (München 1963)

LO PORTO 1981 — F. G. Lo Porto, *Ricerche e scoperte nell´Heraion di Metaponto,* Xenia 1, 1981, 24-44.

LATTANZI 1987 — E. Lattanzi, *Il Museo Nazionale di Reggio Calabria* (Rom 1987)

LATTANZI 1996 — E. Lattanzi (Hrsg.), *Santuari della Magna Grecia in Calabria,* (Neapel 1996)

LENTINI 1996 — M.C. Lentini, *Nuovi rivestimenti architettonici di età arcaica a Naxos dal Santuario ad ovest del Santa Venera,* in: P.S. Lulof - E.M. Moormann (Hrsg.), *Deliciae Fictiles II, Proceedings of the Second International Conference on Archaic Architectural Terracottas from Italy Held at the Netherlands Institute in Rome;* 12-13 December 1996 (Amsterdam 1997) 123-135.

LENTINI 1997 — M.C. Lentini, *Naxos* (Giardini Naxos 1997)

LENTINI 2001 — M.C. Lentini (Hrsg.), *The two Naxos cities: a fine link between the Aegean sea and Sicily Naxos* (Palermo 2001)

LE ROY 1967 — C. Le Roy, *Les terres cuites architecturales,* FdD II (Paris 1967)

LISSI 1958 — E. Lissi, *Siracusa - Scavo presso l´Olympieion (1953),* NSc 12, Ser. 8, 1958, 197-223.

LISSI 1961 — E. Lissi, *La collezione Scaglione a Locri,* AttiMemMagnaGr 1961, 65-128.

LIBERTINI 1930 — G. Libertini, *Il museo Biscari* (Mailand 1930)

LIPPOLIS 1996 — E. Lippolis (Hrsg.), *I Greci in Occidente, Arte e artigiano in Magna Grecia* (Neapel 1996)

LULOF-MOORMANN 1997 — P.S. Lulof - E.M. Moormann (Hrsg.), *Deliciae Fictiles II, Proceedings of the Second International Conference on Archaic Architectural Terracottas from Italy Held at the Netherlands Institute in Rome;* 12-13 December 1996 (Amsterdam 1997)

LUYNES-DEBACQ 1833 — T.P. de Luynes - F.J. Debacq, *Métaponte* (Paris 1833)

MADERNA-LAUTER 2002 — C. Maderna Lauter, *Spätarchaische Plastik,* in: P.C. Bol (Hrsg.), *Die Geschichte der antiken Bildhauerkunst, Bd. 1, Frühgriechische Plastik* (Mainz 2002) 223-270.

MALLWITZ 1968 — A. Mallwitz, *Ein Scheibenakroter aus Olympia,* AM 83, 1968, 124-146.

MALLWITZ 1972 — A. Mallwitz, *Olympia und seine Bauten* (München 1972).

MALLWITZ 1980 — A. Mallwitz, *Dächer aus gebranntem Ton,* in: *Die Funde aus Olympia. Ergebnisse hundertjähriger Ausgrabungstätigkeit* (Athen 1980) 98-103.

MALLWITZ-SCHIERING 1964 — A. Mallwitz - W. Schiering, *Die Werkstatt des Pheidias in Olympia, 1. Teil,* OF 5 (Berlin 1964)

MARCONI 1929 — P. Marconi, *Agrigento* (Rom 1929)

MARCONI 1931A — P. Marconi, *Agrigento archaica, Il santuario delle divinità chtonie e il tempio detto di Vulcano,* AttiMemMagnaGr 1931, 1-147.

MARCONI 1931B — P. Marconi, *Himera* (Rom 1931)

MARTIN 1965 — R. Martin, *Manuel d´architecture grecque, I. Matériaux et techniques* (Paris 1965)

MARTIGNAGO 1981 — S. C. Martignago, *La collezione archeologica „Paolo Orsi" del museo civico di Rovereto* (Trento 1981)

MERTENS 1973 — D. Mertens, *L'architettura,* in: *Metaponto - Atti del tredicesimo convegno di studi sulla Magna Grecia* (Neapel 1974) 187-235.

MERTENS 1976 — D. Mertens, *Zur archaischen Architektur in Unteritalien,* in: U. Jantzen (Hrsg.), *Neue Forschungen in griechischen Heiligtümern, Internationales Symposium in Olympia vom 10. bis 12. Oktober 1976 anläßlich der Hundertjahrfeier der Abteilung Athen und der Ausgrabungen in Olympia* (Tübingen 1976) 167-196.

MERTENS 1979 — D. Mertens, *Der ionische Tempel von Metapont,* RM 86, 1979, 103-137.

MERTENS 1981 — D. Mertens , *Per l´urbanistica e l´architettura della Magna Grecia,* in: Atti del 21. Convegno di Studi sulla Magna Grecia, 1981, 95-135.

MERTENS 1983 — D. Mertens, *I santuari di Capo Colonna e Crimisa: Aspetti dell´architettura crotoniate,* Atti del 23. Convegno di Studi sulla Magna Grecia, 1983, 189-228.

MERTENS 1987 — D. Mertens, *Note sull´architettura di Poseidonia-Paestum. Problemi e stato della ricerca,* in: Atti del 27. Convegno di Studi sulla Magna Grecia, 1987, 541-574.

MERTENS 1993 — D. Mertens, *Der alte Heratempel in Paestum und die archaische Baukunst in Unteritalien* (Mainz 1993)

MERTENS 1996 — D. Mertens, *L´Architettura,* in: *I Greci in Occidente, La Magna Grecia nelle collezioni del Museo Archeologico di Napoli* (Napoli 1996) 45-70.

MERTENS 2001 — D. Mertens in: A. De Siena (Hrsg.), *Metaponto. Archeologia di una colonia greca* (Tarent 2001).

MERTENS 2003 — D. Mertens, *Selinus I. Die Stadt und ihre Mauern* (Mainz 2003).

MERTENS 2006 — D. Mertens, *Städte und Bauten der Westgriechen. Von der Kolonisationszeit bis zur Krise um 400 vor Christus* (München 2006).

MERTENS-HORN 1988 — M. Mertens-Horn, *Die Löwenkopf-Wasserspeier des griechischen Westens im 6. und 5. Jahrhundert v. Chr. im Vergleich mit den Löwen des griechischen Mutterlandes,* 28. Ergh. RM (Mainz 1988)

MERTENS-SCHLÄGER 1982 — D. Mertens - H. Schläger, *Die Bauten auf der Motta,* AttiMemMagnaGr 1980-1982, Nuova Serie 21-23, 1980-1982, 143-171.

MERTENS-VIOLA 1990 — M. Mertens-Horn - L. Viola, *Archaische Tondächer westgriechischer Typologie in Delphi und Olympia,* Hesperia 59, 1990, 235-250.

MESSELIÈRE-MARCADÉ 1953 — P. De La Coste-Messelière - J. Marcadé, *Corés Delphiques,* BCH 77, 1953, 346-376.

MOMMSEN 1986 — H. Mommsen, *Archäometrie* (Stuttgart 1986)

MOMMSEN 2002 — H. Mommsen in:, *Töpferzentren der Ostägäis, Archäometrische und archäologische Untersuchungen zur mykenischen, geometrischen und archaischen Keramik aus Fundorten in Westkleinasien (mit einem Beitrag von S. Ladstätter),* 3. Ergänzungsheft der Jahreshefte des Österreichischen Archäologischen Instituts (Wien 2002) 11-24.

MOMMSEN 2004 — H. Mommsen, *Short note: Provenancing of pottery. The need for an integrated approach, Archaeometry,* 46, 2004, 267-271.

MOMMSEN 2006 — H. Mommsen, *Tonmasse und Keramik: Herkunftsbestimmung durch Spurenanalyse,* in: G. Wagner (Hrsg.), *Einführung in die Archäometrie* (Berlin - Heidelberg 2007) 179-192.

MORENO 1963 — P. Moreno, *Numerazione di elementi architettonici,* RendLic 18, 1963, 210-229.

MOUSTAKA 1993 — A. Moustaka, *Großplastik aus Ton in Olympia,* OF 22(Berlin 1993).

NEUTSCH 1980 — B. Neutsch in: *Documenti artistici del santuario di Demetra a Policoro,* Atti del 20. Convegno di Studi sulla Magna Grecia, Tarent 1980, 149-173.

ORLANDINI 1956 — P. Orlandini, *Frammenti coroplastici e architettonici da Bitalemi,* NSc 10, 1956, 398-401.

ORLANDINI 1983 — P. Orlandini, *Le arti figurativi,* in: *Megale Hellas - Storia e civilità della Magna Grecia* (Mailand 1983) 331-554.

ORSI 1889 — P. Orsi, *Megara Hyblaea. Storia, topografia, necropoli e anathema,* MonAnt 1, 1889, 762-950.

ORSI 1891 — P. Orsi, *Di alcuni avanzi riferibili forse all´antica Caulonia,* NSc 1891, 61-72.

ORSI 1889 — P. Orsi, *Megara Hyblaea. Storia, topografia, necropoli e anathema,* MonAnt 1, 1889, 762-950.

ORSI 1897 — P. Orsi, *D´una città greca a Terravecchia presso Grammichele in provincia di Catania,* MonAnt 7, 1897, 201-273.

ORSI 1902 — P. Orsi, *Gioia Tauro (Metaurum),* NSc 1902, 126-130.

ORSI 1903 — P. Orsi, *L´Olympieion di Siracusa (Scavi del 1893 e 1902),* MonAnt 13, 1903, 382-391.

ORSI 1909 — P. Orsi, *Lokroi Epizephyrioi. Quarta campagna di scavi,* NSc 1909, 319-330.

ORSI 1910 — P. Orsi, *Di una anonima città siculo-greca a Monte S. Mauro presso Caltagirone,* MonAnt 10, 1910, 728-850.

ORSI 1911A — P. Orsi, *Rapporto preliminare sulla quinta campagna di scavi nelle Calabrie durante l´anno 1910, I, Locri Epizephyrii,* NSc 1911, Suppl. 27-76.

ORSI 1911B — P. Orsi, *Rapporto preliminare sulla quinta campagna di scavi nelle Calabrie durante l´anno 1910, II, Croton, Prima campagna di scavi al santuario di Hera Lacinia,* NSc 1911, Suppl. 77-124.

ORSI 1913 — P. Orsi, *Rosarno (Medma), Esplorazione di un grande deposito di terrecotte ieratiche,* NSc 1913, Suppl. 55-144.

ORSI 1916 — P. Orsi, *Caulonia. Campagne archeologiche del 1912, 1913 e 1915,* MonAnt 23, 1916, 685-944.

ORSI 1918 — P. Orsi, *Gli scavi intorno a l´Athenaion di Siracusa,* MonAnt 25, 1918, 353-754.

ORSI 1921 — P. Orsi, *Monteleone Calabro. Nuove scoperte,* NSc 1921, 483-485.

ORSI 1922A — P. Orsi, *Monasterace Marina. Deposito de terrecotte architettoniche templari,* NSc 1922, 147-186.

ORSI 1922B — P. Orsi, *Megara Hyblaea 1917-1921,* MonAnt 27, 1922, 110-179.

ORSI 1918 — P. Orsi, *Gli scavi intorno a l´Athenaion di Siracusa,* MonAnt 25, 1918, 353-754.

ORSI 1924 — P. Orsi, *Caulonia. Il memoria,* MonAnt 29, 1924, 409-490.

ORSI 1930 — P. Orsi, *Scavi di Leontini-Lentini,* AttiMemMagnaGr 1930, 7-39.

ORSI 1933 — P. Orsi, *Templum Apollinis Alaei ad Crimisa Promontorium,* (Rom 1933)

PACE 1927 — B. Pace, *Camarina* (Catania 1927)

PACE 1938 — B. Pace, *Arte e civilità della Sicilia antica,* Bd. 2 (Milano 1938)

PANVINI 1993 — R. Panvini, *L´attività della soprintendenza di Caltanissetta tra gli anni 1992-1993,* Kokalos 39-40, 1993-1994, II, 1, 783-825.

PANVINI 1998 — R. Panvini, *Gela - Il museo archaeologico* (Gela 1998)

PEDLEY-TORELLI 1993 — J.G. Pedley - M. Torelli, *The Sanctuary of Santa Venera at Paestum 1* (Rom 1993)

PELAGATTI 1962 — P. Pelagatti, *Camarina - Relazione preliminare della campagna di scavi 1961-1962,* BdA 1962, 251-264.

PELAGATTI 1964 — P. Pelagatti, *Naxos - Relazione preliminare delle campagne die scavo 1961-1964,* BdA 1964, 149-165.

PELAGATTI 1972 — P. Pelagatti, *Naxos - Ricerche topografiche e scavi 1965-1970, Relazione preliminare.* BdA 1972, 211-219.

PERLMAN-ASARO 1969 — I. Perlman - F. Asaro, *Pottery analysis by neutron activation,* Archaeomtry 11, 1969, 21-52.

PETERSEN 1890 — E. Petersen, *Tempel in Lokri,* RM 5, 1890, 161-227.

PFLUG 2006 — H. Pflug, *Bemalte Terrakottaplatten aus Naxos. Überlegungen zu Figurenfriesen an archaischen Bauten in Sizilien,* in: I. Edlund-Berry - G. Greco - J. Kenfield (Hrsg.), *Deliciae Fictiles III, Architectural Terracottas in Ancient Italy: New Discoveries and Interpretations* (Oxford 2006) 452-472.

PUTORTI 1918 — N. Putorti, *Bollettino della Societa Calabria di Storia Patria,* II, 1918, 3-6.

PUTORTI 1919 — N. Putorti, *Bollettino della Societa Calabria di Storia Patria,* III-IV, 1919-1920, 12.

PUTORTI 1929 — N. Putorti, *L'Italia Antichissima,* 1, *Terrecotte architettoniche di Reggio Calabria* (1929).

ROEBUCK 1990 — M.C. Roebuck, *Archaic architectural terracottas from Corinth,* Hesperia 59, 1990, 47-63.

ROBINSON 1976 — H.S. Robinson, *Excavations at Corinth: Temple hill, 1968-1972,* Hesperia 45, 1976, 203-239.

ROSSI 1980 — D. Adamnesteanu, *Monte Sannace (Gioia del colle - BA) - Campagna di scavo,* Atti del 20. Convegno di Studi sulla Magna Grecia, Tarent, 1980, 380-387.

RYSTEDT U.A. 1993 — E. Rystedt - C. Wikander - Ö. Wikander (Hrsg.), *Deliciae Fictiles, Proceedings of the First International Conference on Central Italic Architectural Terracottas at the Swedish Institute in Rome, 10-12 December, 1990,* (Stockholm 1993)

SALINAS 1894	A. Salinas, *Selinunte - Relazione sommaria intorno agli scavi eseguiti dal 1897-1892,* NSc 1894, 202-220.
RIEMANN 1964	H. Riemann, *Zum Olympieion von Syrakus,* RM 71, 1964, 229-237.
SCICHILONE 1962	G. Scichilone, *Tre rivestimenti fittili selinuntini,* ASAtene, 1961-1962, 173-219.
SCHLEIF U.A. 1940	H. Schleif - K. A. Rhomaios - G. Klaffenbach, *Der Artemistempel* (Berlin 1940)
SCHÄDLER-SCHNEIDER 2004	U. Schädler - P. Schneider, *Ein frühes Tondach aus dem Artemision von Ephesos* (Wien 2004)
SCHWEDT U.A. 2004	A. Schwedt - H. Mommsen - N. Zacharias, *Post-depositional elemental alterations in pottery: Neutron activation analysis of surface samples,* Archaeometry 46, 2004, 85-101.
SCHWEDT U.A. 2006	A. Schwedt - H. Mommsen - N. Zacharias - J. Buxeda y Garrigos, *Analcime crystallisation and compositional profiles - Comparing approaches to detect post-depositional alterations in archaeological pottery,* Archaeometry 48, 2006, 237-251.
SCHWANDNER 1990	E.-L. Schwandner, *Überlegungen zur technischen Struktur und Formentwicklung archaischer Dachterrakotten,* Hesperia 59, 1990, 291-300.
SESTIERI 1950	P.C. Sestieri, *Le origini di Posidonia - Alla luce delle recente scoperte di Palinuro,* ArchCl 2, 1950, 180-186.
SHOE 1950	L.T. Shoe, *Profiles of Western Greek Mouldings* (Rom 1950)
SJÖQVIST 1962	E. Sjöqvist, *I Greci a Morgantina,* Kokalos 8, 1962, 52-68.
SÜSSEROTT-SCHLEIF 1944	H.K. Süsserott - H. Schleif, *Das Schatzhaus von Gela,* OF 1, 1944, 83-109.
SÜSSEROTT 1944	H.K. Süsserott, *Herkunft und Formgeschichte des sizilischen Traufsimendaches,* OF 1, 1944, 110-124.
VILLARD-VALLET 1953	F. Villard - G. Vallet, *Mégara Hyblaea III, Les fouilles de 1951* (Rom 1953)
VILLARD-VALLET 1960	F.Villard - G. Vallet, *Les fouilles de Mégara Hyblaea,* BdA 45, 1960, 263-273.
VAN BUREN 1921	E.D van Buren, *Figurative Terra-cotta Revetments in Etruria an Latium in the VI. and V. Centuries B.C.* (London 1921)
VAN BUREN 1923	E.D van Buren, *Archaic fictile Revetments in Sicily and Magna Graecia* (London 1923)
VAN BUREN 1926	E.D van Buren, *Greek Fictile Revetments in the Archaic Period* (London 1926)
VIOLA 1996	M.L. Viola, *Le terrecotte architettoniche,* in: G. Pugliese-Carratelli (Hrsg.), *I Greci in Occidente, Arte e artigiano in Magna Grecia* (Neapel 1996) 163-179.
WESCOAT 1989	B.D. Wescoat (Hrsg.), *Syracuse. The Fairest Greek City. Ancient Art from the Museo Archeologico Regionale Paolo Orsi* (Rom 1989)
WIEGAND 1904	T. Wiegand, *Die archaische Poros-Architektur der Akropolis zu Athen* (Kassel-Leipzig 1904)
WIKANDER 1981	C. Wikander, *Acquarossa. The painted Architectural Terracottas,* (Stockholm 1981)
WIKANDER 1986	C. Wikander, *Sicilian Architectural Terracottas* (Stockholm 1986)
WIKANDER 1990A	C. Wikander, *The Artemision sima and its possible antecedents,* Hesperia 59, 1990, 275-283.
WIKANDER 1990B	Ö. Wikander, *Archaic roof tiles the first generations,* Hesperia 59, 1990, 285-290.

WINTER 1978 — N.A. Winter, *Archaic architectural terracottas decorated with human heads*, RM 85, 1978, 27-58

WINTER 1990 — N.A. Winter (Hrsg.), *Proceedings of the First International Conference on Archaic Greek Architectural Terracottas, December 2-4, 1988*, Hesperia, 59, 1990, 5-323.

WINTER 1990A — N.A. Winter, *Defining Regional Styles in Archaic Greek Architectural Terracottas* in: N.A. Winter (Hrsg.), *Proceedings of the First International Conference on Archaic Greek Architectural Terracottas, December 2-4, 1988*, Hesperia, 59, 1990, 13-32.

WINTER 1993 — N.A. Winter, *Greek Architectural Terracottas* (Oxford 1993)

WINTER 2000 — N.A. Winter, *The use of color on Archaic Architectural Terracottas and Figurines*, in: *Color in Ancient Greece-The role of color in Ancient Greek Art and Architecture (700-31 B.C.), Proceedings of the conference held in Thessaloniki, 12th-16th April, 2000.* (Thessaloniki 2002) 47-52.

WUILLEUMIER 1939 — P. Wuilleumier, *Tarente, Des origines al la conqeute romaine* (Paris 1939)

14.2 Sonstige Abkürzungen

GS	Giebelsima
GV	Geisonverkleidung
GVG	Geisonverkleidung der Giebelseite
GVH	Geisonverkleidung unter der Horizontalsima
GVT	Geisonverkleidung der Traufseite
HS	Horizontalsima
NAA	Neutronenaktivierungsanalyse
TS	Traufsima
WS	Wasserspeier

15 Abbildungsnachweis

Tafel 1-1	DeMiro 1965 Taf. 27, 3 c.	Tafel 1-2	DeMiro 1965 Taf. 27, 3 d.
Tafel 1-3	DeMiro 1965 Taf. 28, 1.	Tafel 1-4	DeMiro 1965 Taf. 25, 1.
Tafel 1-5	Barletta 1983 Abb. 47 oben.	Tafel 1-6	Barletta 1983 Abb. 47 unten.
Tafel 2-1	Mertens 1983 Taf. 22 b.	Tafel 2-2	D'Andria 1977 Taf. 17.
Tafel 2-3	Gullini 1983 Abb. 262.	Tafel 3-1	Le Roy 1967 Taf. 21-22.
Tafel 3-2	Le Roy 1967 Taf. 23, 15-16.	Tafel 3-3	Le Roy 1967 Taf. 25.
Tafel 3-4	Le Roy 1967 Taf. 28 unten.	Tafel 4-1	Brea 1949 Taf. 3.
Tafel 4-2	Brea 1949 Taf. 2.	Tafel 4-3	Brea 1949 Abb 28.
Tafel 4-4	Brea 1949 Abb 31.	Tafel 4-5	Brea 1949 Abb 37.
Tafel 4-6	Brea 1949 Abb 39.	Tafel 5-1	Brea 1949 Abb 40-41.
Tafel 5-2	Brea 1949 Abb 45.	Tafel 5-3	Adamnesteanu 1956c Abb 8.
Tafel 5-4	Adamnesteanu 1956a Abb 10 b.	Tafel 5-5	Brea 1949 Abb 50.
Tafel 5-6	Panvini 1998, 49, I.57.	Tafel 6-1	Scichilone 1963 Abb. 6.
Tafel 6-2	Ariani u.a. 1970 Taf. 13.	Tafel 6-3	Epifanio 1980 Taf. 51, 2.
Tafel 6-4	Epifanio 1980 Taf. 51, 3.	Tafel 7-1	Adriani u.a. 1976 Abb. 9.
Tafel 7-2	Adriani u.a. 1976 Taf. 50, 5.	Tafel 7-3	Adriani u.a. 1976 Abb. 8.
Tafel 7-4	Adriani u.a. 1976 Abb. 9.	Tafel 7-5	Barello 1995 Taf. 35.
Tafel 7-6	Barello 1995 Taf. 37, 52-53.	Tafel 8-1	Mertens-Viola 1990 Taf. 33 b.
Tafel 8-2	Barello 1995 Taf. 35.	Tafel 8-3	Barello 1995 Taf. 11.
Tafel 8-1	Mertens-Viola 1990 Taf. 35 c.	Tafel 8-2	Mertens 1983 Abb. 5 a.
Tafel 9-1	Adamnesteanu 1956D Abb. 4.	Tafel 9-2	Adamnesteanu 1956D Abb. 17.
Tafel 9-3	Adamnesteanu 1956D Abb. 1.	Tafel 9-4	Adamnesteanu 1956D Abb. 6.
Tafel 9-5	Scichilone 1962 Abb. 21.	Tafel 9-6	Scichilone 1962 Abb. 22.
Tafel 10-1	De Francisis 1979 Abb. 46-47.	Tafel 10-2	De Francisis 1979 Abb. 44-45.
Tafel 10-3	De Francisis 1979 Abb. 63-64.	Tafel 10-4	De Francisis 1979 Abb. 61-62.
Tafel 11-1	De Francisis 1979 Abb. 67.	Tafel 11-2	De Francisis 1979 Abb. 71.
Tafel 11-3	De Francisis 1979 Abb. 82.	Tafel 11-4	De Francisis 1979 Abb. 74.
Tafel 11-5	De Francisis 1979 Abb. 75-76.	Tafel 11-6	De Francisis 1979 Abb. 77-78.
Tafel 11-7	De Francisis 1979 Abb. 79.	Tafel 12-1	Lattanzi 1996 Abb. 1.23.
Tafel 12-2	De Francisis 1979 Abb. 80.	Tafel 12-3	De Francisis 1979 Abb. 83.
Tafel 12-4	Lattanzi 1996 Abb. 1.24.	Tafel 12-5	Lattanzi 1996 Abb. 2, 10.
Tafel 12-6	Scichilone 1962 Abb. 23.	Tafel 12-7	Scichilone 1962 Abb. 24.
Tafel 12-8	Gras u.a. 2004 Abb. 370 a.	Tafel 12-9	Orsi 1922B Abb. 7 links.
Tafel 12-10	Orsi 1922B Abb. 7 rechts.	Tafel 13-1	Gras u.a. 2004 Abb. 370 c links.
Tafel 13-2	Gras u.a. 2004 Abb. 370 c rechts.	Tafel 13-3	Gras u.a. 2004 Abb. 370 b.
Tafel 13-4	Ciurcina 1997 Abb. 8.	Tafel 13-5	Ciurcina 1997 Abb. 9.
Tafel 13-6	Adamnesteanu u.a. 1 Abb. 44.	Tafel 13-7	Lo Porto 1981 Abb. 15.
Tafel 13-8	Lo Porto 1981 Abb. 16.	Tafel 14-1	Adamnesteanu u.a. 1975 S. 347. Abb. 40.
Tafel 14-2	De Juliis 2001 Abb. 38.	Tafel 14-3	Mertens 1993 Taf. 88, 5.
Tafel 14-4	De Juliis 2001 Abb. 39.	Tafel 14-5	Mertens 1993 Taf. 86, 4.
Tafel 14-6	Adamnesteanu u.a. 1975 S. 348. Abb. 42.	Tafel 15-1	Lo Porto 1981 Abb. 11-12.
Tafel 15-2	Lo Porto 1981 Abb. 13.	Tafel 15-3	Orsi 1902 Abb. 2, 1.
Tafel 15-4	Orsi 1910 Abb. 44.	Tafel 15-5	Orsi 1910 Abb. 45 oben.
Tafel 15-6	Orsi 1910 Abb. 45 unten.	Tafel 16-1	Orsi 1910 Taf. 5.
Tafel 16-2	Mertens-Schläger 1982 Abb. 63.	Tafel 16-3	Mertens-Schläger 1982 Abb. 62.
Tafel 16-4	Mertens-Schläger 1982 Abb. 65.	Tafel 17-1	Ciurcina 1980 Taf. 5, 1.
Tafel 17-1	Ciurcina 1980 Taf. 5, 3.	Tafel 17-3	Ciurcina 1974 Abb. 8.
Tafel 17-4	Ciurcina 1980 Taf. 4, 2.	Tafel 17-5	Ciurcina 1980 Taf. 4, 4.
Tafel 18-1	Ciurcina 1994 Abb. 2.	Tafel 18-2	Lentini 1996 Abb. 8.
Tafel 18-3	Ciurcina 1994 Abb. 1.	Tafel 18-4	Ciurcina 1994 Abb. 7.
Tafel 18-5	Ciurcina 1994 Abb. 6.	Tafel 18-6	Ciurcina 1994 Abb. 17.
Tafel 18-7	Ciurcina 1994 Abb. 19.	Tafel 18-8	Ciurcina 1994 Abb. 5.
Tafel 18-9	Ciurcina 1980 Abb. 8.	Tafel 18-10	Lentini 1996 Abb. 10.
Tafel 19-1	Ciurcina 1994 Abb. 18.	Tafel 19-2	Ciurcina 1980 Taf. 4, 3.
Tafel 19-3	Ciurcina 1980 Taf. 8.	Tafel 19-4	Ciurcina 1980 Taf. 3, 1.
Tafel 19-5	Ciurcina 1980 Taf. 4, 1.	Tafel 19-6	Ciurcina 1994 Abb. 11.
Tafel 19-7	Ciurcina 1994 Abb. 12.	Tafel 20-1	Heiden 1995 Taf. 60, 1.
Tafel 20-2	Dörpfeld 1881 Taf. 34, 1.	Tafel 21-1	Heiden 1995 Taf. 60, 2.
Tafel 21-2	Heiden 1995 Taf. 61, 3.	Tafel 21-3	Heiden 1995 Taf. 64, 2.
Tafel 22-1	Heiden 1995 Taf. 46.	Tafel 22-2	Heiden 1995 Abb. 13, 5.
Tafel 22-3	Winter 1993 Abb. 14.	Tafel 22-4	Heiden 1995 Abb. 15.
Tafel 22-5	Heiden 1995 Abb. 18.	Tafel 23-1	Heiden 1995 Taf. 69, 1.
Tafel 23-1	Heiden 1995 Taf. 47, 3.	Tafel 23-2	Winter 1993 Abb. 26 a.
Tafel 23-3	Mertens-Horn 1990 Taf. 33 d-f.	Tafel 24-1	Danner 1997 Taf. 40.
Tafel 24-2	Mertens-Viola 1990 Taf. 34 e.	Tafel 24-3	Mertens 1993 Taf. 90, 1.
Tafel 24-4	Mertens 1993 Taf. 90, 2.	Tafel 24-5	Fiammenghi 1987 Taf. unten rechts.
Tafel 24-6	Goethert 2003 Taf. 19, 1.	Tafel 25-1	Mertens 1993 Taf. 44, 1.
Tafel 25-2	Mertens 1993 Taf. 44, 2.	Tafel 26-1	Mertens 1993 Taf. 87, 1.
Tafel 26-2	Mertens 1993 Taf. 87, 2.	Tafel 26-3	Mertens 1993 Taf. 87, 3.
Tafel 26-4	Putorti 1929 Taf. 2, 1.	Tafel 26-5	Putorti 1929 Abb. 11.
Tafel 26-6	Putorti 1929 Taf. 2, 2.	Tafel 26-7	Putorti 1929 Taf. 2, 3.
Tafel 26-8	Putorti 1929 Taf. 2, 5.	Tafel 27-1	Rossi 1980 Taf. 74, 1.
Tafel 27-2	Rossi 1980 Taf. 75, 1-2.	Tafel 27-3	Scichilone 1962 Abb. 18-19.
Tafel 27-4	Scichilone 1962 Abb. 20-21.	Tafel 28-1	Scichilone 1962 Abb. 9.
Tafel 28-2	Scichilone 1962 Abb. 10.	Tafel 28-3	Scichilone 1962 Abb. 12.
Tafel 28-4	Scichilone 1962 Abb. 37.	Tafel 28-5	Scichilone 1962 Abb. 34.
Tafel 28-6	Gàbrici 1935 Taf. 46.	Tafel 28-7	Scichilone 1962 Abb. 41.
Tafel 28-8	Scichilone 1962 Abb. 42-43.	Tafel 29-1	Gàbrici 1935 Taf. 12.
Tafel 29-2	Gàbrici 1935 Taf. 8, 1-4.	Tafel 29-3	Gàbrici 1935 Taf. 10.
Tafel 29-4	Gàbrici 1935 Taf. 5.	Tafel 29-5	Gàbrici 1935 Taf. 7, 4.
Tafel 29-6	Gàbrici 1935 Taf. 36, 7.	Tafel 29-7	Gàbrici 1935 Taf. 44, 1; 3.
Tafel 30-1	Gàbrici 1935 Taf. 41.	Tafel 30-2	Gàbrici 1935 Taf. 42.
Tafel 30-3	Gàbrici 1935 Taf. 40.	Tafel 31-1	Gàbrici 1935 Taf. 22.
Tafel 31-2	Gàbrici 1935 Taf. 24.	Tafel 31-3	Gàbrici 1935 Taf. 27.
Tafel 31-4	Gullini 1985 Abb. 489.	Tafel 31-5	Gullini 1985 Abb. 490.

Tafel 32-1	Mertens-Viola 1990 Taf. 37-38.	Tafel 32-2	Orsi 1918 Abb. 243.
Tafel 32-3	Orsi 1918 Abb. 224.	Tafel 32-4	Orsi 1918 Abb. 224 bis.
Tafel 33-1	Wescoat 1989 Kat.-Nr. 11 a-b.	Tafel 33-2	Orsi 1918 Abb. 239.
Tafel 33-3	Orsi 1918 Abb. 241.	Tafel 33-4	Orsi 1918 Abb. 234.
Tafel 33-5	Orsi 1918 Abb. 242.	Tafel 33-6	Orsi 1918 Abb. 245.
Tafel 33-7	Orsi 1918 Abb. 237 rechts.	Tafel 34-1	Cultrera 1951 Abb. 29.
Tafel 34-2	Cultrera 1951 Abb. 30 links.	Tafel 34-3	Cultrera 1951 Abb. 30 rechts
Tafel 34-4	Cultrera 1951 Abb. 31.	Tafel 34-5	Cultrera 1951 Abb. 32.
Tafel 34-6	Cultrera 1951 Abb. 35.	Tafel 34-7	Cultrera 1951 Abb. 36.
Tafel 35-1	Cultrera 1951 Abb. 37.	Tafel 35-2	Orsi 1918 Abb. 246.
Tafel 35-3	Orsi 1918 Abb. 244.	Tafel 35-4	Cultrera 1951 Abb. 39 oben.
Tafel 35-5	Viola 1996 Abb. 116.	Tafel 35-6	Andreassi 1970 Taf. 67, 1.
Tafel 35-7	Bartoccini 1936 Abb. 102-103.	Tafel 35-8	Viola 1996 Abb. 118.
Tafel 36-1	Andreassi 1970 Taf. 66, 3.	Tafel 36-2	Andreassi 1970 Taf. 68, 3.
Tafel 36-3	Andreassi 1972 Taf. 84.	Tafel 36-4	Andreassi 1972 Taf. 86.
Tafel 36-5	Andreassi 1972 Taf. 88.	Tafel 36-6	Andreassi 1972 Taf. 90.
Tafel 36-7	Andreassi 1970 Taf. 67, 3.	Tafel 36-8	Mertens-Horn 1988 Taf. 60.
Tafel 37-1	Mertens-Horn 1988 Taf. 67 a.	Tafel 37-2	Viola 1996 Abb. S. 162 oben.
Tafel 37-3	Viola 1996 Abb. 117.	Tafel 37-4	Aufnahme des Verfassers.

1. Agrigent

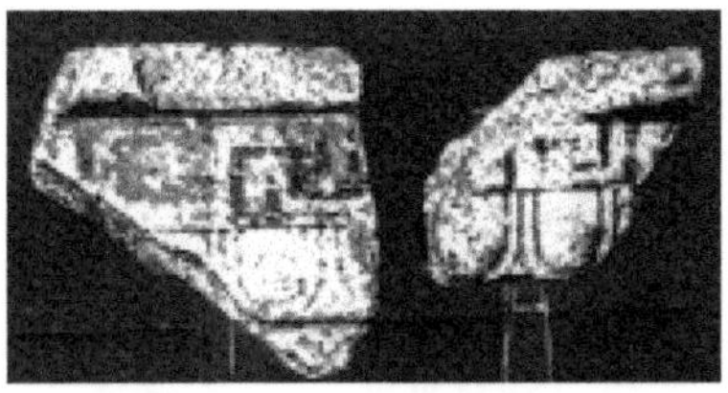

1. AKRA 2 2. AKRA 3

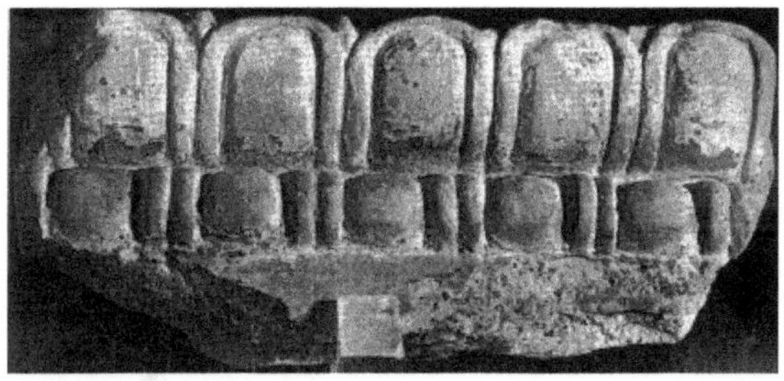

3. AKRA 19

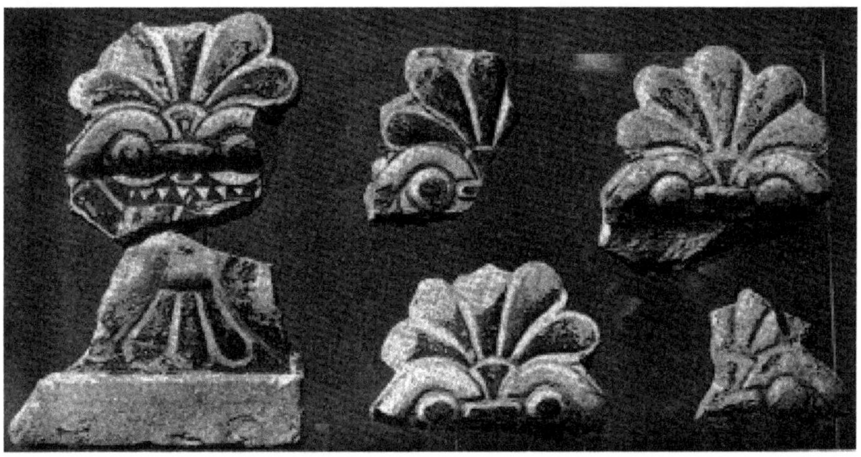

4. AKRA 11 - Traufsima

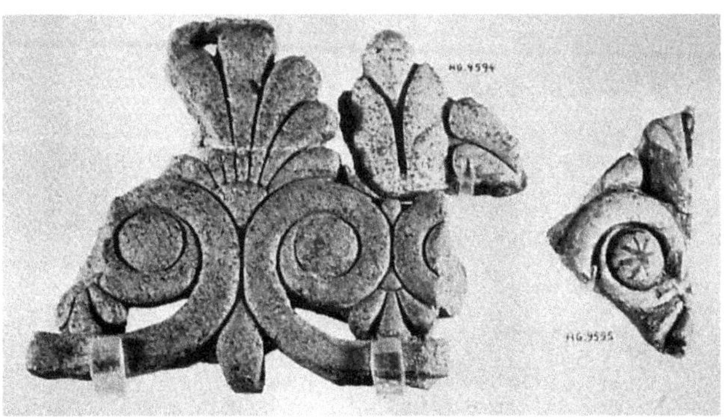

5. AKRA 12 - Traufsima

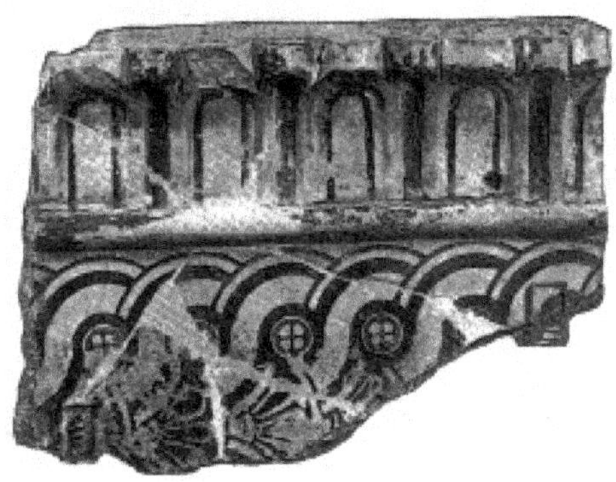

6. AKRA 12 - Geisonverkleidung

2. Capo Colonna

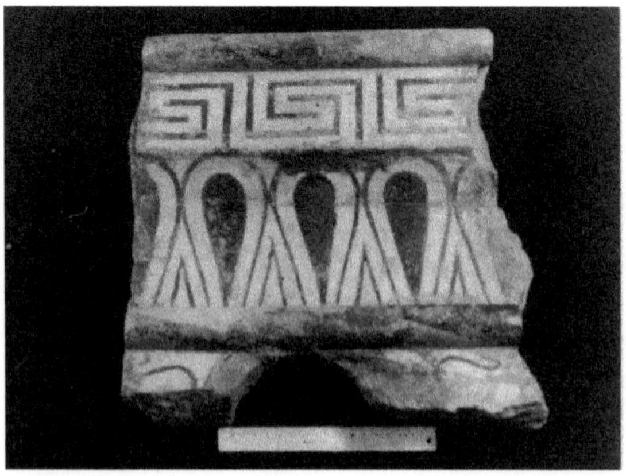

1. CAPO 1

3. Cavallino

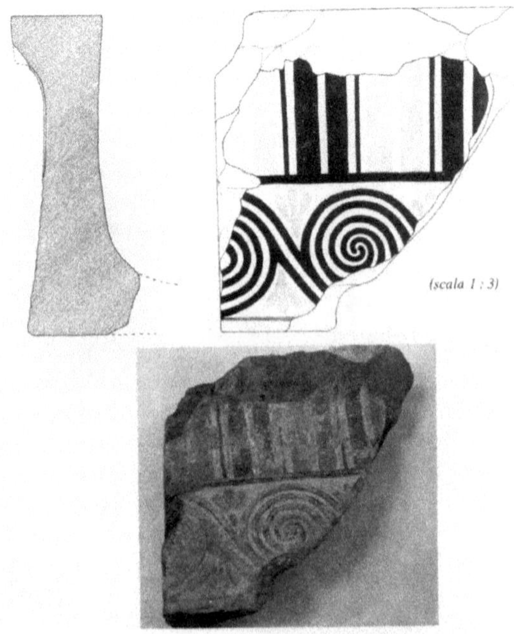

2. CAVA 1

4. Ciro

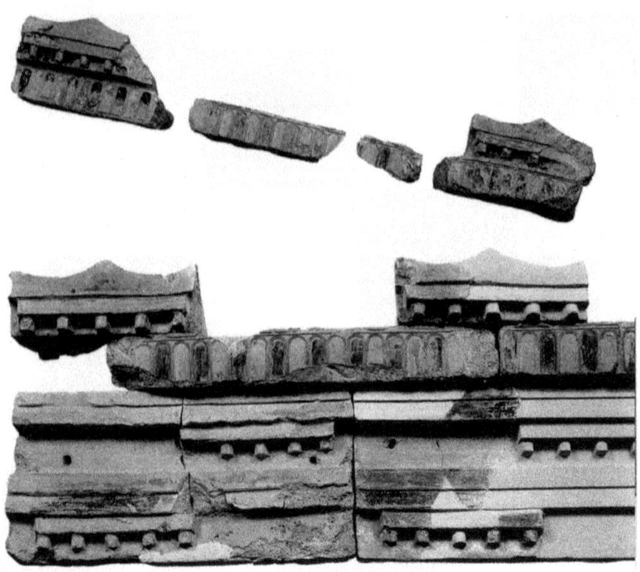

3. CIRO 1

3. Delphi

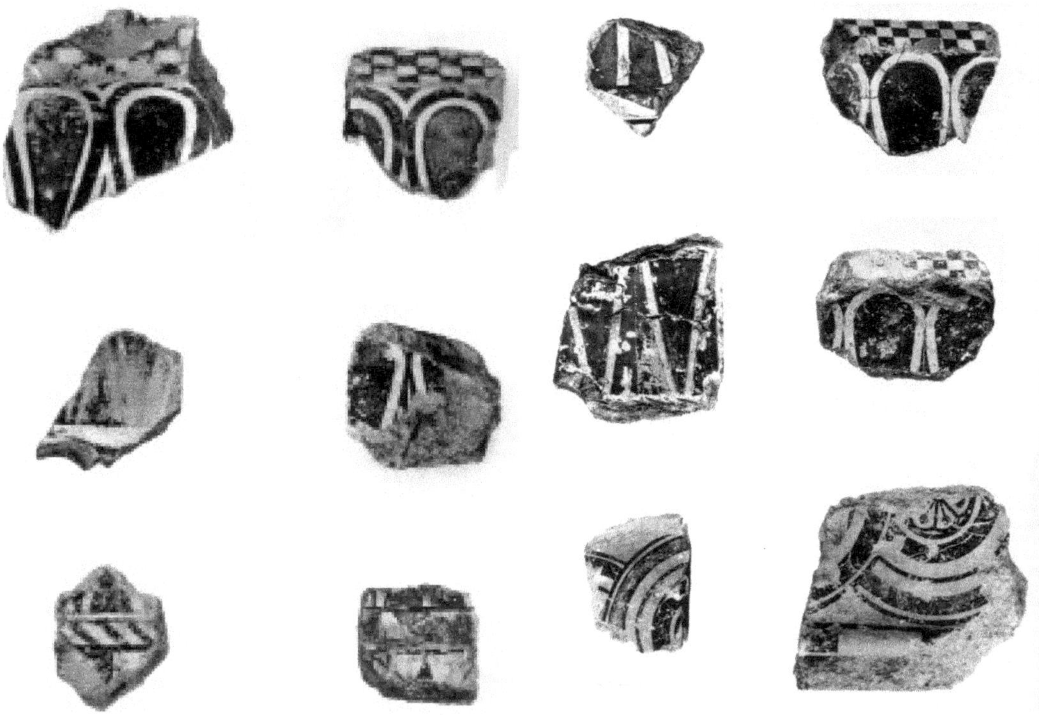

1. DELP 1

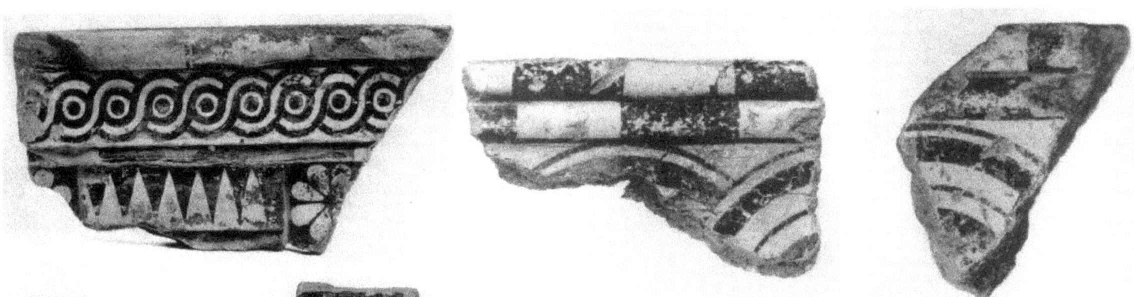

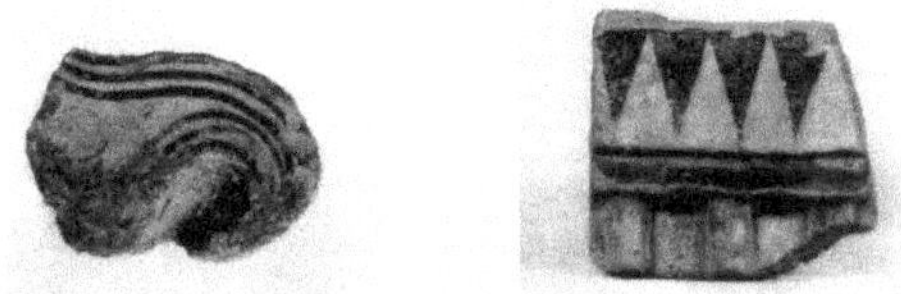

2. DELP 2 - Geisonverkleidung

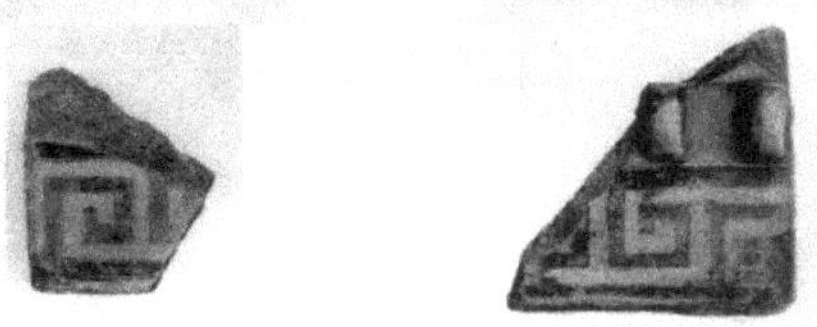

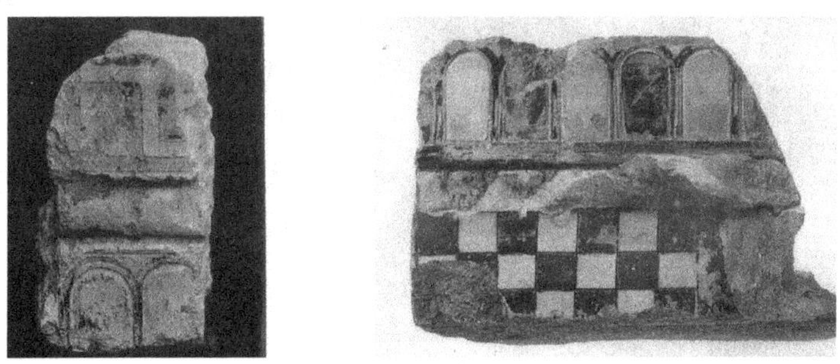

3. DELP 2 - Sima

4. DELP 3

4. Gela

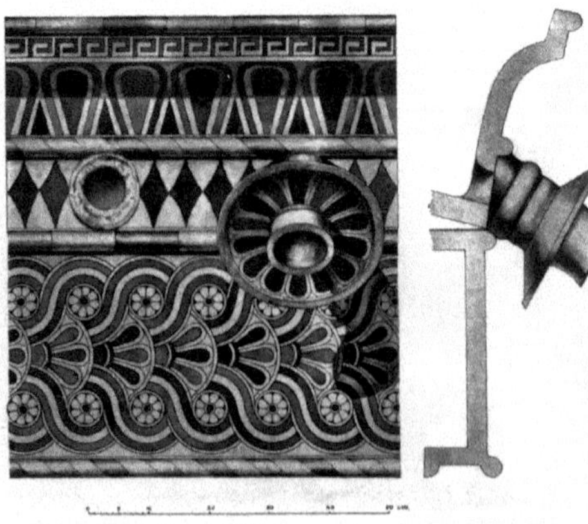

1. GELA 1 - Traufsima

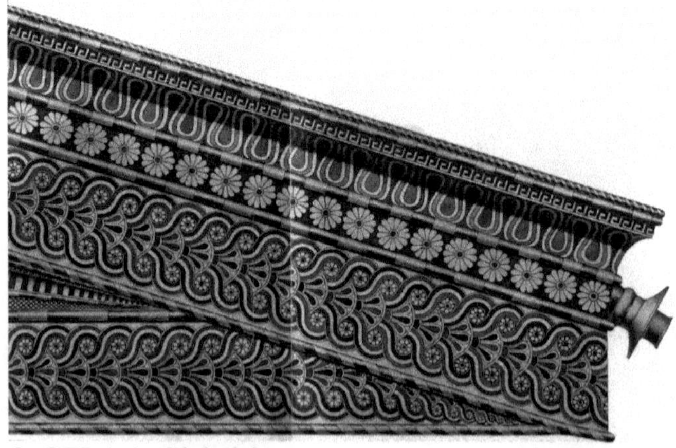

2. GELA 1- Giebelsima

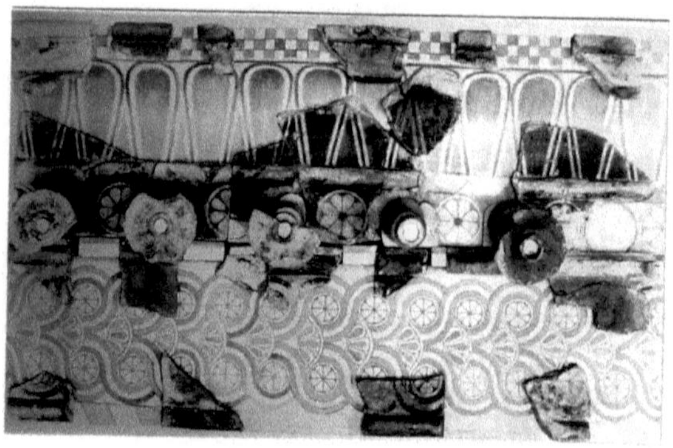

3. GELA 2- Traufsima

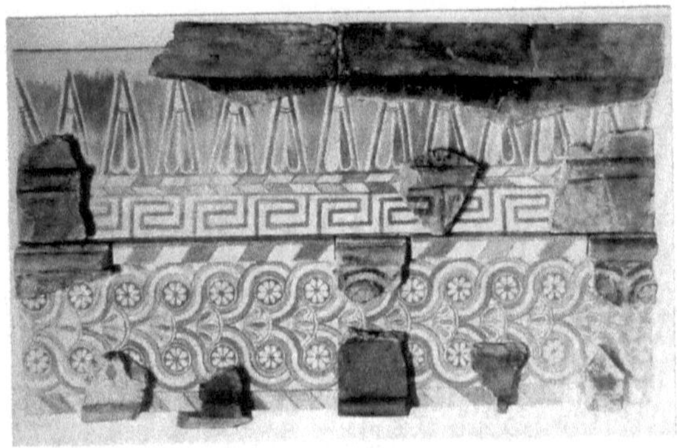

4. GELA 2 - Giebelsima

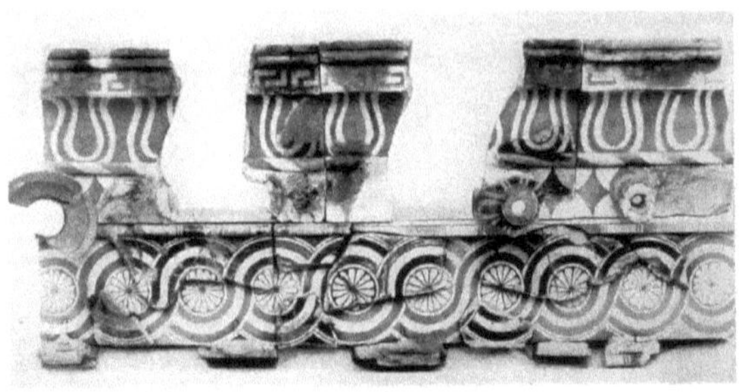

5. GELA 3 - Traufsima mit Geisonverkleidung
Variante 1

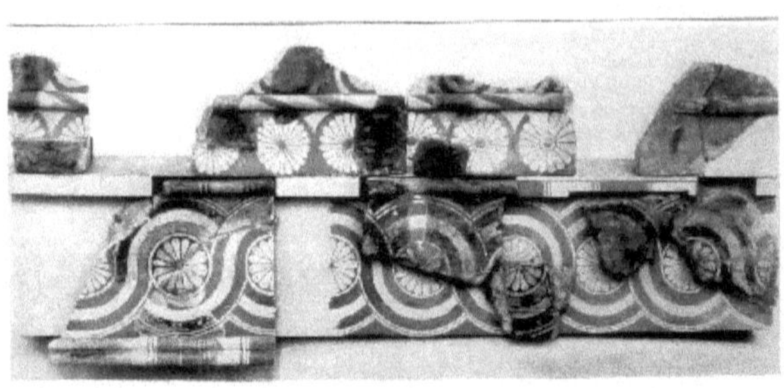

6. GELA 3 - Giebelsima mit Geisonverkleiung
Variante 1

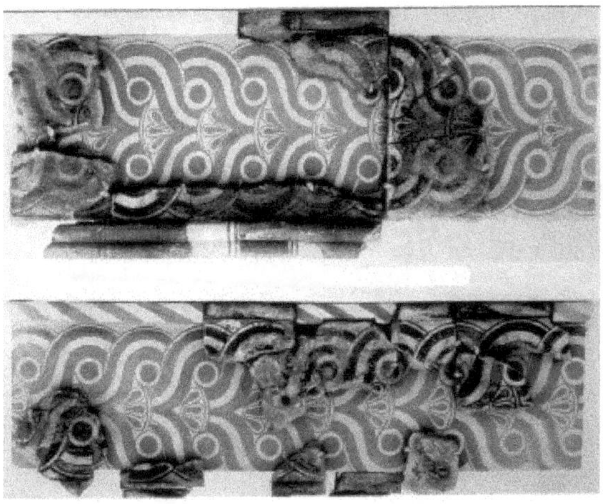

1. GELA 3 - Geisonverkleidung Variante 2 (oben), Variante 3 (unten)

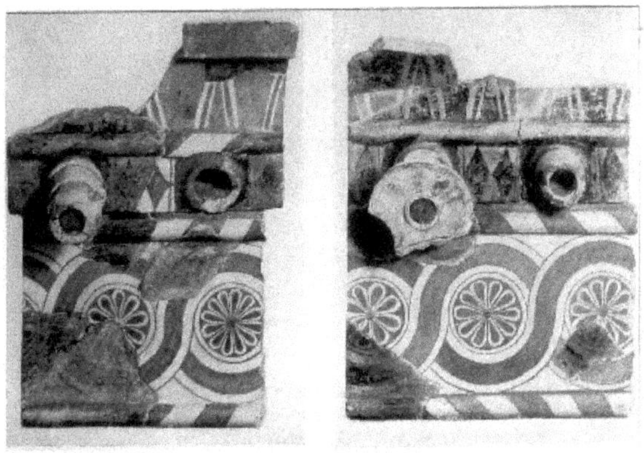

2. GELA 4 - Traufsima

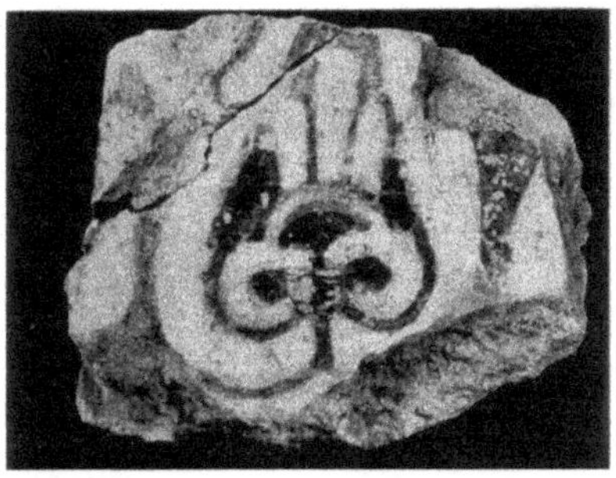

3. GELA 11

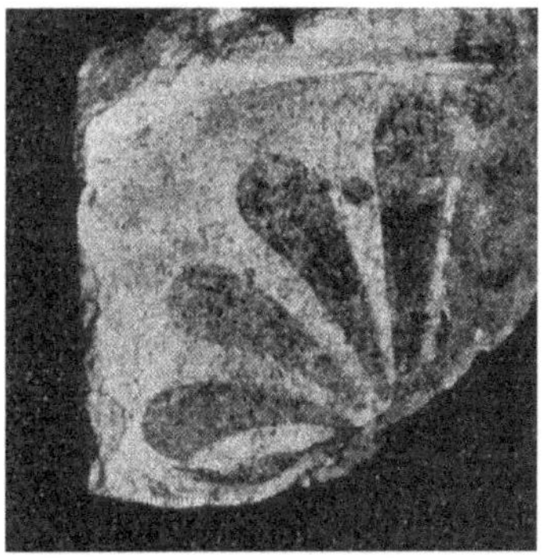

4. GELA 13

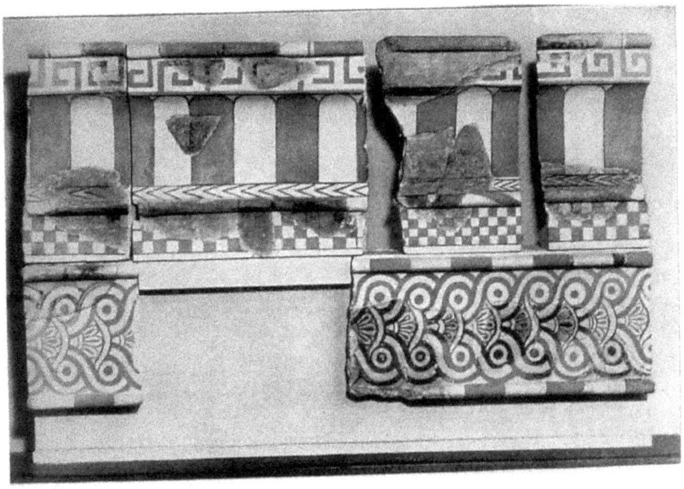

5. GELA 5 (Sima) - GELA 17 (Geisonverkleidung)

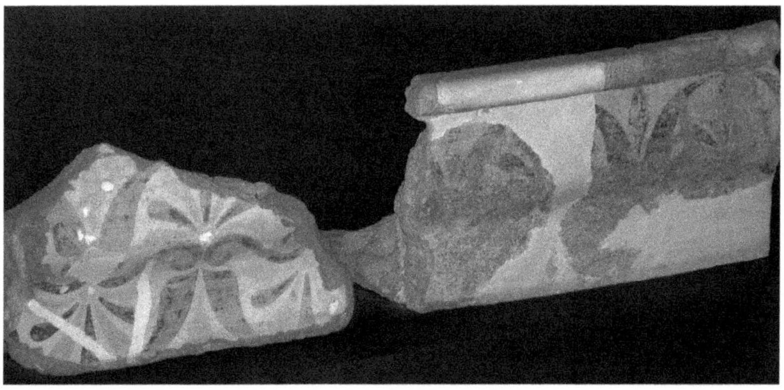

6. GELA 14

5. Grammichele

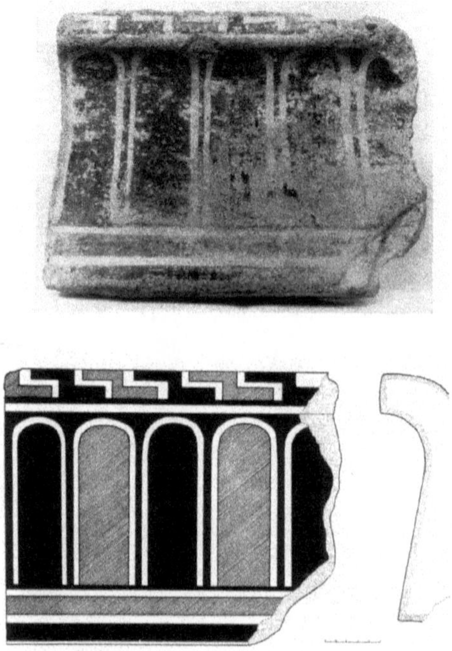

1. GRAM 1

6. Himera

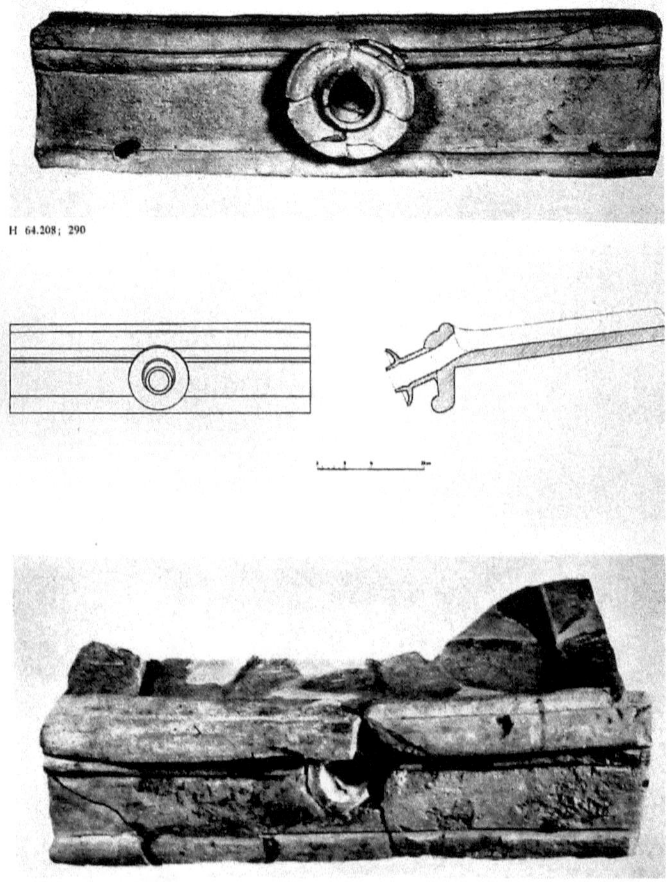

2. HIME 1

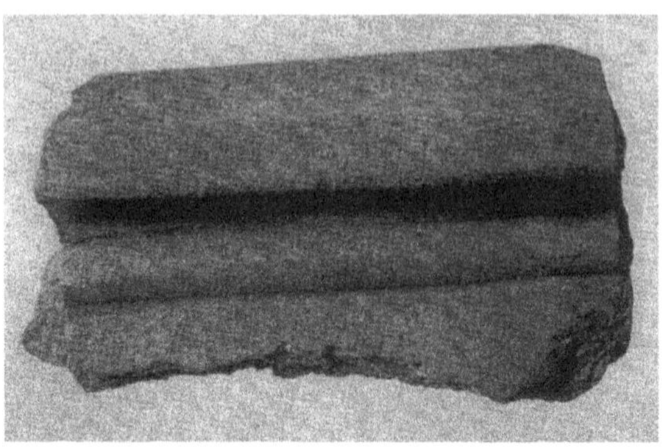

3. HIME 3

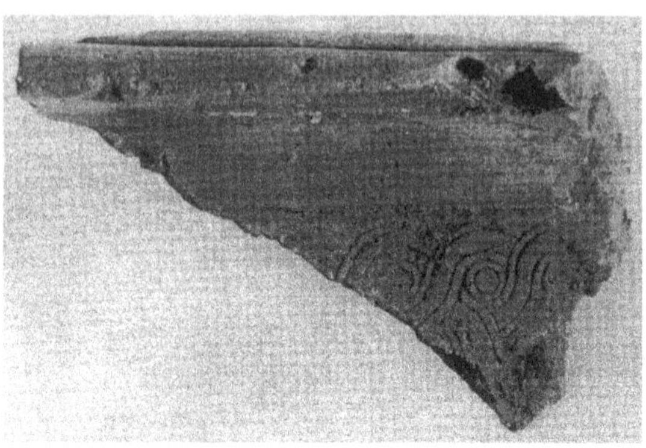

4. HIME 4

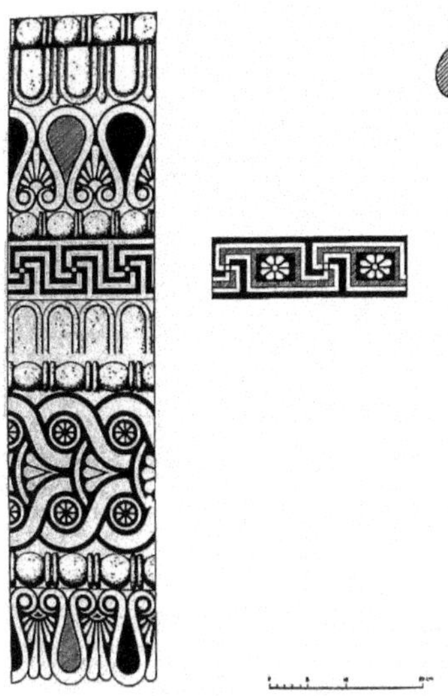

1. HIME 5 - Giebelsima

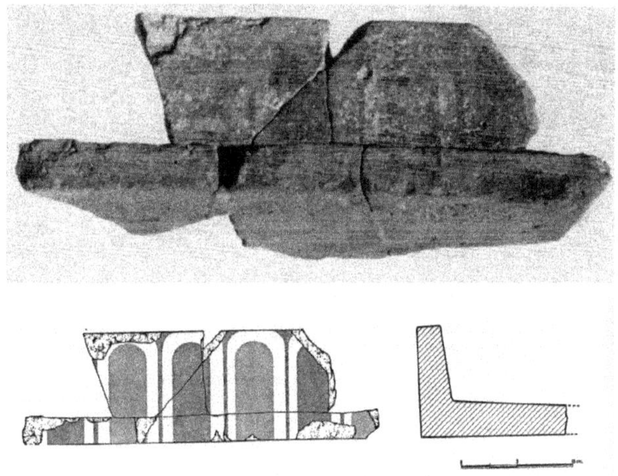

2. HIME 12

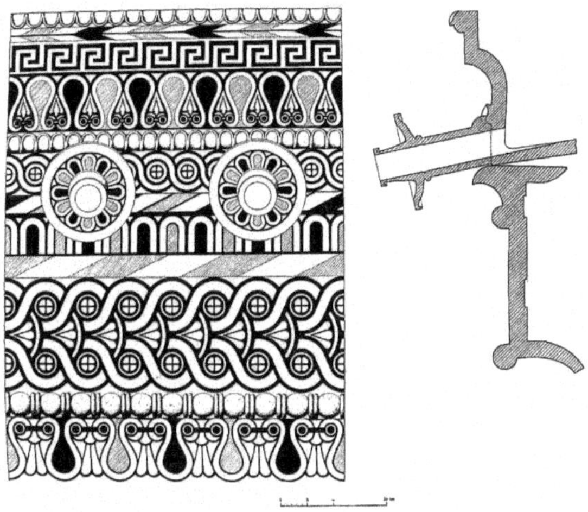

3. HIME 5 - Traufsima

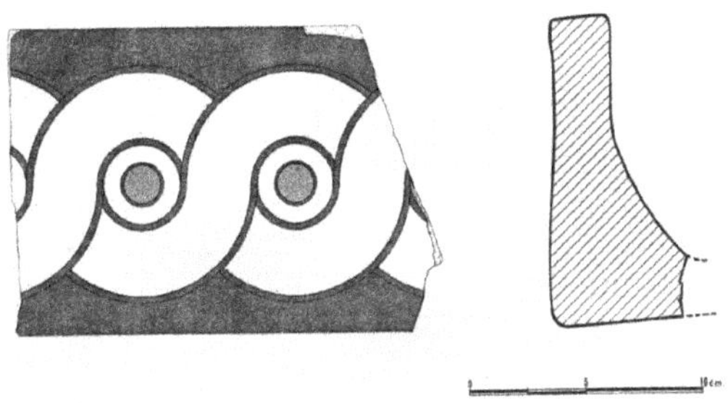

4. HIME 14

7. Kaulonia

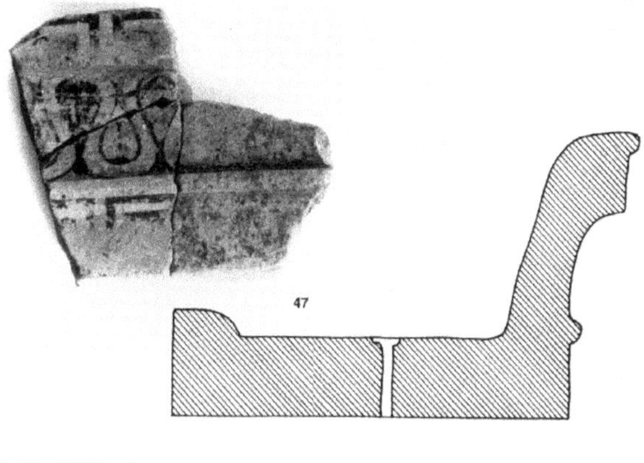

5. KAUL 1

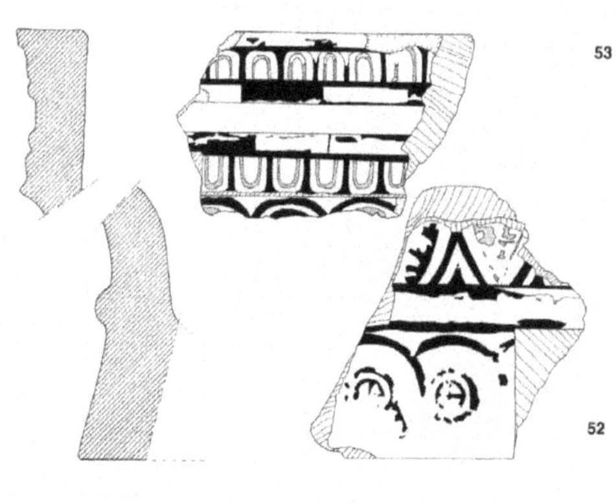

6. KAUL 3

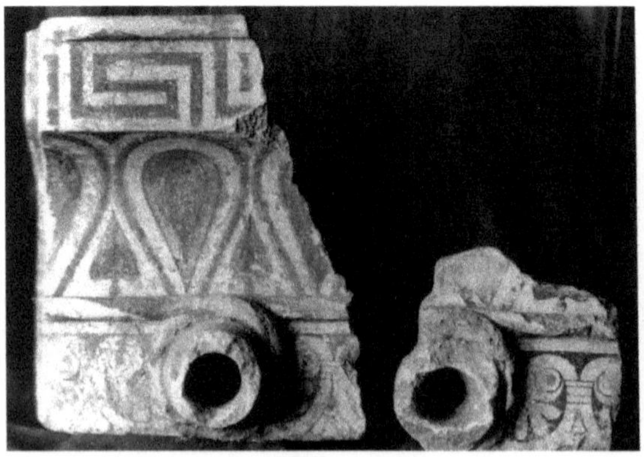

1. KAUL 4 - Giebelsima

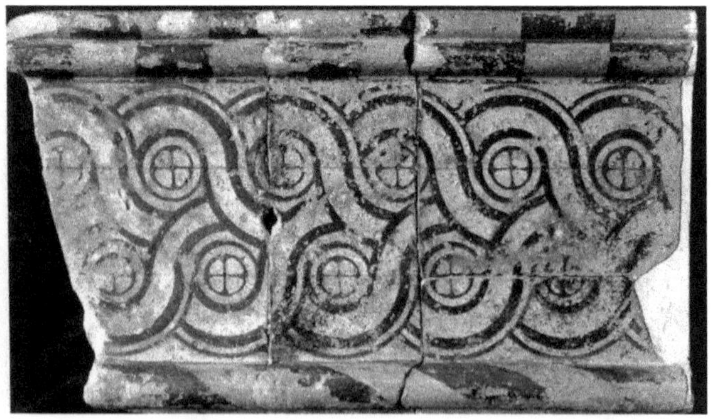

2. KAUL 4 - Geisonverkleidung

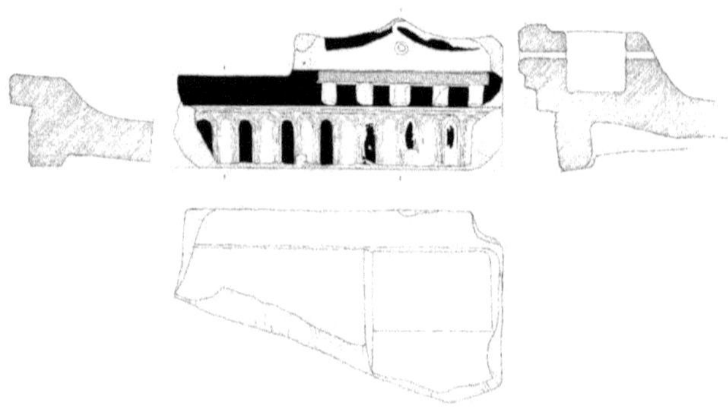

3. KAUL 5

8. Kroton

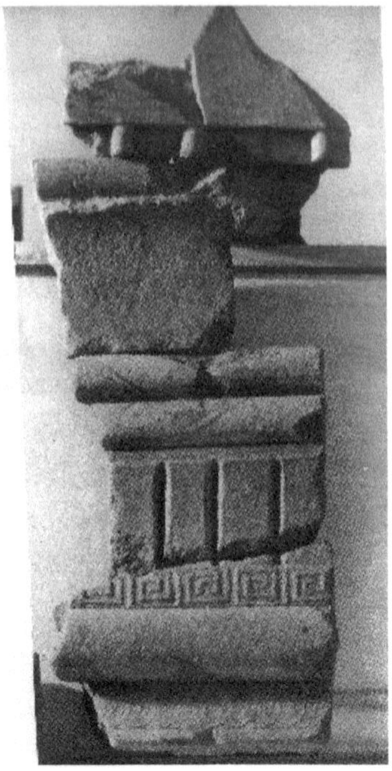

4. KROT 1

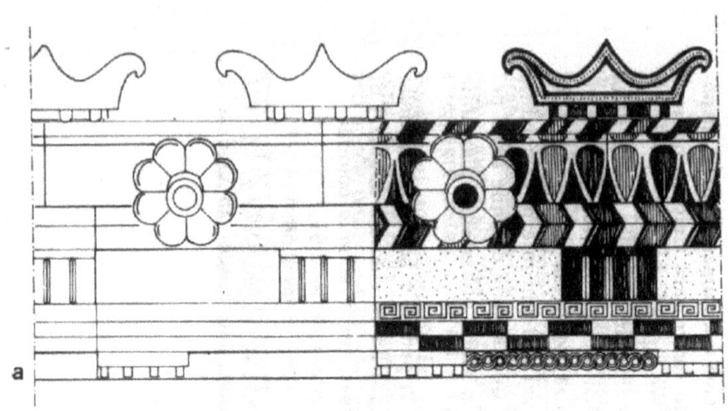

5. KROT 1

9. Leontinoi

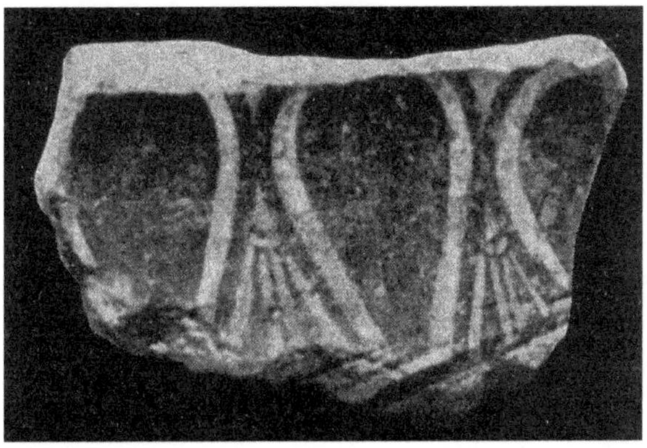

1. LEON 1

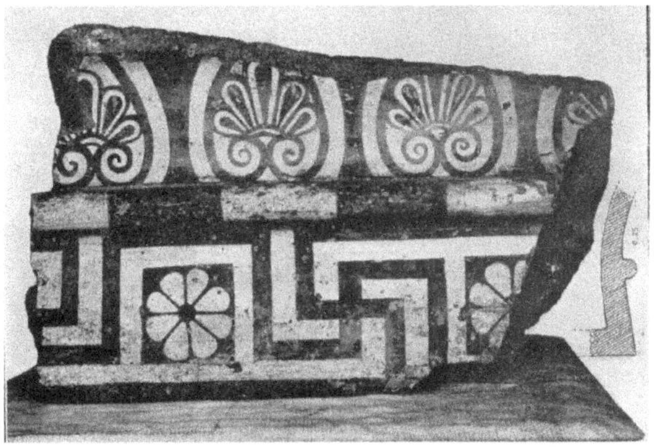

2. LEON 3

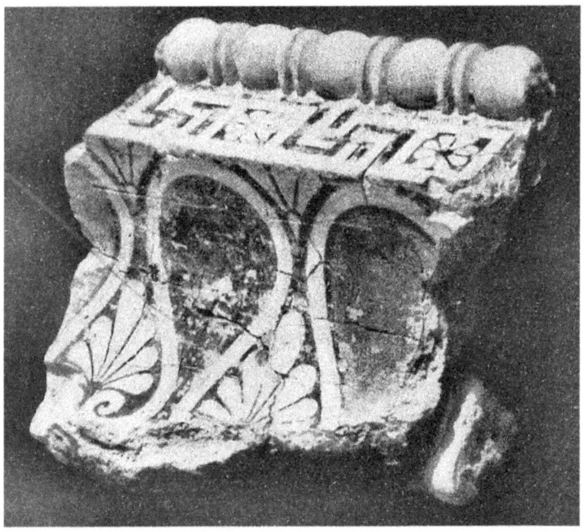

3. LEON 4 - Sima

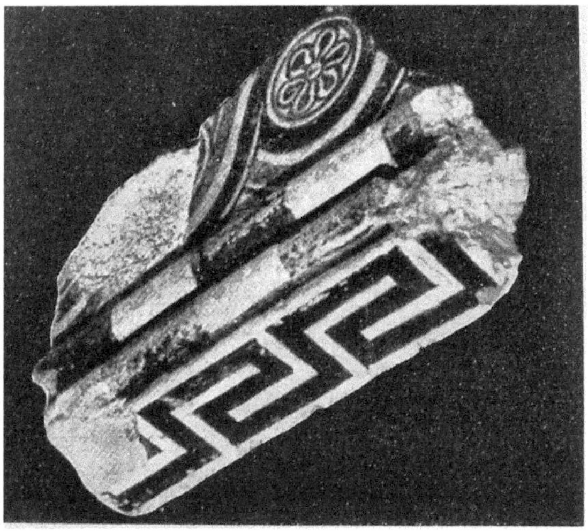

4. LEON 4 - Geisonverkleidung

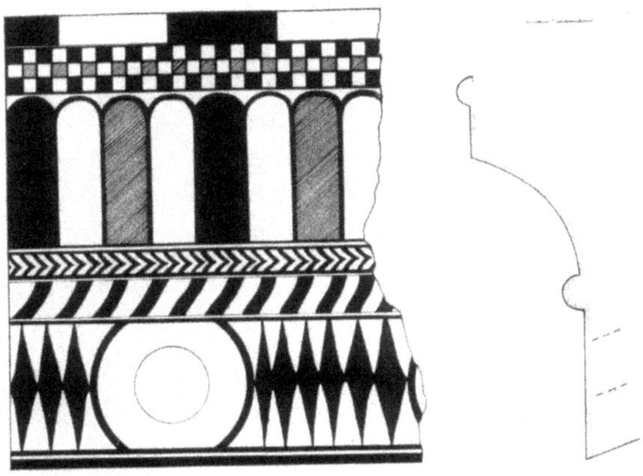

5. LEON 5

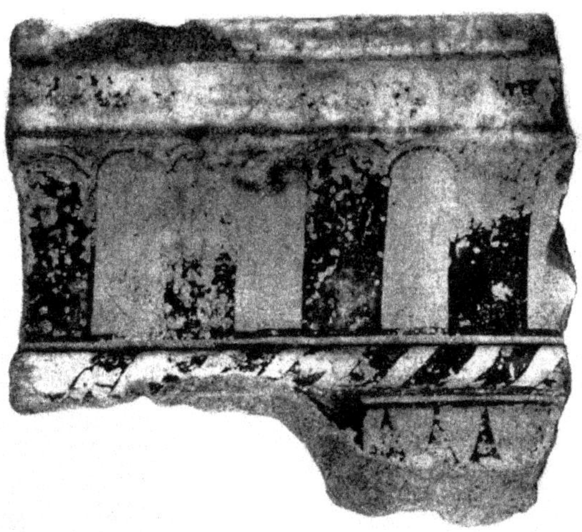

6. LEON 5

10. Lokri

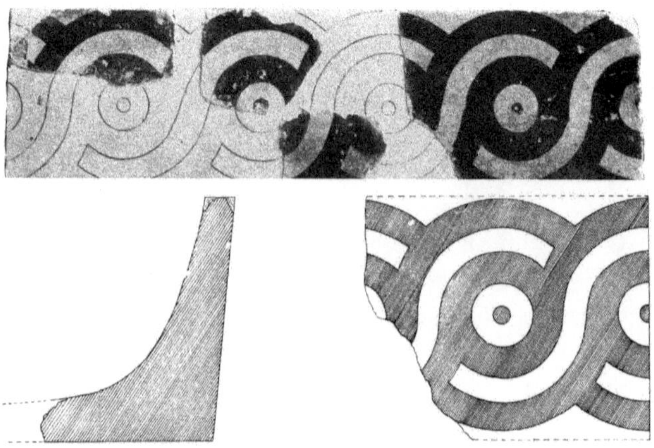

1. LOKR 1

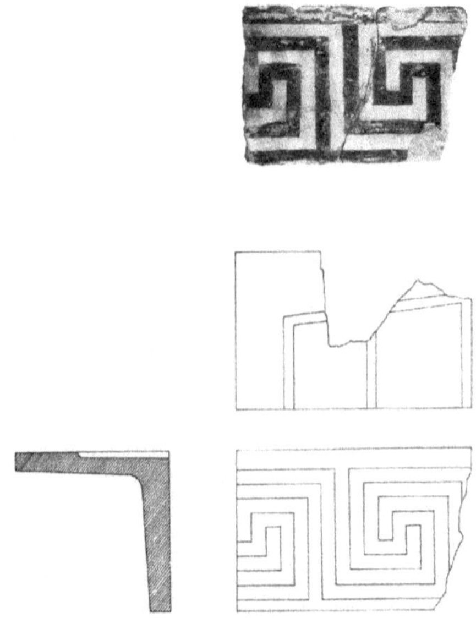

2. LOKR 1 - Geisonverkleidung

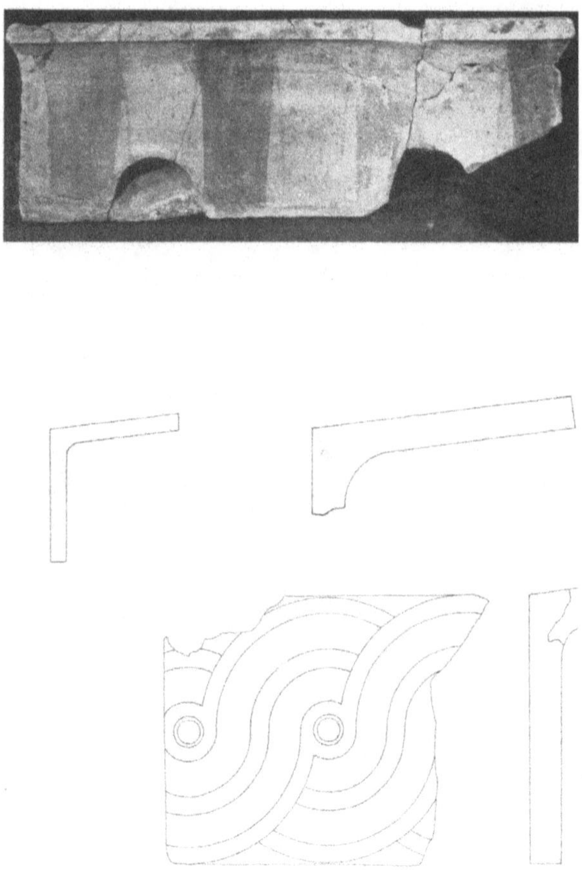

3. LOKR 2

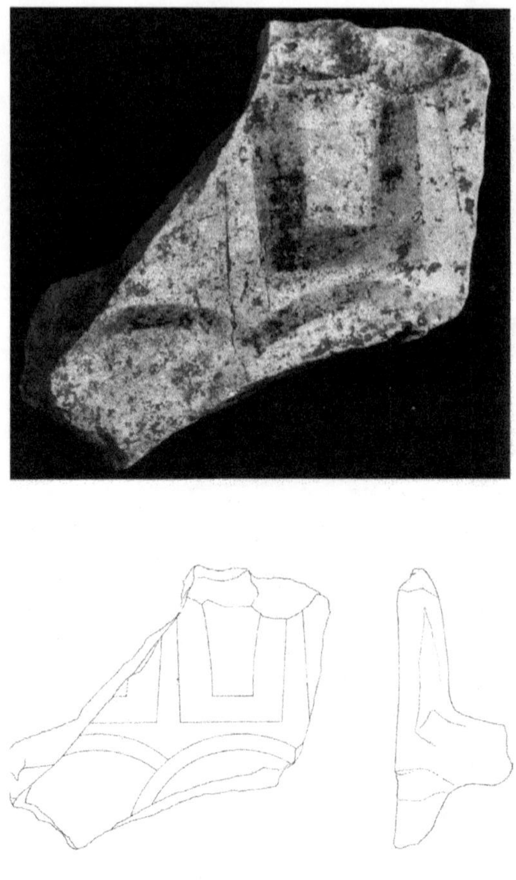

4. LOKR 3

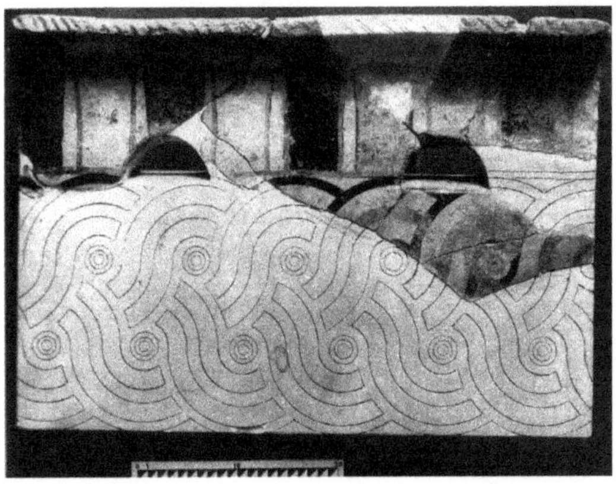

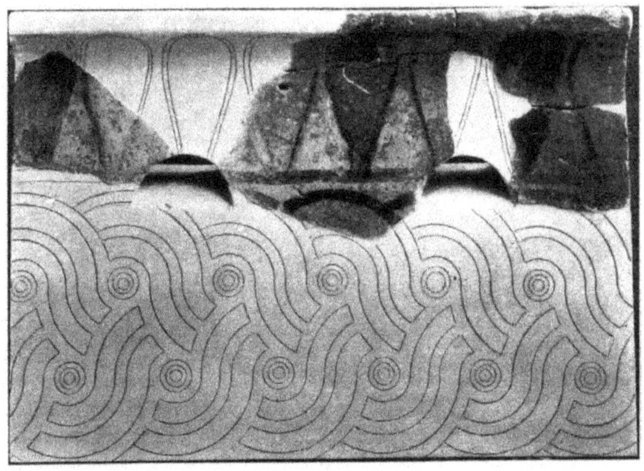

1. LOKR 4

2. LOKR 4B

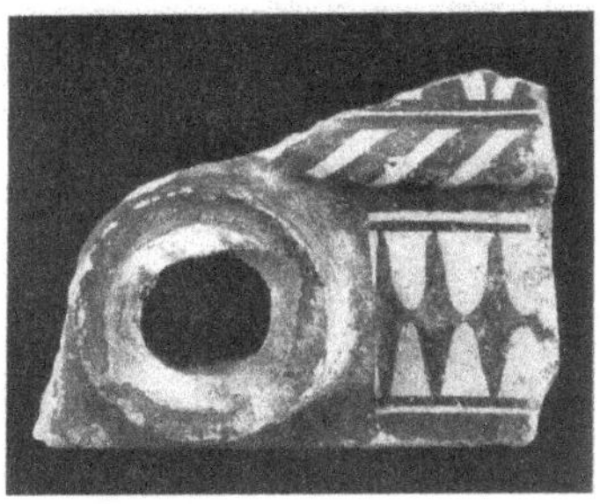

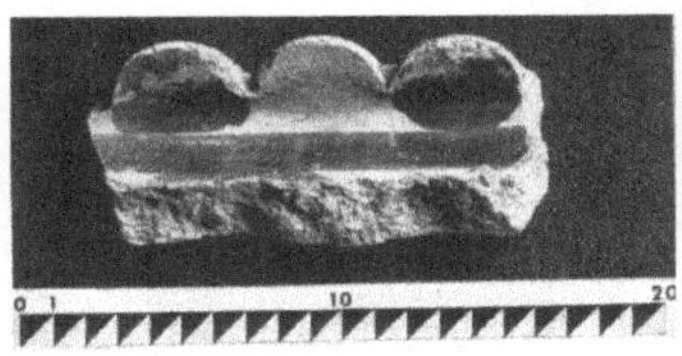

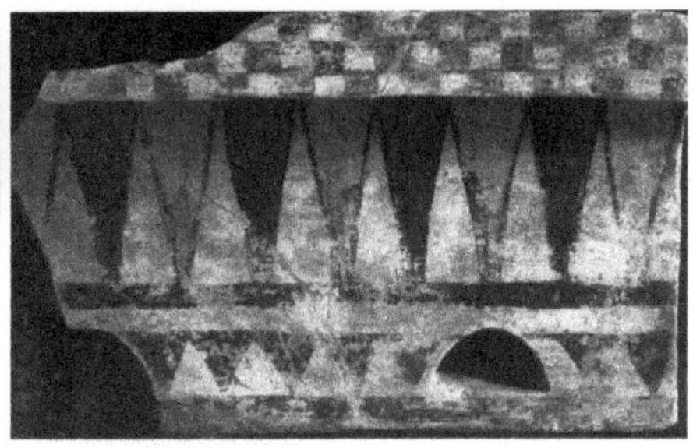

3. LOKR 8

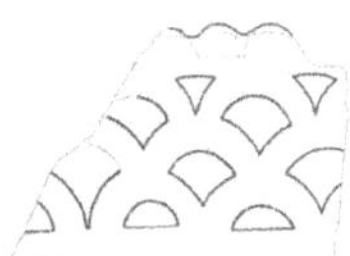

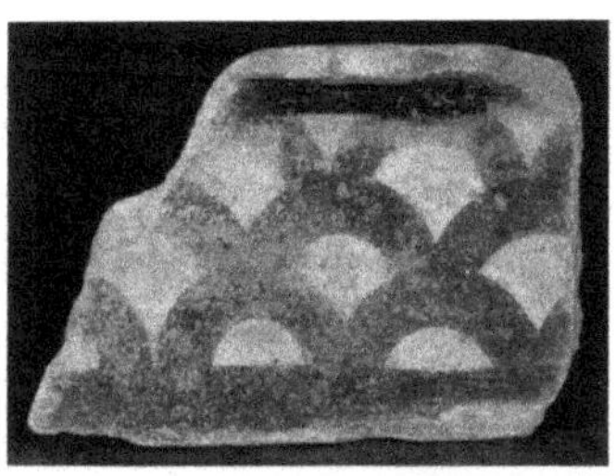

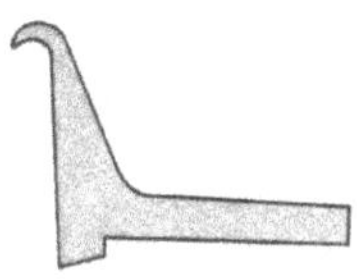

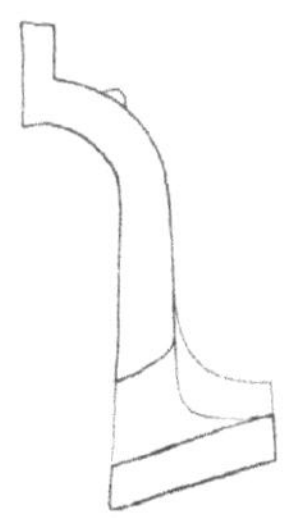

5. LOKR 5

[74]

4. LOKR 5

6. LOKR 6

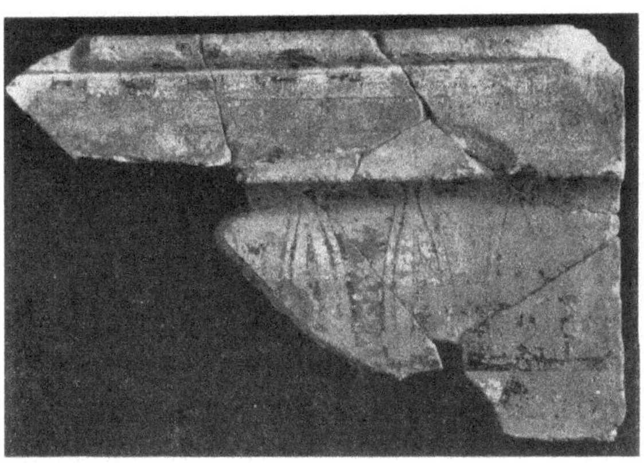

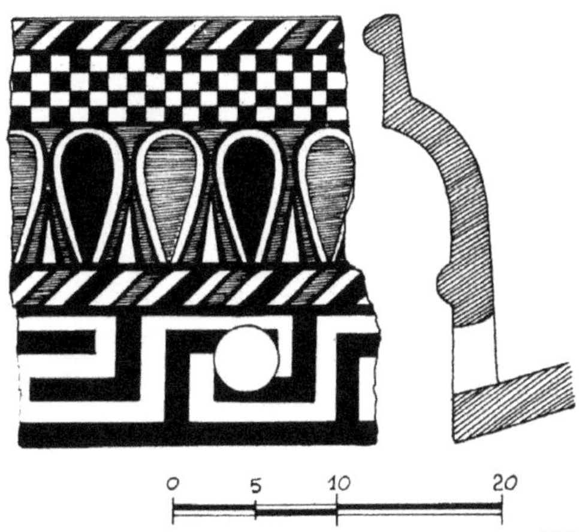

[79]

7. LOKR 7

[81]

8. LOKR 11

Tafel 11

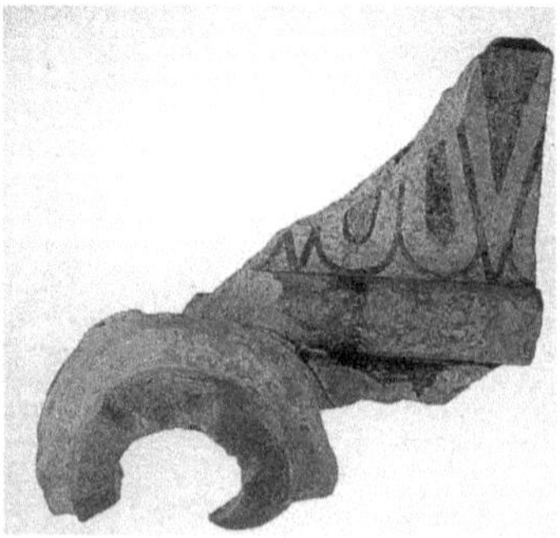

1.LOKR 9

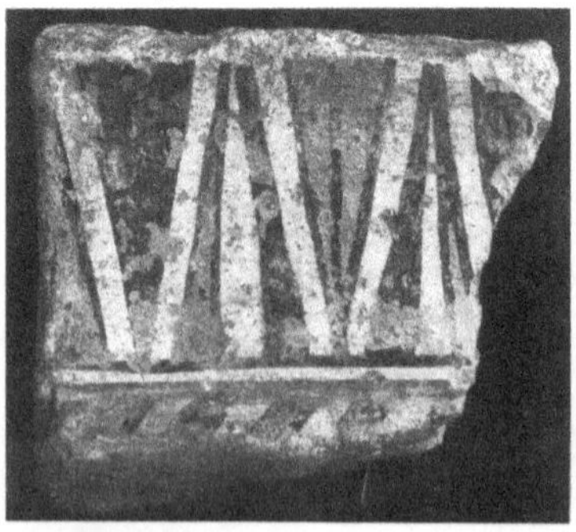

2. LOKR 14

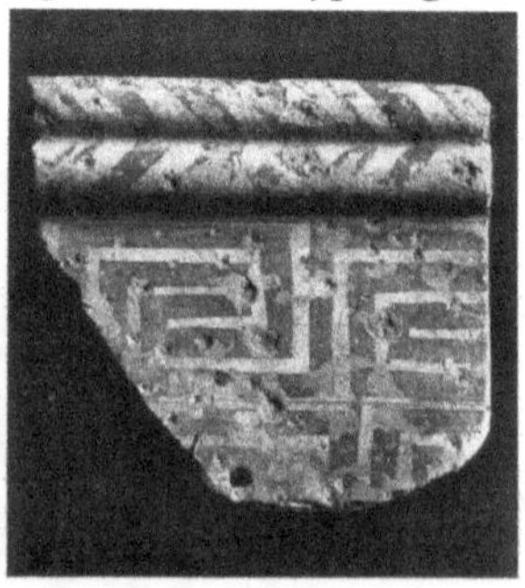

3. LOKR 15

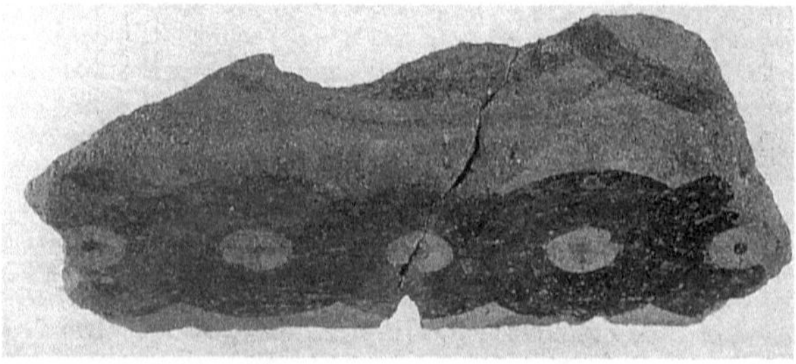

4. LOKR 17

11. Medma

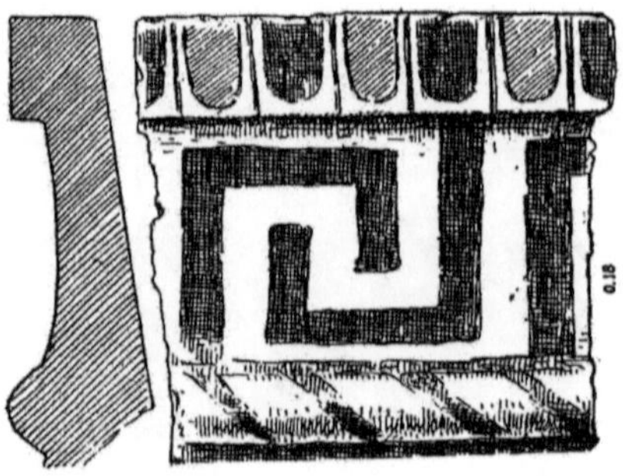

5. MEDM 2

12. Megara Hyblaea

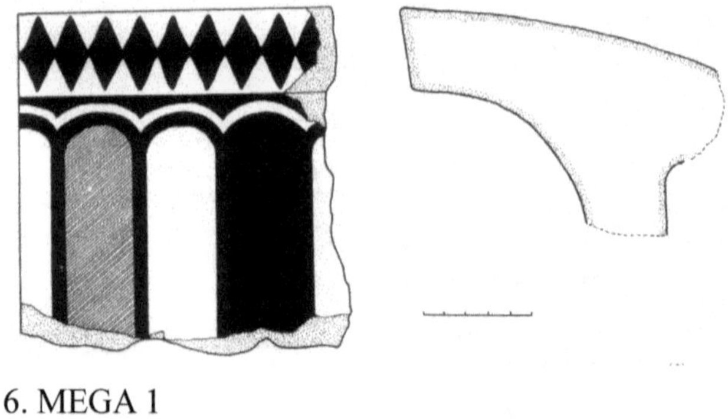

6. MEGA 1

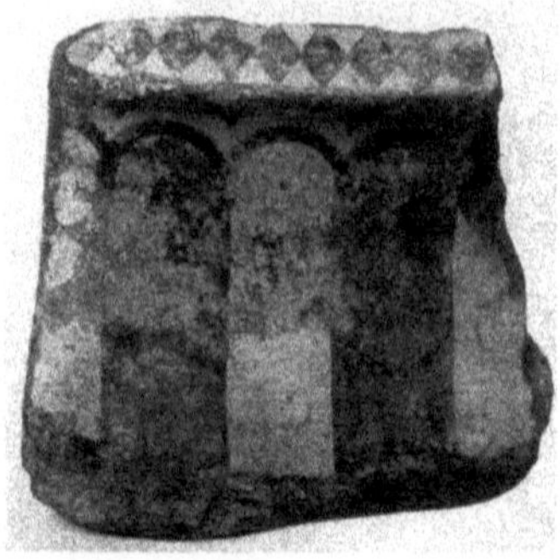

7. MEGA 1

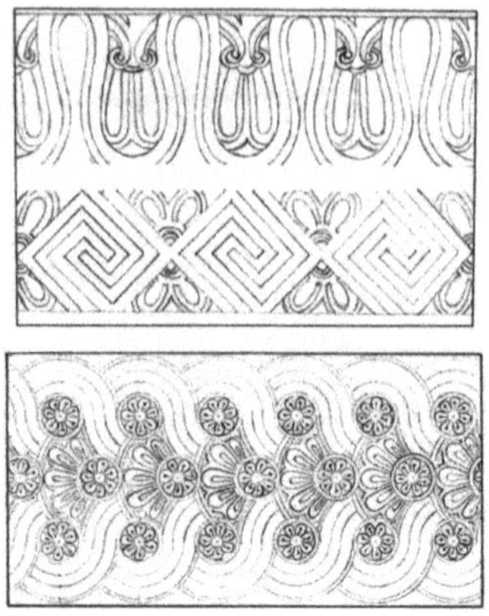

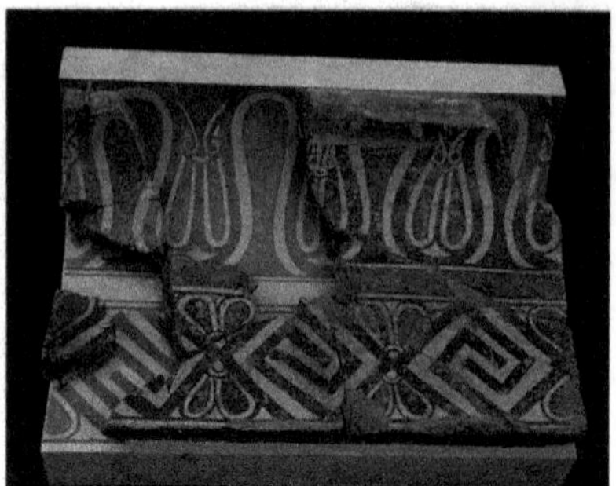

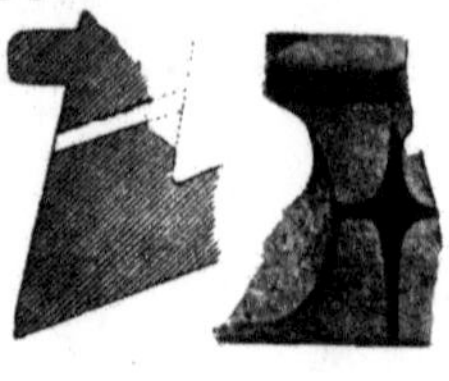

9. MEGA 4

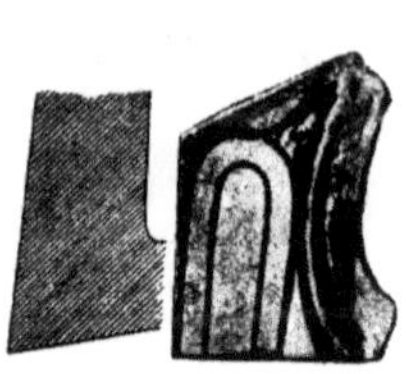

8. MEGA 2

10. MEGA 5

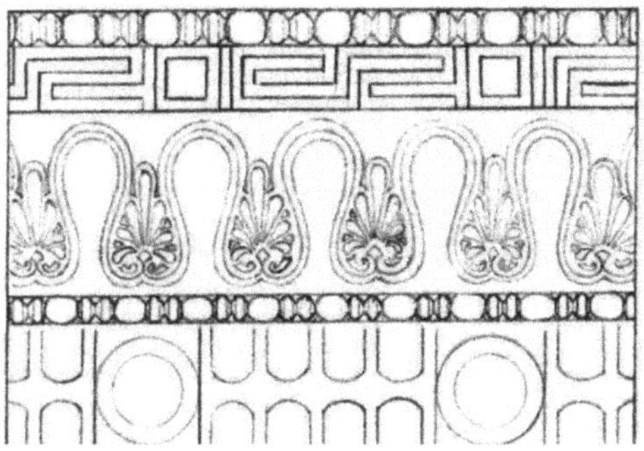

1. MEGA 3

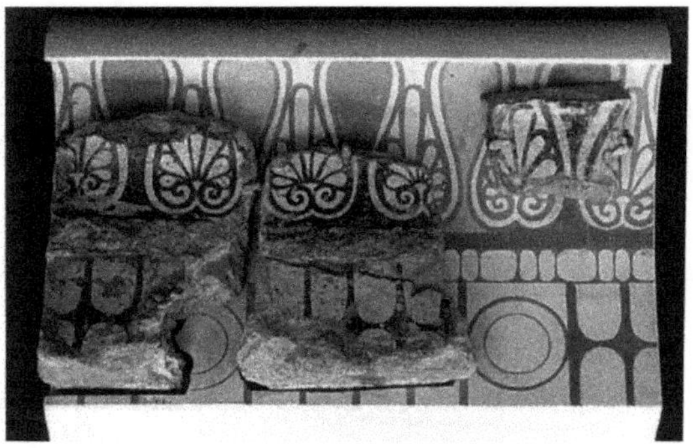

2. MEGA 3

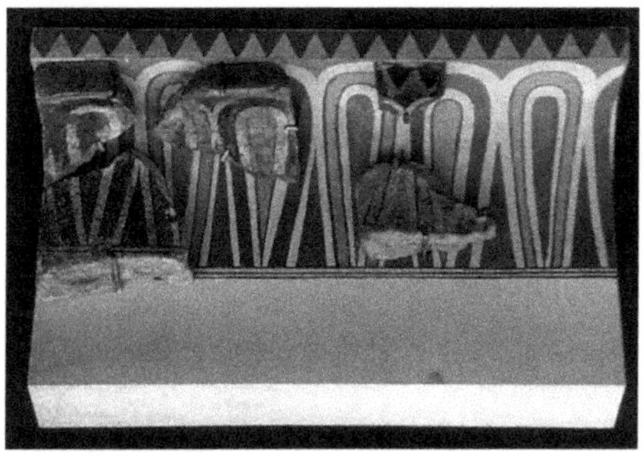

3. MEGA 6

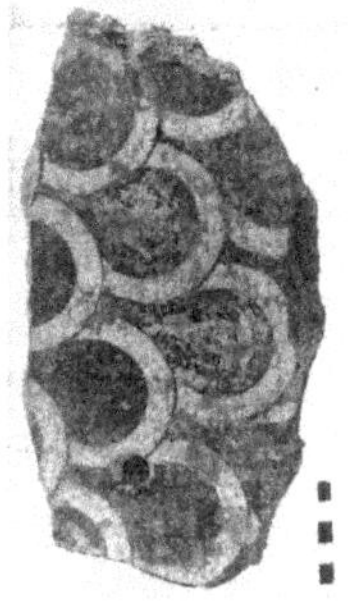

4. MEGA 10

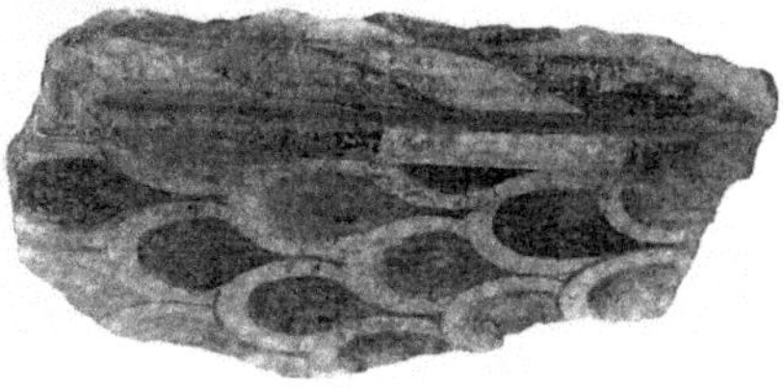

5. MEGA 10

12. Metapont

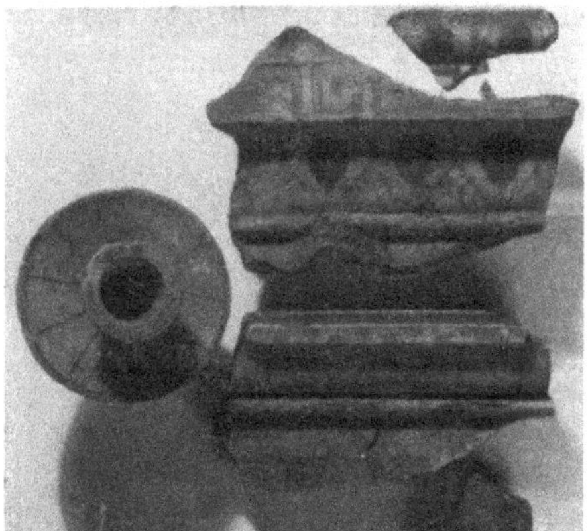

6. META 1

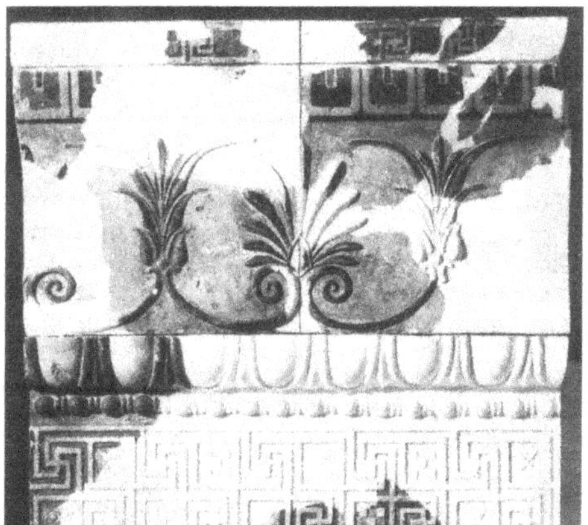

7. META 2

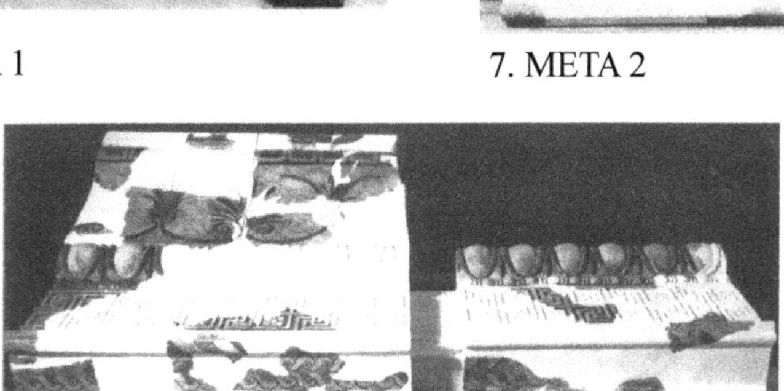

8. META 2

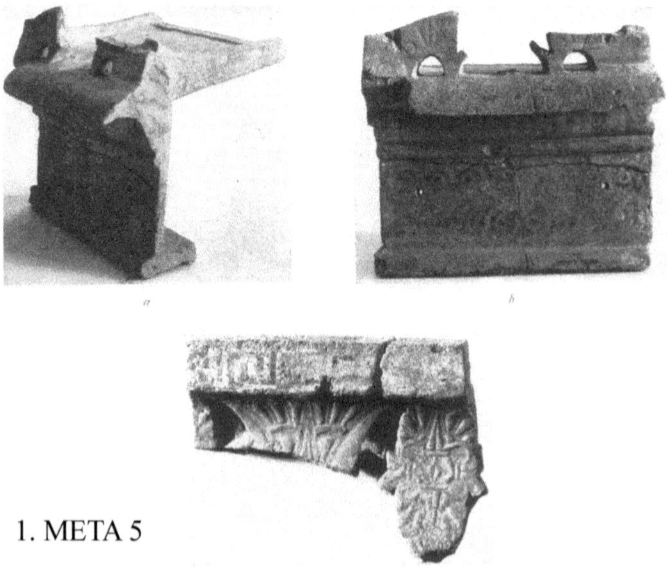

1. META 5

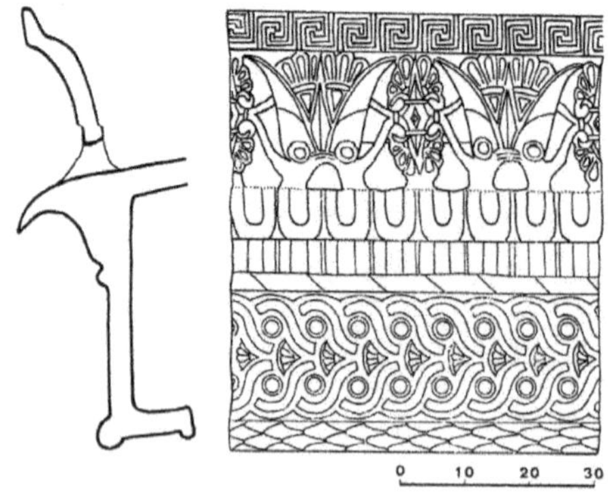

2. META 5

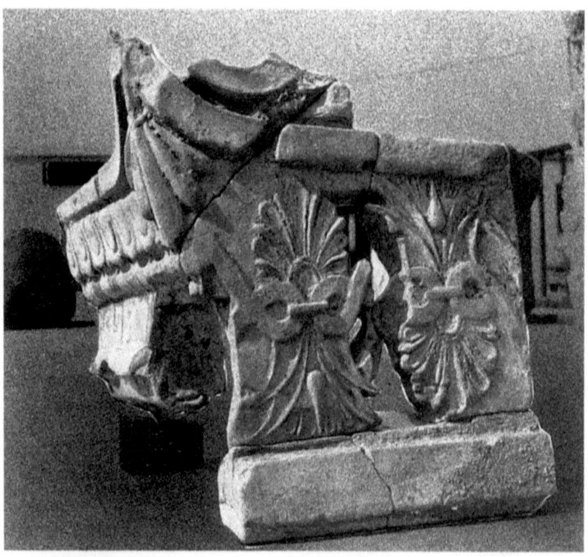

3. META 6

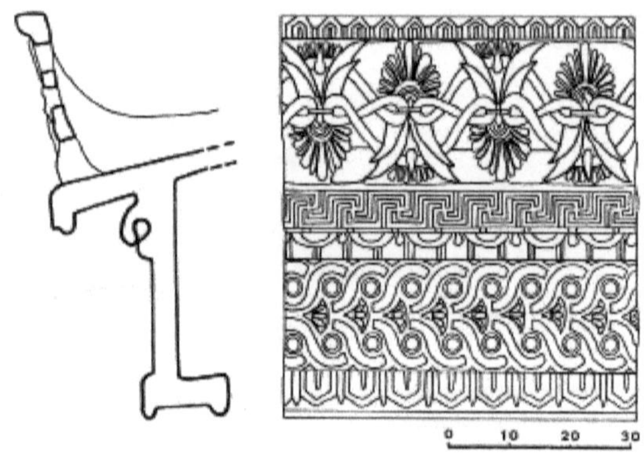

4. META 6

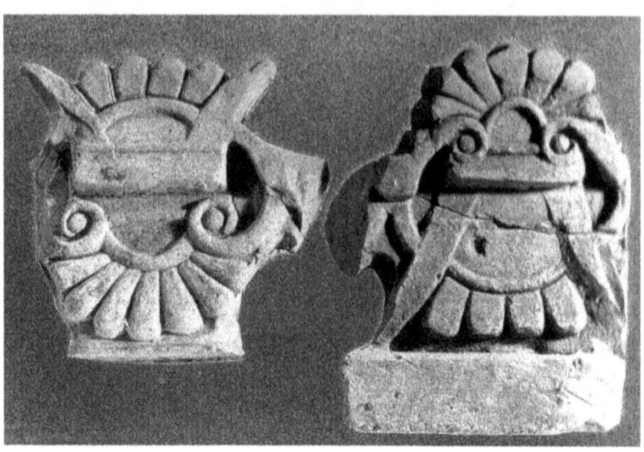

5. META 7

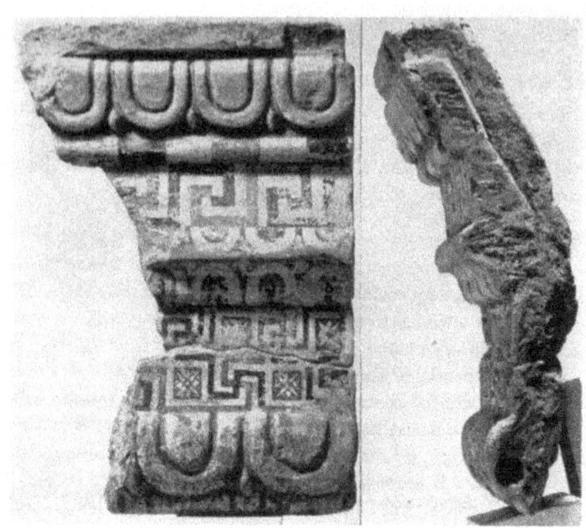

6. META10

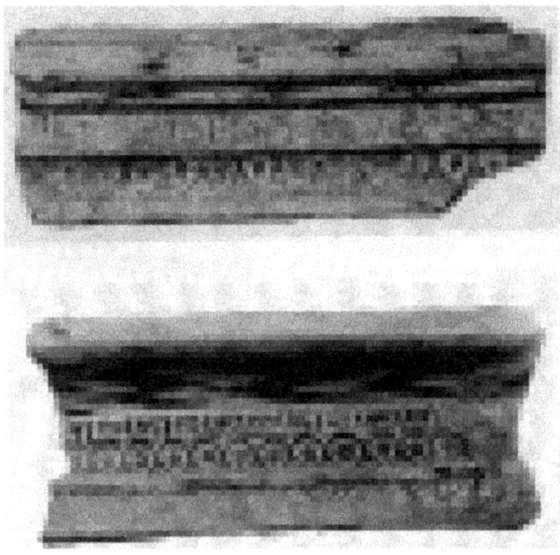

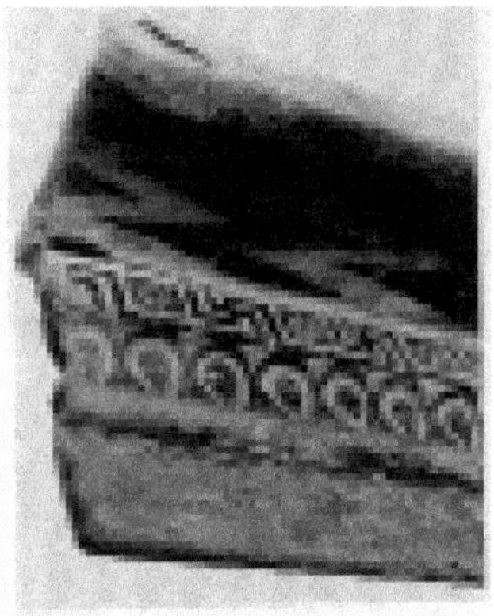

1. META 8

2. META 8

13. Metaurum

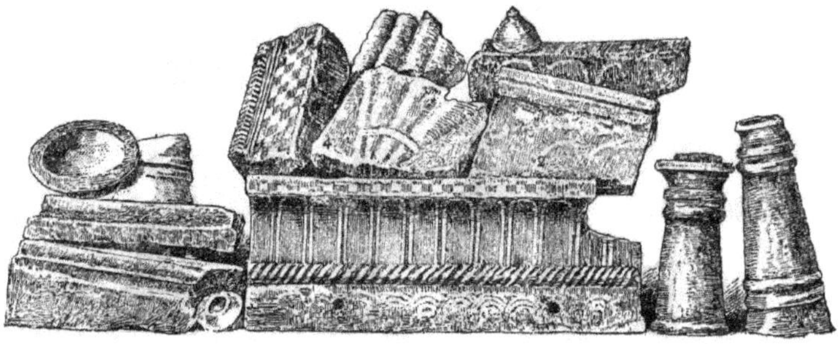

3. METR 1

14. Monte S. Mauro

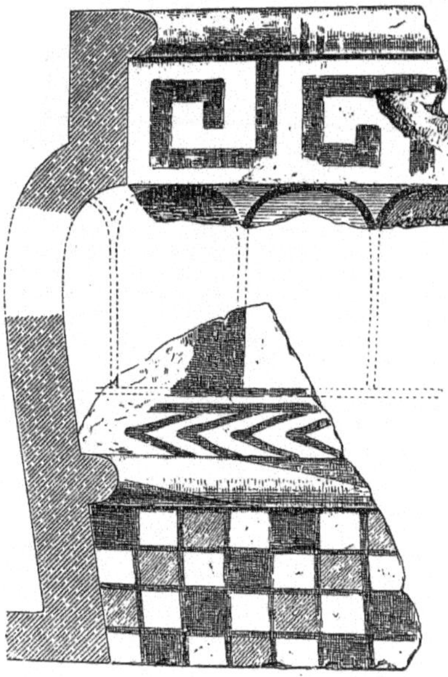

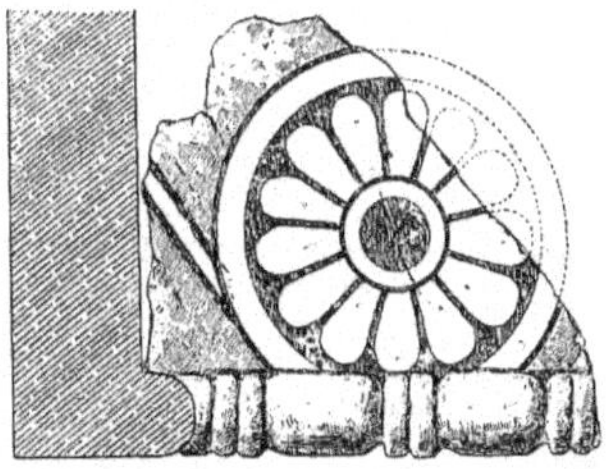

5. MONT 3

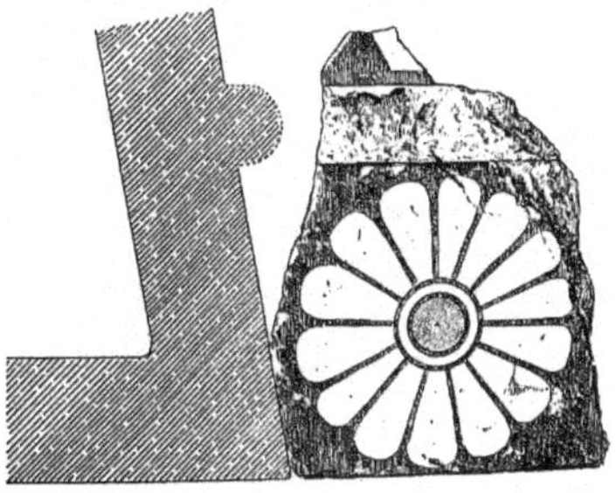

4. MONT 1

6. MONT 4

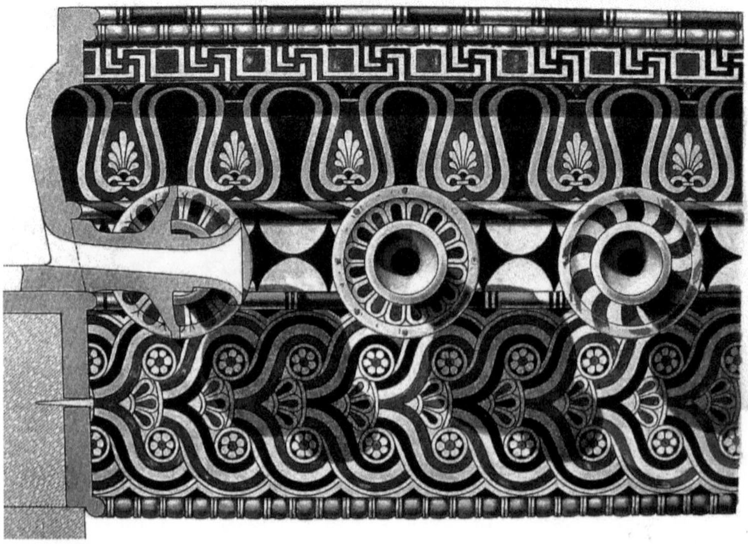

1. MONT 2

15. Acropoli sulla Motta

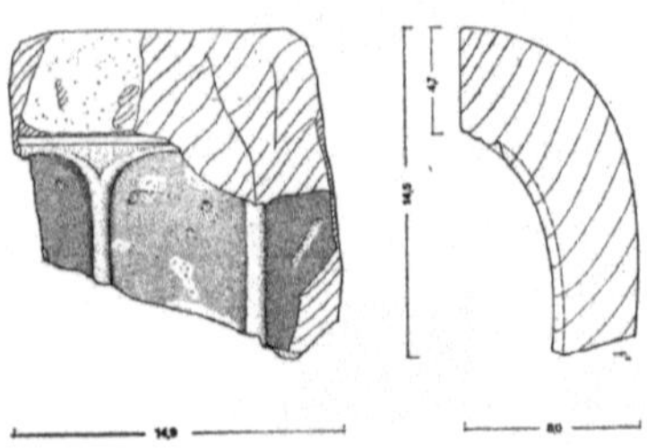

2. MOTT 1 - Sima

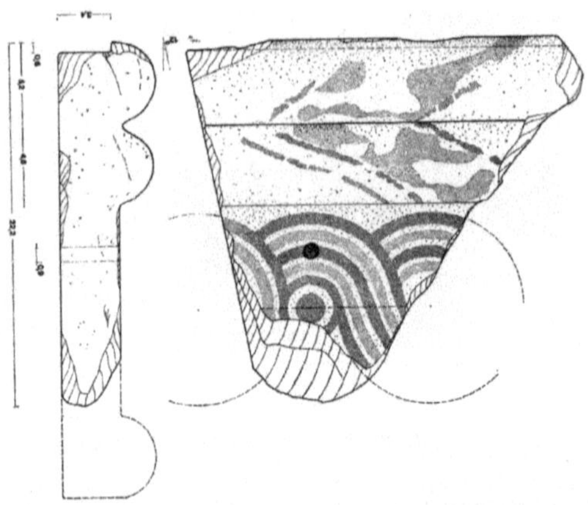

3. MOTT 1 - Geisonverkleidung

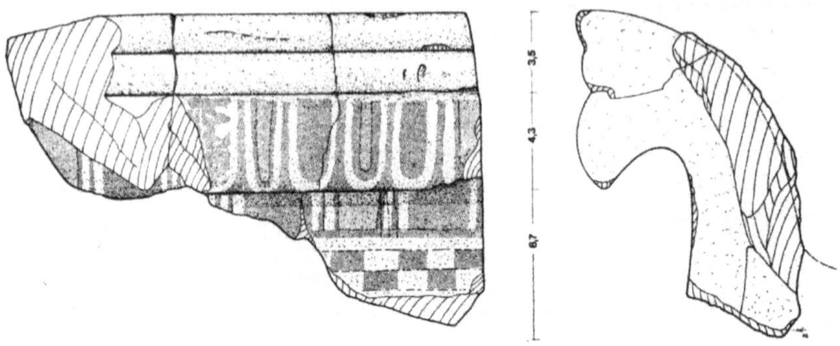

4. MOTT 2

16. Naxos

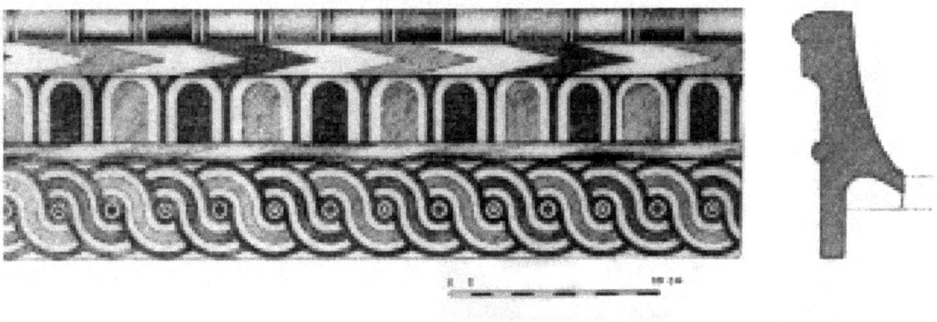

1. NAXO 1

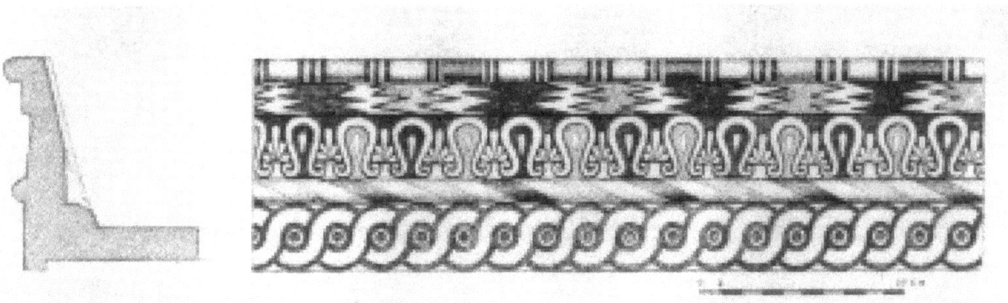

2. NAXO 2

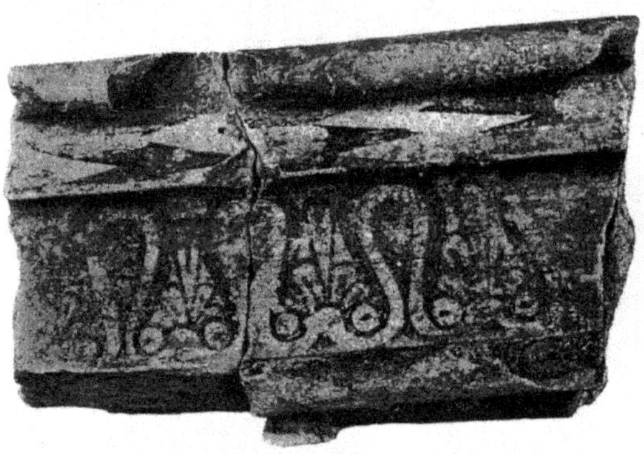

3. NAXO 2B

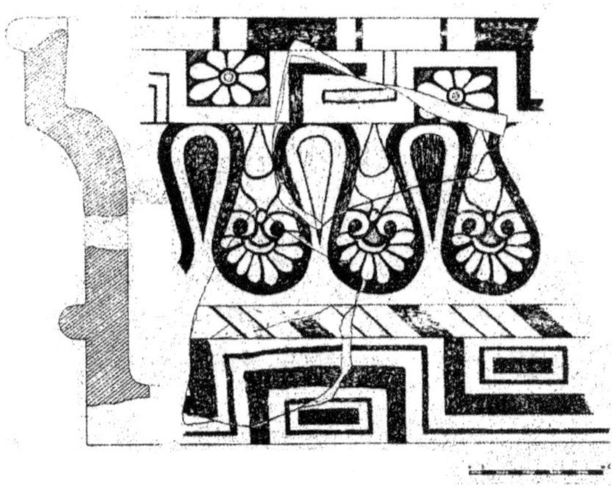

4. NAXO 3

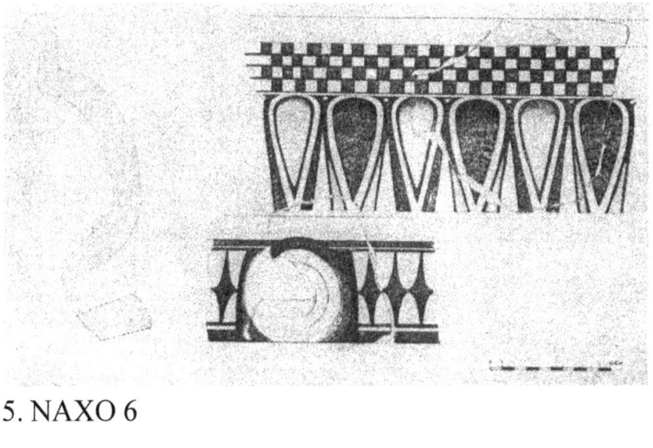

5. NAXO 6

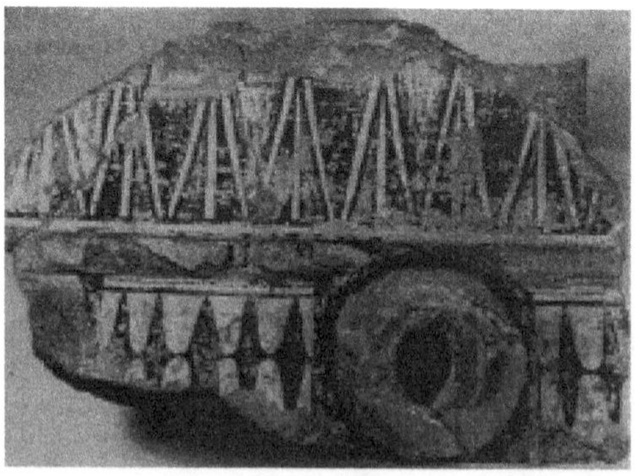

1. NAXO 8 - Traufsima

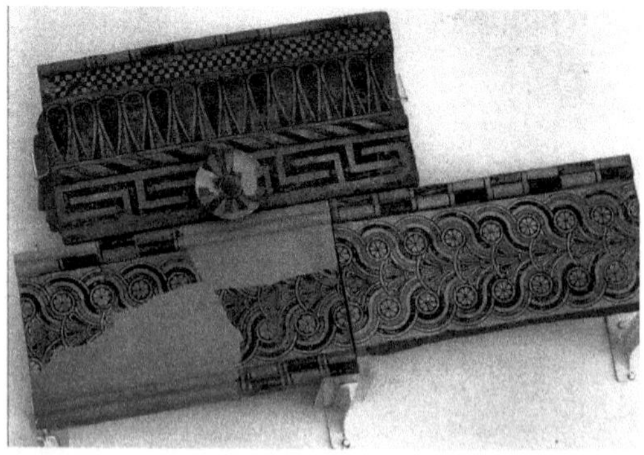

2. NAXO 8 - Giebelsima

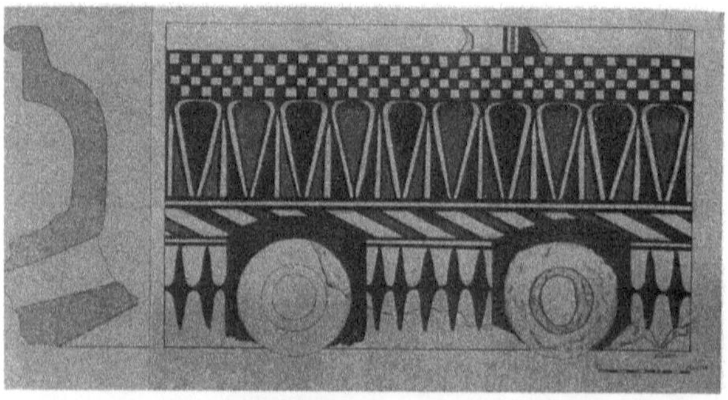

3. NAXO 8 - Traufsima

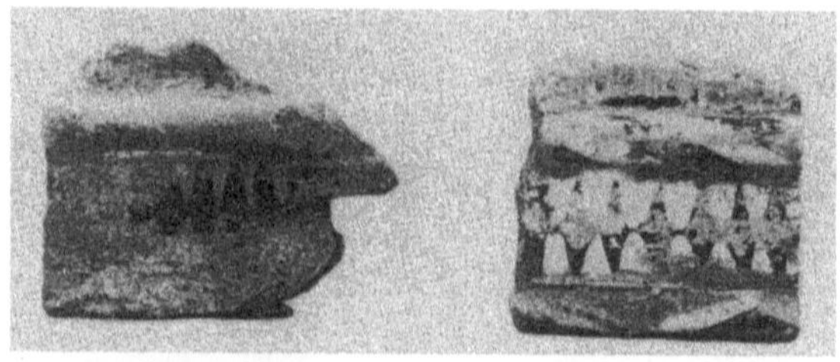

4. NAXO 11

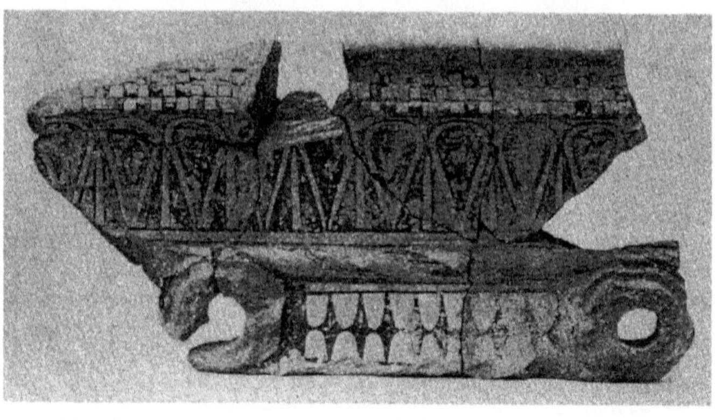

5. NAXO 9

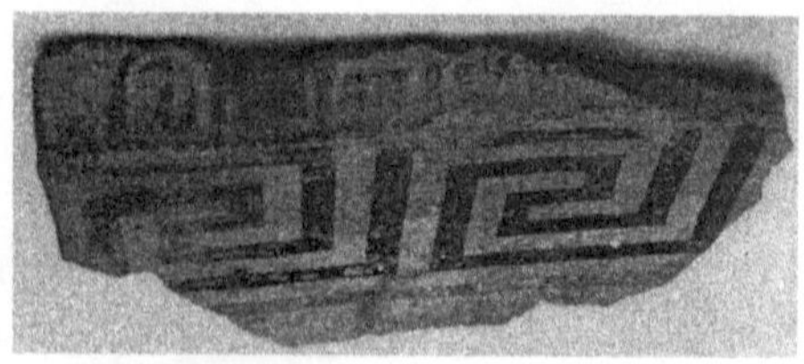

6. NAXO 14

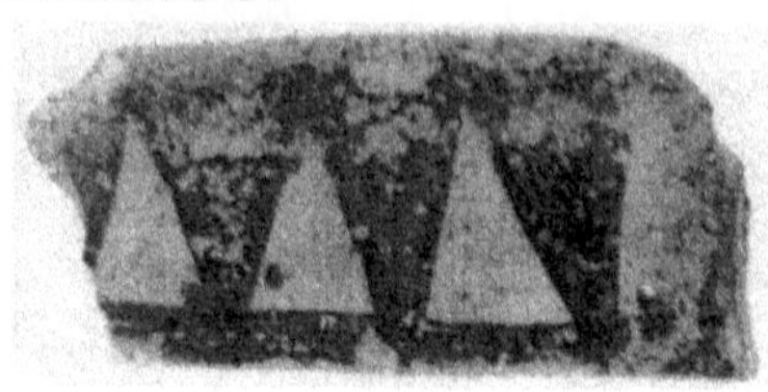

7. NAXO 15

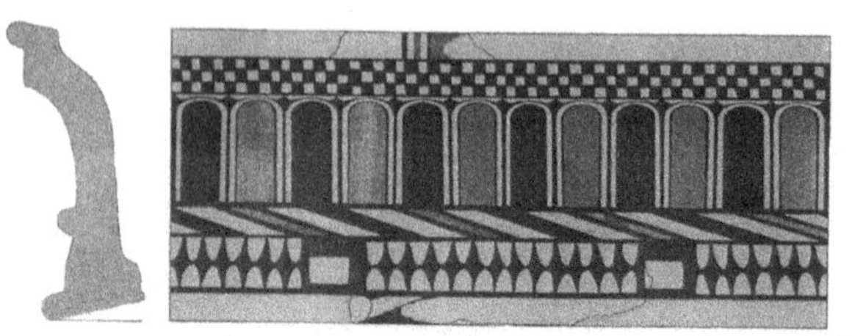

8. NAXO 10

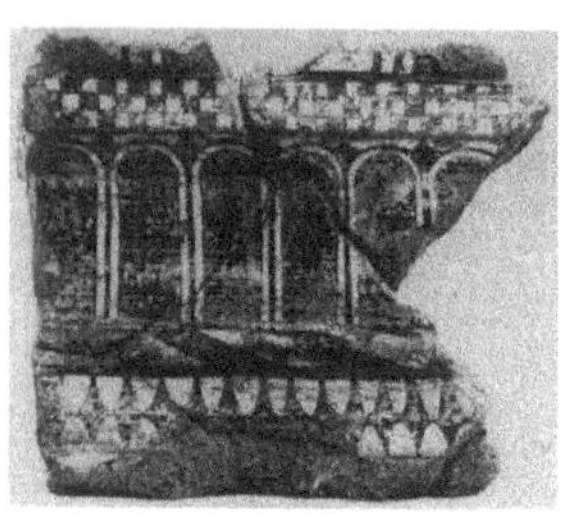

9. NAXO 10

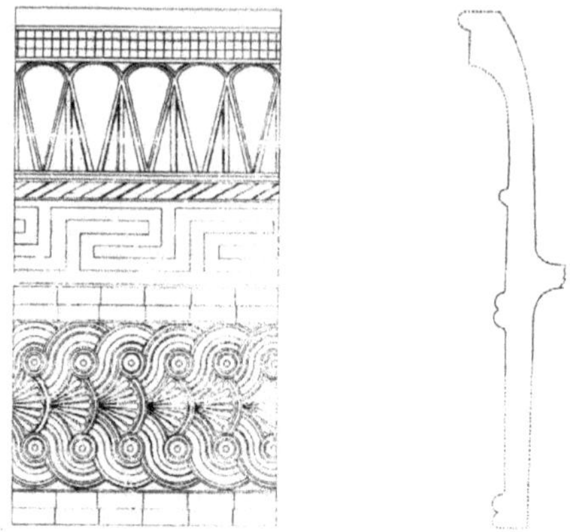

10. NAXO 12

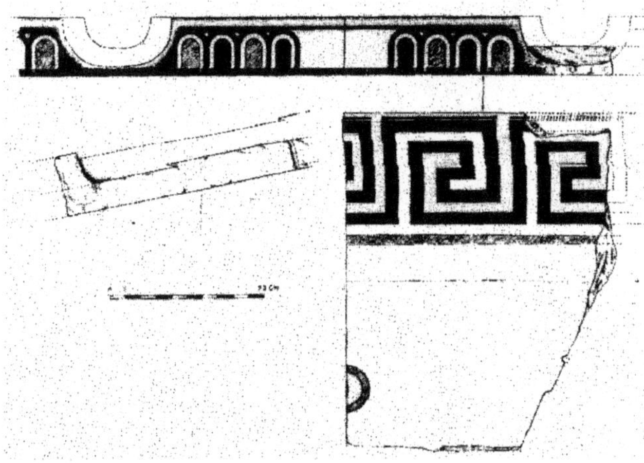

1. NAXO 13

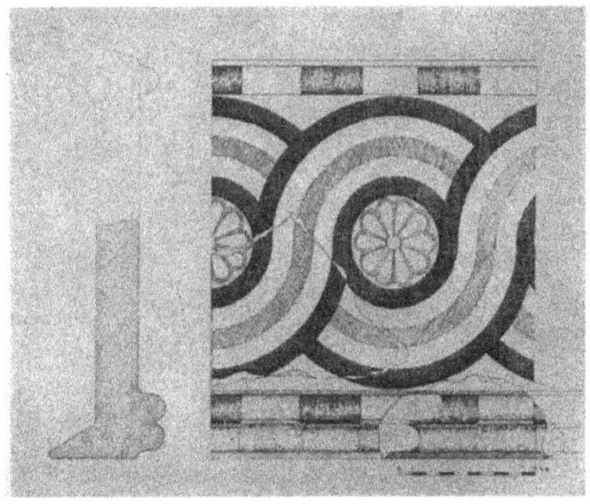

2. NAXO 18

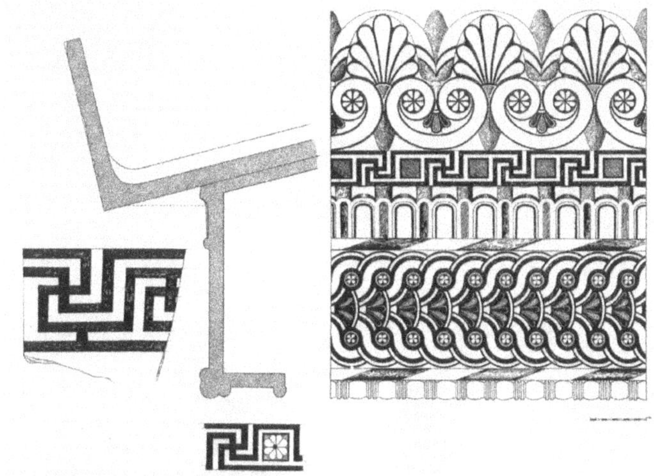

3. NAXO 16

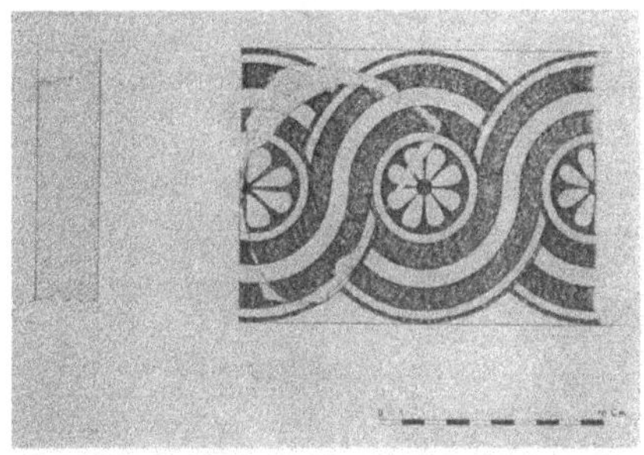

4. NAXO 19

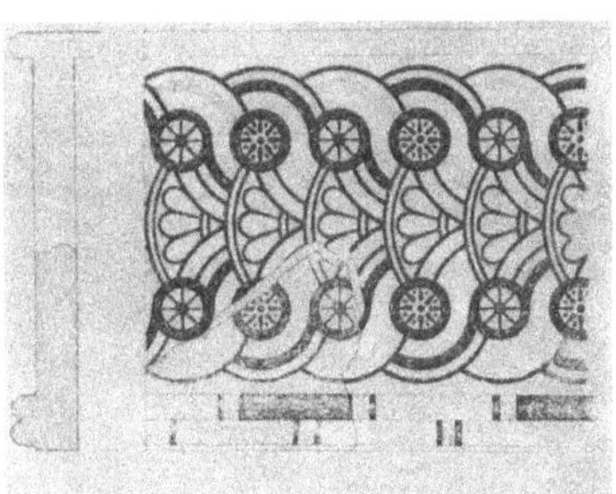

5. NAXO 22

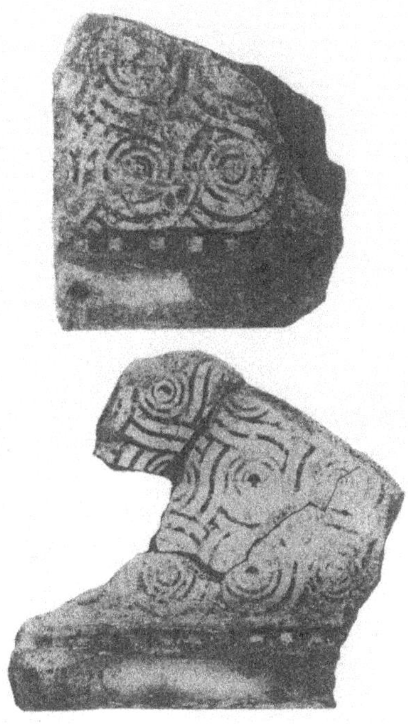

6. NAXO 23

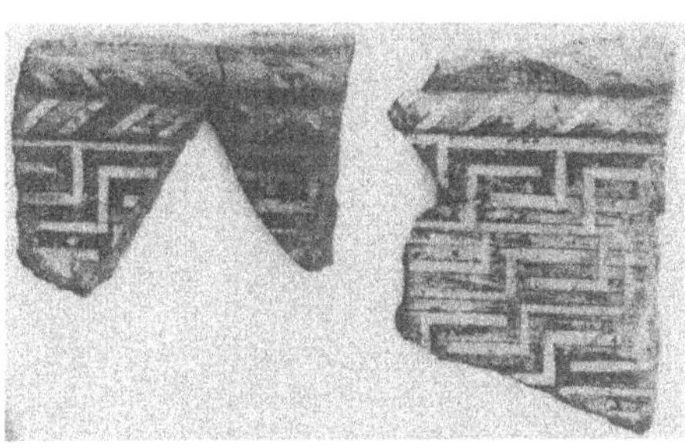

7. NAXO 24

15. Olympia

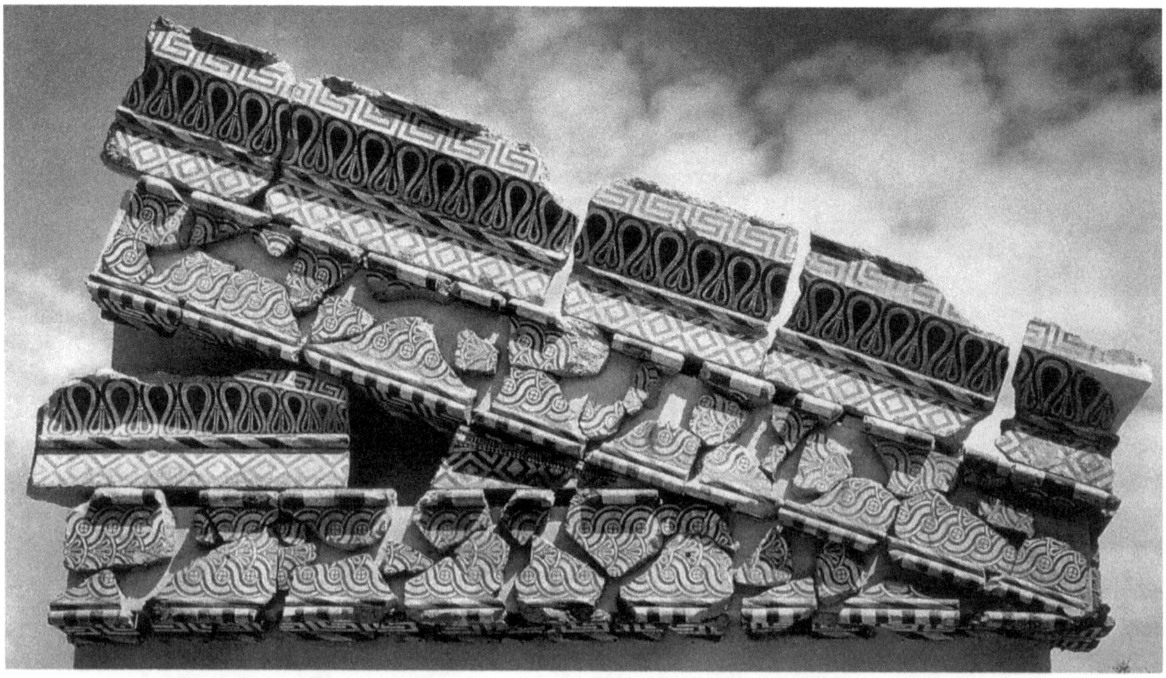

1. OLYM 1 - Giebel- und Horizontalsima

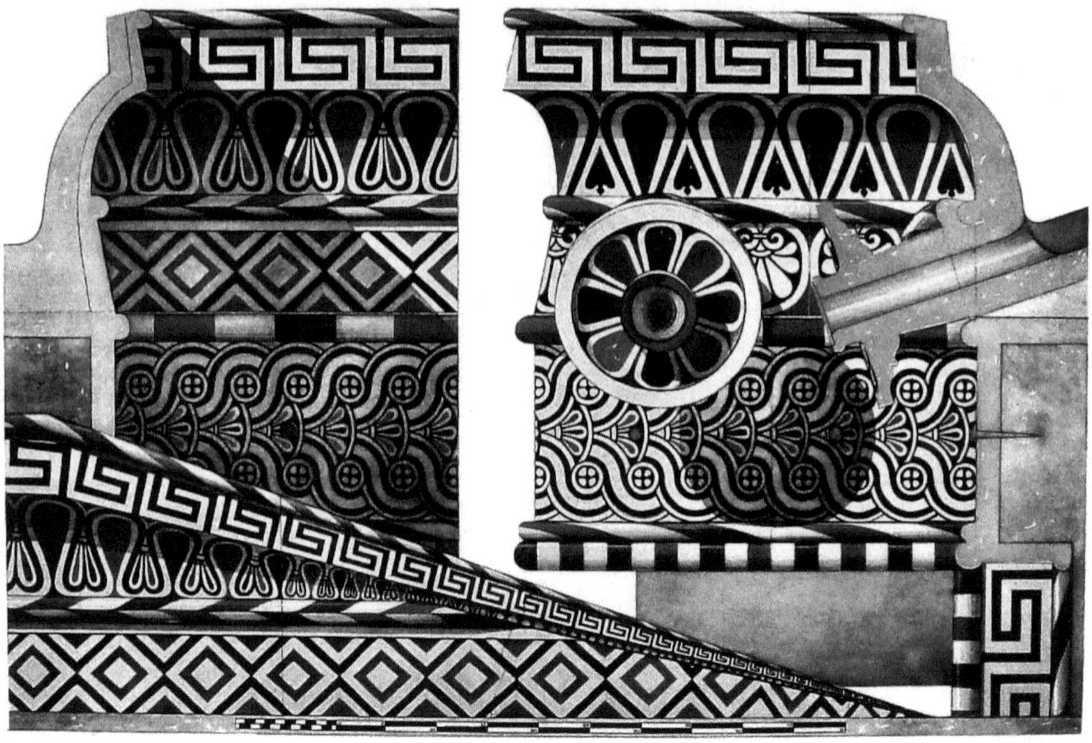

2. OLYM 1

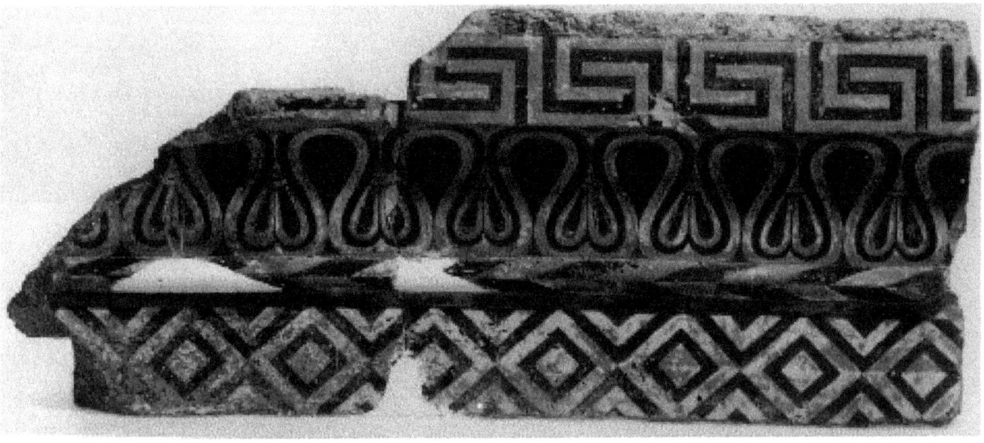

1. OLYM 1 - Giebelsima

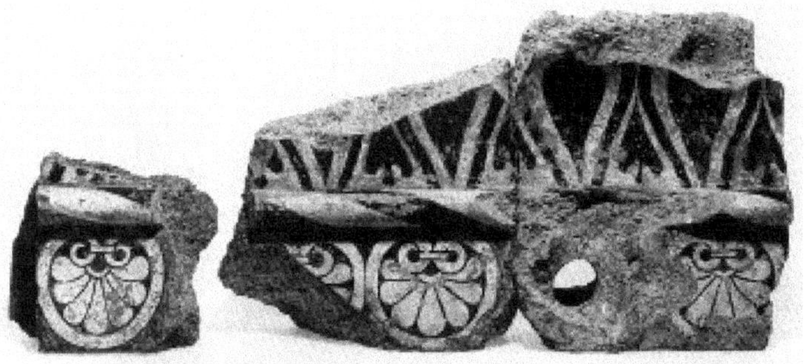

2. OLYM 1 - Traufsima

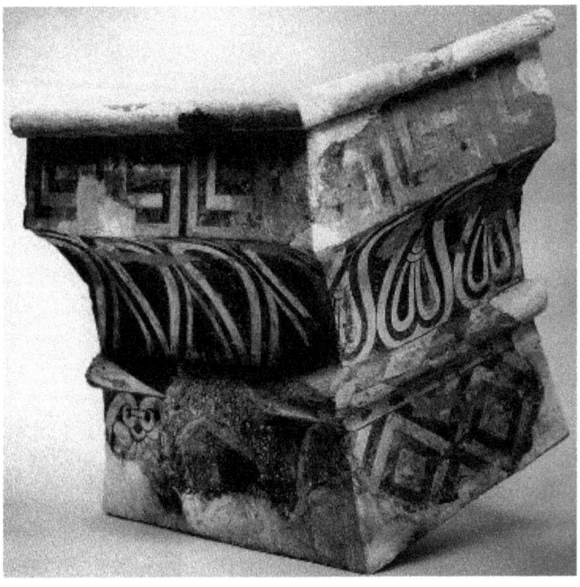

3. OLYM 1 - Ecksimablock

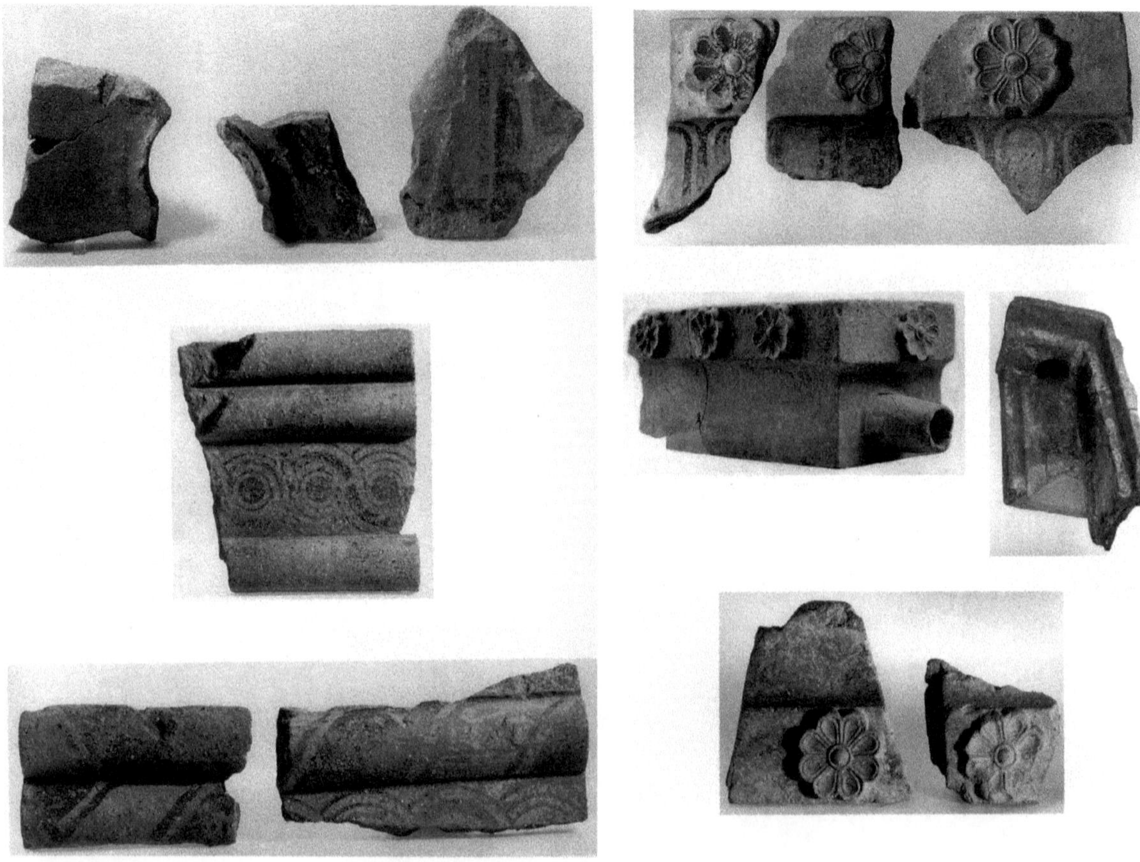

1. OLYM 2

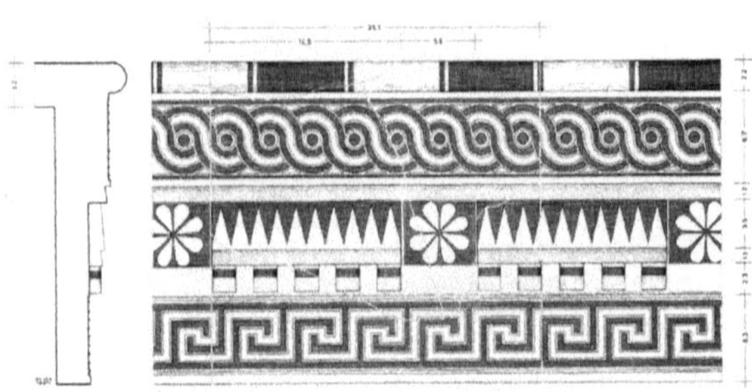

2. OLYM 3 - Geisonverkleidung

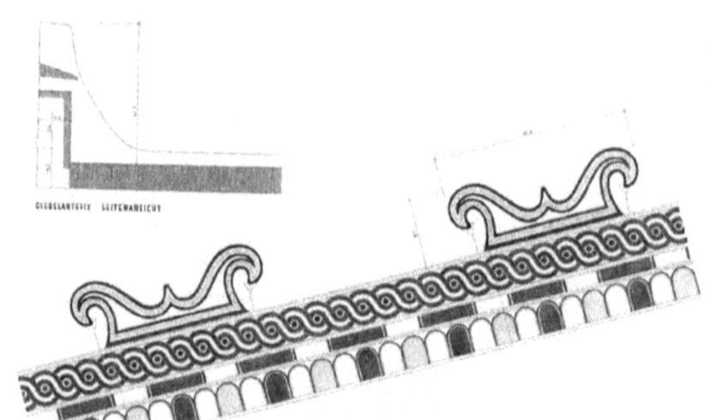

3. OLYM 3 - Giebelsima

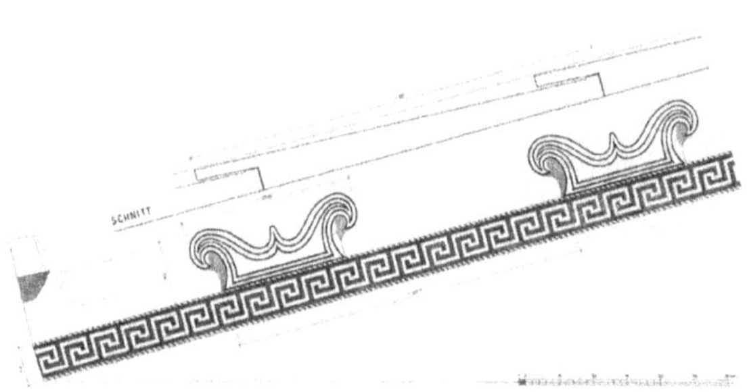

4. OLYM 4 - Giebelsima

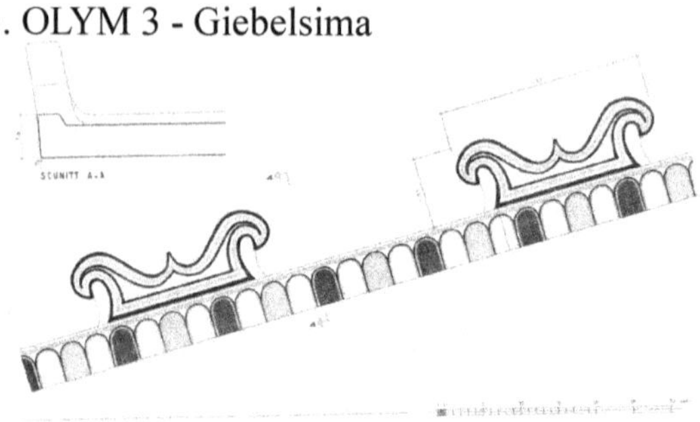

5. OLYM 5 - Giebelsima

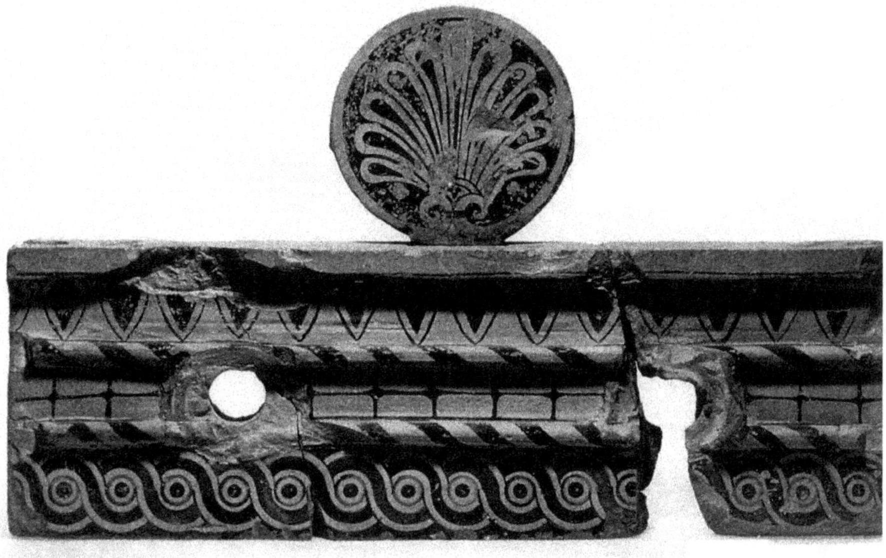

1. OLYM 6

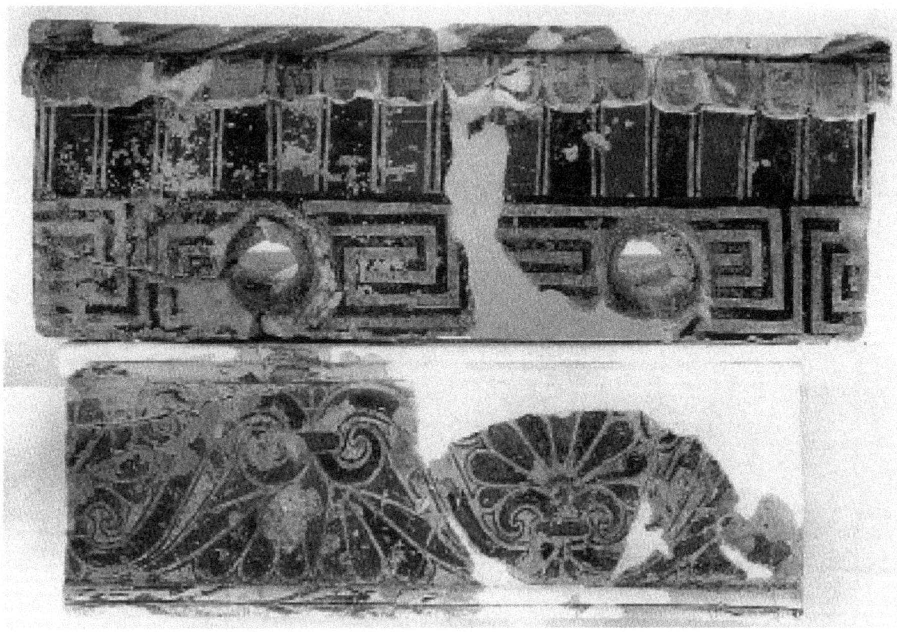

2. OLYM 7

16. Paestum

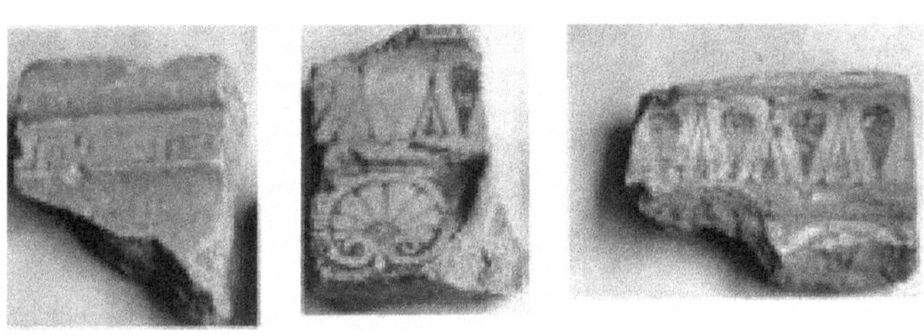

3. PAES 1

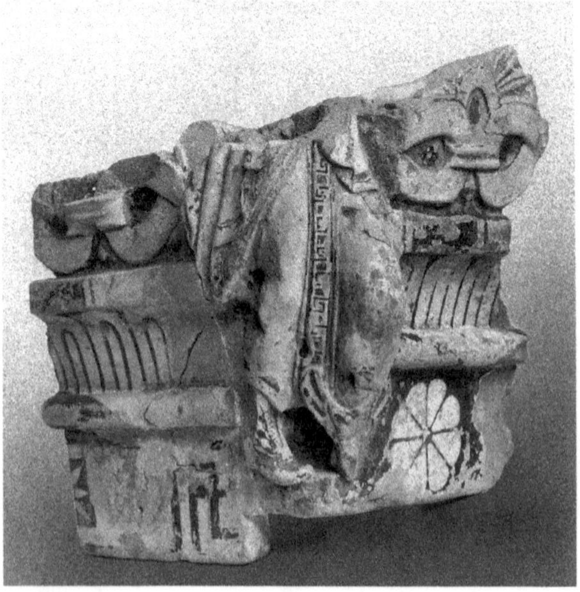

1. PAES 2

2. PAES 12

3. PAES 3

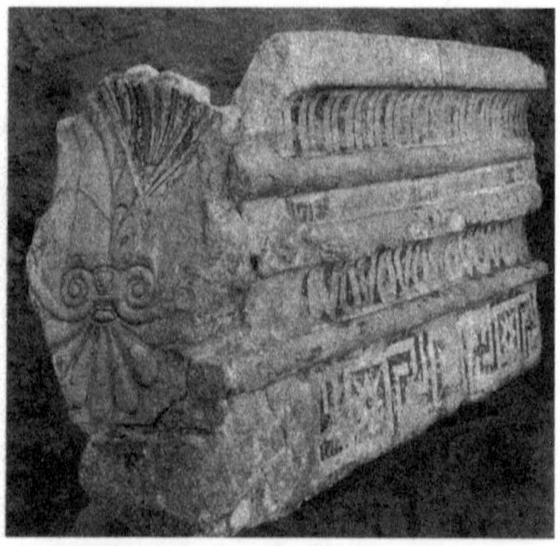

4. PAES 3

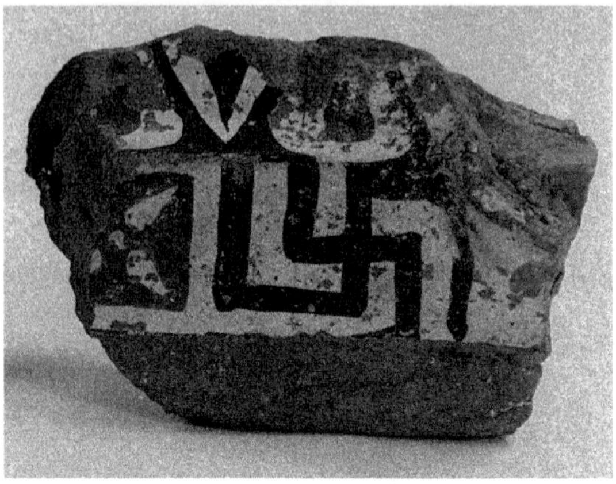

5. PAES 6

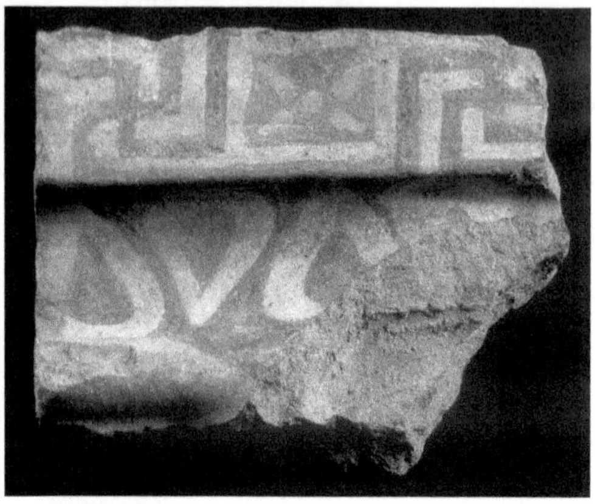

6. PAES 7

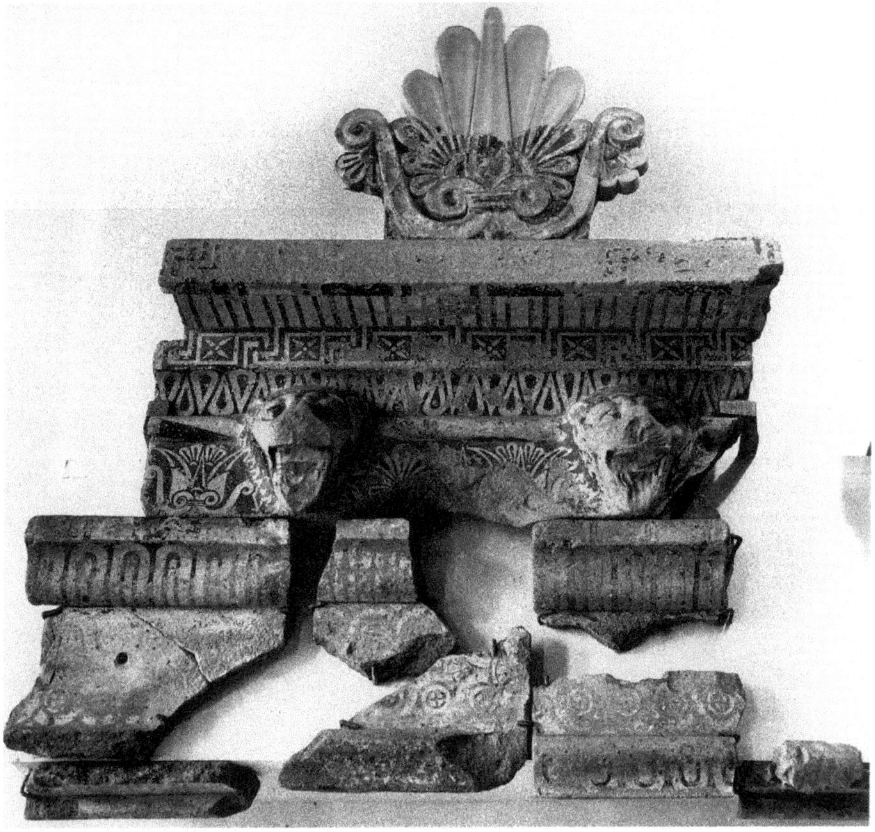

1. PAES 5 - Traufsima

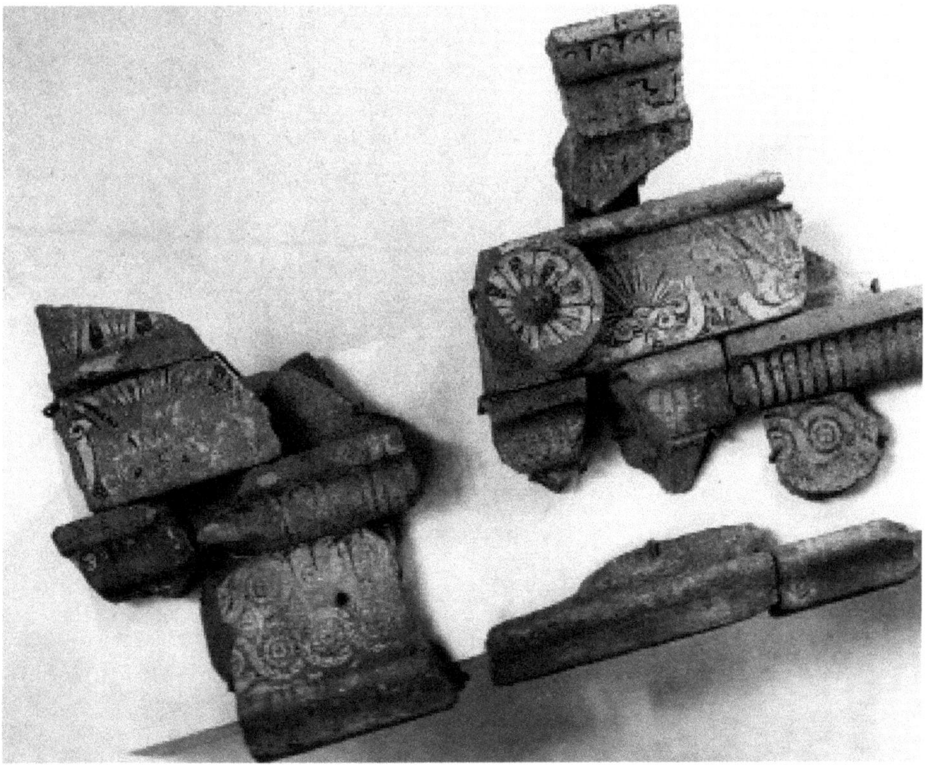

2. PAES 5 - Giebelsima

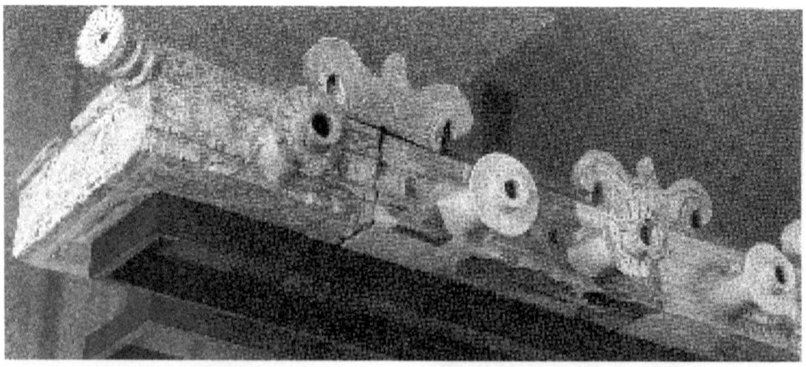

1. PAES 9

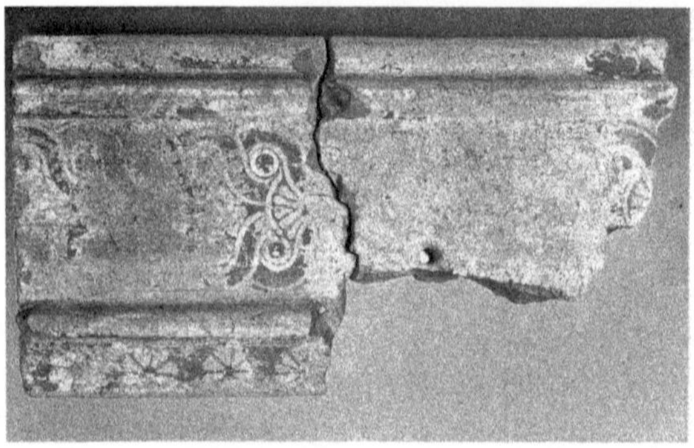

2. PAES 9 - Geisonverkleidung

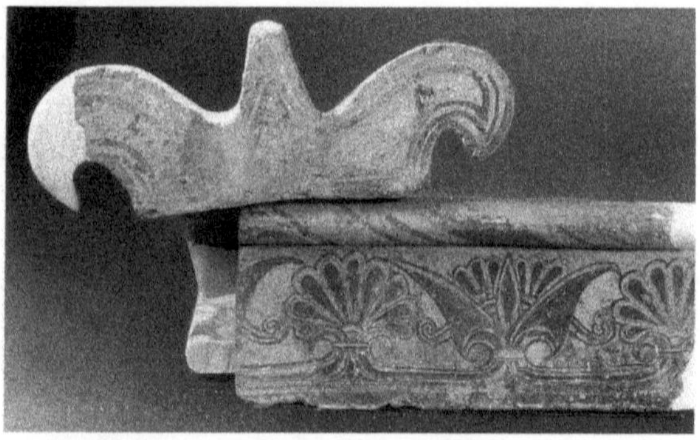

3. PAES 9 - Giebelsima

17. Rhegium

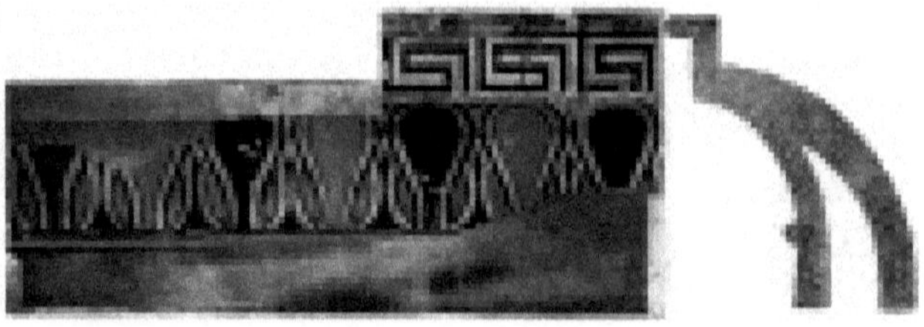

4. RHEG 1

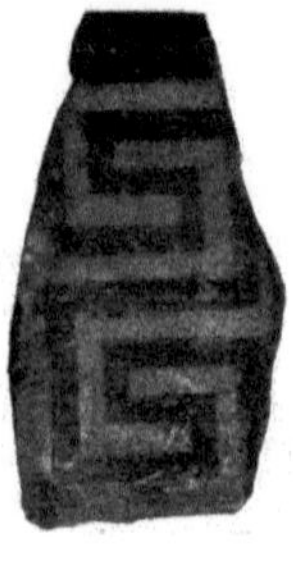

5. RHEG 7

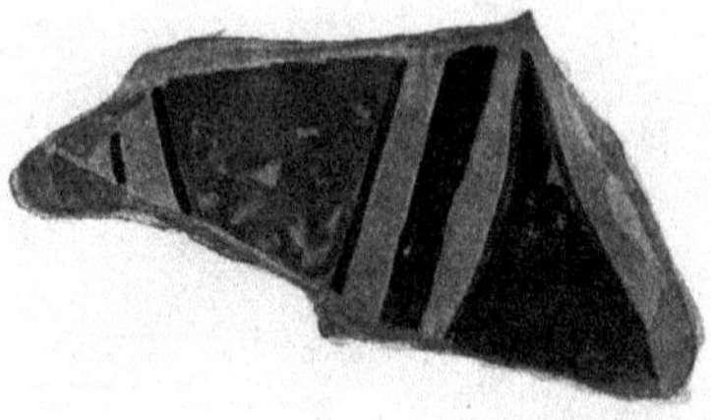

6. RHEG 2

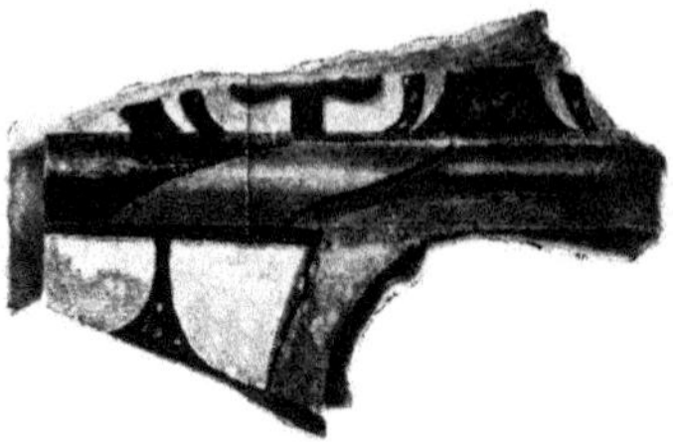

7. RHEG 3

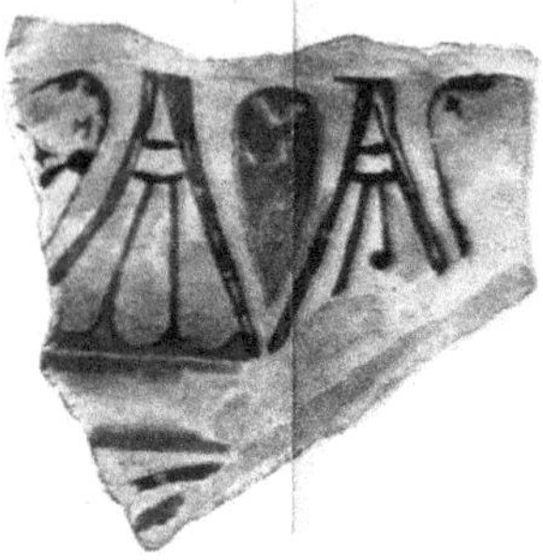

8. RHEG 4

18. Monte Sannace

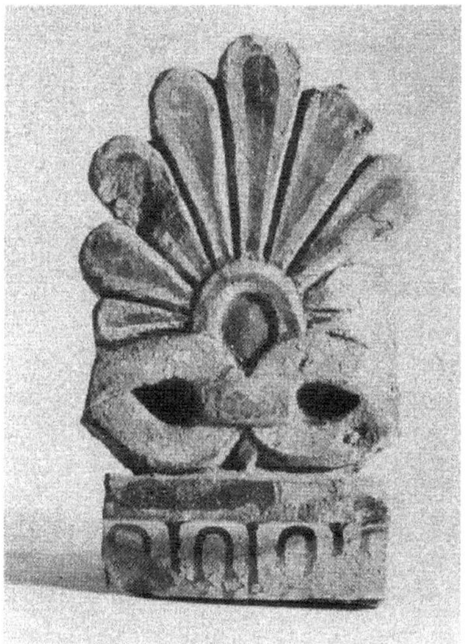

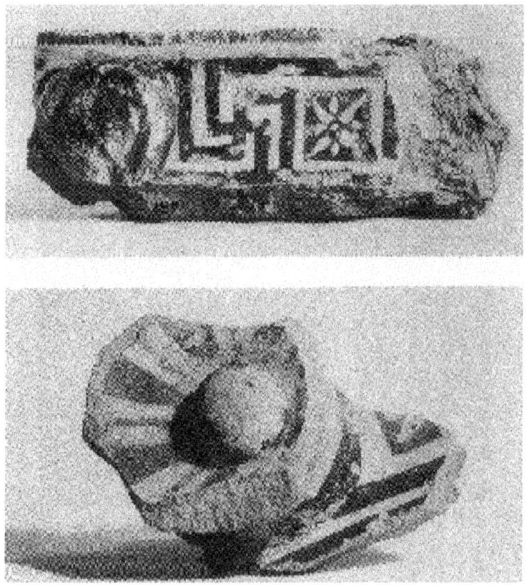

1. SANA 1 2. SANA 2

19. Selinunt

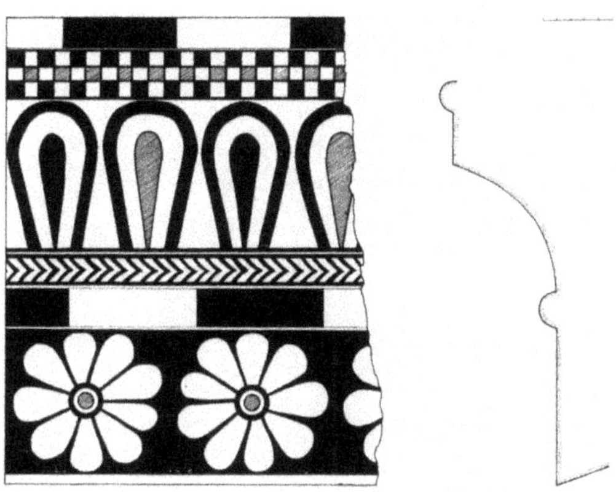

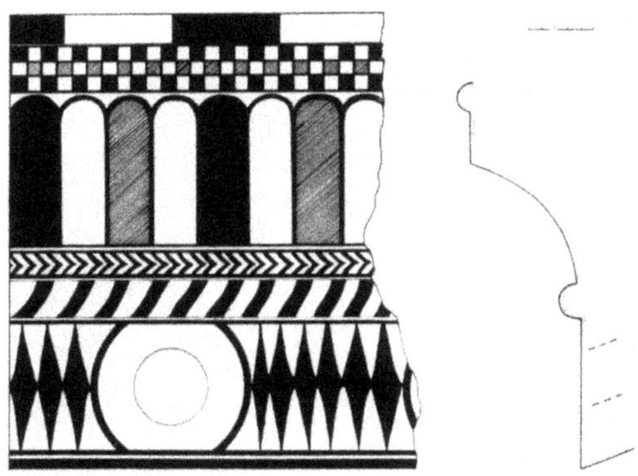

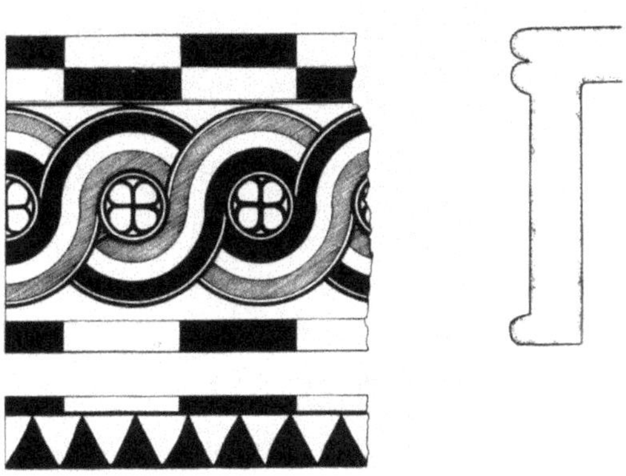

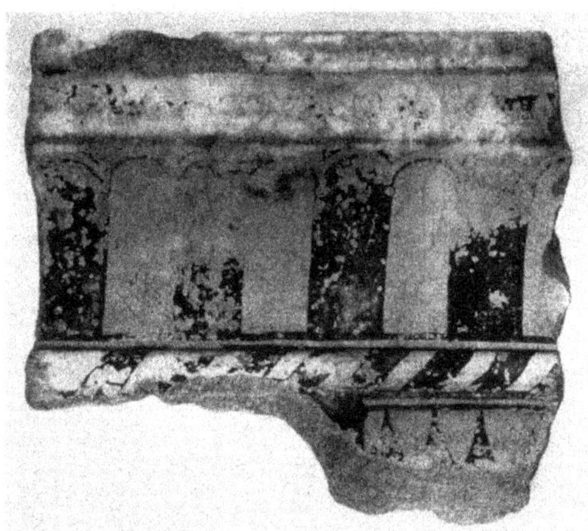

3. SELI 1 - Giebelsima und Geisonverkleidung 4. SELI 1 - Traufsima

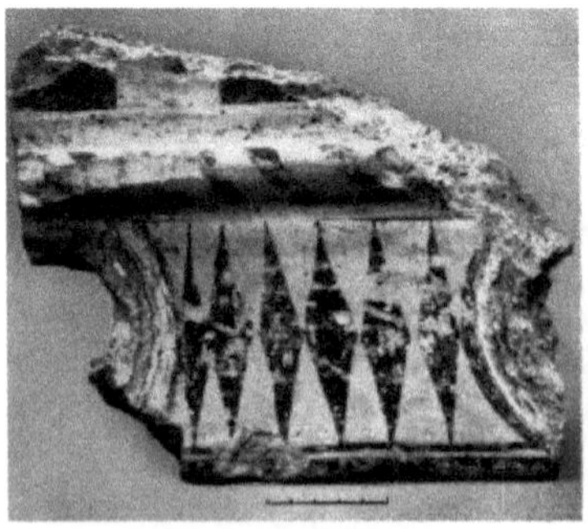

1. SELI 1 - Traufsima

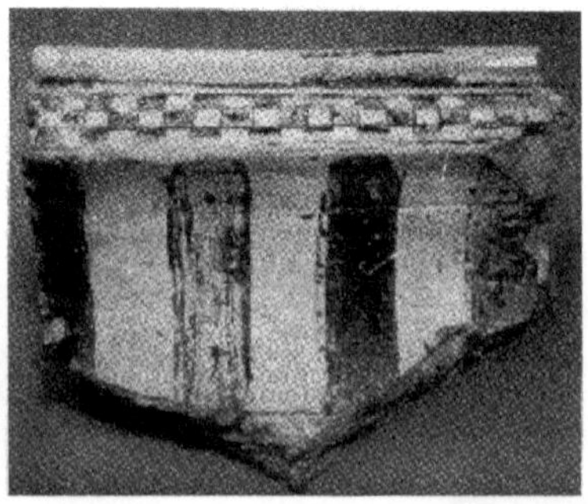

2. SELI 1 - Taufsima

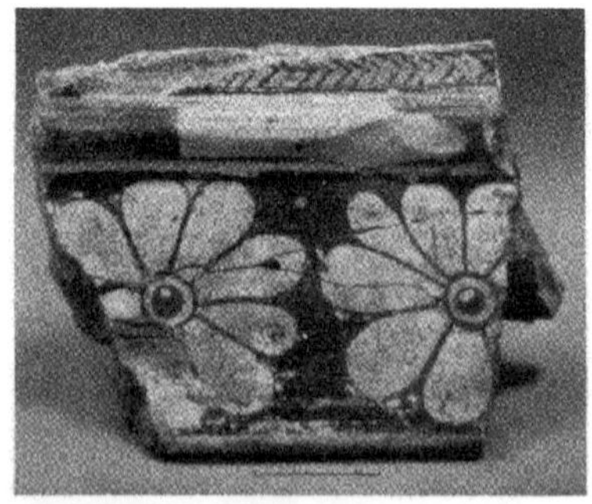

3. SELI 1 - Giebelsima

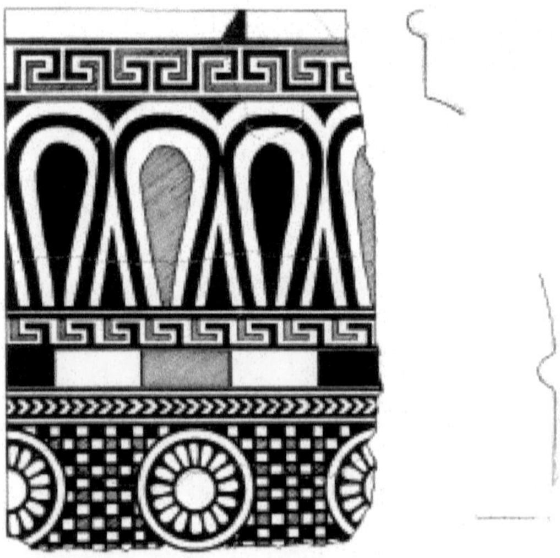

4. SELI 2 - Traufsima

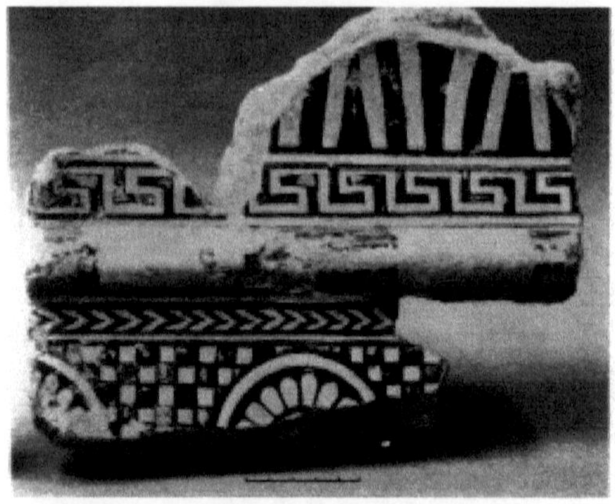

5. SELI 2 - Traufsima

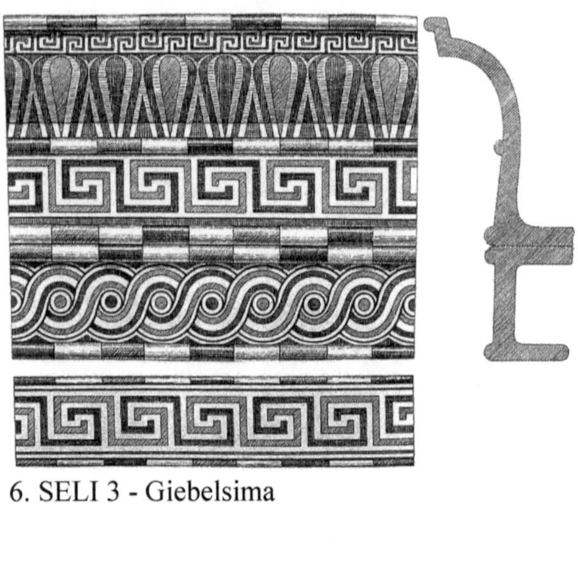

6. SELI 3 - Giebelsima

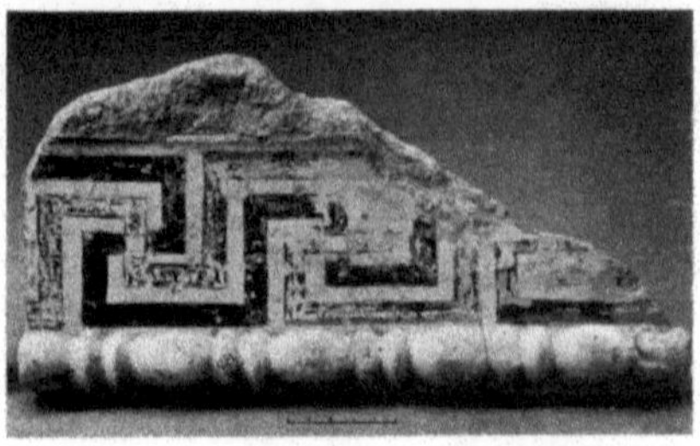

7. SELI 3 - Unterseite Geison-verkleidung,

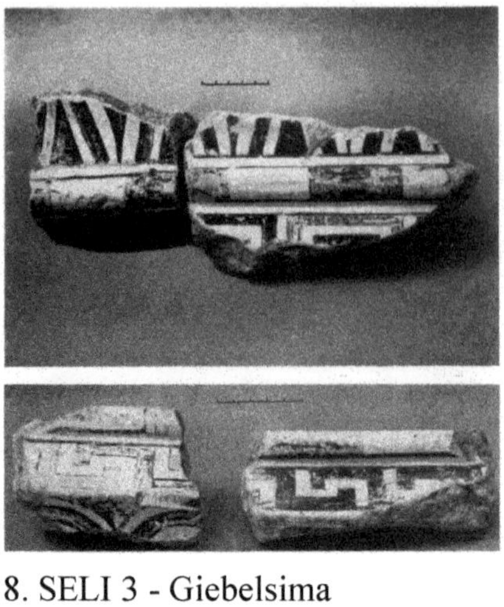

8. SELI 3 - Giebelsima

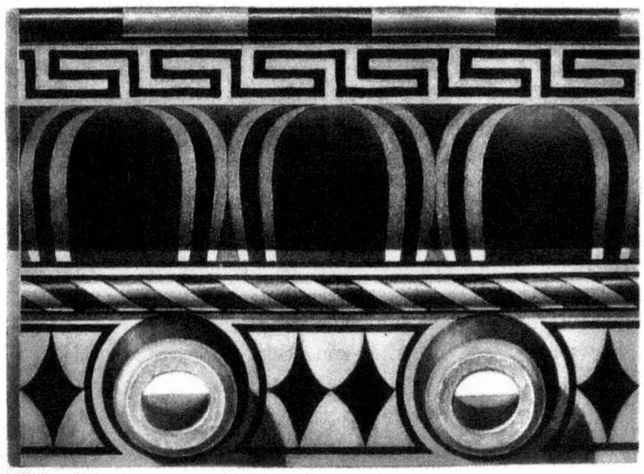

1. SELI 5 - Traufsima

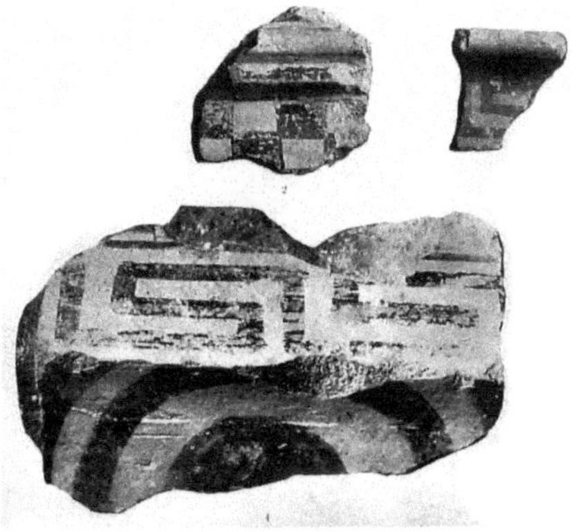

2. SELI 5 - Giebelsima

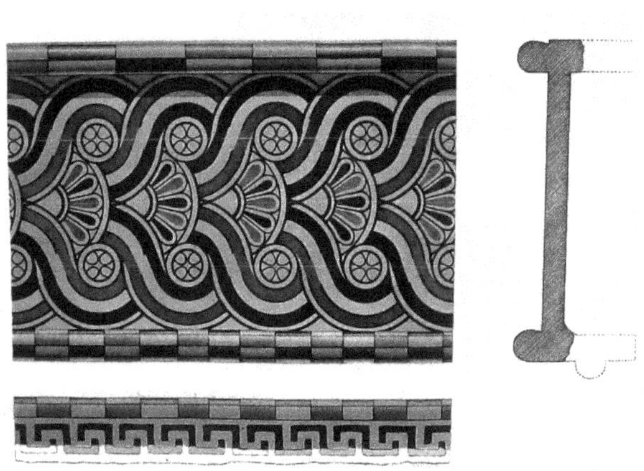

3. SELI 5 - Geisonverkleidung. Variante 1

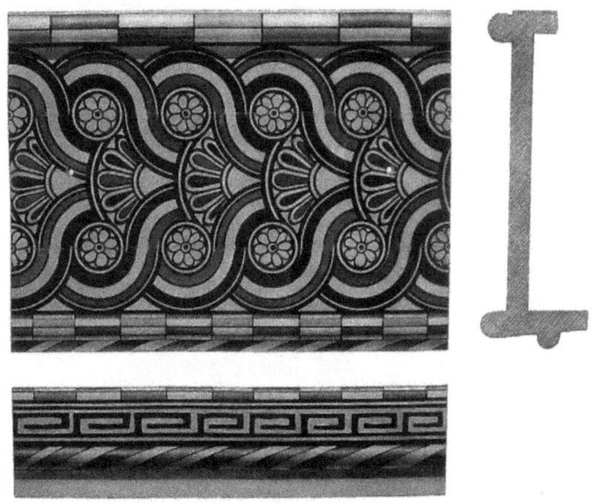

4. SELI 5 - Geisonverkleidung, Variante 2

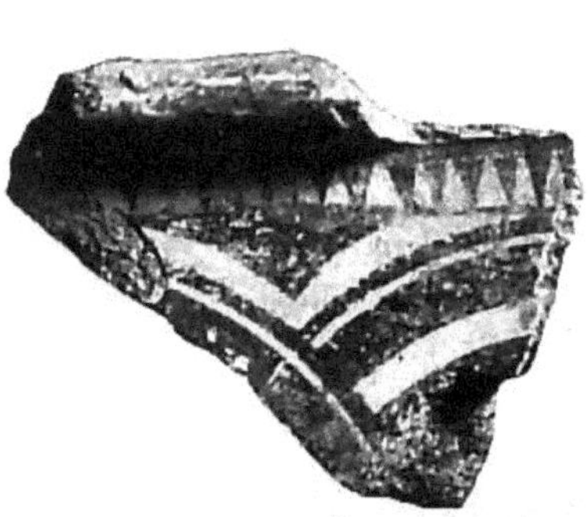

5. SELI 5 - Geisonverkleidung. Variante 3

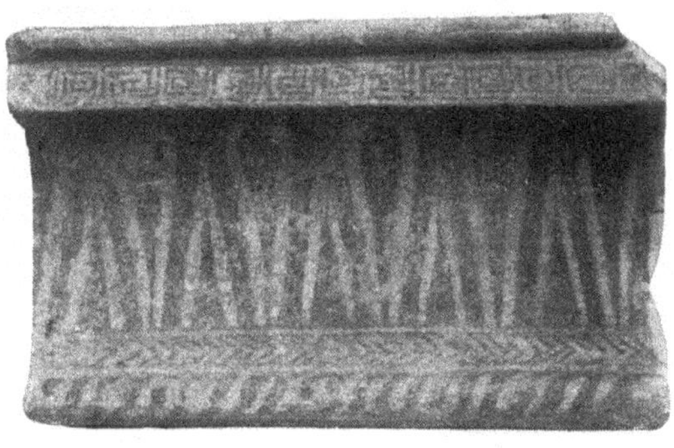

6. SELI 8

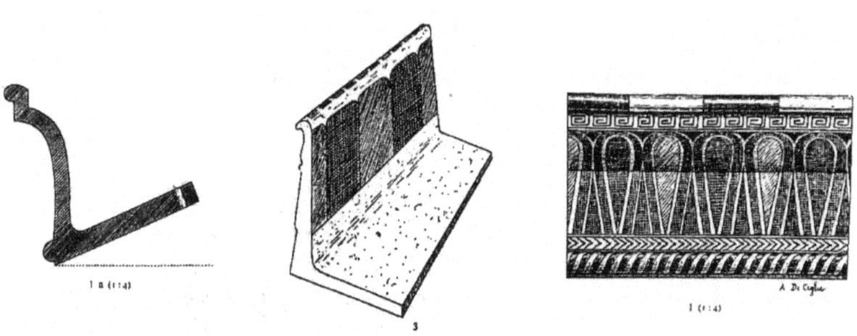

7. SELI 8

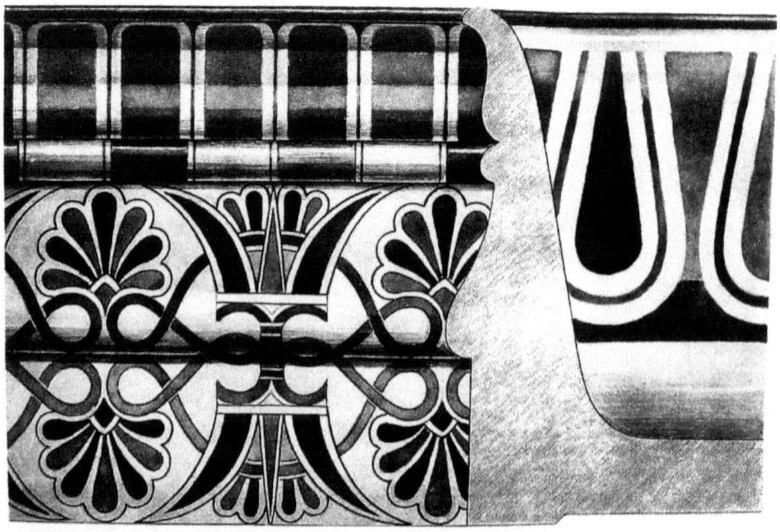

1. SELI 6 - Giebelsma

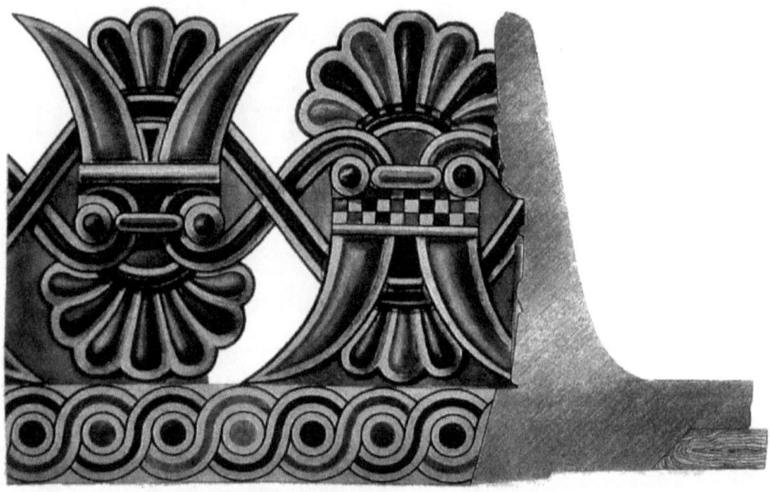

2. SELI 6 - Traufsima

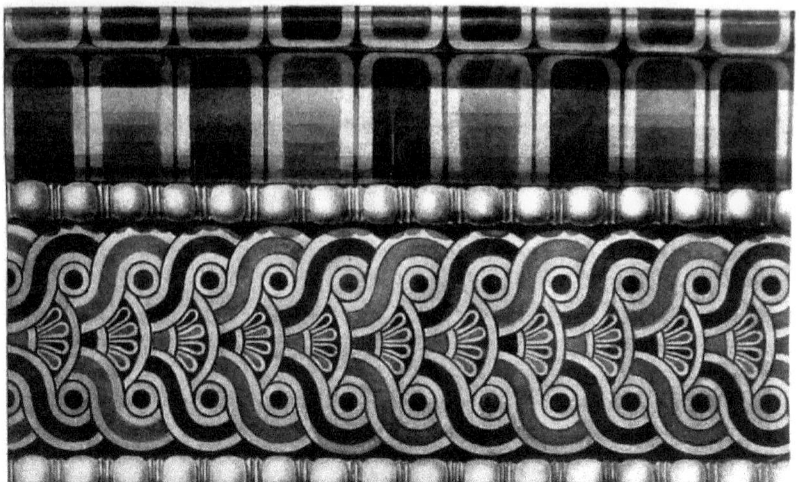

3. SELI 6 - Geisonverkleidung

Tafel 30

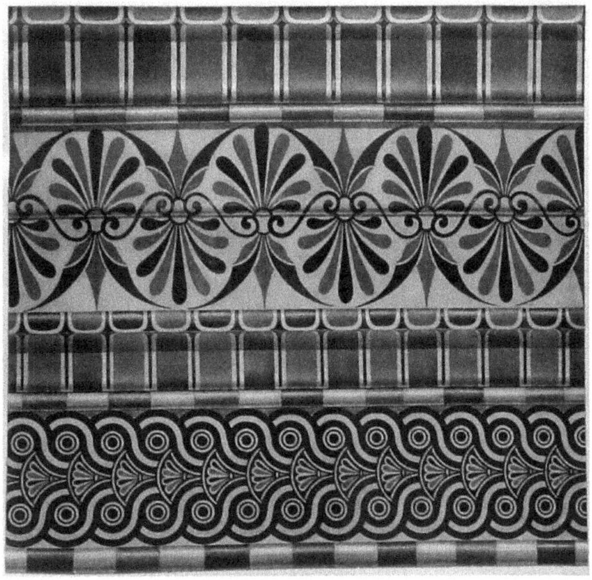

1. SELI 7 - Giebelsima mit Geisonverkleidung

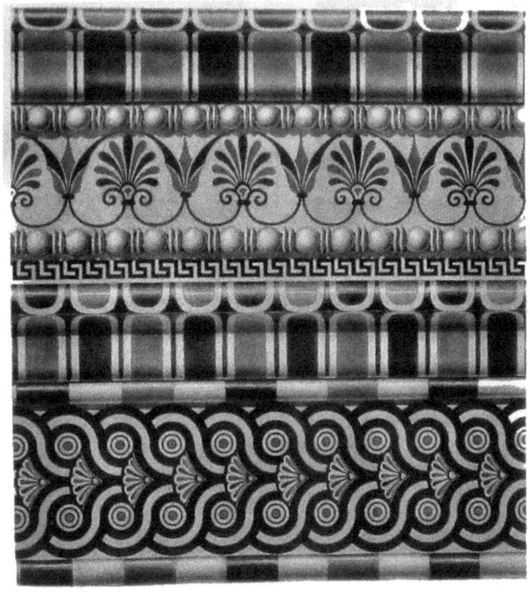

2. SELI 7 - Horizontalsima mit Geison-verkleidung

3. SELI 7 - Traufsima

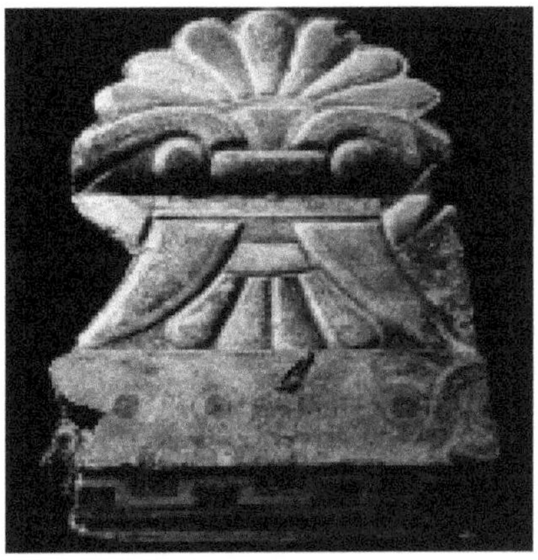

4. SELI 8 - Traufsima

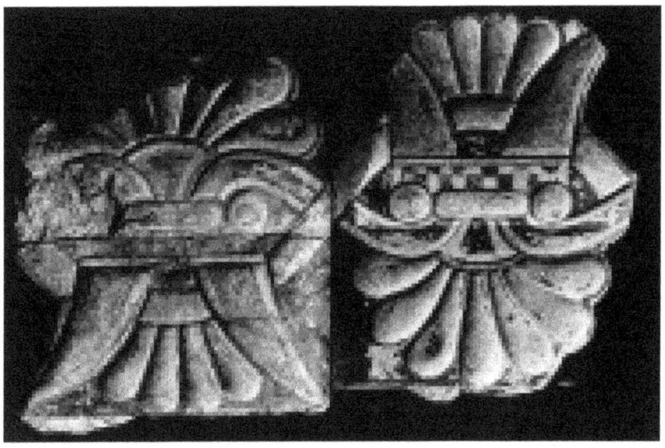

5. SELI 8 - Traufsima

20. Siris

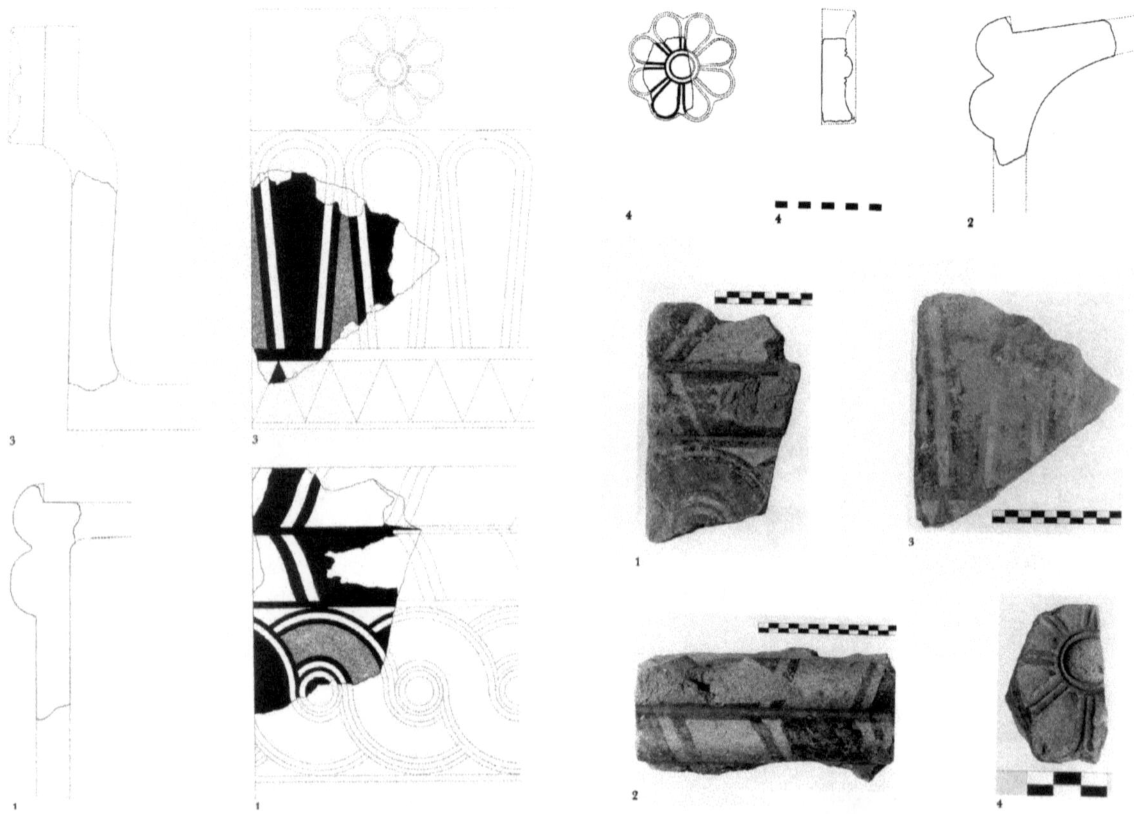

1. SIRI 1

21. Syrakus

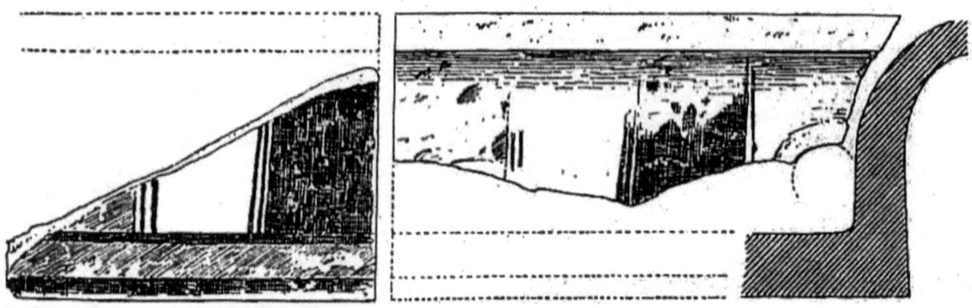

2. SYRA 1

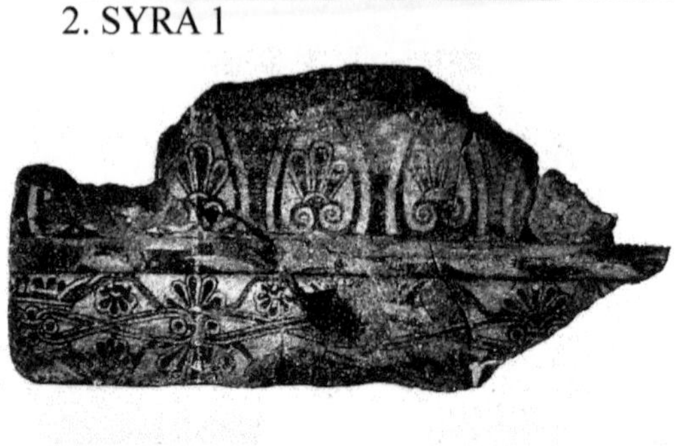

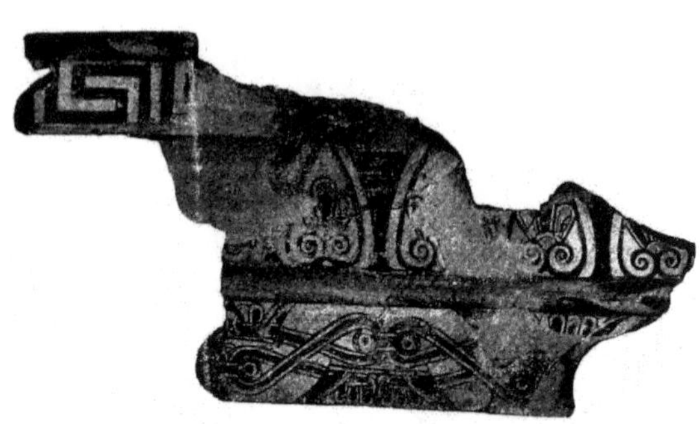

3. SYRA 2 - Giebelsima, Variante 1 4. SYRA 2 - Giebelsima, Variante 2

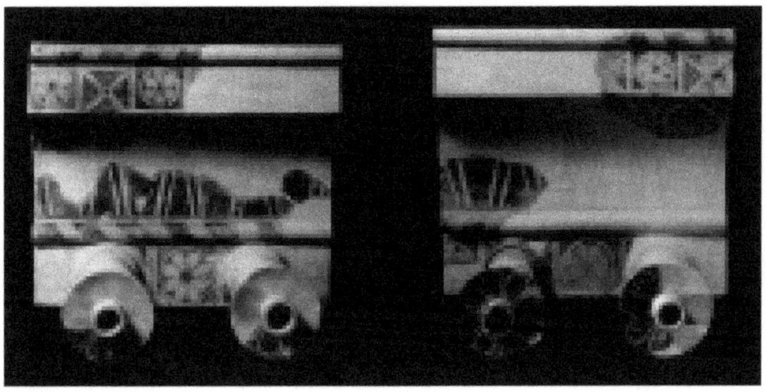

1. SYRA 8

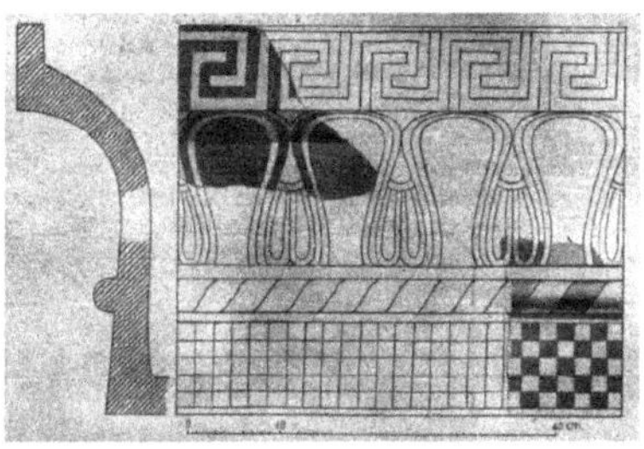

2. SYRA 9

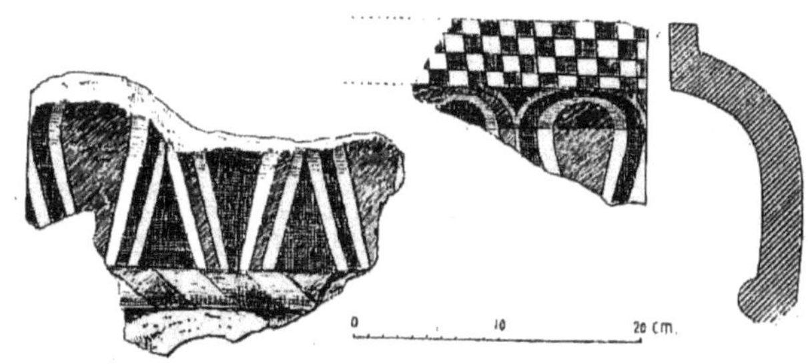

3. SYRA 11

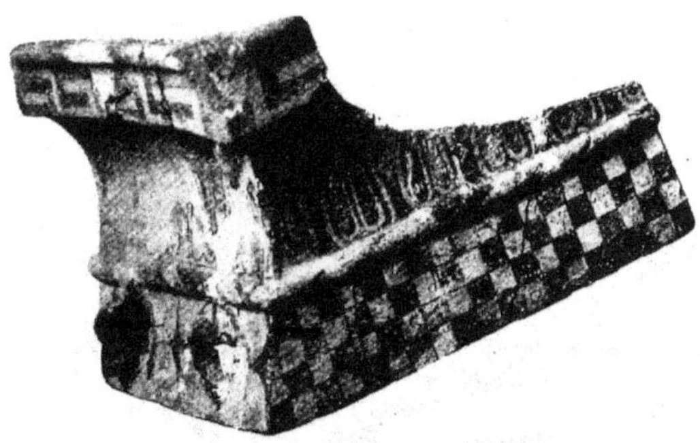

4. SYRA 10

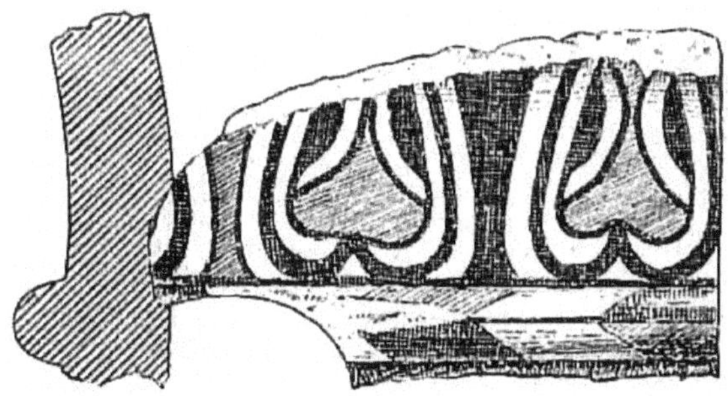

5. SYRA 12

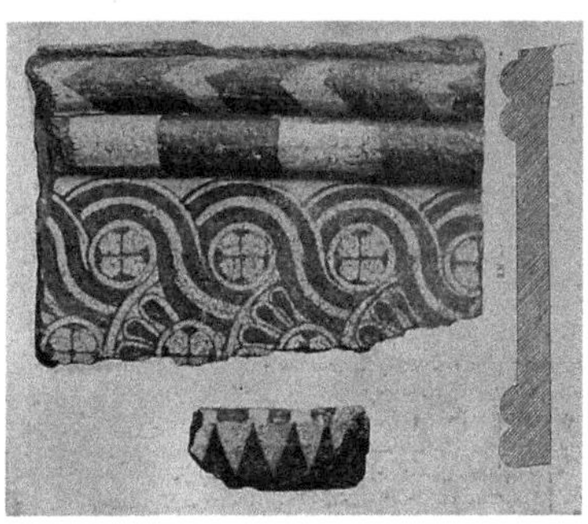

6. SYRA 21

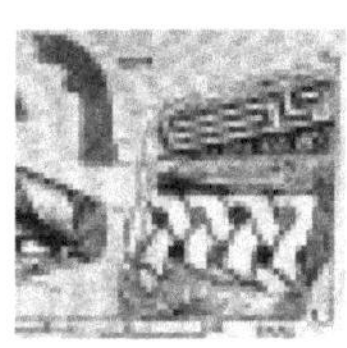

7. SYRA 13

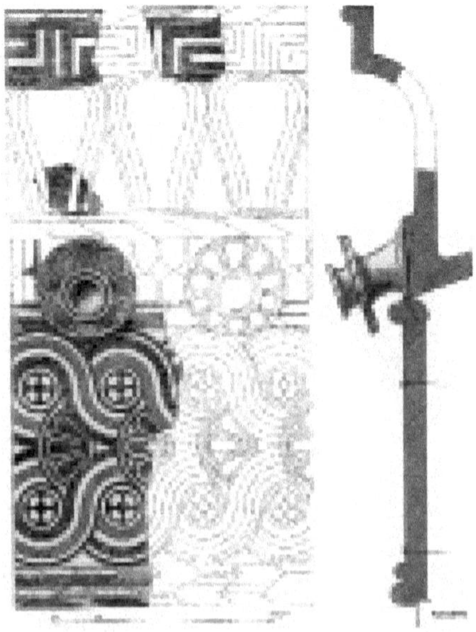

1. SYRA 14 - Traufsima mit Geison-verkleidung

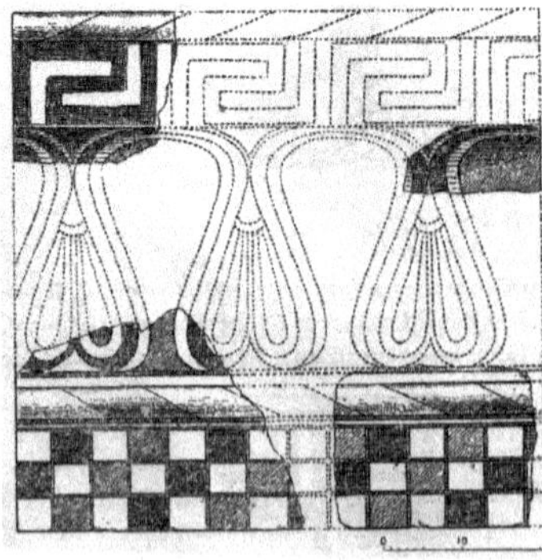

2. SYRA 14 - Giebelsima

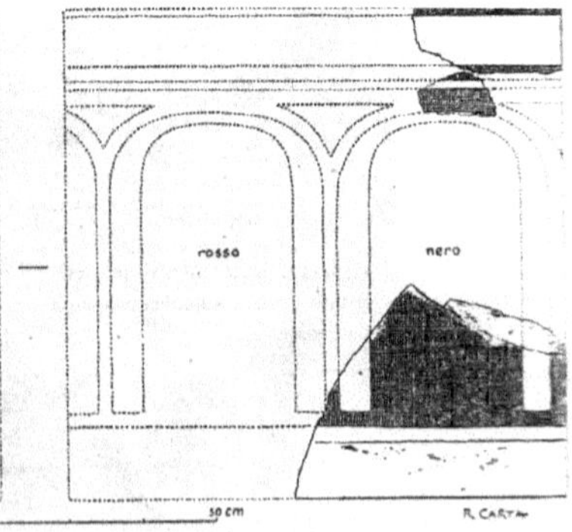

3. SYRA 14 - Giebelssima, Rückseite

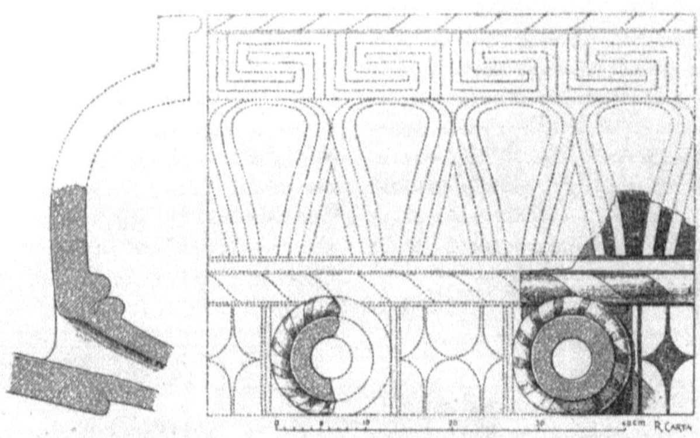

4. SYRA 15 - Traufsima

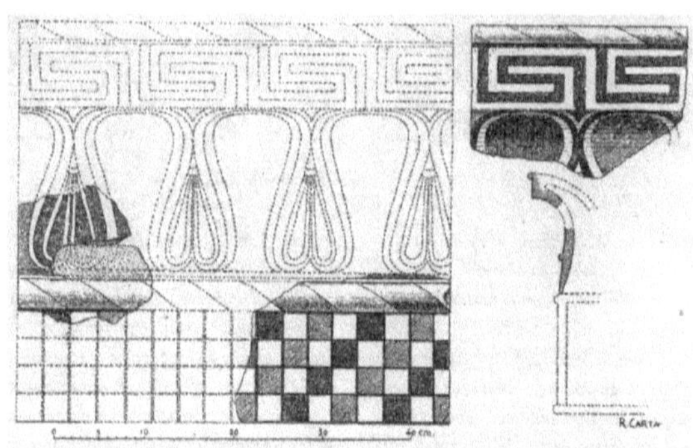

5. SYRA 15 - Giebelsima

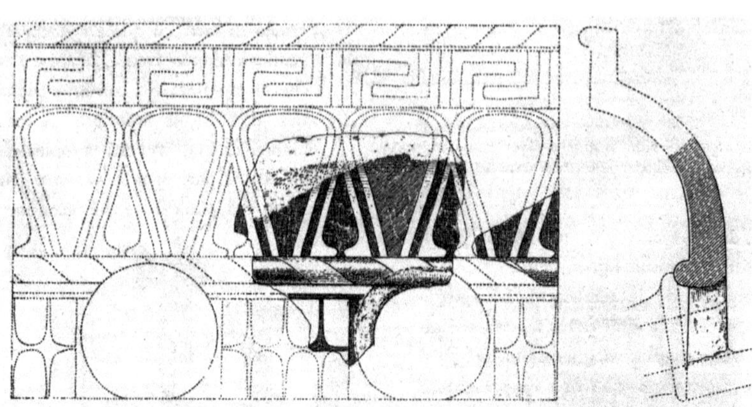

6. SYRA 16 - Traufsima

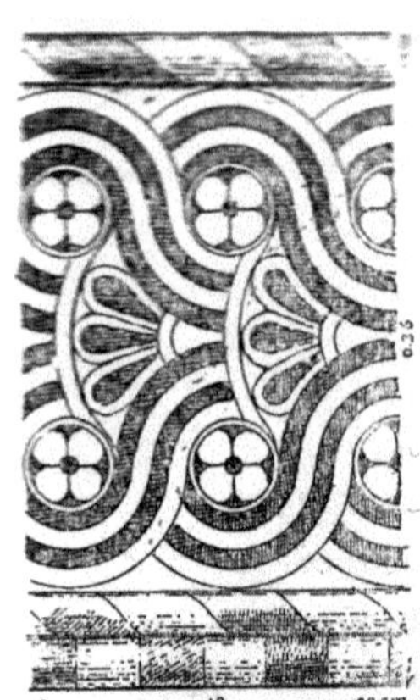

7. SYRA 16 - Geison-verkleidung

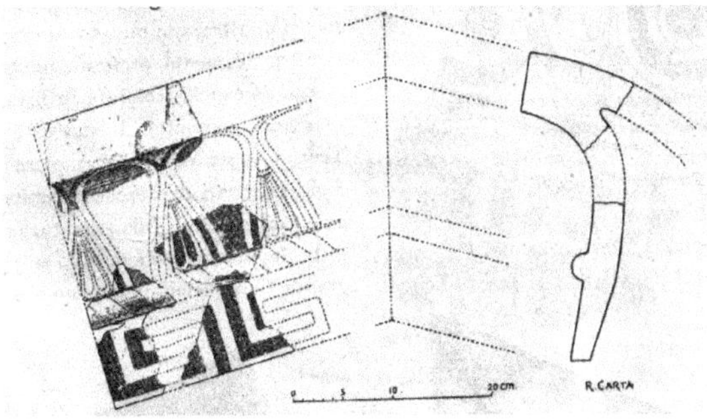

1. SYRA 18

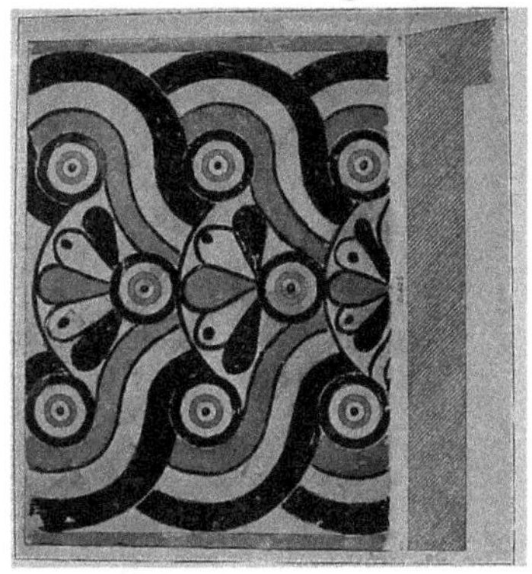

2. SYRA 22

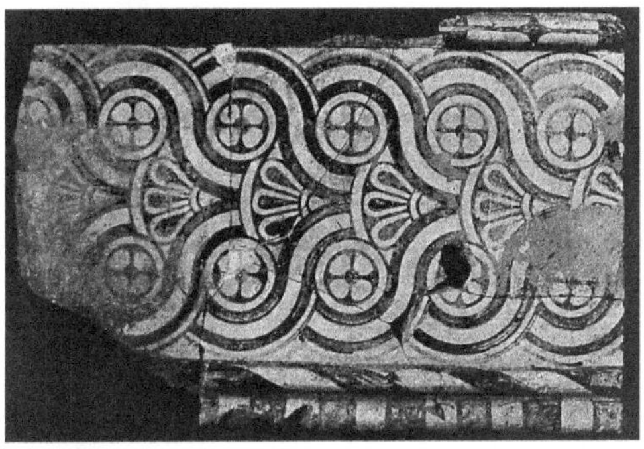

3. SYRA 20

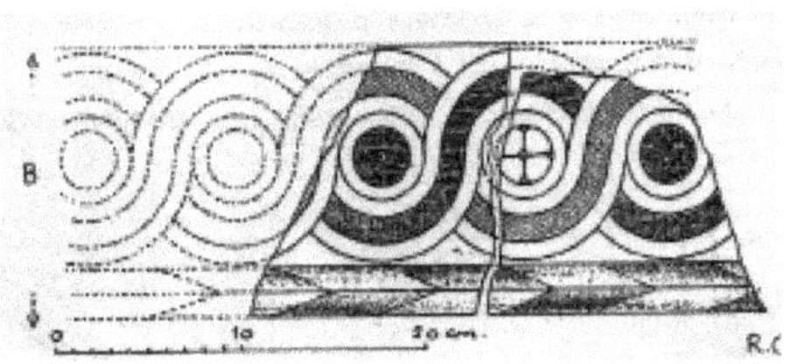

4. SYRA 28

22. Tarent

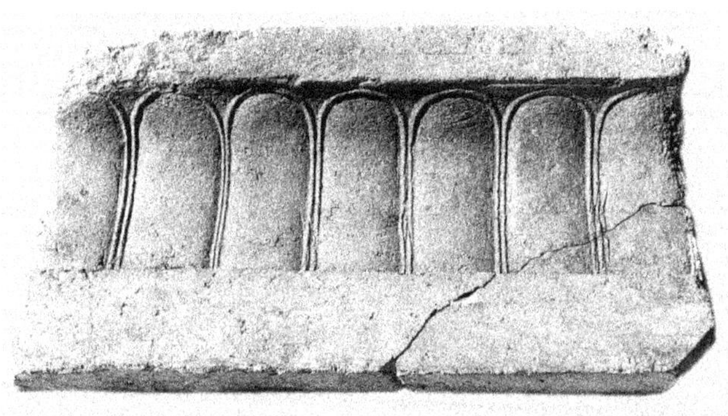

5. TARE 1

6. TARE 1

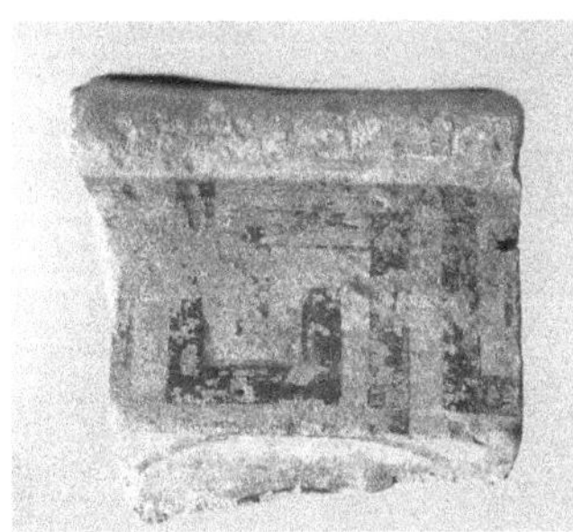

8. TARE 2

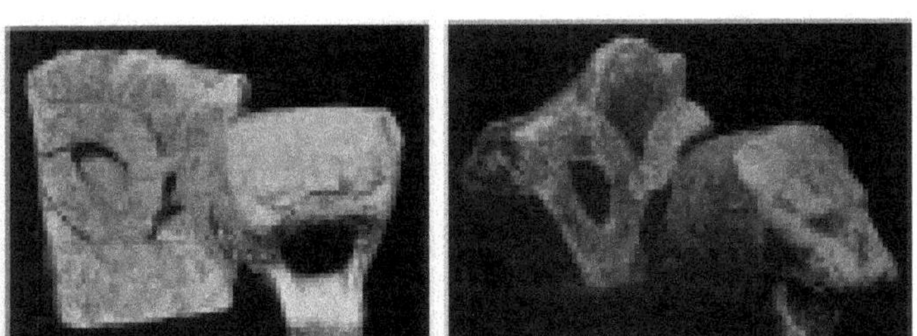

7. TARE 3

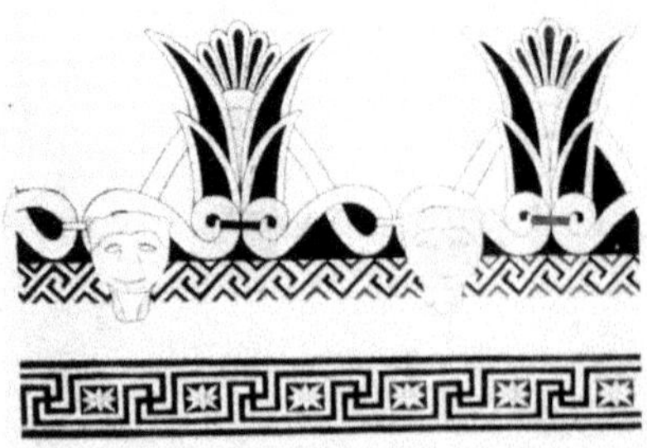

1. TARE 3

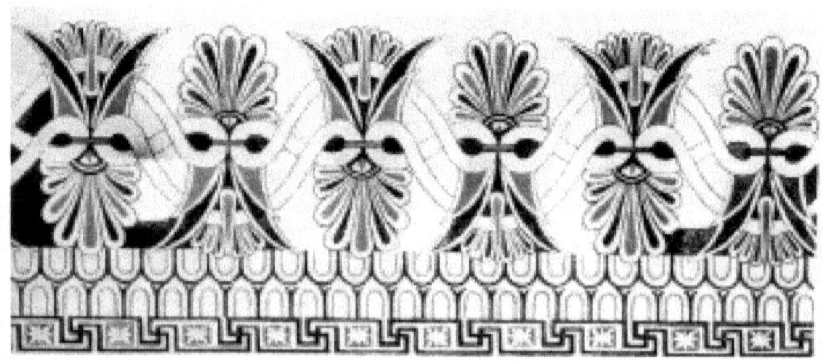

2. TARE 4

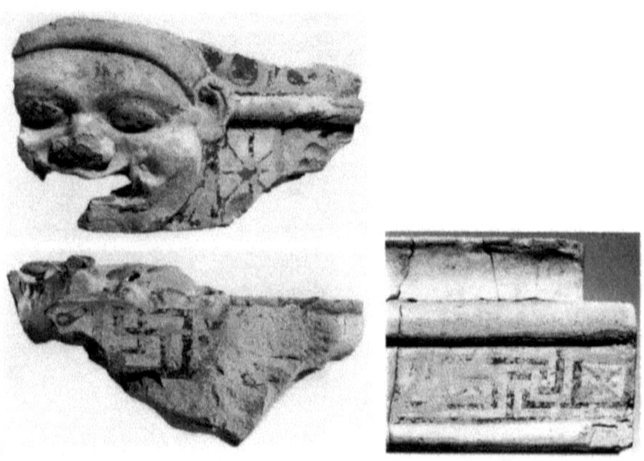

3. TARE 5

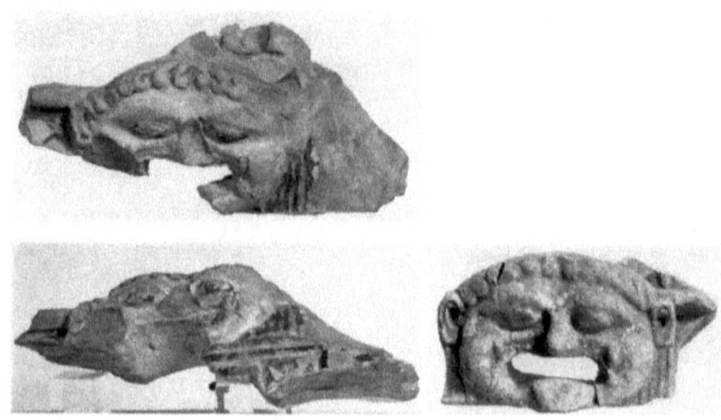

4.TARE 6

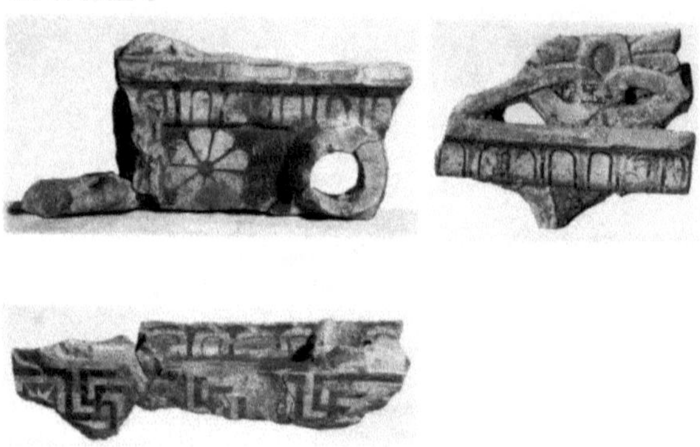

5. TARE 7

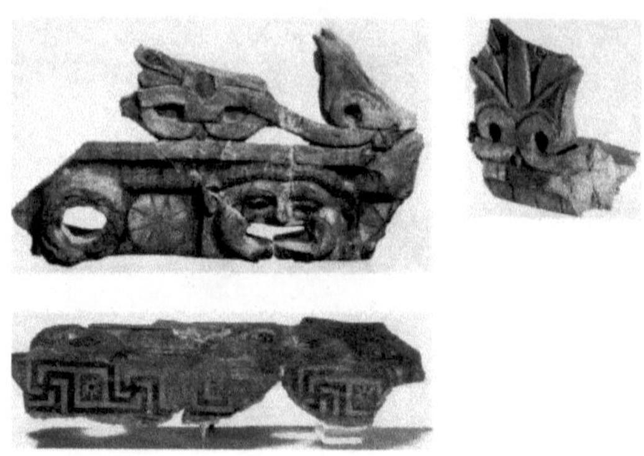

6. TARE 8

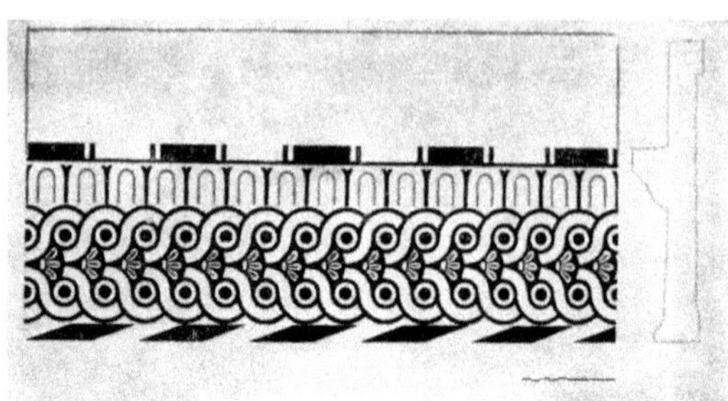

7. TARE 10

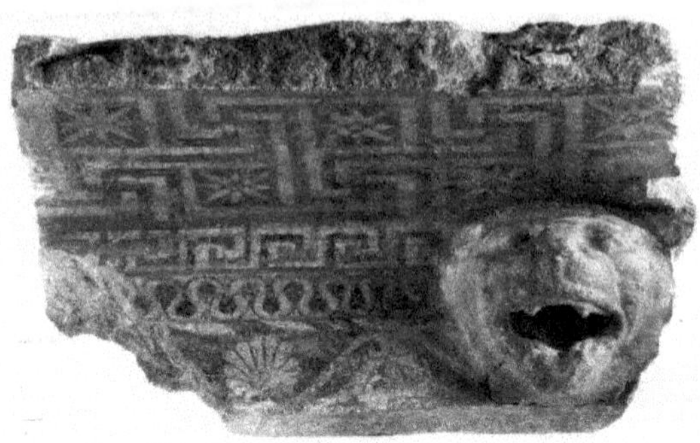

8. TARE 11

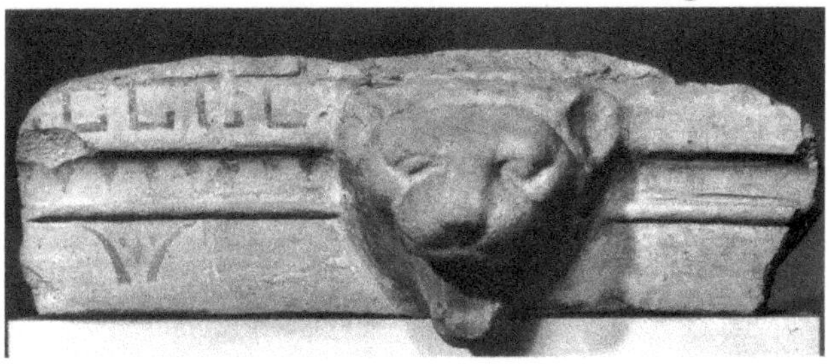

1. TARE 12

2. TARE 13

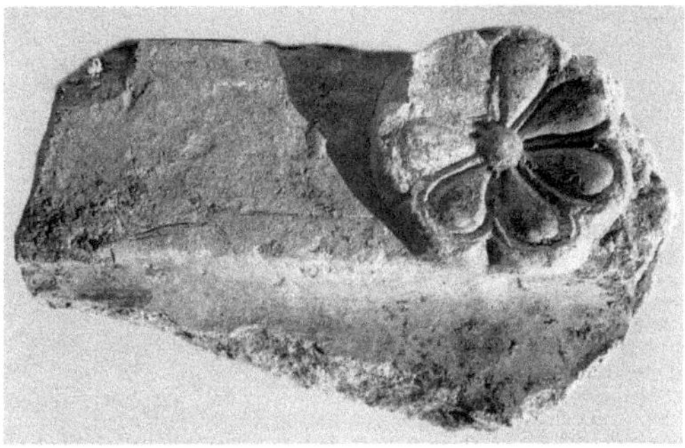

3. TARE 14

23. Unbekannter Herkunft

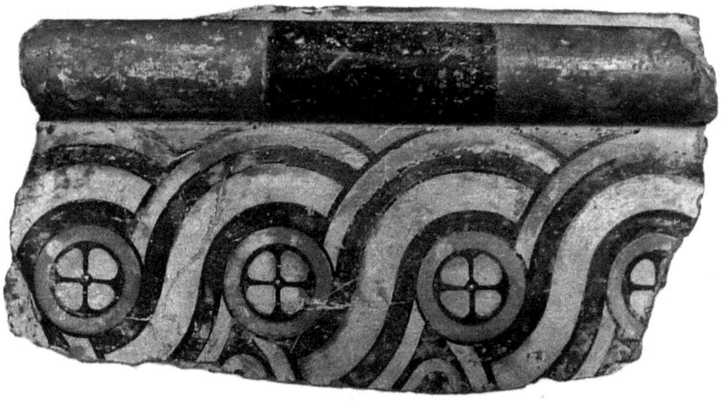

4. UNBE 3

www.ingramcontent.com/pod-product-compliance
Lightning Source LLC
LaVergne TN
LVHW072254300926
849160LV00018B/1665

9781407305745